Handbook of Whales,
Dolphins and Porpoises

鲸豚

百科全书

世界上的鲸、海豚与鼠海豚

〔英〕马克·卡沃丁 ◎ 著　　〔英〕马丁·卡姆 ◎ 绘

祝　茜　曾千慧　刘一新　王旖颖
连玉岭　吴中锐　陈美颖　李玉鹏 ◎ 译

北京科学技术出版社

审图号　GS 京（2022）1478 号

著作权合同登记号　图字：01–2023–4076

图书在版编目（CIP）数据

鲸豚百科全书：世界上的鲸、海豚与鼠海豚 ∕（英）马克·卡沃丁著；（英）马丁·卡姆绘；
祝茜等译 . —北京：北京科学技术出版社，2024.5（2025.1 重印）
书名原文：Handbook of Whales, Dolphins and Porpoises
ISBN 978–7–5714–3385–7

Ⅰ . ①鲸…　Ⅱ . ①马…　②马…　③祝…　Ⅲ . ①鲸目 - 普及读物　Ⅳ . ① Q959.841–49

中国国家版本馆 CIP 数据核字（2023）第 219146 号

策划编辑：岳敏琛
责任编辑：张　芳
责任校对：贾　荣
封面设计：李　一
图文制作：天露霖文化
责任印制：张　宇
出 版 人：曾庆宇
出版发行：北京科学技术出版社
社　　址：北京西直门南大街16号
邮政编码：100035
电　　话：0086–10–66135495（总编室）　0086–10–66113227（发行部）
网　　址：www.bkydw.cn
印　　刷：北京盛通印刷股份有限公司
开　　本：710 mm × 1000 mm　1/16
字　　数：753千字
印　　张：32.5
版　　次：2024年5月第1版
印　　次：2025年1月第2次印刷
ISBN 978–7–5714–3385–7

定　　价：360.00元

目　录

本书简介

物种名称

本书给出了鲸目动物的中、英文常用名和学名，许多物种还有其他名称——有些是别名，有些是罕见的、区域性的或历史性的名称，本书也一一列出。由于篇幅所限，物种其他语言的名称没有列出（每个物种在每种语言中几乎都有很多不同的名称，所以列出其所有语言的所有名称不太现实）。每种鲸目动物的常用名可能有多个，但其学名只有一个，用斜体表示。命名人（第一个发表该物种名称的人）和命名年份也被列了出来。如果一个物种后来被划到一个新的属，初始命名人的名字和命名年份会被放在括号里，比如（Linnaeus, 1758）；如果这些信息不在括号里，则表示该物种仍然被划在最初的属。此外，本书还介绍了各物种英文常用名和学名的由来和含义。

分类

本书对鲸目动物的分类遵循分类学的原则，并参考了海洋哺乳动物学会分类学委员会（Society for Marine Mammalogy's Committee on Taxonomy）推荐的物种和亚种学名名录。这份权威名录每年更新一次。随着所获取的信息不断增加，该名录在不断调整，物种的分类也在合并或分开。本书以每一物种的分类学说明为背景资料，并指出了未来分类可能发生的变化。

体长和体重

本书将物种成体剪影与潜水员剪影进行对比，以体现物种的大小（潜水员剪影对应的潜水员身高 1.8 米）。书中给出了雄性成体、雌性成体和幼崽的常见大小，以及迄今为止记录的该物种最大的体长和体重。本书所有的度量单位都是公制单位。

鉴别特征一览

这部分列出了物种的主要鉴别特征，以供读者参考，从而能正确识别物种——包括分布范围、体型以及主要的身体和行为特征。鲸目动物按体型可划分为：小型（体长不足 4 米）、中型（体长 4 ~ 10 米）、大型（体长 10 ~ 15 米）、特大型（体长超过 15 米）。

插图

每个物种的主图是典型的侧视图（左视图；如果雄性和雌性外观存在差异，会分别展示）。其他插图则包括相反角度的侧视图（右视图）、俯视图和仰视图。除此之外，本书还提供了所有亚种、分布范围及不同年龄段的个体的插图，以及个体的背鳍、喙、鳍肢或身体其他部位的"特写"（有时还有与相似物种的比较图）。每张插图都有相关文字说明，介绍了物种的主要鉴别特征和其他有趣的、用于识别的特征。请见第 14 页的"鲸目动物形貌学"，了解鲸目动物身体各部位的名称。书中的插图还展示了每个物种典型的潜水过程及其喷潮的大小和形状。

相似物种

知道哪些物种的外观相似很有用，否则可能会导致识别错误。因此，本书简短地介绍了区分相似物种的方法。

分布

分布图显示了每个物种已知和潜在的分布范围。许多物种的已知信息很有限，把它们的已知分布范围一起绘制在分布图上就像在拼一张不完整的拼图，会缺少一部分。所附文字详细地介绍了已知的分布情况和研究盲区，并提供了更多关于物种栖息地、潜水深度偏好（在对应范围内，每个物种只出现在适合的栖息地和深度）、洄游路线等的信息，以及在某区域超极限分布的记录。

行为

这部分详细介绍了鲸目动物的行为，诸如跃身击浪、浮窥、拍尾击浪和对船只的反应等，为识别物种提供有价值的线索。不过，要记住，由于季节和许多其他因素的影响，不同区域个体之间的行为差异可能很大。

牙齿／鲸须

牙齿数量通常指的是鲸目动物每排的牙齿数。为了简单起见，本书以齿式来标识物种的牙齿数量，即上颌两排牙齿总数和下颌两排牙齿总数。鲸须板只存在于鲸目动物的上颌，故给出的上颌鲸须板数即为总鲸须板数。

食物和摄食

这部分包括鲸目动物的主要食物种类、摄食行为、潜水深度和潜水时间（迄今为止的最大值）。

生活史

这部分简单介绍了鲸目动物的性成熟时间（即雄性第一次成功交配和雌性第一次生育的时间）、交配制度、繁殖行为、妊娠期、产崽间隔期、繁殖季、断奶年龄和寿命（包括最长寿命纪录）等。

群体规模和结构

受个体、分布区域和季节的影响，鲸目动物的群体规模有很大的差异。本书提供了每个物种最常被观察到的群体规模和结构，以及有关其社交行为的更多信息。

天敌

虎鲸和大型鲨鱼是鲸目动物最常见的天敌，除此之外，本书还列出了每个物种其他特定的天敌（如果有的话）。

照片识别

这部分列出了科学家用于区分不同个体所拍摄的鲸目动物外观的关键特征，比如背鳍后缘的刻痕。

种群丰度

众所周知，估算鲸目动物的数量是十分困难的，并且不可避免的是，不同估算结果的准确度是不一样的（当然，有些估算结果更新了，有些则是较早的结果）。虽然我们应该谨慎地看待大多数有关种群丰度的研究结果，但本书这部分还是给出了已知的情况，并为物种种群丰度提供了参考。

保护

本书对相关物种历史上和目前的保护情况进行了回顾。全球变暖通常没有被列入物种受威胁的原因，因为人们认为它最终会在不同程度上影响所有物种（该情况有时确实难以预测）。这部分列出了每个物种受世界自然保护联盟（International Union for Conservation of Nature，IUCN）评估的保护现状（包括评估年份），这是世界自然保护联盟濒危物种红色名录官方定义的保护现状，该名录对物种进行了严格评估，是当前最权威、最客观、最全面的名录。世界自然保护联盟将物种的保护现状划分为 9 个级别：灭绝（没有理由怀疑，该物种的最后一个个体已经死亡）；野外灭绝（仅通过人工饲养生存或在其历史分布范围之外作为自然种群生存）；极危（野外灭绝风险极高）；濒危（野外灭绝风险很高）；易危（野外灭绝风险高）；近危（可能在未来进入"易危"或以上级别）；无危（尚未受到威胁）；数据缺乏（没有足够的数据来评估其受胁的危险程度）；还有一个级别——未评估，这是指尚未对该物种进行评估。

发声特征

受篇幅所限，本书没有描述所有鲸目动物的发声特征，仅描述了部分物种（主要是须鲸）的发声特征。

参考资料

在创作本书的过程中，作者查阅了无数的文献，受篇幅所限，无法把它们全部列出。本书只在最后列出了部分参考文献。

（本书中的部分物种名称暂无中文译名，为避免引起误读，故保留学名。）

识别要点

在海上识别鲸、海豚和鼠海豚可能会令人非常兴奋，但也相当具有挑战性。事实上，在海上识别物种是非常困难的，即使是世界级专家也无法保证他们能识别出遇到的每一头鲸目动物。在大多数正式调查中，总有一些被目击个体会被记录为"身份不明"。

海上识别鲸目动物的诀窍是使用相对简单的排除法。每次在海上遇到一头鲸目动物时，我们都需要在脑海中回顾以下14个关键特征。同时对照所有特征通常是不可能的，而只对照一个特征则不足以正确识别动物，最好的方法是尽可能多收集信息，然后再给出明确的结论。

1. 地理位置 没有一个地方会分布着所有的鲸目动物。事实上，分布着几十种鲸目动物的地方也不多。所以，我们可以根据鲸目动物所在的地理位置立即缩小识别范围。

2. 栖息地 就像猎豹生活在开阔的平原而非丛林，雪豹生活在山地而非湿地一样，大多数鲸、海豚和鼠海豚都生活在特定的海域或淡水栖息地。在识别鲸目动物时，海底地形图是非常有用的工具。例如，了解水下地形有助于我们区分小须鲸（也称小鳁鲸，通常发现于大陆架上）和外表相似的北瓶鼻鲸（更有可能发现于海底峡谷或离岸深海区）。

3. 体型 在海上很难准确估计动物的体型，除非能将动物与船、一只经过的鸟或水中的某个物体进行直接比较。记住，鲸目动物每次可能只有一小部分身体（比如头部和背部的顶端）露出海面。大个头的物种未必会比小个头的物种露出更多的身体，所以在海上，鲸目动物露出海面的身体部分相当具有欺骗性。因此，对于鲸目动物的体型，最好只使用简单的标准进行划分：小型（体长不足4米）、中型（体长4～10米）、大型（体长10～15米）和特大型（体长超过15米）。

4. 独有特征 一些鲸目动物有一些独有的特征，这些特征可以帮助我们快速识别它们。例如，雄性一角鲸有非常长的牙，雄性虎鲸有高高的背鳍，抹香鲸的皮肤上有褶皱。

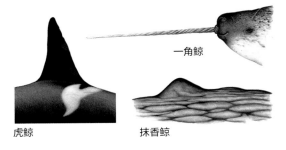

一角鲸

虎鲸　　　　　　抹香鲸

5. 背鳍 不同鲸目动物背鳍的大小、形状和位置差异很大，这些差异也有助于我们进行物种识别。别忘了看看鲸目动物的背鳍上有什么特别的颜色或标记。

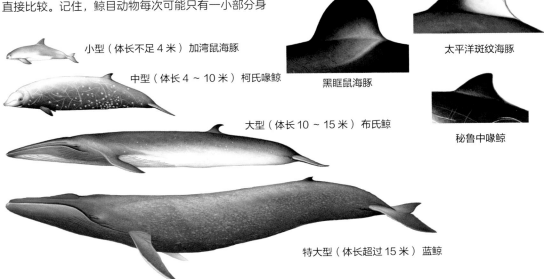

小型（体长不足4米）加湾鼠海豚

中型（体长4～10米）柯氏喙鲸

大型（体长10～15米）布氏鲸

太平洋斑纹海豚

黑眶鼠海豚

秘鲁中喙鲸

特大型（体长超过15米）蓝鲸

6. 鳍肢 不同鲸目动物鳍肢的长度、颜色和形状，以及其在身体上的位置有很大的不同。虽然鳍肢并不总是露出海面，但在识别某些物种时，鳍肢很重要，比如大翅鲸的鳍肢是不会被误认的。

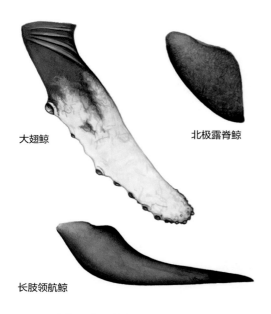

大翅鲸

北极露脊鲸

长肢领航鲸

7. 身体形态 大多数时候，鲸、海豚和鼠海豚并不会把大部分身体露出海面，我们无法看到它们身体的全貌。然而，有时仅仅是它们露出海面的那部分身体，就足以帮助我们识别了，比如它们是矮胖的还是细长的？鲸目动物的额隆（前额）形状也各具特色。

8. 喙 对于具体齿鲸的识别，有或没有明显的喙是一个特别有用的识别特征。一般来说，淡水豚类、喙鲸和半数的海洋豚类有突出的喙，而鼠海豚、白鲸、一角鲸、虎鲸和其他黑鲸，以及其余的海洋豚类则没有。不同物种喙的长度也有很大的差异。还可以试着看看鲸目动物从头顶到吻尖的过渡是平滑的（比如糙齿海豚），还是有明显折痕的（比如大西洋点斑原海豚）。

拉普拉塔河豚

糙齿海豚

大西洋点斑原海豚

德氏中喙鲸

侏儒抹香鲸

大村鲸

9. 体色和斑纹 许多鲸目动物都有非常多变的体色，并且体表有独特的斑纹，如条纹和眼斑。记住，在海上，动物的体色会随着海水的清澈度和光线条件而变化；如果逆光观察，动物的体色会比正常情况下暗得多。

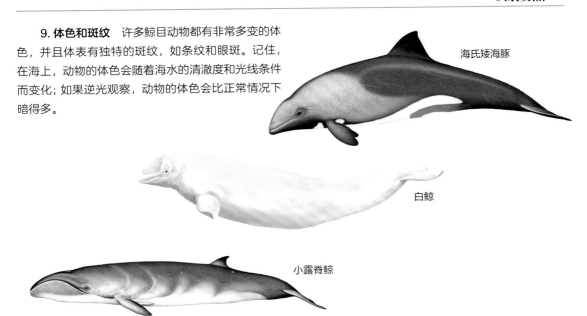

海氏矮海豚

白鲸

小露脊鲸

10. 尾叶 在识别体型较大的鲸时，观察其尾叶很重要。有些物种在下潜前会把尾叶高高地举到空中，而有些则不会，仅凭这一点就可以区分它们。也可以观察鲸目动物尾叶上是否有特别的斑纹和刻痕，并注意尾叶后缘是否有缺刻。

11. 喷潮 大型鲸的喷潮尤为明显，尤其是在海面比较平静的时候，不同鲸目动物喷潮的高度、形状和能见度各不相同，掌握这些对识别物种非常有用。但是在下雨或刮风时，想要通过喷潮识别物种并不容易，因为喷潮可能会变形。除此之外，同一物种不同个体之间的喷潮存在差异，并且鲸目动物深潜后出水的第一次喷潮往往更猛烈。然而，即使是在相当远的距离，经验丰富的观察者往往仅凭喷潮也能分辨出海上的鲸目动物。

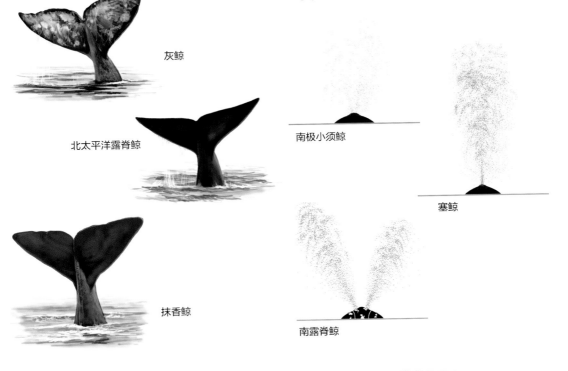

灰鲸

北太平洋露脊鲸

南极小须鲸

塞鲸

抹香鲸

南露脊鲸

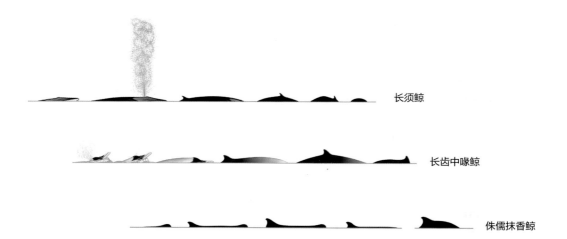

长须鲸

长齿中喙鲸

侏儒抹香鲸

12. 潜水过程　不同鲸目动物的潜水过程可能有显著的差异。这些差异包括：头部与海面的角度；头部或喙（如果明显）有多少是可见的；背鳍和呼吸孔是否同时露出海面；下潜前是否会在海面弓背（弓起的程度如何）；是否只是潜入海面下；呼吸的时间间隔；深潜前的呼吸次数。

13. 行为　一些物种在海面上比其他物种更活跃，所以有时特别的行为也是我们识别物种的依据。例如，它们经常跳出海面，还是行踪隐秘？不同的鲸目动物对船只的反应也不同：瓶鼻海豚可能会游向船只并在船首乘浪，而与其相似的西非白海豚则比较害羞，不会在船首乘浪。

14. 群体规模　一些物种是高度群居的，而另一些物种则喜欢独自生活或以小群为单位活动，因此鲸目动物的群体规模值得关注。众所周知，估算海洋动物群体的大小十分困难，因为它们会游动并且经常改变方向，有的个体还可能藏起来。估算一大群活跃的海豚有多少头是一项十分艰巨的任务，其数量通常会被低估。

遇到不常见的鲸、海豚和鼠海豚，且在没有观察清楚的情况下，人们往往会猜测它是哪一种动物。从长远来说，只有努力识别，并且享受成功识别动物的成就感，才可能成为真正的专家。如果无法进行更准确的识别，只将其记为"不明海豚""不明鲸"或"不明喙鲸"也是完全可以接受的。你只有在每次观察时都做详细的记录，才有可能在几天、几周、几个月甚至几年之后再次看到相同的物种时，正确识别之前被记录为"不明物种"的动物。

熟能生巧。过段时间，当你看到一头鲸时，你的大脑就会触发一个开关，根据它的"综合特征"（总体印象），你就能识别出它或者将识别范围缩小为某几个物种。只需大致一览，你就会对鲸目动物有个大致的印象，这就像一种本能，只可意会不可言传。

观鲸的乐趣之一在于你无法预测将遇到什么鲸目动物。在观鲸之旅中，千万不要说不可能：尽管分布图显示在某一区域没有某一物种，然而这并不意味着它一定不会出现在该区域；虽然观鲸指南上说某种鲸不举尾，但是这并不意味着出现在你的船旁边的该种鲸绝对不会把尾叶高高地举到空中。

长吻飞旋原海豚

鲸目动物14科分述

目前已知的鲸、海豚和鼠海豚共有 14 科 90 种[1]，其中有一个物种——白鱀豚可能已经功能性灭绝。当新物种被发现或从现有物种中分离出来，以及两个或更多物种合并时，物种的确切数量就会发生变化。

鲸、海豚和鼠海豚隶属于鲸目[2]（Cetacea，尽管鲸的分类地位正在审查中，可能会下调）；Cetacea 一词源自拉丁语 *cetus*、*cetos*（鲸）和希腊语 *ketos*（巨大的鱼或海怪）。鲸目动物有许多共同特征：身体呈流线型，前肢扁平，缺少后肢（有时体内会残留与后肢有关的结构），尾叶没有骨骼，头骨细长，呼吸孔位于头顶，有背鳍或脊（某些物种经二次演化后消失），脂肪层极厚，生殖器官可缩入体内。

现存鲸目动物被分为须鲸和齿鲸（传统上这两类动物的分类地位是亚目，但目前人们正在对它们的分类地位进行重新审查）。

须鲸亚目

4 科 6 属 14 种[3]

须鲸亚目的英语 mysticete 被认为源自希腊语 *mystakos*（胡须）和希腊语 *ketos*（巨大的鱼或海怪）。因此，mysticete 本意为"有胡须的鲸"，指的是有鲸须板的鲸。须鲸没有牙齿，而有数百片紧密排列的鲸须板，它们呈浓密的梳状，从须鲸的上颌垂下来。鲸须板形成了一个巨大的筛子，帮助须鲸滤食大量小型动物（主要是鱼类和甲壳纲动物）。滤食是一种有效的摄食方式，地球上一些大型动物就利用这种方式摄食一些很小的动物。相比齿鲸，须鲸多在较浅的水层摄食。须鲸有两个呼吸孔，头骨对称。与齿鲸不同，须鲸没有额隆，也没有回声定位的能力（尽管有限的证据表明它们可能会使用某种形式的声呐在洋盆导航，比如北极露脊鲸可以在冰下导航）。然而，须鲸的鲸歌和其他发声方式（比如用于交流和展示的方式）已经高度发达。大多数须鲸体型大（且雌性大于雄性），寿命长，每年定期在冬季的暖水繁殖地和夏季的冷水摄食地之间进行洄游。相比齿鲸，须鲸多聚集成较小的群，社群结构较为简单。

须鲸亚目　大翅鲸

齿鲸亚目

10 科 34 属 76 种[4]

齿鲸亚目的英语 odontocete 被认为源自希腊语 *odous*、*odontos*（牙齿）和 *ketos*（巨大的鱼或海怪）。因此，odontocete 本意为"有牙齿的鲸"。齿鲸有牙齿，而非鲸须板，但不同齿鲸牙齿的数量却千差万别，尽管有些齿鲸的牙齿不会长出来，有些齿鲸的牙齿长成了奇特的形状，还可能被折断或磨损。有些齿鲸的牙齿数量在二次演化的过程中减少了，以适应其捕食乌贼的习性。与须鲸在浅海滤食大量小型动物不同，齿鲸追逐、捕捉和吞食单个猎物（主要是鱼和乌贼，但也可能是大型甲壳纲动物、海洋哺乳动物和其他动物），并且往往在更深的地方摄食。它们有一个新月形的呼吸孔（大部分物种的呼吸孔止点都朝前，仅 3 个物种的呼吸孔止点朝后），头骨不对称。前额隆起的脂肪区被称为额隆，大多数齿鲸的额隆被用来集中和调节声波，进行回声定位（通过发送高频声波并解读返回的声波来导航，以寻找食物和躲避天敌）。大多数齿鲸的体型为小型或中型（抹香鲸是一个例外，雄性体长可达到 19 米），具有多样的性别二态性（有些物种的雄性比雌性大得多，而有些物种的雌性比雄性大）。不同齿鲸的寿命差异很大，从 10 岁到 200 岁不等，有些齿鲸的寿命甚至更长。相比须鲸，齿鲸通常聚集成较大的群，社群结构更为复杂。

1　根据海洋哺乳动物学会分类学委员会的最新分类结果，在本作品出版时，鲸目动物已更新为14科94种。——译者注

2　根据海洋哺乳动物学会分类学委员会的最新分类结果，在本作品出版时，鲸目已下调，已更新为鲸偶蹄目，鲸下目。——译者注

3　根据海洋哺乳动物学会分类学委员会的最新分类结果，在本作品出版时，须鲸亚目已更新为4科6属15种。——译者注

4　根据海洋哺乳动物学会分类学委员会的最新分类结果，在本作品出版时，齿鲸亚目增加了两种中喙鲸和一种瓶鼻海豚，已更新为10科34属79种。——译者注

此外还有已经灭绝了数百万年的**古鲸**。它们是所有现代须鲸和齿鲸的祖先。古鲸是原始的鲸目动物，包括最早的两栖阶段的鲸目动物。它们生活在距今 5600 万年至距今 3390 万年的始新世，目前已确认的有 6 个科：巴基鲸科，4 属；游走鲸科，3 属；雷明顿鲸科，5 属；原鲸科，16 属；龙王鲸科，11 属；有齿须鲸科，1 属。

齿鲸亚目　虎鲸

鲸目动物 14 科

露脊鲸科

2 属 4 种，真露脊鲸属和露脊鲸属

真露脊鲸属的 3 个物种和露脊鲸属的 1 个物种的特征都很明显。它们有大而圆的身体和巨大的头部（长度达体长的 1/3），吻部高高拱起，没有背鳍或背脊，也没有须鲸科特有的喉沟或喉褶。它们的鲸须板是所有须鲸中最长的，但口闭合后，鲸须板就被巨大的下唇覆盖住了。它们常在海面或靠近海面的地方进行撇滤摄食，即张开嘴慢慢游动，而不是猛冲摄食。真露脊鲸的头部散布着厚厚的、不规则的、钙化的组织，即胼胝体，鲸目动物中仅该属的 3 个物种头部有胼胝体。该科物种生活在温带和极地水域，其中南露脊鲸生活在南半球，北太平洋露脊鲸、北大西洋露脊鲸和北极露脊鲸（露脊鲸属）生活在北半球。这 4 个物种都曾遭受毁灭性的过度商业捕杀，均在某个阶段濒临灭绝。北大西洋露脊鲸和北太平洋露脊鲸是世界上最濒危的须鲸。

露脊鲸科　北大西洋露脊鲸

小露脊鲸科

1 属 1 种，小露脊鲸属

小露脊鲸是最小的须鲸，鲜为人知。它们生活在南半球温带和亚极区海域，外部形态在某种程度上与须鲸科和露脊鲸科的物种有些像。小露脊鲸是一种身体细长的鲸，吻部适度拱起，头部长度占体长的 1/4，背鳍矮短，呈镰刀形，位于背部 2/3 处，喉部有一对浅浅的沟。最新的证据表明，小露脊鲸可能是被认为已消失的新须鲸科中幸存的一员。

小露脊鲸科　小露脊鲸

灰鲸科

1 属 1 种，灰鲸属

灰鲸的外部形态在某种程度上与须鲸科和露脊鲸科的有些像。灰鲸身体较粗壮，吻部微微拱起，背部无真正的背鳍，取而代之的是"驼峰"（峰状隆起）——随后是一排紧跟着驼峰、沿尾柄背面排列的瘤状或指节状突起，喉沟有 2 ~ 7 条（通常是 2 ~ 3 条）。灰鲸的鲸须也是所有须鲸中最短、最粗的，成体身上通常布满藤壶和鲸虱。灰鲸曾经在北大西洋和北太平洋都有分布，但是现在，北大西洋的灰鲸已经消失了。

灰鲸科　灰鲸

须鲸科

2 属 8 种[1]，须鲸属和大翅鲸属

须鲸科的英语 rorqual 源自挪威语 rørkval（有喉褶的鲸）。这是指这一科的所有物种从下颌到肚脐都有数目不一的喉褶或喉沟（不过，严格地说，这一说法不适用于大翅鲸）；在摄食过程中，它们会扩张喉褶，以摄取大量食物和水。须鲸，正如人们所熟知的那样，大多是快速的吞食型捕食者，能够把嘴张得非常大（有些物种嘴巴张开的角度可以超过 90°）。它们的鲸须板长度适中。大多数须鲸身体细长（大翅鲸身体粗壮），雌性比雄性大一些。与露脊鲸科和灰鲸

1　根据海洋哺乳动物学会分类学委员会的最新分类结果，在本作品出版时，须鲸科已更新为 2 属 9 种。——译者注

科的成员不同的是，须鲸科的成员有背鳍，位于背部中点后方，背鳍的大小和形状因物种而异。这是一个多元化的科，包括地球上最大的动物——蓝鲸、拥有最复杂鲸歌的大翅鲸，以及最近发现的大村鲸。大部分物种在冬季的暖水繁殖地和夏季的冷水摄食地之间洄游。

须鲸科　蓝鲸

抹香鲸科

1 属 1 种，抹香鲸属

抹香鲸是抹香鲸科唯一的物种，它们的英语名字 sperm whale 取自其体内一个巨大的、充满鲸蜡的器官——鲸蜡器（spermaceti organ），该器官被封闭在抹香鲸高度特化的头部肌肉组织里。spermaceti 直译就是"鲸的精液"。现在人们认为，过去的捕鲸者要么误解了鲸蜡的作用，要么只注意到其在外观上与哺乳动物的精液相似。抹香鲸的鲸蜡器及其相关结构的主要功能似乎体现在其强大的回声定位系统中，它们能形成并定向发出咔嗒声。除了抹香鲸，小抹香鲸和侏儒抹香鲸（两者过去也被归在抹香鲸科，但现在它们自成一科）也有鲸蜡器。

抹香鲸有巨大而方正的头部、狭窄的下颌、低矮的"驼峰"和一系列瘤状突起，以及布满褶皱的皮肤，这些特征是极其明显的。抹香鲸是体型最大的齿鲸，也是性别二态性程度最高的鲸目动物，即雄性成体比雌性成体更大、更重。赫尔曼·梅尔维尔的经典小说《白鲸》的主角正是抹香鲸，这部作品使抹香鲸成为人们心目中鲸的代表。

抹香鲸科　抹香鲸

小抹香鲸科

1 属 2 种，小抹香鲸属

和体型更大、知名度更高的抹香鲸一样，小抹香鲸科的 2 个物种（侏儒抹香鲸和小抹香鲸）的头部也有一个鲸蜡器。这 3 个物种都喜欢深水区，在那里它们主要以乌贼为食，即使它们出现在近岸水域，也是在水足够深的地方。尽管这 3 个物种有一些共同的特征，并且曾经都被归入抹香鲸科，但它们的相似之处其实并不太多。小抹香鲸科的 2 个物种的头部相对于身体要小得多，背鳍相对较大，并且呼吸孔不像抹香鲸的那样位于头部的前端。侏儒抹香鲸和小抹香鲸在受到惊吓或感觉痛苦时，会使用"乌贼战术"：小肠下部的一个囊中释放红褐色液体，在水中形成不透明的云雾，从而隐蔽自己或转移捕食者的注意力。这两种小型鲸下颌都下垂，头部两侧都有鳃状斑，牙齿又长又尖，搁浅时常常被误认为鲨鱼。这样的外表方便它们拟态，从而避免被捕食。

小抹香鲸科　小抹香鲸

一角鲸科

2 属 2 种，一角鲸属和白鲸属

一角鲸科的拉丁语 Monodontidae 意为"一颗牙"，指一角鲸属物种那颗特别长的牙。但这个名字并不适合白鲸，因为它们的牙齿多达 40 颗。然而，一角鲸科动物的牙齿似乎都没有起到摄食的功能，年龄较大的白鲸牙齿磨损严重，经常只剩下牙龈。一角鲸科的动物生活在北半球高纬度水域：白鲸生活在亚北极地区，而一角鲸生活在北极高纬度地区，它们经常出现在密集的浮冰中。它们是中型齿鲸，身体粗壮；头部钝圆；鳍肢宽而圆；没有背鳍，只有肉质的背脊（为了适应冰中生活）。它们喜欢群居，经常以小群的形式一起活动。从侧面看，它们的头骨异常扁平。

一角鲸科　一角鲸

喙鲸科

6 属 22 ~ 23 种[1]，中喙鲸属、喙鲸属、瓶鼻鲸属、贝喙鲸属、塔喙鲸属和印太喙鲸属

喙鲸科是鲸目动物中仅次于海豚科的第二大科，而中喙鲸属是其中规模最为庞大的一个属。然而，喙鲸是所有大型鲸目动物中最鲜为人知的：有些喙鲸的活体人们还从未见过，只是通过被冲上岸的几头死鲸才知道它们的存在；其他喙鲸也很少见，并且大多数都不引人注目，长久地生活在远离陆地的深海中。这些中大型的鲸生活在全球各大洋中，包括极地和热带，尽管有些鲸的活动范围似乎相当有限。喙鲸科动物有许多共同的特征：身体呈纺锤形；背鳍较小，位于背部 2/3 处；喙的形状和大小各不相同；喉沟呈 V 形；尾叶后缘没有明显的缺刻；鳍肢短，可以收入身体两侧小小的凹陷处（鳍肢袋），以减小下潜时的阻力。不过，喙鲸科动物最特别的地方在于它们的牙齿。大多数雄性牙齿很少，下颌只有一两对牙齿萌出，上颌没有牙齿萌出；而大多数雌性根本就没有牙齿萌出。它们不用牙齿摄食（主要靠吸力吸食乌贼），但会用牙齿互相争斗（这就是为什么雄性体表经常有大量伤痕）。但也有一些例外：雄性和雌性的阿氏贝喙鲸和贝氏贝喙鲸（北槌鲸）都有两对牙齿萌出；雄性和雌性的谢氏塔喙鲸都有细长的功能性牙齿。牙齿的数量、位置、大小和形状通常是识别雄性成年喙鲸的最佳线索。在海上几乎不可能区分雌性成年喙鲸和幼崽，因为很多它们看起来太像了。喙鲸科的拉丁语 Ziphiidae 可能源自拉丁语 *xiphias*（剑鱼）或希腊语 *xiphos*（剑），指许多物种长而尖的喙。

喙鲸科　佩氏中喙鲸

海豚科

17 属 37 种[2]，虎鲸属、领航鲸属、伪虎鲸属、小虎鲸属、瓜头鲸属、伊河海豚属、土库海豚属、白海豚属、糙齿海豚属、斑纹海豚属、灰海豚属、瓶鼻海豚属、原海豚属、真海豚属、弗氏海豚属、露脊海豚属和矮海豚属

海豚科是鲸目中最大的一科，也是形态学和分类最多样化的一科。事实上，因为海豚科包含了如此多不同的物种，所以过去它被称为分类垃圾桶。海豚科包括所有的海洋豚类（以及一部分淡水豚类）和所谓"黑鲸"（对海豚科 6 种外表相似的成员——虎鲸、伪虎鲸、小虎鲸、瓜头鲸、短肢领航鲸和长肢领航鲸的统称）。

海豚科的不同物种体色差异较大，体长也有明显差异（1.2 ~ 9.8 米），喙、背鳍和鳍肢的形状，以及牙齿的数量（从 14 颗到 240 颗不等）同样差异很大。除了一些特殊物种，大多数海豚科动物有突出的喙，背鳍靠近背部正中且高耸突出（尽管背鳍的形状在不同物种之间和同一物种的不同个体之间有明显的差异）。它们与鼠海豚科动物有许多不同之处：它们牙齿呈圆锥形而非铲形，并且多群居，生活在结构复杂的社群中，有时组成规模庞大的社群。在食物供应和其他条件合适的情况下，虽然海豚科动物可以游到相当远的地方，但它们似乎很少进行长距离洄游。

海豚科　智利矮海豚

恒河豚科

1 属 1 种，恒河豚属

目前已知有 4 种淡水豚生活在亚洲和南美洲的大型河流中。尽管它们被划分为淡水豚，但它们并不只生活在河流中。另外，也有一些分类上不属于淡水豚的鲸目动物生活在河流中。这 4 种淡水豚有许多共同的特征（比如喙窄而细长，眼小，视力差），也有许多相似的习性，但它们的关系并不密切，每个物种都属于不同的科。

恒河豚科的拉丁语 Platanistidae 源自希腊语 *platanistes*（扁平的或宽阔的），指的是它们相对扁平的喙。恒河豚包括恒河豚（亚种）和印河豚（或称印度河豚），最新的研究显示，恒河豚（亚种）和印河豚的 DNA 和头骨形态都存在显著差异。恒河豚生活在南亚的一些河流中，它们视力很差，主要依靠回声定位系统来导航和寻找食物。

---

1   根据海洋哺乳动物学会分类学委员会的最新分类结果，在本作品出版时，喙鲸科已更新为 6 属 24 种。——译者注

2   根据海洋哺乳动物学会分类学委员会的最新分类结果，在本作品出版时，海豚科已更新为 17 属 38 种。——译者注

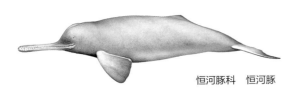

恒河豚科　恒河豚

拉普拉塔河豚科　拉普拉塔河豚

亚马孙河豚科

1 属 1 种，亚马孙河豚属

目前，这一科中只有一个被认可的物种，即亚马孙河豚（也称亚河豚或粉红河豚）[1]。亚马孙河豚游动缓慢但极其灵活，它们生活在南美北部，分布广而零散。它们一年中的大部分时间都在被河水淹没的树木之间穿梭。亚马孙河豚是最大的淡水豚，体色通常是明亮的粉色。

亚马孙河豚科　亚马孙河豚

白鱀豚科

1 属 1 种，白鱀豚属

2007 年，白鱀豚科中唯一的成员——白鱀豚被宣布"功能性灭绝"。它们最后一次被证实的目击记录出现在 2002 年，此后就再无任何消息。白鱀豚是中国长江长达 1700 千米的江段内的特有种。

白鱀豚科　白鱀豚

拉普拉塔河豚科

1 属 1 种，拉普拉塔河豚属

拉普拉塔河豚科中唯一的成员——拉普拉塔河豚（也称拉河豚）栖息在咸水河口和沿海海洋栖息地而非河流中。拉普拉塔河豚是最小的淡水豚。拉普拉塔河豚喙极长，是喙占体长比最大的鲸目动物，背鳍低矮且呈三角形。它们生活在南美洲的中东部海岸。

鼠海豚科

3 属 7 种，江豚属、拟鼠海豚属和鼠海豚属

鼠海豚的英语 porpoise 在某些地方，特别是北美用来指所有小型鲸目动物。但在中文里，"鼠海豚"一词通常只指鼠海豚科动物。鼠海豚科的拉丁语 Phocoenidae 是 phocaena 或希腊语 phokaina 的变体，意为"鼠海豚"，它们个头儿较小，身体结实，往往害羞、怕人。它们体长都不足 2.5 米。由于它们很少像许多海洋豚类那样做空中高难度动作，所以经常被忽视。白腰鼠海豚则是个例外，当它们浮出海面呼吸时，会产生独特的喷潮，此外它们还经常在船首乘浪。当它们乘浪时，你可以看到它们的背鳍和背部的一小部分。耐心、毅力和一定的运气是观察大多数鼠海豚的先决条件。

鼠海豚和海豚有很多不同之处，最明显的是前者的牙齿呈铲形（而非圆锥形）。鼠海豚的喙也不似大多数海豚的那样突出，并且它们不喜欢群居，通常独自生活或组成较小的群体。鼠海豚分布在南北半球的远洋、沿海和河流中，但不同物种的活动范围几乎没有重叠，因此动物出现的地理位置有助于识别它们。鼠海豚科还包括极度濒危的加湾鼠海豚，在所有海洋哺乳动物中，加湾鼠海豚的分布范围最小。

鼠海豚科　白腰鼠海豚

1　根据海洋哺乳动物学会分类学委员会的最新分类结果，在本作品出版时，亚马孙河豚已被划分为两个亚种。——译者注

海上工作的相关信息

海况 [1]

　　"海况"是用来描述海洋环境和条件的术语。观鲸的最佳条件是海况为 3 级及 3 级以下时。海况越差（波级越高），我们越难识别鲸目动物。

海况（波级）	名称	风力	海面特征
0	无浪	无风	海面平静如镜
1	无浪	软风	出现波纹；没有波峰或白浪
2	微浪	轻风	小涌；玻璃状波峰；没有白浪
3	微浪	微风	大涌；波峰开始破裂；有散见的白浪
4	小浪	和风	白浪成群出现
5	中浪	劲风	波浪较长；许多白浪形成，偶有少量飞沫
6	大浪	强风	许多白浪形成；飞沫增多
7	巨浪	疾风	海浪堆叠；白色泡沫持续出现
8	狂浪	大风	海浪长，中等高度；波峰边缘破裂；白色泡沫持续出现
9	狂涛	烈风	海浪高；泡沫密集；波峰翻卷；大海开始翻滚；飞沫可能影响能见度
10	狂涛	狂风	海浪非常高，波峰长而突出；密集的泡沫使整个海面看起来呈白色
11	汹涛	暴风	海浪异常高；海面上到处是泡沫；波峰被风吹成泡沫；能见度受影响
12	汹涛	飓风	空气中充满飞沫和水滴；海面全白；能见度严重受影响

风图

　　风在天气图上用风矢表示，风矢能够直观、简洁地表示风速和风向。风向杆指向的方向代表风吹来的方向（风向杆向上代表"北风"）。风速用节（1 节 ≈ 0.5 米／秒）来表示：风向杆末端的一条短线代表 5 节，一条长线代表 10 节。只要把风向杆末端所有线代表的值相加就能得到风速，比如风向杆末端有一条长线和一条短线，代表风速是 15 节；如果风向杆末端没有线（或者只有一个点），则表明风速小于 2 节；一个旗帜或三角形表示风速为 50 节。

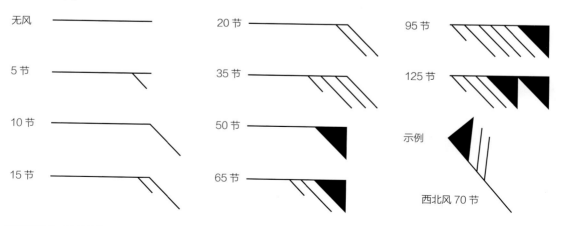

1　文中表格与我国的"海况和波级表"有所不同，我国将海况分为 10 级。——译者注

海底剖面图

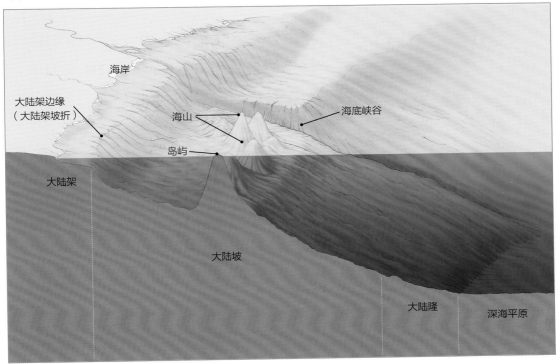

海岸

大陆架边缘
（大陆架坡折）

海山

海底峡谷

岛屿

大陆架

大陆坡

大陆隆

深海平原

气候带

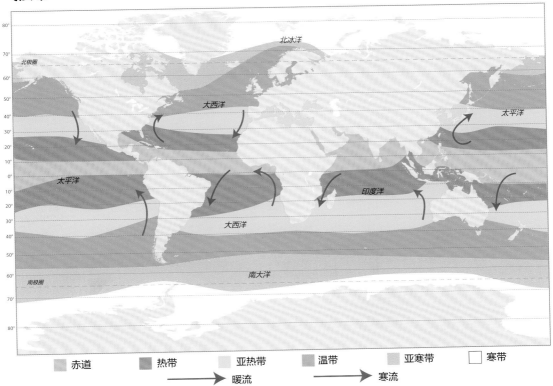

北冰洋

北极圈

大西洋

太平洋

太平洋

印度洋

大西洋

南极圈

南大洋

赤道　　热带　　亚热带　　温带　　亚寒带　　寒带

暖流　　　　　　寒流

鲸目动物形貌学

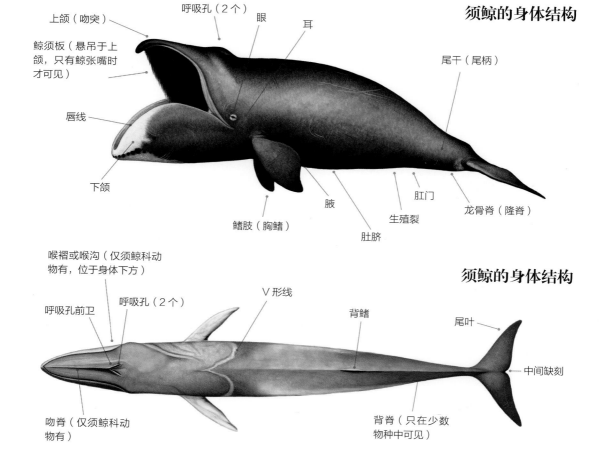

须鲸的身体结构

上颌（吻突）
呼吸孔（2个）
眼
耳
尾干（尾柄）
鲸须板（悬吊于上颌，只有鲸张嘴时才可见）
唇线
下颌
鳍肢（胸鳍）
腋
肚脐
生殖裂
肛门
龙骨脊（隆脊）

须鲸的身体结构

喉褶或喉沟（仅须鲸科动物有，位于身体下方）
呼吸孔前卫
呼吸孔（2个）
V形线
背鳍
尾叶
中间缺刻
吻脊（仅须鲸科动物有）
背脊（只在少数物种中可见）

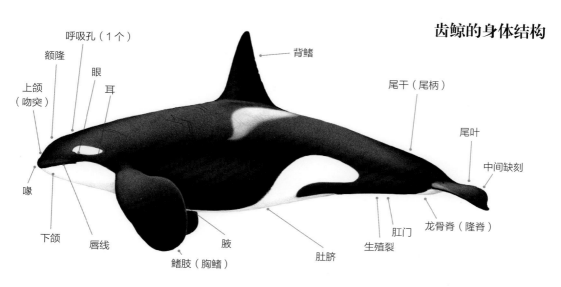

齿鲸的身体结构

呼吸孔（1个）
额隆
眼
耳
背鳍
尾干（尾柄）
上颌（吻突）
尾叶
中间缺刻
喙
下颌
唇线
腋
鳍肢（胸鳍）
肚脐
生殖裂
肛门
龙骨脊（隆脊）

齿鲸的身体结构

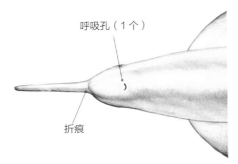

呼吸孔（1个）

折痕

背鳍

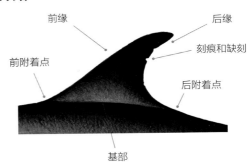

前缘

后缘

刻痕和缺刻

前附着点

后附着点

基部

如何区分鲸目动物的雌雄？

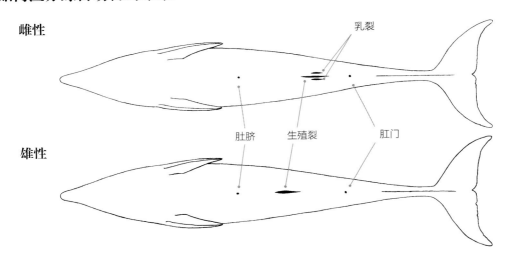

雌性

雄性

乳裂

肚脐　生殖裂　肛门

鲸目动物的骨骼

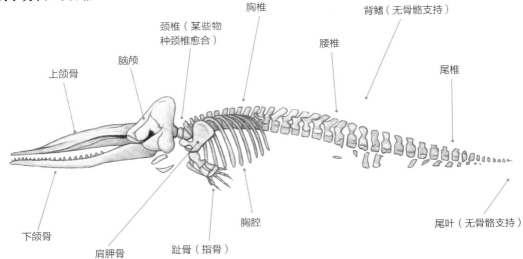

胸椎

颈椎（某些物种颈椎愈合）

背鳍（无骨骼支持）

腰椎

上颌骨

脑颅

尾椎

下颌骨

肩胛骨

趾骨（指骨）

胸腔

尾叶（无骨骼支持）

藤壶、鲸虱及其他生物

这部分介绍生活在鲸目动物身上的体外寄生虫和其他生物。

藤壶

藤壶是甲壳纲动物，成年后会永久附着在各种无生命和有生命的对象上。从热带到两极，从海岸到大洋深处，它们无处不在。全球总共有 1000 多种藤壶，但只有 8 种生活在鲸目动物身上。它们大部分生活在大型须鲸身上，但有时也会出现在一些齿鲸身上。

藤壶不是真正的寄生虫，因为它们不会从宿主那里获得营养，也不会使宿主皮肤感染或发炎。它们附着在鲸目动物身上只是为了"搭便车"，并且在鲸目动物滤食水中的浮游生物时得到免费的食物。然而，若过多的藤壶附着在鲸目动物身上，会增大宿主游动时的阻力，降低其游动时的效率，并可能惹恼宿主。在某些情况下，藤壶可能对大翅鲸有益，比如雄性大翅鲸会以被藤壶附生的鳍肢为武器（就像人佩戴了拳扣）与其他雄性"作战"，或用其抵御鼬鲨、伪虎鲸和其他物种的攻击。大多数藤壶是雌雄同体（个体同时具有两性的生殖结构），藤壶幼虫的发育通常要经历 6 个"自由游动"阶段；在幼虫的最后阶段，它们会找一个地方安顿下来，并分泌一种特殊的黏合剂把自己固定住。附着在鲸目动物身上的藤壶的繁殖季很可能与宿主的繁殖季同步。

生活在鲸目动物身上的藤壶如下。

鲸藤壶　生活在鲸目动物身上的鲸藤壶有 3 属 4 种：桶冠鲸藤壶主要大量附生在大翅鲸身上——一头大翅鲸身上附生的桶冠鲸藤壶可达 450 千克，也会少量附生在其他须鲸和抹香鲸身上；女王鲸藤壶常见于大翅鲸身上，少见于蓝鲸、长须鲸、塞鲸、露脊鲸和抹香鲸身上；隐鲸藤壶大量附生在大多数灰鲸身上；扁平嵌鲸藤壶附生在露脊鲸身上，外形与橡树的橡子相似，呈土丘状，最常出现在鲸的头部、鳍肢和尾叶上。

茗荷　生活在鲸目动物身上的茗荷有 1 属（条茗荷属）2 种（尽管此前有在鲸身上发现茗荷属和指茗荷属动物的记录，但都只有一条）。茗荷需要附着在坚硬的表面，并经常附生在其他藤壶表面，而非直接附生在鲸目动物的皮肤上。耳条茗荷在世界各地的大

隐鲸藤壶

翅鲸身上都很常见，但它们通常附着在桶冠鲸藤壶上，而非直接附着在鲸身上。耳条茗荷在蓝鲸、长须鲸和抹香鲸身上附着的数量非常少。它们体长可达 7 厘米，有时也会附着在成年雄性喙鲸的牙齿上，偶尔还会出现在鲸须板上。条茗荷则小得多——直径不超过 3.5 毫米，主要分布在热带和亚热带水域。它们通常出现在无生命的物体上，如浮木或船体上，但偶尔也会出现在海蛇、翻车鲀和一些海洋哺乳动物身上（也可能出现在须鲸身上，但这种情况十分罕见）。条茗荷偶尔会直接附着在鲸目动物的皮肤上，但通常直接附着在寄生桡足类动物或鲸虱身上。

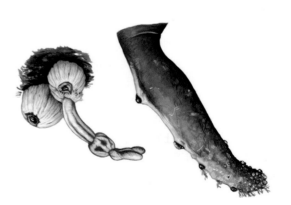

耳条茗荷附生在鲸藤壶上（左），而鲸藤壶附生在大翅鲸的鳍肢上

伪柄藤壶　生活在鲸目动物身上的伪柄藤壶有 2 属 2 种。其中异鲸藤壶非同寻常，因为它们的外观很像茗荷（已经发育出异常的伪柄）。这种奇特的像黑色蠕虫一样的动物体长可达 5 厘米，它们的宿主包括分布于全球热带、亚热带和温带水域的至少 34 种鲸目动物，它们多悬挂在宿主的尾叶、背鳍和鳍肢边缘，

异鲸藤壶

有时也会附着在宿主的吻部甚至鲸须板或牙齿上。伪柄藤壶大量附生于大型须鲸身上，但在虎鲸、瓶鼻海豚、印太江豚和许多其他物种身上也有发现，数量少则几个，多达上百个。它们会把身体的一部分埋入宿主皮肤（和鲸脂）中，深度不一，一旦它们把基部埋入宿主体内，就不再移动。号角藤壶是另一种伪柄藤壶，通常出现在南露脊鲸的胼胝体上。与明显向外突出的异鲸藤壶相比，号角藤壶在宿主体内嵌得更深，只有末端暴露出来摄食。

鮣

鮣（也被称为吸盘鱼或印头鱼）主要出现在世界各地的热带到暖温带水域。它们的身体细长而横截面圆钝，头顶有一个扁平的椭圆形吸盘，吸盘的存在让它们看起来像是上下颠倒了。鮣能吸附在鲸类、海牛类、鲨鱼类和其他大型海洋动物或海中的物体上（包括船只和潜艇，偶尔也吸附在潜水员身上）。鮣的吸盘由背鳍特化而来，像百叶窗的叶片，当这些"叶片"抬起时，会产生强大的真空吸力，使鮣能够吸附在宿主身上。此外，吸盘上有类似牙齿的突起，被称为小刺，有助于防止其滑落。这个吸盘非常有用，只要控制得当，鮣就能在宿主体表快速滑动而不会从宿主身上脱落（尽管它们也能够自由游动）。

吸附生活对鮣的好处包括节省体力，免受捕食者的伤害，便于雄性和雌性在吸附表面相遇，以及让水快速流过它们的鳃（它们不能在静止的水中生存）。它们伺机捕食寄生桡足类动物（它们的主要食物）、浮游动物和路过的水中较小的自游动物，也以宿主食物的残渣、脱落的鲸皮和鲸的粪便为食。鲸目动物很少受到鮣的伤害，鮣的吸附通常不会给它们留下伤痕（尽管可能会留下暂时的吸痕）。然而，鮣会伤害一些长吻飞旋原海豚、热带点斑原海豚和瓶鼻海豚，通常会造成它们背鳍下方的皮肤脱落，在其皮肤上形成大斑块，有时可能引发感染。鮣的吸附也会产生流体动力阻力（鮣被称为流体动力寄生物，因为它们降低了宿主的游泳效率），这对鲸目动物来说可能是恼人的负担。目前，我们尚不清楚鲸目动物普遍容忍鮣的原因，可能有未知的益处。但我们也发现，某些海豚会彼此咬掉身上的鮣，并通过跳跃和旋转，把鮣从令它们不舒服的身体部位赶走。

吸附在海豚身体上的澳洲短鮣成体

鮣科一共有 8 种，已知只有澳洲短鮣（*Remora australis*，以前为 *Remilegia australis*）出现在鲸目动物身上（尽管它们从宿主身上脱落后，可以吸附在任何动物身上或物体上，直到首选的宿主经过）。澳洲短鮣为淡蓝色，分布于全球温暖的远洋水域，长约 62 厘米。不同大小可能代表这个物种处于生活史的不同阶段（并且可能有不同的食物来源，比如蓝鲸身上较小的鮣可能更年轻，它们以脱落的鲸皮为食；而海豚身上较大的鮣可能是年老的鮣，它们以更大的食物为食）。鮣

澳洲短鮣

吸附在蓝鲸身上的澳洲短鮣幼体

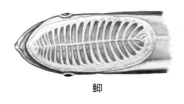

鲫

长约 90 厘米，只在瓶鼻海豚身上发现过，但也可能出现在其他鲸目动物身上（野外识别很困难）。

鲫幼体似乎不是在水里自由生活的浮游动物，它们可能会附着在鲸须板上，直到长出吸盘。

七鳃鳗

七鳃鳗属于原始的、软骨的无颌类动物。七鳃鳗和鳗鱼外形很像，没有鱼类的鳞片、成对的鳍和颌，口周围有一个吸盘——比口本身还要宽，周围有锋利的角质齿。它们会抓住不幸的宿主，用粗糙的舌头刮掉宿主的肉，以其血液和体液为食。就像水蛭一样，七鳃鳗能分泌抗凝血剂来防止宿主的血液凝结从而增加血流量。在海中生活数年后，七鳃鳗将停止摄食，洄游到淡水区产卵。

七鳃鳗共有 43 种，体长从 15 厘米到 1.2 米不等，生活在全球的（非洲除外）寒温带水域。其中 32 种几乎总是生活在淡水中，18 种是寄生性的。关于七鳃鳗和鲸目动物之间的关系很少有详细的记述，但已知有 2 个特定的物种会攻击鲸目动物：在北太平洋发现的太平洋七鳃鳗（*Lampetra tridentata*，以前为 *Entosphenus tridentatus*）和在北大西洋发现的海七鳃鳗，后者是最大的七鳃鳗。

达摩鲨

达摩鲨是铠鲨科一个长相奇特的物种。它们的体长可达 50 厘米，下颌有巨大的锯齿状牙齿，上颌有细小的尖刺状牙齿。达摩鲨对其他海洋动物是一大威胁，它们的英语名字为 cookiecutter sharks，其中 cookiecutter 的意思为"饼干模具"，源于其可怕的行为——它们喜欢从各种巨型海洋动物身上咬下整齐的圆形肉块，如同用饼干模具切割出的面团一样。它们尤其喜欢咬鲸目动物，但也可能咬海豹、儒艮、金枪鱼和鲨鱼（2003 年在夏威夷的一个案例证实达摩鲨也会咬人）。达摩鲨是一种伏击型捕食者，它们的眼非常大，可以在黑暗的深海更好地看清东西。它们把嘴唇附着在猎物身上，把尖利的上牙和与之相匹配的巨大下牙插进猎物身体，然后旋转身体，咬下猎物的一块肉。每次猎食，达摩鲨都会在猎物身上留下一个椭圆形或圆形的伤口，直径最大可达 10 厘米，深度最大可达 4 厘米（虽然通常较小、较浅）。

白天，达摩鲨通常待在深水里，有时会游到水深 3.5 千米的地方，晚上再游到海面摄食。达摩鲨身上有能发光的器官，分散在腹部和身体的其他位置，可以引诱其他动物进入其攻击范围。

已知的达摩鲨有 3 种：攻击大多数鲸目动物的罪

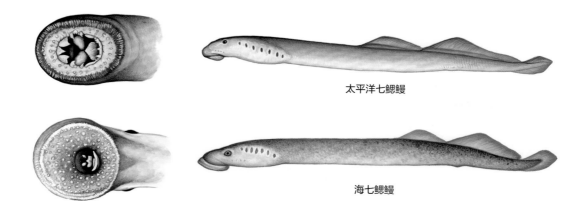

太平洋七鳃鳗

海七鳃鳗

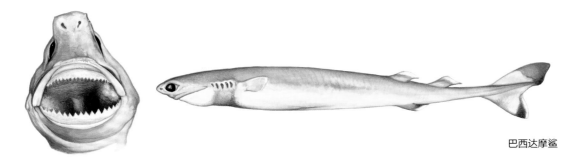

巴西达摩鲨

魁祸首——巴西达摩鲨，比较少见的大齿达摩鲨，鲜为人知的中国的唇达摩鲨。巴西达摩鲨白天出现在水深至少 1000 米的地方，据说晚上（也是鲸目动物被攻击得最多的时候）会向海面迁移。它们生活在温带到热带海域，在北纬 20 度到南纬 20 度最常见（有时分布范围会分别延伸到南纬 35 度和北纬 35 度），这在某种程度上表明温暖水域的鲸目动物身上通常有被达摩鲨咬伤留下的椭圆形或圆形伤痕，而全年生活在寒冷水域的物种身上通常没有达摩鲨的咬痕。

达摩鲨的咬痕比七鳃鳗的咬痕要深得多。根据已知的记录，至少有 49 种鲸目动物身上有达摩鲨的咬痕。达摩鲨的咬伤有害健康，也比较疼，但通常不会致死（除非达摩鲨攻击鲸的幼崽或咬穿鲸的胃壁）。被达摩鲨咬伤可能需要几个月的时间才能痊愈，并且伤痕可能会留下很多年。除了对大型动物"咬了就跑"，达摩鲨还摄食乌贼、小鱼和甲壳纲动物。

鲸虱

鲸虱是甲壳纲动物，属于鲸虱科。鲸虱不是虱子（虱子是昆虫），但 19 世纪的捕鲸者错误地将它们命名为"虱"，因为他们认为它们的形态和移动方式都像虱子。

目前，已在鲸目动物身上鉴定出 7 属 28 种鲸虱：*Cyamus*（14 种），*Isocyamus*（5 种），*Neocyamus*（1 种），*Platycyamus*（2 种），*Orcinocyamus*（1 种），*Scutocyamus*（2 种）和 *Syncyamus*（3 种）。它们对须鲸亚目动物的寄生具有宿主特异性，对齿鲸亚目动物的寄生具有普遍性。有些鲸虱只寄生在某种鲸身上，比如野牛鲸虱寄生在大翅鲸身上（但也曾有该物种寄生在南露脊鲸身上的个例）；斯坎鲸虱、*C. kessleri* 和 *C. eschrichtii* 寄生在灰鲸身上；*C. catodontis* 只生活在中大型雄性抹香鲸身上；*Neocyamus physeteris* 常生活在雌性和小型雄性抹香鲸身上。通常宿主一出生，这些鲸虱就附着到宿主身上，并在宿主身上度过一生。

有时候，当鲸目动物互相接触时，这些鲸虱也会冒险在鲸目动物之间转移。一头鲸身上可能有多达 7500 只鲸虱（至少对某些物种而言，若身上的鲸虱过多，说明健康状况不佳）。

鲸虱体长 3 ~ 30 毫米（雌性通常比雄性更宽，但更短），没有自由游动的幼虫期，它们终生都用粗壮的、具备抓握能力的附肢依附在宿主身上，附肢末端有非常尖锐的、下弯的爪子。鲸虱头小，身体扁平，需要躲藏在"庇护所"里以避免被卷到海里。如果从宿主身上脱落，它们注定会死亡。鲸虱通常会聚集在水流较缓的地方，比如须鲸深深的腹沟里、露脊鲸的胼胝体上或灰鲸头上的藤壶之间。雌性鲸虱有一个育儿袋（也称育幼袋），可以保护里面的卵、胚胎和幼体，直到幼体足够大，能够自己贴在鲸目动物的皮肤上。

鲸虱以鲸目动物脱落的皮肤为食（可能还以附着在皮肤上的其他东西为食，如细菌和藻类），也以其受损的组织为食。虽然鲸虱通常被认为是寄生虫，但对它们更准确的描述可能是"（具）清洁（功能的）共生体"。一些鱼类以鲸虱为食，比如拟银汉鱼，它们经常和灰鲸一起出现在被灰鲸作为繁殖场的潟湖里。

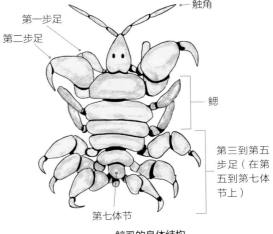

鲸虱的身体结构

鲸虱	已知的宿主	外形
Cyamus balaenopterae	小须鲸，蓝鲸，长须鲸	
野牛鲸虱	大翅鲸；在巴西的南露脊鲸身上也发现了一例	
Cyamus ceti	北极露脊鲸，灰鲸	
游荡鲸虱	南露脊鲸，北大西洋露脊鲸，北太平洋露脊鲸	
Cyamus gracilis	南露脊鲸，北大西洋露脊鲸，北太平洋露脊鲸	
椭圆鲸虱	南露脊鲸，北大西洋露脊鲸，北太平洋露脊鲸，抹香鲸	
Cyamus eschrichtii	灰鲸	
Cyamus kessleri	灰鲸	
斯坎鲸虱	灰鲸	
Cyamus catodontis	抹香鲸（仅限于较大的雄性）	
Cyamus mesorubraedon	抹香鲸	
Cyamus nodosus	一角鲸，白鲸	
Cyamus monodontis	一角鲸，白鲸	
Cyamus orubraedon	贝氏贝喙鲸	
Isocyamus antarcticensis	虎鲸	
Isocyamus deltobranchium	虎鲸，长肢领航鲸，短肢领航鲸	

（续表）

鲸虱	已知的宿主	外形
Isocyamus delphinii	伪虎鲸，瓜头鲸，短肢领航鲸，长肢领航鲸，灰海豚，真海豚，糙齿海豚，热氏中喙鲸，白喙斑纹海豚，港湾鼠海豚	
Isocyamus indopacetus	印太喙鲸	
Isocyamus kogiae	小抹香鲸	
Neocyamus physeteris	抹香鲸（雌性和较小的雄性），白腰鼠海豚	
Orcinocyamus orcini	虎鲸	
Platycyamus aviscutatus	贝氏贝喙鲸	
Platycyamus thompsoni	北瓶鼻鲸，南瓶鼻鲸，格氏中喙鲸	
Scutocyamus antipodensis	赫氏矮海豚，暗色斑纹海豚	
Scutocyamus parvus	白喙斑纹海豚	
Syncyamus aequus	条纹原海豚，长吻飞旋原海豚，真海豚，瓶鼻海豚	
Syncyamus ilheusensis	短肢领航鲸，瓜头鲸，短吻飞旋原海豚	
Syncyamus pseudorcae	伪虎鲸，短吻飞旋原海豚	

硅藻

　　许多鲸目动物的皮肤上通常有一层薄薄的黄色、褐色、绿色或橙色的薄膜以及不规则斑块，这是硅藻（微小的单细胞藻类形成的）。硅藻有几万甚至几十万种之多，它们是海洋中关键的初级生产者，但人们在鲸目动物的皮肤上只发现了 4 属若干种硅藻。冷水种 *Bennettella*（以前为 *Cocconeis*）*ceticola* 是须鲸和虎鲸身上最常见的一种硅藻，当鲸在极地水域长时间停留时，这种硅藻会把它们的身体遮盖起来；这种硅藻似乎都附着生长，人们从未发现其自由生长。

　　在南极，硅藻在鲸目动物身上形成硅藻层大约需要一个月的时间，因此硅藻层的生长程度可以用来判断鲸目动物在该区域生活的时长。正常情况下，鲸目动物的皮肤会不断脱落并再生（通过皮肤再生来修复伤痕、晒伤等），但硅藻的堆积情况表明这种情况在冷水中不会发生（可能是为了减少热量损失）。事实上，人们认为南极虎鲸会快速洄游到热带水域，

在那里，当它们皮肤组织再生时，硅藻就会随之脱落。它们的往返旅程通常要 5 ~ 7 周，它们回到南极寒冷的水域时，看起来要"干净"得多。否则，硅藻层会变得非常厚，在鲸游动时产生很大的阻力，使其游动速度减慢（硅藻也会给船只带来大麻烦，被硅藻附着的船只的行驶速度会降低 5%，因此船只需要在船底涂上防污漆）。

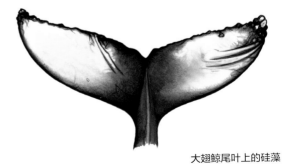

大翅鲸尾叶上的硅藻

快速识别指南

在船首乘浪的海豚和鼠海豚

短肢领航鲸

伪虎鲸

灰海豚

小虎鲸

长肢领航鲸

虎鲸

瓜头鲸

北露脊海豚

南露脊海豚

糙齿海豚

印太瓶鼻海豚

大西洋点斑原海豚

短吻飞旋原海豚

条纹原海豚

瓶鼻海豚

热带点斑原海豚

长吻飞旋原海豚

真海豚

白喙斑纹海豚

暗色斑纹海豚

沙漏斑纹海豚

弗氏海豚

白腰鼠海豚

大西洋斑纹海豚

智利矮海豚

港湾鼠海豚

太平洋斑纹海豚

皮氏斑纹海豚

康氏矮海豚

赫氏矮海豚

海氏矮海豚

根据尾叶识别鲸目动物

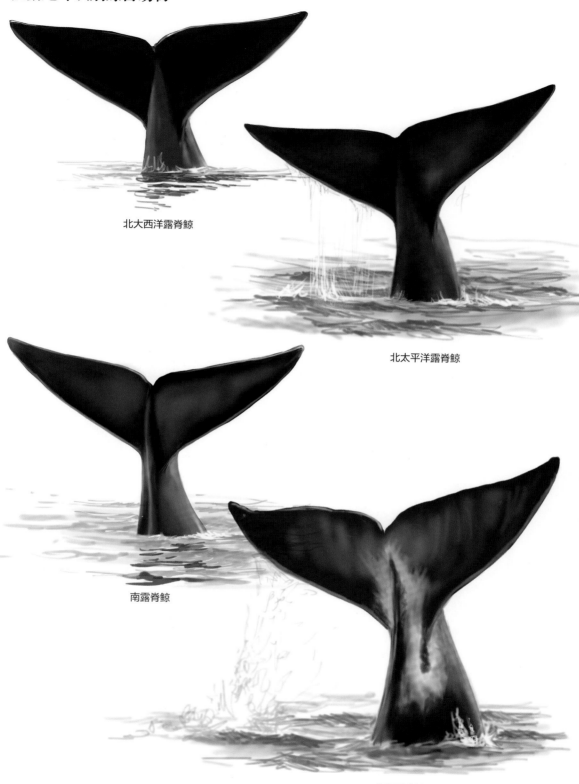

北大西洋露脊鲸

北太平洋露脊鲸

南露脊鲸

北极露脊鲸

蓝鲸

大翅鲸

灰鲸

抹香鲸

虎鲸

根据喷潮识别鲸目动物

鲸的喷潮的高度和强度取决于诸多因素，包括个体行为和体型，以及个体浮出海面时的气温、光线质量和风的情况。因此要记住，同一头鲸的喷潮也并不相同，有时几乎看不见，而有时又高又大且引人注目。的确，过去人们严重低估了喷潮的高度，当背景为苍白的海洋或天空的时候，很难看清楚喷潮。

以下插图展示了部分鲸目动物在理想条件下长时间潜水后第一次浮出海面时的完美喷潮（从鲸身后观察），并标明了喷潮的最大高度。并不是所有的鲸目动物都有清晰可见的喷潮，但下面这些鲸目动物的喷潮是最明显的，对识别它们最有帮助。

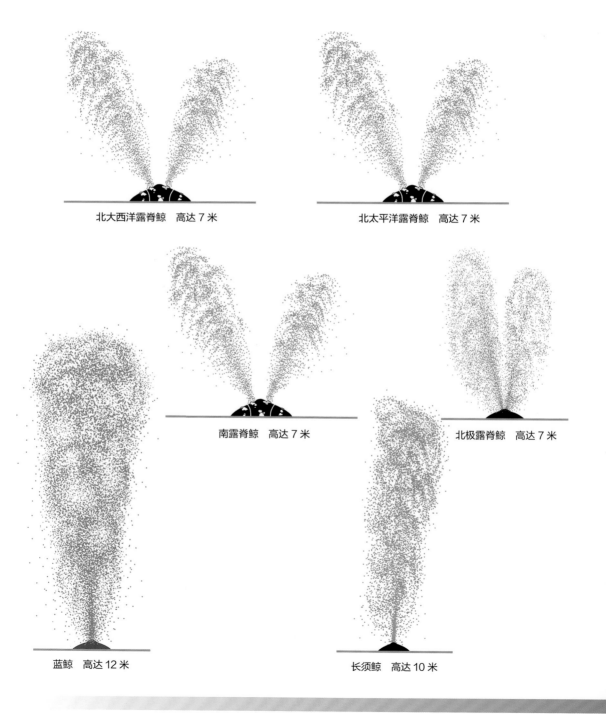

北大西洋露脊鲸　高达 7 米

北太平洋露脊鲸　高达 7 米

南露脊鲸　高达 7 米

北极露脊鲸　高达 7 米

蓝鲸　高达 12 米

长须鲸　高达 10 米

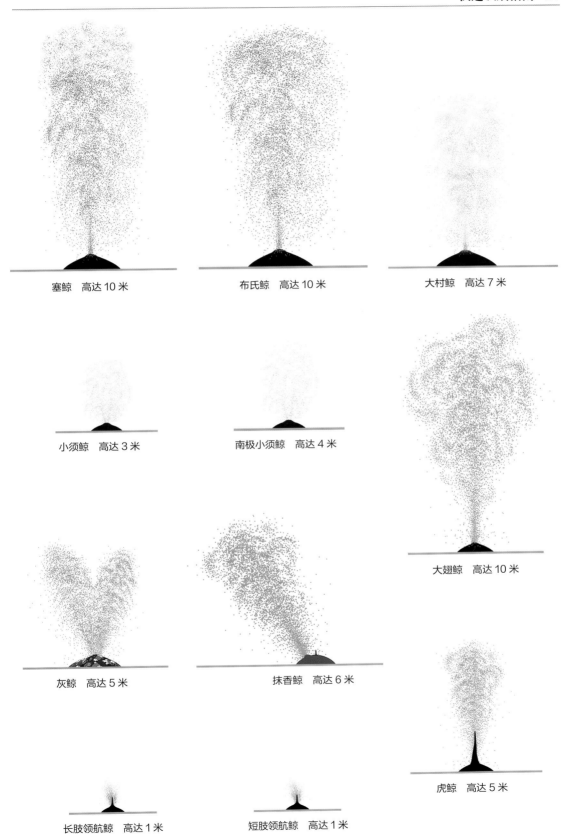

塞鲸　高达 10 米

布氏鲸　高达 10 米

大村鲸　高达 7 米

小须鲸　高达 3 米

南极小须鲸　高达 4 米

大翅鲸　高达 10 米

灰鲸　高达 5 米

抹香鲸　高达 6 米

虎鲸　高达 5 米

长肢领航鲸　高达 1 米

短肢领航鲸　高达 1 米

根据地理位置识别鲸目动物：北大西洋
（包括加勒比海、墨西哥湾、地中海、黑海和波罗的海）

请注意，在这片广阔的海域内，许多鲸目动物的分布范围其实非常有限。我们也有可能在这片海域内看到来自全球其他地方的物种，对这些物种来说，这片海域在它们的正常分布范围之外。就这片海域内的鲸目动物来说，图中展示的动物的相对大小（雄性的平均体长）是准确的。

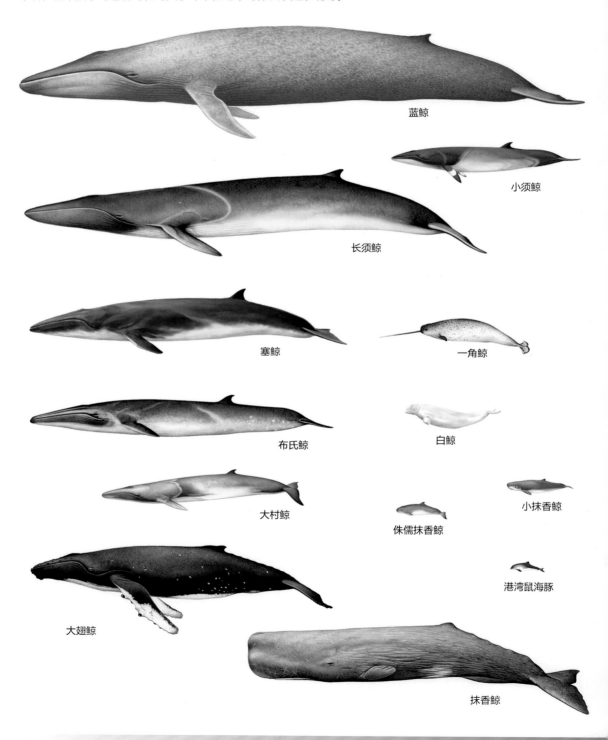

蓝鲸

小须鲸

长须鲸

塞鲸

一角鲸

布氏鲸

白鲸

大村鲸

侏儒抹香鲸

小抹香鲸

港湾鼠海豚

大翅鲸

抹香鲸

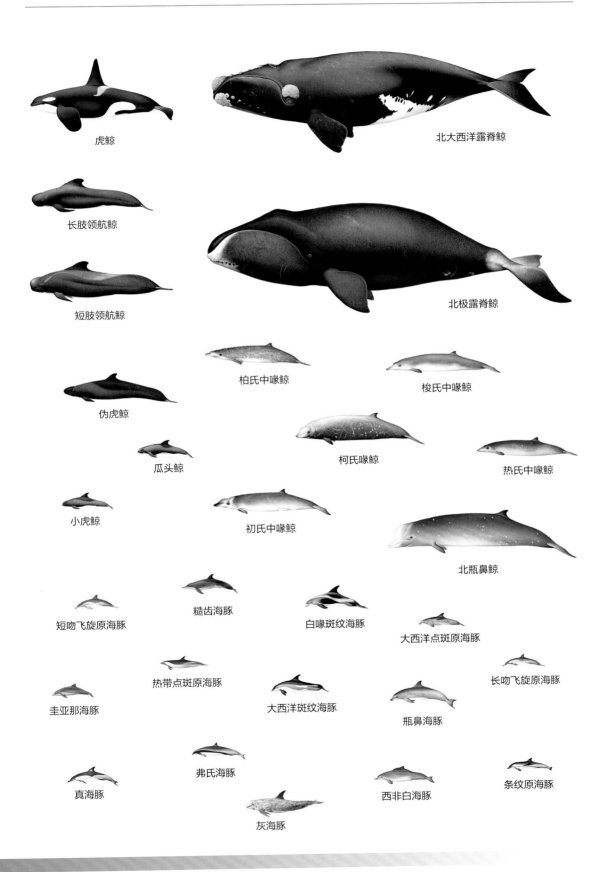

虎鲸

北大西洋露脊鲸

长肢领航鲸

短肢领航鲸

北极露脊鲸

柏氏中喙鲸

梭氏中喙鲸

伪虎鲸

柯氏喙鲸

热氏中喙鲸

瓜头鲸

小虎鲸

初氏中喙鲸

北瓶鼻鲸

短吻飞旋原海豚

糙齿海豚

白喙斑纹海豚

大西洋点斑原海豚

热带点斑原海豚

圭亚那海豚

大西洋斑纹海豚

瓶鼻海豚

长吻飞旋原海豚

弗氏海豚

真海豚

西非白海豚

条纹原海豚

灰海豚

根据地理位置识别鲸目动物：南大西洋

请注意，在这片广阔的海域内，许多鲸目动物的分布范围其实非常有限。我们也有可能在这片海域内看到来自全球其他地方的物种，对这些物种来说，这片海域在它们的正常分布范围之外。就这片海域内的鲸目动物来说，图中展示的动物的相对大小（雄性的平均体长）是准确的。

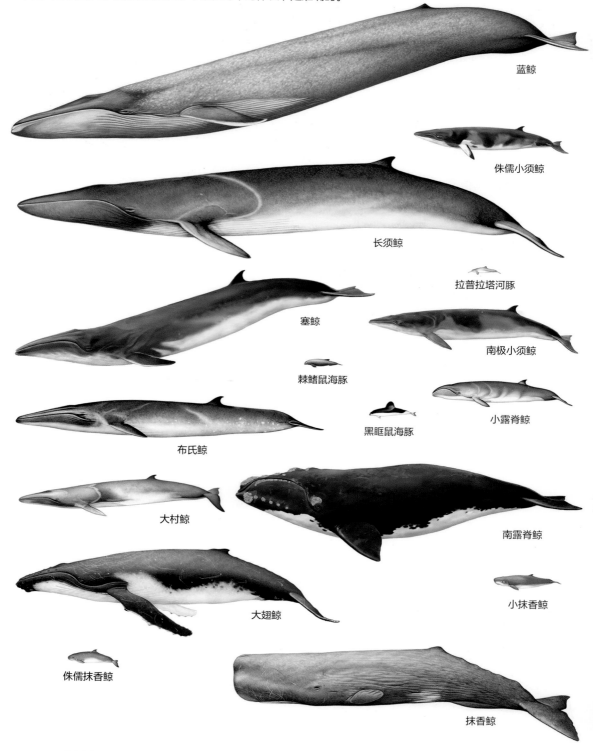

蓝鲸

侏儒小须鲸

长须鲸

拉普拉塔河豚

塞鲸

南极小须鲸

棘鳍鼠海豚

小露脊鲸

黑眶鼠海豚

布氏鲸

大村鲸

南露脊鲸

小抹香鲸

大翅鲸

侏儒抹香鲸

抹香鲸

南瓶鼻鲸

阿氏贝喙鲸

虎鲸

谢氏塔喙鲸

格氏中喙鲸

长肢领航鲸

赫氏中喙鲸

安氏中喙鲸

铲齿中喙鲸

长齿中喙鲸

短肢领航鲸

初氏中喙鲸

柏氏中喙鲸

伪虎鲸

长吻飞旋原海豚

柯氏喙鲸

热氏中喙鲸

瓜头鲸

沙漏斑纹海豚

南露脊海豚

灰海豚

小虎鲸

康氏矮海豚

皮氏斑纹海豚

糙齿海豚

海氏矮海豚

短吻飞旋原海豚

暗色斑纹海豚

智利矮海豚

热带点斑原海豚

圭亚那海豚

大西洋点斑原海豚

瓶鼻海豚

真海豚

弗氏海豚

西非白海豚

条纹原海豚

根据地理位置识别鲸目动物：北太平洋
（包括加利福尼亚湾、阿拉斯加湾、白令海、鄂霍次克海、日本海、菲律宾海、黄海、东海和南海）

请注意，在这片广阔的海域内，许多鲸目动物的分布范围其实非常有限。我们也有可能在这片海域内看到来自全球其他地方的物种，对这些物种来说，这片海域在它们的正常分布范围之外。就这片海域内的鲸目动物来说，图中展示的动物的相对大小（雄性的平均体长）是准确的。

蓝鲸

小须鲸

长须鲸

塞鲸

白腰鼠海豚

港湾鼠海豚

加湾鼠海豚

布氏鲸

印太江豚

窄脊江豚

大村鲸

大翅鲸

灰鲸

侏儒抹香鲸

小抹香鲸

白鲸

抹香鲸

北太平洋露脊鲸

柯氏喙鲸

虎鲸

北极露脊鲸

瓜头鲸

贝氏贝喙鲸

短肢领航鲸

小虎鲸

伪虎鲸

柏氏中喙鲸

侏儒贝氏贝喙鲸

佩氏中喙鲸

哈氏中喙鲸

银杏齿中喙鲸

德氏中喙鲸

史氏中喙鲸

秘鲁中喙鲸

印太喙鲸（朗氏喙鲸）

灰海豚

糙齿海豚

中华白海豚

伊河海豚

印太瓶鼻海豚

热带点斑原海豚

瓶鼻海豚

长吻飞旋原海豚

条纹原海豚

真海豚

弗氏海豚

太平洋斑纹海豚

北露脊海豚

根据地理位置识别鲸目动物：南太平洋

　　请注意，在这片广阔的海域内，许多鲸目动物的分布范围其实非常有限。我们也有可能在这片海域内看到来自全球其他地方的物种，对这些物种来说，这片海域在它们的正常分布范围之外。就这片海域内的鲸目动物来说，图中展示的动物的相对大小（雄性的平均体长）是准确的。

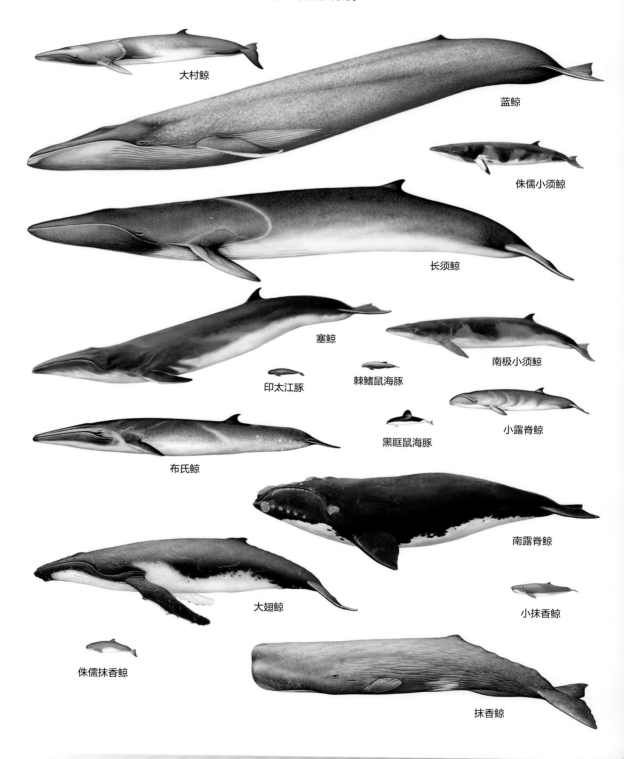

大村鲸

蓝鲸

侏儒小须鲸

长须鲸

塞鲸

南极小须鲸

印太江豚

棘鳍鼠海豚

小露脊鲸

黑眶鼠海豚

布氏鲸

南露脊鲸

大翅鲸

小抹香鲸

侏儒抹香鲸

抹香鲸

秘鲁中喙鲸

阿氏贝喙鲸

虎鲸

谢氏塔喙鲸

格氏中喙鲸

赫氏中喙鲸

长肢领航鲸

安氏中喙鲸

长齿中喙鲸

铲齿中喙鲸

短肢领航鲸

初氏中喙鲸

柏氏中喙鲸

德氏中喙鲸

柯氏喙鲸

伪虎鲸

银杏齿中喙鲸

印太喙鲸

小虎鲸

瓜头鲸

南瓶鼻鲸

矮鳍伊河海豚

沙漏斑纹海豚

伊河海豚

皮氏斑纹海豚

暗色斑纹海豚

热带点斑原海豚

智利矮海豚

糙齿海豚

康氏矮海豚

长吻飞旋原海豚

印太瓶鼻海豚

赫氏矮海豚

澳大利亚白海豚

瓶鼻海豚

南露脊海豚

中华白海豚

条纹原海豚

真海豚

弗氏海豚

灰海豚

根据地理位置识别鲸目动物：印度洋
（包括莫桑比克海峡、红海、波斯湾、阿拉伯海和孟加拉湾）

请注意，在这片广阔的海域内，许多鲸目动物的分布范围其实非常有限。我们也有可能在这片海域内看到来自全球其他地方的物种，对这些物种来说，这片海域在它们的正常分布范围之外。就这片海域内的鲸目动物来说，图中展示的动物的相对大小（雄性的平均体长）是准确的。

蓝鲸

伊河海豚

侏儒小须鲸

长须鲸

矮鳍伊河海豚

塞鲸

南极小须鲸

布氏鲸

大村鲸

小露脊鲸

南露脊鲸

大翅鲸

小抹香鲸

侏儒抹香鲸

抹香鲸

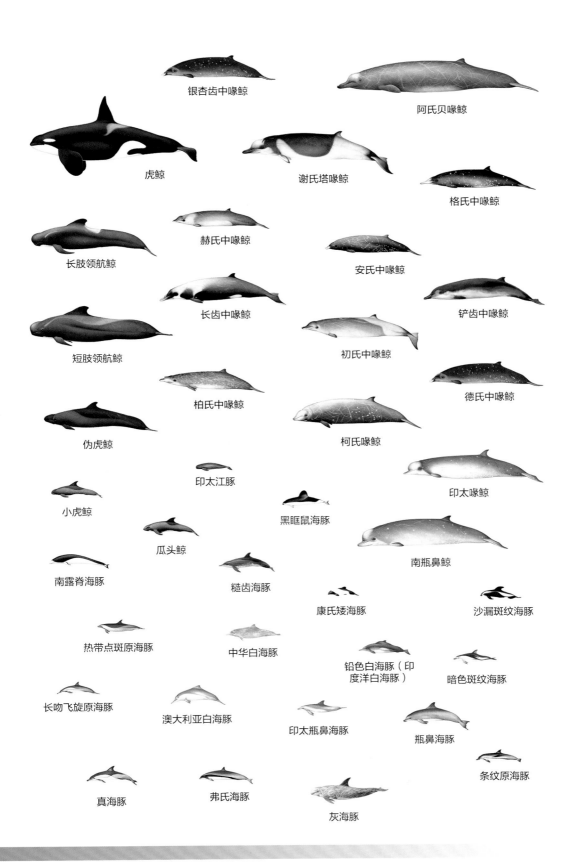

银杏齿中喙鲸

阿氏贝喙鲸

虎鲸

谢氏塔喙鲸

格氏中喙鲸

长肢领航鲸

赫氏中喙鲸

安氏中喙鲸

铲齿中喙鲸

短肢领航鲸

长齿中喙鲸

初氏中喙鲸

德氏中喙鲸

伪虎鲸

柏氏中喙鲸

柯氏喙鲸

印太喙鲸

印太江豚

小虎鲸

黑眶鼠海豚

南瓶鼻鲸

瓜头鲸

南露脊海豚

糙齿海豚

康氏矮海豚

沙漏斑纹海豚

热带点斑原海豚

中华白海豚

铅色白海豚（印度洋白海豚）

暗色斑纹海豚

长吻飞旋原海豚

澳大利亚白海豚

印太瓶鼻海豚

瓶鼻海豚

条纹原海豚

真海豚

弗氏海豚

灰海豚

根据地理位置识别鲸目动物：北冰洋

（包括格陵兰海、巴伦支海、白海、喀拉海、拉普捷夫海、东西伯利亚海、楚科奇海、波弗特海、戴维斯海峡、巴芬湾和哈得孙湾）

请注意，在这片广阔的海域内，许多鲸目动物的分布范围其实非常有限。我们也有可能在这片海域内看到来自全球其他地方的物种，对这些物种来说，这片海域在它们的正常分布范围之外。就这片海域内的鲸目动物来说，图中展示的动物的相对大小（雄性的平均体长）是准确的。

蓝鲸

港湾鼠海豚

小须鲸

长须鲸

白鲸

塞鲸

大翅鲸

梭氏中喙鲸

一角鲸

灰鲸

北瓶鼻鲸

瓶鼻海豚

虎鲸

贝氏贝喙鲸

长肢领航鲸

抹香鲸

北极露脊鲸

白喙斑纹海豚

大西洋斑纹海豚

根据地理位置识别鲸目动物：南大洋

（包括威德尔海和罗斯海）

　　请注意，在这片广阔的海域内，许多鲸目动物的分布范围其实非常有限。我们也有可能在这片海域内看到来自全球其他地方的物种，对这些物种来说，这片海域在它们的正常分布范围之外。就这片海域内的鲸目动物来说，图中展示的动物的相对大小（雄性的平均体长）是准确的。

抹香鲸

阿氏贝喙鲸

柯氏喙鲸

南露脊鲸

南瓶鼻鲸

小露脊鲸

黑眶鼠海豚

南极小须鲸

大翅鲸

侏儒小须鲸

格氏中喙鲸

塞鲸

长齿中喙鲸

长肢领航鲸

长须鲸

南露脊海豚

康氏矮海豚

虎鲸

蓝鲸

沙漏斑纹海豚

皮氏斑纹海豚

北大西洋露脊鲸

NORTH ATLANTIC RIGHT WHALE

Eubalaena glacialis (Müller, 1776)

北大西洋露脊鲸是目前人们研究得最为深入的、极度濒危的大型鲸之一。如今为数不多的北大西洋露脊鲸是过度商业捕鲸的幸存者，尽管商业捕鲸已被禁止，但它们仍面临着人类造成的新威胁，人们普遍认为它们有非常大的灭绝危险。

分类 须鲸亚目，露脊鲸科。

英文常用名 传统观点认为早期的英国捕鲸者之所以将它们命名为"right whale"，是因为它们是"正确"的猎物。它们分布在海岸附近，游得非常慢，以至于能被由帆或桨驱动的小船捕获。它们死后会漂浮在海面上，能提供极有价值的鲸油和鲸须。然而，19 世纪中期的科学家认为"right"是"真实"的意思，即它们具有鲸的典型特征。

别名 大西洋露脊鲸、北露脊鲸；曾被称为黑露脊鲸、黑鲸、比斯卡恩露脊鲸、露脊鲸。

学名 *Eubalaena* 源自希腊语 *eu*（对或真）和拉丁语 *balaena*（鲸），*glacialis* 为拉丁语，意为"雪"或"冷冻"（模式产地为挪威北部的北角）。

分类学 没有公认的分形或亚种，尽管在北大西洋有 2 个公认的种群；2000 年，由于鲸之间和鲸虱之间的基因差异，北太平洋露脊鲸正式从北大西洋露脊鲸中分离出来（这两个物种之前都被归为北大西洋露脊鲸）。

成体

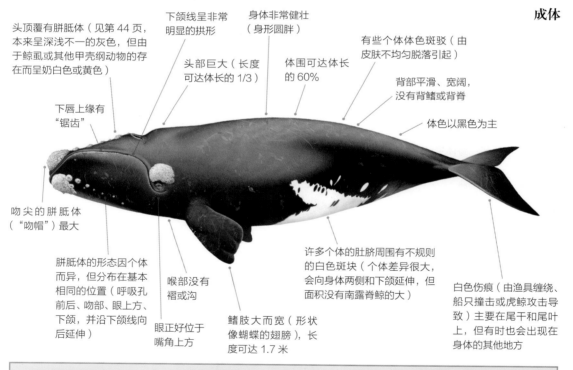

头顶覆有胼胝体（见第 44 页，本来呈深浅不一的灰色，但由于鲸虱或其他甲壳纲动物的存在而呈奶白色或黄色）

下颌线呈非常明显的拱形

身体非常健壮（身形圆胖）

头部巨大（长度可达体长的 1/3）

体围可达体长的 60%

有些个体体色斑驳（由皮肤不均匀脱落引起）

背部平滑、宽阔，没有背鳍或背脊

体色以黑色为主

下唇上缘有"锯齿"

吻尖的胼胝体（"吻帽"）最大

胼胝体的形态因个体而异，但分布在基本相同的位置（呼吸孔前后、吻部、眼上方、下颌，并沿下颌线向后延伸）

喉部没有褶或沟

眼正好位于嘴角上方

鳍肢大而宽（形状像蝴蝶的翅膀），长度可达 1.7 米

许多个体的肚脐周围有不规则的白色斑块（个体差异很大，会向身体两侧和下颌延伸，但面积没有南露脊鲸的大）

白色伤痕（由渔具缠绕、船只撞击或虎鲸攻击导致）主要在尾干和尾叶上，但有时也会出现在身体的其他地方

鉴别特征一览

- 分布于北大西洋。
- 体型为特大型。
- 身体非常健壮。
- 体色以黑色为主。
- 背部平滑，没有背鳍或背脊。
- 在海面上露出的身体部分较少。
- 巨大的头部覆有胼胝体。
- 拱形的下颌线非常明显。
- 喉部没有褶或沟。
- 喷潮呈 V 形。
- 有宽大的矩形桨状鳍肢。

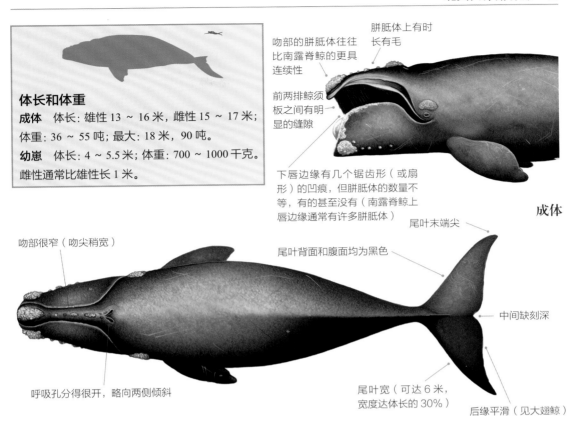

体长和体重
成体 体长：雄性 13 ~ 16 米，雌性 15 ~ 17 米；
体重：36 ~ 55 吨；最大：18 米，90 吨。
幼崽 体长：4 ~ 5.5 米；体重：700 ~ 1000 千克。
雌性通常比雄性长 1 米。

吻部的胼胝体往往比南露脊鲸的更具连续性

胼胝体上有时长有毛

前两排鲸须板之间有明显的缝隙

下唇边缘有几个锯齿形（或扇形）的凹痕，但胼胝体的数量不等，有的甚至没有（南露脊鲸上唇边缘通常有许多胼胝体）

成体

尾叶末端尖

尾叶背面和腹面均为黑色

吻部很窄（吻尖稍宽）

中间缺刻深

呼吸孔分得很开，略向两侧倾斜

尾叶宽（可达 6 米，宽度达体长的 30%）

后缘平滑（见大翅鲸）

相似物种

　　北大西洋露脊鲸体型庞大，有胼胝体和拱形的下颌线，没有背鳍，身体主要呈黑色，喷潮呈 V 形。这些特征应该可以把北大西洋露脊鲸与该区域其他所有大型鲸区分开来。它们与分布的更偏北的北极露脊鲸看起来很相似，但实际上二者的分布范围没有重叠。

从远处看，它们可能与大翅鲸混淆，大翅鲸的喷潮有时也呈 V 形（大翅鲸有短而粗的背鳍和长长的鳍肢，尾叶腹面有黑白斑）。它们的潜水过程与其他大型鲸的也非常不同。北大西洋露脊鲸和北太平洋露脊鲸在海上很难区分，但它们的分布范围没有重叠。

主要摄食地
次要摄食地
洄游走廊
繁殖地
自 2015 年以来出现的新的目击报告
东部的历史分布范围

北大西洋露脊鲸分布图

幼崽

新生幼崽的头部和吻部有光滑的浅灰色区域（这里将长出胼胝体），比较明显

浅灰色的区域在幼崽出生后的头几个月内会变厚、变粗糙（在幼崽 7 ~ 10 个月大时，胼胝体会发育完全，被鲸虱占据）

尾叶

分布

历史上，北大西洋有 2 个基本隔离的种群。然而，东部种群被认为已经功能性灭绝：自 1960 年以来，只有不到 12 条确认的目击记录，而且目击对象也有可能是西部种群的流浪者（或者可能代表着一个残余种群）。北大西洋西部种群的流动性很强，但其中只有怀孕的雌性和其他少数个体会进行可预测的季节性洄游。它们主要分布在温带水域和亚极地沿海水域，包括浅水盆地和大陆架相对较深的区域。

东部种群

从历史上看，北大西洋露脊鲸的活动范围可能为西撒哈拉外的辛特拉湾（已知的唯一的繁殖地）到英国西部的比斯开湾、冰岛周围，以及挪威海到挪威北部的北角。根据捕鲸记录，它们在沿海洄游。最近在冰岛附近的北大西洋西部（最近一次是在 2018 年 7 月）、挪威北部和亚速尔群岛有一些已确认个体再次目击的记录，这表明至少该种群成员的分布范围扩大了（或者该种群可能存在目前尚未描述的重要栖息地）。

潜水过程

- 巨大的头部划破海面时可能会喷潮（长时间潜水后，在海水几乎透明时头部可能浮出）。
- 头部消失在海面下，平滑、宽阔、低矮的背部出现。
- 在下潜前还会出现一次喷潮，深吸气时头从水里抬得更高了。
- 头下压，背部弓成弧形。
- 在尾叶入水前，通常会进行 4 ~ 6 次喷潮，每次间隔 10 ~ 30 秒。
- 深潜前，尾叶举得很高。

喷潮

- 细密，呈 V 形（从前面或后面看呈椭圆形，从侧面看细密）。
- 高达 7 米（个体差异很大）。
- 两侧的高度往往不一致。
- 与灰鲸或大翅鲸（有时会产生 V 形喷潮）的喷潮相比，V 形的底部间距更宽。
- 如果风吹散了喷潮，就很难看到鲸（因为身体淹没在水里，不利于观察）。

西部种群

已知它们有 6 个重要的夏季摄食地，2/3 的西部种群在以下地点摄食：大南海峡（科德角湾东南部）、约旦盆地（缅因湾北部）、乔治盆地（乔治浅滩东北缘）、科德角湾和马萨诸塞湾、芬迪湾（美国缅因州和加拿大新斯科舍省之间）的下游、罗斯威盆地（位于加拿大新斯科舍省以南 50 千米的苏格兰大陆架上）。以往，在春天它们大多聚集在南部的摄食地，在夏天和秋天洄游到芬迪湾和罗斯威盆地，但近年来它们的摄食行为越来越难预测。据猜测，由于海洋变暖，它们被迫到北方寻找食物。夏季摄食地之间的区域性洄游可能很常见，并且可能是长距离的（在某些情况下总路程超过 2000 千米）。

目前还不清楚其余 1/3 的西部种群去哪里摄食（虽然很可能是在离岸海域，因为在过去的 25 年里，北美东部沿海的大部分区域已经被充分调查过，科学家没有找到其他地点）。在圣劳伦斯湾、戴维斯海峡和丹麦海峡以及北大西洋露脊鲸很少出现的纽芬兰也发现了它们的身影，它们的出现时间长达 8 ~ 9 个月（自 2011 年以来数量不断增加）。最近，在格陵兰岛南部 19 世纪的捕鲸场附近，声学仪器探测到了它们，但数量和来源不得而知。

在 11 ~ 12 月，怀孕的雌性（有时还伴有少量年轻个体和未产崽的雌性）沿着北美东海岸向南洄游，到达已知的北美唯一的繁殖地——在佛罗里达州北部和佐治亚州南部（主要在萨凡纳和圣奥古斯丁之间）相对隐蔽的浅海。繁殖地可能会向北延伸到北卡罗来纳州的开普菲尔河，至少对一些个体来说如此，偶尔也会向西延伸到墨西哥湾。它们会在 3 ~ 4 月返回北部的摄食地。大多数个体（包括大多数幼崽和雄性成体）不会洄游到这些繁殖地，它们的越冬范围未知。然而，在 21 世纪初，北大西洋露脊鲸在冬季（从当年 11 月 ~ 次年 1 月）连续出现在缅因湾，人们认为它们可能在那里交配；很少有证据表明其他鲸会聚集在罗斯威盆地。不过，这种季节性的聚集并没有持续下去。

行为

北大西洋露脊鲸通常移动缓慢，可能在海面停留很长时间，热衷于跃身击浪、浮窥、拍尾击浪和胸鳍击浪等行为。它们相对比较容易接近、好奇心重，很少或根本不躲避船只。

鲸须

- 205 ~ 270 块鲸须板（上颌每侧）。
- 鲸须板长而薄，平均长 2 ~ 2.8 米，呈灰褐色至黑色不等（鲸须板上有非常细的灰色刚毛，表明其摄食小动物）。

生活史

性成熟　雌性 7 ~ 10 年，雄性至少要到 15 年。

交配　性行为全年都有，但在冬季以外的繁殖季可能具有社会功能（如供雌性评估潜在的配偶）；求偶涉及的是海面活跃的群体——一般有 5 头，但有时会有 20 多头（通常是众多雄性和一两头雌性，翻滚和戏水长达数小时）；雄性之间很少有严重的攻击行为（尽管为了争夺雌性，它们会有大量推挤行为），这表明它们之间存在精子竞争（雌性会和许多雄性交配，那些产生最多精子的个体具有繁殖优势）。雄露脊鲸的睾丸是所有动物中最大的，长 2 米，每个重 525 千克（存在精子竞争的进一步证据）。

妊娠期　12 ~ 13 个月。

产崽　产崽间隔整体呈上升趋势，1983 ~ 1992 年平均为 3.3 年，1993 ~ 2003 年平均为 5 年（最长 5.8 年），2004 ~ 2005 年平均为 3.4 年，2015 年平均为 5.5 年，2017 年平均为 10.2 年；每胎一崽，冬季出生（当年 11 月下旬 ~ 次年 3 月初，高峰在 1 月初）。

断奶　通常在 10 ~ 12 个月后。

寿命　未知，但可能为 70 岁，理想情况下可达 85 岁；现在寿命明显缩短（由于遭到船只撞击和渔具缠绕，平均寿命约 35 岁）。

食物和摄食

食物　主要捕食甲壳纲桡足类的哲水蚤，特别是飞马哲水蚤（体长 2 ～ 3 毫米），但也会捕食其他小型无脊椎动物，包括较小的其他桡足类动物、端足类动物、磷虾、翼足类动物（微小的浮游蜗牛）和藤壶幼虫。

摄食　通常以大约 5 千米 / 时的速度撇滤摄食（在海面或近海面处，张开嘴，缓慢游动，将猎物聚集起来，偶尔闭上嘴，以排出水、吞下猎物）；也会在深海（水深超过 200 米）摄食，并通过寻找种群密度极高的浮游动物来提高摄食效率；多在冬末到秋末摄食，但可能持续到隆冬时节。在科德角湾观察到它们以协调的梯形队伍进行撇滤摄食。在其他鲸附近摄食时，通常无任何证据表明它们之间存在协作关系；它们在冬季繁殖地不摄食。

潜水深度　经常出现在海面或接近海面处；可以轻易到水深超过 200 米、接近海底大陆架的地方摄食，最深可能到达水深 300 米的地方。

潜水时间　深潜摄食时间通常为 10 ～ 20 分钟，最长为 40 分钟。

群体规模和结构

　　北大西洋露脊鲸通常组成 1 ～ 2 头（有时多达 12 头）的松散群体；可能会在食物丰富的摄食地或繁殖地暂时形成更大的群体，并在几天内分散开来。

胼胝体

　　胼胝体是一种厚的、不规则的、坚硬的组织，只有 3 种露脊鲸身上才有，一般生长在它们头部稀疏的毛周围。这些组织因与许多动物皮肤上的胼胝（或变厚的皮肤）有相似之处而得名。胼胝体表面布满了脊和沟，摸起来像硬橡胶，从远处看有点儿像藤壶。胼胝体原本呈浅灰色至深灰色，但由于它们是成千上万的奶白色或黄色的鲸虱甲壳纲动物或鲸虱的家园，这些动物遮住了胼胝体原本的颜色。鲸的胼胝体的生长位置与人类面部毛发的生长位置相同：眼上方（眉毛）、吻部、呼吸孔和吻尖之间（胡须）、下唇和下颌的边缘（胡须）。在鲸的生长过程中，胼胝体的高度会发生变化（向上生长并反复断裂），但它们的整体

大小和位置保持不变。因此，它们的形状和大小可以作为鲸的"指纹"或"可识别的面孔"，研究人员可以借此区分不同的个体。人每根毛发的根部都有发达的神经，但胼胝体本身的功能尚不清楚。有一种理论认为，它们是露脊鲸专门用来吸引大量鲸虱的，这些鲸虱会用后腿站立起来捕捉桡足类动物，而这能够指引露脊鲸游向小型猎物更密集的地方。

鲸虱

　　露脊鲸主要携带 3 种鲸虱甲壳纲动物或鲸虱，其中 2 种是其特有的（椭圆鲸虱也出现在抹香鲸身上），最近的遗传学证据表明，这 3 个物种应该被分为 9 个物种，因为它们在北大西洋、北太平洋和南半球的宿主身上有很大的差异。鲸虱附着在胼胝体上，在鲸目动物身上其他部位的褶皱中很常见。

胼胝体

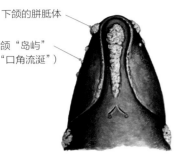 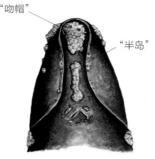 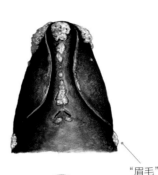

下颌的胼胝体

下颌"岛屿"（"口角流涎"）

"吻帽"

"半岛"

"眉毛"

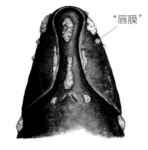 

喙部"岛屿"

呼吸孔后面的胼胝体

"唇膜"

"围板"

Cyamus gracilis

长 6 毫米；

体色主要为黄色；

一般每头鲸身上约有 500 只；

主要分布在隆起的胼胝体的凹陷和沟槽中。

游荡鲸虱

长 2 ~ 15 毫米；

体色主要为橙色；

一般每头鲸身上约有 2000 只；

主要分布在生殖裂和乳裂处光滑的皮肤上，也大量聚集在伤口上，在幼崽的头上（没有胼胝体处）也有许多（当幼崽 2 个月大时消失）。

椭圆鲸虱

长 12 ~ 15 毫米；

体色主要为白色；

一般每头鲸身上约有 5000 只；

成体鲸虱在胼胝体上的密度为每平方厘米一只（这是鲸胼胝体颜色苍白的主要原因）。

天敌

虎鲸是北大西洋露脊鲸的已知天敌，尽管它们的分布范围没有太多的重叠。北大西洋露脊鲸（它们是"战斗物种"而非"飞行物种"）可能会努力抵御虎鲸的攻击，用尾叶击打和撞击虎鲸，它们头部粗糙的胼胝体可能是武器或盔甲。也有证据表明，噬人鲨、鼬鲨、尖吻鲭鲨，可能还有低鳍真鲨，偶尔会攻击繁殖地的北大西洋露脊鲸的幼崽和没有伴的年轻个体，以及脆弱的成年鲸（比如它们被渔具缠住时）。

照片识别

识别北大西洋露脊鲸主要借助其头部自然的胼胝体形态（每个个体的都是独一无二的）。由于胼胝体是三维的，从各个角度拍摄的大量胼胝体照片有助于识别该物种。胼胝体的颜色来自寄生在上面的鲸虱，它们的形状有时也会随着鲸虱的移动而改变，但研究人员能够辨认这些变化。借助胼胝体的照片来识别鲸时，还要结合鲸的躯干、头部和尾叶上独特的伤痕或标记，腹部的白色斑块，以及下唇上缘的"锯齿"（特别是识别胼胝体还没有完全形成的幼崽时）。

种群丰度

北大西洋露脊鲸曾常见于北大西洋两岸，但现在是世界上极度濒危的大型鲸之一。在人们实施了一系列保护措施后，它们的数量开始缓慢增长，从 20 世纪 30 年代中期的不足 100 头增加到 1990 年的 270 头，再增长到 2010 年的 483 头（峰值）。但自那以后，它们的数量似乎有所下降，最近的结果是 2018 年的 432 头，其中仅有 100 头是能繁殖的雌性。2000 ~ 2010 年平均每年有 24 头幼崽出生，但自 2010 年以来产崽率下降了近 40%。2017 ~ 2018 年的产崽季没有幼崽出生，这是历史上第一次出现这种情况（除非考察队错过了一头幼崽），2019 年至少有 7 头出生。

保护

世界自然保护联盟保护现状：濒危（2017 年）。如果单独评估，东部种群将被列为极危，甚至是灭绝。北大西洋露脊鲸是第一种遭到商业捕杀的鲸，早在 11 世纪，比斯开湾的巴斯克渔场就开始捕杀它们了，这种行为一直持续到 20 世纪。目前还没有早期总捕获量的数据，但据计算，在 1634 ~ 1950 年，仅在北大西洋西部就有 5500 ~ 11000 头被捕杀；在 1881 ~ 1924 年，英国和冰岛至少捕杀了 120 头；最近一次记录在案的是 1967 年在马德拉岛捕获的一个母子对，当时还有一头逃跑了。到 1935 年该物种受到保护时（尽管在那之后仍有一些捕杀活动），东部种群已经功能性灭绝，西部种群存活下来的可能不超过 100 头。

现今北大西洋露脊鲸面临的两大主要威胁是船只撞击和渔具缠绕，自 1970 年以来死亡的北大西洋露脊鲸半数以上由其造成。近 85% 的北大西洋露脊鲸至少有一次被渔具缠绕的经历，罪魁祸首是新英格兰的龙虾产业（缅因湾估计有 300 万个龙虾笼，现在更结实的绳子正在捕捉和杀死更多的鲸），加拿大的捕蟹业是另一个重要因素。自 2009 年以来，北大西洋露脊鲸 58% 的死亡事件由渔具缠绕导致（较 2000 ~ 2008 年上升了 25%）；即使是幸存者也会遭受数年的痛苦，雌性成体可能无法再繁殖后代。

北大西洋露脊鲸特别容易受到船只撞击，因为它们体型庞大，行动缓慢，常在海面附近摄食，并且很难被发现（因为没有背鳍）；更糟糕的是，它们聚集在主要航道上。加拿大和美国已经采取各种措施来防止它们受到撞击，但船只撞击仍然是一个主要的问题。在 2017 年夏秋两季，死亡的鲸的数量达到了前所未有的水平——至少有 17 头鲸死亡（之前平均每年死亡 3.8 头）。调查结果表明，大多数鲸死于船只撞击或

北大西洋露脊鲸在海面上热衷的行为——跃身击浪

在佐治亚州杰基尔岛以东 16 千米处拍到的一个母子对

渔具缠绕。北大西洋露脊鲸面临的其他威胁包括遗传多样性低、营养不良、化学污染和噪声污染、船只航行干扰，以及环境变化。

情况十分紧急，北大西洋露脊鲸可能在 20 年内功能性灭绝。

发声特征

北大西洋露脊鲸的声音很高，能发出各种低频的呻吟声、哼哼声、呼噜声、叹息声、吼叫声和脉冲。它们的声音似乎具有社交功能。最常见的声音是固定不变的高音，各年龄段的雌雄个体都能发出。这些声音持续 1 ~ 2 秒，被认为用于长途联系。最近的研究表明，它们有可能通过高音的细微差异来识别个体。较不常见的是低音，通常以一个短暂的下行扫频开始，然后提高频率，并伴随着持续的呻吟声。

在海面活跃的鲸群最常发出的是尖叫声，持续

北大西洋露脊鲸和大西洋斑纹海豚

0.5 ～ 2.8 秒；这种声音被认为是由被关注的雌性发出的。还有一种响亮的声音是"鸣枪声"，听起来像是步枪开火的声音，由单独的雄性成体发出，可能用来威胁其他雄性或吸引雌性。最近的研究表明，有新生幼崽的雌鲸也会发出沉闷的"鸣枪声"，这显然是紧张和激动情绪的体现。另外，母子对在幼崽出生后的前 6 周通常保持沉默，这可能是为了躲避捕食者或同类的骚扰。

北大西洋露脊鲸在海面附近撇食密集的浮游动物

北太平洋露脊鲸

NORTH PACIFIC RIGHT WHALE

Eubalaena japonica　(Lacépède, 1818)

1874 年，捕鲸船船长兼博物学家查尔斯·斯卡蒙称北太平洋露脊鲸"分散在海面上，满眼皆是"。但是，商业捕鲸的迅速发展可能给它们带来了最惨烈的伤害。

分类　须鲸亚目，露脊鲸科。

英文常用名　传统观点认为早期的英国捕鲸者之所以将它们命名为"right whale"，是因为它们是"正确"的猎物。它们分布在海岸附近，游得非常慢，以至于能被由帆或桨驱动的小船捕获。它们死后会漂浮在海面上，能提供极有价值的鲸油和鲸须；然而，19 世纪中期的科学家认为"right"是"真实"的意思，即它们具有鲸的典型特征。

别名　太平洋露脊鲸；曾被称为北方露脊鲸、黑露脊鲸、黑鲸。

学名　*Eubalaena* 源自希腊语 *eu*（对或真）和拉丁语 *balaena*（鲸）；*japonica* 是拉丁语 *japonicus* 的阴性词，意为"日本"（模式产地为日本）。

分类学　没有公认的分形或亚种，尽管在北太平洋两岸有 2 个公认的种群；2000 年，由于鲸之间和鲸虱之间的基因差异，北太平洋露脊鲸正式从北大西洋露脊鲸中分离出来（这两个物种之前都被归为北大西洋露脊鲸）。与北大西洋露脊鲸相比，北太平洋露脊鲸与南露脊鲸亲缘关系更近。

成体

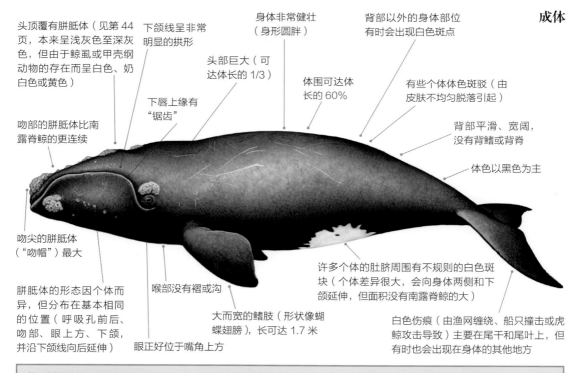

头顶覆有胼胝体（见第 44 页，本来呈浅灰色至深灰色，但由于鲸虱或甲壳纲动物的存在而呈白色、奶白色或黄色）

下颌线呈非常明显的拱形

身体非常健壮（身形圆胖）

背部以外的身体部位有时会出现白色斑点

头部巨大（可达体长的 1/3）

体围可达体长的 60%

有些个体体色斑驳（由皮肤不均匀脱落引起）

吻部的胼胝体比南露脊鲸的更连续

下唇上缘有"锯齿"

背部平滑、宽阔，没有背鳍或背脊

体色以黑色为主

吻尖的胼胝体（"吻帽"）最大

胼胝体的形态因个体而异，但分布在基本相同的位置（呼吸孔前后、吻部、眼上方、下颌，并沿下颌线向后延伸）

喉部没有褶或沟

眼正好位于嘴角上方

大而宽的鳍肢（形状像蝴蝶翅膀），长可达 1.7 米

许多个体的肚脐周围有不规则的白色斑块（个体差异很大，会向身体两侧和下颌延伸，但面积没有南露脊鲸的大）

白色伤痕（由渔网缠绕、船只撞击或虎鲸攻击导致）主要在尾干和尾叶上，但有时也会出现在身体的其他地方

鉴别特征一览

- 分布于北太平洋。
- 体型为特大型。
- 身体非常健壮。
- 体色以黑色为主。
- 背部平滑，没有背鳍或背脊。
- 在海面上露出的身体部分较少。
- 巨大的头部覆有浅色的胼胝体。
- 拱形的下颌线非常明显。
- 喉部没有褶或沟。
- 呈喷潮 V 形。
- 有宽大的矩形桨状鳍肢。

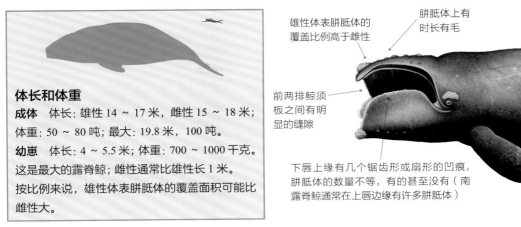

体长和体重

成体 体长：雄性 14 ~ 17 米，雌性 15 ~ 18 米；
体重：50 ~ 80 吨；最大：19.8 米，100 吨。

幼崽 体长：4 ~ 5.5 米；体重：700 ~ 1000 千克。
这是最大的露脊鲸；雌性通常比雄性长 1 米。
按比例来说，雄性体表胼胝体的覆盖面积可能比
雌性大。

雄性体表胼胝体的
覆盖比例高于雌性

胼胝体上有
时长有毛

前两排鲸须
板之间有明
显的缝隙

下唇上缘有几个锯齿形或扇形的凹痕，
胼胝体的数量不等，有的甚至没有（南
露脊鲸通常在上唇边缘有许多胼胝体）

成体

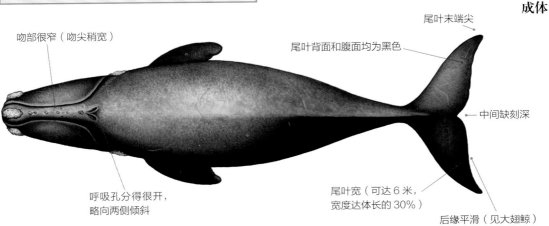

尾叶末端尖

尾叶背面和腹面均为黑色

中间缺刻深

吻部很窄（吻尖稍宽）

呼吸孔分得很开，
略向两侧倾斜

尾叶宽（可达 6 米，
宽度达体长的 30%）

后缘平滑（见大翅鲸）

相似物种

北太平洋露脊鲸体型庞大，有胼胝体和拱形的下颌线，没有背鳍，身体主要为黑色，喷潮呈 V 形。这些特征应该可以把北太平洋露脊鲸与该区域所有其他大型鲸区分开来，除了北极露脊鲸（虽然二者分布范围几乎没有重叠，北极露脊鲸更有可能与冰有关）。从近处看，有胼胝体和头部、尾干缺少白色是其很明显的特征。从远处看，它们可能与灰鲸（斑驳的灰色和背部"驼峰"）和大翅鲸（短而粗的背鳍、长长的鳍肢和尾叶腹面的黑白斑）混淆；人们曾观察到露脊鲸和大翅鲸的互动。大型鲸的潜水过程也很不同。北半球的两种露脊鲸在海上很难区分，但它们的分布范围没有重叠。

分布

以前，北太平洋露脊鲸在寒冷的温带水域中数量最多，夏季主要在北纬 40 度以北的北太平洋大部分区域，冬季一般向南洄游到北纬 30度。相比以前北太平洋露脊鲸的分布范围变小了。这里似乎有 2 个截

主要的分布范围　　目击热点地区

北太平洋露脊鲸分布图

幼崽

新生幼崽的头部和吻部有光滑的浅灰色区域（这里将长出胼胝体），比较明显

浅灰色的区域在幼崽出生后的头几个月会变厚、变粗糙（在幼崽7～10个月大时，胼胝体会发育完全，被鲸虱占据）

尾叶

然不同的种群：一个是北太平洋西部的种群，有几百头，聚集在鄂霍次克海周围；另一个是北太平洋东部仅有的种群，有几十头，主要在白令海和阿拉斯加湾活动。它们似乎会进行季节性洄游，从北纬40度到60度的夏季摄食地游到北纬20度到30度（可能甚至更南）的潜在冬季繁殖地。繁殖地的位置还有待确定。它们比北大西洋露脊鲸更喜欢远洋水域。在过去的20年里，大多数目击事件都发生在白令海的东南部（但这是研究力度最大的地方）。近年来的特殊目击记录（可能是分布范围外）如下：1979年3月和1996年4月，夏威夷的毛伊岛；1996年2月，墨西哥的下加利福尼亚州；2013年6月和10月，加拿大不列颠哥伦比亚省；2017年4月，加利福尼亚州的拉霍亚；2017年5月，加利福尼亚州海峡群岛附近。北太平洋露脊鲸、北大西洋露脊鲸和南露脊鲸被北极的冰块和温暖的赤道水域所隔离，据估计，这3个物种之间已经有数百万年没有相互交流了。

西部种群

历史上的捕鲸记录表明，西部种群夏季主要的

潜水过程

- 巨大的头部划破海面时可能会喷潮（长时间潜水后，在海水几乎透明时头部可能浮出）。
- 头部消失在海面下，平滑、宽阔、低矮的背部出现。
- 在下潜前会最后一次喷潮，深吸气时头从水里抬得更高了。
- 头下压，背部弓成弧形。
- 在尾叶入水前，通常会进行4～6次喷潮，每次间隔10～30秒。
- 在海面上时，海水冲刷其背部，产生独特的白色水流。

喷潮

- 细密，呈V形（从前面或后面看呈椭圆形，从侧面看细密）。
- 高达7米（个体差异很大）。
- 两侧的高度往往不对称。
- 与灰鲸或大翅鲸（有时会产生V形喷潮）相比，V形底部的间隔更宽。
- 如果风吹散了喷潮，就很难看到鲸（因为身体淹没在水里，不利于观察）。

食物和摄食

食物　主要捕食桡足类的哲水蚤，但也会捕食其他小型无脊椎动物，包括较小的其他桡足类动物、端足类动物、磷虾、翼足类动物（微小的浮游蜗牛）和藤壶幼虫。

摄食　通常以大约 5 千米 / 时的速度撇滤摄食（在海面或近海面处，张开嘴，缓慢游动，将猎物聚集起来，偶尔闭上嘴，以排出水、吞下猎物）；也会在深海（水深达 300 米）滤食；水从前面鲸须板之间的缝隙中流过；至少被观察到一次猛扑摄食；在冬季繁殖地不摄食。

潜水深度　经常出现在海面或接近海面处；可能是比北大西洋露脊鲸更深的潜水者（如在离岸更深的水域），但没有定量数据；能迅速下降到密集的浮游动物层，最深达海面以下 300 米；曾被观察到头部沾着泥浮在海面上（被认为是由于在海底头尾颠倒游动以摄食分层的浮游动物）。

潜水时间　深潜摄食时间通常为 10 ~ 20 分钟。

摄食地是鄂霍次克海（萨哈林岛和堪察加半岛之间）、千岛群岛和科曼多尔群岛周围、堪察加半岛东海岸以及北纬 40 度以北的白令海中部。这些区域仍然被认为是重要的夏季栖息地。在秋季，北太平洋露脊鲸向南迁移，至少会到北纬 30 度，可能到北纬 25 度。越冬地（也可能是产崽地）可能包括琉球群岛、黄海（朝鲜半岛西部）、台湾海峡和小笠原群岛。目前，繁殖地的位置仍然是个谜（虽然最近有来自小笠原群岛的报告，但只有零星的记录显示冬季出现单独的个体）。北大西洋露脊鲸通常在浅水近岸水域繁殖，与此不同的是，没有北太平洋露脊鲸在沿海冬季繁殖的证据，这表明它们可能在离岸开阔水域繁殖。

有一些历史证据表明，在北太平洋西部，有 2 种截然不同的露脊鲸群，它们被日本诸岛分开：日本海的鲸群沿着日本西海岸洄游，夏季在鄂霍次克海，冬季在日本南部未知的海域；太平洋的鲸群沿着日本东部海岸洄游，夏季在千岛群岛周围，冬季在白令海的西部和未知的海域。1994 ~ 2013 年，人们在北海道（日本）以东和千岛群岛（俄罗斯）的离岸水域对大型鲸进行了调查，看到露脊鲸出现了 55 次（77 头），其中包括 10 个母子对。

东部种群

历史上的捕鲸记录表明，东部种群夏季主要的摄食地是白令海东部和北纬 40 度以北的阿拉斯加湾。在秋季，它们向南洄游到未知的越冬地。自 20 世纪 90 年代以来，东部种群在夏季大多集中在 2 个区域：一个是在白令海东南部，阿拉斯加布里斯托尔湾以西（北纬 57 度到 59 度），在那里的鲸似乎生活在相对较浅的水域，中部大陆架上 70 米深；另一个则是在阿拉斯加湾科迪亚克岛以南的大陆架和斜坡。东部种群的越冬地还不清楚（似乎在离岸繁殖）。

行为

近几十年来对现存北太平洋露脊鲸的直接观察相对较少。它们通常移动缓慢，可能在海面上停留很长时间。但它们已经被目击到跃身击浪、浮窥、拍尾击浪和胸鳍击浪等行为。而且，它们可能容易接近、好奇心重，很少或根本不躲避船只。

鲸须

- 205 ~ 270 块鲸须板（上颌每侧）。

生活史

性成熟　雌性可能是 9 ~ 10 年（偶尔到 5 年）；雄性未知。

交配　鲜为人知（参见北大西洋露脊鲸）；性行为全年都有，但在冬季以外的繁殖季可能具有社会功能；求偶涉及的是海面活跃的群体，有时会有 20 多头（通常是众多雄性和一头雌性）；雄性之间很少有严重的攻击行为（尽管为了争夺雌性它们会有大量推挤行为），这表明它们之间存在精子竞争。雄露脊鲸的睾丸是所有动物中最大的，长 2 米，每个重 525 千克。

妊娠期　12 ~ 13 个月。

产崽　每 3 年一次（偶尔 2 ~ 5 年）；有一只幼崽在冬季出生。

断奶　通常在 10 ~ 12 个月后（最大范围为 8 ~ 17 个月）。

寿命　未知，但可能为 70 岁。

- 长而薄的鲸须板，平均长 2 ~ 2.8 米，呈灰褐色至黑色不等（鲸须板上有非常细的灰色刚毛，表明其摄食小动物）。

群体规模和结构

北太平洋露脊鲸通常组成 1 ~ 2 头（有时多达 30 头）的聚群，可能会在食物丰富的摄食地或繁殖地暂时形成更大的群体。

天敌

北太平洋露脊鲸的天敌可能是虎鲸和大型鲨鱼（主要攻击幼崽和没有伴的年轻个体）。它们会努力抵御虎鲸的攻击（而不是逃跑），用尾击打和用头撞击虎鲸，头部粗糙的胼胝体可能是武器或盔甲。

照片识别

识别北太平洋露脊鲸主要借助其头部自然的胼胝体形态（每个个体的都是独一无二的）。由于胼胝体是三维的，从各个角度拍摄的大量照片有助于识别该物种。借助胼胝体的照片来识别鲸时，还要结合鲸头部和尾叶上独特的伤痕或标记，以及下唇上缘的"锯齿"（独特的边缘图案）。

种群丰度

北太平洋露脊鲸的数量尽管从未有详细的记录，但据说在大规模捕鲸开始前至少有 3 万头。据估计，目前在北太平洋西部大约有 400 头，在北太平洋东部大约有 30 头（雄性较多）。但近年来没有幼崽出生的记录，也没有种群明显恢复的证据，种群趋势并不确定。

保护

世界自然保护联盟保护现状：濒危（2017 年）；北太平洋东部种群，极危（2017 年）。第一次被日本捕鲸者猎杀是在 10 世纪。欧洲和美国的大规模捕鲸始于 1835 年。在 14 年的时间里，北太平洋和邻近海域的露脊鲸被捕杀了 21000 ~ 30000 头；东部种群的数量急剧减少，以至于捕鲸者转向了其他物种。尽管从 1935 年起北太平洋露脊鲸就受到了法律保护，但非法捕鲸活动一直持续到 20 世纪 70 年代；最近的统计表明，苏联捕鲸者非法捕杀了 681 ~ 765 头北太平洋露脊鲸（大多数是在 1962 ~ 1968 年），消灭了东部种群幸存的大部分。北太平洋露脊鲸面临的其他威胁可能还包括渔具缠绕（日本、俄罗斯和韩国周围都有这种情况）和石油、天然气开发（特别是鄂霍次克海）。没有船只撞击造成北太平洋露脊鲸死亡的报告，但这可能也会是一个问题，特别是随着通过乌尼马克海峡和白令海的船只数量增加。至少，东部种群复苏的前景是黯淡的。

1996 年 2 月 20 日，在墨西哥下加利福尼亚州南部出现的北太平洋露脊鲸

在阿拉斯加布里斯托尔湾西部的白令海拍到的一头北太平洋露脊鲸——注意它下颌边缘大片的胼胝体（这在北太平洋露脊鲸中非同寻常）

发声特征

北太平洋露脊鲸的声音很高，能发出各种低频的呻吟声、哼哼声、呼噜声、叹息声、吼叫声和脉冲。它们的声音似乎具有社交功能。最常见的声音是"鸣枪声"，听起来像是步枪开火的声音，由单独的雄性成体发出，可能用来威胁其他雄性或吸引雌性。另一种常见的声音是刻板的高音，各年龄段的雌雄个体都能发出。这些声音持续 1 ~ 2 秒，被认为用于长途联系。最近的研究表明，它们有可能通过高音的细微差异来识别个体。在 2016 年的 2 个月里，北白令海的一个声学录音站总共记录了 15575 次"鸣枪声"和 139 次高音。较不常见的是低音，通常以一个短暂的下行扫频开始，然后提高频率，并伴随着持续的呻吟声。在海面活跃的鲸群最常发出的是尖叫声，持续 0.5 ~ 2.8 秒；这种声音被认为是由被关注的雌性发出的。最近的研究表明，有新生幼崽的雌鲸也会发出沉闷的"鸣枪声"，这显然是紧张和激动情绪的体现。另外，母子对在幼崽出生后的前 6 周通常保持沉默。北太平洋露脊鲸是已知的第一种会唱歌的露脊鲸。从当年 7 月到次年 1 月，在白令海东南部有 4 种不同的鲸歌被记录下来。每一种都由最多 3 个重复的短语组成，主要是"鸣枪声"，但通常也包括下行扫频、呻吟声和低频脉冲呼叫。"歌手"都是雄鲸，鲸歌似乎不会随时间而改变。这些鲸歌被认为是雄性的繁殖秀。

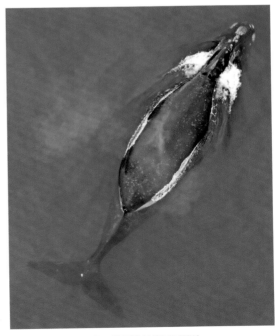

一头在白令海的北太平洋露脊鲸的罕见照片

南露脊鲸
SOUTHERN RIGHT WHALE

Eubalaena australis   (Desmoulins, 1822)

南露脊鲸是世界上最著名的大型鲸之一：1971 年以来在阿根廷瓦尔德斯半岛开展的研究一直在持续，这是追踪已知大型鲸个体生活时间最长的研究之一。虽然捕鲸活动对南露脊鲸造成的伤害还需要很长一段时间才能恢复，但它们并不像两个北方亲戚那样受到了严重的威胁。

分类　须鲸亚目，露脊鲸科。

英文常用名　传统观点认为早期的英国捕鲸者之所以将它们命名为 "right whale"，是因为它们是 "正确" 的猎物。它们分布在海岸附近，游得非常慢，以至于能被由帆或桨驱动的小船捕获。它们死后会漂浮在海面上，能提供极有价值的鲸油和鲸须。然而，19 世纪中期的科学家认为 "right" 是 "真实" 的意思，即它们具有鲸的典型特征。

别名　大露脊鲸、黑露脊鲸。

学名　*Eubalaena* 源自希腊语 *eu*（对或真）和拉丁语 *balaena*（鲸），*australis* 为拉丁语，意为 "南方"。

分类学　没有公认的分形或亚种；与北大西洋露脊鲸和北太平洋露脊鲸在基因上分离出来，尽管这 3 个物种在形态上几乎没有区别。

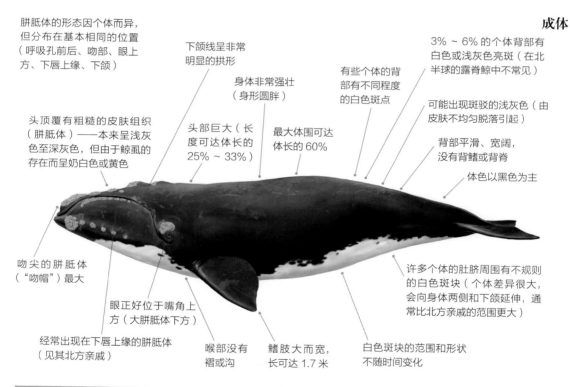

胼胝体的形态因个体而异，但分布在基本相同的位置（呼吸孔前后、吻部、眼上方、下唇上缘、下颌）

下颌线呈非常明显的拱形

身体非常强壮（身形圆胖）

有些个体的背部有不同程度的白色斑点

成体

3% ~ 6% 的个体背部有白色或浅灰色亮斑（在北半球的露脊鲸中不常见）

头顶覆有粗糙的皮肤组织（胼胝体）——本来呈浅灰色至深灰色，但由于鲸虱的存在而呈奶白色或黄色

头部巨大（长度可达体长的 25% ~ 33%）

最大体围可达体长的 60%

可能出现斑驳的浅灰色（由皮肤不均匀脱落引起）

背部平滑、宽阔，没有背鳍或背脊

体色以黑色为主

吻尖的胼胝体（"吻帽"）最大

眼正好位于嘴角上方（大胼胝体下方）

许多个体的肚脐周围有不规则的白色斑块（个体差异很大，会向身体两侧和下颌延伸，通常比北方亲戚的范围更大）

经常出现在下唇上缘的胼胝体（见其北方亲戚）

喉部没有褶或沟

鳍肢大而宽，长可达 1.7 米

白色斑块的范围和形状不随时间变化

鉴别特征一览

- 分布于南半球寒温带水域。
- 体型为特大型。
- 身体非常强壮。
- 身体以黑色为主，腹部有形态各异的白色斑块。
- 背部平滑，没有背鳍或背脊。
- 喉部没有褶或沟。

- 在海面上露出的身体部分较少。
- 巨大的头部覆有浅色的胼胝体。
- 拱形的下颌线非常明显。
- 喷潮呈 V 形。
- 非常热衷于海面行为。

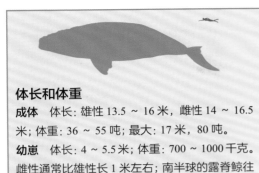

体长和体重

成体 体长：雄性 13.5 ～ 16 米，雌性 14 ～ 16.5 米；体重：36 ～ 55 吨；最大：17 米，80 吨。

幼崽 体长：4 ～ 5.5 米；体重：700 ～ 1000 千克。

雌性通常比雄性长 1 米左右；南半球的露脊鲸往往比北半球的略小；比大多数其他类似长度的须鲸都重。

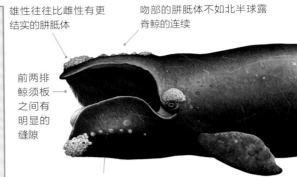

雄性往往比雌性有更结实的胼胝体

吻部的胼胝体不如北半球露脊鲸的连续

前两排鲸须板之间有明显的缝隙

下唇上缘有几个锯齿形（或扇形）的凹痕，可能有很长的胼胝体（见其北方"亲戚"）

成体

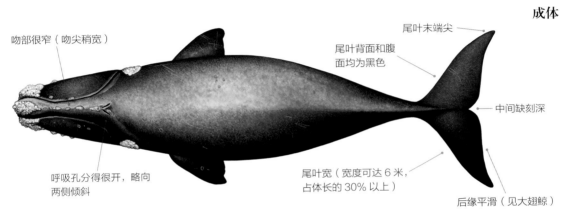

吻部很窄（吻尖稍宽）

呼吸孔分得很开，略向两侧倾斜

尾叶末端尖

尾叶背面和腹面均为黑色

中间缺刻深

尾叶宽（宽度可达 6 米，占体长的 30% 以上）

后缘平滑（见大翅鲸）

相似物种

　　南露脊鲸体型庞大，有胼胝体和拱形的下颌线，没有背鳍，身体主要为黑色，喷潮呈 V 形，这些特征应该可以把南露脊鲸与该区域所有其他大型鲸区分开来。从远处看，它们可能与大翅鲸混淆，大翅鲸（有短而粗的背鳍、长长的鳍肢，尾叶腹面有黑白斑）的喷潮有时也呈 V 形。它们的分布范围与北大西洋露脊鲸或北太平洋露脊鲸没有重叠。

分布

　　它们大约分布在南半球的南纬 20 度到 60 度，偶见于南美洲海岸的南纬 16 度和沿南极半岛至少延伸至南纬 65 度的海岸。它们在低纬度沿海冬季（通常为 5 ～ 12 月，具体时间因区域而异）繁殖地和高纬度沿海主要摄食地之间洄游。

　　有关南露脊鲸的大多数研究都集中在其繁殖地。在南非，一头被卫星标记的个体旅行了 8200 千米到达它在

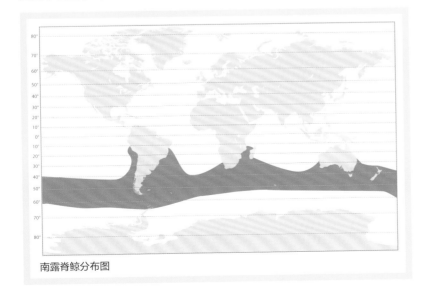

南露脊鲸分布图

南大西洋的摄食地。它们与北大西洋露脊鲸或北太平洋露脊鲸很少或没有交流（它们被温暖的赤道水域相隔。虽然鲸虱 DNA 的研究显示，在过去的一二百万年至少有一头南露脊鲸穿过赤道太平洋区域）。在冬季繁殖季，该物种喜欢在有庇护所的近岸浅水区和有沙底的海湾产崽（可能是为了保护幼崽免受天敌虎鲸和大型鲨鱼的伤害）。它们主要的交配地和繁殖地如下。

非洲南部　主要在南非，西起圣赫勒拿湾，东至伊丽莎白港；还有纳米比亚（有时含安哥拉南部）和莫桑比克。马达加斯加东部有一小部分；特里斯坦 - 达库尼亚岛周围有一个独立的小种群。

南美洲南部　主要在阿根廷（特别是瓦尔德斯半岛）到比格尔海峡以南，但也扩展到巴西南部。乌拉圭、秘鲁和智利有非常少的数量（可能形成单独的种群）。

澳大利亚　主要在西澳大利亚州南部海岸（远至埃克斯茅斯）、南澳大利亚州（大部分在西澳大利亚州的卢因角和南澳大利亚州的塞杜纳之间）和塔斯马尼亚岛（特别是在东南海岸）。可能形成了 2 个种群（西南 / 中南部种群和东南 / 南部种群）。

新西兰亚南极群岛　主要在奥克兰群岛和坎贝尔群岛外部——南太平洋仅存的几个繁殖地之一。历史上，新西兰的南岛和北岛曾是南露脊鲸的冬季繁殖地，在南露脊鲸经历了 19 世纪和 20 世纪的大规模捕杀之后，近 40 年（1928 ~ 1963 年）人们都没有在这些地方看到过它们。然而，自 1988 年以来，人们每年都能在这些地方看到它们，在 2000 ~ 2010 年，人们看到了 28 个母子对。

南露脊鲸在同一片大陆以内的繁殖地之间似乎存在着某种交流（比如每年有 13% ~ 15% 的生活在巴西的南露脊鲸在阿根廷附近被重新目击），但生活在不同大陆之间的繁殖地的南露脊鲸交流很少。

绝大部分南露脊鲸在离岸摄食，主要在南纬 40 度以南的南大洋中部（国际捕鲸委员会 / IWC 标注为 I ~ VI）。有些个体甚至在浮冰的边缘活动。南露脊鲸具体的摄食地包括马尔维纳斯群岛、南乔治亚岛、沙格岩，以及南极半岛。

体色

南露脊鲸主要有 5 种体色。

1. 黑色或野生型——出生时主要是黑色，腹部有边缘清晰的白色斑块；一生都保留黑白两色。

2. 亮斑——出生时主要为黑色，腹部和背部有边缘清晰的白色斑块；一生都保留黑白两色。

3. 灰色变形（以前称部分白化）——出生时主要为白色，在呼吸孔后面和背部有黑色的斑点（缺乏与白化病相关的粉色眼）。随着年龄的增长，白色皮肤会变暗，变成浅灰色或浅褐色，但分散的黑色斑点依然存在。

潜水过程

- 巨大的头部划破海面时可能会喷潮（长时间潜水后，在海水几乎透明时头部可能浮出）。
- 头部消失在海面下，平滑、宽阔、低矮的背部出现。
- 头下压，背部弓成弧形。
- 深潜前，尾叶通常会举得很高。
- 经常一动不动地漂在繁殖地的海面上。

喷潮

- 细密，呈 V 形（从前面或后面看呈椭圆形，从侧面看细密）。
- 高达 7 米（存在个体差异）。
- 两侧的高度往往不对称。
- 与灰鲸或大翅鲸（有时会产生 V 形喷潮）相比，V 形的底部间隔更宽。
- 如果风吹散了喷潮，就很难看到鲸（因为身体淹没在水里，不利于观察）。

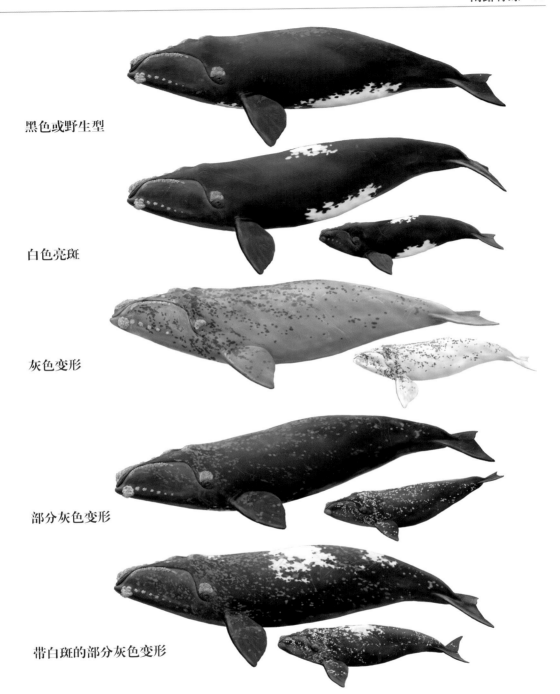

黑色或野生型

白色亮斑

灰色变形

部分灰色变形

带白斑的部分灰色变形

4. 部分灰色变形（以前称灰斑）——出生时主要为黑色，背部侧面有分散的白色斑点。随着时间的推移，白色斑点会变暗，变为浅灰色或浅褐色；部分灰色变形的成体与灰色变形的成体相似，只是身上颜色相反。

5. 带白斑的部分灰色变形——与部分灰色变形类似，背部有边缘清晰的白色斑块。

这些体色在北半球的露脊鲸中尚未发现。在鲸目动物中，南露脊鲸是唯一有相对常见的异常白色的物种。

行为

南露脊鲸通常移动缓慢，可能在海面上停留很长时间。但它们游动速度快得惊人，热衷于海面行为，

新生幼崽的头部和吻部有光滑的浅灰色区域（这里将长出胼胝体），比较明显

当幼崽约 2 个月大时，橙色的鲸虱消失（当胼胝体开始出现时被白色的鲸虱取代）

幼崽

浅灰色的区域在幼崽 3 个月大时开始变厚、变粗糙，形成胼胝体（在幼崽 7 ~ 10 个月大时，胼胝体会发育完全，被鲸虱占据）

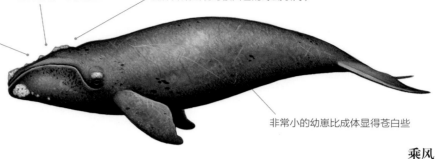

非常小的幼崽比成体显得苍白些

尾叶

乘风

鲸须

- 200 ~ 270 块鲸须板（上颌每侧）；平均 222 块。
- 长而薄的鲸须板，平均长 2 ~ 2.8 米，呈深灰色至黑色不等（鲸须板上有非常细的黑色刚毛，表明其摄食小动物）。

包括多次跃身击浪、浮窥、拍尾击浪和鳍肢击浪等行为。与北半球的露脊鲸不同的是，南露脊鲸还会"乘风"——将头埋入水中，尾部伸出海面（与风向垂直），在被吹了很短的一段距离后，调整身体，逆风游回去，再做一次。尤其是生活在巴西的阿布罗柳斯群岛的南露脊鲸，它们可能只是简单地倒悬在水里，将尾叶竖在空中，一次"乘风"可达几分钟之久。它们的触觉行为（触摸和摩擦同类）相当常见。它们会顽皮地戳、撞、推水中的物体，好奇心强，容易接近，很少或根本不躲避船只。

群体规模和结构

它们通常组成 1 ~ 2 头的松散聚群（远离繁殖地或食物丰富的摄食地的聚集点），尽管有时多达 12 头，更大的松散聚群最多有 100 头，可在食物丰富的摄食地暂时形成。

生活史

性成熟 雌性可能是 7 ~ 12 年（通常在 9 ~ 10 年第一次产崽）；雄性未知。

交配 性行为全年都有，但在冬季以外的繁殖季可能具有社会功能（或供雌性评估潜在的配偶）；求偶涉及的是海面活跃的群体——一般有 5 头，但有时会有 20 多头（通常是众多的雄性和一两头雌性，在水中翻滚，水花四溅，持续一个多小时），多是雄性对雌性发出声音的应答；雄性也会接近试图逃跑的母子对和雌性年轻个体；雄性之间很少有严重的攻击行为（尽管为了争夺雌性它们会有大量推挤行

为），这表明它们之间存在精子竞争；雄露脊鲸的睾丸是所有动物中最大的，长 2 米，每个重 525 千克（存在精子竞争的进一步证据）。

妊娠期 12 ~ 13 个月。

产崽 通常每 3.2 ~ 3.4 年一次（范围为 2 ~ 4 年，受食物所限偶尔 5 年）；幼崽于 6 ~ 10 月出生（高峰为 8 月下旬）。

断奶 通常在 10 ~ 12 个月后（最大范围为 7 ~ 14 个月）。

寿命 未知，但在理想情况下可能为 70 岁。

食物和摄食

食物　主要捕食浮游动物（大部分是桡足类动物，如南纬 40 度以北的 *Calanus propinquus* 和粗乳点水蚤；也捕食磷虾，特别是南纬 50 度以南的南极磷虾（所占食物比例不等）；还捕食铠虾、幼远洋蟹、糠虾、翼足类动物（微小的浮游蜗牛）、藤壶幼虫和其他小型无脊椎动物；食物范围非常狭窄，食物密度必须非常高才能诱发摄食。

摄食　通常以大约 5 千米 / 时的速度撇滤摄食（在海面或靠近海面处，张开嘴，缓慢游动，将猎物聚集起来，偶尔闭上嘴，以排出水、吞下猎物）；在冬季繁殖地不摄食（有时春季在浮游生物大量繁殖的地方摄食）。

潜水深度　经常出现在海面、靠近海面处或浅水处；有时会达水深 200 米处或更深；最深可能有 300 米。

潜水时间　深潜摄食时间通常为 10 ~ 20 分钟；最长纪录是 50 分钟。

胼胝体

请见北大西洋露脊鲸（见第 44 页）。

鲸虱和藤壶

有关鲸虱，请见北大西洋露脊鲸（见第 44 页）。在巴西的南露脊鲸身上有野生鲸虱（被认为只寄生在大翅鲸身上）的单一记录。在南露脊鲸的胼胝体中也有一种伪柄藤壶 *Tubinicella major*。

天敌

虎鲸是南露脊鲸已知的天敌，尤其是公海中的成年虎鲸。南露脊鲸（它们是"战斗物种"而非"飞行物种"）会积极抵御虎鲸的攻击，用尾击打和用头撞击对方，它们头部粗糙的胼胝体可能是武器或盔甲。也有证据表明，噬人鲨和其他大型鲨鱼偶尔会攻击繁殖地的幼崽、无陪伴的年轻个体、生病和受伤的成体。在阿根廷，黑背鸥会从活鲸的背部啄下皮肤和鲸脂（见"保护"）。

照片识别

识别南露脊鲸主要借助其头部自然的胼胝体形态（每个个体都是独一无二的）。由于胼胝体是三维的，从各个角度拍摄的大量照片有助于识别该物种。借助胼胝体的照片来识别鲸时，还要结合鲸身体、头部和尾叶上独特的伤痕或标记，背部和腹部的白色斑块，以及下唇上缘的"锯齿"（独特的边缘图案）。

南露脊鲸与众不同的 V 形喷潮

种群丰度

近年来的调查表明，全球至少有 12800 头南露脊鲸，其中阿根廷有 4006 头（2010 年），南非有 3612 头（2008 年），澳大利亚的卢因角和塞杜纳有 2900 头（2009 年），新西兰的奥克兰群岛至少有 2306 头（2009 年）。而 1997 年南露脊鲸约有 7600 头（其中阿根廷有 2577 头，南非有 3104 头，澳大利亚有 1197 头），种群数量已大大增加。2018 年，南非共有 536 个母子对（2015 年有 249 个，2016 年有 55 个，2017 年有 183 个）。数量似乎以每年约 6.6% 的速度增长（即每 10 ~ 12 年增加一倍），所以现在可能有 25000 ~ 30000 头。然而，至少在阿根廷，南露脊鲸数量的增长速度似乎正在放缓。智利和秘鲁可能只剩下不到 50 头有繁殖能力的成体，并且没有恢复的迹象。据估计，在 1770 年捕鲸业迅速发展前，南露脊鲸的数量为 55000 ~ 70000 头。

保护

世界自然保护联盟保护现状：无危（2017 年）；智利 - 秘鲁的亚种群，极危（2017 年）。从 18 世纪 70 年代到 20 世纪 70 年代早期，大量商业捕鲸活动导致至少 114000 头南露脊鲸（南大西洋约 63000 头，南太平洋约 38000 头，印度洋约 13000 头）死亡。南露脊鲸种群数量也急剧减少——可能下降到商业捕鲸开始前种群数量的 0.5%。1935 年，商业捕鲸活动被禁止，但 20 世纪 60 年代苏联又在瓦尔德斯半岛附近非法捕杀了至少 3300 头。由于得到了充分的保护，大多数种群似乎正在恢复。

目前南露脊鲸面临的威胁包括船只撞击和渔具缠绕，尽管与已知的北大西洋露脊鲸受伤的案例相比，这些情况相对罕见。栖息地受到干扰、船只噪声污染和食物减少（南露脊鲸的食物——磷虾因过度捕捞和南极冰盖的减小而数量下降）也可能构成威胁。英国的南极调查预测，如果海洋表层水温上升 1℃，预计到 21 世纪末，斯科舍海磷虾的生物量和数量至少将减少 95%。

阿根廷瓦尔德斯半岛附近曾发生过多起幼崽死亡事件（2003 ~ 2015 年有 737 头幼崽死亡）。一种可能的解释是它们被海鸥伤害，海鸥会啄取活的南露脊鲸背部的皮肤和脂肪——特别针对母子对——有时会对

南非一头灰色变形的银白色南露脊鲸

南露脊鲸醒目的拱形下颌

一个母子对（野生型）

其造成大面积伤害。这一现象自 1972 年首次记录以来，逐年增加。现在海鸥把目标对准了幼崽，对南露脊鲸的繁殖产生了长期的影响。

　　与北半球的露脊鲸相比，南露脊鲸的长期生存前景要好得多。另外，南露脊鲸在阿根廷水域的繁殖成功率与南佐治亚州附近摄食地的表层水温之间似乎存在着某种直接的联系——平均产崽率可能会随着全球变暖而下降。

发声特征

　　南露脊鲸的声音很高，能发出各种低频（大部分在 500 赫兹以下）的呻吟声、哼哼声、呼噜声、叹息声、吼叫声和脉冲。它们的声音似乎有各种各样的功能，可能是社交信号，也可能表明威胁或攻击，以及用于分开的个体之间的联系。有关发声类型的更多信息，请见北大西洋露脊鲸（见第 46 页）。

阿根廷的南露脊鲸的"乘风"行为似乎是一种游戏行为

北极露脊鲸
BOWHEAD WHALE

Balaena mysticetus   Linnaeus, 1758

北极露脊鲸是一种只在北极出现的大型鲸，它们很好地适应了寒冷家园的生活。它们有一层厚达 28 厘米的鲸脂，能够冲破达 60 厘米厚的冰层，为自己开凿用于呼吸的气孔，因此它们比其他任何须鲸都适合生活在高纬度水域。

分类 须鲸亚目，露脊鲸科。

英文常用名 以其巨大的、坚固的拱形吻部而得名。

别名 格陵兰鲸、北极鲸、格陵兰露脊鲸。

学名 *Balaena* 为拉丁语，意为"鲸"；*mysticetus* 源自希腊语 *mystakos*（胡须）和拉丁语 *cetus*（鲸），意为"有胡子的鲸"（指鲸须板）。

分类学 没有公认的分形或亚种（尽管有 4 个独立的种群）。

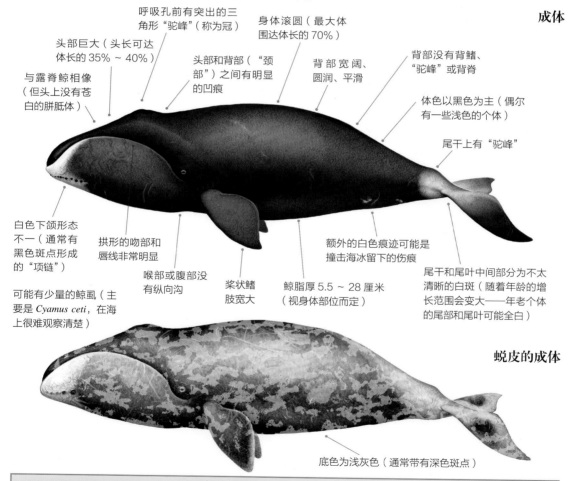

成体

呼吸孔前有突出的三角形"驼峰"（称为冠）

身体滚圆（最大体围达体长的 70%）

头部巨大（头长可达体长的 35% ~ 40%）

头部和背部（"颈部"）之间有明显的凹痕

背部宽阔、圆润、平滑

背部没有背鳍、"驼峰"或背脊

与露脊鲸相像（但头上没有苍白的胼胝体）

体色以黑色为主（偶尔有一些浅色的个体）

尾干上有"驼峰"

白色下颌形态不一（通常有黑色斑点形成的"项链"）

拱形的吻部和唇线非常明显

喉部或腹部没有纵向沟

桨状鳍肢宽大

鲸脂厚 5.5 ~ 28 厘米（视身体部位而定）

额外的白色痕迹可能是撞击海冰留下的伤痕

尾干和尾叶中间部分为不太清晰的白斑（随着年龄的增长范围会变大——年老个体的尾部和尾叶可能全白）

可能有少量的鲸虱（主要是 *Cyamus ceti*，在海上很难观察清楚）

蜕皮的成体

底色为浅灰色（通常带有深色斑点）

鉴别特征一览

- 分布于北极和亚北极水域。
- 体型为特大型。
- 体色以黑色为主。
- 没有背鳍。

- 头部巨大。
- 细密的喷潮呈 V 形。
- 有两个明显的"驼峰"。
- 身上无胼胝体或藤壶。

体长和体重

成体　体长：雄性 14 ~ 17 米，雌性 16 ~ 18 米；体重：60 ~ 90 吨；最大：19.8 米，107 吨。

幼崽　体长：4 ~ 4.5 米（最长 5.2 米）；体重：900 千克。

成体

吻部狭窄

尾叶末端尖

中间缺刻深

呼吸孔分得很开

尾叶宽而呈三角形，可达 7 米宽

后缘浅而凹，有光滑的边缘

相似物种

无背鳍和黑色的体色将北极露脊鲸与北极高纬度水域所有其他大型鲸区分开来。北极露脊鲸与北大西洋露脊鲸和北太平洋露脊鲸外观相似，但它们的分布范围几乎不重叠。北大西洋露脊鲸和北太平洋露脊鲸不太可能生活在冰雪覆盖的地区，并且它们的胼胝体很独特。

分布

北极露脊鲸生活在北极和亚北极水域，主要在北纬 54 度到 85 度（它们是唯一生活在该区域的须鲸）。北极露脊鲸的分布与浮冰及其季节性移动密切相关，在夏季洄游到北极高纬度水域（白鲸经常在冰中的水道紧随其后），在冬季随着冰缘的推进而向南撤离（冬季的分布范围鲜为人知，但人们认为它们生活在冰缘

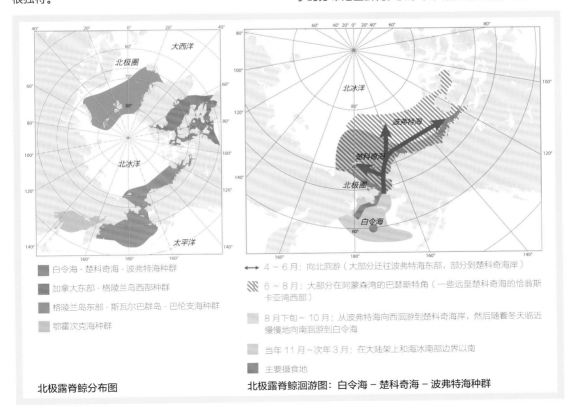

■ 白令海 - 楚科奇海 - 波弗特海种群

■ 加拿大东部 - 格陵兰岛西部种群

■ 格陵兰岛东部 - 斯瓦尔巴群岛 - 巴伦支海种群

■ 鄂霍次克海种群

北极露脊鲸分布图

←→ 4 ~ 6 月：向北洄游（大部分迁往波弗特海东部，部分到楚科奇海岸）

▨ 6 ~ 8 月：大部分在阿蒙森湾的巴瑟斯特角（一些远至楚科奇海的恰翁斯卡亚湾西部）

■ 8 月下旬 ~ 10 月：从波弗特海向西洄游到楚科奇海岸，然后随着冬天临近慢慢地向南洄游到白令海

■ 当年 11 月 ~ 次年 3 月：在大陆架上和海冰南部边界以南

■ 主要摄食地

北极露脊鲸洄游图：白令海 - 楚科奇海 - 波弗特海种群

把北极露脊鲸和其他露脊鲸区分
开来的特征是前者有双驼峰

成体

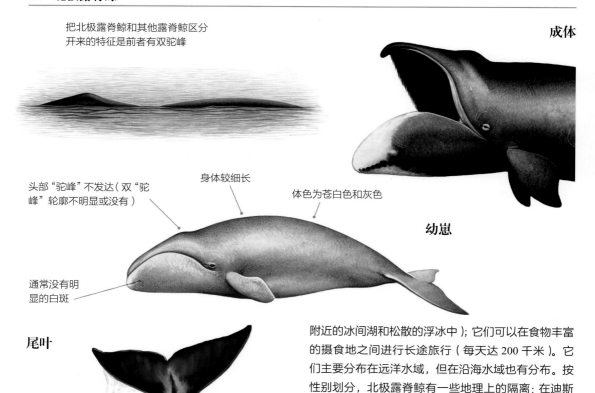

头部"驼峰"不发达（双"驼
峰"轮廓不明显或没有）

身体较细长

体色为苍白色和灰色

幼崽

通常没有明
显的白斑

尾叶

附近的冰间湖和松散的浮冰中）；它们可以在食物丰富
的摄食地之间进行长途旅行（每天达 200 千米）。它
们主要分布在远洋水域，但在沿海水域也有分布。按
性别划分，北极露脊鲸有一些地理上的隔离：在迪斯
科湾（被认为是一个交配地），78% 的北极露脊鲸是
没有性成熟的雌性成体，但也有雄性成体；在摄政王
湾、布西亚湾、福克斯盆地和哈得孙湾西北部主要是
母子对和亚成年个体；巴芬湾的北极露脊鲸主要是性
成熟的雄性和正在休息或怀孕的雌性。

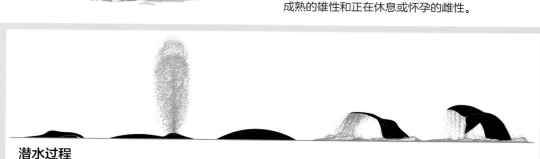

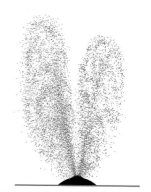

潜水过程

- 深潜后，通常头和呼吸孔首先出水（身体通常与海面成 30°角）。
- 浅潜后，通常头和身体在同一时间出水。
- 在海面上露出独特的双"驼峰"轮廓。
- 经常在深潜前举尾（尾部可能向右倾斜）。
- 长途旅行时，通常潜水 10 ~ 20 分钟，然后在海面呼吸几次，时长
  2 ~ 3 分钟。

喷潮

- 高而细密，呈 V 形，可达 7 米（通常 5 米，个体差异很大）。
- 两侧的高度往往不一致。
- 如果从侧面或在风中看，可能会出现单一的喷潮。

食物和摄食

食物 捕食多种动物（已知的食物种类超过 100 种），但偏好中小型甲壳纲动物（大多长 3 ～ 30 毫米），尤其是桡足类动物和磷虾；也吃糠虾和端足类动物。

摄食 摄食时贯穿整个水域，从海面到海底、冰下以及开放水域的任何地方（它们可以张开嘴慢慢游动，在海面撇滤聚集在一起的猎物）；通常单独摄食，但多聚集在食物丰富的摄食地，有时多达 14 头，可能形成梯队（V 形）扫过整片区域；撇滤摄食时，可在海面停留 30 分钟或更长时间；全年摄食（但冬季较少）。

潜水深度 摄食时通常在深度小于 30 米处（根据区域、季节和行为而不同）潜水；冬季和旅行时下潜得更深；最深纪录为 487 米和 582 米（格陵兰岛西部，2003 年和 2011 年）。

潜水时间 通常潜水 1 ～ 20 分钟（根据它们在波弗特海的摄食行为，平均为 3.4 ～ 12.1 分钟）；在浮冰厚重的情况下，潜水时间比在开放水域要长；在自然条件下最长潜水时间纪录为 61 分钟（被捕鲸者追赶时为 80 分钟）。

主要种群

北极露脊鲸目前被确认有 4 个种群或亚种群（主要基于地理隔离）：白令海 - 楚科奇海 - 波弗特海种群（阿拉斯加、加拿大和俄罗斯）；鄂霍次克海种群（俄罗斯）；加拿大东部 - 格陵兰岛西部种群（以前被认为是 2 个种群：哈得孙湾 - 福克斯盆地、加拿大和巴芬湾 - 戴维斯海峡种群；加拿大和格陵兰岛种群）；格陵兰岛东部 - 斯瓦尔巴群岛 - 巴伦支海种群（格陵兰、挪威和俄罗斯）。最近有一些证据表明，在夏季极端分布范围内，白令海 - 楚科奇海 - 波弗特海种群和加拿大东部 - 格陵兰岛西部种群的极少数个体会混合在一起（由于西北航道的冰量减少）。

洄游

白令海 - 楚科奇海 - 波弗特海种群 当年 11 月～次年 3 月：在白令海北部（大陆架上和海冰南部边界以南，南至卡拉金湾以南、堪察加半岛北部和阿拉斯加圣马修岛）。4 ～ 6 月：大多数从白令海向北洄游到波弗特海东部（离阿拉斯加海岸较近），但也有一些沿着俄罗斯楚科奇海岸向西洄游，最远到达恰翁斯卡亚湾。6 ～ 8 月：在波弗特海东部，特别是加拿大阿蒙森湾的巴瑟斯特角（整个夏天有少数留在楚科奇海的俄罗斯一侧）。8 月下旬～ 10 月：从加拿大波弗特海向西洄游，沿着阿拉斯加海岸到巴罗角，然后穿过楚科奇海到楚科塔海岸；随着冬天的临近，沿着西伯利亚海岸缓慢地向南洄游进入白令海。

加拿大东部 - 格陵兰岛西部种群 *格陵兰岛西部种群* 2 ～ 6 月（主要是 3 ～ 5 月）：经过迪斯科湾、格陵兰岛，在 5 月底穿过巴芬湾进入加拿大的北极区。6 月～ 10 月中旬：一些个体沿着巴芬岛的东部和北部海岸度过夏季，而另一些则进入兰开斯特湾和摄政王湾。10 月中旬：开始向南迁移。当年 11 月～次年 2 月：在哈得孙海峡和哈得孙湾北部（它们在那里与加拿大的北极露脊鲸汇合）。2 月下旬：穿越巴芬湾回到格陵兰岛。

加拿大东部种群 3 ～ 9 月：在福克斯海盆、哈得孙湾北部、巴芬岛东海岸的峡湾和加拿大高纬度的北极海域。当年 10 月～次年 2 月：在哈得孙海峡和哈得孙湾北部（在那里它们与格陵兰的北极露脊鲸汇合），经过坎伯兰湾，向格陵兰岛西部和北水冰穴（在巴芬湾的北端）移动。

格陵兰岛东部 - 斯瓦尔巴群岛 - 巴伦支海种群 2015 ～ 2018 年在斯瓦尔巴群岛进行的调查显示在夏季弗拉姆海峡（格陵兰岛和斯瓦尔巴群岛之间）出现了较大的鲸群（超过 200 头）。有限的证据表明格陵兰岛东北部的冰间湖还有其他重要的夏季栖息地：在格陵兰东南所谓南捕鲸场，再往东到俄罗斯的法兰士约瑟夫地群岛。至于它们在冬季的分布情况目前知之甚少，但至少有一些个体似乎在弗拉姆海峡过冬。

鄂霍次克海种群 春季位于吉日加湾和品仁纳湾，在舍列霍夫湾的东北部（最近没有晚于 6 月的目击记录）；夏季主要在尚塔尔群岛南部水域和萨哈林

生活史

性成熟 雌性和雄性均为 18 ～ 31 年。

交配 鲜为人知，但可能在 3 ～ 4 月（尽管性行为可能在任何季节发生）；可以是雄雌一一配对或者几头雄性和一头雌性（雌性与所有雄性交配）；在交配时，雄性之间可能会合作。

妊娠期 13 ～ 14 个月。

产崽 每 3 ～ 4 年一次；4 月下旬到 6 月上旬产崽（通常是在春季洄游之前或期间）。

断奶 通常在 9 ～ 12 个月后（但幼崽可以与母亲继续生活 3 ～ 6 个月）。

寿命 至少 100 岁（最长寿命纪录为 211 岁，可能是地球上最长寿的动物之一）。

湾的西部。冬天在整个鄂霍次克海的冰间湖（无任何证据表明这个北极露脊鲸种群曾经离开鄂霍次克海）生活。

行为

北极露脊鲸通常是缓慢而从容的游泳者，通常为 3 ～ 6 千米 / 时，但能突然加速至 21 千米 / 时。它们经常跃身击浪、鳍肢击浪、拍尾击浪和浮窥。在跃身击浪时，它们身体多达 60% 的部分离开了海面，通常会仰面或侧身回到水里。它们还会玩海中的木头和其他物体。人们通常可以乘船接近它们，它们也会近距离观察站在浮冰边缘的人。它们可以在冰下游泳，用巨大头部的凸起部分破开厚 60 厘米的冰层，制造呼吸的气孔，常与白鲸和一角鲸在一起生活。冬季的冰雪条件和极夜使观察它们变得困难，人们对其行为知之甚少。

鲸须

- 230 ～ 360 块鲸须板（上颌每侧）。
- 鲸须板长达 4 米（最长 5.3 米）——所有鲸中最长；呈深灰色到黑色不等，通常有颜色较浅的刚毛。

群体规模和结构

北极露脊鲸通常独居，但有时也会形成 2 ～ 3 头（多达 14 头）的小群。在富饶的摄食地和洄游期间它们偶尔会组成多达 60 头的松散聚群。在夏季，鲸群通常按性别和年龄分开。除了母子对外，社会组织几乎没有什么稳定性（大多数联系持续几个小时，或者短短几天）；然而，彼此的声音可以在很远的地方听到，所以它们的群体结构可能比较松散。

北极露脊鲸的鲸须板

天敌

北极露脊鲸的天敌为虎鲸。多达 10% 的成年北极露脊鲸身上有耙形印记，但很可能许多刚出生和刚断奶的幼崽会因虎鲸的攻击而死亡。在海冰附近生活可能是北极露脊鲸躲避虎鲸的一种方式，虎鲸往往会避开北极广阔的海冰；然而，随着全球变暖导致北极冰面大幅减少，虎鲸捕食北极露脊鲸的事件可能会增加。已知鄂霍次克海尚塔尔群岛的一个虎鲸小群专门捕猎北极露脊鲸的幼崽。北极露脊鲸通常会反击，而不是逃跑。

照片识别

可借助下颌（从飞机上可以看到）、腹部、尾干周围和尾叶上的典型白色图案，并结合背部伤痕来识别北极露脊鲸。

种群丰度

最大的种群大约有 25000 头，其中大部分是白令海 - 楚科奇海 - 波弗特海种群；商业捕鲸开始前的数量为 71000 ～ 113000 头。在过去的 10 ～ 15 年里，北极露脊鲸的数量大幅增长（主要是由于白令海 - 楚科奇海 - 波弗特海大型种群的增加，以及最近加拿大东部 - 格陵兰岛西部种群的增加）。具体的种群估计如下：白令海 - 楚科奇海 - 波弗特海种群为 19000 头（2017 年），自 20 世纪 80 年代末以来平均每年增长 3.7%，商业捕鲸开始前的种群数量为 10000 ～ 20000 头；加拿大东部 - 格陵兰岛西部的种群约有 7700 头（包括迪斯科湾约 1600 头），商业捕鲸开始前的数量约为 25000 头；鄂霍次克海种群可能有 400 ～ 500 头，商业捕鲸开始前至少有 3000 头；格陵兰岛东部 - 斯瓦尔巴群岛 - 巴伦支海种群为 300 ～ 400 头，最近种群有恢复的迹象（或由于海冰减少而导致的其他增长种群的迁入），商业捕鲸开始前的种群数量为 33000 ～ 65000 头。

下颌的差异

白色区域大小不一

由数量不等的黑色斑
点构成的"项链"

保护

世界自然保护联盟保护现状：无危（2018年）；鄂霍次克海种群，濒危（2018年）；格陵兰岛东部-斯瓦尔巴群岛-巴伦支海种群，濒危（2018年）。北极露脊鲸体型庞大，鲸须长，脂肪厚，游动速度慢，性情温和，这使它们成为捕鲸者的主要目标。北大西洋的商业捕鲸始于1611年，但在19世纪和20世纪初最为激烈，当时有数万头鲸被捕杀。自1946年国际捕鲸委员会成立以来，它们一直受到官方保护（尽管加拿大不是成员国）。国际捕鲸委员会允许美国阿拉斯加和俄罗斯楚科奇的原住民对白令海-楚科奇海-波弗特海种群进行有限的生存捕鲸。2019～2025年，每年允许捕杀的鲸不超过67头（阿拉斯加占90%以上）。加拿大努纳武特的原住民被允许捕获的数量也非常少（通常每年2～3头）。2019～2025年，国际捕鲸委员会允许格陵兰岛西部的原住民每年捕杀2头。北极露脊鲸面临的主要威胁是来自石油和天然气开发的干扰，这些人类活动会降低它们的摄食效率，并带来漏油风险。气候变化对它们的影响尚不清楚，但随着北极区域船只流量的增加，船只撞击和噪声污染可能会加剧，北极露脊鲸面临的其他威胁包括渔具缠绕、化学污染和采矿业的影响。

发声特征

北极露脊鲸叫声多样，有独特的高音、低音（有上升和下降的频率）和响亮复杂的鲸歌，它们经常用2种声音同时唱歌（同一头鲸同时发出高频和低频的声音）；一年中的任何时节、一天24小时都会发出声音（虽然主要是在冬季和早春的繁殖季，5月中旬之前）。在繁殖季结束时，鲸歌会变得简单一些。目前还没有关于"会唱歌的鲸"的年龄、性别或行为的信息，但人们认为它们是雄性，并且鲸歌被认为是一种繁殖秀。北极露脊鲸的声音比其他任何须鲸的都更多样，不同种群和一个种群不同个体的声音，以及它们在不同季节和年份发出的声音都不同。在北大西洋北部的弗拉姆海峡进行的一项研究于3年的时间里记录了184种不同的旋律。北极露脊鲸在夏季通常无声无息地摄食。它们还会发出更高频率的复杂音调，这被认为是一种简单的回声定位方法（可能是用于在浮冰下和冰山周围导航）。

北极露脊鲸独特、明显的拱形唇线

雌性北极露脊鲸和它的幼崽

加拿大努纳武特地区的北极露脊鲸，注意其黑色斑点形成的"项链"

雌性北极露脊鲸（白色下颌很明显）

小露脊鲸
PYGMY RIGHT WHALE

Caperea marginata (Gray, 1846)

小露脊鲸是最小和最鲜为人知的须鲸，很少出现在海面上，如果你仔细观察就可以正确识别它们。尽管它们的名字叫"小露脊鲸"，但它们却被放在一个独立的科，不是真正的露脊鲸。

分类 须鲸亚目，小露脊鲸科。

英文常用名 表示其唇线与露脊鲸的相似，但体型较小。

别名 无。

学名 *Caperea* 源自拉丁语 *capero*（皱纹），指耳骨处的纹理；*marginata* 源自拉丁语 *margo*（在边界内），指浅色鲸须板的深色边缘。

分类学 没有公认的分形或亚种。新的化石证据表明，它们应该被归入原须鲸科。

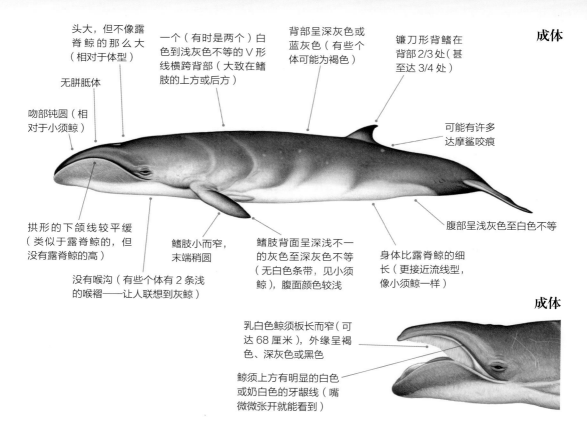

头大，但不像露脊鲸的那么大（相对于体型）

无肐胝体

吻部钝圆（相对于小须鲸）

一个（有时是两个）白色到浅灰色不等的Ｖ形线横跨背部（大致在鳍肢的上方或后方）

背部呈深灰色或蓝灰色（有些个体可能为褐色）

镰刀形背鳍在背部 2/3 处（甚至达 3/4 处）

成体

可能有许多达摩鲨咬痕

拱形的下颌线较平缓（类似于露脊鲸的，但没有露脊鲸的高）

鳍肢小而窄，末端稍圆

没有喉沟（有些个体有 2 条浅的喉褶——让人联想到灰鲸）

鳍肢背面呈深浅不一的灰色至深灰色不等（无白色条带，见小须鲸），腹面颜色较浅

身体比露脊鲸的细长（更接近流线型，像小须鲸一样）

腹部呈浅灰色至白色不等

成体

乳白色鲸须板长而窄（可达 68 厘米），外缘呈褐色、深灰色或黑色

鲸须上方有明显的白色或奶白色的牙龈线（嘴微微张开就能看到）

鉴别特征一览
- 分布于南半球的温带水域。
- 体型为中型。
- 头部较大，拱形的下颌线较平缓。
- 背部 2/3 处有镰刀形背鳍。
- 背部有浅色的Ｖ形线。
- 喷潮不明显。
- 在海面上经常把头"抛出"海面。

体长和体重

成体 体长：雄性 5.9 ～ 6.1 米，雌性 6.2 ～ 6.3 米；体重：2.9 ～ 3.4 吨；最大：6.5 米，3.9 吨。

幼崽 体长：1.6 ～ 2.2 米；体重：未知。

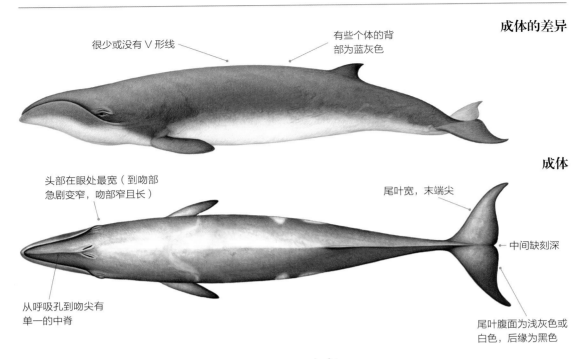

成体的差异

很少或没有 V 形线

有些个体的背部为蓝灰色

成体

头部在眼处最宽（到吻部急剧变窄，吻部窄且长）

尾叶宽，末端尖

中间缺刻深

从呼吸孔到吻尖有单一的中脊

尾叶腹面为浅灰色或白色，后缘为黑色

相似物种

小露脊鲸很可能与其他类似体型的须鲸混淆，尤其是小须鲸。较钝的吻部、明显的拱形下颌线、无白色条带的鳍肢、白色或奶白色的牙龈线（如果嘴部分或完全张开，可以看到）应该有助于近距离识别它们。从远处看，小露脊鲸以一定的角度把头"抛出"海面的行为很明显。小露脊鲸的背部和背鳍可能与喙鲸的相似，但头部的形状和潜水过程与喙鲸的相差悬殊。

分布

小露脊鲸绕极分布在南半球的沿海和海洋中纬度的温带水域中。小露脊鲸主要分布在南纬 30 度到 55 度，喜欢 5 ~ 20℃的水温；然而，如果有寒流（如非洲西南部的本格拉寒流），它们会到达南纬 19 度。这些分布记录来自智利、阿根廷、克罗泽群岛、纳米比亚、南非、新西兰和澳大利亚。小露脊鲸在一些区域可能全年都有分布，但其他地方有限的证据表明，在春季和夏季它们会向离岸迁移。有些个体身上出现了许多椭圆形的达摩鲨咬痕，这表明至少有一段时间它们是在热带或暖温带水域度过。有限的证据表明，亚热带辐合带（一个高生产力区域）是它们重要的摄食地。它们的繁殖地和扶幼地尚不清楚，但有一个可能的地点是在纳米比亚海岸附近。大多数幼崽都曾在南纬 41 度以北被观察到，但在南极辐合带以南还没有被证实的目击记录。

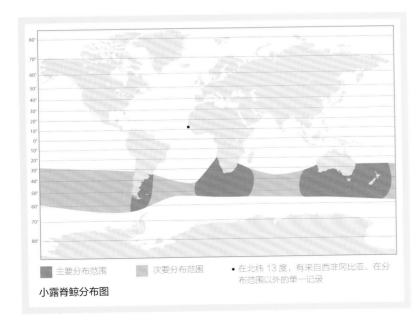

主要分布范围　　次要分布范围　　• 在北纬 13 度，有来自西非冈比亚、在分布范围以外的单一记录

小露脊鲸分布图

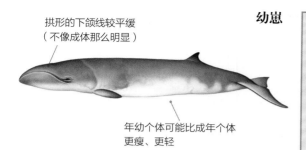

拱形的下颌线较平缓
（不像成体那么明显）

幼崽

年幼个体可能比成年个体
更瘦、更轻

生活史
性成熟 未知。
交配 未知。
妊娠期 10 ~ 12 个月。
产崽 鲜为人知；全年皆可产崽，高峰可能在 4 ~ 10 月。
断奶 大约在出生 5 个月后。
寿命 未知。

行为

　　确认的小露脊鲸海上目击记录相对较少，也没有它们跃身击浪、浮窥或拍尾击浪的记录。显然它们在海面上游得很慢，但它们能够非常迅速地加速（会留下明显的尾流）。已知小露脊鲸与其他鲸目动物有互动。它们对船只的反应似乎因船只的大小而异：常接近小船，而避开大船。人们观察到，鲸群为了应对飞机和船只会围成一个紧密的圆圈，并逆时针游动。

鲸须

- 213 ~ 230 块鲸须板（上颌每侧）。

群体规模和结构

　　小露脊鲸经常出现在靠近海岸的地方，通常 1 ~ 2

食物和摄食
食物 捕食哲水蚤和剑水蚤等桡足类动物、端足类动物、小磷虾、浮游生物。
摄食 据说是撇滤摄食（而不是吞食摄食）；胃中出现的鸟类羽毛表明其可能是在海面摄食。
潜水深度 可能不是深潜者（潜水时间短，心和肺小）。
潜水时间 下潜 40 秒 ~ 4 分钟。

头（一般是一个母子对）组成一群，但最多可达 14 头。据报道，公海上有 80 头的聚群（1992 年在西澳大利亚州南部 590 千米处）和 100 多头的聚群（2007 年在澳大利亚维多利亚州西南 40 千米处）。

天敌

　　小露脊鲸的天敌可能是虎鲸和大型鲨鱼。

种群丰度

　　尚未对该物种的种群丰度进行估计。根据搁浅的数量来判断，它们可能是相当常见的动物，至少在其分布范围的某些区域内比较常见。

保护

　　世界自然保护联盟保护现状：无危（2018 年）。目前还没有对小露脊鲸已知的威胁。在一些区域，化学和噪声污染、全球变暖、渔具缠绕可能会给它们带来一些问题。无任何证据表明小露脊鲸成了捕鲸者的目标（可能是因为它们太小而不足以获利，并且在海上很少遇到）。自 1935 年以来，它们一直受到国际协议的保护。有时，它们会被南非、新西兰和澳大利亚的离岸渔民捕获。

潜水过程
- 在海面不明显且相当迅速（很少超过几秒）。
- 以一定角度将头"抛出"海面（通常可以看到拱形的唇线）。
- 在呼吸孔消失之前可能会短暂地看到背鳍。
- 潜水时轻微弓背。
- 潜水前在海面上不举尾。

喷潮
- 不明显。
- 如果比较明显，多为细柱状或小椭圆形。

灰鲸
GREY WHALE   *Eschrichtius robustus* (Lilljeborg, 1861)

灰鲸是喜欢旅行的动物：它们在冬季繁殖地和夏季摄食地之间往返的距离超过 2 万千米。它们是世界上最受关注的鲸之一，那斑驳的灰色和"驼峰"（而非背鳍）使人们一眼就能认出它们。

分类 须鲸亚目，灰鲸科。

英文常用名 起源没有明确的说法，要么是源于灰色（在美式英语中，灰色多拼为 gray），要么是以英国动物学家约翰·爱德华·格雷（John Edward Gray，1800—1875 年）的名字命名，他在 1864 年认识到灰鲸的特殊性，并将灰鲸归为一个独立的属。

别名 灰背鲸、加利福尼亚灰鲸、太平洋灰鲸；历史上的别名有贻贝挖掘者、挖泥者、矮瘦子鲸、背囊鲸、硬头鲸、魔鬼鱼（源于美国捕鲸者，因为它们被猎杀时会激烈反抗）。

学名 *Eschrichtius* 以 19 世纪丹麦动物学家丹尼尔·弗雷德里克·埃斯克修斯（Daniel Frederick Eschricht，1798—1863 年）的名字命名；拉丁语 *robustus* 意为"强壮"或"健壮"。

分类学 没有公认的分形或亚种。有 2 个可能的亚种群（北太平洋东部种群 /ENP 和北太平洋西部种群 /WNP），尽管有证据表明，在墨西哥的繁殖地它们会混合在一起。

成体

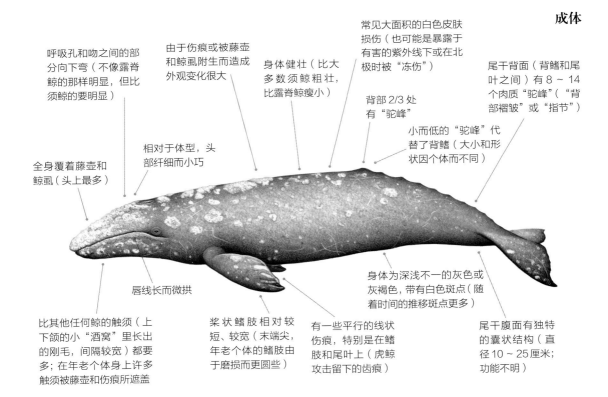

呼吸孔和吻之间的部分向下弯（不像露脊鲸的那样明显，但比须鲸的要明显）

由于伤痕或被藤壶和鲸虱附生而造成外观变化很大

身体健壮（比大多数须鲸粗壮，比露脊鲸瘦小）

常见大面积的白色皮肤损伤（也可能是暴露于有害的紫外线下或在北极时被"冻伤"）

尾干背面（背鳍和尾叶之间）有 8 ~ 14 个肉质"驼峰"（"背部褶皱"或"指节"）

背部 2/3 处有"驼峰"

小而低的"驼峰"代替了背鳍（大小和形状因个体而不同）

相对于体型，头部纤细而小巧

全身覆着藤壶和鲸虱（头上最多）

比其他任何鲸的触须（上下颌的小"酒窝"里长出的刚毛，间隔较宽）都要多；在年老个体身上许多触须被藤壶和伤痕所遮盖

唇线长而微拱

桨状鳍肢相对较短、较宽（末端尖，年老个体的鳍肢由于磨损而更圆些）

有一些平行的线状伤痕，特别是在鳍肢和尾叶上（虎鲸攻击留下的齿痕）

身体为深浅不一的灰色或灰褐色，带有白色斑点（随着时间的推移斑点更多）

尾干腹面有独特的囊状结构（直径 10 ~ 25 厘米；功能不明）

鉴别特征一览
- 分布于北太平洋及邻近海域的沿海或浅水区。
- 身体为深浅不一的灰色或灰褐色，带有白色斑点。
- 体型为大型。
- 有较低的"驼峰"（代替背鳍）。
- 头部（和身体的其他部分）布满藤壶和鲸虱。
- 尾干背面有"驼峰"（背鳍和尾叶之间）。
- 喷潮为低而密的 V 形或心形。
- 经常深潜时举尾。

从上面看，头部长，呈三角形

纵向的 2 个呼吸孔

尾尖（老年个体由于磨损而变圆）

成体

宽阔的灰色尾叶，一般宽 3 ~ 3.6 米

中间缺刻深

尾叶常有标记或伤痕

后缘凸而呈扇形

成体的尾叶
（形状随年龄变化）

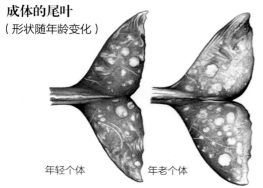

年轻个体　　　年老个体

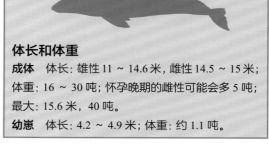

体长和体重

成体　体长：雄性 11 ~ 14.6 米，雌性 14.5 ~ 15 米；体重：16 ~ 30 吨；怀孕晚期的雌性可能会多 5 吨；最大：15.6 米，40 吨。

幼崽　体长：4.2 ~ 4.9 米；体重：约 1.1 吨。

相似物种

　　从近处看，斑驳的灰色和低矮的背部是灰鲸独一无二的特点。从远处看，它们可能会与其他缺乏突出背鳍的大型鲸（比如抹香鲸和露脊鲸）混淆。但人们可以通过体型、体色、喷潮和潜水过程正确识别它们。

分布

　　灰鲸主要分布于北太平洋及邻近海域的浅海大陆架。它们主要在海岸附近摄食，但有时也会在远离海岸的浅滩摄食，并在深海区洄游。公认有 2 个地理种群（尽管没有解剖学上的差异）：北太平洋东部种群，在冬季繁殖地（墨西哥的下加利福尼亚州）和夏季摄食地（白令海、楚科奇海和波弗特海）之间洄游，随着北极冰的融化，它们的活动范围似乎正在向西北扩展；北太平洋西部种群，在冬季繁殖地（据信在中国的南海）和夏季摄食地（鄂霍次克海以及俄罗斯堪察

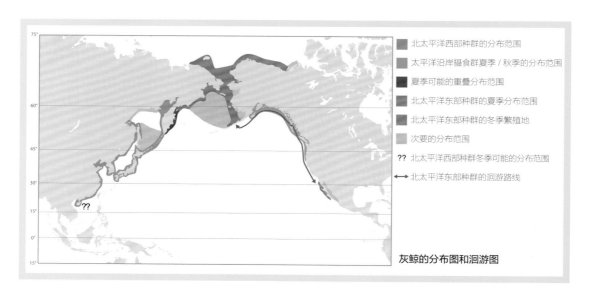

北太平洋西部种群的分布范围

太平洋沿岸摄食群夏季 / 秋季的分布范围

夏季可能的重叠分布范围

北太平洋东部种群的夏季分布范围

北太平洋东部种群的冬季繁殖地

次要的分布范围

?? 北太平洋西部种群冬季可能的分布范围

→ 北太平洋东部种群的洄游路线

灰鲸的分布图和洄游图

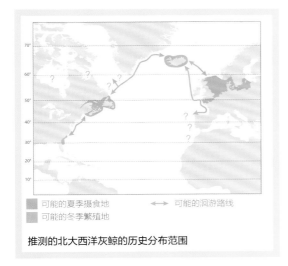

可能的夏季摄食地 ⟷ 可能的洄游路线
可能的冬季繁殖地

推测的北大西洋灰鲸的历史分布范围

加半岛南部和东南部）之间洄游。

有证据表明，在冬季繁殖季这两个种群会混合（共有 54 头）；在堪察加半岛东南部和萨哈林岛附近的夏季摄食季也会出现混群现象。历史上，北大西洋也有灰鲸出没，南大西洋也有一次记录（见特殊目击记录，第 76 页）。

洄游

灰鲸的繁殖地和摄食地相距甚远，它们在两地之间进行漫长的海岸洄游（跨越 50 个纬度）。北太平洋东部种群沿着北美海岸进行异常漫长的洄游，通常距离海岸不到 10 千米。从墨西哥圣伊格纳西奥潟湖到

阿拉斯加乌尼马克海峡的最短回程距离大约是 12000 千米，但有些个体可能游得更远；打破哺乳动物最远洄游距离纪录的是一头雌性灰鲸，它完成了从俄罗斯萨哈林岛到墨西哥下加利福尼亚州 22511 千米的往返旅程。

自 2011 年以来，有证据表明，有些个体为了获得足够的食物和能量储备，在特殊情况下会在北极逗留更长时间甚至一整年。据推测，这是由于全球变暖导致的冰盖减少，影响了食物的分布。近几十年来，随着海冰的消退，灰鲸在夏季的分布范围也扩大了，尤其是到了更北的摄食地（至少到北纬 71 度）；向东到波弗特海，向西到楚科奇海的弗兰格尔岛（甚至到东西伯利亚海），现在都司空见惯了。曾有北太平洋最南端一头成体的记录，它于 2010 年 7 月搁浅在萨尔瓦多（北纬 14 度）。

太平洋沿岸摄食群

北太平洋有 200 头灰鲸被称为太平洋沿岸摄食群（加拿大）或太平洋沿岸捕食聚集群（美国），它们不会一路洄游到北极，而是在加利福尼亚州北部和阿拉斯加东南部之间有明确界限的沿海区域度过夏秋季节。官方数据显示，在 5 ~ 11 月它们出现在北纬 41 度到 52 度（尽管会到北纬 60 度）。这些灰鲸与东部灰鲸杂交，但据信组成了一个独特的种群。北太平洋还有 10 ~ 15 头灰鲸组成的小鲸群，它们有时在华盛顿州的皮吉特湾摄食，主要在 2 ~ 6 月。

潜水过程
- 在开始浮出海面时，头部似乎从呼吸孔向下倾斜（类似三角形的外观）。
- 潜水时背部轻微弓起，"驼峰"清晰可见。
- 许多个体潜水时间短，深度小（很少举尾）。
- 在深潜前，尾叶会高高举到空中。
- 旅行或摄食时，通常在水下停留 3 ~ 7 分钟，然后浮出海面，喷潮 3 ~ 5 次（每次浮出间隔 15 ~ 30 秒）。

喷潮
- 浓密，可达 5 米（高度变化很大）。
- 从前面看或后面看是 V 形，高而细密，当向内落下时呈树形或心形，也可能是细密的柱状。

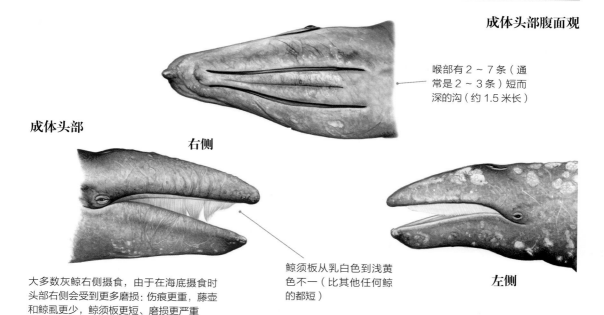

成体头部腹面观

喉部有 2 ~ 7 条（通常是 2 ~ 3 条）短而深的沟（约 1.5 米长）

成体头部

右侧

大多数灰鲸右侧摄食，由于在海底摄食时头部右侧会受到更多磨损：伤痕更重，藤壶和鲸虱更少，鲸须板更短、磨损更严重

鲸须板从乳白色到浅黄色不一（比其他任何鲸的都短）

左侧

洄游年循环

北太平洋东部种群

4 ~ 11 月　在北极的摄食地活动。

当年 11 月 ~ 次年 2 月　向南洄游。由于冬季海冰的增多和白昼的缩短，开始向南迁移。90% 的个体在 11 月中旬和 12 月下旬通过阿拉斯加阿留申群岛的乌尼马克海峡离开白令海，从那里大约需要 60 天才能到达巴哈角。有一个特定的离开顺序：先是怀孕不久的雌性，然后是所有成体和没有性成熟的雌性，最后是没有性成熟的雄性。最后一批向南洄游的个体与第一批向北洄游的个体在时间上重叠，平均速度为 7 ~ 9 千米 / 时。

当年 12 月 ~ 次年 4 月　在墨西哥下加利福尼亚州太平洋沿岸的繁殖地。有 3 个主要的聚群和繁殖潟湖：斯卡蒙潟湖（或奥霍一德列夫雷洛湖）、圣伊格纳西奥潟湖和马格达莱纳湾（包括阿尔默斯湾）潟湖。历史上，格雷罗内格罗潟湖很重要，但现在很少有鲸去那里。一小部分个体曾经去过墨西哥加利福尼亚湾的几个潟湖，包括索诺拉州的亚瓦罗斯 - 蒂卡罗辉和锡那罗亚的纳瓦奇斯特湾、阿尔塔塔湾和圣玛丽亚州的拉雷亚湾。该种群在潟湖及其周围的停留时间因性别和繁殖条件而异：在圣伊格纳西奥潟湖，繁殖的雄性和雌性平均停留 7 ~ 9 天（最多 72 天）；带幼崽的雌性平均停留 28 ~ 30 天（最多 89 天）。

2 月 ~ 6 月初　向北洄游，分两批出发。第一批是除了雌鲸和幼崽外所有的鲸。这些个体通常从一个海岬游到另一个海岬，并穿过（而不是进入）海岸线上的海湾和海岸线凹入处；它们的平均速度与向南时大致相同，不过当它们接近夏季摄食地时，它们会加快速度。第二批是母子对，它们会在 1 ~ 2 个月后离开（当幼崽足够强壮时）。90% 的个体游到距离海岸 200 米以内的地方（通常是在海岸边的海草床里），并且通常绕着海湾和海岸线凹入处（而不是穿过它们）行进以避免被虎鲸捕食；它们的平均速度为 4 ~ 5 千米 / 时，通常在 5 月底或 6 月到达夏季的摄食地。

北太平洋西部种群

注：这是历史上的年循环；据说北太平洋西部种群的少数灰鲸（少于 80 头）仍会洄游到亚洲的繁殖地。

5 月下旬 ~ 12 月中旬　在摄食地活动。从历史上看，整个夏天都在鄂霍次克海的北部海域摄食，但现在主要是在萨哈林岛的东北部（在皮利通湾沿岸的浅水区和距离柴沃湾 30 ~ 40 千米的深水区），至少有一些个体在夏初就离开了堪察加半岛南部和东南部。萨哈林岛东北部海域的个体数量在 7 月下旬达到顶峰；20 ~ 30 头灰鲸可能会在该区域停留到 12 月中旬（视冰况而定）。

当年 11 月 ~ 次年 2 月　向南洄游。洄游路线目前还不明确。从历史上看，它们洄游时会途经俄罗斯东部沿海、日本沿海、朝鲜半岛和中国东部沿海大部分区域。这一种群曾经在韩国被捕杀，洄游高

幼崽

没有藤壶或鲸虱（虽然在出生后不久会从母亲身上获得）

100 ～ 170 根触须（比成体的更明显，特别是在吻部和上下颌边缘）

斑点较少（可能有一些灰色、黑色和白色的旋涡）

出生时体色比成体的深（一致的、较深的深炭灰色，看起来几乎是黑色）

尾叶

峰分别出现在当年 12 月～次年 1 月和 3 ～ 4 月，这表明它们分别向南和向北洄游；然而，人们进行了深入的调查，最后一次确认的目击记录是在 1977 年。1990 ～ 2012 年，在日本水域只有 15 条搁浅或目击记录（大部分集中在 3 ～ 5 月，这表明它们主要沿着太平洋海岸向北洄游，尤其是在本州岛）。

当年 12 月～次年 4 月　在繁殖地活动。关于日本濑户内海（在本州岛、四国岛和九州岛之间）的历史繁殖地的相关记录还很少。繁殖地目前还不清楚，但有可能是在中国海南岛附近的南海沿海（在已知分布范围的最西南端）。虽然在中国的观测记录并不多（1933 年以来有 24 次），但它们仍在继续出现，并且现代为数不多的记录几乎散布在从黄海北部到海南岛南部的整个海岸。目前尚不清楚北太平洋西部种群是否像北太平洋东部种群那样生活在沿海潟湖。此外，一些夏季在萨哈林岛附近的个体会洄游到北太平洋东部种群冬季所在地，所以很明显，萨哈林岛的灰鲸并非都有共同的繁殖地。

2 ～ 5 月　灰鲸种群向北洄游。洄游路线目前不确定（见上文）。

北大西洋种群

灰鲸曾经出现在北大西洋的两岸。事实上，利耶堡于 1861 年对这个物种的最初描述来自在瑞典发现

食物和摄食

食物　捕食多种底栖动物和浮游动物；在北部海域，底栖端足类动物是它们的首选食物，通常占食物的 90%（主要可能是体长达 33 毫米的扁头双眼钩虾）；在阿留申群岛南部的摄食地，主要捕食水蚤，但也捕食底栖端足类动物和其他物种。在萨哈林岛附近，于端足类动物数量较少的年份转而捕食最丰富的底栖动物（如等足类动物和沙刺动物，以及太平洋玉筋鱼）。也会随机捕食海洋中上层物种，如红蟹、糠虾、乌贼以及鱼卵和幼鱼等。在它们的食物中总共发现了 80 多种无脊椎动物和鱼类。随着气候变化导致北极生态系统的改变，它们的食物可能会从底栖动物转向远洋动物。

摄食　多数在夏天（每天吃 1 ～ 1.3 吨食物，大约持续 6 个月）摄食，剩余的时间会禁食。母子对在向北洄游时会随机摄食，雄性和雌性的年轻个体都在向北和向南洄游时摄食，它们沿着海床缓慢游动，吸食沉积物（通过收缩 1.4 吨的舌头和张开的嘴——喉褶使嘴扩张），然后过滤食物。它们通常右侧摄食，使头部与海底平行（有些是左侧摄食）。摄食行为产生了由水携带泥沙而形成的长长痕迹（"泥云团"），从海面可以清楚地看到。它们也可能像露脊鲸一样撇滤摄食，或像须鲸一样吞食摄食，以捕食自由游动的猎物。

潜水深度　主要在海底摄食（多为 30 ～ 60 米；范围为 3 ～ 120 米，已知最大深度为 170 米），但会随机在海洋中层带和海面摄食。

潜水时间　洄游时，下潜 3 ～ 7 分钟；潜水摄食时，通常下潜 5 ～ 8 分钟；在繁殖潟湖中，50% 的潜水时间不到 1 分钟；休息时，潜水最长可达 26 分钟。

乳白色的鲸须板清晰可见

灰鲸经常多次跃身击浪

的一具亚化石骨架。关于它们的分布范围或洄游路线的信息很少，但也可能有 2 个独立的种群（在冰岛有一些重叠）。北大西洋种群主要在 17 世纪晚期或 18 世纪早期灭绝（在北大西洋东部发现的最新亚化石大约在 1650 年，在北大西洋西部发现的亚化石大约在 1685 年）。这可能是由于早期巴斯克、冰岛和美国捕鲸者的捕杀所致。然而，由于全球变暖，西北和东北通道的冰障减少了，我们将开始看到不断有灰鲸从太平洋来到大西洋。最终，它们会重新建群。

特殊目击记录

有 3 起灰鲸目击事件值得注意。2010 年 5 月 8 日，一头灰鲸在以色列海岸附近的特拉维夫被观察到，5 月 30 日在西班牙地中海水域的巴塞罗那附近又被观察到；几乎可以肯定它是从北太平洋经由无冰的北极水域（西北航道或东北航道）而来。2013 年 5 月 4 日，一头完全不同的灰鲸出现在纳米比亚的鲸湾，这是南半球有记录以来的第一头灰鲸，在 6 月 9 日前几乎每天都能看到它；它可能和以色列的那头灰鲸一样，也是绕过南美洲的最南端，穿过南大西洋而来。2011 年秋季，新西伯利亚群岛以西的拉普捷夫海出现了 2 头灰鲸，这

表明该物种的分布范围向西扩展了 500 千米。

行为

灰鲸是海面上最活跃的大型鲸之一，经常跃身击浪（常常为几次，特殊情况为 40 ~ 50 次）、浮窥（眼在海面上或水下），并在空中挥舞尾叶或鳍肢；也会"表演"冲浪和用身体摩擦海滩的卵石、岩石，甚至摩擦码头和船，可能用来缓解由体外寄生虫引起的皮肤刺激。它们好奇心强，可能会接近船只。在墨西哥的繁殖潟湖（特别是圣伊格纳西奥潟湖，1972 年首次报道）的灰鲸常常有"友好"或"好奇"的行为（允许观鲸者抚摸自己），在其他地方也有。

鲸须

- 130 ~ 180 块鲸须板（上颌每侧）。
- 所有鲸中最短、最粗糙的鲸须板，长为 5 ~ 50 厘米。

如何判断幼崽的年龄？

1 ~ 10 天：从口到呼吸孔都是均匀的黑色，有明显的皱纹（胎褶），身上没有藤壶（或仅有非常小的藤壶），通常紧贴母亲游动。

生活史

性成熟　雄性和雌性均为 6 ~ 12 年（平均 8 年）。

交配　在 11 月下旬 ~ 12 月有短暂的 3 周发情期（向南洄游时）或冬季繁殖地的第 2 次发情期（约 40 天后）。交配属混交系统（雄性和雌性都与多个伴侣交配，最多可达 20 头）；雄性之间没有争斗（精子竞争更重要），但求偶是充满活力的（群体进行高速追逐——被称为货运训练，可能是雌性主导）。

妊娠期　12 ~ 13.5 个月。

产崽　每 2 年一次（有时每 3 年，尤其是北太平洋

西部种群；每 45 头雌鲸中有一头每年生一只幼崽）；当年 12 月下旬 ~ 次年 2 月中旬产崽（25% ~ 50% 发生在向南洄游时，其余在繁殖潟湖或周围）；大多数于 1 月 5 日 ~ 2 月 15 日出生（中位数为 1 月 27 日）。

断奶　6 ~ 9 个月后，发生在 7 月或 8 月（但可能继续与母亲在一起 12 个月，在夏季摄食地分开）。

寿命　70 ~ 80 岁；在墨西哥的下加利福尼亚州进行的一项照片识别研究估计，一些正在繁殖的雌性的年龄至少为 48 岁；最长寿命为 76 岁（雌性）。

2 ~ 4 周：皱纹消失，头部有深深的酒窝，身上出现藤壶（但很小），通常在母亲周围 1 ~ 2 米以内活动。

4 ~ 8 周：明显更大，非常好奇，没有母亲陪伴会靠近船只（虽然与母亲的距离很少超过 6 米），身上有更多来自母亲身上的藤壶，从而留下了白色伤痕。

8 周后：更大了，离母亲的距离可达 50 米，在 12 周的时候身体就变为斑驳的灰色和白色，这是成体特有的颜色，只有一岁或更大的鲸身上才有发育完全的藤壶。

群体规模和结构

在洄游时，灰鲸通常是 1 ~ 3 头一群，但最多可以看到 16 头不稳定的群体（这是不可避免的，因为它们都在以大致相同的速度向同一个方向游动）。母子对倾向于独自洄游。在一个冬季聚集区和繁殖潟湖会有 1000 多头聚集在一起。在夏季摄食地，它们通常是单独或成对出现的，但也可能有几百头分散在食物丰富的区域。在摄食季即将结束时，刚断奶的幼崽可能会形成 12 头或更大的群体。

鲸虱和藤壶

灰鲸幼崽出生时身上没有外来寄生虫，但在成长过程中外来寄生虫很快就会附着在它们身上。灰鲸成体携带的寄生虫比其他任何鲸目动物都多：它们平均携带 180 千克以上的藤壶（1 种）和鲸虱（4 种）。灰鲸被认为是这种藤壶的特定宿主（人工饲养的瓶鼻海豚和白鲸，以及一头野生虎鲸是孤立的例子），而且藤壶的生命周期与宿主的同步。它们可能出现在灰鲸身上的任何地方，但最常见的是灰鲸头部（那里是它们接触到最大水流量的地方）。

一头成年灰鲸头上的藤壶和鲸虱的特写

隐鲸藤壶

- 直径可达 5.5 厘米（一年后发育完全）。
- 位于低位（避免被水流撕裂）。

斯坎鲸虱（灰鲸虱，只在灰鲸身上发现）

- 灰鲸身上最大、最多的鲸虱。
- 雄性长达 2.7 厘米，雌性长达 1.7 厘米。
- 两对卷曲的、分枝的鳃围绕着胸部的下侧。

Cyamus kessleri（只在灰鲸身上发现的小灰鲸虱）

- 有两对直的、不分枝的鳃（向前延伸，在头部前面或两侧，看起来像腿）。
- 雄性长达 1.5 厘米，雌性长达 1 厘米。
- 很少在灰鲸的头部或鳍肢上发现（常出现在肛裂和生殖裂）。

Cyamus ceti（灰鲸身上寄生的端足类动物，也发现于北极露脊鲸身上）

- 有两对直的、分枝的鳃。
- 雄性长达 1.2 厘米，雌性长达 1.1 厘米。
- 后肢下部的"小刺"比其他物种多。

Cyamus eschrichtii（只发现于灰鲸身上）

- 雄性长达 1.4 厘米，雌性长达 0.8 厘米。

天敌

每年有 35% 的灰鲸幼崽可能被比格（过客）虎鲸捕食。可能几乎每一头灰鲸都曾在某个时刻遭到虎鲸的追杀（大多数身上都有明显的伤痕）；灰鲸通常会反击而不是逃跑。在灰鲸洄游路线上有两个主要的虎鲸攻击地点（自然特征使天平偏向虎鲸）：加利福尼亚州蒙特利湾（主要在 4 ~ 5 月）和阿拉斯加乌尼马克海峡（主要在 5 ~ 6 月）。最成功的攻击发生在乌尼马克海峡，那里的幼崽比较胖，它们的妈妈在长途跋涉后也很疲惫。

虎鲸捕食也发生在北部的摄食地（主要在 6 ~ 7 月）；随着季节的推移，幼崽长大了，它们身体变强壮，很难成为猎物。在向南洄游的过程中，灰鲸被捕食的概率更低，这可能是因为向南洄游的灰鲸在夏季摄食季结束时身体状况要好得多。在西部灰鲸身上的虎鲸留下的耙形伤痕的盛行率（43%）是所有鲸种中报告最多的。众所周知，巴西达摩鲨也会攻击灰鲸，咬下它们大块的肉。大型鲨鱼（尤其是噬人鲨）以灰鲸尸体为食，可能会杀死少量的幼崽（在美国俄勒冈州有报道称，一头成年灰鲸遭到鲨鱼攻击）。

照片识别

可以借助身体两侧的自然（和永久）色素沉着样式来识别灰鲸，这种样式在它们出生一年后就稳定了；背脊上的"驼峰"、伤痕（尽管随着时间的推移而改变）和鳍肢的腹面也有助于个体识别。当研究人员以它们背部（两侧）的背鳍区域为目标进行照片识别时，其他明显的标记和伤痕通常被用作额外的个体标识。

种群丰度

由于商业捕鲸的发展，到 1885 年，北太平洋东部种群的数量下降到 1000 ~ 2000 头，甚至只有 100 多头（当时的估计是 160 头）。在受到保护之后，这一种群基本上恢复了。最近估计的数量是 26960 头（2015 ~ 2016 年）；而 2010 ~ 2011 年估计的数量为 20990 头，这意味着灰鲸数量增加了 22%（与幼崽数量最高的年份相一致——每年超过 1000 头，于 1994 年开始统计幼崽）。商业捕鲸开始前灰鲸的数量尚不确定，但最普遍认可的数量是 15000 ~ 24000 头（尽管一项 DNA 研究估计原始的种群数量为 76000 ~ 118000 头）。2015 年，北太平洋西部种群的数量被认为是一岁以上的个体少于 100 头；132 ~ 287 头（取决于计数技术）灰鲸通常在夏季和秋季于鄂霍次克海 / 堪察加半岛南部海域摄食（自 21 世纪初以来这一数字一直在稳步增长），但它们中的很大一部分会在冬季洄游到墨西哥沿海水域。西部种群在商业捕鲸开始前的数量尚不清楚，但估计数量在 1500 ~ 10000 头。

保护

世界自然保护联盟保护现状：北太平洋东部种群，无危（2017 年）；北太平洋西部种群，濒危（2018 年）。由于摄食地、洄游地和繁殖潟湖周围密集的商业捕鲸活动，北太平洋东部种群已接近灭绝。1946 年，该物种得到了全面的官方保护（尽管有 320 头在科学许可下被捕获，还有 138 头在 20 世纪 60 年代被苏联捕鲸者非法捕获）。自那以后，这一种群恢复速度惊人，并于 1994 年被濒危物种名录除名。国际捕鲸委员会目前允许原住民捕鲸：俄罗斯远东地区的楚科奇人每年最多可捕 140 头（2019 ~ 2025 年）。美国华盛顿州的马卡印第安部落提出了一项规模较小的捕鲸计划，每年捕鲸 5 头（尽管加拿大政府最近宣布太平洋沿岸约 200 头灰鲸为濒危物种）；其中 2018 年在阿拉斯加捕获 1 头。

北太平洋西部种群（如果它们作为一个独立种群存在的话）是世界上最濒危的鲸目动物种群之一。从 16 世纪晚期到 1966 年，这一种群的灰鲸被大量捕杀（很大程度上归因于 1890 ~ 1960 年现代捕鲸业的发展，特别是在韩国和日本附近海域，当时大约有 2000 头被捕杀）。现在北太平洋西部种群的灰鲸非常少见，每年很小的死亡率就可能使其灭绝。目前，它们面临的主要威胁是北极的石油、天然气开发（这尤其关系到北太平洋西部种群）以及海冰的减少（这会导致食物减少，而来自其他鲸目动物的竞争和天敌的入侵也会造成复杂但潜在的严重后果）。饥饿被认为是 1999 ~ 2001 年灰鲸大范围死亡的一个可能原因，其中至少有 651 头灰鲸被证实死亡（北太平洋东部种群的数量下降到大约 16500 头）。渔具缠绕、非法捕杀、化学污染和噪声污染、沿海开发的干扰、船只撞击以及下加利福尼亚州大规模海盐生产是其他令人担忧的问题。

发声特征

灰鲸有广泛的声乐曲目，包括刺耳的摩擦声、呱呱声、鼻息声、呻吟声、哼哼声、吼叫声、咔嗒声、当当声和嘣嘣声。繁殖潟湖中最常见的声音是像金属碰撞时的撞击声，而洄游时它们似乎更常发出呻吟声。大多数灰鲸发出的声音是低频率的，从 100 赫兹到 4 千赫（尽管有些高达 12 千赫），可能是为了规避沿海环境中高水平的自然背景噪声。它们还会发出低频的咔嗒声，就像基本的回声定位一样；这些咔嗒声可能用于远程导航或探测大型目标，如其他鲸和广阔的地形特征。

蓝鲸
BLUE WHALE

Balaenoptera musculus (Linnaeus, 1758)

蓝鲸是地球上已知的最大动物，它们难以被观测、发现。但一旦你与这种庞然大物有过亲密接触，将终生难忘。世界各地均有人在无情地捕杀它们，导致其种群数量锐减，濒临灭绝。

分类 须鲸亚目，须鲸科。

英文常用名 来自其体表独特的、斑驳的蓝色（在水下更明显）。

别名 硫底鲸、黄腹鲸（因其身上的硅藻膜而得名，尤其是在其腹部）、西氏鳁鲸（以苏格兰博物学家罗伯特·西博尔德/Robert sibbald 的名字命名，他在 1694 年发表了第一份对蓝鲸的科学描述）、大蓝鲸、蓝鳁鲸、大北方鳁鲸。

学名 *Balaenoptera* 源自拉丁语 *balaena*（鲸）和希腊语 *pteron*（翅膀或鳍）；*musculus* 源自拉丁语 *musculus*（肌肉发达的或小老鼠）——这也许是伟大的瑞典自然学家和分类学家卡尔·林耐故意歪曲的双关语；另一种说法是，公元一世纪的古罗马博物学家大普林尼用 *musculus* 来指一种"完全没有牙齿，但口腔内长满了刚毛"的鱼（即一种须鲸）。

分类学 目前已确认有 5 个亚种（尽管它们究竟应该是亚种还是种仍有争议）: 北方蓝鲸（*B. m. musculus*）、南极蓝鲸或"真"蓝鲸（*B. m. intermedia*）、北印度洋蓝鲸（*B. m. indica*）、小蓝鲸（*B. m. brevicauda*，一个明显矛盾的名字）和智利蓝鲸（未命名的亚种）。前两个亚种具有相似的外形（尽管它们在基因和声学特征上有所不同）。北印度洋蓝鲸和小蓝鲸可能属于同一亚种，但二者分布范围相当分散，且繁殖周期相差 6 个月。

成体

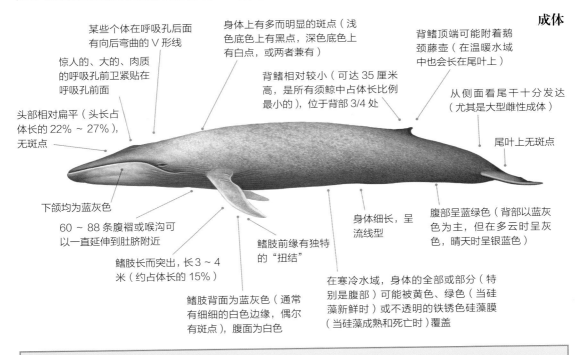

某些个体在呼吸孔后面有向后弯曲的 V 形线

惊人的、大的、肉质的呼吸孔前卫紧贴在呼吸孔前面

头部相对扁平（头长占体长的 22%～27%），无斑点

身体上有多而明显的斑点（浅色底色上有黑点，深色底色上有白点，或两者兼有）

背鳍相对较小（可达 35 厘米高，是所有须鲸中占体长比例最小的），位于背部 3/4 处

背鳍顶端可能附着鹅颈藤壶（在温暖水域中也会长在尾叶上）

从侧面看尾干十分发达（尤其是大型雌性成体）

尾叶上无斑点

下颌均为蓝灰色

60～88 条腹褶或喉沟可以一直延伸到肚脐附近

鳍肢长而突出，长 3～4 米（约占体长的 15%）

鳍肢前缘有独特的"扭结"

鳍肢背面为蓝灰色（通常有细细的白色边缘，偶尔有斑点），腹面为白色

身体细长，呈流线型

腹部呈蓝绿色（背部以蓝灰色为主，但在多云时呈灰色，晴天时呈银蓝色）

在寒冷水域，身体的全部或部分（特别是腹部）可能被黄色、绿色（当硅藻新鲜时）或不透明的铁锈色硅藻膜（当硅藻成熟和死亡时）覆盖

鉴别特征一览

- 全球均有分布（尽管分布较为零散）。
- 体型为特大型。
- 身体呈流线型。
- 体色为斑驳的蓝灰色。
- 身体在水下呈蓝绿色。
- 有大小不一的背鳍，位于背部 3/4 处。
- 有突出的呼吸孔前卫。
- 尾干十分发达。
- 常在深潜时举尾。

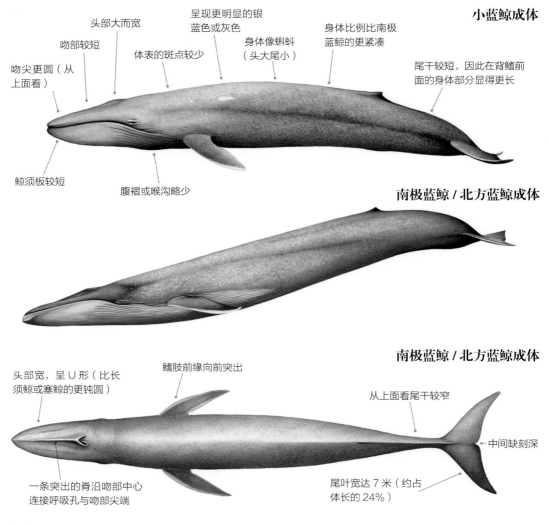

小蓝鲸成体

吻尖更圆（从上面看）

头部大而宽

吻部较短

体表的斑点较少

呈现更明显的银蓝色或灰色

身体像蝌蚪（头大尾小）

身体比例比南极蓝鲸的更紧凑

尾干较短，因此在背鳍前面的身体部分显得更长

鲸须板较短

腹褶或喉沟略少

南极蓝鲸 / 北方蓝鲸成体

南极蓝鲸 / 北方蓝鲸成体

头部宽，呈 U 形（比长须鲸或塞鲸的更钝圆）

鳍肢前缘向前突出

从上面看尾干较窄

中间缺刻深

一条突出的脊沿吻部中心连接呼吸孔与吻部尖端

尾叶宽达 7 米（约占体长的 24%）

相似物种

由于蓝鲸身上带有蓝灰色的斑点，所以在近处很容易辨认。除灰鲸外，蓝鲸通常比其他大型鲸体色更浅。从远处看，它们可能会被误认为是长须鲸或塞鲸。巨大的身体有助于识别它们，但不能仅凭体型来确认（因为蓝鲸与成年长须鲸和塞鲸体型相似）。喷潮的高度和形状有助于识别（蓝鲸的喷潮往往是细密的），但种内也有很大的差异，一些大型长须鲸和塞鲸的喷潮也特别高。头部的形状，以及背鳍的形状、大小和位置是识别蓝鲸的关键。另外，许多蓝鲸会举尾（长须鲸和塞鲸几乎从不举尾）。小蓝鲸和南极蓝鲸差别很小，所以很难区分，一般只能在理想条件下由经验丰富的观察者来鉴定。蓝鲸和长须鲸之间的杂交种很常见；目前已经证实至少有一种蓝鲸和塞鲸的杂交种。

分布

从南北半球的热带海域到有大片浮冰的海域都曾发现过蓝鲸的踪迹，但它们分布零散，在大部分赤道海域和主要洋盆的中心（如南大西洋的南纬 35 度至45 度）很少见。大多数种群都洄游，在夏季、初秋的高纬度摄食地和冬季的低纬度繁殖地和摄食地之间洄游，但至少有一个种群（在北印度洋）基本上是全年定居在那里。与其他大多数须鲸不同，蓝鲸全年摄食，食物的可获得性可能决定了其一年中大部分时间的分布；它们会到任何食物丰富的地方摄食。它们可能因季节变化而分布在不同地方，但因这种现象成因较为复杂，目前所知甚少。

目前，还没有确切地发现蓝鲸特定的繁殖地（蓝鲸似乎不像大翅鲸、灰鲸和露脊鲸那样有明确的繁殖地），但有证据表明，蓝鲸在热带和亚热带海域繁殖。

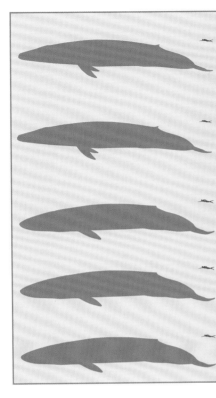

体长和体重（北方蓝鲸）

成体　体长：雄性 23 ~ 26 米，雌性 24 ~ 27 米；体重：70 ~ 135 吨；最大：28.1 米，150 吨。

幼崽　体长：6 ~ 7 米；体重：2 ~ 3 吨。雌性更长（所有亚种均是）。

体长和体重（南极蓝鲸）

成体　体长：雄性 24 ~ 27 米，雌性 24 ~ 29 米；体重：75 ~ 150 吨；最大：33.58 米，190 吨（捕鲸站非标准化测量数据）。

幼崽　体长：7 ~ 8 米；体重：2.7 ~ 3.6 吨。

体长和体重（北印度洋蓝鲸）

成体　体长：雄性 20 ~ 22 米，雌性 21 ~ 23 米；体重：70 ~ 95 吨；最大：24 米，130 吨。

体长和体重（小蓝鲸）

成体　体长：雄性 20 ~ 22 米，雌性 21 ~ 23 米；体重：70 ~ 95 吨；最大：24 米，130 吨。

体长和体重（智利蓝鲸）

成体　体长：雄性 22 ~ 25 米，雌性 22 ~ 25 米；体重：未知；最大体长：25.6 米。体长介于小蓝鲸和南极蓝鲸之间。

一个可能的繁殖地是位于热带太平洋东部的哥斯达黎加圆突区（或帕帕加约上升流）；另一个在科隆群岛（智利蓝鲸）。墨西哥的加利福尼亚湾是一个确定的抚幼地，也可能是产崽地。

蓝鲸主要生活在海洋深处、较深的大陆架或海底盆地，但它们也栖息于大陆架和沿海水域（比如在墨西哥加利福尼亚湾、美国南加利福尼亚州、加拿大圣劳伦斯湾和冰岛斯乔尔万迪湾）。它们更喜欢选择上升流较强的海底地形和陡峭地形为栖息地。在不同亚种之间的重叠分布方面，尤其是南半球的情况，我们知之甚少。

北方蓝鲸

在北大西洋和北太平洋有 4 个已知的种群。

1. **北大西洋西部种群**　夏季在北纬 60 度到 70 度的戴维斯海峡和巴芬湾，冬季在北纬 34 度的南卡罗来纳州；最南到百慕大区域。

2. **北大西洋东部种群**　夏季在北纬 80 度的巴伦支海和斯瓦尔巴群岛（靠近冰缘区域），冬季在北纬 15 度的毛里塔尼亚和佛得角群岛。种群内差异很大：有些个体游动范围很广（曾有人在毛里塔尼亚、冰岛和亚速尔群岛拍到过这一种群的照片），而有的个体却向北洄游，许多个体全年都留在英国南部。随着北极气候快速变暖，海冰锐减，它们会继续向北推进（比如在斯瓦尔巴群岛更频繁繁出现）。

3. **北太平洋东部种群**　夏季最北至北纬 55 度的阿留申群岛（但大部分个体位于墨西哥加利福尼亚湾中部），冬季在下加利福尼亚州，最南至北纬 10 度的哥斯达黎加圆突区；有些个体全年生活在加利福尼亚湾中部海岸外围，少数个体会游到夏威夷；其中一头在哥斯达黎加圆突区和科隆群岛之间匹配成功。

4. **北太平洋西部种群**　夏季在北纬 45 度到 60 度的堪察加半岛、千岛群岛和阿留申群岛以西，冬季在北纬 27 度的日本南部小笠原群岛附近（因为过度捕捞，这一种群数量很少）。

南极蓝鲸

南极蓝鲸于夏季和初秋（主要是当年 11 月 ~ 次年 3 月）在南方摄食，它们广泛分布于南纬 55 度以南的南极水域，几乎环绕极地。它们的主要摄食地在南极辐合带和浮冰之间（也有个体夏季留在中纬度水域）；在南半球夏季，新西兰南部海域曾发现有鲸的叫声。

它们的冬季繁殖地未知。大多数个体被认为会洄游到更北、接近中纬度或低纬度的地方（主要在

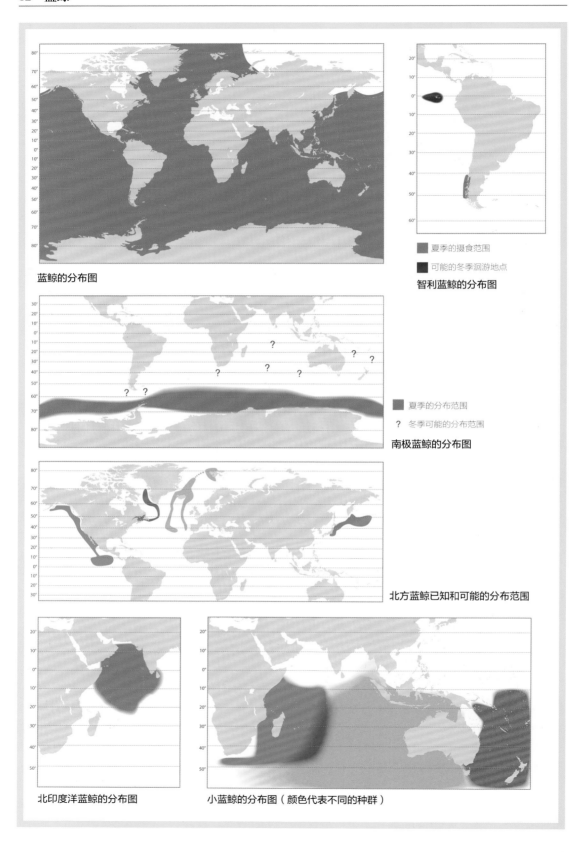

蓝鲸的分布图

夏季的摄食范围
可能的冬季洄游地点

智利蓝鲸的分布图

夏季的分布范围
? 冬季可能的分布范围

南极蓝鲸的分布图

北方蓝鲸已知和可能的分布范围

北印度洋蓝鲸的分布图

小蓝鲸的分布图（颜色代表不同的种群）

5 ~ 10月），在那里它们可能更容易聚集。它们可能的越冬地包括印度洋海盆中部、南印度洋、太平洋东部、澳大利亚西南部和新西兰北部（可能有小蓝鲸分布）；从历史上看，南非、纳米比亚和安哥拉的西海岸的种群可能也很重要，但由于人类的捕杀，这一种群数量急剧减少，如今很少有人能看到（但在本格拉生态系统中，5 ~ 8月能听到鲸的叫声）。至少有一些个体似乎全年都留在南极或亚南极海域（如南极半岛西部、南极洲东部、印度洋克罗泽群岛周围和南乔治亚岛周围）；它们可能会沿着冰缘在南半球冬季向北扩张，在南半球夏季再后退。

小蓝鲸

它们主要分布于南纬45度以北的广阔区域，包括南印度洋西南部到澳大利亚、印度尼西亚和新西兰。从表面上看，小蓝鲸与南极蓝鲸在夏季的南半球是被南极辐合带分开的，但实际上它们的分布范围可能有重叠（最近的研究表明，这2个亚种在克罗泽群岛同时存在）。目前已知有3个种群（未来可能被列为不同亚种）：西南印度洋种群、东南印度洋种群和西南太平洋种群。

有证据表明，西南印度洋种群主要从越冬地马达加斯加南部海域（也可能在塞舌尔和肯尼亚周围）洄游到亚南极（南极辐合带以北）的夏季栖息地。它们可能的摄食地包括克罗泽群岛、赫德岛和凯尔盖朗群岛周围的水域（克罗泽群岛的种群可能与南极蓝鲸的分布范围重叠，赫德岛和凯尔盖朗群岛的种群可能与东南印度洋种群的分布范围重叠）。

东南印度洋种群的夏季摄食地包括澳大利亚南部的亚热带辐合区，它们会沿着澳大利亚南部和西部海岸（在经过邦尼上升流和珀斯海峡时摄食）游动，到达冬季繁殖地印度尼西亚的班达海。

鲜为人知的西南太平洋种群分布在澳大利亚和新西兰东南部。在新西兰，每个月都有目击报道，主要集中在塔拉纳基湾南部。

北印度洋蓝鲸

这些蓝鲸常年生活在北印度洋低纬度海域，主要在索马里和斯里兰卡之间的水域，但在印度洋沿岸，甚至远至孟加拉国和缅甸也有它们的搁浅记录。与阿拉伯海的大翅鲸相似，这些蓝鲸的北部种群有着不同的繁殖周期（它们的繁殖周期与南部种群的相差6个月）。北部种群主要出现在赤道以北，但最近的声学记录显示，也有少数个体在南半球夏末秋初向赤道以南迁移。

与其他大多数蓝鲸种群相比，这一亚种洄游范围小，但可能存在与季风上升流有关的季节性迁移。在与西南季风有关的北半球夏季强上升流期间（5 ~ 10月），大多数个体在索马里和阿拉伯半岛海岸附近的阿拉伯海西北部摄食；有些个体还在印度西南海岸和斯里兰卡西海岸的上升流区域摄食。在食物较少的东北季风期间（当年12月~次年3月），该亚种的分布似乎发生了变化，它们会更广泛地分散到季节性食物丰富的区域摄食；这些区域包括斯里兰卡东海岸、马尔代夫西海岸（至少在历史上）和巴基斯坦附近的印度河峡谷。据说，许多个体在当年11月~次年1月向东迁移，经过马尔代夫北部和斯里兰卡南部，再于4 ~ 5月向西迁移。

在印度洋中部赤道附近的迪戈加西亚岛，也可能有全年居留的种群，它们季节性地向赤道迁移或远离赤道。它们主要是北印度洋种群，可能还有一些正在洄游的西南印度洋种群和南极蓝鲸。

智利蓝鲸

智利蓝鲸在夏季和秋季（当年12月末~次年5月初）的主要摄食地在智利南部，从湖大区南部（南纬41度）向南到奇洛埃岛至瓜福岛（南纬43.6度），向东到智利的科尔科瓦多湾（乔诺斯群岛南部周围）。在深秋，智利蓝鲸多向北迁移，很可能有个体迁移到科隆群岛南部和赤道水域的冬季繁殖地。有记录显示，南极蓝鲸曾在智利南部出现，但这里的大多数个体属于智利蓝鲸（智利蓝鲸和大多数南极蓝鲸最南端分布记录的纬度相差20度，它们有不同的声音系统，并且有显著的基因和体型差异）。

行为

一些蓝鲸在潜水时会举尾（生活在西北大西洋和东北太平洋的18%的个体、墨西哥加利福尼亚湾的25%的个体、斯里兰卡离岸55%的个体会有此动作）。它们正常的游动速度为3 ~ 6千米/时，但是当它们被船或虎鲸追击时——速度会超过35千米/时（它们游得非常快时，有时在海面上几乎是鲸越，会产生巨大的"船尾急流"，并在逃跑的路径上掀起大量浪花）。跃身击浪的蓝鲸（通常是小蓝鲸）跃出海面时会与海面成45°角。它们对船只的反应不一，可能会躲避、毫不在意或好奇。

幼崽

在外观和体型
上与成体相似

尾叶

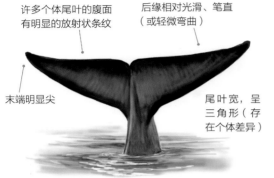

许多个体尾叶的腹面
有明显的放射状条纹

后缘相对光滑、笔直
（或轻微弯曲）

末端明显尖

尾叶宽，呈
三角形（存
在个体差异）

鲸须

- 260 ~ 400 块鲸须板（上颌每侧）。
- 鲸须板呈黑色，基部较宽，每块鲸须板约 1 米长（南极蓝鲸的比小蓝鲸的略长）。

群体规模和结构

蓝鲸通常单独或成对出现，已知在某些区域的夏季，它们会形成 3 ~ 6 头聚集的群体。在食物充足的海域，它们可形成 50 头以上的松散群体。

天敌

虎鲸是蓝鲸唯一的天敌，但在全球大部分区域很少观察到虎鲸攻击蓝鲸的事件（攻击主要针对幼崽）。然而，在照片识别中，墨西哥加利福尼亚湾约 25% 的蓝鲸的尾部和澳大利亚西部约 42.1% 的小蓝鲸的尾部都有虎鲸的齿痕，这表明虎鲸经常攻击蓝鲸，但可能并非每次都能成功。

照片识别

身上的斑点对每头蓝鲸来说都是永久且独一无二的，研究人员通过拍摄蓝鲸背鳍周围的区域来区分不同的个体。许多个体的尾叶腹面有细细的条纹，这也可以用来进行个体识别。

潜水过程（以南极蓝鲸为例）
- 出水角度较小且出水缓慢。
- 一旦头部开始露出海面，就会喷潮。
- 独特的呼吸孔前卫看起来像圆形的驼峰。
- 巨大而狭长的背部滚动出现。
- 背鳍经常在海面以下，潜水时会露出。
- 在探深潜水前，通常会将呼吸孔和"肩部"抬到高于其他须鲸的位置。
- 头下降到海面以下后，背鳍出现。
- 背部和尾干弓起。
- 许多个体在潜水前会举尾。

喷潮
- 细长，呈柱状，可达到 12 米高（高度存在个体差异）。
- 比长须鲸或塞鲸的更细密、更宽。

背鳍的差异

背鳍的形状较为多样（小瘤状、三角形、钩形或镰刀形）

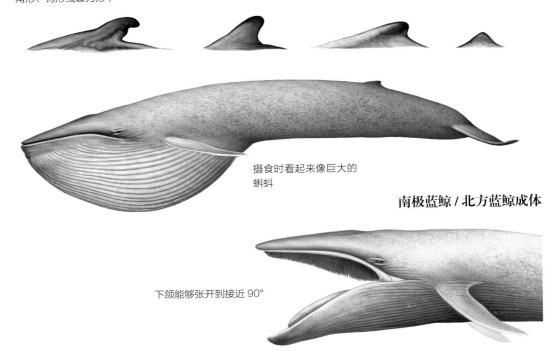

摄食时看起来像巨大的蝌蚪

南极蓝鲸 / 北方蓝鲸成体

下颌能够张开到接近 90°

食物和摄食

食物　主要捕食长 2 ～ 3 厘米的甲壳纲动物（磷虾）及其他甲壳纲动物（包括桡足类动物、糠虾和端足类动物）；偶尔捕食成群的小鱼和头足类动物。在北太平洋，主要捕食太平洋磷虾、*Thysanoessa inermis*、*T. spinifera*、*T. longipes*、*Nematoscelis megalops*、*Nyctiphanes symplex*、加利福尼亚州南部海流中的红蟹或 *Pleuroncodes planipes*，有时也会吃桡足类动物（*Calanus* spp.）；在北大西洋，主要捕食北方磷虾、*Thysanoessa inermis*、*T. raschii* 和 *T. longicaudata*，有时会吃桡足类动物；在南极，主要捕食南极磷虾（最长可达 6 厘米）、*E. vallentini*、*E. crystallorophias* 和 *Nyctiphanes australis*；在南印度洋，主要捕食 *Euphausia vallentini*（长 1.3 ～ 2.8 厘米）和 *E. recurva*；在北印度洋，主要捕食樱花虾。

摄食　与大多数其他须鲸不同，在冬天可能不禁食（继续在繁殖地摄食）；至少在美国加利福尼亚州附近，大多数是在白天进行摄食（在晚上，磷虾往往会分散，导致食物密度太低而不能有效摄食），但在其他区域（如圣劳伦斯湾），在夜间会至海面上摄食。可潜至磷虾密集的水层以下，再猛地向上冲；或倒向一侧，同时张开巨口，随后边缓慢游动边闭嘴（一次可吸入 65 吨海水），过程约持续 10 秒，水从嘴巴中排出大约需要 30 秒。一般每次潜水可进行 6 ～ 7 次猛冲摄食（最多 15 次）；靠近海面捕食时，常身体一侧或尾部缓慢浮出海面（背鳍和部分尾叶露出海面）；体重 80 吨的蓝鲸每天需要 150 万卡路里（1 卡 ≈ 4.2 焦）的热量才能生存（比任何其他动物都要多）；理想情况下，一头成年蓝鲸一天可以吃掉 4 吨磷虾。

潜水深度　在摄食时，一般可潜至 250 米，但也可能潜至 300 米或更深（潜水的最深纪录是在厄瓜多尔水域，为 330 米；在加利福尼亚湾南部为 293 米）。中午时会潜得更深，在水较浅的海域其潜水深度会随猎物一天在水层中的分布而变化；非摄食潜水深度通常小于 70 米。

潜水时间　在摄食时，下潜通常可持续 8 ～ 15 分钟，但在白天时，下潜 20 分钟也并不罕见，有时可长达 30 分钟（最长为 36 分钟）；潜水过程中通常会多次、短暂地浮出海面，15 ～ 20 秒一次，持续 2 ～ 6 分钟。

生活史

性成熟 雌性和雄性一般在 8 ~ 10 年（最大范围为 5 ~ 15 年）性成熟。已知圣劳伦斯湾有几头 35 ~ 40 岁的雌鲸和墨西哥加利福尼亚湾 2 头 30 岁的雌鲸的繁殖行为较为活跃。

交配 对蓝鲸的交配情况目前了解较少；在夏季和秋季的圣劳伦斯湾，经常可以看到蓝鲸交配，交配活动有时会持续长达 5 周（一般第二头雄鲸试图取代第一头雄鲸、获取交配权时，会在海面上活跃 7 ~ 50 分钟）；在哥斯达黎加圆突区附近，曾有 3 头鲸通过过于活跃的行为表明它们在求偶和交配。交配季一般在深秋和冬季。

妊娠期 10 ~ 12 个月。

产崽 每 2 年（有时每 3 年）一次，一般在冬季，每胎一崽。

断奶 一般 6 ~ 8 个月后。

寿命 估计至少 65 岁，可能达到 80 ~ 90 岁（最长寿命纪录为 110 岁）。一头名叫努宾的成年雄性蓝鲸于 1970 年在美国加利福尼亚州南部被拍摄到，当时的年龄不详，于 2017 年又在墨西哥加利福尼亚湾被再次拍到。

为什么蓝鲸这么大？

　　蓝鲸以磷虾为食。磷虾是一种小型动物，数量多得令人难以置信（每平方米水域多达 1500 只），但它们生活在相隔数百或数千米的不同区域。任何以磷虾为食的生物都需要快速高效地游动较远的距离（随着体型的增大，长距离游动相对的能量消耗会下降），且需要一次能够储存几天、几周甚至几个月的能量，以适应在磷虾栖息地之间的移动（蓝鲸体重的 1/4 由脂肪组成）。蓝鲸能够在合适的时机一次性吃掉大量小型食物（一次只吃几只磷虾的效率太低）。因此，以磷虾为食的终极掠食者是体型庞大、能巨口吞食的滤食性鲸。同时，由于水的浮力支撑，这种海洋生物不受地球引力的束缚。

种群丰度

　　现有 5000 ~ 15000 头成熟蓝鲸分散在世界各地。最新的大致分布范围和数量如下：北太平洋东部有 1650 头；北太平洋西部有 1000 头；南极有 2280 头；北大西洋有 2990 头；澳洲西部有 662 ~ 1754 头；新西兰有 718 头；智利南部有 570 ~ 760 头。在遭到商业捕杀之前，全球蓝鲸的数量约为 30 万头，其中包括 23.9 万头南极蓝鲸。有一些证据表明，蓝鲸的种群数量在北太平洋东部、北大西洋中部和东部以及南极地区有所恢复。

保护

　　世界自然保护联盟保护现状：濒危（2018 年）；南极蓝鲸，极危（2018 年）。19 世纪 60 年代，挪威开始对蓝鲸进行商业捕杀，到 20 世纪初，捕杀蓝鲸活动已扩大到全球（包括南极水域）。由于它们体型庞大，捕杀的产出比最高，因此它们成为捕鲸者的首选目标。

一些蓝鲸在潜水前会举尾，人们可以看到其发达的尾干

据统计，蓝鲸被捕杀的数量为：南极蓝鲸为363648头（到20世纪70年代初这一亚种的数量一度减少到360头左右）；北方蓝鲸为20773头（其中北大西洋10747头，北太平洋9773头）。另外，1900～1939年被捕杀的15762头没有被计入具体物种。南印度洋和西南太平洋有10956头小蓝鲸被捕杀，智利、秘鲁和厄瓜多尔有5782头，阿拉伯海有1228头。最高捕捞量出现在19世纪初到20世纪30年代末（1930～1931年，在南极水域，多达30727头蓝鲸遭到捕杀）。

尽管蓝鲸的数量迅速下降，但直到1955年，北大西洋的蓝鲸才得到法律保护（但丹麦和冰岛捕鲸者在国际捕鲸委员会的正式反对下，仍继续捕杀蓝鲸，直到1960年才停止）。1965～1966年，南大洋和北太平洋国家相继颁布保护蓝鲸的法律。然而，直到20世纪70年代初，非法捕鲸活动（98%是苏联实施的）仍存在，北印度洋的非法捕鲸活动尤为严重。2018年，冰岛的捕鲸者声称捕杀了2头蓝鲸和长须鲸的杂交个体。

如今，对蓝鲸的主要威胁包括船只撞击（特别是北太平洋、阿拉伯海、智利、斯里兰卡水域的大型货船和油轮）、渔具缠绕（蓝鲸有时会被渔网和其他渔具缠绕而留下伤痕，但缠绕并不是导致蓝鲸死亡的重要原因）和化学污染（尤其是多氯联苯）。在一些地方，晒伤可能成为一个日益严重的问题（由于紫外线辐射水平上升），严重的晒伤可能使蓝鲸身上出现水疱。船只发出的低频环境噪声可能会掩盖蓝鲸的叫声，石油和天然气勘探以及军用声呐发出的噪声也可能会驱使它们离开重要的栖息地。如果南极磷虾的商业开发范围在未来持续扩大，或由于气候变化导致磷虾的可食用性发生任何重大变化，都将严重影响蓝鲸的生存。

发声特征

蓝鲸全年都会规律发声，声音极大，频率较低（为11～100赫兹）。某些声音可以达到189分贝，这是动物所能发出的最大声音。在理想的海洋环境下，一头蓝鲸可以听到数百千米，甚至数千千米以外的另一头蓝鲸的声音。蓝鲸的声音可以分为两种：一种是呼叫声（以不规律的间隔发出的单个脉冲或音调的声音，也可以是两个至多个个体之间的回复声），另一种是鲸歌（以规律的重复声音形成的叫声，据此进行个体识别）。这些声音与各种行为有关，包括导航、求偶、攻击或者摄食。雄性和雌性都会发出几种不同的呼叫声，但只有雄性会唱歌。到目前为止，研究人员已经确定了13种不同的鲸歌类型，它们来自不同的分布范围：北太平洋有3种，北大西洋有1种，南半球（包括印度洋）则有9种以上。有些鲸歌类型已经持续存在了40多年。大多数鲸歌出现于个体在摄食地之间的迁移过程中，可能的原因是蓝鲸在摄食的时候无法发声。来自同一种群的呼叫声和鲸歌的差异非常小，生活在同一区域的蓝鲸的呼叫声和鲸歌的频率相同，持续时间相同，模式也相同。某一区域的蓝鲸的"方言"或声音特点与世界其他地方的蓝鲸的截然不同，由此可以区分不同的种群。例如，在北太平洋东部的蓝鲸有4种主要的呼叫声，最常见的是A型和B型呼叫，人们认为只有雄性才会发出这样的叫声。A型呼叫是突然发出大约20声间隔不到1秒的单一声音；B型呼叫是持续10～20秒的下滑音（20～16赫兹），通常在A型呼叫后约25秒发出。A型呼叫和B型呼叫通常是由迁移中的雄性发出的，这种重复的系列叫声可以持续好几个小时。通常的呼叫模式是ABABAB或ABBBABBB，内容和组合之间的间隔都非常一致。人们认为这些鲸歌可能是求偶行为的一部分。C型呼叫要短得多（简短的9～12赫兹的上滑音），通常在B型呼叫之前。D型呼叫是一种变化多样的下滑音（80～30赫兹），持续时间为2～5秒，雌雄皆可发出，它被认为是一种回复声，不同于其他类型的呼叫，并经常发生在个体的摄食过程中。D型呼叫通常是人类唯一能听到的蓝鲸的声音。

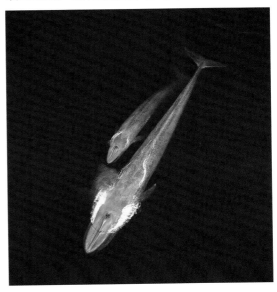

墨西哥加利福尼亚湾的一个蓝鲸母子对

长须鲸

FIN WHALE   *Balaenoptera physalus*   (Linnaeus, 1758)

长须鲸是世界第二长的鲸，体长仅次于蓝鲸，也是游动速度最快的鲸之一，被称为海上快艇。它们下颌上有独特的不对称的色素沉着，大部分长须鲸下颌左侧是深色，右侧是白色——这也是大村鲸、一些塞鲸和侏儒小须鲸的特征，但长须鲸的这一特征更为明显。色素沉着的成因至今没有合理的解释。

分类　须鲸亚目，须鲸科。

英文常用名　源于其背鳍和尾叶之间有明显的背脊（所以也叫后鳍鲸）。

别名　后鳍鲸、鳍鲸、剃刀鲸、真须鲸、鲱鲸、鳍鱼、北方长须鲸、南方长须鲸。

学名　*Balaenoptera* 源自拉丁语 *balaena*（鲸）和希腊语 *pteron*（翅膀或鳍）；*physalus* 源自希腊语 *physa*（鼓风箱），形容其可鼓起的喉褶（*physa* 还有"一种能使自身鼓起的蟾蜍"之意）。

分类学　目前已知有 3 个亚种：北大西洋和北太平洋的北方长须鲸（*B. p. physalus*），南半球的南方长须鲸（*B. p. quoyi*）和南美洲西海岸（南至约南纬 55 度）的小长须鲸（*B. p. patachonica*）。有人提出，基于遗传信息、身体比例和体色的细微差别，以及地理隔离的因素，北方长须鲸应被划分为北大西洋和北太平洋 2 个种群。另外，还有几个遗传上截然不同和相对孤立的亚种。

成体左视图

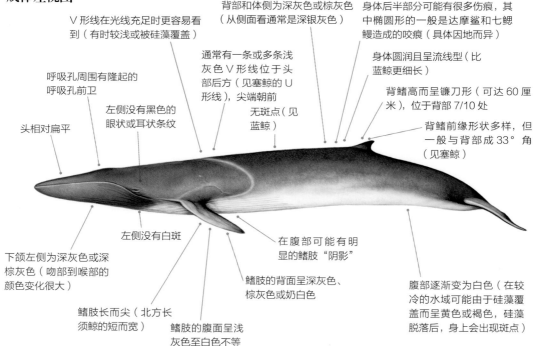

背部和体侧为深灰色或棕灰色（从侧面看通常是深银灰色）

身体后半部分可能有很多伤痕，其中椭圆形的一般是达摩鲨和七鳃鳗造成的咬痕（具体因地而异）

∨ 形线在光线充足时更容易看到（有时较浅或被硅藻覆盖）

通常有一条或多条浅灰色 ∨ 形线位于头部后方（见塞鲸的 U 形线），尖端朝前

身体圆润且呈流线型（比蓝鲸更细长）

呼吸孔周围有隆起的呼吸孔前卫

无斑点（见蓝鲸）

背鳍高而呈镰刀形（可达 60 厘米），位于背部 7/10 处

左侧没有黑色的眼状或耳状条纹

背鳍前缘形状多样，但一般与背部成 33°角（见塞鲸）

头相对扁平

左侧没有白斑

在腹部可能有明显的鳍肢"阴影"

下颌左侧为深灰色或深棕灰色（吻部到喉部的颜色变化很大）

鳍肢的背面呈深灰色、棕灰色或奶白色

腹部逐渐变为白色（在较冷的水域可能由于硅藻覆盖而呈黄色或褐色，硅藻脱落后，身上会出现斑点）

鳍肢长而尖（北方长须鲸的短而宽）

鳍肢的腹面呈浅灰色至白色不等

鉴别特征一览

- 全球均有分布。
- 背部为深灰色或棕灰色。
- 体型为特大型。
- 背部有浅灰色的 ∨ 形线。
- 下颌左右侧颜色不一样。

- 吻部有一条突出的脊。
- 背鳍向后倾斜。
- 很少在潜水时举尾。
- 单独活动，有时成对或以小群活动。

成体右视图

可能有一些浅灰色条纹或环状线从腹部向眼部延伸（右鳍肢上较多）

通常在右侧有黑色的眼状和耳状条纹

白色可以延伸到右上颌和头部，形成"亮斑"（存在个体差异）

下颌右侧大部分呈白色（在光线充足时，甚至能在水下几米深看到）

小长须鲸成体

体表为深色

明显比南方长须鲸（18～24米）小

可能有近乎黑色的鲸须板

体长和体重（北半球长须鲸）
成体 体长：雄性 18～22米，
雌性 20～23米；体重：40～50吨；
最大：24米，90吨。
幼崽 体长：6～6.5米；
体重：1～1.7吨。
雌性比雄性长5%～10%，北半球的个体更小，体重会随季节变化而变化。

体长和体重（南半球长须鲸）
成体 体长：雄性 23～25米，
雌性 24～26米；体重：60～80吨；
最大：27米，120吨；
幼崽 体长：6～7米；
体重：1～1.9吨。

■ 主要的分布范围　　■ 次要的分布范围

长须鲸的分布图

相似物种

　　从远处看，长须鲸会与其他中型或大型须鲸（蓝鲸、塞鲸、布氏鲸和大村鲸）混淆。长须鲸是仅次于蓝鲸的第二大鲸，但在海上很难判断其相对体型。从远处看时，需要注意的关键特征是背鳍的形状、位置和潜水过程（比如长须鲸在喷潮后背鳍出现得比蓝鲸更快，并且长须鲸比塞鲸更有可能举尾）。从近处看时，它们的吻上只有一条脊（注意不要与水纹混淆，将其误判为有三条脊的布氏鲸）。长须鲸身上的灰色V形线使其区别于除大村鲸、塞鲸和某些小须鲸以外的所有其他鲸目动物；塞鲸有略微拱起的头，吻尖下弯，背鳍高而直立，通常下颌颜色对称；大村鲸体型要小得多，它们的背鳍多以一个更陡的角度上升，通常呈钩形。有报道称，长须鲸和蓝鲸之间有杂交现象（且至少有一头雌性经杂交怀孕），杂交个体的形

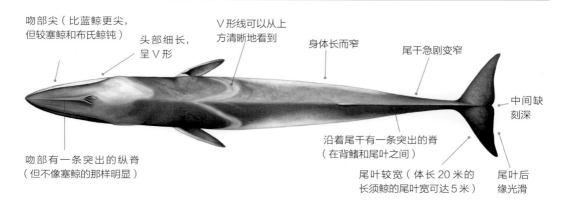

吻部尖（比蓝鲸更尖，但较塞鲸和布氏鲸钝）

头部细长，呈V形

V形线可以从上方清晰地看到

身体长而窄

尾干急剧变窄

中间缺刻深

吻部有一条突出的纵脊（但不像塞鲸的那样明显）

沿着尾干有一条突出的脊（在背鳍和尾叶之间）

尾叶较宽（体长20米的长须鲸的尾叶宽可达5米）

尾叶后缘光滑

成体

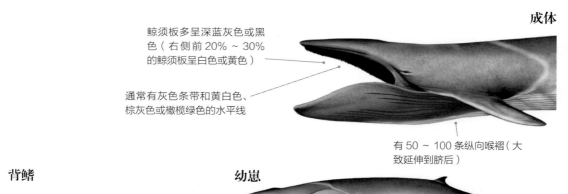

鲸须板多呈深蓝灰色或黑色（右侧前20%～30%的鲸须板呈白色或黄色）

通常有灰色条带和黄白色、棕灰色或橄榄绿色的水平线

有50～100条纵向喉褶（大致延伸到脐后）

幼崽

背鳍

与其他须鲸相比，背鳍前缘通常上升角度更小（平均大约为33°）

末端不是钩状（见大村鲸）

较塞鲸的更加低而弯

背鳍比蓝鲸的更高，位置更靠前

形状不一，从镰刀形、圆形、三角形到尖角形（末端总是明显地指向后面）

腹面呈浅灰色或白色，且有深灰色的边缘（长须鲸很少在海面上举尾）

尾叶

态介于这两个物种之间，所以可能与其中的任何一个混淆。

分布

在夏季时，长须鲸分布在全球各处的寒温带到极地水域，出现在南北半球所有的主要海域中。它们的冬季繁殖地主要在亚热带水域，但实际上似乎分布得更广。它们很少出现在热带区域（除了在秘鲁附近的某些冷水水域）或高纬度水域靠近冰缘的地方。长须鲸的洄游行为很复杂：某些种群可能是洄游的，在夏季普遍迁移到高纬度水域摄食，在冬季迁移到低纬度水域繁殖（而且摄食较少），但其并没有按照一个简单的模式迁移，具体繁殖地（如果有的话）仍无法确定。居留或半居留的种群分布在墨西哥加利福尼亚湾、美国阿拉斯加湾、中国东海，可能还有美国加利福尼亚州南部海湾和地中海中部和西部（那里似乎有一些来自北大西洋的季节性洄游个体）。在黑海没有发现它们的身影，它们在波罗的海、波斯湾、红海、加勒比海和墨西哥湾也很少见。

在靠近大陆架边缘的水域，它们的种群密度往往较高，但在大陆架和靠近海岸足够深的地方也能经常看到。通常情况下，它们生活在水深超过 200 米（某些区域 100 米）、地形和海洋环境能够将猎物集中起来的地方。

墨西哥湾流似乎影响了北大西洋种群每年的洄游周期。这一种群每年的洄游活动都不同，有证据表明，长须鲸在某些情况下全年都可能在此地出现。它们已知出现在哈特勒斯角（北纬 35 度）和佛得角群岛（北纬 14 度），北至大约北纬 80 度的斯瓦尔巴群岛（很少进入巴伦支海），并进入北纬 69 度的戴维斯海峡和巴芬湾（但很少进入加拿大北极区域的水域）。

在北太平洋，长须鲸会进行一些南北迁移，但总体上季节性的分布相对不明显。它们的分布范围从墨西哥下加利福尼亚州南部和中国东海，向北到达阿拉斯加湾，以及鄂霍次克海的大部分水域和白令海（在白令海南部全年可见）；夏末，长须鲸甚至会出现在楚科奇海北部（但很少进入波弗特海）。

在南半球，它们似乎有更多的洄游行为。夏季它们主要在南大西洋和南印度洋的南纬 40 度到 60 度之间，以及南太平洋的南纬 50 度至南极圈以外（南纬 66 度 30 分）活动。它们传统的越冬区可能包括智利和秘鲁西北部、巴西东部、非洲西海岸附近、非洲南部、东非和马达加斯加、澳大利亚的西澳大利亚州西北部、珊瑚海、斐济海以及邻近水域。然而，由于几十年的商业捕鲸活动，它们现在在许多地方都非常少见。

行为

长须鲸游动速度极快，正常速度为 9 ~ 15 千米/时，短时间内可达 37 千米/时，很少跃起（但在受到骚扰时较多）。它们常与蓝鲸伴游，有时与领航鲸和海豚为伴；经常与大翅鲸、小须鲸、大西洋斑纹海豚等其他物种一起进行大规模摄食。通常情况下，它们既不会刻意躲避船只，也不会主动靠近。但它们其实很容易接近，有时会对船只充满好奇。

鲸须

- 260 ~ 480 块鲸须板（平均 350 ~ 390 块，上颌每侧）。
- 鲸须板最长约为 80 厘米；北方长须鲸有更多的鲸须板。

群体规模和结构

长须鲸往往单独出现，但也会 2 ~ 7 头组成小群；在高密度区域也可能会出现几十头（特殊情况下可达

潜水过程
- 吻部以小角度出水（深潜后出水角度会变大）。
- 喷潮时头顶露出海面。
- 身体保持在海面以下。
- 背鳍通常在喷潮消散后出现（但有时呼吸孔和背鳍同时可见，尤其是年轻个体）。
- 举尾时（在深潜前会更高）可以看到背部有一条特别明显的脊。
- 尾叶很少出现。

喷潮
- 呈柱状，非常高，可以达到 10 米高（个体高度差异很大）。
- 通常比塞鲸的更细密。
- 只有蓝鲸的喷潮能喷得很高（大翅鲸和塞鲸偶尔也会喷得一样高）。

食物和摄食

食物 根据地点、季节和食物可获得性进行随机摄食。北半球种群主要捕食磷虾（尤其是北磷虾），也有桡足类动物、成群的鱼（包括鲱鱼、鲭鱼、鳕鱼、狭鳕鱼、毛鳞鱼、沙丁鱼、玉筋鱼和蓝牙鳕等）以及某些小乌贼。南半球种群几乎只捕食磷虾（特别是亚南极磷虾），偶尔捕食其他浮游甲壳纲动物。

摄食 摄食集中在夏季（摄食量可达 1 吨/天），冬季能量消耗较少；猛冲摄食时（通常向一侧翻滚，一般是向右）嘴张开的角度接近 90°；无任何证据表明会进行合作摄食。

潜水深度 一般可潜到 100 米深；在利古里亚海，经常达到 180 米；最深可达 474 米；有的也在海面摄食。

潜水时间 一般下潜 3 ~ 10 分钟，最长可潜 25 分钟。

---

100 头）的大而松散的群体。个体之间几乎没有长期的联系（母子对除外），群体组成往往是不固定的（个体经常在群体之间移动）。

天敌

虎鲸是长须鲸的天敌。长须鲸的鳍肢、尾叶和身体两侧经常有虎鲸攻击留下的伤痕。和其他须鲸一样，长须鲸是一种"逃跑物种"，它们依靠高速和耐力逃跑（而不是反击）。

照片识别

可借助亮斑和背部 V 形线，背鳍的大小、形状，以及伤痕识别长须鲸。

种群

长须鲸现有 10 多万头，并且在某些区域数量还在增加。长须鲸大致的数量如下：北大西洋（包括地中海）有 90400 头，南极有 38200 头，目前，还没有对北太平洋的总体数量的估算（区域估算总数至少为 9300 头，但实际数量可能是这个数字的好几倍）。北大西洋种群的数量如下：法罗群岛、格陵兰岛东部、冰岛、挪威和扬马延岛有 53600 头；葡萄牙、西班牙、法国和英国有 18100 头，格陵兰岛东部有 6400 头，地中海有 5000 头；在北美东海岸和格陵兰岛西部有 7300 头。

保护

世界自然保护联盟保护现状：易危（2018 年）；地中海亚种群：易危（2018 年）。从 19 世纪 60 年代后期开始，长须鲸在所有海域被无情地猎杀，捕杀高峰出现在 1935 ~ 1970 年，当时每年捕杀多达 3 万头长须鲸，而长须鲸在全球被捕杀的鲸目动物中所占比例最大。有 147607 头长须鲸是在北半球被捕杀的（北大西洋和北太平洋各占一半），726461 头是在南半球被捕杀的。1976 年开始长须鲸在北太平洋受到保护，1976 ~ 1977 年开始在南大洋受到保护，1987 年开始在北大西洋受到保护，一些种群数量似乎正在恢复。目前仍有小规模的捕鲸活动：格陵兰岛西部每年的捕鲸限额为 19 头（根据国际捕鲸委员会 2019 ~ 2025 年原住民生存捕鲸规定）；冰岛自 2006 年恢复商业捕鲸以来，已捕杀近 1000 头长须鲸（自定配额为每年

长须鲸很少跃身击浪

生活史

性成熟 雌性为 7 ~ 8 年，雄性为 5 ~ 7 年（20 世纪 30 年代以前，性成熟为 10 ~ 12 年，但在捕鲸数量急剧减少后，性成熟的时间提前了）。

交配 被认为是雄性对雌性的竞争；有限的证据表明，在 3 ~ 4 头组成的交配群体中，有 2 头伴随的雄性在一旁辅助交配。

妊娠期 11 ~ 11.5 个月。

产崽 每 2 年（偶尔 3 年）一次，一般每胎一崽。北半球的 11 ~ 12 月、南半球的 5 ~ 6 月为产崽高峰；最多胎儿的记录为 6 头，但没有多胞胎育幼成功的案例。

断奶 6 ~ 7 个月后。

寿命 80 ~ 90 岁（最长寿命纪录为 114 岁）。

154 头，2018 年提高至 161 头），2016 ~ 2017 年，捕鲸活动暂停，但在 2018 年恢复；日本在南极进行所谓"科学捕鲸"也捕杀了少量长须鲸（但自 2011 年以来没有再度捕杀）。目前，北太平洋没有捕杀长须鲸的活动。长须鲸面临的其他威胁包括渔具缠绕（较为少见）、食物的过度捕捞、船只撞击（所有大型鲸中，长须鲸受到船只撞击的报道最频繁）、噪声（来自军用声呐、地震勘探和重型运输）污染以及微塑料误食。

发声特征

长须鲸可以发出各种非常响亮的低频声音，以及频率较高的脉冲声，频率范围为 18 ~ 300 赫兹。最有名的是雄性相对简单的歌声，被称为 20 赫兹脉冲，它由 23 ~ 18 赫兹的低频下行扫描脉冲组成，每个脉冲持续约 1 秒。一首鲸歌可以由固定间隔 7 ~ 26 秒的单个脉冲（所谓"单脉冲"）组成，也可以由 2 ~ 3 种不同的间隔交替脉冲（所谓"双脉冲"和"三脉冲"）组成。如果不考虑唱歌间隙的休息时间，一首歌可持续 32.5 小时。长须鲸的叫声是海洋中最响亮的生物声音之一，高达 186 分贝，几百千米外都能听到。它们全年都在发声，且随着季节的变化而变化，但主要是在冬季发声（可能与繁殖有关，以吸引远处的雌性）。有证据表明种群间的声音模式存在差异。

当长须鲸（或其他须鲸）开始呼气时，除了单一的垂直喷潮外，身体一侧可能还有侧喷潮

长须鲸的身体光滑且呈流线型

在这些正在摄食的长须鲸身上可以清楚地看到典型的 V 形线、黑色的眼状条纹和白色的下颌（均为右侧特征）

塞鲸
SEI WHALE

Balaenoptera borealis　Lesson, 1828

神秘的塞鲸是世界上第三长的鲸目动物，但鲜为人知，一定程度上是因为以往人们对塞鲸的科学调查常和布氏鲸（也可能是大村鲸）混淆。

分类　须鲸亚目，须鲸科。

英文常用名　源自挪威语 *seihval*（绿青鳕）和 *hval*（鲸）；这两个物种经常同时出现在挪威北部远海水域（可能摄食同一种食物）。

别名　黑鳕鲸、沙丁鲸、少鳍鲸、绿鳕鲸、日本长须鲸、北方须鲸、鲁氏鳁鲸（以最早记录这一物种的瑞典自然学家卡尔·阿斯蒙德·鲁道菲 /Karl Asmund Rudolphi 的名字命名）。

学名　*Balaenoptera* 源自拉丁语 *balaena*（鲸）和希腊语 *pteron*（翅膀或鳍）；*borealis* 源自拉丁语 *borealis*（北方的）。

分类学　有 2 个公认的亚种：北方塞鲸（*B. b. borealis*）和南方塞鲸（*B. b. schlegelii*）；目前没有任何证据表明两者基因不同，南方塞鲸体型更大，2 个亚种的季节性洄游不会同时进行（它们很少有机会碰面）。

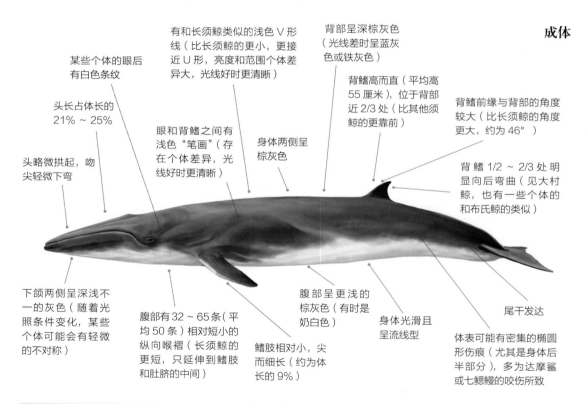

有和长须鲸类似的浅色 V 形线（比长须鲸的更小，更接近 U 形，亮度和范围个体差异大，光线好时更清晰）

背部呈深棕灰色（光线差时呈蓝灰色或铁灰色）

成体

某些个体的眼后有白色条纹

背鳍高而直（平均高 55 厘米），位于背部近 2/3 处（比其他须鲸的更靠前）

头长占体长的 21% ~ 25%

眼和背鳍之间有浅色"笔画"（存在个体差异，光线好时更清晰）

身体两侧呈棕灰色

背鳍前缘与背部的角度较大（比长须鲸的角度更大，约为 46°）

头略微拱起，吻尖轻微下弯

背鳍 1/2 ~ 2/3 处明显向后弯曲（见大村鲸，也有一些个体的和布氏鲸的类似）

下颌两侧呈深浅不一的灰色（随着光照条件变化，某些个体可能会有轻微的不对称）

腹部有 32 ~ 65 条（平均 50 条）相对短小的纵向喉褶（长须鲸的更短，只延伸到鳍肢和肚脐的中间）

鳍肢相对小，尖而细长（约为体长的 9%）

腹部呈更浅的棕灰色（有时是奶白色）

身体光滑且呈流线型

尾干发达

体表可能有密集的椭圆形伤痕（尤其是身体后半部分），多为达摩鲨或七鳃鳗的咬伤所致

鉴别特征一览

- 分布在全球亚热带到亚极地离岸水域。
- 体型为大型。
- 身体呈流线型。
- 体色上深下浅。
- 体侧有较浅的"笔画"。
- 可能有 V 形线（与长须鲸的 V 形线类似）。
- 吻凸起明显。
- 吻尖下弯。
- 背鳍高而直（存在个体差异）。
- 头部颜色对称。
- 背鳍和呼吸孔可能同时可见。

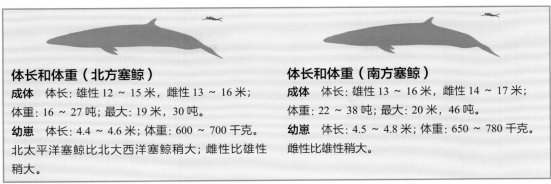

体长和体重（北方塞鲸）

成体　体长：雄性 12 ~ 15 米，雌性 13 ~ 16 米；
体重：16 ~ 27 吨；最大：19 米，30 吨。
幼崽　体长：4.4 ~ 4.6 米；体重：600 ~ 700 千克。
北太平洋塞鲸比北大西洋塞鲸稍大；雌性比雄性
稍大。

体长和体重（南方塞鲸）

成体　体长：雄性 13 ~ 16 米，雌性 14 ~ 17 米；
体重：22 ~ 38 吨；最大：20 米，46 吨。
幼崽　体长：4.5 ~ 4.8 米；体重：650 ~ 780 千克。
雌性比雄性稍大。

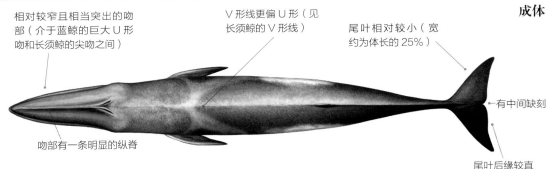

相对较窄且相当突出的吻部（介于蓝鲸的巨大 U 形吻和长须鲸的尖吻之间）

V 形线更偏 U 形（见长须鲸的 V 形线）

尾叶相对较小（宽约为体长的 25%）

成体

有中间缺刻

吻部有一条明显的纵脊

尾叶后缘较直

相似物种

　　塞鲸容易与其他须鲸混淆，尤其是长须鲸、布氏鲸、大村鲸和小须鲸。体型，体色，背鳍的位置、相对高度和角度，头部形状，下颌颜色（对称或不对称），吻部的纵脊数量，喷潮的高度，这些都有助于区分它们。过去很长一段时间内，塞鲸都没从布氏鲸中分离出来（两个物种在中纬度的栖息地有重叠）。然而，

塞鲸的吻部中间有一条脊（注意不要被水纹干扰将其误认为是布氏鲸头部的三条脊），头部轻微拱起，吻尖下弯，体侧均有"笔画"。塞鲸背部通常有一条长脊（和布氏鲸类似）。

分布

　　塞鲸在全球亚热带到亚极地均有分布，但是在中纬度温带地区活动最多。目前塞鲸的分布记录较少（尤其是亚热带区域），大多数据来自捕鲸活动。

　　塞鲸在高纬度（低温区到亚极地）的夏秋季摄食地和低纬度（暖温带到亚热带）的繁殖地之间洄游。相较于其他须鲸，塞鲸的洄游范围并不大，摄食地和繁殖地也不那么明显，它们一般不会在极北或极南的地方活动，因此塞鲸的分布更难预测。它们有可能忽然从定期出没数年的海域消失，也可能忽然出现在数年（甚至数十年）

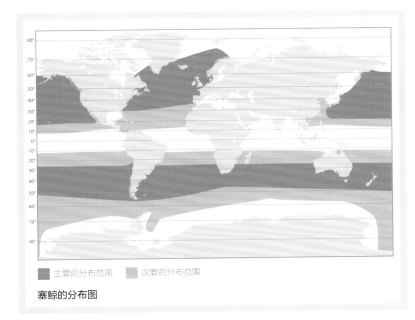

主要的分布范围　　次要的分布范围

塞鲸的分布图

南方塞鲸成体

成体

前面的鲸须板可能接近白色（也可能是上唇的白色条纹）

鲸须板一般呈深灰色或黑色（也可能纵向布满黄褐色条纹），且带有纤细的刚毛

尾叶

背鳍的差异

末端可能尖，也可能钝圆

背鳍的形状从三角形到镰刀形不等，向后弯曲

幼崽

潜水过程

- 出水角度较小。
- 吻尖通常露出海面一点儿。
- 呼吸孔和背鳍有时（但不经常）同时可见（这一点和小须鲸、长须鲸的年轻个体、布氏鲸相同）。
- 沉于海面之下（背部相对平缓，但有时会在下潜之前弓起）。
- 背鳍最后消失。
- 极少举尾。
- 有时沿一条线下潜和上浮（喷潮间隙有 20 ~ 30 秒在海面下持续可见，经常在海面留下长长的尾印，但一般很难预测，出水行为飘忽不定）。

喷潮

- 呈柱状，可达 9 ~ 10 米高（个体高度差异较大，一般为 3 ~ 5 米）。
- 一般比长须鲸的喷潮更分散。

食物和摄食

食物 食性多样，随区域变化；主要捕食小型桡足类动物和磷虾，也捕食端足类动物、乌贼和成群的鱼（包括美洲玉筋鱼、圆鳍鱼、毛鳞鱼、鳀鱼、鲱鱼、秋刀鱼和灯笼鱼）；在北大西洋，更喜欢处于蜕皮期后期的浮游桡足类动物（尤其是哲水蚤），这时候它们的热量最高；在马尔维纳斯群岛周围，主要以 *Munida gregaria* 为食；在某些区域，尤其是靠近海面的地方，正在捕食的海鸟也会成为其食物。

摄食 有 2 种摄食方式，这很不寻常。与露脊鲸一样，主要采用撇滤摄食方式，但有时也采用猛冲摄食和吞食摄食方式。白天在深海摄食，夜晚则在较浅海域摄食，这与其食物的垂直洄游行为一致。大多在夏季摄食（冬季也摄食，但消耗很小）；如果食物充足，可能会在特定的摄食地停留几周；目前尚没有合作摄食的记录。

潜水深度 随食物垂直洄游行为而变化。来自日本的有限证据表明，晚上潜至 10 ~ 12 米深，白天 16 ~ 19 米深。

潜水时间 在摄食地，一般在海面喷潮 1 ~ 3 次，达到 30 多秒，然后下潜，最长纪录为 13 分钟。

没出现的地方；而塞鲸突然出现的年份被称为塞鲸年或者入侵年。一头塞鲸能在 10 天内跋涉 4100 千米（从亚速尔群岛到拉多拉多海）。

一般认为塞鲸是远洋物种，沿大陆架边缘的离岸海域分布，尤其是在地形复杂的海底，比如海山和洋脊。然而，在某些区域（比如智利和马尔维纳斯群岛），塞鲸会定期进入大陆架海域，在相对较浅的海域（不到 40 米深），比如近岸海域、内海湾和海峡也会出现。塞鲸偏爱表层水温为 8 ~ 18℃（偶尔达到 25℃）的水域。

在北太平洋，夏季塞鲸的活动地主要为北纬 40 度以北——西起北纬 62 度的俄罗斯楚科奇海，东至北纬 59 度的美国阿拉斯加湾。冬季在这一区域塞鲸的分布广而分散，鲜为人知，但北纬 27 度的日本小笠原群岛和北纬 18 度的墨西哥雷维亚希赫多群岛都有过塞鲸出现的记录。而在过度捕捞之后，东北太平洋就很少出现塞鲸了。

在北大西洋，夏季塞鲸的活动地主要为北纬 40 度活动，但在北纬 79 度和 67 度也出现过。冬季在这一区域塞鲸的分布范围鲜为人知，但曾在北纬 19 度的毛里塔尼亚海域聚集；加勒比海和墨西哥湾塞鲸的报道多是人们将布氏鲸误认为塞鲸。因为过度捕捞，

东北大西洋塞鲸较少，只是偶尔在地中海出现。塞鲸可能已经从北印度洋消失了。

塞鲸夏季穿过南大洋，到达南极半岛（南纬 68 度西侧）。但是，它们大多留在南极辐合带北部，且最大的集群在南纬 30 度到 50 度的低温摄食地。冬季它们的分布鲜为人知，且塞鲸和布氏鲸的目击记录严重混乱；但是，至少有一个记录是可靠的，那就是曾有塞鲸出现在加蓬的洛佩斯角（热带地区的北部边界）。

行为

塞鲸是游动最快的须鲸之一，速度为 25 千米 / 时（一些捕鲸记录显示，塞鲸短距离冲刺时甚至能达到 55 千米 / 时）；正常游速为 3.7 ~ 7.4 千米 / 时。塞鲸很少跃出海面，出水时通常角度较小，入水时腹部先入水。

曾有人在马尔维纳斯群岛看到塞鲸和皮氏斑纹海豚有互动。大多数个体会躲避或毫不在意船只，但也有一些个体好奇心强，会再三靠近船只，在其周边游动。

鲸须

- 219 ~ 402 块（平均 350 块）鲸须板（上颌每侧）。
- 鲸须板最长约 80 厘米；较其他须鲸的更窄。

生活史

性成熟 两性约在出生 8 年后性成熟（商业捕鲸导致其数量减少，因此它们性成熟提前了 2 ~ 3 年）。

交配 北方塞鲸于当年 10 月 ~ 次年 2 月（在 11 ~ 12 月达到峰值），南方塞鲸于 4 ~ 8 月（6 ~ 7 月达到峰值）。

妊娠期 10.5 ~ 12.5 个月。

产崽 每 2 ~ 3 年（正常是 2 年）一次；幼崽多在隆冬出生，每胎一崽；有一例连体双胞胎的出生记录。

断奶 6 ~ 8 个月后。

寿命 50 ~ 60 岁（最长寿命纪录为 74 岁）。

一头正在摄食的塞鲸，身体极长，呈流线型

群体规模和结构

　　根据栖息地和季节变化，塞鲸经常独自出现，或2～5头形成松散的小群。更大的塞鲸群可能会一起长途跋涉，在食物丰富的地方会聚集数十个个体，个体之间联系松散。曾有塞鲸形成明显的社会性群体的目击记录，这可能是因为它们在求偶交配——高速追逐和侧身游动，尾叶露出海面。

天敌

　　虎鲸是塞鲸主要的天敌，许多塞鲸身上都有被虎鲸袭击留下的伤痕。大型鲨鱼可能会捕食塞鲸幼崽。

照片识别

　　借助背鳍上的缺刻、达摩鲨及其他动物（如虎鲸）的咬痕可以识别塞鲸。

种群丰度

　　目前尚没有准确的种群丰度估计和最新的栖息地规模统计，全球可能至少有 80000 头塞鲸，北太平洋可能有 35000 头，北大西洋至少有 12000 头，南半球有 37000 头左右。

保护

　　世界自然保护联盟保护现状：濒危（2018 年）。

商业捕捞塞鲸始于 19 世纪后期（现代捕鲸技术出现之前，塞鲸因游速太快而难以捕捉）。在蓝鲸和长须鲸数量锐减后的 19 世纪 50～70 年代，塞鲸的捕获量最大，具体数量如下：北大西洋为 14000 头（加上未知的大约 3 万头物种不明的大型鲸），北太平洋为 74000 头，南半球为 204589 头（包括 1964～1965 年捕杀的 17721 头）。总的来看，塞鲸的数量减少了大约 80%。国际捕鲸委员会于 1975 年宣布禁止在北太平洋捕杀塞鲸，1979 年禁止在南半球捕杀，1986 年禁止在北大西洋捕杀。然而，冰岛在 1986～1988 年还是捕杀了 70 头（反对暂停捕杀塞鲸）。而日本自己设立了在西北大西洋捕杀塞鲸的"科学许可"配额：在 2004～2013 年每年捕杀 100 头，2013～2016 年每年捕杀 90 头，在 2019 年退出国际捕鲸委员会之前还捕杀了 134 头；于日本海每年捕杀 25 头鲸的行为在 2019 年 6 月才终止。塞鲸远离海岸分布，这也使它们免受一些人类的伤害，但船只撞击、渔具缠绕和噪声污染仍威胁着塞鲸的生存。2015 年 3 月，智利南部至少有 343 头塞鲸不寻常死亡，也许正是因为有害的藻华（与厄尔尼诺现象有关）。

发声特征

　　塞鲸发出的声音多为低频声音，低于 1000 赫兹。在南大洋，塞鲸会发出咆哮声、咝咝声（100～600

一个塞鲸母子对，身上有类似于长须鲸和大村鲸的 V 形线

赫兹，持续 1.5 秒)、"声调"音（100 ~ 400 赫兹，持续 1 秒）和降调扫频声（39 ~ 21 赫兹，持续 1.3 秒）。塞鲸在北大西洋发出的降调扫频声为 82 ~ 34 赫兹，持续 1.4 秒；在北太平洋发出的降调扫频声为 39 ~ 21 赫兹，持续 1.3 秒，固定间隔 5 ~ 25 秒。降调扫频声可能是广泛分布的个体间的联系方式。大多数塞鲸在白天发声。

一头塞鲸以特有的小角度浮出海面

塞鲸喷潮的高度具有欺骗性，易被低估。在黑色的背景中，我们能清楚看到，这些塞鲸的喷潮能轻松达到 10 米高

布氏鲸

BRYDE'S WHALE　　　　　　　　　　　　*Balaenoptera edeni*　Anderson, 1879

　　布氏鲸是最鲜为人知的大型须鲸之一。布氏鲸实际上是亚种的集合，物种的分类问题尚未得到解决。它们都有一个共同特点：吻部有三条平行的纵脊（其他所有须鲸都只有一条）。

分类　须鲸亚目，须鲸科。

英文常用名　以挪威领事约翰·布赖德（Johan Bryde，1858—1925 年）的名字命名。

别名　热带鲸；分类学中列出了亚种的常用名。

学名　*Balaenoptera* 源自拉丁语 *balaena*（鲸）和希腊语 *pteron*（翅膀或鳍）；*edeni* 是为了纪念缅甸首席研究员阿什力·伊登（Ashley Eden），他为约翰·安德松（该物种的命名人）提供了模式标本（1871 年搁浅在缅甸海滩上的一头鲸），因此这种鲸以伊登的名字命名。

分类学　目前公认有 2 个亚种：体型较大的、生活在离岸的大布氏鲸（*B. e. brydei*），或称离岸布氏鲸、普通布氏鲸；体型较小的、生活在近岸的艾登鲸（*B. e. edeni*），或称小布氏鲸。但鉴于其基因、形态和栖息地的巨大不同，也许应该将布氏鲸分成不同的种（分别称为布氏鲸和艾登鲸）。此外，墨西哥湾北部的布氏鲸属于另一个谱系，这也许证明了其是一个亚种，或可能是另一个物种。小布氏鲸这一名字曾被错误地用在如今人们熟知的大村鲸上。大村鲸于 2003 年被列为新物种（但最初被认为是布氏鲸）。

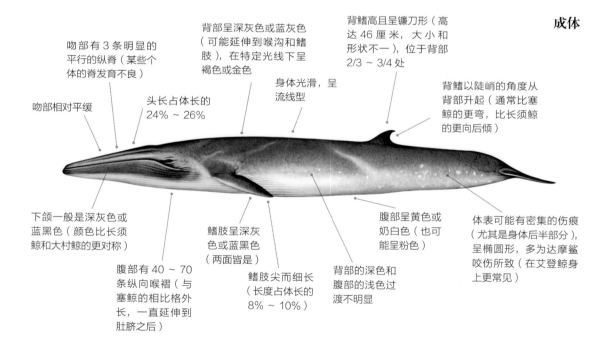

成体

- 吻部有 3 条明显的平行的纵脊（某些个体的脊发育不良）
- 背部呈深灰色或蓝灰色（可能延伸到喉沟和鳍肢），在特定光线下呈褐色或金色
- 背鳍高且呈镰刀形（高达 46 厘米，大小和形状不一），位于背部 2/3 ~ 3/4 处
- 吻部相对平缓
- 头长占体长的 24% ~ 26%
- 身体光滑，呈流线型
- 背鳍以陡峭的角度从背部升起（通常比塞鲸的更弯，比长须鲸的更向后倾）
- 下颌一般是深灰色或蓝黑色（颜色比长须鲸和大村鲸的更对称）
- 鳍肢呈深灰色或蓝黑色（两面皆是）
- 腹部有 40 ~ 70 条纵向喉褶（与塞鲸的相比格外长，一直延伸到肚脐之后）
- 鳍肢尖而细长（长度占体长的 8% ~ 10%）
- 背部的深色和腹部的浅色过渡不明显
- 腹部呈黄色或奶白色（也可能呈粉色）
- 体表可能有密集的伤痕（尤其是身体后半部分），呈椭圆形，多为达摩鲨咬伤所致（在艾登鲸身上更常见）

鉴别特征一览

- 分布在全球热带到暖温带水域。
- 体型为大型。
- 身体光滑，呈流线型。
- 背部呈深灰色或蓝灰色，腹部颜色较浅。
- 喉部有时呈粉色。

- 吻部有 3 条平行的纵脊。
- 高且呈镰刀形的背鳍位于背部 2/3 ~ 3/4 处。
- 背鳍在呼吸孔入水后可见。
- 下颌颜色对称。
- 下潜时背部和尾部弓起。

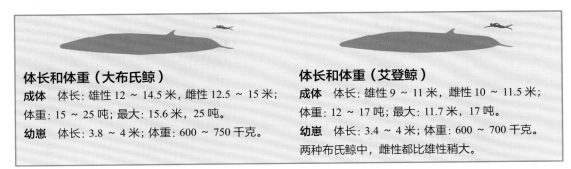

体长和体重（大布氏鲸）
成体　体长：雄性 12 ~ 14.5 米，雌性 12.5 ~ 15 米；
体重：15 ~ 25 吨；最大：15.6 米，25 吨。
幼崽　体长：3.8 ~ 4 米；体重：600 ~ 750 千克。

体长和体重（艾登鲸）
成体　体长：雄性 9 ~ 11 米，雌性 10 ~ 11.5 米；
体重：12 ~ 17 吨；最大：11.7 米，17 吨。
幼崽　体长：3.4 ~ 4 米；体重：600 ~ 700 千克。
两种布氏鲸中，雌性都比雄性稍大。

成体

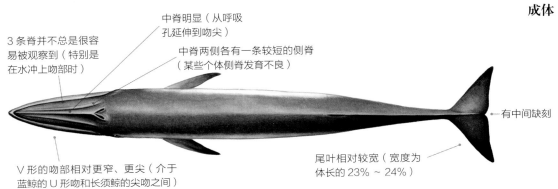

3 条脊并不总是很容易被观察到（特别是在水冲上吻部时）

中脊明显（从呼吸孔延伸到吻尖）

中脊两侧各有一条较短的侧脊（某些个体侧脊发育不良）

有中间缺刻

V 形的吻部相对更窄、更尖（介于蓝鲸的 U 形吻和长须鲸的尖吻之间）

尾叶相对较宽（宽度为体长的 23% ~ 24%）

相似物种

布氏鲸吻部明显的三条纵脊很容易被观察到（但某些大村鲸也可能有一条明显的脊，两侧各有一条模糊的脊，注意不要把水纹误认为脊）。很长一段时间内，布氏鲸都没和塞鲸分开（两个物种的栖息地在中纬度有所重叠，很难区分）。然而，塞鲸吻部只有一条脊，头部轻微拱起，吻尖下弯，体侧均有"笔画"；塞鲸另一个特征是背部有长脊（和布氏鲸类似）。从远处看，布氏鲸和塞鲸、长须鲸、大村鲸和小须鲸很相似；体型、体色（布氏鲸的颜色更加一致），背鳍的位置、相对高度和角度，头部形状，下颌颜色（对称或不对称），吻部的纵脊数量，喷潮的高度都有助于区分它们。目前，要对不同形态的布氏鲸进行野外鉴定还非常难，但体型和地理位置都是有用的信息。

分布

布氏鲸在大西洋、太平洋和印度洋的热带、亚热带、暖温带水域都有分布，大都在北纬 40 度到南纬 40 度之间，多在温度高于 16℃、食物格外丰富的区域聚集。它们也出现在一些半封闭海域，比如红海和波斯湾，但是在地中海没有分布。分布在远洋或沿海区域，主要取决于为哪个亚种。

尚未发现布氏鲸有大规模的南北洄游，但也有一些远洋布氏鲸进行短距离的常规洄游，冬季游向低纬度水

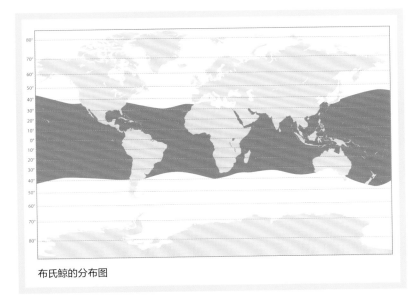

布氏鲸的分布图

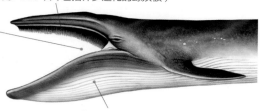

有 250 ~ 280 块鲸须板（上颌每侧），最多 365 块（包括许多退化的鲸须板）

成体

最长的鲸须板可达 50 厘米

口中前 1/4 ~ 1/3 处的鲸须板多呈黄色或奶白色，口中后 2/3 ~ 3/4 处的鲸须板通常变深，外缘呈鼠灰色或深灰色（鲸须板外侧）

鲸须板可能比艾登鲸的窄

一些个体喉部和鲸须板的颜色不对称

幼崽

尾叶

尾叶腹面一般呈奶白色

背鳍的差异

通常末端尖

镰刀形背鳍的高度存在个体差异

顶端通常呈钩形

一些个体的背鳍可能在 2/3 处轻微向后弯曲（见大村鲸的背鳍，不像塞鲸的弯的那么明显）

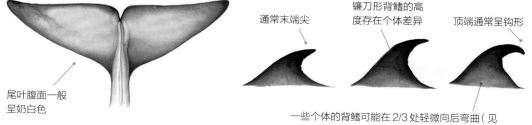

潜水过程

- 出水角度较小。
- 吻尖先出水。
- 吻部（有时也包括唇线）短暂可见。
- 背鳍通常在呼吸孔下沉后可见（有时同时可见，尤其是更年轻的个体）。
- 在深潜之前往往弓起背部（见塞鲸）。
- 尾部用力弓起，一般在背鳍消失后短暂可见。
- 不举尾。
- 长途跋涉时可能多在水下喷潮，基本不露背部或背鳍，会在消失几分钟后重复同一行为。
- 行踪隐秘，海面行为飘忽不定。
- 通常不在海面留下尾印（见塞鲸）。

喷潮

- 细密，高达 10 米（存在个体差异，大多只有 3 ~ 4 米）。
- 布氏鲸常在水下呼气，然后出水，喷潮很小，多不可见（尤其是虎鲸或船只靠得太近，它们受到惊扰时）。

食物和摄食

食物　主要捕食小型成群的鱼（包括沙丁鱼、鳀鱼、鲭鱼、鲱鱼和灯笼鱼）；也捕食乌贼、磷虾、深海红蟹和浮游动物；似乎有摄食偏好，但多是机会主义者，根据现有条件、地理位置、季节和年份改变喜好。

摄食　摄食技巧多样；会进行剧烈的猛冲摄食（经常袭击海鸟和其他深海天敌）；可能像露脊鲸一样在海面撇滤摄食；曾被观察到用"气泡网"围捕猎物。在泰国湾，在鱼群中被动摄食——"陷阱摄食"或"踩水摄食"（悬垂几秒，在海面张大嘴，等待鱼游进或被冲进嘴里，然后抬起头，闭上嘴）；在新西兰，用"下颌击浪"使浮游生物聚集在一起，然后侧身猛冲向食物密集的地方。

潜水深度　经常在海面或靠近海面的地方摄食，下潜深度最深为 300 米。

潜水时间　通常下潜 5 ~ 15 分钟，最长 20 分钟。

域，夏季游向高纬度水域。其他种群，尤其是中纬度近岸区域的种群一直在食物充足的海域活动（比如墨西哥加利福尼亚湾、新西兰豪拉基湾和泰国湾）。

布氏鲸群系

所谓布氏鲸群系目前包括 2 个或 3 个亚种（或者说物种），而这些物种的确切分类尚存争议。艾登鲸和大布氏鲸的活动范围有部分重叠。

艾登鲸

艾登鲸似乎只在北印度洋和西太平洋的北纬 40 度到南纬 40 度之间活动。基因研究证实，艾登鲸只存在于阿曼、孟加拉国、印度东南海岸、斯里兰卡、印度尼西亚的苏吉岛（位于印度洋北部）和日本的西南部，沿东南方向延伸到澳大利亚新南威尔士州中部的海岸（位于西太平洋）。大西洋尚无已证实的艾登鲸的活动记录。它们主要分布在沿海（有记录显示离岸很近）和大陆架水域；尚无远海活动记录。它们似乎全年都在同一个地方，无任何证据表明有长距离洄游行为。

大布氏鲸

大布氏鲸分布在太平洋、大西洋、加勒比海和印度洋的热带和亚热带海域，主要在（但不是只在）北纬 20 度到南纬 20 度之间活动。基因研究证实其存在于西北太平洋、南太平洋的斐济南部、新西兰和秘鲁、印度洋爪哇岛南部、北印度洋斯里兰卡、阿曼和马尔代夫、南非、加勒比海、大西洋。目前认为大西洋的所有布氏鲸都是这一种，它们主要分布在远海，但分布范围比之前估计的还要大，似乎还有一些沿海栖息地（如位于新西兰豪拉基湾的栖息地）。目前已知一些远洋种群会洄游，但洄游路线似乎比其他须鲸（一

般超过纬度 20 度）的更短。近岸种群一整年都不洄游。近年来的基因研究证实，同域分布的洄游的大布氏鲸和南非的艾登鲸在体型和捕食偏好上虽有所区别，但同为大布氏鲸。

墨西哥湾布氏鲸

墨西哥湾北部的布氏鲸整年都生活在一小片海域。商业捕鲸的历史记录显示，它们曾经广泛分布于墨西哥湾的大部分区域，但如今它们只出现在佛罗里达走廊，沿着大陆架坡折 100 ~ 300 米深的海域（迪索托海底峡谷）。目前，该种群仅有 33 ~ 44 头布氏鲸。在这个种群中，遗传多样性非常低，这个种群的布氏鲸和世界上其他的布氏鲸都有明显的不同。基于 14 头搁浅的布氏鲸的测量数据得知，它们的体型介于艾登鲸的和大布氏鲸的之间。此外，它们的声音和其他区域的布氏鲸的基本一致，但又有所不同。结论是，它们代表了演化上不同的群体，保证了亚种或物种的现状（因此，墨西哥湾布氏鲸将成为世界上濒危程度最高的须鲸）。还有证据显示，小部分个体偶尔会误入北大西洋。

生活史

性成熟　雌性和雄性均为 6 ~ 11 年。

交配　未知。

妊娠期　11 ~ 12 个月。

产崽　每 2 年（偶尔 3 年）一次；全年皆可产崽，每胎一崽，可能在春天（艾登鲸）和冬天（大布氏鲸）达到峰值。

断奶　6 个月后。

寿命　可能至少为 40 岁。

一张布氏鲸跃身击浪的罕见照片

行为

布氏鲸会跃身击浪（一般垂直跃出海面），有时会连续多次（日本大方海域曾有其连续 70 次跃身击浪的目击记录）。摄食时，布氏鲸一般会突然变换方向。它们会躲避船只，有时也毫不在意或对船只表现出好奇。

群体规模和结构

布氏鲸一般单独行动，有时 2 ～ 3 头组成小群，在主要的摄食地偶尔组成 10 ～ 20 头松散的群体。

天敌

已知布氏鲸的天敌是虎鲸。大型鲨鱼可能会捕食其幼崽。

照片识别

可以借助背鳍上的缺刻来识别布氏鲸，有时也可以结合达摩鲨的咬痕（大布氏鲸身上）和其他特征（如虎鲸的咬痕）。

种群丰度

尚未对全球丰度进行估计。因为布氏鲸、大村鲸和塞鲸容易混淆，所以识别布氏鲸较为困难。据推测，目前全球可能有 50000 ～ 100000 头布氏鲸。然而，如果布氏鲸群系分裂成独立的物种，那这个数字也将失去意义。

保护

世界自然保护联盟保护现状：无危（2017 年）。由于布氏鲸体型较小，鲸脂产量较低，并且捕鲸场都不建在冷水中，所以它们从未像其他大型鲸那样被

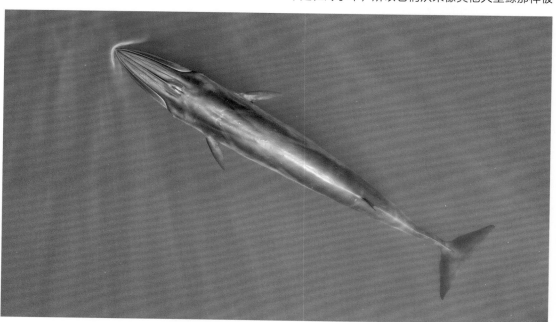

布氏鲸身体光滑，呈流线型，整体为黑色

艾登鲸在泰国湾进行陷阱摄食

学许可"名义，634头以商业配额名义）。自从2019年退出国际捕鲸委员会，日本每年自己设定150头鲸的捕捞配额。直到1997年布氏鲸被禁止捕捞，菲律宾几处海域的布氏鲸仍被捕捞（非法捕捞仍在小规模继续）；而每年印度尼西亚的拉马凯拉仍有多达5头布氏鲸（也可能是艾登鲸、大村鲸、南极小须鲸或侏儒小须鲸）被捕杀。

布氏鲸还面临其他威胁，包括渔具缠绕、栖息地变化、船只碰撞、石油污染、农业排水和噪声（来自地震勘探和军用声呐）污染。

大量捕捞。1972年之前，人们对布氏鲸和塞鲸的捕捞数据并不进行区分，但是在一些案例中能根据捕获地理位置和时间推断出物种。在1900～1999年，北半球总共有14049头布氏鲸被捕杀，南半球总共有7913头布氏鲸被捕捞。自从国际捕鲸委员会1986年叫停商业捕鲸以来，日本仍在西北太平洋捕捞布氏鲸：1986～2016年共捕捞1368头（734头是以所谓"科

发声特征

已知布氏鲸会发出短而响亮的低频呻吟声，类似其他须鲸的叫声。声音在频率和持续时间，以及是否存在调制和谐波方面都不同，这些不同与地理位置有关，也随着种群规模变化。大部分布氏鲸发声的基础频率都低于60赫兹，持续时间从1/4秒到几秒不等，且会不断放大。一头布氏鲸能够同时发出两种声音。不同的个体之间会反复呼应。

基于吻部的3条纵脊可以断定这是一头布氏鲸

大村鲸
OMURA'S WHALE
Balaenoptera omurai Wada, Oishi and Yamada, 2003

大村鲸是近年来才被确定为须鲸的一个现存物种。它们在 2003 年获得学名，最初只有十几头左右的标本，海上目击记录也很少。但在过去几年，我们对这种身体细长的热带鲸的了解大大增加。

分类 须鲸亚目，须鲸科。

英文常用名 以日本鲸目动物研究学者大村秀雄（1906—1993 年）的名字命名。

别名 在久远的捕鲸资料中常指小型布氏鲸、小布氏鲸、侏儒布氏鲸或矮鳍鲸。

学名 *Balaenoptera* 源自拉丁语 *balaena*（鲸）和希腊语 *pteron*（翅膀或鳍）；*omurai* 意为"大村"。

分类学 没有公认的分形或亚种。

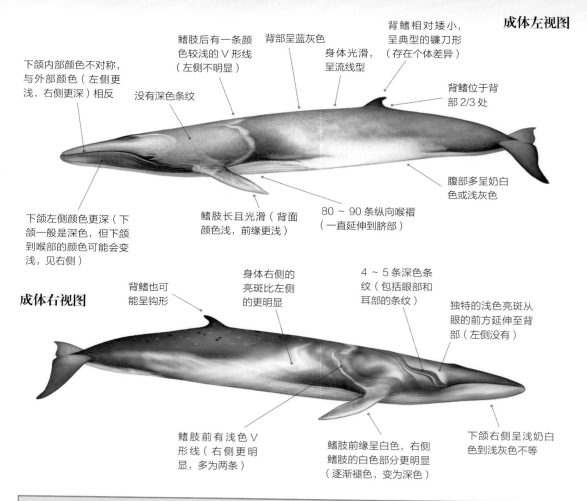

成体左视图

下颌内部颜色不对称，与外部颜色（左侧更浅，右侧更深）相反

鳍肢后有一条颜色较浅的 V 形线（左侧不明显）

背部呈蓝灰色

身体光滑，呈流线型

背鳍相对矮小，呈典型的镰刀形（存在个体差异）

背鳍位于背部 2/3 处

没有深色条纹

腹部多呈奶白色或浅灰色

下颌左侧颜色更深（下颌一般是深色，但下颌到喉部的颜色可能会变浅，见右侧）

鳍肢长且光滑（背面颜色浅，前缘更浅）

80 ～ 90 条纵向喉褶（一直延伸到脐部）

成体右视图

背鳍也可能呈钩形

身体右侧的亮斑比左侧的更明显

4 ～ 5 条深色条纹（包括眼部和耳部的条纹）

独特的浅色亮斑从眼的前方延伸至背部（左侧没有）

鳍肢前有浅色 V 形线（右侧更明显，多为两条）

鳍肢前缘呈白色，右侧鳍肢的白色部分更明显（逐渐褪色，变为深色）

下颌右侧呈浅奶白色到浅灰色不等

鉴别特征一览

- 主要分布在印度洋 - 太平洋海域（大西洋也有）。
- 多生活在热带、亚热带的浅海近岸水域。
- 体型为大型。
- 为明显的反荫蔽色。
- 下颌颜色不对称。
- 背鳍相对矮小，呈明显的镰刀形。
- 吻部有一条脊。
- 独居或形成小的松散群体。

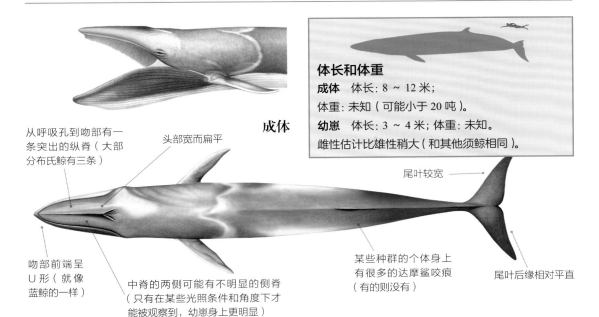

从呼吸孔到吻部有一条突出的纵脊（大部分布氏鲸有三条）

头部宽而扁平

成体

体长和体重
成体　体长：8 ~ 12 米；
体重：未知（可能小于 20 吨）。
幼崽　体长：3 ~ 4 米；体重：未知。
雌性估计比雄性稍大（和其他须鲸相同）。

尾叶较宽

吻部前端呈 U 形（就像蓝鲸的一样）

中脊的两侧可能有不明显的侧脊（只有在某些光照条件和角度下才能被观察到，幼崽身上更明显）

某些种群的个体身上有很多的达摩鲨咬痕（有的则没有）

尾叶后缘相对平直

相似物种

大村鲸与布氏鲸、塞鲸、小须鲸和小的长须鲸很容易混淆。布氏鲸有三条纵脊（但某些大村鲸可能也是中间有一条纵脊，两侧各有一条，水波有时也被误认为脊）。塞鲸体型更大，吻尖通常下弯，背鳍更高，其末端呈不明显的钩形。小须鲸稍小，鳍肢上有亮白带，头部更尖，出水角度通常很大。大村鲸复杂的 V 形线和不对称的下颌颜色（右侧浅，左侧深）组成的图案使其与小的长须鲸很相似。识别大村鲸时要注意背鳍——角度更陡，末端通常呈钩形。

分布

目前我们对大村鲸的分布知之有限，且仍有待确定；随着更多种群被发现，它们的活动范围很可能比目前估计的更大。大部分记录都来自赤道两侧的印度洋 - 太平洋海域，但是大西洋也有 3 头。被捕杀或搁浅的个体，以及已被证实的或可能的大村鲸目击记录，都来自它们的 21 个活动点。尽管研究人员已做了大量调查，但东太平洋尚未发现大村鲸，这可能意味着大村鲸的分布存在巨大空白。

最近的 3 条目击记录（地理上遥远）来自大西洋的两端——巴西的圣彼得 - 圣保罗群岛、毛里塔尼亚和巴西东北部的培森海滩。这一发现很有趣，表明大村鲸的分布范围可能更广。这些巨兽中可能有流浪者（事实是这些流浪者都是年轻个体，离印度洋 - 太平洋海域的"正常"活动范围非常远，进入内海必经寒带海域），但这也印证了大村鲸会出现在大西洋的假设，但还不确定它们是否会定期出现。学界认为大村鲸不洄游，是定居的种群。迄今为止，日本海（北纬 34 度）和澳大利亚的南澳

■ 证实的分布范围　　• 目击、声学和其他记录的分布范围

大村鲸的分布图

尾叶

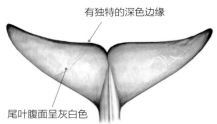

有独特的深色边缘

尾叶腹面呈灰白色

背鳍的差异

位置相对靠前，呈明显的钩形（存在个体差异）

背鳍角度介于长须鲸（角度更缓）和塞鲸（更直立）的之间

向后弯曲

背鳍一般为明显的镰刀形（接近三角形）

大利亚州（南纬 34 度）分别是大村鲸最北端和最南端的目击地点；而澳大利亚的大村鲸可能在其他区域没有分布。所有的大村鲸都出现在北纬 35 度到南纬 35 度之间，其中 83% 都在北纬 23.5 度到南纬 23.5 度之间。其他区域有待证实的小布氏鲸可能属于这一物种。尚未发现大村鲸有长距离洄游行为。

在马达加斯加西北部的研究表明，这一物种更喜欢在浅水区（水深 10 ~ 25 米）活动，但在 4 ~ 202 米深的水中均有活动，喜欢表层水温为 27.4 ~ 30.2℃的海域。在这一活动范围内，大村鲸仅分布在大陆架上，在距大陆架坡折 15 千米之内，避开离大陆架较远的深海和沿岸的浅海和海湾处。有证据显示，大村鲸也分布在所罗门海、科科斯群岛以及大西洋中脊的深水区，这可能是大村鲸分布的其他范围（也可能是一年中的特定时间出现在这些地方）。

行为

关于大村鲸的海面行为、潜水过程、群体规模和发声特征等方面的信息，均来自 2014 年马达加斯加西北水域出现的一个小种群。大村鲸曾被观测到跃身击浪的行为。猛冲捕食时，大村鲸会在海面不断翻滚，露出鳍肢和尾叶。

新物种的发现

许多年来，大村鲸都被认为是布氏鲸群系的一个小分支——小布氏鲸，但它们之间有明显的形态差别，尤其是头骨。这一点也从基因层面被证实，大村鲸比布氏鲸和塞鲸更早地从其他须鲸分支中分离出来。9 个样本数据使其被描述为新物种：其中有 8 头被日本捕鲸船捕杀（最近从文献资料中发现，1976 年有 6 头在所罗门群岛被捕杀，1978 年有 2 头在科科斯群岛被捕杀），1998 年有 1 头在日本角岛附近和渔船相撞后死亡——这头雌性大村鲸体长 11.03 米，是这一物种的模式标本。

鲸须

- 180 ~ 210 块鲸须板（上颌每侧）。
- 比其他须鲸的鲸须板少；鲸须板最长达 28 厘米。

潜水过程
- 头部以小角度出水。
- 背鳍一般在头和呼吸孔入水后出现。
- 背部呈较缓的拱形。
- 背鳍清晰可见。
- 下潜时不举尾。

喷潮
- 分散、细密，一般不明显（高度变化大）。

食物和摄食

食物 捕食磷虾（尤其是 *Euphausia diomedeae* 和 *Pseudeuphausia latifrons*）、小型浮游动物或鱼卵（尚未确认）。

摄食 多是在海面猛冲摄食；曾被观察到在鲸鲨密集的地方摄食（可能两者的食物相同）。

潜水深度 未知，但可能一般小于 100 米。

潜水时间 未知。

群体规模和结构

大村鲸一般独居，也有可能为母子对或两头成体短暂成对（持续不足 10 分钟）。在最多由 6 头大村鲸组成的松散群体中，它们之间的距离从几米到几百米不等。

天敌

未知。

照片识别

可借助背鳍的形状、刻痕和伤痕，以及身体右侧的亮斑和两侧的 V 形线来识别大村鲸。

种群丰度

尚未对全球种群丰度进行估计。

保护

世界自然保护联盟保护现状：数据不足（2017年）。人们对大村鲸的现状和威胁所知甚少。威胁大村鲸的主要是特定的商业捕鲸活动（因其被误认为布氏鲸而被捕捞），20 世纪 70 年代至少有 8 头大村鲸在所罗门群岛和科科斯群岛附近被日本捕鲸船以"科学许可"名义捕捞。有证据表明，菲律宾在保和海捕捞了大量大村鲸，印度尼西亚也是如此，其他地方也可能如此。在日本、泰国、韩国和斯里兰卡，至少有 8 头大村鲸在渔网中丧生。由于该物种栖息于浅海，在其整个分布范围内很可能容易受到误捕。大村鲸面临的其他潜在威胁包括船只撞击、噪声（比如来自商业航运、石油开采和地震勘探）污染。

发声特征

大村鲸声音高亢。它们那长长的、隆隆的歌声是固定的，形成了一种独特、一致、识别度高的模式，每一次都是相似的。低频（低于人类听觉范围）的歌声的平均持续时间为 8 ~ 9 秒，每隔 2 ~ 3 分钟会有节奏地重复一次，持续数小时不间断——这种行为被认为是大村鲸在一遍又一遍地唱歌。通常，几头大村鲸会"合唱"。这种歌曲很可能是交配曲，就像大翅鲸的一样。一般认为只有雄鲸会唱歌。在马达加斯加、澳大利亚西北部和查戈斯群岛全年都能听到这种声音。

生活史

性成熟 未知。

交配 未知。

妊娠期 约 12 个月。

产崽 未知；幼崽一整年都可能出生，但缺乏证据。

断奶 未知。

寿命 基于 6 头样本，最长寿命纪录为雄性 38 岁，雌性 29 岁。

一张极为罕见的大村鲸母子对的照片，拍摄于印度尼西亚拉贾安帕特群岛

小须鲸

COMMON MINKE WHALE *Balaenoptera acutorostrata* Lacépède, 1804

小须鲸是体型最小的须鲸科物种，也是须鲸中倒数第二小（比侏儒露脊鲸大）的鲸。小须鲸主要有 3 个种群：北大西洋种群、北太平洋种群和南半球种群。

分类 须鲸亚目，须鲸科。

英文常用名 其中 minke 据说源于 19 世纪一位叫迈因克（Meincke）的德国劳工，他为挪威人斯文·福因（被称为现代捕鲸业的缔造者）做捕鲸手，一直将须鲸误认为蓝鲸。后来，所有体型较小的鲸都被戏称为迈因克鲸。

别名 小鳁鲸、小矛鲸、棱头鲸、小脊鳍鲸、锐头鲸和小鳍鲸等；北半球小须鲸（两个北半球的物种）——因其口臭而获绰号"臭鲸"，还因其静悄悄的出水行为而获绰号"鬼须鲸"；亚种常用名见分类学部分。

学名 *Balaenoptera* 源自拉丁语 *balaena*（鲸）和希腊语 *pteron*（翅膀或鳍）；*acutorostrata* 源自拉丁语 *acutus*（尖锐的）和 *rostrata*（有吻的），指其尖锐突出的吻部。

分类学 目前公认有 3 个亚种：北大西洋小须鲸（*B. a. acutorostrata*）、北太平洋小须鲸（*B. a. scammoni*）、侏儒（或称白肩）小须鲸（未命名亚种）。

北半球小须鲸成体

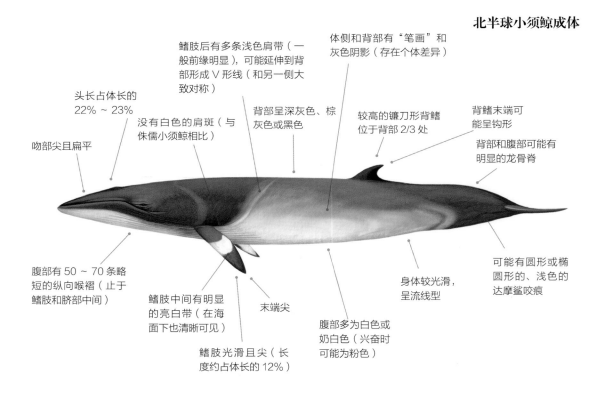

鳍肢后有多条浅色肩带（一般前缘明显），可能延伸到背部形成 V 形线（和另一侧大致对称）

体侧和背部有"笔画"和灰色阴影（存在个体差异）

头长占体长的 22% ~ 23%

没有白色的肩斑（与侏儒小须鲸相比）

背部呈深灰色、棕灰色或黑色

较高的镰刀形背鳍位于背部 2/3 处

背鳍末端可能呈钩形

背部和腹部可能有明显的龙骨脊

吻部尖且扁平

腹部有 50 ~ 70 条略短的纵向喉褶（止于鳍肢和脐部中间）

鳍肢中间有明显的亮白带（在海面下也清晰可见）

末端尖

身体较光滑，呈流线型

可能有圆形或椭圆形的、浅色的达摩鲨咬痕

鳍肢光滑且尖（长度约占体长的 12%）

腹部多为白色或奶白色（兴奋时可能为粉色）

鉴别特征一览

- 分布于热带和南北极水域。
- 体型为中型。
- 背部呈深灰色、棕灰色或黑色，腹部多呈白色或奶白色。
- 体侧和背部有不同的灰色阴影和"笔画"。
- 吻部尖而突出，先露出海面。
- 吻部有一条纵脊。
- 较高的镰刀形背鳍位于背部 2/3 处。
- 鳍肢上有独特的亮白带。
- 喷潮模糊或不可见。

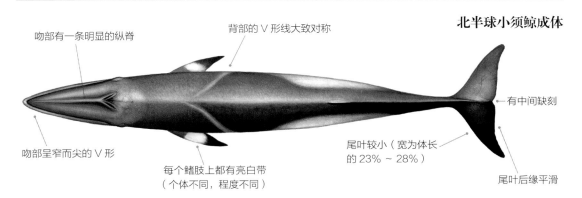

北半球小须鲸成体

吻部有一条明显的纵脊

背部的 ∨ 形线大致对称

有中间缺刻

吻部呈窄而尖的 ∨ 形

每个鳍肢上都有亮白带（个体不同，程度不同）

尾叶较小（宽为体长的 23% ~ 28%）

尾叶后缘平滑

北半球小须鲸成体的鳍肢

鳍肢亮白带的大小和形状在个体间存在差异

相似物种

　　相对较小的体型、独特的尖头、鳍肢的亮白带和相当模糊（或不可见）的喷潮使小须鲸与其他具有相似体型的须鲸很容易区分。侏儒小须鲸和南极小须鲸之间有些共同之处，至少在南半球的夏天，从远处看二者很像；侏儒小须鲸大约 2 米长，鳍肢有明显的亮白带和肩斑（南极小须鲸均没有），还有对称的深灰色喉部斑块。从远处看，小须鲸可能会与小露脊鲸及一些喙鲸相混淆，但它们的头部形状和颜色完全不同。据报道，小须鲸和南极小须鲸之间可能存在杂交种，有证据表明这两个物种之间存在繁殖兼容性。

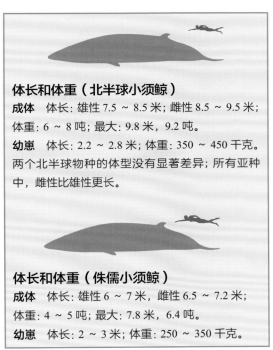

体长和体重（北半球小须鲸）

成体　体长：雄性 7.5 ~ 8.5 米；雌性 8.5 ~ 9.5 米；体重：6 ~ 8 吨；最大：9.8 米，9.2 吨。

幼崽　体长：2.2 ~ 2.8 米；体重：350 ~ 450 千克。两个北半球物种的体型没有显著差异；所有亚种中，雌性比雄性更长。

体长和体重（侏儒小须鲸）

成体　体长：雄性 6 ~ 7 米，雌性 6.5 ~ 7.2 米；体重：4 ~ 5 吨；最大：7.8 米，6.4 吨。

幼崽　体长：2 ~ 3 米；体重：250 ~ 350 千克。

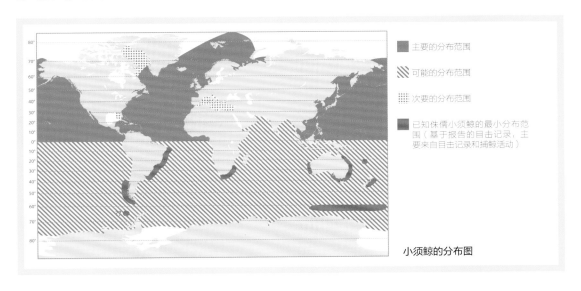

主要的分布范围

可能的分布范围

次要的分布范围

已知侏儒小须鲸的最小分布范围（基于报告的目击记录，主要来自目击记录和捕鲸活动）

小须鲸的分布图

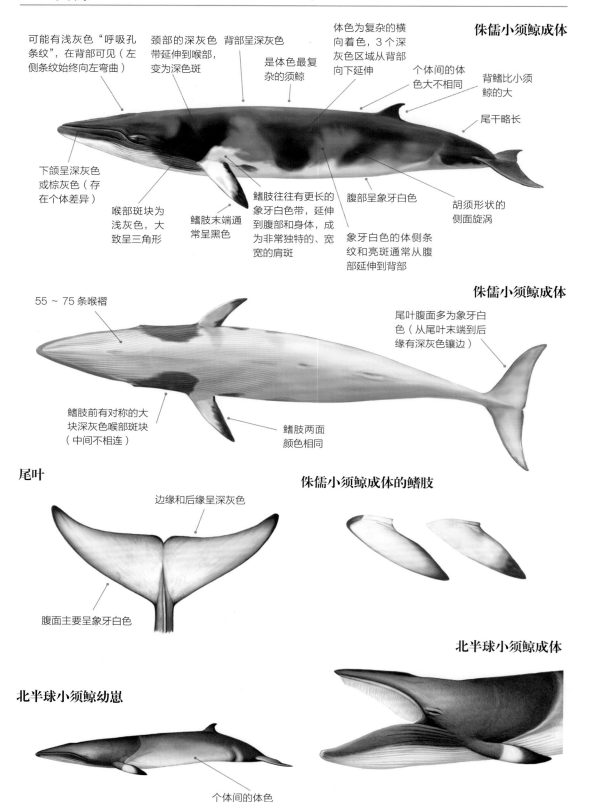

可能有浅灰色"呼吸孔条纹"，在背部可见（左侧条纹始终向左弯曲）

颈部的深灰色带延伸到喉部，变为深色斑

背部呈深灰色

是体色最复杂的须鲸

体色为复杂的横向着色，3个深灰色区域从背部向下延伸

个体间的体色大不相同

侏儒小须鲸成体

背鳍比小须鲸的大

尾干略长

下颌呈深灰色或棕灰色（存在个体差异）

喉部斑块为浅灰色，大致呈三角形

鳍肢末端通常呈黑色

鳍肢往往有更长的象牙白色带，延伸到腹部和身体，成为非常独特的、宽宽的肩斑

象牙白色的体侧条纹和亮斑通常从腹部延伸到背部

腹部呈象牙白色

胡须形状的侧面旋涡

侏儒小须鲸成体

55 ~ 75 条喉褶

鳍肢前有对称的大块深灰色喉部斑块（中间不相连）

鳍肢两面颜色相同

尾叶腹面多为象牙白色（从尾叶末端到后缘有深灰色镶边）

尾叶

边缘和后缘呈深灰色

腹面主要呈象牙白色

侏儒小须鲸成体的鳍肢

北半球小须鲸成体

北半球小须鲸幼崽

个体间的体色差异很大

分布

北半球种群

北大西洋小须鲸夏季的活动范围在大约北纬 80 度，最远在巴芬湾、丹麦海峡、斯瓦尔巴群岛、法兰士约瑟夫地群岛和新地岛；越冬地可能在北大西洋南部，但人们对小须鲸知之甚少。它们的活动范围向西至少延伸到加勒比海和巴哈马，还可能延伸到西非，向东最远到塞内加尔和佛得角群岛。加那利群岛（北纬 28 度）常年有小须鲸的报道，但它们在亚速尔群岛和墨西哥湾很少见，在地中海也只是偶尔出现。

北太平洋小须鲸夏季的活动范围至少到北纬 70 度，北至楚科奇海；越冬地可能在北太平洋南部，也鲜为人知。它们的分布范围至少延伸到北纬 15 度的中国南海和菲律宾海以及墨西哥下加利福尼亚州南部。但目前它们在夏威夷附近很少见。

北半球小须鲸的洄游路线不像其他须鲸那样明确，分布有从高纬度夏季摄食地向低纬度冬季繁殖地转移的趋势（虽然有些个体常年居住在寒温带水域）。夏季，它们似乎会聚集在温带到极地水域（目前已知它们会游进冰间湖和有大量浮冰的区域）。每年的这个时候，它们在离岸沿岸水域出现的频率比其他任何一种须鲸都多，并且会进入海湾、峡湾甚至一些大河（如加拿大的圣劳伦斯河）。冬季较少观测到小须鲸，这表明当它们在低纬度地区时，主要在离岸活动。

一些种群，比如英国苏格兰马尔岛和美国华盛顿州圣胡安群岛周围的种群对栖息地有很高的恋地性，每年都会返回特定地点摄食。有些种群还拥有独有的家域范围（这可能是小须鲸独有的）。

南半球种群

侏儒小须鲸只发现于南半球，但不能确定它们是否在全球范围内出现（人们对其分布知之甚少，因为直到最近所有南半球小须鲸才被归为一个物种）。

侏儒小须鲸出现在南非、莫桑比克南部、澳大利亚、新西兰（南岛和北岛）、新喀里多尼亚、南美洲东海岸（从巴西北部到阿根廷北部）和智利的巴塔哥尼亚的离岸水域。这些记录涵盖了一年中的大部分时间（3 ~ 12 月），但大量迹象表明至少有一些种群是洄游的。世界上唯一已知可预判的侏儒小须鲸聚集地在澳大利亚的大堡礁北部，侏儒小须鲸主要在 6 ~ 7 月出现在这里。已证实的最北端目击事件发生在南纬 2 度的巴西北部海岸和南纬 11 度的澳大利亚西太平洋。

在亚南极的夏季，侏儒小须鲸与南极小须鲸的分布范围有部分重叠，但不在极地。亚南极区域的大多数目击事件于当年 12 月 ~ 次年 3 月发生在澳大利亚和新西兰以南（在南纬 55 度到 60 度之间，有一起目击事件甚至发生在南纬 65 度），可能是因为这是研究开展最多的地方。但侏儒小须鲸也有可能出现在南美

潜水过程

- 出水角度为 20° ~ 40°。
- 吻尖明显先露出海面。
- 喷潮时快速向前游动。
- 呼吸孔和背鳍一般同时可见（这一点与南极小须鲸、一些塞鲸、布氏鲸的年轻个体和长须鲸的年轻个体相同），也有可能背鳍在呼吸孔消失后迅速出现。
- 在探深潜水之前，通常背部弓起，尾干举得很高。
- 不举尾。
- 海面行为一般短暂、飘忽不定（上浮一次或几次后很容易"消失"）。

喷潮

- 分散向上，高达 3 米（比柱状喷潮更细密，高度差异大）。
- 比其他大型鲸目动物的喷潮更不明显。

食物和摄食

食物　北半球小须鲸捕食各种小型鱼类（包括美洲玉筋鱼、鲑鱼、毛鳞鱼、鳕鱼、鲭鱼、黑鳕、鲱鱼、西鲱鱼、绿鳕、牙鳕、鲲鱼、秋刀鱼和灯笼鱼）和小型无脊椎动物（包括磷虾和桡足类动物），对食物的选择取决于地理位置、食物丰度、季节和年份。侏儒小须鲸更喜欢灯笼鱼，但有时也以其他鱼和磷虾为食。

摄食　因食物和地理位置而异：诱捕行为包括做出路径为圆形、螺旋形、椭圆形、8字形、双曲线的动作，以及头部击浪和水下喷潮等；吞食动作包括俯冲和斜冲，横向、垂直、腹侧冲刺。

潜水深度　北半球小须鲸多在海面或靠近海面的地方摄食，侏儒小须鲸在水深 20 ~ 40 米处摄食。

潜水时间　北半球小须鲸的潜水时间一般为 3 ~ 10 分钟，最长 20 分钟；侏儒小须鲸的潜水时间长达 12 分 30 秒。

洲和南非南部的亚南极海域。目前，侏儒小须鲸在北印度洋的分布情况未知。

行为

小须鲸跃身击浪行为相当频繁，有时会完全跃出海面，并有其他空中行为，比如抬头和浮窥（常在冰冷的海域浮窥），很少用尾部或鳍肢击浪。某些区域的鲸（如冰岛、加拿大圣劳伦斯湾和澳大利亚东北部的鲸）对船只非常好奇，会在静止的船只周围游动或在移动的船只旁边伴游几分钟甚至几小时。在其他水域的种群可能很难接近。

鲸须

北太平洋小须鲸有 231 ~ 290 块鲸须板，北大西洋小须鲸有 270 ~ 350 块，侏儒小须鲸有 200 ~ 300 块（上颌每侧）。

鲸须板最长约为 21 厘米。北半球小须鲸的鲸须板通常呈白色、奶白色或黄色，侏儒小须鲸口中后部约一半的鲸须板呈深灰色或褐色（边缘窄且色深），所有亚种的鲸须板颜色都对称。

群体规模和结构

一般个体间联系紧密，有时 2 ~ 3 头一群，但在食物丰富的摄食地会有更大的短暂聚群。社会结构似乎很复杂，有证据显示其因年龄、性别和繁殖阶段不同而存在一定程度的隔离。

天敌

虎鲸是其重要的天敌（因体型较小，小须鲸比其他须鲸更脆弱）。小须鲸通常会被长时间追逐，它们会以 15 ~ 30 千米 / 时的速度直线前进，有时会持续一个小时或更长时间。尽管虎鲸冲刺速度更快，但成

年小须鲸可以长久保持较快的速度。小须鲸如果聚集得离海岸太近而无处可逃，就会被虎鲸抓住。大型鲨鱼（包括鼬鲨和噬人鲨）可能会捕食小须鲸幼崽和成年侏儒小须鲸。

照片识别

与其他一些须鲸相比，小须鲸很难识别，但研究人员可以借助其背鳍后缘的刻痕和缺刻、背鳍的形状、身体色素沉着以及任何其他独特的标记和伤痕（根据种群情况来精确组合）来识别。背鳍的颜色图案在识别侏儒小须鲸个体时很有效。

种群丰度

目前对小须鲸没有精确的总量统计，但至少有 200000 头成熟个体。北大西洋小须鲸的数量如下：北大西洋东部有 90000 头，北大西洋中部有 48000 头（包括冰岛和法罗大陆架的 28000 头），加拿大和美国东海岸有 23300 头，格陵兰岛西部有 17000 头。北太平洋小须鲸较少：日本北部和鄂霍次克海有 25000 头，日本离岸和太平洋沿岸有 4500 头，美国和加拿大不列颠哥伦比亚省西海岸有 1160 头，白令海中部和东南部有 2000 头。大堡礁北部有 342 ~ 789 头，阿拉斯加湾北部和阿留申群岛有 1230 头。

生活史

性成熟　雌性为 6 ~ 8 年，雄性为 5 ~ 8 年。

交配　未知。

妊娠期　10 ~ 11 个月。

产崽　每年（有时隔一年）一次；全年皆有幼崽出生，每胎一崽，有季节性高峰。

断奶　4 ~ 6 个月后。

寿命　可能至少 50 岁（最长寿命纪录约为 60 岁）。

生活在澳大利亚水域的侏儒小须鲸

保护

世界自然保护联盟保护现状：无危（2018 年）。直到 20 世纪 30 年代，商业捕鲸者都认为其太小而无法捕捞。但随着大型鲸数量的减少，越来越多的小须鲸被捕捞。1930 ～ 1999 年，北半球报告的小须鲸死亡总数为 166342 头。尽管有些小须鲸被南非的岸基捕鲸者捕获，还有一些个体在对南极小须鲸的大型商业捕捞中被捕获，但侏儒小须鲸从未被大规模捕捞过。

如今，毗邻北大西洋的挪威、冰岛和毗邻北太平洋的日本都无视国际捕鲸委员会的禁捕令，将小须鲸看作主要目标（见南极小须鲸在南大洋被捕捞的情况）。最近几年，几个地区合起来每年平均有 970 头

小须鲸被捕杀：2014 ～ 2016 年，北大西洋的挪威为 662 头，北大西洋的冰岛为 130 头，北太平洋的日本为 178 头。根据国际捕鲸委员会的原住民配额，格陵兰岛西部的岸基捕鲸站每年可捕捞 164 头，格陵兰岛东部的岸基捕鲸站每年可捕捞 20 头。而一些侏儒小须鲸身上的伤痕显然是一些南太平洋岛国渔民使用传统鱼叉所致。

小须鲸面临的其他威胁包括渔具缠绕、化学污染、船只撞击、栖息地受到干扰和噪声（来自船只航行、地震勘探和军用声呐）污染。

发声特征

小须鲸似乎在许多区域都很安静，也许是为了减少被哺乳动物杀手——虎鲸发现的可能性，但它们在其他地方会发出各种各样的声音。它们在北大西洋会发出低频降调声，在北太平洋会发出响亮的嘣嘣声，以及像猪的呼噜声、呻吟声、打嗝声和连续脉冲。

侏儒小须鲸以能产生响亮、复杂和独特的声音序列而闻名，范围为 50 赫兹 ~ 94 千赫。侏儒小须鲸能规律性地重复一种声音，这种声音由 3 个快速脉冲和 1 个较长的尾音组成。它们发声的复杂性在于它们能同时发出 2 种不同的声音，但它们发声的生理结构目前仍然未知。

小须鲸经常跃身击浪

南极小须鲸

ANTARCTIC MINKE WHALE   *Balaenoptera bonaerensis*   Burmeister, 1867

1998 年，南极小须鲸被划分为新物种，与体型稍小的小须鲸正式分离（尽管人们相信这两个物种在距今 7.5 万 ~ 4.7 万年前就已经分化）。实际上，南极小须鲸与塞鲸和布氏鲸的关系比与其他鲸目动物更密切。

分类 须鲸亚目，须鲸科。

英文常用名 Antarctic（南极）代表其在南极大陆周围的寒冷海域活动；minke 据说源于 19 世纪一位叫迈因克（Meincke）的德国劳工，他为挪威人斯文·福因（被称为现代捕鲸业的缔造者）做捕鲸手，一直将须鲸误认为蓝鲸。后来，所有体型较小的鲸都被戏称为迈因克鲸。

别名 南部小须鲸。

学名 *Balaenoptera* 源自拉丁语 *balaena*（鲸）和希腊语 *pteron*（翅膀或鳍）；*bonaerensis* 源自 Buenos Aires（布宜诺斯艾利斯），是这一物种的发现地。

分类学 没有公认的分形或亚种。

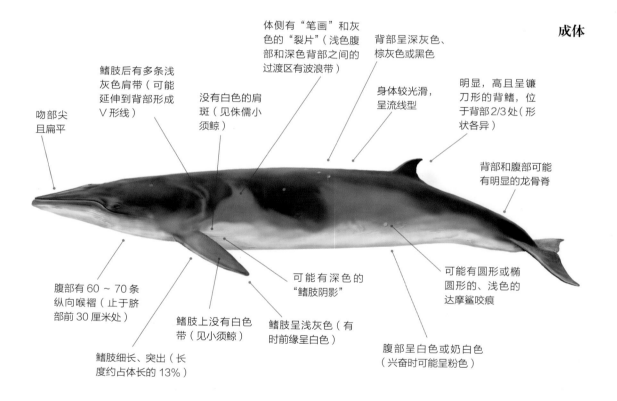

体侧有"笔画"和灰色的"裂片"（浅色腹部和深色背部之间的过渡区有波浪带）

背部呈深灰色、棕灰色或黑色

鳍肢后有多条浅灰色肩带（可能延伸到背部形成 V 形线）

没有白色的肩斑（见侏儒小须鲸）

身体较光滑，呈流线型

明显，高且呈镰刀形的背鳍，位于背部 2/3 处（形状各异）

吻部尖且扁平

背部和腹部可能有明显的龙骨脊

腹部有 60 ~ 70 条纵向喉褶（止于脐部前 30 厘米处）

鳍肢上没有白色带（见小须鲸）

可能有深色的"鳍肢阴影"

鳍肢呈浅灰色（有时前缘呈白色）

可能有圆形或椭圆形的、浅色的达摩鲨咬痕

鳍肢细长、突出（长度约占体长的 13%）

腹部呈白色或奶白色（兴奋时可能呈粉色）

成体

鉴别特征一览

- 分布于南半球的热带到极地水域。
- 体型为中型。
- 背部呈深灰色、棕灰色或黑色，腹部呈白色。
- 体侧和背部有多种浅灰色波浪带。
- 可能有硅藻形成的赭色或橙黄色斑块。
- 吻部尖而突出，先露出海面。

- 吻部有一条纵脊。
- 较高的镰刀形背鳍位于背部 2/3 处。
- 浅灰色 V 形线横跨背部。
- 通常有浅灰色色素沉着从呼吸孔延伸出来。
- 鳍肢呈浅灰色（没有白色带）。
- 在高纬度水域喷潮明显。

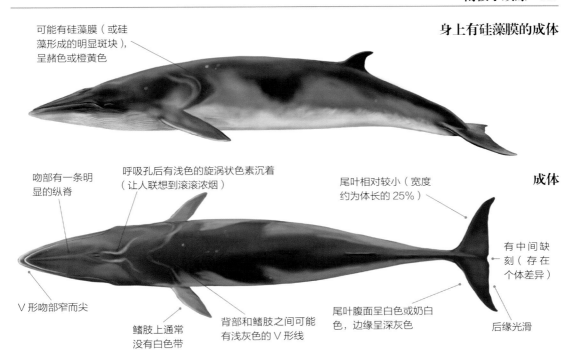

身上有硅藻膜的成体

可能有硅藻膜（或硅藻形成的明显斑块），呈赭色或橙黄色

成体

呼吸孔后有浅色的旋涡状色素沉着（让人联想到滚滚浓烟）

尾叶相对较小（宽度约为体长的 25%）

吻部有一条明显的纵脊

有中间缺刻（存在个体差异）

∨ 形吻部窄而尖

鳍肢上通常没有白色带

背部和鳍肢之间可能有浅灰色的 ∨ 形线

尾叶腹面呈白色或奶白色，边缘呈深灰色

后缘光滑

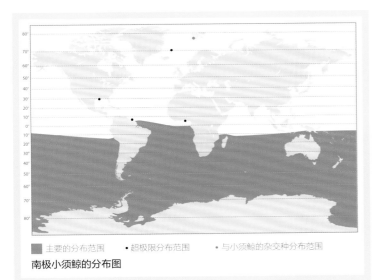

体长和体重

成体　体长：雄性 8～9 米，雌性 8.5～9 米；体重：7～9 吨；最大：10.7 米，11 吨。

幼崽　体长：2.6～2.8 米；体重：350～500 千克。

雌性比雄性更长。

相似物种

　　相对较小的体型、独特的尖头与众不同的颜色图案和更快的动作，使南极小须鲸与其他具有相似体型的须鲸很容易区分开。南极小须鲸和侏儒小须鲸有一些相同之处，至少在夏季的南半球是这样的，从远处看二者很像；南极小须鲸长约 8 米，没有肩斑和对称的深灰色喉斑，鳍肢没有明显的白色带（所有的这些特征侏儒小须鲸都有）。从远处看，南极小须鲸可能会与侏儒露脊鲸和一些长须鲸很相似，但它们头部的形状和颜色完全不同。据报道，南极小须鲸和小须鲸之间存在杂交种，有证据表明这 2 个物种之间可能存在繁殖兼容性。

分布

　　南极小须鲸原产于南半球，在约南纬 7 度的热带水域到南极大陆附近水域活动。目前，人们认为南极小须鲸环极分布，且在离岸和远海均有活动。北大西洋有 4 例其他区域没有的记录：南美洲大西洋沿岸的苏里南、几内亚湾的多哥、墨西哥湾北部的美国路易斯安那州以及扬马延岛以北的北极圈。在斯瓦尔巴群岛被记录的 2 头被确定为南极小须鲸与小须鲸杂交的个体。

　　在南半球的夏季，南极小须鲸

■ 主要的分布范围　　● 超极限分布范围　　● 与小须鲸的杂交种分布范围

南极小须鲸的分布图

成体

成体背鳍的差异

大多数个体的
背鳍末端尖

在南纬 60 度以南分布最多——南极环流南部，且已知最远到达南纬 78 度的罗斯海。它们常出现在冰缘附近，可能是与冰关系最密切的须鲸（无冰海域中最少）。从冰缘到冰内数百千米，从碎冰区到浮冰区，都能看到它们的身影。即使海域几乎全部被冰覆盖，它们也会顺着水道游动，并利用冰穴呼吸；它们甚至可以用尖尖的、坚固的吻部冲破新形成的或紧密堆积的碎冰，形成气孔。它们的分布密度随着与大陆架边缘的距离增加而降低。在威德尔海和罗斯海的部分区域有南极小须鲸大量聚集的报告。夏季，南极小须鲸在亚南极区域与侏儒小须鲸的分布范围有部分重叠，但南极小须鲸的分布范围往往更接近极地。

南极小须鲸的洄游路线不像其他须鲸的那样明确。许多南极小须鲸似乎在南极越冬，但其他鲸目动物可能会从高纬度摄食地洄游到分散的低纬度冬季繁殖地。南极小须鲸似乎大多在南极辐合带以北产崽。

潜水过程

- 在浮冰附近游得更慢、更从容。
- 出水角度不同，为 20°～40°。
- 吻尖向上，明显先露出海面。
- 快速翻滚向前，同时喷潮。
- 呼吸孔和背鳍通常同时可见（与小须鲸、塞鲸、布氏鲸和长须鲸的年轻个体相似），背鳍在呼吸孔淹没后很快会出现。
- 在探深潜水之前，通常背部弓起，尾干举得很高。
- 不举尾。

喷潮

- 形状分散，高达 4 米（高度差异较大），比柱状喷潮更细密。
- 通常比小须鲸的更明显，但形态变化很大（在寒冷的南极水域很明显，但在低纬度水域可能看不见）。

幼崽

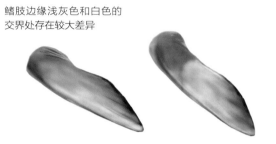

成体鳍肢的差异

鳍肢边缘浅灰色和白色的
交界处存在较大差异

太平洋（东经 170 度到西经 100 度之间）南纬 10 度
到 30 度之间，以及智利复活节岛以西、澳大利亚东
北部与东部、南非西部海域、巴西东北的海岸可能存
在尚未明确的繁殖地。3 头有标记的鲸在冬天离开南
极前往温带水域；然而，最近的遗传和声学证据对热
带和温带水域是否是其主要目的地提出了质疑。有趣
的是，在冬春季的威德尔海东部和澳大利亚的西澳大
利亚州附近，能同时听到南极小须鲸的声音，这表明
它们分布非常广泛。或者说，一部分种群进行季节性
洄游，另一部分种群全年在南极水域。

行为

　　南极小须鲸经常跃身击浪，有时完全跃出海面，
且会有其他空中行为，比如抬头和浮窥。在密集的浮
冰中，它们经常将头从水中抬起来呼吸。遇到船只，
它们会逃避，或毫不在意，甚至充满好奇；摄食时往

往更亲近人类。随着与橡皮艇和皮
划艇的近距离接触越来越多，南极半岛周
围的小型鲸似乎变得越来越好奇和"友好"。

鲸须

- 261 ~ 359 块鲸须板（上颌每侧）。
- 最长约 31 厘米；颜色不对称：除了左侧的前几块
  和右侧前面的 1/3（黄白色），大部分鲸须板都呈
  黑色。

群体规模和结构

　　在夏季摄食地，南极小须鲸通常独居或 2 ~ 6 头
组成一群；多达 50 头的大型集群并不常见，但偶尔会
在南极半岛周围看到（为了社交和摄食而聚集）；冬天
在温暖的水域常常能见到一群 2 ~ 5 头的南极小须鲸。
据报道，在南大西洋西部有 1 雄 2 雌或 2 雄 3 雌（有
可能有更多雌性的）的群体，其中可能存在一些按年
龄、性别和生殖状况形成的聚群。

天敌

　　虎鲸是南极小须鲸的主要天敌。有人推测，南极
小须鲸占南大洋 A 型南极虎鲸食物的 85%。

照片识别

　　相比其他须鲸，南极小须鲸很难识别，但背鳍后
缘的刻痕、背鳍形状、色素沉着以及任何其他独特的
标记、伤痕均有助于识别。

种群丰度

　　目前对南极小须鲸没有精确的总量统计，且对目
前的丰度存在争议。但它们的数量肯定有几十万头。
国际捕鲸委员会的调查显示，南极小须鲸的数量
从 1985/1986 ~ 1990/1991 年 的 720000 头 下 降 到

食物和摄食

食物　夏季主要在离岸水域（如威德尔海）摄食。主要捕食南极磷虾；有时在沿海大陆架（如罗斯海）摄
食小磷虾（*E. crystallorophias* 和 *E. spinifera*）；有时以冰下磷虾为食；偶尔摄食端足类动物（*Themisto
gaudichaudi*）和南极银鱼。

摄食　在摄食时会猛冲到大型食物聚集的地方（通常向一侧翻滚）；大多数的摄食行为可能发生在夏季的南
半球，但人们对其了解甚少；尽管在南极半岛周围能观察到成群的鲸摄食，但还没有南极小须鲸合作摄食的
记录。它们每次下潜最多可进行 22 ~ 24 次（蓝鲸为 6 ~ 7 次）猛冲摄食。

潜水深度　一般在超过 100 米深的水层（最深 150 米）摄食；随食物的昼夜垂直洄游而变化。

潜水时间　通常下潜 1 ~ 5 分钟，最长约 15 分钟；深潜时一般会在海面停留 2 ~ 15 分钟。

生活史	
性成熟 雌性为 7 ~ 8 年，雄性约 8 年（商业捕鲸开始之前时间可能更长，那时其他须鲸数量多）。	**产崽** 每 1 ~ 2 年一次；每胎一崽，季节性高峰在 5 ~ 8 月。
交配 可能是混交系统（雄性和雌性都与多个伴侣交配）。	**断奶** 4 ~ 6 个月后；断奶的须鲸可能在母亲身边待 2 年。
妊娠期 约 10 个月。	**寿命** 可能至少 50 岁（最长寿命纪录为 73 岁）。

1992/1993 ~ 2003/2004 年的 515000 头，总体下降了 30%。目前，尚不清楚该物种数量减少是调查方法导致的，还是每年不同的冰况导致的，抑或是该物种数量确实在减少。在南极半岛西部，大约有 1544 头南极小须鲸。

保护

世界自然保护联盟保护现状：近危（2018 年）。20 世纪 70 年代初期，南极的捕鲸船转向小须鲸（因为大型鲸目动物资源都枯竭了），之前商业捕鲸者都认为其太小而无法捕捞。1967 ~ 1999 年南极报道的南极小须鲸的死亡总数为 116395 头；1964 ~ 1985 年，巴西附近的越冬地又有 14600 头被捕捞，南非附近的越冬地有 1113 头被捕捞。1985 ~ 1986 年南极开始禁止所有商业捕鲸活动，但日本仍继续进行所谓"科学捕鲸"（被世界各地的科学家唾弃为商业捕鲸的骗局）活动；2015 ~ 2018 年，平均每年有 335 头南极小须鲸被捕捞。随着 2019 年退出国际捕鲸委员会，日本"科学捕鲸"活动停止，取而代之的是专属经济区的商业捕鲸计划（从 2019 年开始，每年 52 头）。

南极小须鲸面临的其他威胁还包括渔具缠绕、船只撞击、水体污染、栖息地受到干扰和噪声（来自船只航行、地震勘探和军用声呐）污染。全球变暖尤其令人担忧，预计 21 世纪南极海冰的大幅减少可能会导致南极小须鲸的食物显著变化或减少。

发声特征

南极小须鲸的声音鲜为人知。然而在南大洋，自

一头南极小须鲸在南极半岛附近浮出海面

这张照片上南极小须鲸尖而扁平的吻部清晰可见

20 世纪 60 年代以来，一种神秘的声音（被称为仿生鸭）就被潜艇中的人员和被动声学水听器所记录，最近这种声音被认为是南极小须鲸的声音。南极小须鲸的声音主要在冬季的南大洋南部能听到，但在西澳大利亚州也有记录。它由 3 ～ 12 个下行扫频脉冲（50 ～ 300 赫兹）的高度模式化序列组成，间隔大约 3.1 秒，且基于该主旋律产生了许多变体。南极小须鲸也会发出低频的降调音，包括 130 ～ 60 赫兹的单脉冲。一项研究显示，南极小须鲸在浮冰中时，会在浮出海面之前或之后发声。这些声音可能具有社会功能，可能是个体之间为了保持距离和联系。

单独出现的南极小须鲸表现出更友好的行为

大翅鲸

HUMPBACK WHALE　　　　　　　　　*Megaptera novaeangliae*　(Borowski, 1781)

　　大翅鲸是所有大型鲸目动物中最为人所熟悉的一种，它们以壮观的跃身击浪、拍尾击浪、鳍肢击浪和复杂悦耳的歌声，以及非常长的鳍肢而闻名。它们的尾叶腹面有明显的黑白斑纹，易于识别，研究人员常以此来区分不同的个体。

分类　须鲸亚目，须鲸科。

英文常用名　源于其潜水时背部明显弓起，以及位于背部"驼峰"上的背鳍。

别名　座头鲸，驼背鲸。

学名　*Megaptera* 源自希腊语 *mega*（大的或伟大的）和 *ptera*（翅膀），指其长长的鳍肢；*novaeangliae* 是法语 *baleine de la Nouvelle Angleterre* 的拉丁词源，意为"新英格兰"，因为它们是根据 1781 年在美国新英格兰发现的一个标本命名的（即"长着大翅膀的新英格兰鲸"）。

分类学　有三个公认的亚种：北大西洋大翅鲸（*M. n. novaeangliae*）、北太平洋大翅鲸（*M. n. kuzira*）和南半球大翅鲸（*M. n. australis*）。有人认为有第四个亚种——阿拉伯海大翅鲸（*M. n. indica*），它们被认为是世界上基因最独特的大翅鲸。分子研究表明，大翅鲸并不代表一个独特的演化谱系（也就是说，目前把它们从其他须鲸中分离出来单独成立一个属，可能不太合适）。

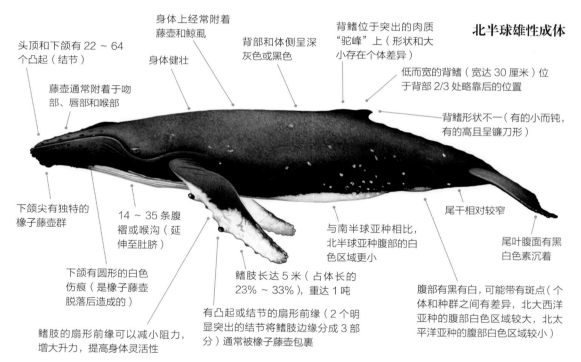

北半球雄性成体

头顶和下颌有 22 ~ 64 个凸起（结节）

身体上经常附着藤壶和鲸虱

背部和体侧呈深灰色或黑色

背鳍位于突出的肉质"驼峰"上（形状和大小存在个体差异）

藤壶通常附着于吻部、唇部和喉部

身体健壮

低而宽的背鳍（宽达 30 厘米）位于背部 2/3 处略靠后的位置

背鳍形状不一（有的小而钝，有的高且呈镰刀形）

下颌尖有独特的橡子藤壶群

14 ~ 35 条腹褶或喉沟（延伸至肚脐）

与南半球亚种相比，北半球亚种腹部的白色区域更小

尾干相对较窄

尾叶腹面有黑白色素沉着

下颌有圆形的白色伤痕（是橡子藤壶脱落后造成的）

鳍肢长达 5 米（占体长的 23% ~ 33%），重达 1 吨

腹部有黑有白，可能带有斑点（个体和种群之间有差异，北大西洋亚种的腹部白色区域较大，北太平洋亚种的腹部白色区域较小）

鳍肢的扇形前缘可以减小阻力，增大升力，提高身体灵活性

有凸起或结节的扇形前缘（2 个明显突出的结节将鳍肢边缘分成 3 部分）通常被橡子藤壶包裹

鉴别特征一览

- 全球均有分布。
- 体型为特大型。
- 背部呈深灰色或黑色。
- 不同亚种腹部的白色区域差异较大。
- 身体健壮。
- 背鳍较小，位于背部的"驼峰"上。

- 白色（或黑白色）的鳍肢特别长。
- 头部有特殊的结节。
- 潜水时背部会明显弓起。
- 通常在深潜水时举尾。
- 尾叶腹面有多样的（且个体特征鲜明的）黑白色素沉着。

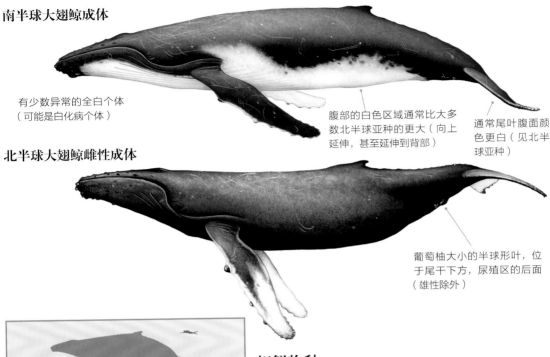

南半球大翅鲸成体

有少数异常的全白个体
（可能是白化病个体）

北半球大翅鲸雌性成体

腹部的白色区域通常比大多
数北半球亚种的更大（向上
延伸，甚至延伸到背部）

通常尾叶腹面颜
色更白（见北半
球亚种）

葡萄柚大小的半球形叶，位
于尾干下方，尿殖区的后面
（雄性除外）

体长和体重

成体　体长：雄性 11 ~ 15 米，雌性 12 ~ 16
米；体重：25 ~ 35 吨；最大：18.6 米，40 吨
（历史记录，如今很少超过 16 米）。

幼崽　体长：4 ~ 4.6 米；体重：0.6 ~ 1 吨。
雌性成体通常比雄性成体长 1 ~ 1.5 米。

相似物种

　　从近处看，大翅鲸很容易被认出来，因为它们有很长的
鳍肢，头部有许多结节，背鳍位于独特的肉质"驼峰"上；
但从远处看，它们可能与其他大型鲸很相似，这些鲸（特别
是灰鲸、露脊鲸和抹香鲸）通常也会在潜水时举尾，没有背
鳍或背鳍很小。这些鲸都有形状和图案变化多样的尾叶，但
也有许多不同特征：灰鲸的体色更浅，露脊鲸没有背鳍，而
抹香鲸的喷潮形状独特（出现于头部的左前方）。

分布

　　大翅鲸在全球均有分布，
其在中纬度到高纬度的夏季
摄食地、低纬度的冬季繁殖
地（在那里交配和产崽）之
间洄游。它们的栖息地主要
是大陆架及离岸水域，夏季
它们会出现在沿海水域。它
们在海岛、离岸海山和珊瑚
礁系统周围繁殖，大多数种
群通过深海洋流迁移。它们
在地中海水域分布极少，无
任何证据表明那里曾有大规
模种群存在。在中高纬度水
域，如加拿大不列颠哥伦比

■ 主要的分布范围　　■ 次要的分布范围

大翅鲸的分布图

北大西洋大翅鲸

- 主要的繁殖地
- 主要的摄食地
- —— 摄食地与繁殖地之间的主要联系（不一定是洄游路线）

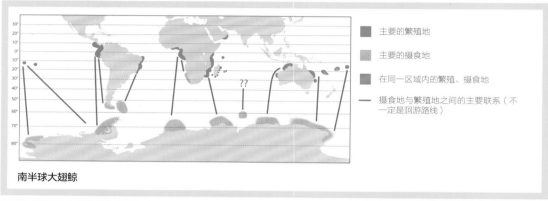

南半球大翅鲸

- 主要的繁殖地
- 主要的摄食地
- 在同一区域内的繁殖、摄食地
- —— 摄食地与繁殖地之间的主要联系（不一定是洄游路线）

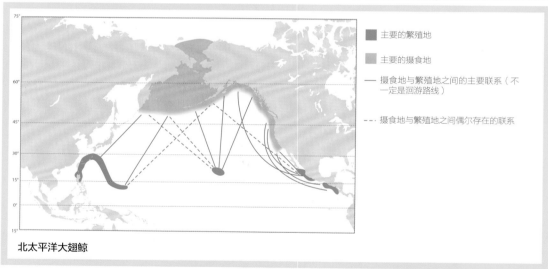

北太平洋大翅鲸

- 主要的繁殖地
- 主要的摄食地
- —— 摄食地与繁殖地之间的主要联系（不一定是洄游路线）
- --- 摄食地与繁殖地之间偶尔存在的联系

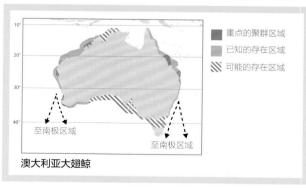

澳大利亚大翅鲸

- 重点的聚群区域
- 已知的存在区域
- 可能的存在区域

亚省、挪威、冰岛和其他区域也有相当数量的大翅鲸在冬季出现，但尚不清楚这些个体究竟是在越冬还是只是洄游得较晚。一些种群为了应对气候变化，将活动范围扩大到了极地（海冰的显著减少也使得摄食季更长）。

大翅鲸是最长洄游纪录的保持者——从南极洲半岛洄游到美属萨摩亚并返回，往返路程为 18840 千米。曾有 7 头大翅鲸从中美洲的繁殖地（位于北纬 11 度的哥斯达黎加）洄游到南极洲周围的摄食地，单程至少行进了 8461 千米。北太平洋大翅鲸在北半球的冬季也会到达南半球大翅鲸在哥斯达黎加的南半球冬季繁殖地（目前还不清楚二者是否会同时存在）。

在阿拉伯海（阿曼沿海区域，主要在马西拉湾和库里亚穆里亚群岛附近，在亚丁湾进入孟加拉湾西南部海域）有一个约 89 头大翅鲸的孤立种群，这是一个独特的居留种群。夏季季风带来的丰富食物使得这些鲸全年都能待在热带和亚热带水域。

冬季繁殖地

目前有 14 个已确认的大翅鲸的冬季繁殖地和 2 个可能的冬季繁殖地：北大西洋有 2 个（另有 1 个可能的冬季繁殖地），北太平洋有 4 个（另有 1 个可能的冬季繁殖地），南半球有 7 个，阿拉伯海有 1 个。这些繁殖地都在北纬 30 度到南纬 40 度之间，大多集中在北纬 20 度附近。大翅鲸通常生活在温暖的、相对较浅（200 米以内）的水域，而周围则是很深的水域。母子对却极其喜欢浅水（有的栖息地水深不到 20 米）。首选繁殖地的海水温度约为 25℃（为 21.1 ~ 28.3℃，种群之间存在差异，但这一差异与纬度无关）。大翅鲸夏季在不同的区域摄食，到冬季则聚集在同一个繁殖地交配（增加了找到彼此的机会，提高了遗传多样性）。它们对出生繁殖地有很高的恋地性，这些繁殖地的大翅鲸交流很少。

夏季摄食地

大翅鲸通常会回到它们的母亲曾经的摄食地，在摄食地它们之间的交流相对较少。它们的栖息地包括大陆架坡折区、上升流区、海底通道区、海洋锋区、东边界流区和冰缘区；在南半球，摄食栖息地通常与海冰边缘区紧密相连。摄食地首选海水温度在 14℃以下的。

北大西洋

大多数北大西洋大翅鲸在西印度群岛（拉丁美洲）繁殖，尤其是在加勒比群岛的许多岛屿沿海水域：大安的列斯群岛（古巴、海地、多米尼加和波多黎各）、小安的列斯群岛（维尔京群岛东部、南部至特立尼达和多巴哥的岛弧）和委内瑞拉北部。大翅鲸种群最多的区域是多米尼加的北部海岸，以及银滩、纳维达浅滩和穆舒瓦海岸的离岸珊瑚礁水域。

历史上的捕鲸记录显示，佛得角群岛（可能延伸至塞内加尔和西撒哈拉的大陆架）是大翅鲸的另一个

繁殖地，在商业捕鲸开始之前有多达 4000 头大翅鲸生活在那里。然而，现在这里的大翅鲸相对较少，远远少于已知的北大西洋东部的大翅鲸（以及西印度群岛的大翅鲸）。这表明还存在着第 3 个尚未确定的北大西洋大翅鲸的繁殖地。北大西洋大翅鲸有 6 个主要的摄食地：缅因湾、圣劳伦斯湾、拉布拉多和纽芬兰、格陵兰岛西部、冰岛以及挪威北部（包括巴伦支海）。所有这些摄食地的个体都曾在西印度群岛的繁殖地被观察到，但那些来自更靠东的摄食地（冰岛和挪威北部）的个体在西印度群岛被观察到的频率较低（可能是因为它们往往在繁殖季的后期到达，所以与其相关研究较少）。北大西洋东部的一些大翅鲸可能在佛得角群岛繁殖（在冰岛和挪威的熊岛附近发现过几次大翅鲸的交配行为），但大多数北大西洋东部的大翅鲸被认为在一个待定的大西洋东部热带水域繁殖（地理上可能比西印度洋群体繁殖地更为分散）；基因证据也表明存在第 3 个未知的繁殖地。百慕大和亚速尔群岛被认为是大翅鲸洄游的中转站。

北太平洋

在北太平洋有 6 个确认的或可能的大翅鲸繁殖地。

1. 夏威夷群岛周围。在这里繁殖的种群约一半个体在加拿大不列颠哥伦比亚省北部和美国阿拉斯加东南部的沿海水域摄食，其余的主要分布在阿拉斯加湾北部和白令海。

2. 墨西哥大陆沿岸。在这里繁殖的种群主要在加利福尼亚州沿岸水域摄食。

3. 雷维亚希赫多群岛。在这里繁殖的种群主要从加利福尼亚州北部游到阿拉斯加附近，有一些个体会游到北部的阿留申群岛和科曼多尔群岛。

4. 中美洲水域，沿太平洋海岸从墨西哥南部和危地马拉到哥斯达黎加。在这里繁殖的种群几乎只在加利福尼亚州和俄勒冈州沿岸的离岸水域摄食，在美国和加拿大边境以北的地方也有少量个体。

5. 日本南部（主要是冲绳岛）到中国台湾、菲律宾北部，东部到马里亚纳群岛和马绍尔群岛。在这里繁殖的大翅鲸主要在堪察加半岛的东海岸摄食，但也横跨白令海、科曼多尔群岛和阿留申群岛等广阔区域，可能还会向北，最远到达楚科奇海和波弗特海（楚科奇海和波弗特海大翅鲸的洄游目的地尚不确定）；一小部分可能到达阿拉斯加湾和加拿大不列颠哥伦比亚省北部。

6. 北太平洋西部一个未知的繁殖地可能在夏威夷

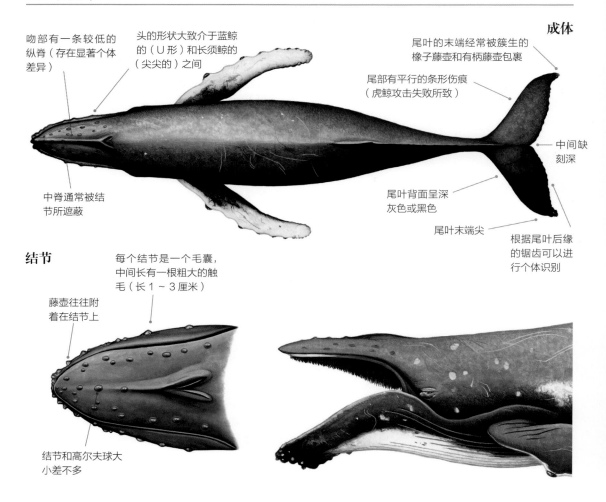

成体

吻部有一条较低的纵脊（存在显著个体差异）

头的形状大致介于蓝鲸的（U形）和长须鲸的（尖尖的）之间

尾叶的末端经常被簇生的橡子藤壶和有柄藤壶包裹

尾部有平行的条形伤痕（虎鲸攻击失败所致）

中间缺刻深

中脊通常被结节所遮蔽

尾叶背面呈深灰色或黑色

尾叶末端尖

根据尾叶后缘的锯齿可以进行个体识别

结节

每个结节是一个毛囊，中间长有一根粗大的触毛（长1～3厘米）

藤壶往往附着在结节上

结节和高尔夫球大小差不多

群岛西北。这是根据在俄罗斯远东地区和阿留申群岛周围发现的大翅鲸推断出来的，这些大翅鲸与任何已知的繁殖种群都没有关系，并和冲绳 - 菲律宾繁殖地的大翅鲸之间存在显著基因差异。

墨西哥下加利福尼亚州和日本小笠原群岛被认为不是主要的洄游目的地，而更有可能只是过境区域。

南半球

在南半球，有7个洄游到南大洋摄食的不同繁殖种群，它们分布在如下区域（国际捕鲸委员会指定为 I - VI的6个特定区域）。

1. 中美洲和南美洲的太平洋沿岸水域。在这里繁殖的种群主要集中在哥伦比亚，但从哥斯达黎加的帕帕加约湾到厄瓜多尔的瓜亚基尔湾均有分布，包括科隆群岛，一些个体最能够到达秘鲁北部。它们在南极 I 区摄食——来自秘鲁北部、厄瓜多尔和哥伦比亚的个体，主要沿着南极半岛西部摄食；来自繁殖地北

部的个体，主要在火地群岛摄食（但巴拿马的个体也有可能出现在南极半岛）。

2. 巴西大西洋沿岸水域，在纳塔尔（南纬3度）和卡布弗里乌（南纬23度）之间。在这里繁殖的种群多集中在阿布洛霍斯群岛海岸（南纬16度40分到南纬19度30分之间）附近；随着种群数量的恢复，这一范围似乎正在扩大。它们在南极 II 区的斯科舍海一带（包括南乔治亚岛和南桑威奇群岛）摄食。

3. 非洲西南部、安哥拉北部和多哥之间的水域，最远可能到达加纳。在这里，繁殖种群主要集中在几内亚湾附近。它们在南纬18度以南的纳米比亚和南非西部海域以及南极 III 区摄食。

4. 包括非洲东南部及马达加斯加在内的南非东部沿海水域，莫桑比克、坦桑尼亚和肯尼亚、塞舌尔南部、法属留尼汪岛的西海岸、马达加斯加和科摩罗群岛附近的水域。繁殖种群在南极 III 区摄食。

5. 澳大利亚西北部。繁殖种群在宁格鲁礁北至金

幼崽

鳍肢对比

北大西洋种群、北太平洋
第一型种群（1/3 的个体）
和南极半岛种群——鳍肢
腹面为白色，背面大部分
为白色（黑色占比不同）

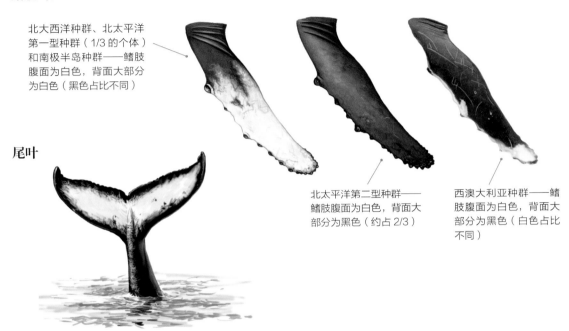

北太平洋第二型种群——
鳍肢腹面为白色，背面大
部分为黑色（约占 2/3）

西澳大利亚种群——鳍
肢腹面为白色，背面大
部分为黑色（白色占比
不同）

尾叶

潜水过程

- 出水角度较小。
- 呼吸孔先出现，等背鳍出现后才消失在水中。
- 斜斜的背部与海面形成扁平的三角形。
- 背部弓起，与海面形成高高的三角形，背部的"驼峰"特别明显。
- 开始翻滚潜水时，背鳍消失，尾干弓起。
- 在潜水时，尾叶常举得很高。

喷潮

- 比其他任何大型鲸的更多样（多呈柱状，偶尔呈 V 形）。
- 通常高大、细密（顶部可能更细密），高可达 10 米（存在个体差异，一般只有 4～5 米）。

伯利区域产崽，沿着西澳大利亚州的海岸广泛分布。它们在南极Ⅳ区摄食。

6. 澳大利亚东北部。繁殖种群在南极Ⅴ区摄食。

7. 大洋洲，由来自南太平洋诸岛的个体组成，包括美属萨摩亚、萨摩亚、瓦努阿图、斐济、纽埃、库克群岛、法属新喀里多尼亚、汤加、法属波利尼西亚和诺福克岛；基里巴斯、所罗门群岛、瑙鲁、瓦利斯和富图纳群岛、图瓦卢、托克劳群岛和皮特凯恩群岛也有较少的居留个体（尽管这些区域仅反映了研究记录，可能存在偶然性）。它们在南极Ⅴ区、Ⅵ区和Ⅰ区（包括南极半岛西部）摄食。

行为

在海面上，大翅鲸比其他任何大型鲸都更愿意展示自己，并做出复杂的动作。跃身击浪、鳍肢击浪和拍尾击浪是它们最常见的几个动作。它们可能在海面上侧着或仰着，将一个或两个鳍肢举在空中。所有这些行为在一年中任何时候均会发生，但在一些情境中，某些动作明显具有特定的含义和作用（可能包括交流、吸引异性、清除寄生虫、围捕猎物、表达兴奋或烦恼，甚至只是玩耍）。无论雌雄老幼，在摄食地还是繁殖地，单独个体或小群中，这些行为都会发生。它们有时会将整个身体露出海面。年轻个体（也有老年个体）会玩一些水中的物体。

它们偶尔会与繁殖地的其他物种在一起，包括露脊鲸、长须鲸、短肢领航鲸、糙齿海豚和瓶鼻海豚。印太瓶鼻海豚、瓶鼻海豚经常和大翅鲸玩耍或骚扰大翅鲸（这两种行为很难区分），大翅鲸会发出号音或"被迫"喷潮，这通常与群体竞争有关；大翅鲸有时会用头把海豚举出水面。

众所周知，大翅鲸会阻拦虎鲸攻击其他大翅鲸，甚至其他物种（包括灰鲸、小须鲸、白腰鼠海豚、北海狮、加利福尼亚海狮、威德尔海豹、食蟹海豹、港海豹、北象海豹和翻车鲀）。大翅鲸的这种行为被认为是一种围攻行为，会让虎鲸的猎物逃脱（但不能排除种间利他主义）。

大翅鲸（尤其是年轻个体）一般不害怕船只，经常对船只表现出好奇。

鲸须

- 270～400 块鲸须板（上颌每侧）。
- 鲸须板呈深灰色至黑色，常有白色或棕色的坚条纹（最前面的鲸须条纹可能较浅）；鲸须板最大长度为 107 厘米。

气泡网

一些大翅鲸会合作制造由无数气泡组成的巨大圆形气泡网进行摄食，气泡网直径可达 45 米，能够捕捉成群游动的鲱鱼或其他小鱼。这种行为在阿拉斯加东南部水域最常见，但在其他地方也有少量的记录。组成气泡网摄食团队的成员可以是雄性或雌性（或二者都有），任何性别都可以担任领导角色。并非所有大翅鲸都参与这种合作，成员似乎是不稳定的（经常有访客只加入一两天，有的在不同的摄食群体之间迁移）。

气泡网摄食是团队合作行为，成员少则几头，多达二十多头。而且，在某些情况下，不同个体似乎有不同的角色和偏好的位置。至少在阿拉斯加东南部水域，有一头大翅鲸是呼叫者，它用一种响亮的、萦绕不绝的捕食声来吓唬深海中的鲱鱼（随着这种文化的传播，最近人们在不列颠哥伦比亚省北部也听到了这种捕食声）。另一头大翅鲸（也可能是同一头）会制造气泡——它会制造出一圈气泡，就像一张网，将猎

在美国阿拉斯加州东南部，一大群大翅鲸正在用气泡网摄食

食物和摄食

食物 主要摄食磷虾（包括 *Euphausia*、*Thysanoessa*、*Meganyctiphanes*）和种类繁多的群居鱼类（包括鲱鱼、太平洋玉筋鱼、狭鳕鱼、鲭鱼、沙丁鱼、鳀鱼和毛鳞鱼等）；也会捕食乌贼、糠虾、桡足类动物及底栖端足类动物（可能偶尔摄食）。北半球大翅鲸食性较杂（存在区域差异）；南极磷虾是南半球大翅鲸的主要食物。

摄食 吞食或猛扑摄食（嘴张开猛扑猎物）时，使用的技巧各不相同；体型较大的个体会使用气泡网（由大气泡组成的圆形网）或气泡云（由单个或多个密集小气泡组成）围捕和集中成群的（或单个的）猎物。是少数群居摄食的须鲸之一，个体在集体中有明确的角色（一般情况下捕食的猎物越大，群体规模也就越大）。其他捕食技巧（通常只存在于一个或几个特定区域）包括尾部抽打摄食（在水中倒立，将尾部一次或多次向前抽打海面，激起水花，然后浮出海面，张开嘴猛冲过水花区域的边缘以捕获磷虾）、甩尾摄食（抬起尾部拍打鱼群上方的海面，然后下潜制造气泡屏障）、陷阱摄食（最近在温哥华岛和澳大利亚西南部观察到越来越多的个体会在海面上张开嘴，用鳍肢把鱼推入"陷阱"；这可能是个体之间互相学习的摄食方式，主要捕食小而分散的猎物）；在冬季繁殖地几乎不摄食，但在洄游期间会随机摄食。

潜水深度 在夏季摄食地，潜水深度通常遵循昼夜循环（白天较深，晚上则较浅）的规律；大多数摄食活动在 120 米深的水层（用气泡网捕食时通常在水深超过 25 米处），最深可达 400 米（在夏季摄食季，在南极半岛沿岸的潜水深度一般为 300 米）；在繁殖地，通常下潜深度较小，但也有一些个体在夏威夷及附近海域能够下潜到约 170 米。

潜水时间 取决于季节、地点和行为；唱歌时可以持续潜水 20 分钟；在繁殖地的休息潜水一般持续 15 ~ 30 分钟；摄食潜水通常为 3 ~ 10 分钟（最多 15 分钟）；最长潜水时间可达 40 分钟。

物包围起来。与此同时，捕食群体中的其他大翅鲸用它们的身体将鲱鱼驱赶到气泡网中（它们鳍肢的白色腹面可能被用作"反光镜"，将鲱鱼赶向正确的方向）。这些气泡在海面上形成一个封闭的圆圈，或者是数字 9 的形状（单独摄食的鲸经常会制造这种形状的气泡）。当这一切就绪后，所有的大翅鲸都迅速张大口游过气泡网，吞噬网中的食物。所以，人们经常能看到它们张大口出现在海面上。

一些大翅鲸群体可能会像这样摄食 12 小时或更长时间，每隔几分钟就会形成一个气泡网，而在这些摄食团队中，由两三头大翅鲸组成的核心群体可能会在整个夏天甚至连续几年持续这一行为。

竞争、打斗以及在海面活跃的群体

雄性大翅鲸必须争夺相对较少的雌性，因为在繁殖地雄性和雌性的有效性别比约为 2∶1 或 3∶1（总体种群中雌雄个体数量大致相等，但并不是所有的雌性个体在任何一个繁殖季都交配，并且雄性个体往往不会停留在低纬度水域太长时间）。

在繁殖地，雌性大翅鲸经常（自愿或被强迫地）与至少一头雄性大翅鲸伴游。这头雄性大翅鲸通常与雌性大翅鲸保持一个身长的距离（紧随其后，稍微偏向一侧），并且经常与雌性同步进行呼吸和潜水。"护花使者"会强势地接受所有挑战者的挑战以捍卫自己的位置。在这些存在竞争或"打斗"的群体中，可能有多达十几头其他雄性，但并非所有雄性都是积极的挑战者。体型较大的雌性通常有更多的雄性伴游。这些竞争群体可以持续竞争几分钟或几小时，伴随着猛扑、拍尾击浪、鳍肢击浪、吹气泡、抬头、上下颌敲击、头部击浪、跃身击浪和快速追逐等行为。这些争斗行为常常会造成伤害。

有证据表明，雌性可能会通过鳍肢击浪或拍尾击浪的声音告知雄性自己的位置。在群体中，雌性通常处于主导地位，有时也可能是雄性竞争打斗的中心。当雄性竞争打斗时，别处的雄性会停下正在进行的任何活动，跋涉数千米前来加入战斗（它们可能是被参与竞争的雄性发出的哨声、尖叫声、咕噜声和咆哮声所吸引）。这类群体往往会吸引更多的雄性，但同时也会有雄性离开，而主要的伴游雄性在捍卫自己的位置时会变得更加激动和活跃。大多数的打斗行为发生在主要的伴游雄性和两三名挑战者之间，挑战者可能暂时合作以战胜主要的伴游雄性，接近雌性，但通常还会有其他雄性跟随在雌性外围。在这一过程中，年少个体也可能在场，并观察和模仿成体的行为。主要的伴游雄性会一直保持它的地位，直到被其他雄性取代。据推测，雄性这样做的目的是在雌性发情准备交配时处于离它最近的位置，但实际上交配极少成功。

生活史

性成熟 雄性和雌性均为 4 ~ 11 年，种群内部和种群间均有差异：南半球亚种性成熟年龄为 9 ~ 11 年；北太平洋种群的性成熟时间较北大西洋种群的要晚得多。

交配 雄性之间会激烈地争夺雌性；繁殖行为会在洄游（南北迁移）期间完成，在冬季聚集时最多；雌性在冬季会经历几个发情周期，直到怀孕；产后雌性发情可能会定期发生（这解释了为什么在繁殖季雄性会伴游母子对）。

妊娠期 11 ~ 11.5 个月。

产崽 每 2 年一次，有时 3 年，偶尔 1 年（连续 4 年），较少的个体为 4 ~ 5 年；一般每胎一崽，在冬季产仔（已知在一年的其他季节很少产崽）；据报道，曾有被捕鲸者杀死的怀孕雌鲸产下了双胞胎（但没有双胞胎存活的记录）。

断奶 10 ~ 12 个月后（6 个月大时幼崽开始独立摄食）；通常会在秋季洄游时或在摄食地结束育幼。

寿命 至少 50 岁，可能接近 75 岁（如果测龄技术准确，最长寿命纪录为 95 岁）。

群体规模和结构

冬季繁殖地

在繁殖地，大翅鲸通常单独出现或以小群出现，主要有 7 种聚群类型。

1. 歌者：通常是一头单独行动的雄性（也可能有另一头雄性或雌性伴游，且可能有幼崽），在定居或迁移中唱歌。

2. 有雄性伴游的雌性成体：在冬季繁殖季的初期最为常见。研究人员称它们为"屏息者"，因为它们一次能在水下停留长达 30 分钟。它们可能会一起待上一两天，这期间雄性伴游者会捍卫自己的地位。

3. 竞争交配权或活跃于海面的群体：多头雄性跟随一头雌性（无论雌性是否处于发情期），并相互竞争该雌性的主要伴游位置。经常会有年轻个体在外围跟随并观察，雌性可能携带幼崽。

4. 正在迁移到其他聚群的单一个体（不唱歌的）。

5. 一群年轻个体。

6. 母子对：经常出现在近岸浅水，会尽量避开其他母子对的活动范围。在繁殖季开始的时候，有时会有一只幼崽陪伴在母子对身边，这只幼崽通常是母亲上一年生的。

7. 母子对和雄性伴游者：雄性伴游者与母子对相遇的概率约为 83%（雌性个体可能处于产后发情期）。这种组合在繁殖季的末期最为常见。一些研究人员推测，雌性接受一头雄性作为"保镖"，比被许多雄性骚扰要好，且雄性伴游者还可以保护幼崽免受天敌的伤害。

夏季摄食地

在摄食地，大翅鲸有以下 5 种聚群类型。

1. 单一个体或任意一对同性个体（可能整个夏天都在一起）。

2. 母子对。

3. 临时性的小规模摄食群体（具体规模取决于食物的类型或大小）；一些摄食群体，如缅因湾的群体，可能更加稳定，能够持续几乎整个摄食季（即便个体之间没有亲缘关系）。

4. 更大的（通常是非常短暂的）摄食群体，个体最多可达 24 头，它们用气泡网合作围捕猎物。

5. 最近在非洲西南部的本格拉上升流水域发现的超级鲸群（可能是该区域大翅鲸数量增加和食物高度集中的结果），个体数量最多达 200 头，主要以磷虾和螳螂虾为食。然而，这类聚群仅仅是聚集起来，而不是彼此能够合作摄食的群体，主要出现在春季向南洄游期间。

洄游期间

大翅鲸通常组成变化的小群，在有几头相对固定的个体的基础上，不断有个体加入或离开。

天敌

大翅鲸的主要天敌是虎鲸。大翅鲸身上普遍存在的虎鲸造成的伤痕表明：多达 25% 的大翅鲸被虎鲸咬过一次，被虎鲸咬过的个体占比较高的种群分别在新西兰（37%）、新喀里多尼亚（31.3%）和墨西哥（40%）；北太平洋种群被虎鲸咬过的个体占比为 15%，北大西洋种群被虎鲸咬过的个体占比为 2.7% ~ 17.4%。虎鲸攻击的大多是大翅鲸的幼崽（尤其是在一岁之前）和年轻个体，成年大翅鲸很少受到攻击，因为它们会用强有力的尾叶和鳍肢进行反击（长鳍肢上的藤壶可以作为杀伤力强大的武器）。鼬鲨和其他大型鲨鱼也会攻

大翅鲸形状独特的喷潮

在挪威北极区域大翅鲸拍尾击浪

击并杀死大翅鲸生病或受伤的幼崽、亚成体。伪虎鲸偶尔会捕食夏威夷的大翅鲸幼崽。

照片识别

大翅鲸的个体识别主要借助其尾叶腹面独特的黑白色素沉着样式和伤痕，以及尾叶后缘的锯齿。背鳍的形状、大小和伤痕的组合也被广泛用于识别个体。在过去的 40 年里，全球各地已有数万头大翅鲸被鉴定和分类，其中一些个体通过这种方式被连续观察了40 多年。

种群丰度

全球范围内至少有 14 万头大翅鲸（由于商业捕鲸，历史上最低数量曾下降到不足 1 万头）。最近的种群数量估计结果为：南半球约有 97000 头，其中中

美洲和南美洲太平洋沿岸有 6500 头（2006 年）；巴西大西洋沿岸有 16410 头（2008 年）；非洲西南部有 7100 头（2005 年）；非洲东南部和马达加斯加有 13500 头（2003～2004 年）；澳大利亚的西澳大利亚州有 28800 头（2012 年）；澳大利亚的东澳大利亚州有 24500 头（2015 年）。据估计，在北太平洋也有 21808 头（2006 年）；北大西洋约有 20000 头，其中格陵兰岛、冰岛和法罗群岛有 15247 头（2015 年）；阿拉伯海有 89 头（2015 年）。

全球各地不同种群的平均年增长率为 3.1%，最高达 11.8%（这是该物种理论上可能达到的最大值），因此目前的种群规模可能要大得多。例如，夏威夷的大翅鲸从 1980～1983 年的 1400 头增长至 2005～2006 年的 10100 头。理论上，按照每年 5%～6% 的速度持续增长，现在当地的大翅鲸可能达到了 21000 头。

尾叶对比

尾叶的腹面近乎全黑或全白，其间混有大量黑白条纹

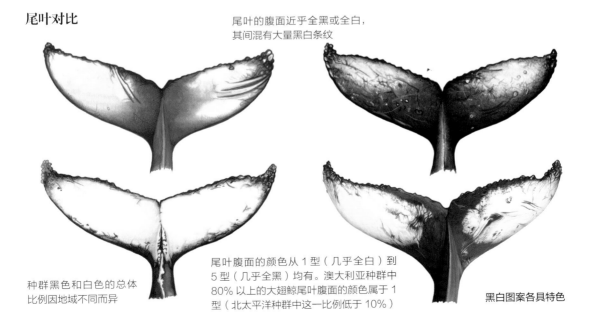

种群黑色和白色的总体比例因地域不同而异

尾叶腹面的颜色从 1 型（几乎全白）到 5 型（几乎全黑）均有。澳大利亚种群中 80% 以上的大翅鲸尾叶腹面的颜色属于 1 型（北太平洋种群中这一比例低于 10%）

黑白图案各具特色

大翅鲸是所有大型鲸目动物中动作技巧最高超的

保护

世界自然保护联盟保护现状：无危（2018 年）；阿拉伯海种群，濒危（2018 年）。自 17 世纪以来，所有捕鲸活动均对大翅鲸进行过捕杀。这期间，南半球有 215848 头大翅鲸被捕杀，北半球有 33585 头。许多大翅鲸的种群数量严重减少，有些种群数量减少了 95%以上。商业捕鲸分别于 1955 年（北大西洋）、1963 年（南半球）和 1966 年（北太平洋）正式结束。然而，1948 ~ 1973 年，有 48000 头大翅鲸被苏联非法捕杀。格陵兰岛（每年最多捕杀 10 头）的原住民、加勒比海的圣文森特和格林纳丁斯的贝基亚岛（2019 ~ 2025年每年最多捕杀 4 头）的原住民仍在进行小规模的捕鲸活动。商业捕鲸被禁止后，大多数大翅鲸种群的数量都有了惊人的增长。

如今对大翅鲸最大的威胁是渔具缠绕，其他威胁包括过度捕捞、噪声污染、船只撞击、石油和天然气开发，以及其他干扰或破坏沿海栖息地的活动。

发声特征

在繁殖地、摄食地以及洄游时，大翅鲸会发出各种各样的声音，比如歌声、摄食声、聚群声和喇叭声。

雄性和雌性都会在夏季摄食地和洄游时发出叫声，这些叫声可能有着特定的含义（在某些情况下，这些含义仅限于特定的种群）。举例来说，母亲和幼崽之间会使用一种所谓嗡嗡声交流（这种交流方式很安静，可能是为了避免引起虎鲸的注意）；个体之间的交流更多地采用音量更大的嗡嗡声；大翅鲸聚群时，则采用"火车汽笛声"进行交流。

在动物界中，雄性大翅鲸的歌声是最悠长和复杂的（目前没有雌性大翅鲸唱歌的记录，但南极的 2 头雌性大翅鲸被观察到在潜水摄食时发出了歌曲的元素），它们会发出萦绕不去的呜呜声、咕噜声和尖叫声。据推测，雄性大翅鲸在性成熟前后开始唱歌。它们在一年中的任何时候都能发出这类声音，最常出现在深秋大翅鲸离开摄食地的洄游过程中，在冬季聚集时达到高峰，春季开始减少。唱歌的个体通常身体与海面成 45°角静静地漂浮在海中，头部向下，尾部向上，尾叶在海面以下 7 ~ 15 米处（在有的繁殖地，它们的尾叶可能露出海面）。每首鲸歌通常持续10 ~ 20 分钟，并不断重复（大翅鲸唱完一首完整的歌后会浮出海面呼吸）。大翅鲸一次歌唱会持续几个小时，歌曲的频率范围很广（从 20 赫兹到 24 千赫不等），可能在几十千米内都能听到。

在打斗中，这头大翅鲸的结节被打破并流血

　　一头雄性大翅鲸通常会夜以继日地独自歌唱，直到另一头雄性大翅鲸加入（或加入路过的群体）。这种互动通常会持续几分钟，直到它们分开（来访的雄鲸可能只是想确认唱歌的雄鲸是否陪伴着雌鲸，如果不是，它就会很快离开）；这种互动很少带有攻击性（但可能会有许多鳍肢击浪、拍尾击浪、跃身击浪和其他海面行为）。有时两头大翅鲸待在一起的时间会更长，其他雄鲸也会加入进来，组成一个更大的群体。

　　在同一水域，大翅鲸的歌声大致相同，但不同的是，它们会即兴创作，所以鲸歌也在不断演变。当一头雄性大翅鲸改变了几个"音符"，其他雄性大翅鲸也会跟着改变，所以它们总是在唱这首不断变化的歌曲的同一个版本。歌曲演变的速度因地而异。随着歌曲不断传播，整个种群的歌曲经过 2 ～ 5 年才会完全改变。到下一个繁殖季，大翅鲸会继续它们上一个繁殖季结束时的歌曲。生活在世界不同地方的大翅鲸的歌声完全不同。

　　关于鲸歌的作用如今有很多猜测，主要有四种观点：一是唱给雌性（但无任何证据表明雌性会被唱歌的雄性所吸引）；二是鲸歌决定或促进雄性之间的互动（加入唱歌群体的几乎都是不唱歌的单身雄性，这可能是寻求合作以增加赢得雌性青睐的机会，或打断雄性的歌唱，或维护自己的地位）；三是对雄性来说，这是一种象征地位的方式（这需要不同个体所唱的歌曲有显著的差异，但事实并非如此）；四是在求偶过程中，鲸歌被用来吸引雌性到雄性聚集的地方，而不是唱歌雄性周围。共同歌唱也可以提高雌性对雄性的接受度。当然，鲸歌可能同时起到以上几个或所有这些作用。

大翅鲸独一无二的鳍肢

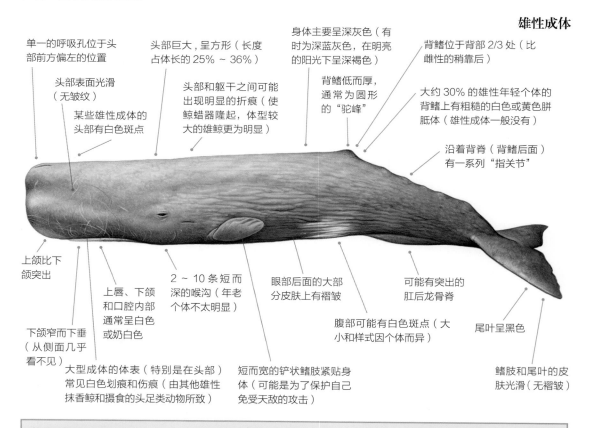

抹香鲸

SPERM WHALE

Physeter macrocephalus Linnaeus, 1758

抹香鲸是最大的齿鲸，因小说《白鲸》而妇孺皆知，它们的身体极度适应深海生活。它们是一种极为特殊的动物：是所有鲸目动物中雌雄体型差异最大的，是地球上拥有最大大脑的动物，并有着较其他鲸目动物更深的潜水深度和更长的潜水时间。

分类　齿鲸亚目，抹香鲸科。

英文常用名　源于其头部发现的鲸蜡油，这种物质的物理性质与精液类似；鲸蜡油的英语为 spermaceti，字面意思为 "鲸的精子"。

别名　大抹香鲸。

学名　*Physeter* 源自希腊语 *Physeter*（鼓风机），指其呼吸孔；*macrocephalus* 源自希腊语 *makros*（大或长）和 *kephale*（头）；"大头鼓风机" 与其特征十分贴切。

分类学　目前没有公认的亚种；抹香鲸的学名应该是 *Physter macrocephalus* 还是 *P. catodon* 极具争议，目前还是前者使用得较为普遍。

雄性成体

单一的呼吸孔位于头部前方偏左的位置

头部表面光滑（无皱纹）

某些雄性成体的头部有白色斑点

头部巨大，呈方形（长度占体长的 25% ~ 36%）

头部和躯干之间可能出现明显的折痕（使鲸蜡器隆起，体型较大的雄鲸更为明显）

身体主要呈深灰色（有时为深蓝灰色，在明亮的阳光下呈深褐色）

背鳍低而厚，通常为圆形的 "驼峰"

背鳍位于背部 2/3 处（比雌性的稍靠后）

大约 30% 的雄性年轻个体的背鳍上有粗糙的白色或黄色胼胝体（雄性成体一般没有）

沿着背脊（背鳍后面）有一系列 "指关节"

上颌比下颌突出

上唇、下颌和口腔内部通常呈白色或奶白色

2 ~ 10 条短而深的喉沟（年老个体不太明显）

眼部后面的大部分皮肤上有褶皱

可能有突出的肛后龙骨脊

尾叶呈黑色

下颌窄而下垂（从侧面几乎看不见）

大型成体的体表（特别是在头部）常见白色划痕和伤痕（由其他雄性抹香鲸和摄食的头足类动物所致）

短而宽的铲状鳍肢紧贴身体（可能是为了保护自己免受天敌的攻击）

腹部可能有白色斑点（大小和样式因个体而异）

鳍肢和尾叶的皮肤光滑（无褶皱）

鉴别特征一览

- 分布于全球的深海。
- 体型为特大型。
- 身体主要呈深灰色。
- 头部巨大，呈方形。
- 有低而厚的圆形背鳍。
- 从背鳍到尾叶有 "指关节"。
- 眼部后面的皮肤满是褶皱。
- 会向左前方喷出细密的喷潮。
- 经常在海面上一动不动（或悠闲地游动）。
- 通常在潜水时举尾。

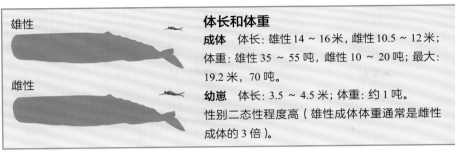

体长和体重

成体 体长：雄性 14 ~ 16 米，雌性 10.5 ~ 12 米；
体重：雄性 35 ~ 55 吨，雌性 10 ~ 20 吨；最大：
19.2 米，70 吨。

幼崽 体长：3.5 ~ 4.5 米；体重：约 1 吨。

性别二态性程度高（雄性成体体重通常是雌性
成体的 3 倍）。

雄性

雌性

雌性成体

较雄性而言头部不太明显
（占体长的 25% ~ 31%）

背鳍稍靠前

75% 的雌性成体的背鳍上有
粗糙的白色或黄色胼胝体（作
为雌性的第二性征）

头上的伤痕较雄性的少

尾叶后缘可能有
刻痕和缺刻

雄性成体

较深的 V 形
中间缺刻

单一的 S
形呼吸孔

呼吸孔位于头部前方
偏左的位置

三角形尾叶较宽（是
鲸目动物中尾叶宽度
占体长比例最大的）

尾叶后缘较直，
略微凸出

■ 雌性和来访的雄性　　■ 雄性成体　　■ 次要的分布范围

抹香鲸的分布图

相似物种

　　抹香鲸和其他鲸目动物
有很大的不同。在风平浪静
时，从远处看时，仅通过独
特的喷潮角度就能认出抹香鲸
来；一些大型须鲸在有风的情
况下也会有类似的喷潮，但这
类喷潮来自头部后方。抹香鲸
的潜水过程也很独特，它们浮
出海面后，常常保持静止，或
缓慢向前游动，因为它们需要
时间呼吸（没有类似体型的须
鲸会这样做）。在近处观察抹
香鲸时，方形头部、圆形的驼
峰状背鳍、眼后满是褶皱的皮

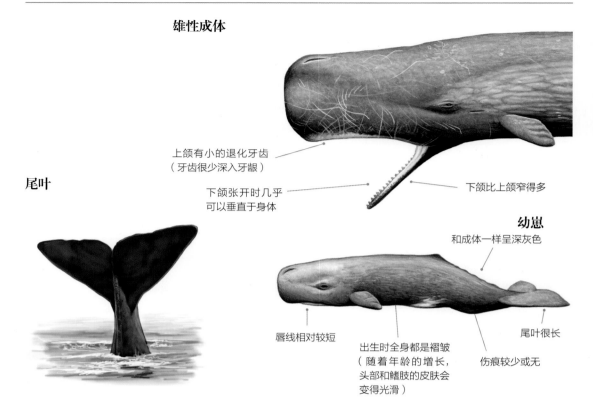

雄性成体

上颌有小的退化牙齿
（牙齿很少深入牙龈）

尾叶

下颌张开时几乎
可以垂直于身体

下颌比上颌窄得多

幼崽

和成体一样呈深灰色

唇线相对较短

出生时全身都是褶皱
（随着年龄的增长，
头部和鳍肢的皮肤会
变得光滑）

尾叶很长

伤痕较少或无

肤和位于前方左侧的单个呼吸孔都是非常明显的鉴别
特征。

分布

抹香鲸是分布最广泛的海洋哺乳动物之一（仅次于虎鲸）。从全球热带海洋到两极漂浮着浮冰的海洋，人们经常能发现其踪影。它们出现在许多深海及半封闭海域中，包括地中海、墨西哥湾、加勒比海、日本海和加利福尼亚湾；大多不在入口较浅的封闭海域和半封闭海域（如黑海、红海和波斯湾）活动。

一般说来，在那些被美国捕鲸者称为基地的区域——由于有上升流且食物丰富的地方，抹香鲸的数量通常较多；抹香鲸也会出现于食物不那么丰富的海域，如马尾藻海（在西印度群岛东北）。抹香鲸喜欢生活在能将食物聚集在一起的水域，主要在上升流边界、漩涡、海底峡谷和陡峭的大陆架边缘。抹香鲸每天的活动取决于食物的数量：当食物充足时，它们会迁移 10～20 千米；当食物欠缺时，则会迁移 90～100 千米。在食物丰富的地方，方圆几百千米的区域内可能有几百甚至几千头抹香鲸。

在成年后的大部分时间里，雄性和雌性是完全分开的，显示了动物界最大的地理性别隔离。

雌性和年轻雄性

雌性和年轻的雄性常年生活在热带、亚热带和较温暖的温带水域，通常在南纬 40 度到北纬 50 度之间（有时会在北太平洋纬度更高的地方）。它们分布于表层水温高于 15℃ 的海域。在一些区域，抹香鲸在夏季有向高纬度水域迁移的趋势，但它们似乎没有遵循特定的洄游路线或时间（它们的迁移可能随食物的丰富程度而变化）。雌性个体在经度或纬度上的迁移距离可达 1500 千米，通常每年在一个家域范围内旅行 35000 千米（远少于雄性）。它们常生活在远离陆地、水深超过 1000 米的水域；然而，它们也经常在海岛周围被发现（从深海浮到海面），在墨西哥加利福尼亚湾经常于水深 300 米以下的水域被发现。年轻的雄性抹香鲸离开出生地时，会逐渐迁移到高纬度水域；雄性体型越大，年龄越大，所处平均纬度就越高。

雄性成体

大型雄性成体通常生活在水深 300 米以下、表层水温为 0℃ 的海域（比雌性生活的海域浅）；然而，在一些区域，如美国的纽约长岛外围、加拿大新斯科舍省和挪威的北极海域附近，它们经常于不到 200 米深的水域被发现，并且会在水足够深的地方靠近海岸，比如海底峡谷附近。它们大部分时间都在 40 度以上的高纬度水域生活，可能冒险前往南北两极，通常会靠近极地浮冰的边缘。体型最大的雄性抹香鲸喜欢在纬度最高的地方摄食。它们偶尔会回到暖水繁殖地交配（交配时间未知，可能不是每年）。它们在雌性家庭群体之间迁移，通常在每个家庭群体中停留不超过几分钟或几个小时，可能是为了寻找发情期的雌性。它们有多大概率会回到出生地进行交配尚不得而知。随着时间的推移，它们的分布范围不断变大，经常会跨越整个洋盆，有时会从一个洋盆迁移到另一个洋盆。

行为

抹香鲸有两种主要的行为：摄食（约占 75% 的时间）和休息（或社交）。摄食时，它们会反复潜入深海。它们以家庭群体为单位摄食，相距 1 千米或更远，潜水时间较平时更长，出水呼吸后再次潜水。雄性成体倾向于独自摄食。

它们通常在下午休息或社交，雌性抹香鲸和年轻的抹香鲸会聚集在海面附近。它们在这期间的行为差别很大：可能静静待在海面上，彼此靠得很近——非常明显是在休息，有时会休息几个小时；可能很活跃，并发出声音（嗒嗒声和嘎吱声），伴有打滚、身体接触、

跃身击浪和拍尾击浪。大型雄性抹香鲸也会静静待在海面上，当和一群雌性抹香鲸在一起时，它们也会进行社交活动。

跃身击浪的抹香鲸通常以 20°～60°角离开海面，并在空中扭转身体，一般侧身入水。当群体聚集或分开时，以及在几次摄食之间，跃身击浪行为最为常见，且往往会连续重复多次（同一个体）。雌性抹香鲸跃身击浪比雄性抹香鲸更常见。

浮窥时，抹香鲸会慢慢地浮出海面，很少溅起浪花，常常就在观鲸船或研究船附近。在繁殖季，当有成熟的雄性抹香鲸在附近时，雌性抹香鲸的浮窥更频繁。浮窥也可能是对虎鲸叫声的回应，好像是在寻找威胁的来源。

抹香鲸特有的一种行为是漂流潜水。它们静止地直立于海面以下，头朝上或朝下。一项研究显示，这一行为的持续时间为 0.7～31.5 分钟。它们可能是在睡觉，因为此时它们很少对靠近的船只做出反应——这可能是更有效的"全脑"睡眠（在这种睡眠中，左右脑同时休息），而其他齿鲸在睡觉时会有半边大脑在工作。这种行为通常发生在每天晚些时候，大约在18 点到午夜之间。

一般来说，它们似乎对船只熟视无睹，但如果船只速度太快或离它们太近，它们会提前潜入水中。年

潜水过程

- 每次潜水之间，会浮在海面上（缓慢向前移动或保持静止）呼吸 7～10 分钟，喷潮通常间隔 10～15 秒（雌性和年轻个体）或 15～20 秒（雄性）出现。
- 在海面上，几个个体可能聚集在一起，头朝向同一个方向。
- 在探深潜水前，将头部抬出海面进行倒数第二次呼吸。
- "舒展"过程中，身体伸直，背部弓起。
- 可能暂时沉到海面以下。
- 再次出现并加速前进。
- 最后一次呼吸。
- 背部弓起，高出海面，露出圆形的驼峰和"指关节"。
- 将尾叶抛向高空（尽管在有干扰的情况下不举尾）。
- 垂直下潜。
- 经常在举尾时排便，在水中留下大量云雾状排泄物。

喷潮

- 细密或"蓬松"，出现在头部左前方。
- 最高可达 6 米（高度差异较大）。

食物和摄食

食物　主要捕食深海乌贼（大王乌贼、巨型乌贼等 25 余种），还捕食 60 多种中大型深海鱼类（特别是圆鳍鱼和鲑鱼）。与雌性相比，雄性更喜欢以同一类群中较大的个体为食，并且更有可能以硬骨鱼、鲨鱼和鳐鱼为食；雌性每 24 小时捕食大约 750 只乌贼（平均每次潜水捕食 37 只），雄性捕食大约 350 只；所有抹香鲸偶尔也会摄食章鱼、甲壳纲动物、水母等其他海洋生物。

摄食　主要在深水区摄食（水深通常比潜水深度至少深 200 米），也会沿着海底摄食；如何捕食的细节尚不清楚（可能是把食物吸进嘴里）。最近的研究表明，抹香鲸不太可能用剧烈的咔嗒声来震慑猎物。在一些地区，雄性抹香鲸从延绳钓渔场摄食狭鳞庸鲽（北太平洋）；所有抹香鲸都摄食马舌鲽、大西洋庸鲽、大西洋鳕鱼和格陵兰鳕鱼（北大西洋）；以及南极银鳕鱼（南大洋）。

潜水深度　抹香鲸是深潜的鲸目动物；雌性成体通常下潜至 200～1200 米，许多雄性成体下潜至不到 400 米（但有时能达到 2000 米或更深）；最深的纪录为 2035 米。1969 年于南非海域，人们在 3193 米深的水域捕获的大型雄性抹香鲸的胃中发现了新鲜的某种异鳞鲨，这有力地证明了它们可能潜到 3000 米以下；它们受到干扰时，通常会在浅水区（水深 50～300 米）潜水。

潜水时间　摄食时下潜 30～50 分钟，一般从 15 分钟到 60 多分钟不等；已知最长潜水时间是 138 分钟（雄性，加勒比海，1983 年）。

轻的抹香鲸通常会很好奇，并可能靠近船只观察。也有抹香鲸击沉捕鲸船的故事：1820 年，一艘著名的捕鲸船埃塞克斯号在赤道太平洋被抹香鲸撞击沉没（这也是赫尔曼·梅尔维尔的经典小说《白鲸》的灵感来源）。

牙齿

上 0 颗

下 36～52 颗

锥形的牙齿各不相同，从年轻个体的尖牙逐渐变为老年个体的圆形残齿。牙齿似乎不是摄食所必需的（抹香鲸直到接近青春期时才会长出牙齿，曾有被捕捞的健康抹香鲸被发现牙齿断裂或没有牙齿，甚至下颌断裂）。当它们的嘴闭合上时，下颌的牙齿就会嵌入上颌的浅牙槽（上颌即便有牙齿，也退化了）。

群体规模和结构

抹香鲸有 5 种主要的聚群类型。

1. 由大约 10 头雌性抹香鲸和它们的幼崽组成的家庭或育幼群体，一般能够稳定几十年。雌性个体总是一起相互帮助抚育幼崽、寻找食物和抵御天敌，大多数雌性个体一生都在同一个群体中度过。在北大西洋，一个家庭群体的所有成员通常是属于单一母系的近亲；在北太平洋，一个家庭群体可能包含两个或多个母系群体，个体偶尔在群体之间迁移。定义一个群体是很困难的，因为在摄食的时候，群体内的个体可能会散开，离得很远（有时会相距 2～3 千米）。

2. 临时有凝聚力的群体，由两个或两个以上的家庭群体组成，它们有相同的语言（属于同一个声音家族）。这类聚群在北太平洋很常见，但在北大西洋少见，可能是 20～40 头组成的紧密群体，一起迁移几小时、几天，甚至几个月。

3. 家族，包括许多家庭群体（成百上千的母亲和它们的幼崽），分布在洋盆的大部分区域。家族有独特的文化：可识别的嗒嗒声，以及特有的运动、摄食和社会行为。两个或更多的家族可以共处同一水域，但家庭群体只与本家族的其他群体聚群。

4. 单身雄性群体。年轻的雄性抹香鲸会在性成熟前（4～21 岁，通常是 10 多岁）离开家庭。由于没有交配权，它们（通常体型和年龄大致相同）常组成松散的群体。

5. 单独的雄性成体。当雄性抹香鲸组成单身群体时，它们会迁移到高纬度水域，聚集的群体变得更小。直到它们 20 多岁，体型较大、年龄最大的雄性抹香鲸通常会单独行动，离开其他雄性抹香鲸（多个雄性成体同时搁浅的事件表明，关于雄性的社会行为还需要进一步了解）。

天敌

虎鲸会攻击抹香鲸，并常常攻击抹香鲸的雌鲸和幼崽，而不是更大、更有攻击性的雄鲸（所以雌鲸会留在相对缺乏营养的温暖海域，这里受到虎鲸攻击的风险较低）。在受到攻击时，雌性可能会在海面上采取两种圆形队形中的一种进行防御：第一种叫作玛格丽特队形（或称玫瑰队形、马车轮队形），它们头向内，尾

数百或数千头抹香鲸组成的超级鲸群的一部分

巴向外，身体像辐条一样向外散开；第二种是以头向外的队形来面对攻击者。在这两种队形中，幼崽和受伤的成体会被保护在中心。雌鲸会在受到攻击的情况下帮助家庭群体中的其他成员，而这对它们自己来说很危险。有一案例显示，距离较远的抹香鲸对被虎鲸攻击的抹香鲸发出的声音警报做出了反应，它们从远处赶来，集体对抗虎鲸。捕鲸者以往常常利用这种抹香鲸救助受伤个体的习性来捕杀一个群体的所有成员。

抹香鲸偶尔会受到其他齿鲸的攻击或骚扰，如领航鲸，但据说这些攻击很少致命。理论上，大型鲨鱼也是幼崽的潜在天敌。

照片识别

当抹香鲸下潜时，尾叶的轮廓，特别是尾叶边缘的斑纹可以用于个体识别。这些斑纹会随着年龄的增长而增多，但在一个时间段内会保持相对稳定。抹香鲸幼崽在潜水时通常不举尾，但我们可以通过它们的背鳍特征进行识别。

生活史

性成熟　雌性为 9 ～ 10 年（最大范围为 7 ～ 13 年），雄性为 18 ～ 21 年（但至少要到 20 多岁才开始主动交配，通常在 40 ～ 50 年完全性成熟）；很少有雌性在 40 岁以后生育。

交配　一夫多妻制；雄性成体在未知的时间内寻找发情期的雌性；雄性会为了接近雌性而争斗（但雌性对配偶的选择也尤为重要）。

妊娠期　14 ～ 16 个月。

产崽　每 4 ～ 6 年一次（各区域情况不同。随着年龄增长，会下降到约每 15 年一次）；每胎一崽，在夏季或秋季出生；雌性会共同照顾它们群体中的后代（即使哺乳也不一定是自己的孩子），并且多头雌性会错开潜水时间，以便为幼崽提供更好的照料。

断奶　至少 2 年后（差异很大，有记录表明 7.5 岁的雌性和 13 岁的雄性胃中有母乳），但不到 1 年就可以摄食固体食物；断奶时间会随母亲年龄的增加而延长。

寿命　一般为 60 ～ 70 岁；最长寿命纪录为 77 岁。

种群丰度

全球抹香鲸总数量约为 36 万头。密度最大的是大西洋西北部大陆架边缘和墨西哥湾流之间，密度最小的是南极水域。抹香鲸是所有大型鲸目动物中数量最多的一种（尽管曾被大量捕杀，但它们的种群还没有枯竭到某些须鲸的水平）。然而，目前抹香鲸的数量只占商业捕鲸开始前总量（约 110 万头）的 1/3。目前尚不清楚总量是否正在恢复。但抹香鲸繁殖率低，即使在理想条件下，种群数量最大增长率仅为每年 1%。

鲸蜡器

抹香鲸的头部高度特化且不对称，内部巨大的鲸蜡器复合体是世界上最强大的自然声呐及回声定位系统，由一系列复杂的软结构组成，位于下颌上方、头骨前端。该复合体的主要组成部分是鲸蜡器，同时包括其他几个奇怪的结构：头部纤维组织，各种各样的气囊和通道，以及名字奇怪的"猴唇"或"声唇"（两个奇怪的叶，有点儿像黑栗子，彼此平行，在早期的法国生物学家看来，这显然像猴子的唇）。

早期的理论认为，抹香鲸的鲸蜡器被用作攻击锤，并能在压力下吸收氮气，甚至用作浮力调节器。但最近的研究表明，鲸蜡器主要是为了产生、收集和传播非常强且高度定向的脉冲。它也可以用于雄性的发声——在比例上雄性的鲸蜡器比雌性的大，考虑到雄性的体型无论如何都要比雌性的大得多，因此它们可能有一个更强大的声音发生器。

鲸蜡器被捕鲸者称为箱子，它长约 5 米，形状为椭球体——介于桶形和锥形之间，被一层坚硬的肌肉

鞘所包围。鲸蜡器由一种叫作鲸蜡的液体蜡（在化学成分上，鲸蜡与大多数其他齿鲸额隆中的油不同）和浸泡其中的白色海绵组织组成。在鲸蜡器和吻部之间的头部纤维组织（一种由密度稍大的组织形成的隔板或声透蜡片，排列复杂）也浸泡在鲸蜡中。

研究者认为，声音脉冲最初是由空气通过猴唇（由坚硬的结缔组织组成的一对"音唇"）而产生的。抹香鲸的嘴唇张开又啪地合上，发出咔嗒声，然后咔嗒声回传至鲸蜡器，再被远侧气囊（前气囊）反射。大部分的咔嗒声被定向传送到头部纤维组织中，在那里被一系列（大约 20 个）声学蜡透镜放大，传播到海洋中。其余的咔嗒声也会沿着鲸蜡器的方向移动，被重新送到头部纤维组织中，再传播到海洋中。因此，每次咔嗒声都会作为一系列脉冲被抹香鲸听到。

鲸蜡器的存在使得抹香鲸头骨的其他部分及呼吸道相当不对称。特别是鼻腔高度形变：左鼻腔连接呼吸孔、肺部和猴唇，而右鼻腔没有呼吸功能，是一个封闭的系统（一端连接到一个气囊，另一端连接猴唇）。从外部看，它们最明显的不对称特征是呼吸孔，在头部左前方。

龙涎香

抹香鲸偶尔会产生一种罕见的灰白色物质，叫作龙涎香。天然龙涎香为蜡质，潮湿，但暴露在空气中会变得干燥易碎，有一种清新的泥土气味。它主要由龙涎香脂（一种类似胆固醇的物质）组成，一般在进入抹香鲸小肠的头足类动物不能消化的喙周围形成（当抹香鲸呕吐时被吐出来）。龙涎香最重达 635 千克，能够漂浮在水中。它被称为鲸黄金，曾被认为是最有价值的鲸目动物"产品"。在被杀死的抹香鲸中，有龙涎香的仅占 1%。龙涎香最初被用作药物，后来被用作香水的稳定剂。

保护

世界自然保护联盟保护现状：易危（2008年）；地中海亚种群，濒危（2006）。在两次商业捕鲸浪潮中，抹香鲸被大量捕捞：第一次是在 1712 ~ 1880 年，人们手持鱼叉、乘坐帆动力快艇捕鲸（其戏剧性和危险性在赫尔曼·梅尔维尔的经典小说《白鲸》中有描述）；第二次是在 1946 年至 20 世纪 80 年代末，人们用现代的方式捕鲸。抹香鲸因其鲸油而备受珍视，鲸油能制造出有史以来最明亮、最清洁的

头骨
额气囊
鲸蜡器
右鼻腔
呼吸孔
猴唇
远侧气囊
头部纤维组织中的声学蜡透镜
头部纤维组织
下颌
左鼻腔
眼的位置
长而扁平的吻部（用于支撑鲸蜡器复合体）

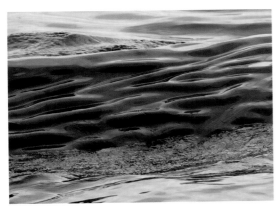

抹香鲸的皮肤上有明显的褶皱

蜡烛（它们在几十年中照亮了世界上的大部分区域），还被用作工业润滑剂。

在 19 世纪，全球抹香鲸的捕杀量估计为 271000 头；20 世纪为 761000 头，总共有 100 多万头抹香鲸被捕杀。实际上，针对抹香鲸的商业捕杀已在 1986 年国际捕鲸委员会的禁令下而停止。然而，日本通过备受争议的"科学捕鲸"在 1986 年捕杀了 200 头，1987 年捕杀了 188 头，在 2000 ~ 2013 年每年捕杀 10 头。在小型捕杀中，亚速尔群岛在 1987 年有 3 头抹香鲸被捕杀；在印度尼西亚伦巴塔岛的拉马莱拉，平均每年有 20 头（从 2007 年的 51 头到 2012 年的 6 头）被捕杀。

雌性抹香鲸和年轻的雄性抹香鲸（也有雄性成体）很容易大量搁浅。搁浅原因尚不清楚（令人困惑的是，大多数搁浅个体似乎都很健康），这可能是因

向同一方向游动的抹香鲸群体

为它们之间的社会联系过于紧密，以至于当某一个体上岸时，其他个体很可能会跟随。

目前，抹香鲸面临的主要威胁包括海洋垃圾误食（如塑料袋）、船只撞击、渔具缠绕、过度捕捞造成的食物短缺、噪声（来自船只航行和军用声呐、海底爆破、石油和天然气勘探）污染、化学污染、栖息地丧失和退化。地中海亚种群数量减少的原因主要是它们被捕捞旗鱼和金枪鱼的网缠住，以及船只撞击。

发声特征

抹香鲸发出的声音几乎完全是低频的咔嗒声（频率为 5 ~ 25 千赫），尽管它们偶尔也会发出音量较小的尖叫声和"喇叭声"。研究人员已经识别出 5 种不同类型的咔嗒声：普通咔嗒声，吱吱声（或嗡嗡声），海面吱吱声，嗒嗒声，缓慢的咔嗒声（或叮当声）。这些声音被用于摄食、定位和交流。

普通咔嗒声是最常见的。这种声音非常大，被抹香鲸用于回声定位，帮助其确定自身和食物的位置。这种声音由间隔均匀的咔嗒声组成，以 0.5 ~ 1 秒的间隔连在一起，最远可在 16 千米处听到，通常抹香鲸潜水时至少 80% 的时间都在发出这种声音。

对吱吱声的最准确描述是加速的咔嗒声——密集连续的咔嗒声，类似生锈的门打开的声音。这种声音在 6 千米外都能听到，被认为是近程声呐，且与摄食有关。海面吱吱声较短，间隔时间固定，可以帮助抹香鲸确定水中物体的位置。

刻板的嘀嗒声模式（通常是持续 0.2 ~ 2 秒的 3 ~ 20 次嘀嗒声）被称为嗒嗒声。当雌鲸在社交时或潜水之后，常常发出这种声音，通常其方向性和能量比其他嘀嗒声要差一些。嗒嗒声可以通过脉冲次数和间隔来描述。抹香鲸拥有相同的嗒嗒声或"方言"，可以证明它们属于同一个声学家族：嗒嗒声就像家族特征，很可能是从家庭群体的其他成员那里继承下来的。大型雄鲸很少发出嗒嗒声。

缓慢的咔嗒声主要由大型雄鲸发出，尤其是在繁殖地。这种声音非常大，60 千米外都能听到，每 6 ~ 8 秒重复一次。这种声音的功能尚不清楚，但可能被用于展示自己，以与其他雄鲸竞争或吸引雌鲸。

小抹香鲸
PYGMY SPERM WHALE

Kogia breviceps (Blainville, 1838)

通常我们可以看到小抹香鲸和侏儒抹香鲸漂浮在海面上，只露出头部和背部（直到背鳍）。除了在风平浪静的海面上，任何地方都很难发现它们，且这两个物种的出现时间往往很短暂。

分类 齿鲸亚目，小抹香鲸科。

英文常用名 源于其体型小且有鲸蜡器。

别名 短头抹香鲸。

学名 有两种关于 *Kogia* 起源的看法（为其命名的格雷从未解释他为什么选择 *Kogia*，也没有解释他从哪里选择的）：一种认为其源自土耳其自然学家科吉亚·埃芬迪（Cogia Effendi），18 世纪初他在地中海观察到这种鲸；另一种认为其是英语单词 codger（小气吝啬的老家伙）的拉丁语形式；*breviceps* 源自拉丁语 *brevis*（短小的）和 *cepitis*（头）。

分类学 没有公认的亚种；小抹香鲸和侏儒抹香鲸最初被描述为两个不同的物种，后又被合并为小抹香鲸，在 1966 年又被分开。

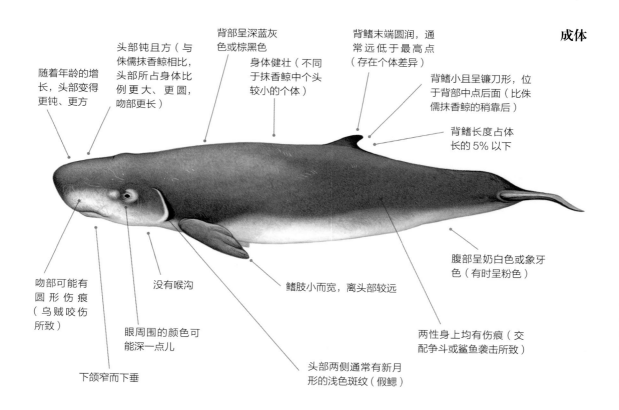

成体

头部钝且方（与侏儒抹香鲸相比，头部所占身体比例更大、更圆，吻部更长）

随着年龄的增长，头部变得更钝、更方

背部呈深蓝灰色或棕黑色

身体健壮（不同于抹香鲸中个头较小的个体）

背鳍末端圆润，通常远低于最高点（存在个体差异）

背鳍小且呈镰刀形，位于背部中点后面（比侏儒抹香鲸的稍靠后）

背鳍长度占体长的 5% 以下

吻部可能有圆形伤痕（乌贼咬伤所致）

没有喉沟

眼周围的颜色可能深一点儿

下颌窄而下垂

鳍肢小而宽，离头部较远

头部两侧通常有新月形的浅色斑纹（假鳃）

腹部呈奶白色或象牙色（有时呈粉色）

两性身上均有伤痕（交配争斗或鲨鱼袭击所致）

鉴别特征一览

- 分布于全球的热带至温带深海。
- 体型为小型。
- 在海上一般呈深蓝灰色或棕黑色。
- 头部钝且方。
- 较小的镰刀形背鳍比侏儒抹香鲸的稍靠后。
- 下潜间隙在海面漂浮不动。
- 漂浮时背部会明显凸出。

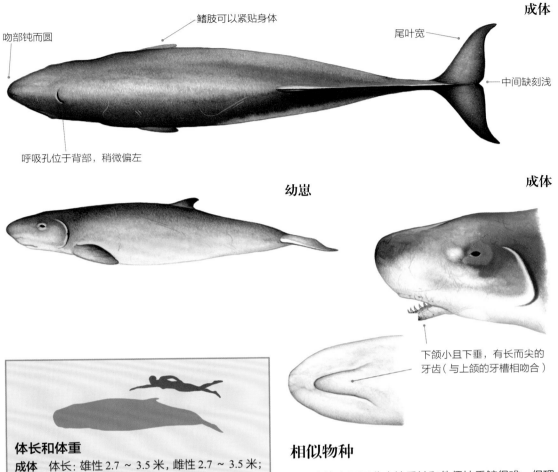

成体

吻部钝而圆

鳍肢可以紧贴身体

尾叶宽

中间缺刻浅

呼吸孔位于背部，稍微偏左

幼崽

成体

成体

下颌小且下垂，有长而尖的牙齿（与上颌的牙槽相吻合）

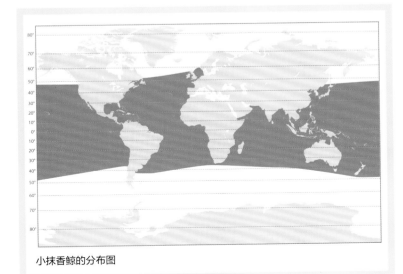

体长和体重

成体　体长：雄性2.7 ~ 3.5 米，雌性2.7 ~ 3.5 米；体重：315 ~ 450 千克；最大：3.8 米，515 千克。

幼崽　体长：1 ~ 1.2 米；体重：50 ~ 55 千克。

相似物种

　　在海上要区分小抹香鲸和侏儒抹香鲸很难，但理想条件下也能区分。小抹香鲸体型稍大，头部占身体比例更大，背部有独特的隆起，背鳍更小、更低、更圆，且在身体更靠后的位置。

分布

　　小抹香鲸分布于大西洋、太平洋和印度洋的热带至温带水域，一般栖息在外大陆架及其以外的深海，特别是大陆坡上方和附近。在北大西洋，小抹香鲸只分布在墨西哥湾流海域。与侏儒抹香鲸相比，小抹香鲸喜欢更温暖、更深、更远的水域。无任何证据表明它们有长距离洄游行为。大多数信息来自搁浅的个体。

小抹香鲸的分布图

头部钝且方

身上伤痕更多

老年成体

吻部伤痕更多

行为

除非在极其平静的海面上，否则很难发现小抹香鲸。小抹香鲸的上浮规律很难预测，它们往往会害羞，不常露面且难以接近。尽管它们有时会跃身击浪（通常尾部先入水），但空中行为仍极为罕见。

在下潜间隙，小抹香鲸喜欢在海面上一动不动地漂浮，从远处看就像一段浮木，头顶、背部和背鳍露出海面，尾部松散地垂在海面下。它们可能会在摄食、受到惊吓或痛苦时，从肠中的一个囊释放出红褐色液体，在水中形成一团不透明的云雾，以隐藏自己或分散天敌的注意力。无任何证据表明小抹香鲸与侏儒抹香鲸或其他鲸目动物有互动。

牙齿

上 0 颗

下 20 ~ 32 颗

群体规模和结构

它们通常独居，但也有由 6 头年龄和性别不同的个体组合而成的群体。单独行动的小抹香鲸通常容易搁浅（已知搁浅最多的一次为 3 头：1 头雄性和 2 头雌性）。

天敌

小抹香鲸身上常见大型鲨鱼袭击的伤痕。它们背部受到咬伤的位置表明，如果它们发现鲨鱼要咬自己，会翻身来防御（也许是为了保护更脆弱的腹部，板鳃鱼类的绦虫幼虫主要集中在小抹香鲸下腹部的鲸脂中，尽管它们可能会优先在鲨鱼身上完成生命周期）。也有虎鲸捕食小抹香鲸的记录。

种群丰度

尚未对总体丰度进行估计。小抹香鲸在某些地方

侧面轮廓对比

小抹香鲸

- 背部（呼吸孔和背鳍之间）会明显凸出，漂浮时可见。
- 相对较大的头部后面有明显的"脖子"。
- 背鳍更小、更圆、更靠后。
- 有时背鳍要等到其离开海面时才能看到。

侏儒抹香鲸

- 背部扁平（通常没有明显的凸出），像倒置的冲浪板。
- 在水中漂浮得更低。
- 背鳍更大、更尖、更靠前。
- 背鳍类似瓶鼻海豚的。

潜水过程

- 缓慢上浮至海面。
- 喷潮不明显。
- 静静漂浮在海面某一处（可见额隆前部到背鳍）。
- 通常竖直下沉至消失（尤其是受惊时），但可能背部略微弓起向前潜行。
- 不举尾。

食物和摄食

食物　主要捕食深海乌贼；也捕食一些鱼类和磷虾；食物的多样性较高，相较于侏儒抹香鲸的食物更大。

摄食　主要在海床摄食，解剖学研究显示，小抹香鲸有较强的吸吮摄食力。

潜水深度　未知，但普遍认为比侏儒抹香鲸的更深。

潜水时间　下潜 12 ~ 15 分钟（有限证据表明），最长潜水时间是 18 分钟。

（如美国佛罗里达州、南非和新西兰）频繁搁浅，这意味着其实际的种群数量要比匮乏的目击记录所显示的更多。据粗略估计，热带太平洋东部的侏儒抹香鲸和小抹香鲸总共有 150000 头，北大西洋西部为 395 头。2002 年的一项调查估计，夏威夷有 7000 多头小抹香鲸（但在 2010 年的调查中没有发现活体小抹香鲸）。

保护

世界自然保护联盟保护现状：数据不足（2008年）。对小抹香鲸没有常规的大规模捕杀，但在加勒比海的圣文森特和格林纳丁斯、日本、中国台湾、斯里兰卡和印度尼西亚，人们曾用鱼叉捕杀少量小抹香鲸。越来越多的证据表明，它们吞食塑料袋和气球等海洋垃圾会导致致命的肠道阻塞。渔业误捕的数量相对较少。它们安静地漂浮在海面的习性似乎偶尔会导致被船只撞击。它们好像很容易受到噪声（来自军用声呐和地震勘探）污染的影响。

生活史

性成熟　雌性 5 年，雄性 2.5 ~ 5 年。

交配　可能雄性会相互争斗，而精子竞争对雄性繁殖成功很重要。

妊娠期　9 ~ 12 个月。

产崽　每 1 ~ 2 年一次；每胎一崽，可能在夏天（在南非是当年 12 月 ~ 次年 3 月）产仔。

断奶　6 ~ 12 个月后。

寿命　约 22 岁（已知最长寿命纪录为 23 岁）。

两头小抹香鲸一动不动地漂浮在海面上

侏儒抹香鲸
DWARF SPERM WHALE

Kogia sima　(Owen, 1866)

由于长而锋利的牙齿、下垂的下颌和头部两侧的鳃状斑，侏儒抹香鲸和小抹香鲸在搁浅时经常被误认为是鲨鱼。它们这样的外表也许是为躲避捕食的一种拟态伪装。

分类　齿鲸亚目，小抹香鲸科。

英文常用名　源于其体型小且类似于抹香鲸。

别名　欧氏小抹香鲸、塌鼻抹香鲸。

学名　有两种关于 *Kogia* 起源的理论（为其命名的格雷从未解释他为什么选择 *Kogia*，也没有解释他从哪里选择的）：一种认为其源自土耳其自然学家科吉亚·埃芬迪（Cogia Effendi），18 世纪初他在地中海观察到这种鲸；另一种认为其是英语单词 codger（意为"小气吝啬的老家伙"）的拉丁语形式。而 *sima*（曾为 *simus*）源自拉丁语 *sima* 或希腊语 *sîmos*，意为"塌鼻"。

分类学　没有公认的亚种；但是最近的基因研究显示，大西洋和印度洋 - 太平洋也许存在两个不同的物种；侏儒抹香鲸和小抹香鲸最初被描述为两个不同的物种，后又被合并为小抹香鲸，在 1966 年又被分开。

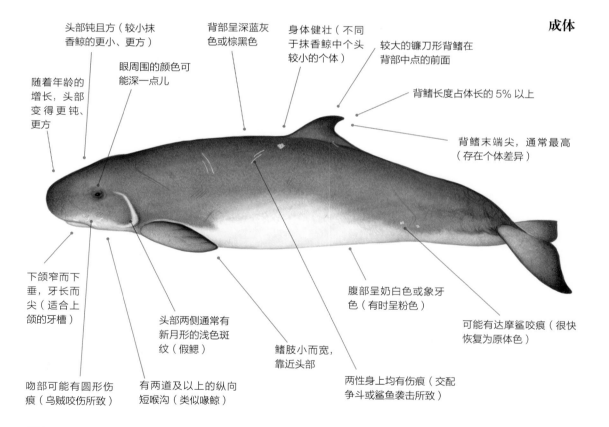

成体

头部钝且方（较小抹香鲸的更小、更方）

背部呈深蓝灰色或棕黑色

身体健壮（不同于抹香鲸中个头较小的个体）

较大的镰刀形背鳍在背部中点的前面

眼周围的颜色可能深一点儿

随着年龄的增长，头部变得更钝、更方

背鳍长度占体长的 5% 以上

背鳍末端尖，通常最高（存在个体差异）

下颌窄而下垂，牙长而尖（适合上颌的牙槽）

头部两侧通常有新月形的浅色斑纹（假鳃）

鳍肢小而宽，靠近头部

腹部呈奶白色或象牙色（有时呈粉色）

可能有达摩鲨咬痕（很快恢复为原体色）

两性身上均有伤痕（交配争斗或鲨鱼袭击所致）

吻部可能有圆形伤痕（乌贼咬伤所致）

有两道及以上的纵向短喉沟（类似喙鲸）

鉴别特征一览

- 分布于全球的热带至温带水域。
- 体型为小型。
- 在海上通常呈黑灰色。
- 头部钝且方。
- 高而尖的镰刀形背鳍比小抹香鲸的稍靠前。
- 下潜间隙在海面漂浮不动。
- 漂浮时背部扁平。

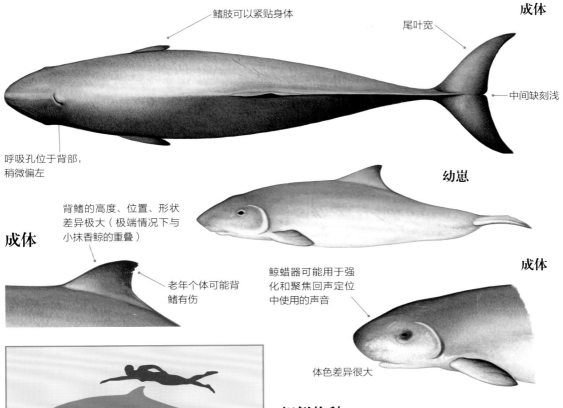

鳍肢可以紧贴身体

成体

尾叶宽

中间缺刻浅

呼吸孔位于背部，
稍微偏左

幼崽

背鳍的高度、位置、形状
差异极大（极端情况下与
小抹香鲸的重叠）

成体

老年个体可能背
鳍有伤

鲸蜡器可能用于强
化和聚焦回声定位
中使用的声音

成体

体色差异很大

相似物种

在海上要区分侏儒抹香鲸和小抹香鲸很难，但在理想条件下有可能清楚区分。侏儒抹香鲸体型更小，头部占身体比例更小，且在水中身体看着更平（背部不凸出）；背鳍更大、更高、更直，且在身体更靠前的位置，漂浮时让人想起倒置的冲浪板。侏儒抹香鲸整体比小抹香鲸更像豚类。

分布

侏儒抹香鲸分布于大西洋、太平洋和印度洋的热带至温带水域，一般栖息在靠近大陆架或其边缘的深海。在北大西洋，侏儒抹香鲸只分布在墨西哥湾流海域。与小抹香鲸相比，侏儒抹香鲸更喜欢生活在热带海洋和相对较浅的水域，而非深海（有时出现在离岸更近的区域），且很可能不在高纬度水域活动。目前尚无它们长距离洄游的证据，但某些种群呈现季

体长和体重

成体 体长：雄性2.1～2.4米，雌性2.1～2.4米；
体重：135～270千克；最大：2.7米，303千克。
幼崽 体长：0.9～1.1米；体重：40～50千克。

侏儒抹香鲸的分布图

节性迁移（比如夏天在巴哈马更深的海域，可能是为了躲避鲨鱼）。大多数信息来自搁浅的个体。

行为

　　除非在风平浪静的海域，否则极难观察到侏儒抹香鲸。侏儒抹香鲸的上浮规律很难预测，并且每个个体都有很大的私人领地（几乎很少能近距离接触）。它们的空中行为极少，但的确有跃身击浪行为（通常尾部先入水）。在下潜间歇，它们多在海面静静漂浮，远看像一段浮木，头顶、背部和背鳍露出海面，尾部松散地垂在海面下。它们可能会在摄食、受到惊吓或痛苦时，从肠中的一个囊释放出红褐色液体，在水中形成一团不透明的云雾，以隐藏自己或分散天敌的注意力。无任何证据表明侏儒抹香鲸与小抹香鲸或其他鲸目动物有互动。

牙齿

　　上 0 ~ 6 颗
　　下 14 ~ 26 颗

群体规模和结构

　　小抹香鲸通常独居，但也有多达 12 头（有记录的最多 16 头）不同年龄和性别的抹香鲸组成的群体。群体规模根据分布和季节而变化：比如在巴哈马海域，

夏季为 1 ~ 8 头，冬季为 1 ~ 12 头；在夏威夷平均为 2.7 头。群体中的个体之间关系不紧密，经常分散在几百米范围内。搁浅通常是单独的个体（已知搁浅最多的一次是 4 只幼崽：1 头雄性和 3 头雌性）。

天敌

　　侏儒抹香鲸身上常见大型鲨鱼袭击的伤痕。它们背部受到咬伤的位置表明，如果它们发现鲨鱼要咬自己，会翻身来防御（也许是为了保护更脆弱的腹部，板鳃鱼类的绦虫幼虫主要集中在侏儒抹香鲸下腹部的鲸脂中，尽管它们可能会优先在鲨鱼身上完成生命周期）。也有虎鲸捕食侏儒抹香鲸的记录。

照片识别

　　有难度，但可识别，因为几乎所有的成体都有形状独特或受伤的背鳍。

种群丰度

　　虽然侏儒抹香鲸在一些地区频繁搁浅表明其实际的种群数量要比匮乏的目击记录所显示的更多，但尚未对总体种群丰度进行估计。据粗略估计，热带太平洋东部的侏儒抹香鲸和小抹香鲸总共有 150000 头，北大西洋西部为 395 头。2002 年的一项调查估计，夏威夷有 19000 多头侏儒抹香鲸。

侧面轮廓对比

小抹香鲸
- 背部（呼吸孔和背鳍之间）会明显凸出，漂浮时可见。
- 相对较大的头部后面有明显的"脖子"。
- 背鳍更小、更圆、更靠后。
- 有时背鳍要等到其离开海面时才能看到。

侏儒抹香鲸
- 背部扁平（通常没有明显的凸出），像倒置的冲浪板。
- 在水中漂浮得更低。
- 背鳍更大、更尖、更靠前。
- 背鳍类似瓶鼻海豚的。

潜水过程
- 缓慢上浮至海面。
- 喷潮不明显。
- 静静漂浮在海面某一处（可见额隆前部到背鳍）。
- 通常竖直下沉至消失（尤其是受惊时），但可能背部略微弓起向前潜行。
- 不举尾。

食物和摄食

食物　多捕食中层带或深层带中的乌贼；也捕食鱼虾；食物的多样性较低，相较于小抹香鲸的食物更小。

摄食　多在海床或靠近海床处摄食；解剖学研究显示，侏儒抹香鲸有较强的吸吮摄食力。

潜水深度　未知，但普遍认为比小抹香鲸的更浅。

潜水时间　下潜 7 ~ 15 分钟（可能长达 30 分钟）；换气时间较短，为 1 ~ 3 分钟。

保护

　　世界自然保护联盟保护现状：数据不足（2008年）。人们对侏儒抹香鲸没有常规的大规模捕杀，但在加勒比海的圣文森特和格林纳丁斯、日本、中国台湾、斯里兰卡和印度尼西亚，人们曾用鱼叉捕杀少量侏儒抹香鲸。越来越多的证据表明，侏儒抹香鲸吞入诸如塑料袋和气球等海洋垃圾会导致致命的肠道梗死。渔业误捕的数量相对较少，它们的死亡多与菲律宾炸渔业有关。它们安静地漂浮在海面的习性似乎偶尔会导致被船只碰撞。侏儒抹香鲸很容易受到噪声（来自军用声呐和地震勘探）污染的影响。

生活史

性成熟　雌性 4.5 ~ 5 岁，雄性 2.5 ~ 3 岁。

交配　可能有雄性相互间的直接争斗，而精子竞争对雄性繁殖成功很重要。

妊娠期　9 ~ 12 个月。

产崽　每 1 ~ 2 年一次；每胎一崽，大概在夏季产仔（在南非是当年 12 月 ~ 次年 3 月）。

断奶　6 ~ 12 个月后。

寿命　约 22 岁（最长寿命纪录为 22 岁）。

两头侏儒抹香鲸：一头在海面上漂浮，另一头在向前翻滚，准备潜水

一角鲸
NARWHAL

Monodon monoceros Linnaeus, 1758

一角鲸很罕见，它们生活在遥远的北极区域，一年中有一半的时间都在密集的浮冰和长久的黑暗中生活。但它们拥有固定的洄游路线，且雄鲸有非常长的螺旋状牙齿，易于鉴别。

分类 齿鲸亚目，一角鲸科。

英文常用名 古挪威语 *nar* 意为"尸体"，*hval* 意为"鲸"，因人们认为其体表颜色像漂浮的尸体的颜色（一角鲸有在海面漂浮不动的习性）。

别名 独角兽、独角鲸、有角鲸。

学名 源自希腊语 *monos*（一个）、*odon*（牙齿）和 *keros*（独角兽或角），即"一颗牙齿的独角兽"或"一颗牙齿，一只角"。

分类学 尚无公认的分形或亚种；现在公认有 11 ~ 12 个亚种群（取决于格陵兰岛东部 / 东北部的一角鲸是否与众不同），这些亚种群具有不同程度的遗传分化和地理隔离。

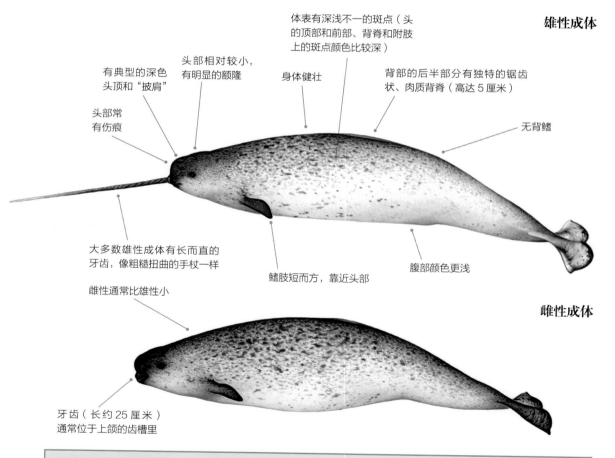

雄性成体

体表有深浅不一的斑点（头的顶部和前部、背脊和附肢上的斑点颜色比较深）

头部相对较小，有明显的额隆

有典型的深色头顶和"披肩"

身体健壮

背部的后半部分有独特的锯齿状、肉质背脊（高达 5 厘米）

头部常有伤痕

无背鳍

大多数雄性成体有长而直的牙齿，像粗糙扭曲的手杖一样

鳍肢短而方，靠近头部

腹部颜色更浅

雌性通常比雄性小

雌性成体

牙齿（长约 25 厘米）通常位于上颌的齿槽里

鉴别特征一览

- 分布于北极高纬度水域。
- 体型为中小型。
- 大多数雄性成体有长长的牙齿。
- 头部相对较小，呈球状。

- 喙小或没有。
- 没有背鳍（但有一点儿背脊）。
- 体表有深浅不一的斑点。

年老雄性

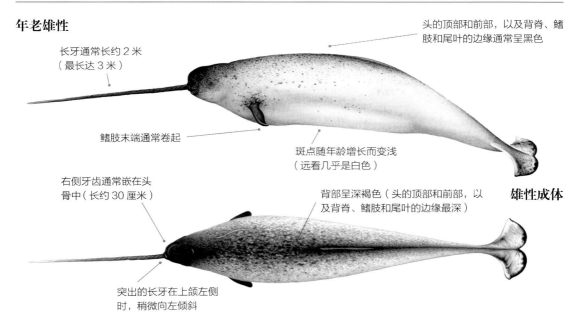

长牙通常长约2米
（最长达3米）

鳍肢末端通常卷起

头的顶部和前部，以及背脊、鳍
肢和尾叶的边缘通常呈黑色

斑点随年龄增长而变浅
（远看几乎是白色）

雄性成体

右侧牙齿通常嵌在头
骨中（长约30厘米）

突出的长牙在上颌左侧
时，稍微向左倾斜

背部呈深褐色（头的顶部和前部，以
及背脊、鳍肢和尾叶的边缘最深）

体长和体重

成体　体长：雄性4.3～4.8米（不包括长牙的
长度）；雌性3.7～4.2米；体重：700～1650千
克；最大：5米，1800千克。

幼崽　体长：1.5～1.7米；体重：约80千克。

相似物种

　　白鲸（也是除一角鲸外一角鲸科唯一的物种）与一
角鲸很容易混淆。它们与雌性一角鲸和年轻的雄性一角
鲸体型相似、分布范围重叠，从远处看，它们也可能与
老年雄性一角鲸相似（在看不到牙齿的情况下）。一角
鲸的斑点有助于区分白鲸和一角鲸。年轻的白鲸和一角
鲸的外表相似，都是灰色的。曾在格陵兰岛西部发现了
白鲸和一角鲸的杂交后代（被称为白一角鲸）的一具头
骨。如果只是短短一瞥，海面上游动的环斑海豹也很像
一角鲸。

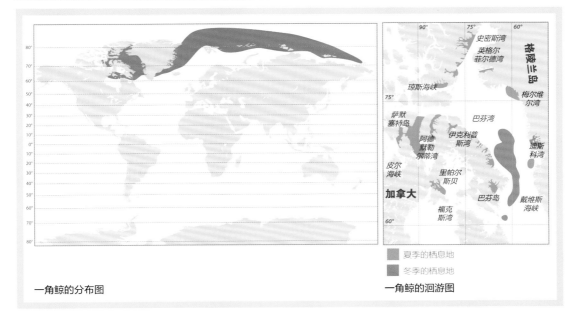

夏季的栖息地
冬季的栖息地

一角鲸的分布图　　　　　　　　　　　　　　　　一角鲸的洄游图

有长牙的雌性成体

每 30 头雌性中就有 1 头长有一颗长牙
（虽然数据可能不同，因为有长牙的雌性
很容易和年轻雄性个体相混淆）

雌性的长牙较短（最长 1.2 米）、更细、
更白（比雄性的长牙上聚集的藻类少）

雄性成体

长牙的末端通常
有闪亮的白点

长牙一般长 1.8 ~ 2.7 米

喙小或没有

长牙的长度、周长、形态、
磨损程度、颜色差异很大

长牙的螺纹从头部
向外逆时针转动

唇线短且上翘

右侧的长牙通
常更短、更细

有 2 颗长牙的雄性成体

500 头雄性中有一
头长有 2 颗长牙

曾有一头雌性长了 2 颗
长牙（收集于 1684 年）

雄性成体尾叶的背面

后缘明显凸起（呈"前后颠倒"
的外观），尤其是年老雄性

中间缺刻深

末端可能向上
卷曲（尤其是
老年雄性的）

雌性成体尾叶的背面

后缘凸起的不明显，甚
至是直的（更像海豚）

前缘凹

尾叶背面的颜
色通常更深

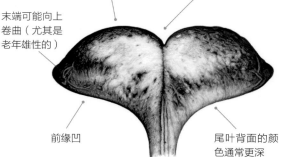

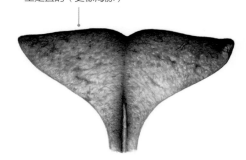

潜水过程

- 下潜可见，但难以被发现（天气好时在近处能听见）。
- 雄性长牙有时（不经常）露出海面（即便露出，时间也很短暂）。
- 在近处能看到牙齿就在水下。
- 浮出水面时可以看到颈部有明显凹陷。
- 深潜之前可能举尾（浅潜之前则很少）。

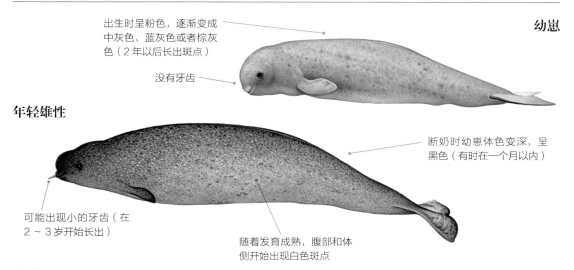

幼崽

出生时呈粉色，逐渐变成中灰色、蓝灰色或者棕灰色（2年以后长出斑点）

没有牙齿

断奶时幼崽体色变深，呈黑色（有时在一个月以内）

年轻雄性

可能出现小的牙齿（在2~3岁开始长出）

随着发育成熟，腹部和体侧开始出现白色斑点

分布

一角鲸主要分布在大西洋的北极区（北纬60度到85度之间，其中北纬70度到80度之间最常见）。偶尔有离群个体出现在太平洋区域。一角鲸很少出现在斯瓦尔巴群岛、加拿大北极地区西部、阿拉斯加和北极圈南部。由于被格陵兰岛隔开，一角鲸呈不连续的分布，夏季和冬季的分布范围相距2000多千米。北大西洋的纽芬兰、英国、德国、比利时和荷兰，以及北太平洋、阿拉斯加半岛和科曼多尔群岛都有离群个体的记录。

冬季分布 冬季一角鲸多在沿大陆坡分布、浮冰覆盖的离岸深海区，很少有其他鲸动物在海冰密集的区域生存。2/3的一角鲸都在巴芬湾和戴维斯海峡（巴芬岛和格陵兰岛之间）浮冰之下的离岸深水区过冬，它们有2个不同的栖息地（北部和南部）；而格陵兰岛东部种群在格陵兰海的离岸深水区过冬。在越冬地，一角鲸有6个月都一直处在连续的黑夜和零下40℃之中，而仅有不到3%的水域没有浮冰（这些离

岸的过冬地有丰富的食物）。在一些地区，它们很容易被冰困住，数百头可能被困在海冰中很小的开口处，然后死亡。

夏季分布 每个夏季，一角鲸会在加拿大北极区、格陵兰岛的东部和西部、斯瓦尔巴群岛，以及俄罗斯西北部的高北极区没有浮冰的海湾、海峡和岛屿间的水道停留大约2个月。在分布范围的部分海域，冰川的前缘也是它们一个重要的夏季栖息地。一角鲸偏爱深海，但也会为了躲避虎鲸的捕猎而躲进浅海。

洄游

一角鲸在夏季和冬季的栖息地之间有明确的洄游路线，当春季浮冰消融，秋天海面结冰，一角鲸在每年的同一时间都精确地经过某些海角、海湾和海峡。它们每次洄游的时间持续大约2个月。在5~6月，巴芬湾和戴维斯海峡的一角鲸向东北洄游至格陵兰岛西部，或者向西北洄游至加拿大（它们聚集在伊克利普斯湾、兰开斯特湾、琼斯海峡和其他地方的坚冰边

食物和摄食

食物 捕食鱼类（马舌鲽、北极鳕；也捕食北极绵鳚、极地鳕鱼、喜荫鼠尾鳕和毛鳞鱼）、乌贼（多为深海小型爪鱿乌贼）、虾（尤其是深海对虾）；所捕食的食物随季节和区域不同而变化。

摄食 大多在冬季（当年11月~次年3月）摄食，很少或几乎不在夏季（6~9月）摄食，春秋季节在海冰之下摄食；在深海的海床附近还是更深处的水层摄食取决于区域和季节；一般将食物整个吸吮并吞咽；没有合作摄食的记录。

潜水深度 夏季潜至13~850米深，但通常在50米以内；冬季下潜更深（一般每天下潜18~25次，在至少800米深的地方深潜3小时以上，6个月天天如此），一半时间都下潜到1500米深，最深为1800米。一般认为一角鲸下潜不久后就上浮，且大部分时间都在上浮（尤其是在靠近海底的地方）。

潜水时间 大多下潜7~20分钟，最长纪录为25分钟。

一角鲸亚种群的分布范围和数量

亚种群	夏季	冬季	最新数量估计
哈得孙湾北部种群	哈得孙湾西部和北部（多在里帕尔斯贝和南安普敦岛）	哈得孙海峡东部	12485 头——数量稳定
萨默塞特岛种群	萨默塞特岛	巴芬湾	49768 头——数量增长
阿德默勒尔蒂湾种群	阿德默勒尔蒂湾	巴芬湾	35043 头——数量稳定
伊克利普斯湾种群	伊克利普斯湾	巴芬湾	10489 头——趋势不明
巴芬湾东部种群	坎伯兰湾和巴芬岛海岸北部	戴维斯海峡北部	17555 头——趋势不明
琼斯海峡种群	德文岛和埃尔斯米尔岛之间，以及埃尔斯米尔岛海峡西部	未知	12694 头——趋势不明
史密斯湾种群	埃尔斯米尔岛东南海岸	未知	16360 头——趋势不明
英格尔菲尔德湾种群	英格尔菲尔德湾	未知	8368 头——数量稳定
梅尔维尔湾种群	梅尔维尔湾	巴芬湾南部	3091 头——数量稳定
格陵兰岛东部（不包括东北区域）种群	主要分布在北纬 64 度到 72 度之间（最远为北纬 81 度）	格陵兰海和弗拉姆海峡	6583 头——趋势不明
斯瓦尔巴群岛 - 法兰士约瑟夫地群岛种群	主要在斯瓦尔巴群岛西部和北部，以及俄罗斯西北部的高北极区	未知	斯瓦尔巴群岛至少 837 头——趋势不明

缘）；从 9 月中旬到 10 月中旬，它们向南洄游（大概在 11 月中旬回到巴芬湾中部）。一角鲸在伊克利普斯湾、加拿大、梅尔维尔湾和格陵兰岛西部度夏，然后去巴芬湾南部和戴维斯海峡北部；而来自萨默塞特岛和加拿大的一角鲸去往种群数量更多的巴芬湾北部。这两个区域的一角鲸之间几乎没有交流。

行为

一角鲸不喜欢跃身击浪或快速游动等，但偶尔会浮窥和猛冲。它们频繁地潜行，头和背部顶端会露出海面，社交时还会在海面打滚，很少出现在波涛汹涌的海面。雄性一角鲸会在空中晃动长牙，或者把长牙放在其他一角鲸背上休息。在下潜之前，一角鲸经常

直接游向冰缘，然后摆动尾巴游 5～30 米。它们在冰下游得更快（可能正是为了适应浮冰环境，所以一角鲸没有背鳍），能一口气游出几千米，或者冲破几厘米厚的冰层（用头或背脊）；唯一阻碍它们前进的就是没有裂隙的坚冰。一角鲸经常和北极露脊鲸在一起，但很少和白鲸混合成群。它们很害羞，对船只（尤其是渔船）很警觉。但是在加拿大，面对站在浮冰边缘或海岸上的人们，一角鲸比较放松。

2 颗长牙相互击打的声音，听起来就像鼓槌撞在一起的咔嚓声

牙齿

上 2 颗
下 0 颗

一角鲸胎儿有 16 个牙蕾，12 个在上颌，4 个在下颌。随着一角鲸年龄的增长，12 个牙蕾消失，留下 2 颗退化的牙和 2 颗犬齿——突出或未萌出。

群体规模和结构

大多数小群或"小组"一般包括 2～10 头一角鲸（范围为 1～50 头）。多数情况下，组成群体的个体都是雄性，或者都是母子对。我们还不知道这些小群能持续多久，也不知道它们之间是否存在持久的社会关系。但是很有可能，一角鲸群体的构成随其活动、资源分布和可获得性而变化。它们经常组合成大而分散的族群，每个族群有 600 多个小群，包含上百甚至上千头性别和年龄都不同的个体。

天敌

一角鲸的天敌是虎鲸和北极熊。海冰一般会阻碍北极高纬度地区的虎鲸前进，但是随着气候的变化，到达更广阔的亚北极地区的虎鲸已经变多，未来这可能会对一角鲸产生更大的威胁。例如，最近几年中夏季在哈得孙湾的虎鲸目击记录呈指数增长。当虎鲸在附近时，一角鲸游速变慢，聚集成更紧密的群体，游向近岸的浅海（在那里它们不那么危险）。受到攻击时，它们会散开，远离危险区域。北极熊会沿着冰缘或者趁一角鲸依靠冰上的气孔呼吸时猎捕它们。幼年或受伤的一角鲸也会被格陵兰鲨鱼和海象捕食。

照片识别

可以借助背脊上的缺刻和刻痕（91% 的个体都有，且相对变化较小），以及伤痕和斑点模式（随时间而变化，因此有利于短期研究）来识别一角鲸。

种群丰度

全球大约有 17 万头一角鲸，不包括格陵兰岛东北部和俄罗斯北极地区（没有数量评估）。

保护

世界自然保护联盟保护现状：无危（2017 年）。加拿大和格陵兰的因纽特人已经有上千年的捕捞一角鲸的历史。一角鲸的鲸脂和皮富含维生素 C，可以生吃、熏制或煮熟食用，因此一角鲸极受重视（北极地区的居民缺少新鲜水果和蔬菜）；而一角鲸的肉有时还是狗的饲料；整颗或雕刻的一角鲸长牙价格昂贵（尽管国际贸易市场限制其交易）。在 2011～2015 年，加拿大平均每年约有 20 头一角鲸被捕杀（用步枪射杀），格陵兰岛西部约有 300 头被捕杀（多用传统独木舟和鱼叉捕杀），格陵兰岛约有 60 头被捕杀（多用步枪射杀）。在 1987～2009 年，上报的一角鲸牙交易仍有 4923 宗，而且这个数字显然是低估的。尽管大部分区域出台了限制捕捞政策（可能持续，也可能已经中断），但人们是否遵守存疑。最大的问题是，

生活史

性成熟 雌性 6～7 年，雄性 8～9 年。

交配 3～4 月，在冬季栖息地的离岸浮冰区；雄性和多头雌性交配。

妊娠期 通常 13～16 个月。

产崽 平均每 2～3 年一次；每胎一崽，幼崽在 5 月～8 月底出生，通常在向北洄游期间，与海冰的消退时间一致；已有雌性怀双胞胎的记录。

断奶 12～20 个月后（但是抚养期更长，幼崽可能会一直跟着妈妈，直到妈妈再生幼崽）。

寿命 至少 50 岁（最长寿纪录：格陵兰岛西部被捕杀的一头雌性一角鲸有 115 岁）。

在开始深潜时，成体一角鲸经常（但不总是）举尾（年轻个体和未成熟个体则很少举尾）

深潜之前，一头雄性一角鲸的牙齿短暂地露出海面

在一次深潜之后，一角鲸会静静地在海面上漂浮几分钟，深呼吸，然后再次潜水。注意它颈部的明显凹陷

雄性一角鲸在出水时，额隆前面有一条明显的水线，这经常会使长牙露出海面，即使其身体大多隐藏在水面之下

长着一颗小牙的年轻一角鲸

被袭击和捕杀的一角鲸的数量很重要，但未知、失踪的数量却没有计入。加拿大北极地区的许多一角鲸都带有枪伤。另外，一角鲸的食物（尤其是马舌鲽）被过度捕捞。同时，一角鲸被列为对气候变化最敏感的三大海洋哺乳动物之一。气候变化导致一角鲸失去了重要的海冰栖息地，改变了它们的天敌和食物的分布；全球变暖还导致人类的商业活动，比如油气开采和商业航行正向高北极区拓展。这些都可能导致一角鲸栖息地的萎缩。

牙齿的生物学特征

雄性一角鲸（以及 1/30 的雌性一角鲸）中空的牙齿在鲸目动物中十分独特。这颗牙齿是由左上犬齿形成的（而非一些文献中所描述的门牙）。当一角鲸 2 ~ 3 岁时，这颗牙齿会突出来，穿过上唇，逆时针螺旋式不断生长。不同个体的牙齿生长速度不同，平均每年长 10 厘米。牙齿一般会长到约 2 米长、10 千克重，而非常年长的雄性可能长到 3 米。牙齿的柔韧性令人惊叹，向任意方向弯曲也不会断。

一角鲸牙齿的用途一直有争议。过去有很多错误的看法，认为它们的牙齿用来捕鱼、翻动海床寻找食物、穿过冰层感知猎物。还有一个没有事实依据的假设是，牙齿兼作感觉器官，可能是为了感知海水的盐度变化（以在黑暗中寻找冰层中的气孔）。牙齿也可能被用于摄食——在一个影像片段中，加拿大努纳武特的一角鲸快速地移动牙齿，打昏北极鳕鱼，然后用牙齿把鳕鱼引入口中。但是，因为多数雌性一角鲸并没有牙齿（且它们活得更久），所以很明显，对日常生存来说，牙齿并非必需。而更多证据明显指向牙齿的第二性征作用，就像驯鹿的鹿角一样，用来决定雄性的社会等级和吸引雌性；而雌性一般会和牙齿更长的雄性交配（的确，牙齿长度与睾丸大小有关）。成年雄性断牙的概率很高，头上有明显的伤疤，尤其是在冬季交配季节，这些证据表明，牙齿可能被当作攻击的武器。

一角鲸的牙齿还可能是独角兽传说的起源。在中世纪，"独角兽的角"被认为具有包治百病的神奇特性，价格昂贵（奸诈狡猾的牙齿贸易商刻意隐瞒真实存在的一角鲸，以提高其价值）。

发声特征

一角鲸能发出两种不同的声音：用于回声定位的连续咔嗒声（19 ~ 48 千赫）和社交声音（300 赫兹 ~ 18 千赫）。据报道，一角鲸拥有鲸目动物中最具方向性的回声定位束，这或许有助于减少海冰不必要的回声。在进行社交时，尤其是长途跋涉过程中，一角鲸会唱"狂欢交响曲"，发出哞哞声、口哨声、喇叭声、咕噜声、敲击声（有些像敲门声，有些就像用一根棍子快速划过尖桩篱笆的声音）、嘎吱声（像门在嘎吱作响）、吱吱声、砰砰声和嘀嗒声。可能每个群体都有其独有的"方言"，每个个体甚至能创造出属于自己的声音。雌性一角鲸还能发出低频的呻吟声来和幼崽交流。

从一角鲸的角度看，长牙总是逆时针旋转

白鲸

BELUGA WHALE

Delphinapterus leucas　(Pallas, 1776)

古代水手习惯称苍白的白鲸为"海中金丝雀"，因为其能发出呻吟声、怒吼声、哨声、嘎嘎声、哞哞声、嗡嗡声和颤音等多种声音。当白鲸出现在海面上时，它们身上独特的光芒很好辨认，与其他物种十分不同。

分类　齿鲸亚目，一角鲸科。

英文常用名　beluga 是俄语单词 *beloye* 或 *belyi* 的派生词，意为"白色"。

别名　白色鲸；历史上称其为"海中金丝雀"。

学名　*Delphinapterus* 源自拉丁语 *delphinus*（海豚）和 *apterus*（没有鳍）；*leucas* 源自 *leukos*（白色）。

分类学　没有公认的亚种；目前已识别 21 个亚种群；某些亚种群包含不同的生态型。

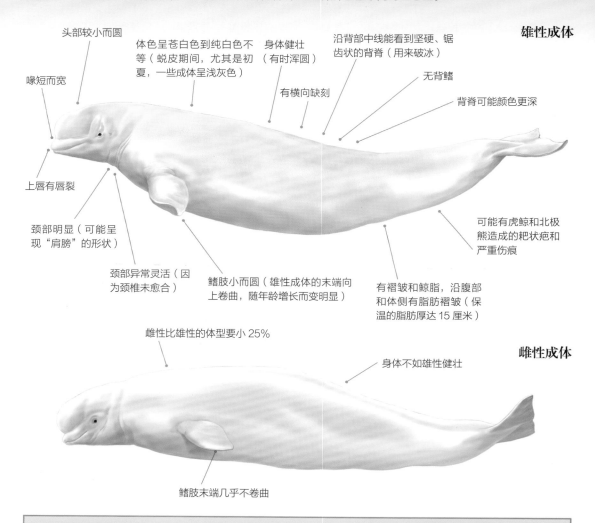

雄性成体

头部较小而圆

体色呈苍白色到纯白色不等（蜕皮期间，尤其是初夏，一些成体呈浅灰色）

身体健壮（有时浑圆）

沿背部中线能看到坚硬、锯齿状的背脊（用来破冰）

无背鳍

喙短而宽

有横向缺刻

背脊可能颜色更深

上唇有唇裂

颈部明显（可能呈现"肩膀"的形状）

可能有虎鲸和北极熊造成的耙状疤和严重伤痕

颈部异常灵活（因为颈椎未愈合）

鳍肢小而圆（雄性成体的末端向上卷曲，随年龄增长而变明显）

有褶皱和鲸脂，沿腹部和体侧有脂肪褶皱（保温的脂肪厚达 15 厘米）

雌性比雄性的体型要小 25%

身体不如雄性健壮

雌性成体

鳍肢末端几乎不卷曲

鉴别特征一览

- 分布于北极和亚北极地区。
- 体型为中小型。
- 体色呈苍白色到纯白色不等，没有斑点。
- 身体健壮。
- 头部小而圆。
- 无背鳍。
- 出水时通常会十分缓慢地翻滚。

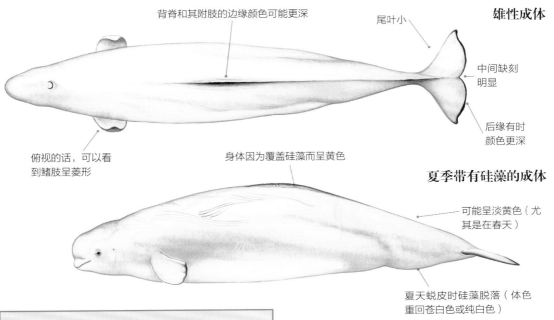

雄性成体

背脊和其附肢的边缘颜色可能更深

尾叶小

中间缺刻明显

俯视的话，可以看到鳍肢呈菱形

后缘有时颜色更深

身体因为覆盖硅藻而呈黄色

夏季带有硅藻的成体

可能呈淡黄色（尤其是在春天）

夏天蜕皮时硅藻脱落（体色重回苍白色或纯白色）

体长和体重

成体 体长：雄性 3.7 ~ 4.8 米；雌性 3.0 ~ 3.9 米；体重：500 ~ 1300 千克；最大 5.5 米，1.9 吨。

幼崽 体长：1.5 ~ 1.6 米；体重：80 ~ 100 千克。

亚种群间体型差异巨大： 最大个体出现在格陵兰西部和鄂霍次克海，最小个体出现在魁北克北部和哈得孙湾；一般北极地区的比亚北极地区的体型更大。

白鲸的分布图

相似物种

　　一角鲸是唯一与白鲸体型相似且分布范围重叠的鲸目动物。雌性的一角鲸和白鲸很像，但一角鲸的斑点有助于区分二者）；年轻的一角鲸和白鲸都是灰色，看起来很像，但是它们身边基本跟着成体；年老的雄性一角鲸和白鲸虽然远看都很白，但一角鲸的牙很显眼。在格陵兰岛西部发现了白鲸和一角鲸的杂交后代（被称为白一角鲸）的一具头骨。年老的灰海豚几乎全白（因为伤痕），容易与一角鲸混淆，但它们分布更靠南，且有高背鳍。

分布

　　白鲸多分布在北极和亚北极地区的冷水中，范围为北纬47 度到北纬 82 度之间。栖息地范围广，包括河口、海岸水域（浅至 1 ~ 3 米）、大陆架和深洋盆地、开阔水域和少冰水域（白鲸一般会避开密集浮冰，但也经常在冰间湖过冬）。白鲸能顺河道向上游洄游。美国阿拉斯加、加拿大北部和格陵兰岛西部的种群都随着冰川边缘的移动而在夏季和冬季栖息地之间进行大规模洄游；白海（俄

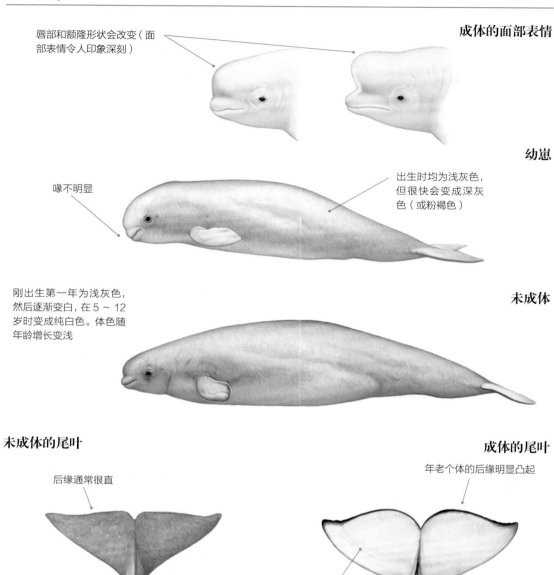

成体的面部表情

唇部和额隆形状会改变（面部表情令人印象深刻）

幼崽

嚎不明显

出生时均为浅灰色，但很快会变成深灰色（或粉褐色）

未成体

刚出生第一年为浅灰色，然后逐渐变白，在5～12岁时变成纯白色。体色随年龄增长变浅

未成体的尾叶

后缘通常很直

成体的尾叶

年老个体的后缘明显凸起

随着年龄增长，尾叶形状发生变化

潜水过程

- 游动时缓慢起伏（能看到白色圆弧出现、变大、缩小，最后消失）。
- 背部低矮。
- 白色身体和深色海水对比明显（然而在白浪和浮冰中很难分辨）。
- 偶尔举尾，与海面成小角度。
- 低且不明显的喷潮（一般不可见）。

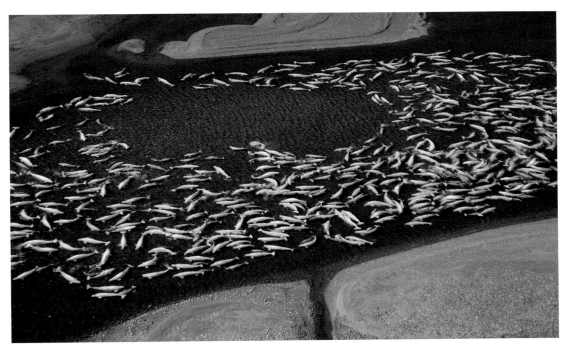

在加拿大西北的浅水海域，数百头白鲸聚集在这里蜕皮

罗斯）、斯瓦尔巴群岛（挪威）和库克湾（阿拉斯加）的种群在沿海区域度夏，在冬天向远海迁移（以躲避密集的坚冰）。在加拿大圣劳伦斯河口处还有一个独立的种群，整年居留；还有记录表明，有些个体几乎每年都会出现在纽芬兰。但在格陵兰岛东部这种情况很罕见。

　　夏季，浅海近岸水域的白鲸密度很高，这可能是因为该海域有助于它们一年一次的蜕皮（更温暖的低盐海水有助于死皮脱落和表皮重新生长），也能帮助它们躲避虎鲸的猎杀，还可能因为更温暖的海水对幼崽有好处。年复一年，白鲸都要返回出生地。许多白鲸在加拿大度夏，在北方水域的冰间湖（巴芬湾北部一大片海冰包围的开阔水域）过冬，它们在当年 10 月到达，次年 5 ~ 6 月冰间湖的冰融化时离开。1/3 的白鲸在格陵兰岛西部（离岸远达 100 千米，沿着马尼特索克和迪斯科湾之间海岸的开阔水域或可移动的浮冰带）过冬。斯瓦尔巴群岛 - 俄罗斯种群大多在斯瓦尔巴群岛 / 法兰士约瑟夫地群岛和新地岛之间的海域过冬。

行为

　　白鲸很少有空中行为，但在近岸的白鲸聚集区，浮窥和拍尾击浪比较常见。它们的头能向侧面转动（颈椎未愈合使得颈部更灵活），这在鲸目动物中很罕见。白鲸不怕浅水区，如果搁浅，它们通常能够等待下一次涨潮时再浮起来（没被北极熊先发现的话）。它们有时对船只很感兴趣，经常对浮潜的人感到好奇。一些种群有定期摄食的规律。白鲸经常向北极露脊鲸靠近，但很少和一角鲸混成一群。它们每年蜕皮一次，且在海床上摩擦以蜕皮，这在鲸目动物中也很少见。

牙齿

　　上 16 ~ 20 颗
　　下 16 ~ 20 颗

　　牙齿通常磨损严重，甚至有的年老个体磨损到只剩牙床。

群体规模和结构

　　白鲸通常 5 ~ 20 头为一群（但偶尔也有大龄成体独自生活）。多个群体可能组成大群，大群中的个体多达几百头甚至千余头。大群中的个体按年龄和性别能各自成群。种群结构一般不固定，个体来了又去，成员之间没有稳定的联系（除了母子对）。白鲸社会群体很复杂，种群成员也许能识别出对方。

天敌

　　白鲸的天敌是虎鲸和北极熊（尤其是被困在冰上

白鲸被困在冰洞里（到不了开阔海域），这样很容易被北极熊袭击

或搁浅时）；年轻的白鲸或受伤的白鲸也可能会被格陵兰鲨鱼和海象捕食。

照片识别

可以通过明显的体表特征和身体伤痕识别白鲸。

种群丰度

全球白鲸的数量可超 20 万头（很多区域仍有待调查）。最新的数量统计如下：加拿大哈得孙湾（包括詹姆斯湾）约有 68900 头（除安大略海岸外）；加拿大萨默塞特岛约有 21200 头；加拿大坎伯兰湾约有 1150 头；加拿大圣劳伦斯河约有 900 头；美国阿拉斯加布里斯托尔湾约有 2900 头；阿拉斯加库克湾约有 20800 头；楚科奇海东部和波弗特海东部约有 20800 头；俄罗斯鄂霍次克海约有 5600 头；白令海东部约有 7000 头；俄罗斯白海约有 5600 头；阿纳德尔湾约有 3000 头。斯瓦尔巴群岛没有调查数据，但能定期观测到从几头到上百头不等的群体，不定期观测到由上千头白鲸组成的群体。

保护

世界自然保护联盟保护现状：无危（2017 年）；库克湾的亚种群，极危（2006）。公认的 21 个亚种群中至少几个种群的数量和趋势还一直无法确定。20 世纪，欧洲许多地区都存在为获得白鲸皮而进行的大规模商业捕鲸行为，但这种捕鲸行为现在已经叫停。如今，白鲸面临的最大威胁是人类为食用而进行的捕杀，这种情况引发了人们的担忧，加拿大和格陵兰地区这种情况更加严重。不同地区每年的捕杀量从几头到几百头不等。白鲸面临的其他威胁还包括被渔具缠绕、

食物和摄食

食物　主要捕食鱼类，如鲑鱼、鲱鱼、马舌鲽、胡瓜鱼、北极鳕和毛鳞鱼，也有乌贼、章鱼、虾、蟹、蛤和贻贝，甚至海洋蠕虫和大型浮游动物。

摄食　用灵活的嘴把食物吸吮进来；一些个体会进行合作摄食（比如在鄂霍次克海 3 ~ 5 头的群体捕食胡瓜鱼），但大多单独摄食（即使在群体内）。

潜水深度　一般潜至 300 ~ 600 米深，有时超过 800 米或更深，最深为 956 米；会有规律地潜往海底。

潜水时间　下潜 9 ~ 18 分钟（摄食潜水时，一般为 18 ~ 20 分钟）；最长 25 分钟；冬季下潜的时间更长。

过度捕捞、栖息地受干扰和改变（比如建设水电站）、油气开发、矿业勘探、全球变暖和化学污染；生活在圣劳伦斯河的白鲸是世界上受污染程度最高的海洋哺乳动物。俄罗斯的活捕渔业仍在为全世界的水族馆提供白鲸。

发声特征

　　白鲸能发出两种不同的声音：用于回声定位的咔嗒声和社交声音。它们能发出世界上最多样的声音，它们的声音有时海面上也能听到，甚至能穿透船体。目前，白鲸的声音已被识别出约 50 种，包括呻吟声、怒吼声、哨声、嘎嘎声、哞哞声、嗡嗡声和颤音等。不同水域的白鲸群声音也有变化，但不同的亚种群是否有不同的"方言"还不确定。白鲸个体能创造独特的声音，且能和远处的其他个体进行交流。人工饲养的白鲸还能模仿人类的声音。

> **生活史**
> **性成熟** 雌性 5 ~ 7 年，雄性 7 ~ 9 年（但某些雄性直到几年后才社会性性成熟）。
> **交配** 因水域不同而不同，但一般在 2 ~ 5 月，在冬季栖息地或在春季洄游期间。
> **妊娠期** 12 ~ 15 个月。
> **产崽** 每 2 ~ 4 年一次（通常 3 年）；每胎一崽，幼崽在 4 ~ 5 月出生（但也有 9 月才出生的）；很少有双胞胎；幼崽能"骑"在妈妈的尾部。
> **断奶** 6 个月 ~ 2 年后（幼崽出生一年后开始摄食固体食物）；可能跟着妈妈生活 4 ~ 5 年。
> **寿命** 至少 30 岁（最长寿命纪录为 80 岁）。

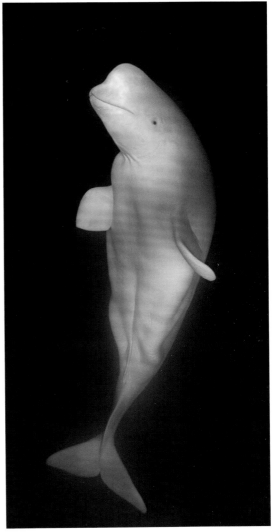

白鲸好奇心强，有时会在水里靠近人

俄罗斯远东地区阿纳德尔河河面上的白鲸

贝氏贝喙鲸
BAIRD'S BEAKED WHALE

Berardius bairdii Stejneger, 1883

喙鲸科中体型最大的物种，除体型外，贝氏贝喙鲸的其他外观和阿氏贝喙鲸（南槌鲸）的极其相似。一直以来，将贝喙鲸属的成员分为两个不同物种的分类方式颇受争议，直到最近分子遗传学的研究成果支持了将贝喙鲸属分为两个物种的理论，争议才有所平息。贝氏贝喙鲸是少有的被作为经济物种捕捞的喙鲸。

分类 齿鲸亚目，喙鲸科。

英文常用名 以斯宾塞·富勒顿·贝尔德（Spencer Fullerton Baird，1823—1887年）的名字命名，以纪念这位美国博物学家，他也是史密森尼学会秘书。贝尔德是莱昂哈德·赫斯·史特内格的同事，史特内格于1882年在科曼多尔群岛的白令岛发现了贝氏贝喙鲸的模式标本。

别名 巨瓶鼻鲸、北太平洋瓶鼻鲸、四齿鲸和北四齿鲸（以及其他将相关元素排列组合的名称）。

学名 *Berardius* 源自奥古斯特·贝拉尔（Auguste Bérard，1796—1852年），法国小型护卫舰莱茵河号的舰长。莱茵河号于1846年将该属的模式标本（一头阿氏贝喙鲸）从新西兰运到了法国。种名 *bairdii* 是为了纪念斯宾塞·富勒顿·贝尔德。

分类学 贝氏贝喙鲸的一种侏儒形式（见第173页）很可能在不久的将来被描述和命名为一个新的物种（尽管分子遗传学证据认为其与阿氏贝喙鲸的亲缘关系更近）；东部种群和西部种群之间很可能没有交流，但现在有关于这2个种群的信息很少。

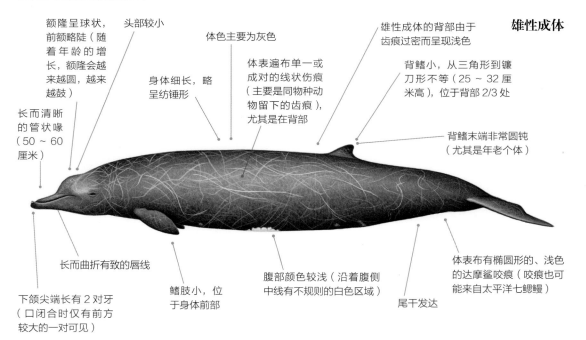

额隆呈球状，前额略陡（随着年龄的增长，额隆会越来越圆，越来越鼓）

头部较小

体色主要为灰色

身体细长，略呈纺锤形

体表遍布单一或成对的线状伤痕（主要是同物种动物留下的齿痕），尤其是在背部

雄性成体的背部由于齿痕过密而呈现浅色

雄性成体

背鳍小，从三角形到镰刀形不等（25～32厘米高），位于背部2/3处

长而清晰的管状喙（50～60厘米）

背鳍末端非常圆钝（尤其是年老个体）

长而曲折有致的唇线

鳍肢小，位于身体前部

腹部颜色较浅（沿着腹侧中线有不规则的白色区域）

尾干发达

体表布有椭圆形的、浅色的达摩鲨咬痕（咬痕也可能来自太平洋七鳃鳗）

下颌尖端长有2对牙（口闭合时仅有前方较大的一对可见）

鉴别特征一览
- 分布于北太平洋北部寒冷的离岸水域。
- 体色主要为灰色，体表有大面积伤痕。
- 体型为中大型。
- 额隆呈球状。
- 喙细长。
- 下颌尖端有2颗可见的牙齿。
- 背鳍小而圆，位于背部2/3处。
- 形成排列紧密的群体，一起浮出水面。

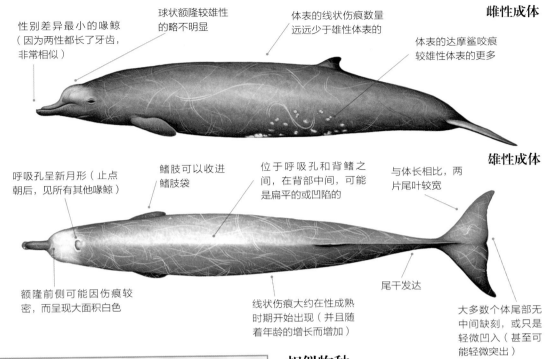

雌性成体

性别差异最小的喙鲸（因为两性都长了牙齿，非常相似）

球状额隆较雄性的略不明显

体表的线状伤痕数量远远少于雄性体表的

体表的达摩鲨咬痕较雄性体表的更多

雄性成体

呼吸孔呈新月形（止点朝后，见所有其他喙鲸）

鳍肢可以收进鳍肢袋

位于呼吸孔和背鳍之间，在背部中间，可能是扁平的或凹陷的

与体长相比，两片尾叶较宽

尾干发达

额隆前侧可能因伤痕较密，而呈现大面积白色

线状伤痕大约在性成熟时期开始出现（并且随着年龄的增长而增加）

大多数个体尾部无中间缺刻，或只是轻微凹入（甚至可能轻微突出）

体长和体重

成体 体长：雄性 9.1 ~ 10.7 米，雌性 9.8 ~ 11.1 米；体重：8 ~ 12 吨；最大：13 米，12.8 吨。

幼崽 体长：4.5 ~ 4.9 米；体重：未知。

雌性略大于雄性，日本海的个体比其他海域的个体短 60 ~ 70 厘米。

贝氏贝喙鲸的分布图

相似物种

贝氏贝喙鲸是北太平洋最容易识别的喙鲸之一，它们独特的头部和背鳍形状、牙齿的位置、引人注目的喷潮和联系紧密的群体都是用于识别的特征。它们的体型也比该区域的其他喙鲸（柯氏喙鲸、哈氏中喙鲸、银杏齿中喙鲸、柏氏中喙鲸、小中喙鲸、佩氏中喙鲸、史氏中喙鲸和印太喙鲸）大得多。从远处看时，小须鲸也可能在被混淆的行列，但二者在外观和行为上有显著差异：贝氏贝喙鲸的喷潮更明显，且个体成群，经常漂在海面上，很少单独出现。从更远处看时，漂在水上的贝氏贝喙鲸群更容易与抹香鲸群混淆，而在水上迁移的群体则可能与虎鲸小群混淆。

分布

贝氏贝喙鲸在夏季分布于北半球北部的寒温带至亚极区水域，包括北太平洋北部和邻近的日本海、鄂霍次克海、白令海的较深离岸水域，为北纬30 度到 62 度。冬季分布尚不

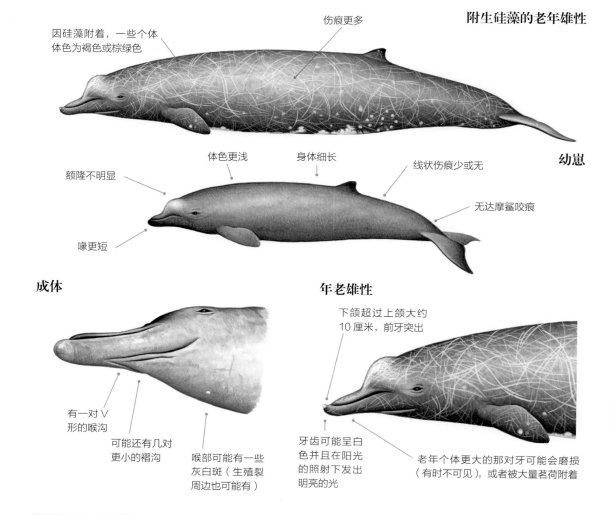

附生硅藻的老年雄性

伤痕更多

因硅藻附着，一些个体体色为褐色或棕绿色

幼崽

体色更浅

身体细长

线状伤痕少或无

无达摩鲨咬痕

额隆不明显

喙更短

成体

有一对 ∨ 形的喉沟

可能还有几对更小的褶沟

喉部可能有一些灰白斑（生殖裂周边也可能有）

年老雄性

下颌超过上颌大约 10 厘米，前牙突出

牙齿可能呈白色并且在阳光的照射下发出明亮的光

老年个体更大的那对牙可能会磨损（有时不可见），或者被大量茗荷附着

潜水过程

- 通常以紧密的群体出现，所有个体同时出水。
- 小角度出水时通常会把喙和额隆露出海面。
- 身体显得很长。
- 在海面缓慢游动的时候会持续喷潮（从远处容易识别）。
- 小小的球状头部在背鳍出现的同时潜入水中。
- 浅潜之前微微弓起背部（在深潜之前背部弓起得更明显）。
- 深潜之前很少露出尾叶。

喷潮

- 强劲、低矮、松散或形状不规则，高约 2 米，在风平浪静的时候非常明显，但往往消散很快。
- 有时微微向前倾斜。

食物和摄食

食物　主要捕食表层和底层鱼类（包括鲭鱼、沙丁鱼、狭鳕鱼、刀鱼、鳕鱼、长尾鳕、鲹鱼和平鲉）、乌贼（包括手钩鱿属的 *Gonatus fabricii* ）、章鱼；食物随贝氏贝喙鲸的分布范围不同而不同（在日本太平洋一侧离岸水域，82% 的食物为鱼类；在鄂霍次克海南部，87% 的食物为头足类动物）；有时它们也吃甲壳纲动物。

摄食　通常（但不限于）下潜至海底；胃中曾发现过小石子，反映了其在海底摄食的习性；多为吸入式摄食。

潜水深度　日常潜至 1000 米深或更深；现有最深纪录为 1777 米（日本），但深度仍可能增加。

潜水时间　现有最长纪录为 67 分钟（日本太平洋一侧海岸），另有未经证实的报告称贝氏贝喙鲸的潜水时间可长达 2 小时。白令岛周边水域的贝氏贝喙鲸通常浮出海面几分钟（最多 10 分钟），然后下潜 20 ~ 40 分钟。此前有研究在日本太平洋沿岸跟踪了一头贝氏贝喙鲸两天，其下潜习性似乎相当典型：深潜（平均 45 分钟，至 1400 ~ 1700 米，平均 1566 米）；接着是持续 2 ~ 3 小时的浅潜（平均 20 ~ 30 分钟，至 200 ~ 700 米，平均 379 米），共 5 ~ 7 次；然后在海面或靠近海面处休息 80 ~ 200 分钟（包括平均 20 米的浅潜）；接着进行下一次深潜。深潜其可能潜到海底，并且在此过程中搜寻水中的食物，而中层潜水可能是在食物密度最高的地方摄食。

清楚。在东太平洋，贝氏贝喙鲸在加利福尼亚海湾南部的拉巴斯（北纬 24 度）以南有记录（尽管其在该海湾颇为罕见）；在西太平洋，贝氏贝喙鲸的最南可能到达日本九州（北纬 33 度），最北到达的地方可能由白令海相对较浅的水域决定，但范围至少向北延伸到阿拉斯加的阿留申群岛（北纬 55 度）和俄罗斯楚科奇半岛纳瓦林角（北纬 62 度）。中太平洋的最南分布范围尚不清楚。贝氏贝喙鲸在大多数区域似乎是洄游性的，丰度呈现季节性高峰的情况比较多（比如，在科曼多尔群岛离岸水域，丰度在 5 ~ 6 月达到峰值，丰度在 8 ~ 11 月的峰值不明显；在北美西海岸离岸水域，丰度在夏季和秋季达到峰值）。据悉在冬季，贝氏贝喙鲸会进入远离大陆坡的较深水域，至少会在亚热带和热带区域停留一段时间（贝氏贝喙鲸身上的大面积达摩鲨咬痕表明它们会进入温暖水域进行长距离活动，但没有详细信息）。贝氏贝喙鲸全年出现在鄂霍次克海（水深约 500 米的水域，包括流冰间的狭窄裂缝）和整个日本海，喜欢活动于 1000 ~ 3000 米深的大陆坡水域，以及海底峡谷、海山和洋脊等地形复杂的区域；有时也在大陆架边缘活动。在深水区离岸较近的水域，也可能有贝氏贝喙鲸出现，比如白令海的白令岛的西南水域。

行为

　　贝氏贝喙鲸会进行适当的空中活动，有时会跃身击浪，然后侧身落入水中。它们以很小的弧度跳跃或者一头接一头地跳跃，特别是在混群时；可能会不停跃身击浪，也会有浮窥、鳍肢击浪和拍尾击浪的行为。在海面上，它们可能会腹面向上、横向游动、翻滚，露出其中一片尾叶（从远处看可能像虎鲸的背鳍）。它们对船只的反应各不相同：可能性情羞怯而不去接近，有时对船只毫不在意，有时甚至表现出好奇。日本捕鲸者认为在鱼叉捕鲸中贝氏贝喙鲸是最危险的猎物，因为它们能以难以置信的速度下潜（一头被鱼叉捕获的贝氏贝喙鲸曾一口气竖直下潜 900 米）。

牙齿

$$\frac{\text{上 0 颗}}{\text{下 4 颗}}$$

成体下颌

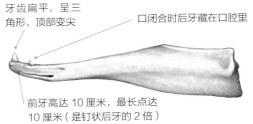

牙齿扁平，呈三角形，顶部变尖

口闭合时后牙藏在口腔里

前牙高达 10 厘米，最长点达 10 厘米（是钉状后牙的 2 倍）

生活史

性成熟　雌性 10 ~ 15 年，雄性 6 ~ 11 年；发育成熟大约需 20 年。

交配　据身上的伤痕判断，雄性之间的争斗相当普遍。

妊娠期　大约 17 个月（海洋哺乳动物中最长的）。

产崽　每 2 ~ 4 年一次；多在晚冬到初春期间生产，每胎一崽。

断奶　可能在 6 个月后。

寿命　雌性 50 ~ 55 岁，雄性 80 ~ 85 岁。

群体规模和结构

贝氏贝喙鲸通常 3 ~ 20 头组成一群，但不同水域存在差异（日本的群体平均为 7 头，科曼多尔群岛的群体平均为 8 头）；有的群体有多达 50 头，可能存在性别隔离。研究人员在科曼多尔群岛共发现了 3 种主要群体：全雄（平均 8 头），雌雄混合（平均 15 头）和育幼群（平均 6 头）。2006 年在下加利福尼亚州拉巴斯附近搁浅的 11 头贝氏贝喙鲸都是雄性。一些个体之间有稳定的联系，最长可持续 6 年，但许多个体对社群同伴没有明显的偏好；体表伤痕密集的动物（通常为年老雄性）更倾向于形成稳定的联系。性别混合的大群可能由几个更小、更稳定的群体临时聚集而成，比如在科曼多尔群岛人们经常可以看到大群的个体在一起迁移数百米时表现出明显的社交行为。单独的个体很少见。群体中的个体紧密相依，以至于个体之间可能会有身体接触。

天敌

虎鲸可能是贝氏贝喙鲸唯一的天敌。贝氏贝喙鲸的尾叶和鳍肢上常见虎鲸攻击留下的伤痕。据日本捕鲸站的统计，该站捕获的贝氏贝喙鲸中多达 40% 的个体身上有虎鲸攻击留下的伤痕。

照片识别

可以通过背鳍上的伤痕和缺刻来识别贝氏贝喙

鲸，伤痕通常来自种内争斗、虎鲸攻击和达摩鲨撕咬。

种群丰度

尚未对全球丰度进行估计。现有的贝氏贝喙鲸区域数量估计如下：日本太平洋沿岸有 5029 头，日本海东部有 1260 头，鄂霍次克海南部有 660 头，加利福尼亚州、俄勒冈州和华盛顿州离岸水域有 850 头（距海岸 550 千米处）。

保护

世界自然保护联盟保护现状：数据不足（2008年）。过去，苏联、加拿大和美国会捕杀少量贝氏贝喙鲸，在 1915 ~ 1966 年，美国捕杀的数量少于 100 头。日本自 17 世纪早期就开始捕杀贝氏贝喙鲸，在第二次世界大战后捕杀数量达到峰值，1952 年报告的最大年捕杀量达到 322 头；自 1987 年后，有 1000 多头贝氏贝喙鲸被捕杀。日本政府目前允许国内捕杀的贝氏贝喙鲸数量为每年 66 头，其中 52 头来自太平洋一侧水域，10 头来自日本海，4 头来自鄂霍次克海。贝氏贝喙鲸的肉会被用于人类食用。贝氏贝喙鲸面临的其他威胁包括渔业误捕（尤其是流刺网）、噪声（主要来自军用声呐和地震勘探）污染、船只冲撞和海洋垃圾误食。被日本捕杀的贝氏贝喙鲸的肉和脂肪里含有大量汞、多氯联苯和其他污染物。

一群贝氏贝喙鲸出水呼吸时，个体会相互紧紧挨着。注意观察其体表密集的伤痕和球状的头部

阿氏贝喙鲸
ARNOUX'S BEAKED WHALE

Berardius arnuxii　Duvernoy, 1851

目前，人们对阿氏贝喙鲸的了解较少，远不如分布范围位于遥远的北太平洋的贝氏贝喙鲸。在所有喙鲸物种中，阿氏贝喙鲸和贝氏贝喙鲸都很特别，其原因主要如下：这两种鲸目动物基本没有表现出性别二态性，无论是雄性还是雌性，都有 4 颗牙齿从下颌萌出，但是雄性的寿命似乎比雌性的更长。

分类　齿鲸亚目，喙鲸科。

英文常用名　以法国外科医生路易·朱尔·阿尔努（Lauis Jules Arnox, 1814—1867 年）的名字命名。这位医生于 1846 年（在新西兰阿卡罗阿附近的海滩上）发现了阿氏贝喙鲸的模式标本，并将它的头骨放在巴黎的法国国家自然历史博物馆。

别名　南喙鲸、四齿鲸、巨瓶鼻鲸、新西兰喙鲸和南鼠海豚鲸（以及其他将相关元素排列组合的名称）。

学名　未识别出其他分形或亚种。尚未查清阿氏贝喙鲸和贝氏贝喙鲸之间是否存在形态学差异（但阿氏贝喙鲸的体型稍小；人们对二者之间形态学差异的了解较少，可能与累积的样本量较少有关）。过去，学界对于该属成员是否应分为两个物种存在争议，但近期研究发现这两个物种在基因水平上有显著分化。

成体

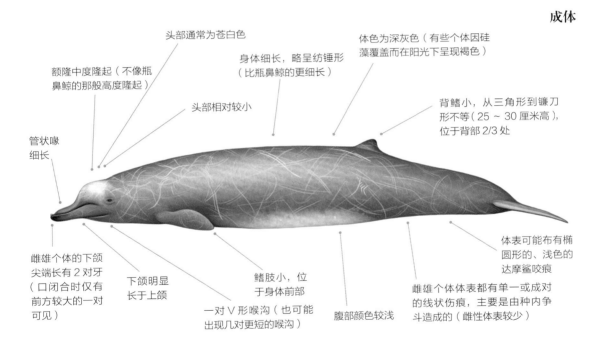

头部通常为苍白色

额隆中度隆起（不像瓶鼻鲸的那般高度隆起）

头部相对较小

身体细长，略呈纺锤形（比瓶鼻鲸的更细长）

体色为深灰色（有些个体因硅藻覆盖而在阳光下呈现褐色）

背鳍小，从三角形到镰刀形不等（25 ~ 30 厘米高），位于背部 2/3 处

管状喙细长

雌雄个体的下颌尖端长有 2 对牙（口闭合时仅有前方较大的一对可见）

下颌明显长于上颌

鳍肢小，位于身体前部

一对 V 形喉沟（也可能出现几对更短的喉沟）

腹部颜色较浅

雌雄个体体表都有单一或成对的线状伤痕，主要是由种内争斗造成的（雌性体表较少）

体表可能布有椭圆形的、浅色的达摩鲨咬痕

鉴别特征一览
- 主要分布于亚南极和南极寒冷的离岸水域。
- 体色为深灰色，体表有大面积伤痕。
- 体型为中型。
- 额隆呈球状。
- 喙细长。
- 下颌尖端有 2 颗可见的牙齿。
- 背鳍小而圆，位于背部 2/3 处。
- 形成排列紧密的群体，一起浮出水面。

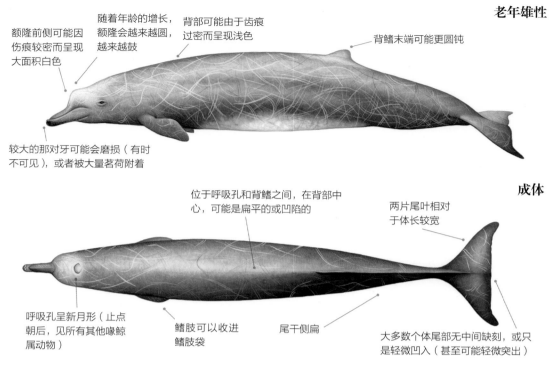

老年雄性

额隆前侧可能因伤痕较密而呈现大面积白色

随着年龄的增长，额隆会越来越圆，越来越鼓

背部可能由于齿痕过密而呈现浅色

背鳍末端可能更圆钝

较大的那对牙可能会磨损（有时不可见），或者被大量茗荷附着

成体

位于呼吸孔和背鳍之间，在背部中心，可能是扁平的或凹陷的

两片尾叶相对于体长较宽

呼吸孔呈新月形（止点朝后，见所有其他喙鲸属动物）

鳍肢可以收进鳍肢袋

尾干侧扁

大多数个体尾部无中间缺刻，或只是轻微凹入（甚至可能轻微突出）

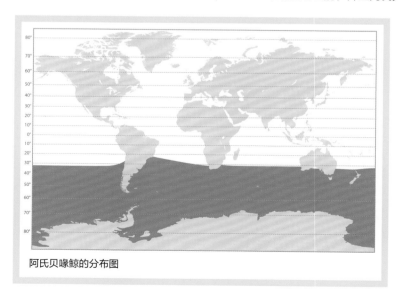

体长和体重

成体　体长：雄性 8 ~ 9.3 米，雌性 8 ~ 9.3 米；
体重：6 ~ 7 吨；最大：9.8 米，10 吨。

幼崽　体长：4 ~ 4.6 米；体重：未知。

相似物种

阿氏贝喙鲸易与南瓶鼻鲸混淆，南瓶鼻鲸的体型与阿氏贝喙鲸的基本相似，二者的分布范围也大部分重叠。然而，如果近处观察，会发现二者的体色、伤痕数量、背鳍大小、头部形状和喙长度有明显的差异。阿氏贝喙鲸的牙齿更明显，在远处也能看到牙齿的很可能就是阿氏贝喙鲸。在某些情况下，阿氏贝喙鲸与小须鲸也可能混淆，但是二者的外观有显著区别，并且阿氏贝喙鲸很少独立活动。从更远处看时，漂在水上的阿氏贝喙鲸群更容易与抹香鲸群混淆。

分布

阿氏贝喙鲸分布于环南极的深海和离岸的寒冷水域，在南纬 40 度到 77 度最多（尽管其最北分布记录为南太平洋南纬 34 度处和南大西洋南纬 24 度处）。绝大多数阿氏贝喙鲸搁浅事件发生在新西兰周边水域；夏季在塔斯曼海、新西兰库克海峡以及火地岛和南极半岛之间的水域相对频繁地出现。它们表现出对海冰环境的适应性，

阿氏贝喙鲸的分布图

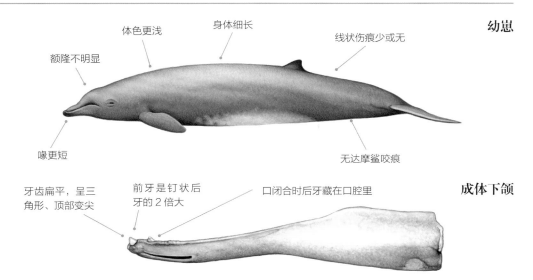

幼崽

体色更浅

身体细长

线状伤痕少或无

额隆不明显

喙更短

无达摩鲨咬痕

成体下颌

牙齿扁平，呈三角形、顶部变尖

前牙是钉状后牙的 2 倍大

口闭合时后牙藏在口腔里

经常被目击到出现在靠近海冰边缘和覆盖大量海冰的水域。通常情况下，阿氏贝喙鲸分布在大陆坡及以外的较深水域，但它们在南极半岛西侧的分布可能更靠近海岸，因为那里有许多深水通道和峡谷，在水深仅 700 ~ 800 米深的水域中也能看到。

行为

阿氏贝喙鲸的跃身击浪行为相当频繁，身体跃出海面的部分几乎达到体长的 4/5。它们也会浮窥、鳍肢击浪和拍尾击浪。它们对船只的反应各不相同：可能性情羞怯而不去接近，但有时毫不在意，有时甚至表现出好奇；近几年来某些探险游轮在南极海域与阿氏贝喙鲸有数次近距离的相遇。

牙齿

上 0 颗
———
下 4 颗

群体规模和结构

阿氏贝喙鲸通常 6 ~ 15 头组成一群，有时若干

潜水过程
- 通常以紧密的集群形式出现，所有个体同时出水。
- 小角度出水时通常会把喙和额隆露出海面。
- 身体显得很长。
- 沿着海面游动的时候，可见其额隆顶部和身体背部。
- 小小的球状头部在背鳍出现的同时潜入水中。
- 浅潜之前微微弓起背部（在深潜之前背部弓起得更明显）。
- 在缓慢运动时，喙可能露出海面，背部在海面下。
- 深潜之前很少露出尾叶。

喷潮
- 强劲、低矮、松散或形状不规则，高约 2 米，在风平浪静的时候非常明显，但往往消散很快。
- 有时微微向前倾斜。
- 在鲸于海面缓慢游动时持续出现（从远处容易识别）。

食物和摄食

食物　捕食深海乌贼，可能还捕食一些深海鱼类。

摄食　可能经常（但不仅局限于）潜至海底摄食；吸食摄食。

潜水深度　可能潜至 500 米以下，最深可达 3000 米。

潜水时间　通常下潜 15 ~ 25 分钟（两次深潜之间在海面上停留的时间为 5 ~ 15 分钟）；下潜的最长时间纪录为 70 分钟。此前有研究人员在南极水域追踪到一群阿氏贝喙鲸，它们在水下的活动距离超过 6 千米，时间超过 1 小时。

个小群会集结成大群，共同活动一段时间。曾有研究人员在南极水域发现一群由 80 头阿氏贝喙鲸组成的大群，并跟踪该群体长达数小时；该群体最终分散成数个小群，每个小群有 8 ~ 15 头阿氏贝喙鲸，各自进入漂浮着松散浮冰的水域。

天敌

虎鲸可能是阿氏贝喙鲸唯一的天敌。阿氏贝喙鲸的尾叶和鳍肢上常见虎鲸攻击留下的伤痕。

照片识别

可以借助背鳍上的伤痕和缺刻来识别阿氏贝喙鲸，伤痕通常来自种内争斗、虎鲸攻击和达摩鲨撕咬。

种群丰度

尚未对全球丰度进行估计。相比于分布范围重叠的南瓶鼻鲸，阿氏贝喙鲸更少见。

保护

世界自然保护联盟保护现状：数据不足（2008年）。此前未见关于捕杀阿氏贝喙鲸的报告。当前阿氏贝喙鲸面临的主要威胁包括渔业误捕（尤其是流刺网）、噪声（主要来自军用声呐和地震勘探）污染、船只冲撞和海洋垃圾误食。

生活史

现有信息非常有限，但据推测可能与贝氏贝喙鲸的相似。

阿氏贝喙鲸经常跃身击浪

侏儒贝氏贝喙鲸
DWARF BAIRD'S BEAKED WHALE OR KARASU
Proposed:Berardius sp.

日本的捕鲸者传统上能识别出两种不同的贝氏贝喙鲸：相对常见的岩灰色型和一种更稀有、更小的黑色型。长期以来，人们一直怀疑这种黑色的贝氏贝喙鲸属于一种新的未命名的物种。

分类 齿鲸亚目，喙鲸科。

英文常用名 可能有黑贝氏贝喙鲸。

别名 因其体色乌黑，日本人称其为渡鸦。

学名 该物种暂未被分类学家接受，也还未被命名。若其被正式接受并命名，将和贝氏贝喙鲸同属于贝喙鲸属，但可能的学名还在审查中。[1] 一些研究人员建议称其为"白令贝喙鲸"（*B.beringiae*），因为一部分个体是在白令海发现的。然而，考虑到还有将近一半数量的个体是在白令海以外的地方被发现的，该称呼也并不准确。

分类学 当前有限的分子遗传学证据认为该物种可能与阿氏贝喙鲸的亲缘关系更近，而非贝氏贝喙鲸。研究认为其演化过程大致为：首先在南北半球之间发生了物种差异的演化，在北半球出现了小型种，而在南半球出现了阿氏贝喙鲸和贝氏贝喙鲸两个物种的祖先；接着贝氏贝喙鲸从南半球往北半球扩散，所以当前在北半球出现了小型种和贝氏贝喙鲸两个物种。

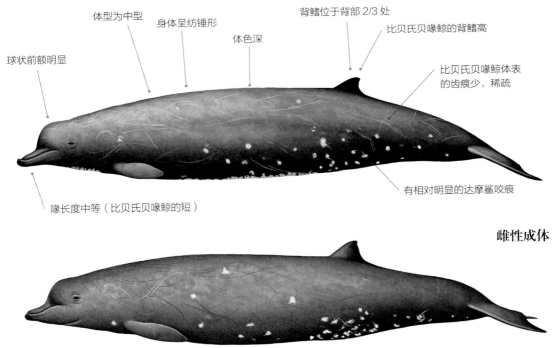

雄性成体

体型为中型 · 身体呈纺锤形 · 体色深 · 背鳍位于背部 2/3 处 · 比贝氏贝喙鲸的背鳍高 · 球状前额明显 · 比贝氏贝喙鲸体表的齿痕少，稀疏 · 喙长度中等（比贝氏贝喙鲸的短） · 有相对明显的达摩鲨咬痕

雌性成体

鉴别特征一览
- 主要分布于北太平洋的寒温带和亚北极水域。
- 体型为中型（体长是贝氏贝喙鲸体长的 60% ~ 70%）。
- 体色主要为黑色。
- 体表的齿痕较贝氏贝喙鲸的少。
- 背鳍较贝氏贝喙鲸的高，位于背部 2/3 处。

1 根据海洋哺乳动物学会分类学委员会2023年的最新分类结果,在本作品出版时,侏儒贝氏贝喙鲸已经被正式接受为独立物种。——译者注

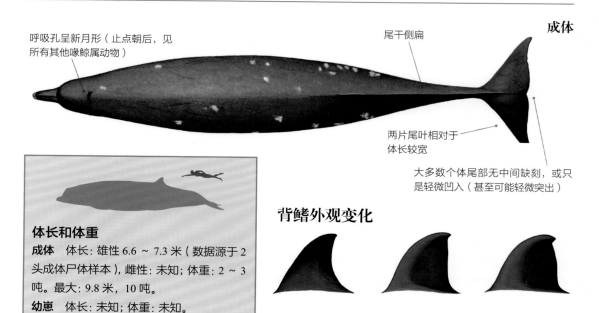

呼吸孔呈新月形（止点朝后，见所有其他喙鲸属动物）

尾干侧扁

成体

两片尾叶相对于体长较宽

大多数个体尾部无中间缺刻，或只是轻微凹入（甚至可能轻微突出）

背鳍外观变化

体长和体重
成体 体长：雄性 6.6 ~ 7.3 米（数据源于 2 头成体尸体样本），雌性：未知；体重：2 ~ 3 吨。最大：9.8 米，10 吨。
幼崽 体长：未知；体重：未知。

可能的一个新物种

据推测，关于疑似存在由贝氏贝喙鲸分出来的新物种的说法，人们已经讨论了 70 多年。除了日本捕鲸者的偶然目击报告，目前有 8 个该物种的样本：3 个来自日本北海道北端的鄂霍次克海（可能还有几具尸体，但尚未证实），5 个来自阿拉斯加（3 个来自东阿留申群岛，1 个来自普里比洛夫群岛，1 个来自白令海东南部）。令人惊讶的是，其中一个样本的骨架在被发现为新物种的时候正悬挂在阿留申群岛乌纳拉斯卡高中的体育馆里，而另一个样本的头骨则是 1948 年从阿留申群岛收集来的，被收藏在史密森尼学会数年。除此之外，还有 5 项来自朝鲜但未经证实的报告。近期对这些样本进行的 DNA 研究发现，它们与贝氏贝喙鲸之间存在显著差异，事实上，这一差异比贝氏贝喙鲸与阿氏贝喙鲸之间的差异更大。这表明此黑色型具备独立成为物种的条件。据悉，此前在俄罗斯科曼多尔群岛的白令岛发现的头骨的一部分尚待检验，该头骨于 1883 年被描述为一个新物种（*Berardius vegae*）的头骨。

相似物种

这个物种最容易与贝氏贝喙鲸混淆，但该物种体长仅有贝氏贝喙鲸体长的 2/3，体色更深，身上的齿痕更少。

分布

这一新物种分布于北太平洋的寒温带和亚北极水域，尽管侏儒贝氏贝喙鲸在这片广阔的区域内的分布范围可能十分有限。目前仅知晓其分布在鄂霍次克海的南部（日本北部）和白令海（主要在阿拉斯加的阿留申群岛东部），但样本量太小。

根室海峡

• （发现 8 个样本的确切地点）
该物种的分布图

食物和摄食

没有相关的信息，但很可能像其他喙鲸一样深潜捕食。

4～6月，在北海道北端鄂霍次克海附近的根室海峡，日本捕鲸者多次看到成群的侏儒贝氏贝喙鲸，这里也是目前已知唯一能经常看到该物种的地方。该物种体表的达摩鲨咬痕表明，至少有一些个体一年中有一部分时间向南迁移到热带水域，因此推测该物种可能在比已知分布范围更温暖、更偏南的水域呆了相当长的时间。人们对其栖息地偏好知之甚少；它们可出现在水深超过 500 米的水域（主要是离岸水域，也可能是在靠近海岸且水足够深的地方），但在较浅的沿海水域也有它们的目击报道。

牙齿

上 0 颗
下 4 颗

推测雄性和雌性都长有突出的牙齿（和贝氏贝喙鲸一样）。

群体规模和结构

无相关的信息，日本捕鲸者的报告记录为"小型群体"。

天敌

无相关的信息，虎鲸可能偶尔攻击它们。

种群丰度

尚未对全球丰度进行估计。有限的信息表明，该物种的数量相对稀少（或者很少到大陆坡或近岸峡谷水域活动，因而目击率很低）。

保护

世界自然保护联盟保护现状：未审查。商业捕鲸者的捕捞对象中仅有 3 种喙鲸，而该物种是其中之一。这一说法令人怀疑，未来该物种可能仍然是日本捕鲸业的捕捞目标。

生活史

无相关信息。

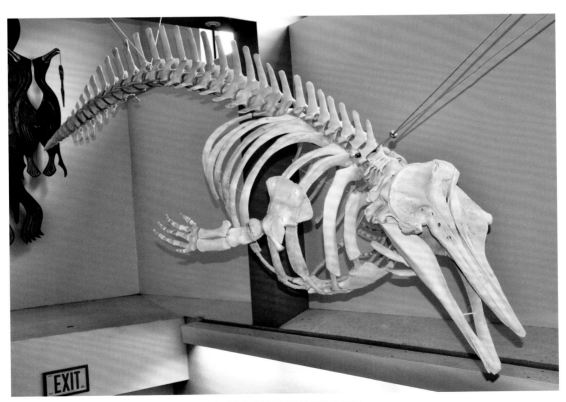

已知该物种的唯一一具完整骨架：悬挂在阿留申群岛乌纳拉斯卡高中的体育馆里

柯氏喙鲸

CUVIER'S BEAKED WHALE　　　　　　*Ziphius cavirostris*　　G. Cuvier, 1823

　　柯氏喙鲸是最常见、易识别、分布广的喙鲸之一，尽管如此，人们对它们的了解依然不够。目前，柯氏喙鲸是拥有最深下潜纪录和第二长潜水时间纪录的哺乳动物。

分类　齿鲸亚目，喙鲸科。

英文常用名　以法国解剖学家乔治·居维叶（Georges Cuvier, 1769—1832 年）的名字命名。1804 年，他根据从法国普罗旺斯发现的一个不完整的喙鲸头骨，首次描述了该物种；该物种又被称为鹅喙鲸，因为其头部轮廓让人联想到鹅的喙。

别名　鹅喙鲸。

学名　*Ziphius* 其实是拉丁语 *xiphias*（剑鱼）或希腊语 *xiphos*（剑）的错误拼写形式，体现动物的吻较尖；*cavirostris* 源自拉丁语 *cavum*（空心或凹面）和 *rostrium*（吻或喙），表示该物种头骨上、呼吸孔前面的凹痕。

分类学　未识别出其他分形或亚种；在地中海有一个遗传分化的种群。

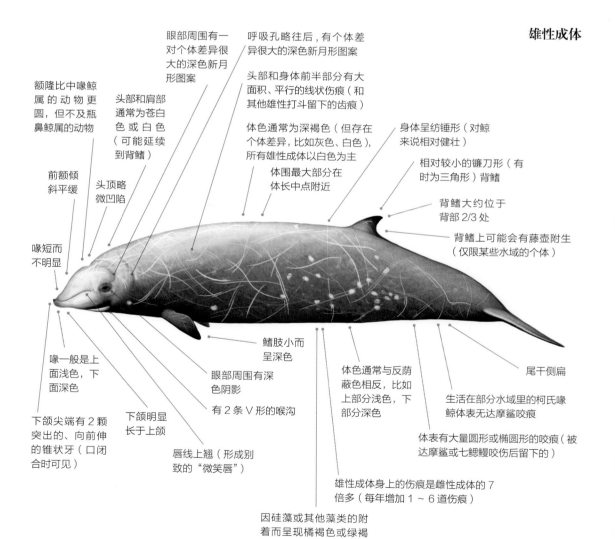

雄性成体

眼部周围有一对个体差异很大的深色新月形图案

呼吸孔略往后，有个体差异很大的深色新月形图案

头部和身体前半部分有大面积、平行的线状伤痕（和其他雄性打斗留下的齿痕）

额隆比中喙鲸属的动物更圆，但不及瓶鼻鲸属的动物

头部和肩部通常为苍白色或白色（可能延续到背鳍）

体色通常为深褐色（但存在个体差异，比如灰色、白色），所有雄性成体以白色为主

身体呈纺锤形（对鲸来说相对健壮）

相对较小的镰刀形（有时为三角形）背鳍

前额倾斜平缓

头顶略微凹陷

体围最大部分在体长中点附近

背鳍大约位于背部 2/3 处

背鳍上可能会有藤壶附生（仅限某些水域的个体）

喙短而不明显

喙一般是上面浅色，下面深色

鳍肢小而呈深色

眼部周围有深色阴影

有 2 条 V 形的喉沟

体色通常与反荫蔽色相反，比如上部分浅色，下部分深色

尾干侧扁

生活在部分水域里的柯氏喙鲸体表无达摩鲨咬痕

下颌尖端有 2 颗突出的、向前伸的锥状牙（口闭合时可见）

下颌明显长于上颌

唇线上翘（形成别致的"微笑唇"）

体表有大量圆形或椭圆形的咬痕（被达摩鲨或七鳃鳗咬伤后留下的）

雄性成体身上的伤痕是雌性成体的 7 倍多（每年增加 1 ~ 6 道伤痕）

因硅藻或其他藻类的附着而呈现橘褐色或绿褐色（全身或部分身体）

鉴别特征一览

- 全球分布，除了高纬度的北极和南极水域。
- 体色差异很大，有灰色、深褐色、白色等。
- 身上可能有圆形或椭圆形的白色咬痕（因区域而不同，比如西北大西洋水域的个体身上就少见此类伤痕）。
- 线状伤痕分布密集（特别是雄性）。

- 体型为中型。
- 喙短，前额平缓。
- 唇线上翘（形成别致的"微笑唇"）。
- 下颌尖端有 2 颗向前伸的锥状牙（口闭合时可见）。
- 背鳍大约位于背部 2/3 处。

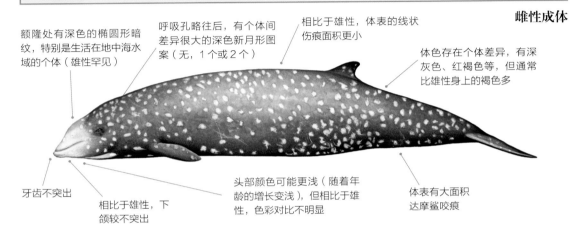

雌性成体

额隆处有深色的椭圆形暗纹，特别是生活在地中海水域的个体（雄性罕见）

呼吸孔略往后，有个体间差异很大的深色新月形图案（无，1 个或 2 个）

相比于雄性，体表的线状伤痕面积更小

体色存在个体差异，有深灰色、红褐色等，但通常比雄性身上的褐色多

牙齿不突出

相比于雄性，下颌较不突出

头部颜色可能更浅（随着年龄的增长变浅），但相比于雄性，色彩对比不明显

体表有大面积达摩鲨咬痕

相似物种

柯氏喙鲸相对容易识别，但可能与其他喙鲸混淆。若在近处观察，可以观察到其独特的头部形状和头部、背鳍前部的浅色图案（特别是年老雄性）。当看不见其头部时，可以寻找其宽阔的弧形背部并观察其在海面上弓起的方式（柏氏中喙鲸常浮出海面并以较小的角度下潜）。当柯氏喙鲸的背鳍露出海面时，头部和呼吸孔通常淹没在水里（而柏氏中喙鲸的背鳍和呼吸孔通常同时露出海面）。

在能见度低的情况下，柯氏喙鲸可能会与体色很浅的灰海豚（背鳍大）和体色很白的年老白鲸（无背鳍）混淆。

分布

柯氏喙鲸广泛分布于全球寒冷的极地水域至温暖的热带水域，但通常不分布于高纬度和 200 米以内的水域。在许多封闭海域有分布，包括墨西哥湾、加勒比海、鄂霍次克海、加利福尼亚湾和地中海。它们是唯一常见于地中海的喙鲸，研究证实了其在地中海高密度

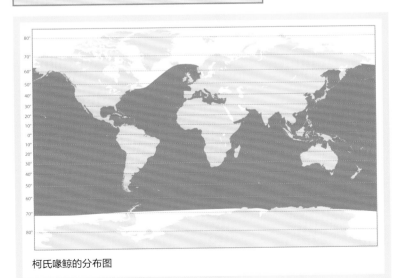

体长和体重

成体 体长：雄性 5.3 ～ 6 米，雌性 5.5 ～ 6 米；体重：2.2 ～ 2.9 吨；最大：8.4 米，3 吨。

幼崽 体长：2.3 ～ 2.8 米；体重：250 ～ 300 千克。

柯氏喙鲸的分布图

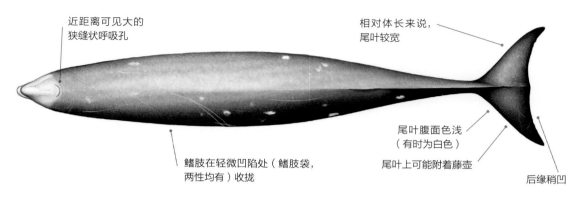

雌性成体

近距离可见大的
狭缝状呼吸孔

相对体长来说，
尾叶较宽

鳍肢在轻微凹陷处（鳍肢袋，
两性均有）收拢

尾叶腹面色浅
（有时为白色）

尾叶上可能附着藤壶

后缘稍凹

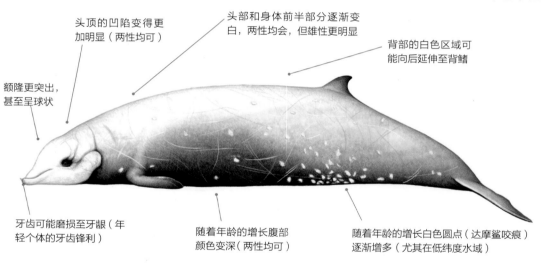

年老雄性

头顶的凹陷变得更
加明显（两性均可）

头部和身体前半部分逐渐变
白，两性均会，但雄性更明显

背部的白色区域可
能向后延伸至背鳍

额隆更突出，
甚至呈球状

牙齿可能磨损至牙龈（年
轻个体的牙齿锋利）

随着年龄的增长腹部
颜色变深（两性均可）

随着年龄的增长白色圆点（达摩鲨咬痕）
逐渐增多（尤其在低纬度水域）

潜水过程

- 通常在出水时露出背部。
- 在快速游动或长时间下潜之前，整个头部和部分身体可能露出海面（经常冲出海面）。
- 背鳍露出海面时，头部和呼吸孔通常没入水中。
- 有些水域的个体在深潜之前会举尾（除西北大西洋水域）。

喷潮

- 细密，通常约 1 米高，略向前、向左喷出（但一般不明显）。

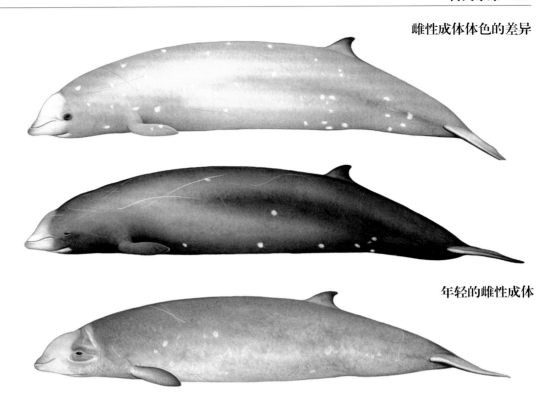

雌性成体体色的差异

年轻的雌性成体

幼崽

头部为苍白色（范围比成体的小）

头部圆形，形似海豚头部

身体上半部为均匀的灰色、蓝灰色或褐色

无齿痕

牙齿不突出

眼部周围的阴影更深

为反荫蔽色，体色上深下浅

无达摩鲨咬痕

雄性成体

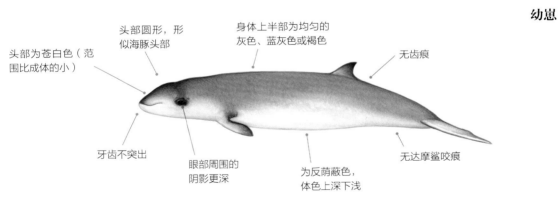

背鳍的外观差异

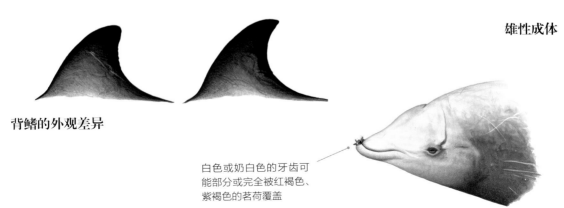

白色或奶白色的牙齿可能部分或完全被红褐色、紫褐色的茗荷覆盖

食物和摄食

食物 主要捕食深海乌贼；某些区域的个体可能也食用深海鱼类和甲壳纲动物。

摄食 大部分摄食行为发生在海底及其附近，偶尔在海面。以吸食的方式摄食（柯氏喙鲸有 2 条喉沟，在吸食的时候能够撑开，扩大口腔容量）；个体即使颌骨缺失，似乎也能够摄取足够的食物得以生存。

潜水深度 当前保持着哺乳动物最深下潜纪录（2992 米，加利福尼亚州南部离岸海域）；这项纪录此前由南象海豹（2388 米）保持。据悉，柯氏喙鲸可以夜以继日、全年不间断地在 1000 米以下潜水并持续 60 分钟以上。据估算，它们一生中 67% 的时间生活在水深超过 1000 米的水域；它们下潜的生理极限深度可能会达到 5000 米；大部分时间在海底附近摄食。

潜水时间 摄食下潜的平均时间约为 60 分钟，每次下潜间隔约 60 分钟；非摄食下潜持续时间约 12 分钟。在大西洋西北部，在进行长时间的摄食下潜之前，会进行大约 4 次更短的"弹跳"下潜（每次持续时间 20 ~ 30 分钟）。当前保持着哺乳动物下潜时长第二长（137.5 分钟，加利福尼亚州南部离岸海域）的纪录，第一为抹香鲸。

分布的关键区域：阿尔沃兰海、利古里亚海、第勒尼安海中部、亚得里亚海南部和希腊海沟。它们似乎更喜欢大陆坡的深水水域或具有复杂海底地形的大洋水域；最常见于沿大陆架边缘和海岛或海山周围的峡谷中。柯氏喙鲸通常生活在水深大于 1000 米的海域中；目前已针对夏威夷水域的柯氏喙鲸开展了广泛的研究，发现大多数柯氏喙鲸都出现在 1500 ~ 3500 米。有证据表明，该区域的某些种群会进行季节性洄游，但其他种群则表现为居留型。至少在某些区域，雌性的恋地性更高、更长久。

备注

它们在日本可能因其小嘴和有深色眼圈的大眼而被称为娃娃脸鲸。

行为

柯氏喙鲸偶尔会跃身击浪。部分水域的群体，尤其是雄性个体不止一头的群体，常见拍尾击浪的行为。它们对低频的人为噪声十分敏感，通常会躲避船只；但某些水域的个体对人类可能表现出好奇。在某些分

雌性成年柯氏喙鲸——夏威夷科纳离岸海域居留种群中的一员

雄性成体下颌

布范围，它们的搁浅事件较为常见。据悉，它们在某些争斗中会用头部相互撞击（除了在大西洋西北部）。

牙齿

上 0 颗
下 2 颗

仅雄鲸有突出的牙齿；牙齿达 8 厘米长（包括被埋在下颌骨的部分）。雌鲸的牙齿更纤细、锋利，但不突出。突出的牙齿后面偶尔可见第 2 对牙，牙龈中偶尔有小的残留牙。

群体规模和结构

典型的小型流动群体由 1 ~ 4 头柯氏喙鲸组成（平均群体规模：南加利福尼亚湾 2.4 头，夏威夷 2.1头，美国西海岸离岸海域 1.8 头）。据报道，目击到的最大群由多达 25 头柯氏喙鲸组成，但由 10 头以上的柯氏喙鲸组成的群体就罕见。稍大一些的典型群体包括 2 头雄性成体、2 ~ 3 头雌性成体和幼崽。年老雄性通常独来独往。该物种鲜少与其他鲸目动物互动。

天敌

鼬鲨、噬人鲨和其他大型鲨鱼是柯氏喙鲸的天敌。虎鲸偶尔也会攻击它们。

照片识别

可以借助达摩鲨的白色咬痕识别柯氏喙鲸。它们似乎特别容易受到达摩鲨的攻击，可能是因为它们的体色在水下较浅。

种群丰度

柯氏喙鲸是唯一一种研究人员尝试估算其全球丰度的喙鲸，当前其在全球的种群数量估计为 10 万多头。最近一次的区域种群估计值如下：北大西洋西部有 6500 头，地中海有 5800 头，加利福尼亚有 4500 头，夏威夷水域有 725 头，墨西哥湾北部少于 100 头。

保护

世界自然保护联盟保护现状：无危（2008 年）；地中海亚种，易危（2018 年）。柯氏喙鲸对军用声呐比任何其他鲸目动物都敏感；随着高强度声呐的出现，在希腊、加那利群岛、苏格兰和爱尔兰、非洲离岸海域、巴哈马群岛和关岛离岸海域都发生了非典型的柯氏喙鲸大规模搁浅事件。它们比任何其他喙鲸都易搁浅，且搁浅数量多。有证据表明，由于未知原因，美国西海岸的柯氏喙鲸数量最近出现了下降趋势。日本的贝氏贝喙鲸捕捞活动和加勒比海、智利、秘鲁、印度尼西亚的渔民误捕了少量柯氏喙鲸。误食海洋垃圾也是其面临的主要威胁之一：塑料垃圾在柯氏喙鲸的胃中相当常见（比如 2019 年在菲律宾搁浅的 1 头柯氏喙鲸的胃中有 40 千克的塑料垃圾）。在某些区域，深水流刺网和其他渔具的缠绕也是威胁。

发声特征

柯氏喙鲸主要在水下 500 米以下的地方进行回声定位；在靠近海面时保持安静，原因之一可能是避免惊动潜在的天敌。在摄食过程中，它们特有的回声定位声音在洋盆之间是一致的。

生活史

性成熟　两性均为 7 ~ 11 年。

交配　未知；雄性体表的大面积伤痕表明雄性之间会用牙齿争斗，以获取和雌性的交配权；精子竞争也相对重要。

妊娠期　大约 12 个月。

产崽　全年均可，每胎一崽，高峰期多在春季（温带区域而非热带区域），可能每 2 ~ 3 年产一崽。

断奶　自出生后至少一年，幼崽依赖母亲生活至少 2 年。

寿命　最长寿命可能为 60 岁。

北瓶鼻鲸

NORTHERN BOTTLENOSE WHALE

Hyperoodon ampullatus　(Forster, 1770)

北瓶鼻鲸是北大西洋最大的喙鲸，是喙鲸科最广为人知的成员之一，也是少数几个被捕鲸者大规模捕杀的对象之一。雄鲸和雌鲸的头部看起来如此不同，以至于早期解剖学家认为它们是两个独立的物种。

分类　齿鲸亚目，喙鲸科。

英文常用名　northern（北方的）表示该物种生活在北半球（且仅分布于北大西洋）；bottlenose（瓶鼻）指它们粗短、犹如瓶子般的喙。

别名　瓶头鲸、扁头鲸、陡头鲸、普通瓶鼻鲸和北大西洋瓶鼻鲸。

学名　*Hyperoodon* 源自古希腊语 *hyperoon*（上颌）和 *odon*（牙齿），这个属名其实并不恰当，因为最初命名的时候，命名者将该物种上颌的骨质褶皱误认为牙齿了；*ampullatus* 源自拉丁语 *ampulla*（烧瓶），指该物种圆形的额隆和狭窄的吻部组成了一个罗马烧瓶；*atus* 是拉丁语后缀，意为"占有"。

分类学　未识别出其他分形或亚种。

雄性成体

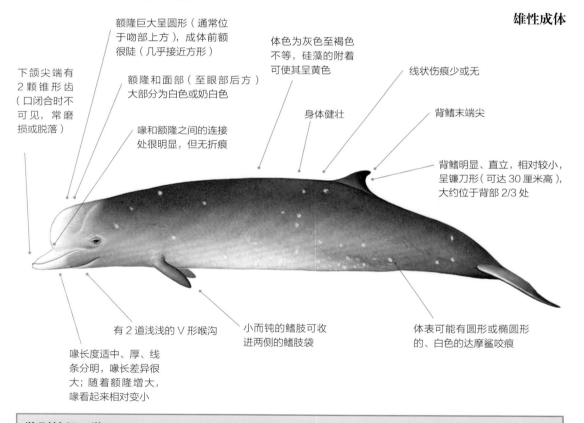

额隆巨大呈圆形（通常位于吻部上方），成体前额很陡（几乎接近方形）

体色为灰色至褐色不等，硅藻的附着可使其呈黄色

线状伤痕少或无

下颌尖端有2颗锥形齿（口闭合时不可见，常磨损或脱落）

额隆和面部（至眼部后方）大部分为白色或奶白色

身体健壮

背鳍末端尖

喙和额隆之间的连接处很明显，但无折痕

背鳍明显、直立、相对较小，呈镰刀形（可达30厘米高），大约位于背部2/3处

有2道浅浅的V形喉沟

小而钝的鳍肢可收进两侧的鳍肢袋

体表可能有圆形或椭圆形的、白色的达摩鲨咬痕

喙长度适中、厚、线条分明，喙长差异很大；随着额隆增大，喙看起来相对变小

鉴别特征一览

- 分布于北大西洋寒冷的深水区。
- 体型为中型（体型比区域内其他喙鲸的大）。
- 体色为灰色或褐色。
- 额隆巨大，接近方形，隆起，为白色或奶白色（雄性尤为明显）。
- 喙长度适中、厚、线条鲜明。
- 背鳍突出，呈镰刀形，位于背部2/3处。
- 线状伤痕少或无。
- 雄性的牙齿看不清楚。
- 生性好奇，可能会靠近停留的船只。

体长和体重

成体　体长：雄性 7.5 ～ 9 米，雌性 7 ～ 8.5 米；
体重：5 ～ 8 吨；最大：9.8 米，10 吨。
幼崽　体长：3 ～ 3.5 米；体重：大约 300 千克。

老年雄性

额隆硕大，前额
陡而直，近方形

额隆的大部分区域
和面部呈白色或奶
白色

雌性成体

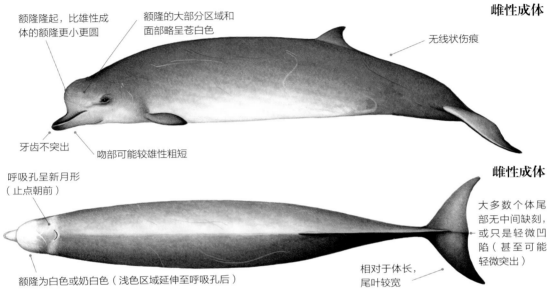

额隆隆起，比雄性成
体的额隆更小更圆

额隆的大部分区域和
面部略呈苍白色

无线状伤痕

牙齿不突出

吻部可能较雄性粗短

呼吸孔呈新月形
（止点朝前）

额隆为白色或奶白色（浅色区域延伸至呼吸孔后）

雌性成体

大多数个体尾
部无中间缺刻，
或只是轻微凹
陷（甚至可能
轻微突出）

相对于体长，
尾叶较宽

相似物种

北瓶鼻鲸体型较大，且头部形状、喙和体色与众
不同，和同一分布范围内的其他喙鲸（包括柏氏中喙
鲸、梭氏中喙鲸、格氏中喙鲸、初氏中喙鲸和柯氏喙
鲸）更易于区分。北瓶鼻鲸可能会与长肢领航鲸混淆，
但从近处看会发现二者的体色和喙，以及背鳍的大小、
形状、位置都完全不同；从远处看，北瓶鼻鲸的背鳍
形状和位置都和小须鲸的极其相似，但二者头部完全
不同。

分布

北瓶鼻鲸分布于北大西洋的寒温带至寒带水域，
在冰缘区至大约北纬 37 度的区域均有分布。然而，
在大约北纬 55 度以南的目击记录很少，除了一个值
得注意的例外：在大西洋海岸，新斯科舍省哈利法克
斯往东南方向 200 千米处，一个名为冲沟的海底峡谷
中，生活着一个种群，该种群目前已得到充分研究。
在分布范围的西部，它们从巴芬湾南部、格陵兰岛南
部到加拿大新斯科舍省均有分布，偶尔也有南至美国
北卡罗来纳州的记录；在北大西洋东部，从斯瓦尔巴
群岛到亚速尔群岛均有分布，偶尔也会有南至佛得角

北瓶鼻鲸的分布图（水深超过 500 米）

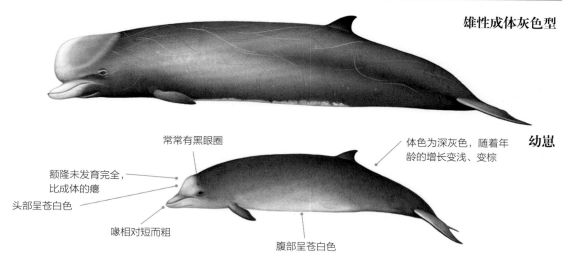

雄性成体灰色型

常常有黑眼圈

额隆未发育完全，
比成体的瘦

头部呈苍白色

喙相对短而粗

幼崽

体色为深灰色，随着年
龄的增长变浅、变棕

腹部呈苍白色

群岛的记录（尽管比斯开湾以南相对罕见）。在新地岛附近没有证实的目击记录，但在巴伦支海西部也有目击记录。北瓶鼻鲸通常不出现于封闭海域，如圣劳伦斯湾、哈得孙湾、地中海等（自 1880 年以来，这里有 2 头已知的流浪个体）。

根据捕鲸记录反馈，北瓶鼻鲸有 6 个可能的分布热点：苏格兰大陆架的东部边缘；拉布拉多半岛北部至巴芬湾南部；法罗群岛、冰岛、格陵兰岛东部和扬马延岛之间的区域；斯瓦尔巴群岛西南部；挪威北部安德内斯附近；挪威西部的默勒 - 鲁姆斯达尔附近。如今，在苏格兰大陆架东部边缘，冰岛和扬马延岛之间以及法罗群岛以北区域，有常规目击记录；在挪威北部水域鲜有目击记录。

目前，尚不清楚北瓶鼻鲸是否会进行季节性的南北洄游或近岸 - 离岸洄游。然而，在某些区域，全年目击记录的规律存在季节性的波动（比如每年 4 ~ 6 月在挪威海，8 ~ 9 月在法罗群岛，目击频次达到顶峰），在其他区域的种群则为居留种群（比如生活在冲沟峡谷及其周围的北瓶鼻鲸种群的核心栖息地面积约为 200 平方千米）。

北瓶鼻鲸通常生活在水深超过 500 米的大陆坡，主要活动区域水深为 800 ~ 1800 米。除了大陆架的海底峡谷外，它们很少在大陆架水域游荡，更喜欢海底地形复杂的区域，如大陆架边缘、海岛和海山。它们偶尔会进入碎冰漂浮区，但通常活动于开阔水域。

文献资料中北太平洋北部的"瓶鼻鲸"指的是贝氏贝喙鲸。

行为

雄性可能会用它们巨大的球状头部互相冲撞（因其头骨上面两侧都有大而致密的上颌脊，故额头是扁平的）。在海面休息时，不同性别或年龄的所有个体都可能 45° 悬浮在水中，同时整个额隆和喙都露出海面。它们的跃身击浪、拍尾击浪行为并不罕见。北瓶鼻鲸

潜水过程
- 出水时额隆先出现，随后是喙的上半部分。
- 可能会微微抬起头部和躯干。
- 向前翻滚，有时头部、背部和背鳍同时可见。
- 在探深潜水前背部会明显弓起。
- 很少举尾。

喷潮
- 低矮，松散，高 1 ~ 2 米，通常清晰可见并且向前倾斜。

食物和摄食

食物　主要捕食深海乌贼（北部主要为 *Gonatus fabricii*；苏格兰大陆架离岸海域为 *G. steenstrupi*）；有时为鱼类（比如鲱鱼、平鲉等）。在某些区域，北瓶鼻鲸偶尔也会以对虾、海参和海星为食。

摄食　大部分摄食发生在深海海底或近海底；可能以吸食的方式摄食。

潜水深度　通常潜至 800 米深的水域（据研究，平均值为 1065 米）；最深纪录 2339 米。

潜水时间　通常下潜 30 ~ 40 分钟；最长纪录为 94 分钟；实际上最长时间或许达 2 小时；在长时间下潜后，通常会在海面休息 10 分钟或更久，有规律地喷潮，但也可能在海面休息数小时。

在大西洋两岸偶尔出现搁浅的情况。它们以陪伴在受伤的同伴身边"待命"而闻名——捕鲸者会利用这一特点捕杀整个群体。它们可能对船只甚至大型船只非常好奇，经常会靠近静止的船只并在周围游动一段时间，似乎会被不熟悉的声音所吸引，如发动机的声音。

牙齿

$$\frac{上\ 0\ 颗}{下\ 2\ 颗}$$

仅雄鲸有突出的牙齿（高达 5 厘米）；第二对牙齿在第一对牙齿后方，有时被牙龈包埋；可能也有 10 ~ 20 颗微小的残留牙齿位于上颌和下颌牙龈里。

雄性成体下颌

下颌尖端有 2 颗向前倾斜的牙齿（向前倾斜）

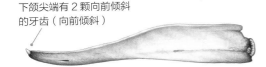

群体规模和结构

北瓶鼻鲸通常 1 ~ 10 头组成一群，由 20 多头组成的群体很罕见。不同区域的群体规模存在差异：法罗群岛通常为 1 ~ 7 头，平均为 2 头；冲沟峡谷通常为 1 ~ 14 头，平均为 3 头。有一些不同年龄或不同性别的分群，比如全雄群体、混合群体以及由雌性成体和年轻个体组成的群体。雌性群体松散而流动，而成对的雄性可以维持长期的关系，从数天到 1 ~ 2 年都有，原因未知。

天敌

挪威捕鲸者报告过虎鲸攻击北瓶鼻鲸的目击记录，但北瓶鼻鲸高超的深潜能力可帮助它们躲避天敌。

照片识别

可以借助背鳍后缘的刻痕、缺刻以及背部的自然标识（斑点、伤痕或凹痕）识别北瓶鼻鲸；它们额隆的形状主要用于区分性别。

种群丰度

在 19 世纪 80 年代，密集的商业捕鲸开始之前，全球大约有 10 万头北瓶鼻鲸。但到 20 世纪 70 年代，商业捕鲸停止之后，这一数字减少到几万。当前大西洋东北区域约有 2 万头北瓶鼻鲸；新斯科舍省冲沟峡谷的居留种群约由 40 头组成。

保护

世界自然保护联盟保护现状：数据不足（2008 年）。在 1880 ~ 1920 年和 1937 ~ 1973 年，共有 6.5 万头北瓶鼻鲸被捕杀，以及更多被人类打伤但未被回收的个体。捕捞北瓶鼻鲸的主要是挪威、加拿大、英国和法罗群岛的捕鲸者，捕鲸的目的是为获取其头部的鲸蜡，还有鲸脂和肉——作为动物食物。一些种群现在可能还在恢复中。法罗群岛的捕鲸业已捕杀北瓶鼻鲸数个世纪；1584 ~ 1993 年，共有 811 头被捕杀；1986 年，捕鲸被禁止，但自那之后每年仍有 1 ~ 2 头北瓶鼻鲸被捕杀。北瓶鼻鲸目前的威胁主要来自渔具缠绕以及船只、地震勘探和军用声呐产生的噪声，但船只撞击和海洋污染也可能带来影响（特别是随着北极冰层的融化，附近水域工业化程度不断提高）。

生活史

性成熟　雌性 8 ~ 13 年，雄性 7 ~ 11 年。

交配　雄性在争夺交配权过程中用头撞击而不是用牙齿打斗（可参考其他喙鲸）。

妊娠期　约 12 个月。

产崽　每 2 ~ 3 年一次，春夏季节产崽，产崽地域集中。

断奶　至少 12 个月后。

寿命　25 ~ 40 岁。

南瓶鼻鲸

SOUTHERN BOTTLENOSE WHALE　　　　*Hyperoodon planifrons*　Flower, 1882

相比分布于北半球的体型更大的北瓶鼻鲸（二者形成一对反热带分布型），南瓶鼻鲸更鲜为人知，且从未被视为商业捕捞的物种。

分类　齿鲸亚目，喙鲸科。

英文常用名　southern（南方的）表示该物种生活在南半球；bottlenose（瓶鼻）指它们粗短、犹如瓶子般的喙。

别名　南极瓶鼻鲸、瓶头鲸、扁头鲸、陡头鲸、太平洋喙鲸和弗氏瓶鼻鲸。

学名　*Hyperoodon* 源自古希腊语 *hyperoon*（上颌）和 *odon*（牙齿），这个属名其实并不恰当，因为最初命名的时候，命名者将该物种上颌的骨质褶皱误认为牙齿了；*planifrons* 源自拉丁语 *planus*（扁平）和 *frons*（前），指的是其形状特殊的额头。

分类学　未识别出其他分形或亚种。

雄性成体

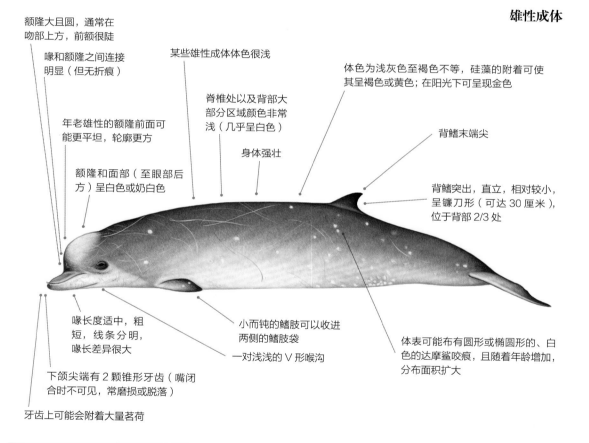

额隆大且圆，通常在吻部上方，前额很陡

喙和额隆之间连接明显（但无折痕）

某些雄性成体体色很浅

体色为浅灰色至褐色不等，硅藻的附着可使其呈褐色或黄色；在阳光下可呈现金色

脊椎处以及背部大部分区域颜色非常浅（几乎呈白色）

年老雄性的额隆前面可能更平坦，轮廓更方

身体强壮

背鳍末端尖

额隆和面部（至眼部后方）呈白色或奶白色

背鳍突出，直立，相对较小，呈镰刀形（可达 30 厘米），位于背部 2/3 处

喙长度适中，粗短，线条分明，喙长差异很大

小而钝的鳍肢可以收进两侧的鳍肢袋

一对浅浅的 V 形喉沟

体表可能布有圆形或椭圆形的、白色的达摩鲨咬痕，且随着年龄增加，分布面积扩大

下颌尖端有 2 颗锥形牙齿（嘴闭合时不可见，常磨损或脱落）

牙齿上可能会附着大量茗荷

鉴别特征一览

- 分布于南半球的寒温带至南极水域。
- 体型为中型。
- 额隆呈球形且巨大（尤其雄性），为白色或奶白色。
- 体色为浅灰色至褐色不等。
- 喙长度适中，粗短，线条分明。
- 背鳍呈镰刀形，位于背部 2/3 处。
- 线状伤痕面积大。
- 口闭合时，牙齿不可见。

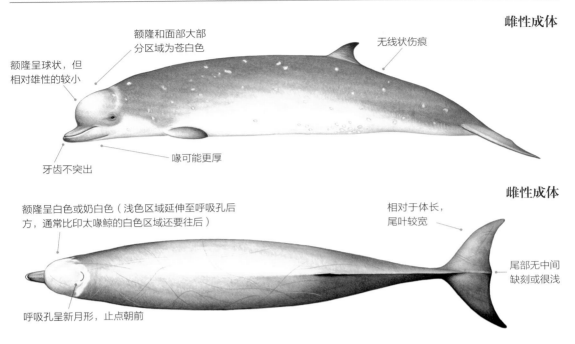

雌性成体

无线状伤痕

额隆和面部大部分区域为苍白色

额隆呈球状，但相对雄性的较小

喙可能更厚

牙齿不突出

雌性成体

相对于体长，尾叶较宽

额隆呈白色或奶白色（浅色区域延伸至呼吸孔后方，通常比印太喙鲸的白色区域还要往后）

尾部无中间缺刻或很浅

呼吸孔呈新月形，止点朝前

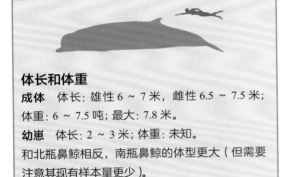

体长和体重

成体 体长：雄性 6 ～ 7 米，雌性 6.5 ～ 7.5 米；体重：6 ～ 7.5 吨；最大：7.8 米。

幼崽 体长：2 ～ 3 米；体重：未知。

和北瓶鼻鲸相反，南瓶鼻鲸的体型更大（但需要注意其现有样本量更少）。

相似物种

从远处看，南瓶鼻鲸最有可能与阿氏贝喙鲸混淆，二者体型十分相似，并且分布范围在很大程度上重叠。如果是近处看，二者有显著的差异：南瓶鼻鲸体色更浅，伤痕更少，额隆隆起更明显，颜色更苍白，吻部更粗短，镰刀形的背鳍更挺立；阿氏贝喙鲸牙齿更明显——如果无论远近都能看到动物的牙齿，那么就更有可能是阿氏贝喙鲸。柯氏喙鲸与南瓶鼻鲸的分布范围也有重叠，然而二者的体型、头部形状和体色完全不同。南瓶鼻鲸与印太喙鲸的外观惊人地相似。

在过去，印太喙鲸甚至被认为是一种分布于热带的瓶鼻鲸，但二者的分布范围无重叠；近处仔细地观察能将它们区分开来。从远处看，南瓶鼻鲸还可能与小须鲸或南极小须鲸混淆，因为它们背鳍的形状和位置非常相似，但它们头部的形状完全不同。

分布

南瓶鼻鲸似乎连续分布于南半球寒温带至南极水域。大部分目击报告来自南纬57度到70度，并且多集中于南大西

南瓶鼻鲸的分布图

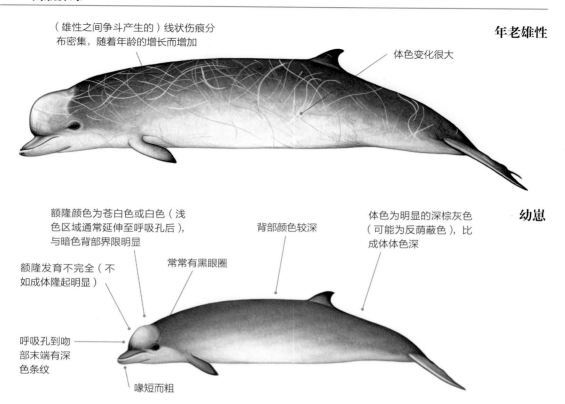

（雄性之间争斗产生的）线状伤痕分
布密集，随着年龄的增长而增加

年老雄性

体色变化很大

额隆颜色为苍白色或白色（浅
色区域通常延伸至呼吸孔后），
与暗色背部界限明显

背部颜色较深

体色为明显的深棕灰色
（可能为反荫蔽色），比
成体体色深

幼崽

额隆发育不完全（不
如成体隆起明显）

常常有黑眼圈

呼吸孔到吻
部末端有深
色条纹

喙短而粗

洋和东印度洋南纬 58 度到 62 度之间。南瓶鼻鲸的分
布有时向北延伸至南纬 30 度的南美洲、非洲、澳大
利亚和新西兰海岸。它们似乎在冬季和夏季之间进行
南北洄游，已知的洄游距离至少有 1000 千米。夏季，
南瓶鼻鲸似乎最常见于距冰缘 120 千米的水域；有时
会到达冰缘边。它们通常生活于 1000 米以内的水域，
首选海底地形复杂的区域，如海底峡谷、大陆架边缘、
海岛和海山。这与南极绕极流锋的南部边界有关。

行为

　　南瓶鼻鲸的跃身击浪（通常是快速且连续多次地
进行）、拍尾击浪和其他海面行为并不罕见。与北瓶
鼻鲸不同，雄性南瓶鼻鲸似乎更喜欢用牙齿打斗而不
是用头碰撞。

潜水过程
- 出水时额隆先出现，随后是喙上部。
- 可能轻轻地抬起头部和躯干。
- 向前翻滚，有时头部、背部和背鳍同时可见。
- 在探深潜水前背部会明显弓起。
- 很少举尾。

喷潮
- 低矮，松散，高 1 ～ 2 米，通常清晰可见并且向前倾斜。

食物和摄食

食物　主要捕食深海乌贼；偶尔捕食鱼类（特别是小鳞犬牙南极鱼）；在某些海域也摄食甲壳纲动物。

摄食　有可能与抹香鲸竞争同种食物，但瓶鼻鲸更可能摄食这些物种中的小型个体。

雄性成体下颌

下颌尖端有 2 颗向前倾斜的牙齿

牙齿

上 0 颗
———————
下 2 颗

仅雄性有突出的牙齿（最长达 5 厘米）；第二对牙齿位于第一对牙齿后方，有时被牙龈包埋；有一种极少见的情况是，有 10 ～ 20 颗微小的残留牙齿位于上颌和下颌的牙龈里。

群体规模和结构

南瓶鼻鲸通常 1 ～ 5 头组成一群，偶尔会有多达 25 头的群体。群体组成未知。

天敌

虎鲸可能是其天敌，但尚无证据。

种群丰度

据粗略估计，在夏季，南极辐合带南部约有 60 万头喙鲸（其中大多数为南瓶鼻鲸）；该数值可能偏低。南瓶鼻鲸是南极最常见的喙鲸，数量明显很多。

保护

世界自然保护联盟保护现状：无危（2008 年）。南瓶鼻鲸从未被大规模商业捕捞。偶尔有少数个体被流刺网和其他渔具捕获，但目前尚未有相关报告。南瓶鼻鲸面临的其他威胁可能包括人们对其食物的过度捕捞以及来自航运、地震勘探和军用声呐的噪声。

南瓶鼻鲸经常跃身击浪

生活史
南瓶鼻鲸的生活史鲜为人知，但可能与北瓶鼻鲸的相似。在南非，它们在春夏季节达到产崽高峰。

严重的线状伤痕源于雄性之间的争斗

谢氏塔喙鲸

SHEPHERD'S BEAKED WHALE

Tasmacetus shepherdi (Oliver, 1937)

所有鲸目动物中最鲜为人知的一种，但也是最有特色的一种，雄性、雌性成体和幼崽拥有相同的、对比明显的图案。谢氏塔喙鲸也是唯一一有满口功能性牙齿的喙鲸，且两性均有。

分类 齿鲸亚目，喙鲸科。

英文常用名 以乔治·谢泼德（George Shepherd, 1872—1946年）的名字命名，谢泼德是新西兰亚历山大博物馆（现为旺阿努伊区域博物馆）的典藏研究员，是获得并收藏该物种模式标本的人。

别名 塔斯曼鲸、塔斯曼喙鲸。

学名 *Tasma* 指的是塔斯曼海，即发现该物种模式标本的地方，位于新西兰北岛的西海岸，*cetus* 源自希腊语 *ketos*（巨大的鱼或海怪）或拉丁语 *cetus*（鲸）; *shepherdi* 是为了纪念乔治·谢泼德，收藏该物种模式标本的人。

分类学 未识别出其他分形或亚种。

雄性成体

浅色的额隆呈球状（比中喙鲸的更明显，但不如贝喙鲸的和瓶鼻鲸的明显，和印太喙鲸的相似）

鳍肢上方有独特的苍白色"肩斑"，宽20～30厘米，从腹部向上竖直延伸（上部通常在海面上可见）

背部和体侧有深棕灰色"披肩"，从大约呼吸孔的位置延伸到背部中部（颜色可能因光线条件或活动而不同）

可能有单一或成对的线状伤痕（因与其他雄性争斗或群体内的社交行为导致）

前额陡（与喙的分界清晰）

眼的周围呈深棕灰色（好似戴着面具）

身体呈纺锤形

背鳍小，高30～35厘米（通常为镰刀形，但有些更接近三角形），位于背部2/3处

背鳍通常为深棕灰色，但在许多个体上为双色（前半部分为深棕灰色，后半部分为浅灰色或棕灰色，在深棕灰色"披肩"与浅色尾部交汇处）

2颗巨大的牙齿在下颌尖端向前倾斜（在海上难以看到）

喙细长，呈深棕灰色，似海豚喙，随着年龄的增大而变长

喙较中喙鲸的尖，下颌略微超过上颌

鳍肢小

有2条浅浅的喉沟

腹部大多为奶白色或浅灰褐色

尾干色浅

可能会有一些达摩鲨咬痕

体表浅色区域和深色区域对比强烈，但界限不清晰

鉴别特征一览

- 分布于南半球寒温带的深水水域。
- 体型为中型（比中喙鲸大一点儿）。
- 额隆为浅色，呈球状，前额陡。
- "披肩"和尾干颜色对比明显，"披肩"为深棕灰色，尾干为浅灰色或棕灰色。
- 眼的周围有深棕灰色"面具"。
- 出水时"肩斑"的上半部分通常可见。
- 背鳍通常为双色，深色在前，浅色在后。
- 群体小且组织严密。

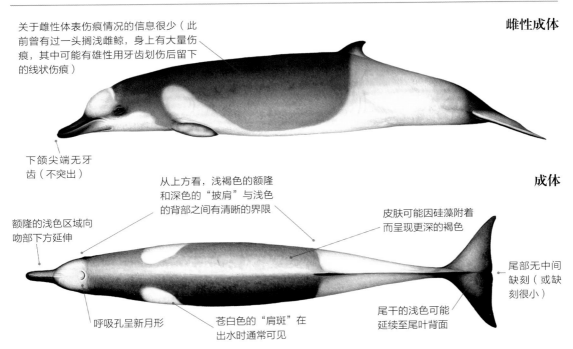

关于雌性体表伤痕情况的信息很少（此前曾有过一头搁浅雌鲸，身上有大量伤痕，其中可能有雄性用牙齿划伤后留下的线状伤痕）

雌性成体

下颌尖端无牙齿（不突出）

从上方看，浅褐色的额隆和深色的"披肩"与浅色的背部之间有清晰的界限

额隆的浅色区域向吻部下方延伸

皮肤可能因硅藻附着而呈现更深的褐色

成体

尾部无中间缺刻（或缺刻很小）

呼吸孔呈新月形

苍白色的"肩斑"在出水时通常可见

尾干的浅色可能延续至尾叶背面

体长和体重

成体　体长：雄性 7 米，雌性 6.6 米；体重：2.3 ～ 3.5 吨。

幼崽　体长：3 ～ 3.5 米；体重：未知。

1940 年有 1 头雄性体长达到 9.1 米的记录，但可信度不高。

相似物种

　　谢氏塔喙鲸因体表具有独特的图案，故相对容易识别，但仍然需要照片进行验证。谢氏塔喙鲸比大多数中喙鲸体型大，额隆更陡、更鼓，但额隆不如贝喙鲸和瓶鼻鲸的明显。它们体表深色和浅色的界限（大致在背鳍处）以及苍白色的"肩斑"从上方清晰可见。它们的额隆与印太喙鲸的额隆的形状和颜色相似，但二者的分布范围很少或没有重叠（体色也差异很大）。

分布

　　据推测，谢氏塔喙鲸分布在南半球寒温带的大洋深水水域，绕极分布。根据搁浅事件（少于 50 起）和海上目击记录（数十起）统计，它们主要分布在南纬 30 度到 46 度。最北端的记录为 2008 年在澳大利亚鲨鱼湾搁浅死亡的 1 头谢氏塔喙鲸，在大约南纬 26 度；然而，在南纬 33 度 38 分以北的海域并未有活体的目击记录。大多数谢氏塔喙鲸的搁浅事件发生在新西兰（包括查塔姆群岛）海域，但也有来自澳大利

■ 推测的分布范围（根据有限的目击记录和搁浅事件）

谢氏塔喙鲸的分布图

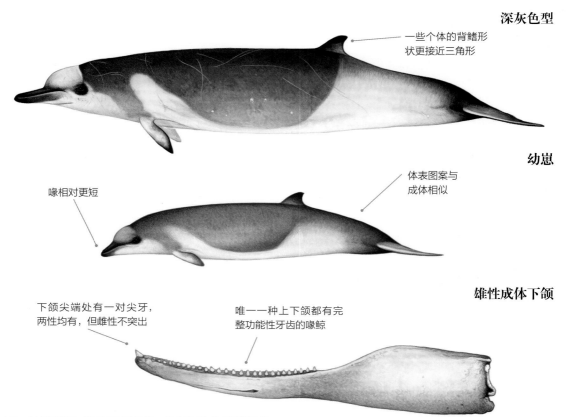

深灰色型

一些个体的背鳍形状更接近三角形

幼崽

喙相对更短

体表图案与成体相似

雄性成体下颌

下颌尖端处有一对尖牙，两性均有，但雌性不突出

唯一一种上下颌都有完整功能性牙齿的喙鲸

亚、特里斯坦 - 达库尼亚群岛、阿根廷和智利附近的胡安·费尔南德斯群岛海域的记录。大多数经过验证的活体目击记录发生在新西兰和澳大利亚南部（包括塔斯马尼亚岛南部）海域。但据报道，在南乔治亚岛附近的沙格岩和特里斯坦 - 达库尼亚群岛也有活体目击记录。此前，据称发生于南非的搁浅事件和塞舌尔群岛周边广泛报道的目击记录现在被认为是不实的。2008 ~ 2017 年，人们在澳大利亚南部和新西兰周边海域进行了系统海洋哺乳动物调查和随机野外调查，共有 13 项船上目击记录和 5 条空中记录，这些调查内容大大加深了人们对该物种在海上活动的认知；该物种的大部分个体位于大陆坡的中到上层水域和海底峡谷内，栖息深度超过 310 米（大部分更深）。如果大陆架较为狭窄，那么它们有时可能出现在靠近海岸的深水中。在澳大利亚和新西兰海域的调查中，它们的平均活动深度为 1208 米；仅有一次发现它们所在的水域水深超过 2000 米（3940 米）。

潜水过程
- 通常只使喙与海面持平，但也可能把喙完全抬离海面（通常以 30° ~ 40° 的角抬起）。
- 在两次喷潮之间身体常在海面下。
- 通常在探深潜水时，背部略微弓起。
- 尾叶不露出海面。

喷潮
- 细密，1 ~ 2 米高，向前倾斜，通常从相当远的地方就可看到。

食物和摄食

信息缺乏，但包括鱼类（尤其是绵鳚科）、乌贼和蟹类。有限的目击记录显示，谢氏塔喙鲸每次下潜时间为 5 ～ 15 分钟，出水间隔 4 ～ 17 分钟（每 9 ～ 13 秒喷潮一次）。

行为

它们的行为鲜为人知，曾被观察到跃身击浪、拍尾击浪和浮窥行为。群体中的个体通常一起出水和下潜；有时个体整齐地排成一排，间隔适中，然后以此阵列共同游动数分钟。除非在迁移，否则它们通常会在距离初始潜水点 100 ～ 150 米处下潜和上浮。无任何证据表明，船只在场时它们有躲避行为，甚至在某些情况下它们会靠近船只。

牙齿

$$\frac{上\ 34\ \sim\ 42\ 颗}{下\ 36\ \sim\ 56\ 颗}$$

谢氏塔喙鲸是唯一一种上下颌都具完整功能性牙齿的喙鲸，且两性都有。

群体规模和结构

已知信息很少。但少数可靠的观测表明，谢氏塔喙鲸通常由 2 ～ 14 头组成一群，平均值为 5.4 头（3 ～ 6 头最常见）。群体中的个体常在出水时紧密地聚集在一起。

天敌

谢氏塔喙鲸的天敌未知，可能包括虎鲸和大型鲨鱼。然而，有记录证实虎鲸会盗取谢氏塔喙鲸的食物，且二者未表现出明显的冲突。

照片识别

可以借助"肩斑"的宽度来识别谢氏塔喙鲸（从腹部竖直延伸到鳍肢上方，到体侧 1/2 ～ 2/3 处）；"肩斑"可能与虎鲸身上的鞍斑有相似之处。背鳍的形状和颜色（存在个体差异），以及背鳍后缘的刻痕、伤痕和其他标记也可以用于识别谢氏塔喙鲸。

种群丰度

尚未对全球丰度进行估计。可能和其他喙鲸一样，该种群丰度本身就很低。

保护

世界自然保护联盟保护现状：数据不足（2018年）。未见直接捕捞的记录。有些个体可能被流刺网（可能是刺网）误捕，但未见更具体的信息。和其他喙鲸一样，谢氏塔喙鲸可能面临海洋垃圾误食，以及军用声呐和地震勘探产生的噪声的影响。

生活史

几乎没有任何信息。仅估算过一头雄性成体的年龄，大约为 23 岁。

拍摄于新西兰凯库拉的谢氏塔喙鲸，注意其独特的苍白色"肩斑"和球状额隆

印太喙鲸

LONGMAN'S BEAKED WHALE

Indopacetus pacificus (Longman, 1926)

印太喙鲸是否存在是鲸类学研究长期存在的重大谜题之一。2003 年以前，证明它们存在的唯一证据也仅仅来自 2 个风化的头骨：一个是 1882 年在澳大利亚海滩上发现的，另一个是 1955 年在索马里一家化肥厂发现的。然而，现在在热带的印度洋 - 太平洋海域分散的地点有一些规律的活体目击记录，且已至少发现过 24 起印太喙鲸搁浅事件。

分类 齿鲸亚目，喙鲸科。

英文常用名 以昆士兰博物馆馆长赫贝尔·艾伯特·朗曼（Herber Albert Longman，1880—1954 年）的名字命名，他最早描述了该物种的头骨，该头骨被发现于澳大利亚昆士兰的麦凯海滩。

别名 热带瓶鼻鲸。

学名 *Indopacetus* 源自拉丁语 *indicus*（印度洋）、*pacificus*（太平洋）和 *cetus*（鲸），指出现在两大洋的鲸；*pacificus* 指出了发现模式标本的位置。

分类学 原本被列入中喙鲸属，但形态学研究证明其应独立成属，后续的分子遗传研究也证明了这一点；未识别出其他分形或亚种。

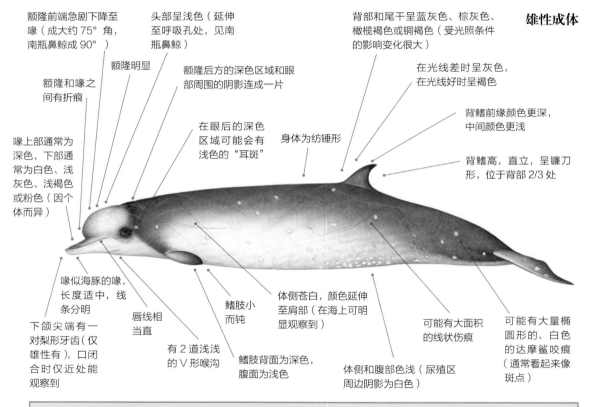

雄性成体

额隆前端急剧下降至喙（成大约 75° 角，南瓶鼻鲸成 90°）

头部呈浅色（延伸至呼吸孔处，见南瓶鼻鲸）

额隆明显

额隆和喙之间有折痕

额隆后方的深色区域和眼部周围的阴影连成一片

背部和尾干呈蓝灰色、棕灰色、橄榄褐色或铜褐色（受光照条件的影响变化很大）

在光线差时呈灰色，在光线好时呈褐色

在眼后的深色区域可能会有浅色的"耳斑"

身体为纺锤形

背鳍前缘颜色更深，中间颜色更浅

喙上部通常为深色，下部通常为白色、浅灰色、浅褐色或粉色（因个体而异）

背鳍高，直立，呈镰刀形，位于背部 2/3 处

喙似海豚的喙，长度适中，线条分明

下颌尖端有一对梨形牙齿（仅雄性有），口闭合时仅近处能观察到

唇线相当直

鳍肢小而钝

有 2 道浅浅的 V 形喉沟

鳍肢背面为深色，腹面为浅色

体侧苍白，颜色延伸至肩部（在海上可明显观察到）

体侧和腹部色浅（尿殖区周边阴影为白色）

可能有大面积的线状伤痕

可能有大量椭圆形的、白色的达摩鲨咬痕（通常看起来像斑点）

鉴别特征一览

- 分布于印度洋 - 太平洋的暖水水域。
- 体型为中型。
- 身体为纺锤形。
- 喷潮低而细密，通常向前倾斜。
- 额隆明显，呈苍白色。
- 喙明显，线条分明。
- 背鳍呈镰刀形，似海豚背鳍。
- 背鳍位于背部 2/3 处。
- 体色随光线变化而变化。

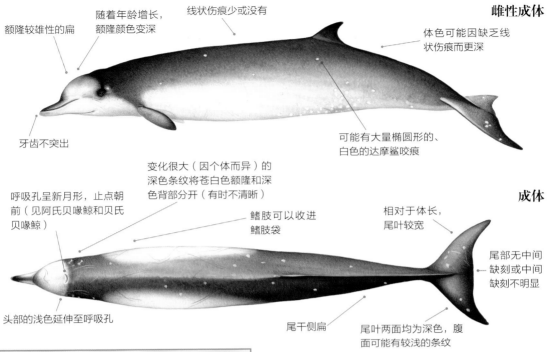

额隆较雄性的扁

随着年龄增长，额隆颜色变深

线状伤痕少或没有

雌性成体

体色可能因缺乏线状伤痕而更深

牙齿不突出

可能有大量椭圆形的、白色的达摩鲨咬痕

呼吸孔呈新月形，止点朝前（见阿氏贝喙鲸和贝氏贝喙鲸）

变化很大（因个体而异）的深色条纹将苍白色额隆和深色背部分开（有时不清晰）

鳍肢可以收进鳍肢袋

成体

相对于体长，尾叶较宽

尾部无中间缺刻或中间缺刻不明显

头部的浅色延伸至呼吸孔

尾干侧扁

尾叶两面均为深色，腹面可能有较浅的条纹

体长和体重

成体　体长：5.7 ~ 6.5 米（基于少量的测量数据）；体重：6 ~ 7.5 吨；最长：大约 9 米（根据海上目击记录和头骨测量数值估算）。

幼崽　体长：大约 3 米；体重：大约 230 千克。

印太喙鲸的分布图

相似物种

　　因体型大，额隆突出，喙明显且背鳍高耸直立，印太喙鲸比同一分布范围的其他鲸目动物更容易识别。但印太喙鲸最有可能与南瓶鼻鲸混淆，尽管二者的分布范围很少重叠（历史上热带海域的目击记录经常把印太喙鲸误认为南瓶鼻鲸）。印太喙鲸的前额倾斜角度、体表的苍白区域和背鳍形状与南瓶鼻鲸的有明显不同，且印太喙鲸通常集结成大群活动。从远处看，难以将印太喙鲸和柯氏喙鲸区分开，但可通过观察其出水时头和喙的形状来鉴别。

分布

　　目前对印太喙鲸的分布知之甚少，但已知它们在热带印度洋 - 太平洋区域似乎分布广泛且相当连续。它们多在分布范围西侧，在马尔代夫周围尤其常见（平均每 21 天在海上看到一次，而太平洋海域每 200 天看到一次）。在大西洋海域没有目击记录。目击记录主要位于表层水温为 21 ~ 31℃的区

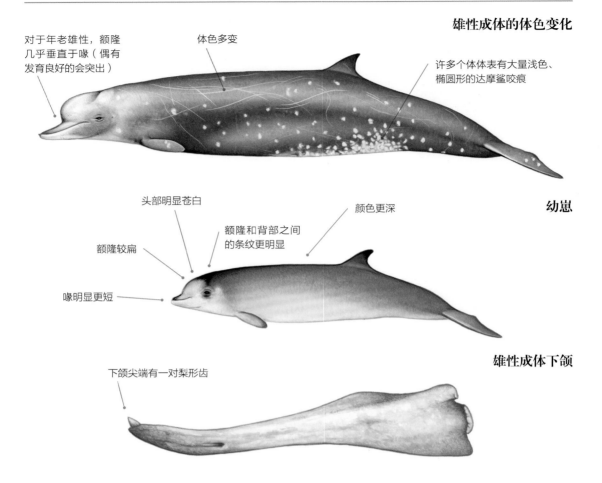

雄性成体的体色变化

对于年老雄性，额隆几乎垂直于喙（偶有发育良好的会突出）

体色多变

许多个体体表有大量浅色、椭圆形的达摩鲨咬痕

幼崽

头部明显苍白

颜色更深

额隆和背部之间的条纹更明显

额隆较扁

喙明显更短

雄性成体下颌

下颌尖端有一对梨形齿

域，大多数发生在表层水温高于 26℃的区域。它们可能会随着暖流（如南非的阿古拉斯洋流）进一步向南或向北推进。大部分观测点位于开阔大洋，在海底地形陡峭区域的上方或附近，深度在 250～2500 米。采集的尸体样本来自澳大利亚、索马里、南非、肯尼亚、马尔代夫、斯里兰卡、安达曼群岛和印度、缅甸、菲律宾、日本、中国、新喀里多尼亚、夏威夷等。

潜水过程
- 比其他大部分喙鲸游得更快，也更具"攻击性"。
- 迅速出水时，头和喙在海面露出很多，形成一股船尾急流般的浪花。
- 缓慢出水时，头不露出海面，通常躲在头部激起的波浪下。
- 背部长且可见。
- 背鳍通常在额隆消失前出现。
- 长时间下潜之前，背部微微弓起（见柯氏喙鲸）。

喷潮
- 低矮、细密、明显，略向前倾斜。

食物和摄食

食物 据推测，主要捕食深海乌贼和某些鱼类。

摄食 未知。

潜水深度 未知，但据推测，潜水深度深。

潜水时间 西印度洋个体的潜水时间平均为 23 分钟（范围为 11 ~ 33 分钟）。对一头印太喙鲸进行声学追踪，发现其潜水时间为 45 分钟（且在其出水之前信号已丢失）。

行为

已知印太喙鲸会与短肢领航鲸、瓶鼻海豚和长吻飞旋原海豚互动，它们会有跃身击浪行为。大型群体在海面上更活跃，可能无视或接近船只；多数个体在水下时间短，在海面上常抬起头部。

牙齿

上 0 颗

下 2 颗

雌性牙齿不突出。

群体规模和结构

印太喙鲸常 1 ~ 110 头组成一群，总体平均值为

18.5 头；西印度洋的群体平均为 7 头，热带东太平洋的群体平均为 9 头；夏威夷的群体平均为 18 ~ 110 头。已知仅有 3 种喙鲸会集结成大群，该物种是其中之一。

天敌

印太喙鲸的天敌未知，但可能为虎鲸和大型鲨鱼。

照片识别

存在利用达摩鲨咬痕识别的可能。

种群丰度

未知。印太喙鲸似乎并不特别常见。据非常粗略的估计，夏威夷海域大约有 4600 头，北太平洋东部大约有 300 头。

生活史

目前了解很少。单一幼崽可能在夏秋季节（9 ~ 12 月在南非水域）出生。根据有限的样本推算，它们的寿命在 20 岁以上（最长寿命纪录为雌性 21 ~ 22 岁，雄性 24 ~ 25 岁）。

在马尔代夫，一头印太喙鲸慢慢浮出海面

佩氏中喙鲸

PERRIN'S BEAKED WHALE

Mesoplodon perrini   Dalebout, Mead, Baker & van Helden, 2002

佩氏中喙鲸于 2002 年正式命名，是鲜为人知的喙鲸之一（信息均基于对数量极少的搁浅样本的研究）。

分类　齿鲸亚目，喙鲸科。

英文常用名　为了纪念美国杰出的鲸目动物学家佩林（W. F. Perrin）博士，他采得了该物种的 2 个样本。

别名　加利福尼亚州喙鲸。

学名　*Mesoplodon* 源自希腊语 *mesos*（中）、*hopla*（武装或武器）和 *odon*（牙齿），*Mesoplodon* 可以解释为"在下颌中部每侧都生有一颗牙齿"；*perrini* 是指以佩林博士的名字命名。

分类学　未识别出其他分形或亚种。

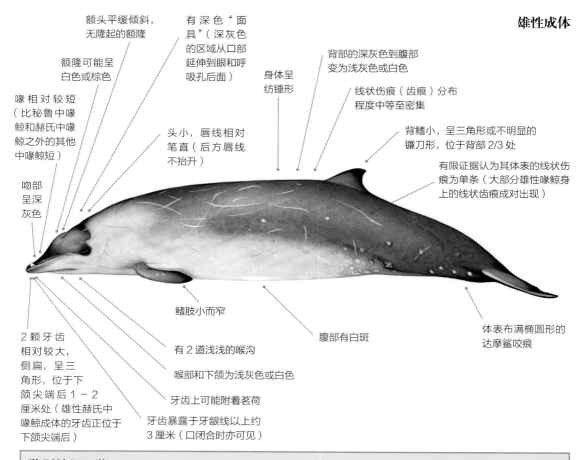

雄性成体

额头平缓倾斜，无隆起的额隆

额隆可能呈白色或棕色

喙相对较短（比秘鲁中喙鲸和赫氏中喙鲸之外的其他中喙鲸短）

吻部呈深灰色

有深色"面具"（深灰色的区域从口部延伸到眼和呼吸孔后面）

身体呈纺锤形

头小，唇线相对笔直（后方唇线不抬升）

背部的深灰色到腹部变为浅灰色或白色

线状伤痕（齿痕）分布程度中等至密集

背鳍小，呈三角形或不明显的镰刀形，位于背部 2/3 处

有限证据认为其体表的线状伤痕为单条（大部分雄性喙鲸身上的线状齿痕成对出现）

2 颗牙齿相对较大，侧扁，呈三角形，位于下颌尖端后 1~2 厘米处（雄性赫氏中喙鲸成体的牙齿正位于下颌尖端后）

鳍肢小而窄

有 2 道浅浅的喉沟

喉部和下颌为浅灰色或白色

牙齿上可能附着茗荷

牙齿暴露于牙龈线以上约 3 厘米（口闭合时亦可见）

腹部有白斑

体表布满椭圆形的达摩鲨咬痕

鉴别特征一览

- 分布于东北太平洋。
- 体型为中小型。
- 反荫蔽色不明显。
- 背鳍小，呈三角形或不明显的镰刀形，位于背部 2/3 处。
- 面部斑纹似深色面具。
- 下颌近尖端处有 2 颗巨大的三角形牙齿，靠近时可见。
- 在夏季的加利福尼亚州南部海域寻找小型喙鲸时更容易见到该神秘物种。

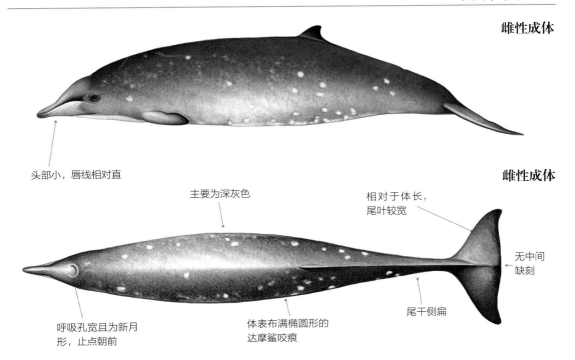

雌性成体

头部小，唇线相对直

主要为深灰色

雌性成体

相对于体长，
尾叶较宽

无中间
缺刻

呼吸孔宽且为新月
形，止点朝前

体表布满椭圆形的
达摩鲨咬痕

尾干侧扁

体长和体重

成体　体长：雄性 3.9 米，雌性 4.3 ~ 4.4
米；体重：大约 900 千克；最大：4.53 米。
幼崽　体长：2 ~ 2.1 米；体重：未知。
（基于非常少量的样本）。

● 搁浅地点

佩氏中喙鲸可能的分布图

相似物种

因信息非常有限，故在海上可能无法准确识别佩氏中喙鲸。然而，它们体型较小，该特征有助于人们将它们和北半球除秘鲁中喙鲸以外的其他喙鲸区分开来。除此之外，雄性无白色条带，唇线直，以及下颌的牙齿位置特殊（近处可能可见），这些特征也有助于识别该物种。雌性和未成体的特征不明显，若它们单独活动，则无法将它们与其他中喙鲸属的动物区分开。

分布

当前已知佩氏中喙鲸仅分布于加利福尼亚州南部海域。搁浅记录的分布范围从多利松州立自然保护区（北纬 32 度 55 分至圣地亚哥北部）到蒙特雷渔人码头（北纬 36 度 37 分）。它们可能活动于水深超过 1000 米的海域（主要是离岸海域，但也可能靠近海岸，只要足够深）。2011 ~ 2015 年，研究人员在加利福尼亚州附近记录了一头被认为是佩氏中喙鲸的信号。人们对该物种的栖息地偏好知之甚少，但推测其主要出现在水深超过 500 米的地方。

行为

佩氏中喙鲸从未在海上被明确地识别出来，因此没有关于其行为的信息（尽管 1976 年 7 月和 1978 年 9 月，人们在加利福尼亚州南部离岸海域发现过 2 对小型喙鲸）。它们在海上不引人注目，除非海面平

幼崽

可能有苍白色"披肩"

身体细长

背部呈浅灰色或深灰色

面部有深色"面具"（和成体的一样）

喙较成体短而粗

鳍肢背面为灰色（腹面为白色）

体色过渡不均匀

腹部为白色

有一头幼崽身上曾有达摩鲨咬痕

尾叶（腹面）

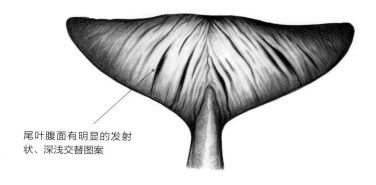

尾叶腹面有明显的发射状、深浅交替图案

牙齿

静，否则其他情况下都很难发现它们。唯一已知的雄性成体身上的线状伤痕表明，和大多数喙鲸一样，佩氏中喙鲸的雄性个体之间存在争斗行为；然而，大部分雄性喙鲸身上的线状伤痕都是平行成对的，而雄性佩氏中喙鲸身上的线状伤痕都是单条的。

上 0 颗

下 2 颗

仅雄性有突出且侧扁的牙齿（雌性有相似的牙齿但不突出）；外露部分大致呈等腰三角形；牙齿长度为64 毫米左右。

潜水过程（推测）

- 出水时低低地向前翻滚，露出头顶（可能还包括大部分喙）和背部。
- 下潜之前微微弓背。
- 尾叶不出水。
- 身体露出海面的时间可能很短。

喷潮（推测）

- 不明显。

食物和摄食

几乎没有任何信息，但现有的极为有限的胃含物证据显示，佩氏中喙鲸主要以中层带和深层带中的乌贼为食，但可能也摄食深海鱼虾，可能在水深超过 500 米的海域摄食。

雄性成体下颌

群体规模和结构

无信息。

寻找新物种

1975 年，在圣地亚哥以北 50 千米的海边，有一具死去的雄性喙鲸幼崽的尸体被冲到海滩上，这是第一具有记录的佩氏中喙鲸尸体；不幸的是，这具尸体被一辆汽车碾过，状况很差。6 天后，一具严重腐烂的雌性成体的尸体——可能是幼崽的母亲，也是当时已知的唯一一具雌性尸体，被冲上了同一海滩。1978 年，在卡尔斯巴德附近的海滩上发现了一具雄性成体的尸体。1979 年 9 月，第 4 具佩氏中喙鲸尸体——是一头雄性年轻个体，被冲到了圣地亚哥市的多利松州立自然保护区。1997 年在蒙特雷渔人码头，第 5 具雄鲸尸体被发现。多年来，这些搁浅的喙鲸被认为是赫氏中喙鲸，在第 6 具尸体出现之前，这些记录被看作赫氏中喙鲸在北半球的首批记录。1997 年，一项新的研究技术出现。该技术利用线粒体 DNA 测序方法，从少量组织样本中提取出了喙鲸 DNA，以鉴定喙鲸物种。在该技术帮助下，研究人员得出结论，上述所有出现在加利福尼亚州的喙鲸实际上都属于一个新物种。佩氏中喙鲸于 2002 年被正式命名。此后，佩氏中喙鲸也仅有一条新记录。2013 年，一头 4.25 米长的雌性佩氏中喙鲸被困在加利福尼亚州南部的威尼斯海滩。它在研究人员到来之前死亡，但尸体状况良好。

天敌

佩氏中喙鲸的天敌可能为虎鲸和大型鲨鱼。

种群丰度

尚未有全球丰度的估计。

保护

世界自然保护联盟保护现状：数据不足（2008 年）。关于佩氏中喙鲸当前所遭受威胁的信息很少，但可以推测。和其他深潜的喙鲸一样，佩氏中喙鲸可能受到噪声污染，特别是地震勘探和军用声呐的影响。塑料垃圾误食也是其面临的潜在威胁（在威尼斯海滩发现的雌性个体胃中有一卷蓝色的线团）。当前未有直接捕捞佩氏中喙鲸的记录，也无任何证据表明其在渔业活动中被误捕。

生活史

未知。最先被发现的幼崽是一头体长 2.1 米的雄性，可能还在哺乳期内。后来搁浅的另一头幼崽体长 2.45 米，约 1 岁，胃中有一条乌贼，表明其可能已经或者即将断奶。据估算，有 2 头成体在死亡的时候年龄大约为 9 岁。佩氏中喙鲸的目击记录集中出现在 5 ~ 9 月，目前尚不清楚该情况是否有意义。

秘鲁中喙鲸

PERUVIAN BEAKED WHALE

Mesoplodon peruvianus Reyes, Mead & Van Waerebeek, 1991

秘鲁中喙鲸又称小中喙鲸，于1991年被正式描述，是最小的喙鲸。秘鲁中喙鲸的信息鲜为人知，多年来，大多数关于秘鲁中喙鲸的信息都是来自秘鲁发现的尸体样本，但是近来在美国加利福尼亚湾、墨西哥和其他地方出现了更多秘鲁中喙鲸活体的目击记录。

分类 齿鲸亚目，喙鲸科。

英文常用名 反映其发现于秘鲁，并且在秘鲁水域相对常见。

别名 小中喙鲸，小喙鲸（相对于其他中喙鲸来说体型更小）；大量证据表明秘鲁中喙鲸就是先前被暂定名为"A中喙鲸"的物种。

学名 *Mesoplodon* 源自希腊语 *mesos*（中）、*hopla*（武装或武器）和 *odon*（牙齿），*Mesoplodon* 可以解释为"在下颌中部每侧都生有一颗牙齿"；*peruvianus* 是拉丁语"属于秘鲁"的缩写（在秘鲁发现了该物种的模式标本，秘鲁也是该物种大量典藏标本的来源地）。

分类学 未识别出其他分形或亚种。

雄性成体

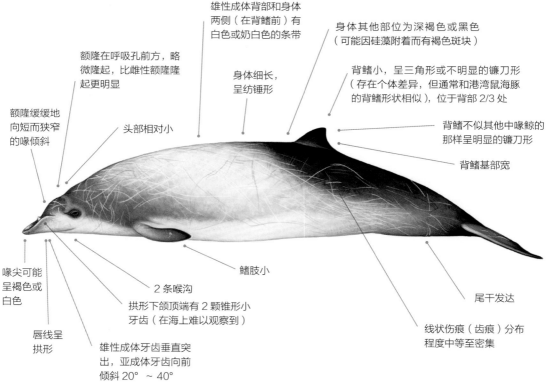

雄性成体背部和身体两侧（在背鳍前）有白色或奶白色的条带

身体其他部位为深褐色或黑色（可能因硅藻附着而有褐色斑块）

额隆在呼吸孔前方，略微隆起，比雌性额隆隆起更明显

身体细长，呈纺锤形

背鳍小，呈三角形或不明显的镰刀形（存在个体差异，但通常和港湾鼠海豚的背鳍形状相似），位于背部2/3处

额隆缓缓地向短而狭窄的喙倾斜

头部相对小

背鳍不似其他中喙鲸的那样呈明显的镰刀形

背鳍基部宽

喙尖可能呈褐色或白色

2条喉沟

鳍肢小

尾干发达

唇线呈拱形

拱形下颌顶端有2颗锥形小牙齿（在海上难以观察到）

雄性成体牙齿垂直突出，亚成体牙齿向前倾斜20°～40°

线状伤痕（齿痕）分布程度中等至密集

鉴别特征一览

- 主要分布于东太平洋暖水水域。
- 体型为小型。
- 雄性成体背部和身体两侧有白色条带且很宽。
- 群体规模小。
- 背鳍形状不一，但通常小，基部宽，且大致为三角形。
- 除非海面平静，否则难以识别。
- 出水间歇的下潜持续时间长。
- 雄性的牙齿在海上不可见。

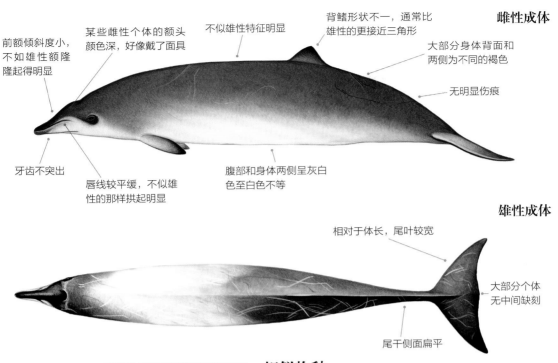

雌性成体

前额倾斜度小，不如雄性额隆隆起得明显

某些雌性个体的额头颜色深，好像戴了面具

不似雄性特征明显

背鳍形状不一，通常比雄性的更接近三角形

大部分身体背面和两侧为不同的褐色

无明显伤痕

牙齿不突出

唇线较平缓，不似雄性的那样拱起明显

腹部和身体两侧呈灰白色至白色不等

雄性成体

相对于体长，尾叶较宽

大部分个体无中间缺刻

尾干侧面扁平

相似物种

　　雄性成体背部和身体两侧的白色条带是雄性秘鲁中喙鲸的独有特征，因此它们在海上很容易识别。雌性和未成体特征不明显，若单独活动，则无法将它们与其他中喙鲸区分开。然而，它们相对较小的体型、三角形的背鳍和有限的分布范围都是很好的识别依据。

分布

　　最初，描述秘鲁中喙鲸所参考的资料主要来自在秘鲁渔港靠岸的船上新捕获的样本。然而近年来，秘鲁中喙鲸已成为东太平洋亚热带和热带区域最常见的中喙鲸（尽管常见是相对的）。大多数目击记录都集中于该区域最温暖的水域，一个海水温度高于27.5℃且被称为东太平洋暖池的区域。大多数活体目击记录都发生在墨西哥的加利福尼亚湾南部。2001年1月，一头雌性在加利福尼亚州莫斯兰丁（北纬36度47分）搁浅，搁浅时还未死亡，这是秘鲁中喙鲸的最北分布记录。根据一个搁浅的秘鲁中喙鲸尸体样本的记录，秘鲁中喙鲸最南分布在智利中北部（南纬29度17

体长和体重
成体　体长：雄性3.4～3.9米，雌性3.4～3.6米；体重：未知；最大：4.1米。
幼崽　体长：大约1.6米；体重：未知。

（加上在新西兰南岛的一起搁浅事件）

秘鲁中喙鲸的分布图

幼崽

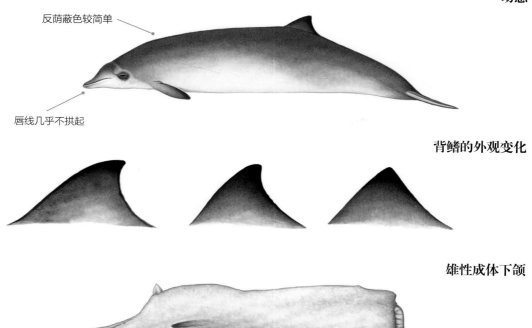

反荫蔽色较简单

唇线几乎不拱起

背鳍的外观变化

雄性成体下颌

分）。秘鲁中喙鲸主要活动于深海海域，但如果近岸海域足够深（500 米或以上）的话，也可以在这些海域看到它们。秘鲁中喙鲸在东太平洋的唯一目击记录发生于 1991 年，人们在新西兰南岛凯库拉（南纬 42 度 31 分）附近，发现了一头搁浅的雄性；该个体目前被研究人员认为是流浪个体，但该事件也表明该物种可能分布更广泛。尚未知晓其是否存在洄游或迁移行为。

行为

秘鲁中喙鲸出水比较隐秘，除了海面平静时，其他时候很难被发现。群体通常潜水 15 ~ 30 分钟，迁移一段距离后再次浮出海面，接着呼吸数次，然后再次潜水。已知它们偶尔会紧紧靠近小型船只（虽然时间很短），但大多时候和船只保持一定距离。它们有跃身击浪、拍尾击浪和其他海面行为，但似乎很罕见。

牙齿

$$\frac{上\ 0\ 颗}{下\ 2\ 颗}$$

仅雄性牙齿突出，长 31 ~ 65 毫米。

群体规模和结构

秘鲁中喙鲸通常 2 ~ 5 头组成一群，有时为 1 ~ 8 头。群体通常为不同性别和不同年龄的混群。

潜水过程
- 出水时低低地向前翻滚，露出头顶（有时包括大部分喙）和背部。
- 下潜之前微微弓背。

喷潮
- 不明显，几乎不可见。

食物和摄食

食物　有限的证据表明，秘鲁中喙鲸主要以中层带和深层带中的鱼类为主要食物，但也吃深海乌贼和虾。

摄食　未知。

潜水深度　可能在水深超过 500 米的地方摄食。

潜水时间　通常下潜 15 ～ 30 分钟（基于有限的观察次数）。

天敌

未知，但可能是大型鲨鱼和虎鲸。

种群丰度

尚未对全球丰度进行估计，尽管它们的分布范围有限，但在分布范围内相对常见。

保护

世界自然保护联盟保护现状：数据不足（2008年）。关于秘鲁中喙鲸当前所面临的威胁的信息很少，但可以推测。该物种的样本获取记录显示，大部分样本来自秘鲁离岸海域，因被捕捞鲨鱼和大型鱼类的刺网误捕而死亡，说明渔具误捕的确是个问题；捕捞长喙鱼（剑鱼、旗鱼等和金枪鱼）的深水刺网对该物种的缠绕可能也是一大问题。和其他深潜的喙鲸一样，秘鲁中喙鲸可能受到噪声（特别是地震勘探和军用声呐）污染的影响。该物种也曾有误食塑料垃圾的记录，该摄食行为最终可能导致其死亡。

生活史

未知。

雄性秘鲁中喙鲸成体的背部和身体两侧有明显的白色条带

雌性秘鲁中喙鲸成体无明显特征

德氏中喙鲸

DERANIYAGALA'S BEAKED WHALE

Mesoplodon hotaula　Deraniyagala, 1963

目前已知的德氏中喙鲸的信息仅来自 11 个证实的样本和少数海上的活体目击记录。最初描述这一种鲜为人知的喙鲸的信息来自 1963 年斯里兰卡的一具尸体样本。多年来，德氏中喙鲸被认为和银杏齿中喙鲸是同一种喙鲸。但在 2014 年，德氏中喙鲸被正式认可为单独的物种。

分类　齿鲸亚目，喙鲸科。

英文常用名　以时任锡兰（现为斯里兰卡）国家博物馆馆长的 P. E. P. 德拉尼亚加拉（P. E. P. Deraniyagala）的名字命名，他当时收集、描述并命名了第一个样本。

别名　环礁喙鲸（现在该名称已逐渐弃用，因为其分布不仅局限于环礁）。

学名　*Mesoplodon* 源自希腊语 *mesos*（中）、*hopla*（武装或武器）和 *odon*（牙齿），*Mesoplodon* 可以解释为"在下颌中部每侧都生有一颗牙齿"；*hotaula* 源自当地的僧伽罗语 *hota*（喙）和 *ula*（尖的）。

分类学　未识别出其他分形或亚种。

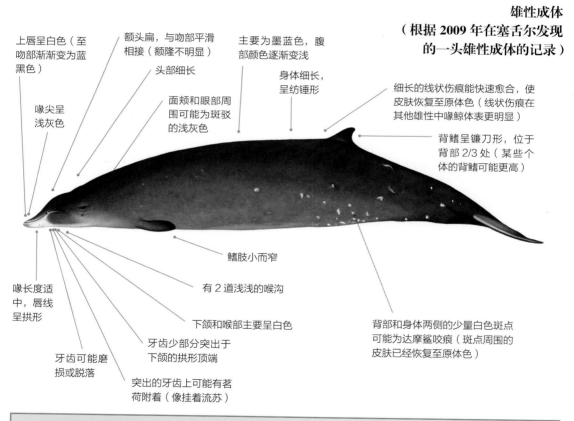

雄性成体
（根据 2009 年在塞舌尔发现的一头雄性成体的记录）

上唇呈白色（至吻部渐渐变为蓝黑色）

额头扁，与吻部平滑相接（额隆不明显）

头部细长

主要为墨蓝色，腹部颜色逐渐变浅

身体细长，呈纺锤形

细长的线状伤痕能快速愈合，使皮肤恢复至原体色（线状伤痕在其他雄性中喙鲸体表更明显）

喙尖呈浅灰色

面颊和眼部周围可能为斑驳的浅灰色

背鳍呈镰刀形，位于背部 2/3 处（某些个体的背鳍可能更高）

鳍肢小而窄

有 2 道浅浅的喉沟

喙长度适中，唇线呈拱形

下颌和喉部主要呈白色

背部和身体两侧的少量白色斑点可能为达摩鲨咬痕（斑点周围的皮肤已经恢复至原体色）

牙齿可能磨损或脱落

牙齿少部分突出于下颌的拱形顶端

突出的牙齿上可能有茗荷附着（像挂着流苏）

鉴别特征一览

- 分布于热带印度洋和西太平洋。
- 体型为中小型。
- 体色深，但下颌和喉部色浅。
- 可能无线状伤痕。
- 背鳍明显，呈镰刀形，位于背部 2/3 处。
- 唇线呈拱形，牙齿可见，位于拱形顶端。
- 牙齿上可能布满茗荷。

雄性成体

呼吸孔呈新月形，止点朝前

尾干侧扁

雌性成体的尾叶（背面）

中间缺刻浅

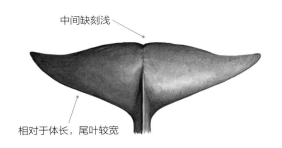

相对于体长，尾叶较宽

雄性成体的尾叶（背面）

无中间缺刻

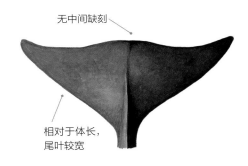

相对于体长，尾叶较宽

体长和体重

成体 体长：雄性 3 ~ 4.3 米，雌性 4.5 ~ 4.8 米；体重：未知；最大：未知。

幼崽 体长：未知；体重：未知。

相似物种

　　DNA 证据通常是鉴定物种时必不可少的。专家们应当评估德氏中喙鲸和与其相似的银杏齿中喙鲸在头骨和牙齿形态上的差异。德氏中喙鲸与银杏齿中喙鲸和深色的柯氏喙鲸（乃至可能是热带水域中的任何中喙鲸）极易混淆。德氏中喙鲸的喙尖为浅灰色，下颌和喉部为白色；银杏齿中喙鲸的喙尖为白色、下颌和喉部为深灰色。除此之外，达摩鲨的咬痕也有助于区分它们，银杏齿中喙鲸身上的达摩鲨咬痕为白色，而德氏中喙鲸身上的达摩鲨咬痕与体色相同（不过该现象所参考的信息非常有限）。

分布

　　目前，研究人员仅从分布于印度洋 - 太平洋的少量分散的搁浅记录和目击记录中获取信息。德氏中喙鲸似乎在印度洋和太平洋的部分热带区域有分布。人们对其栖息地的偏好知之甚少，但推测其主要活动于水深超过 500 米的水域（主

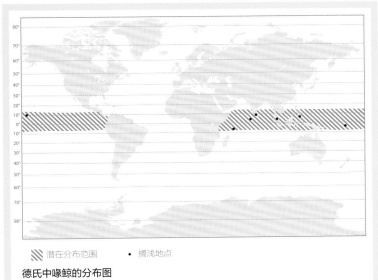

▨▨ 潜在分布范围　　• 搁浅地点

德氏中喙鲸的分布图

背鳍的外观差异

雄性成体的下颌

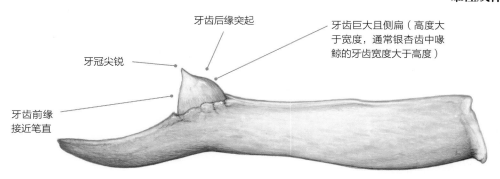

牙齿后缘突起

牙冠尖锐

牙齿前缘
接近笔直

牙齿巨大且侧扁（高度大
于宽度，通常银杏齿中喙
鲸的牙齿宽度大于高度）

要是离岸海域，但也可能靠近海岸，只要该海域足够深）。中太平洋的巴尔米拉环礁（夏威夷西南部）、塔比特韦亚环礁（基里巴斯），以及位于印度洋的马尔代夫海域，是邂逅这一神秘物种的最佳场所。

新物种的命名

1963 年 1 月 26 日，在斯里兰卡拉特默勒纳（科伦坡以南约 8 千米），一头垂死的雌性德氏中喙鲸被冲上海岸，而后死去，这是人类记录的第一个德氏中喙鲸的尸体样本。时任锡兰（现为斯里兰卡）国家博物馆馆长的德拉尼亚加拉认为这是一个独一无二的新物种，并将其命名为德氏中喙鲸。半个多世纪以来，德氏中喙鲸作为独立物种的地位一直存在争议，然而在近期，研究人员对新采集的德氏中喙鲸尸体样本进行了 DNA 分析，证实其为独立物种。

德氏中喙鲸的第二个样本是在发现第一个样本 40 年后采集的，是 2003 年在基里巴斯的吉尔伯特群岛的塔比特韦亚环礁发现的一个雄性样本。自那之后，研究人员又鉴定了 9 个样本：2005 年，在莱恩群岛的巴尔米拉环礁发现的一个雌性样本、一个疑似雌性样本和一个雄性样本；2007 年，在马尔代夫胡富杜法阿卢岛环礁发现的一个雄性样本；2009 年，在塞舌尔群岛中的德罗什岛上发现上的一个雄性样本；2012 年，在菲律宾孔波斯特拉山谷的马科发现的一个母子对（被发现时，幼崽还活着，后被推回水中）；2013

年，在基里巴斯的吉尔伯特群岛收集了至少一个样本。如今被保存在英国自然历史博物馆的一个样本是 1954 年在马来西亚收集的，现在也被证实为该物种。其他一些在热带海域发现的记录可能也属于德氏中喙鲸，但仍然需要进行 DNA 检测和进一步的头骨与牙齿形态检查，以证实它们的真实性。

来自塔比特韦亚环礁的标本特别有趣：用于鉴定该个体的组织样本（肉干）是岛民赠予的礼物，是一次盛宴后留下的。据报道，这块肉干来自 2002 年 10 月被驱赶到海滩上并被杀死的 7 头喙鲸中的 1 头，当时这些喙鲸进入了浅水潟湖。据岛民回忆，这种事件每年能发生若干次。这些喙鲸被描述为"长鲸"，长度为 4.6 ~ 6.1 米。

在该物种的活体目击记录中，唯一一次科学的报告来自巴尔米拉环礁周边（北纬 05 度 50 分，西经 162 度 06 分）。此外，在金曼礁附近的喙鲸声学记录（连续 4 个月进行监测，每天监测好多次）证实在该海域活动的是德氏中喙鲸。

行为

德氏中喙鲸的行为基本未知。太平洋中部的巴尔米拉环礁周边有许多可能为该物种的活体目击记录。在这些从远处观察记录里，有 2 条记录为德氏中喙鲸完全从水里跳出来。2 个雄性样本的断牙表明该物种的雄性在争斗时可能使用牙齿作为武器。

食物和摄食

食物 和其他中喙鲸一样，可能主要以乌贼为食；也可能摄食深海鱼类。

摄食 未知。

潜水深度 未知。

潜水时间 未知。

牙齿

$$\frac{上\ 0\ 颗}{下\ 2\ 颗}$$

仅雄性的牙齿突出；牙齿高 10 厘米，宽 9 厘米（高度大于宽度，通常银杏齿中喙鲸的牙齿宽度大于高度）。

群体规模和结构

目击到的大多数疑似为德氏中喙鲸的群体都是由成对的动物（包括至少 2 个母子对）组成，平均每个群体由 2.2 头组成。

种群丰度

未知。迄今为止，有关德氏中喙鲸的记录比较匮乏，这说明其可能并不常见。尽管如此，研究人员在金曼礁采集的声学记录数据表明，德氏中喙鲸至少在该海域有相当大的集群。

保护

世界自然保护联盟保护现状：数据不足（2018年）。尚不清楚德氏中喙鲸所遭受的威胁，但可以推测。唯一已知的直接捕杀行为，发生于基里巴斯（吉尔伯特群岛）33 座环礁岛中的一座岛上，当地原住民会捕杀该物种。未有误捕记录，尽管该物种很可能受定置网和多钩长线缠绕而死。此前记录一头于菲律宾搁浅的雌性的死因为摄入尼龙绳和煤。和其他喙鲸一样，德氏中喙鲸可能受到噪声，特别是地震勘探和军用声呐的影响。

生活史
未知。在菲律宾搁浅死亡的雌性身边还有一头体长 2.4 米的幼崽。

一张罕见的照片：2017 年 11 月，一小群德氏中喙鲸出现于马尔代夫海域

格氏中喙鲸
GRAY'S BEAKED WHALE

Mesoplodon grayi　von Haast, 1876

近些年，尽管格氏中喙鲸在海上还很罕见，但人们对它们的了解越来越深入。格氏中喙鲸的搁浅事件相对常见，因此推测其种群丰度相对较高。2001 年 6 月，一个母子对在新西兰北岛的马胡拉吉港徘徊了近 5 天，给了研究人员极为难得的观察机会。

分类　齿鲸亚目，喙鲸科。

英文常用名　以英国动物学家约翰·爱德华·格雷（John Edward Gray, 1800—1875 年）的名字命名，还有其他几种动物也以他的名字命名，他还亲自命名了几种鲸目动物。

别名　下跃喙鲸、南喙鲸、哈氏喙鲸和小齿喙鲸。

学名　*Mesoplodon* 源自希腊语 *mesos*（中）、*hopla*（武装或武器）和 *odon*（牙齿），*Mesoplodon* 可以解释为"在下颌中部每侧都生有一颗牙齿"；*grayi* 是指以约翰·爱德华·格雷的名字命名。

分类学　未识别出其他分形或亚种；早期有提议将该物种归入一个新的单型属 *Oulodon* 中，但未被广泛支持。

雄性成体

体色主要为深灰色或黑色，有时因硅藻附着而呈现黄色或橙色

坡度平缓，额隆微微隆起，与吻部平滑相接（无折痕）

身体细长，呈纺锤形

身上通常有长而宽、单一或成对的线状伤痕

喙（与部分额隆）通常呈白色至浅灰色不等（存在个体差异）

唇线较直

头部相对小而结实

背鳍小，呈镰刀形（存在个体差异），位于背部 2/3 处

喙极其细长（平均长度为 38 厘米，是喙最长的喙鲸），通常在水下可见

鳍肢小而窄（边缘可能为白色）

有 2 条浅浅的 V 形喉沟

下颌两侧各有一颗三角形的牙齿，位于唇线中点之后（随着时间的推移磨损严重）

腹侧有时呈浅灰色

尿殖区有白斑

可能有大量椭圆形的、白色的达摩鲨咬痕

尾叶较雌性的宽

鉴别特征一览

- 分布于南半球温带水域。
- 体型为中型。
- 身体呈纺锤形。
- 头部相对较小。
- 喙细长，为白色或浅灰色。
- 出水时喙与海面成 45° 角。
- 牙齿小，呈三角形，位于下颌两侧的中央。
- 可能以小群活动。

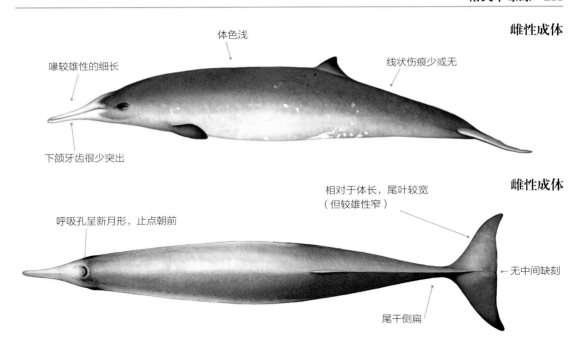

雌性成体

体色浅

喙较雄性的细长

线状伤痕少或无

下颌牙齿很少突出

雌性成体

相对于体长，尾叶较宽（但较雄性窄）

呼吸孔呈新月形，止点朝前

无中间缺刻

尾干侧扁

体长和体重

成体 体长：雄性 4.7 ~ 5.2 米，雌性：4.5 ~ 5.3 米；体重：0.9 ~ 1.1 吨；最大：6 米，大约 1.5 吨。

幼崽 体长：2.1 ~ 2.4 米；体重：未知。

相似物种

　　格氏中喙鲸可能与分布范围内的其他中喙鲸混淆，包括安氏中喙鲸、柏氏中喙鲸、初氏中喙鲸、银杏齿中喙鲸、铲齿中喙鲸、长齿中喙鲸和赫氏中喙鲸，尤其是与其有相似白喙的赫氏中喙鲸。若要区分格氏中喙鲸和赫氏中喙鲸，可以检查其下颌中间是否有突出的牙齿（赫氏中喙鲸突出的牙齿位于下颌尖端）。从近处看，可以看到格氏中喙鲸细长的白色喙和相对直的唇线，这些都是将它们和其他中喙鲸区分开的关键特征。

分布

　　格氏中喙鲸环极分布于南半球的温带离岸水域，大部分出现于南纬 30 度以南。它们有时见于南极和亚南极水域；夏季，它们出现在南极半岛附近海域和南极大陆沿岸海域，甚至活动于浮冰中。它们有可能在新西兰海岸附近搁浅（是该区域最常见的搁浅喙鲸），但也有大量搁浅事件发生于澳大利亚的南澳大利亚州和维多利亚州以及南非、阿根廷、智利和秘鲁。在新西兰北岛和查塔姆群岛之间似乎存在该物种的分

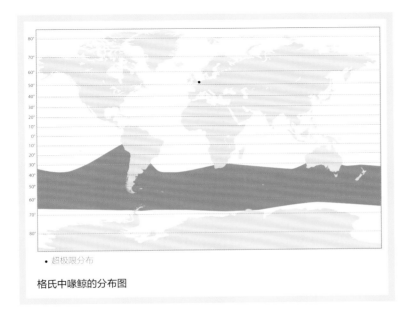

• 超极限分布

格氏中喙鲸的分布图

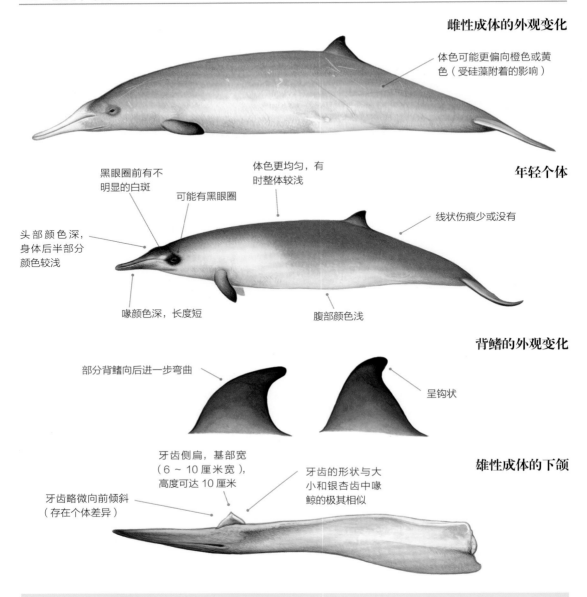

雌性成体的外观变化

体色可能更偏向橙色或黄色（受硅藻附着的影响）

年轻个体

黑眼圈前有不明显的白斑

可能有黑眼圈

体色更均匀，有时整体较浅

线状伤痕少或没有

头部颜色深，身体后半部分颜色较浅

喙颜色深，长度短

腹部颜色浅

背鳍的外观变化

部分背鳍向后进一步弯曲

呈钩状

雄性成体的下颌

牙齿侧扁，基部宽（6～10厘米宽），高度可达10厘米

牙齿的形状与大小和银杏齿中喙鲸的极其相似

牙齿略微向前倾斜（存在个体差异）

潜水过程

- 通常以45°角出水，将细长、白色的喙露出海面。
- 在海面行动缓慢。
- 当背鳍出现时，可见其身体平稳地向前翻滚。
- 通常在探深潜水前不举尾。

喷潮

- 低矮、分散。

布热点区。1927 年，一头雌性搁浅于荷兰的凯敦海滩，这是该物种在北半球的唯一记录，这无疑是一个超极限分布的记录。它们通常在大陆架边缘深度超过 200 米的水域里活动，但在浅海沿岸区域也有发现（存在夏季 - 秋季的季节性离岸迁移，可能与产崽或哺乳有关），可能在海底地形复杂的水域里更常见。

行为

格氏中喙鲸有跃身击浪（通常低矮，但偶尔也会完全跃出空中）、浮窥、鳍肢击浪和拍尾击浪行为。它们快速游动时可能会全身跃出海面，做出低矮的弧形跳跃行为。

牙齿

上 34 ~ 44 颗
下 2 颗

格氏中喙鲸的独特之处在于，雌雄格氏中喙鲸的上颌两侧都有非常小的牙齿（17 ~ 22 对），这些牙齿不到 1 厘米长，仅露出牙龈几毫米或根本不露出；这些牙齿从雄性外露的下颌牙齿（獠牙）大致所对应的上颌位置开始，向口腔后侧排列生长。无论雌雄，下颌牙齿前面都没有牙齿。雌性的下颌牙齿很少突出。

群体规模和结构

大部分目击报告显示，格氏中喙鲸主要为单独或成对行动，偶尔集结成多达 5 头的群体。研究人员对在新西兰搁浅的 113 头格氏中喙鲸进行了长达 20 年的研究：有 57 头单独行动，剩下的 56 头分属于 19 个群体，平均 3 ~ 4 头组成一个群体；在一起搁浅的成体都没有亲缘关系。然而，有几起集体搁浅事件（包括 1874 年在查塔姆群岛一次搁浅了 28 头格氏中喙鲸）表明该物种可能比其他中喙鲸更倾向于集群活动。

天敌

未知。有证据表明鲨鱼会撕咬格氏中喙鲸。虎鲸也可能为该物种的天敌，澳大利亚的虎鲸的确会捕食喙鲸，但当前尚未有虎鲸捕猎格氏中喙鲸的确切记录。

种群丰度

未知。基于分子遗传学证据及格氏中喙鲸在分布范围内的记录，推测其种群丰度可能很高。

保护

世界自然保护联盟保护现状：数据不足（2008 年）。渔具缠绕很可能是最明显的威胁，尽管尚无相关的信息证明。和其他喙鲸一样，格氏中喙鲸可能会误食塑料垃圾，并受到噪声（主要来自军用声呐和地震勘探）污染的影响。尚未知晓是否有直接捕捞该物种的人类活动。

南大洋德雷克海峡中一头伤痕累累的雄性成年格氏中喙鲸

银杏齿中喙鲸
GINKGO-TOOTHED BEAKED WHALE
Mesoplodon ginkgodens   Nishiwaki and Kamiya, 1958

目前尚未有已被证实的银杏齿中喙鲸海上活体的目击记录，但有数项疑似记录。根据少于 30 项的搁浅记录和捕获记录，可推测银杏齿中喙鲸散布于太平洋和印度洋。

分类 齿鲸亚目，喙鲸科。

英文常用名 源自日语 *ginkyo*（银杏树）。从侧面看，该物种的扇形牙齿形似银杏树叶。该物种的模式标本为一头雄性成体，于 1957 年在日本发现。

别名 日本喙鲸，银杏齿鲸。

学名 *Mesoplodon* 源自希腊语 *mesos*（中）、*hopla*（武装或武器）和 *odon*（牙齿），*Mesoplodon* 可以解释为"在下颌中部每侧都生有一颗牙齿"；*ginkgodens* 源自 *ginkgo*（银杏树）；*dens* 为拉丁语，意为"牙齿"。

分类学 未识别出其他分形或亚种；多年以来，德氏中喙鲸都被认为和银杏齿中喙鲸同属一个物种，但 2014 年，德氏中喙鲸被正式认可为独立的物种。

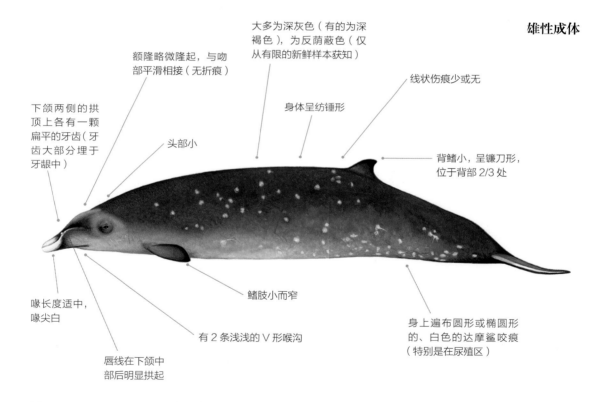

雄性成体

大多为深灰色（有的为深褐色），为反荫蔽色（仅从有限的新鲜样本获知）

额隆略微隆起，与吻部平滑相接（无折痕）

线状伤痕少或无

下颌两侧的拱顶上各有一颗扁平的牙齿（牙齿大部分埋于牙龈中）

身体呈纺锤形

头部小

背鳍小，呈镰刀形，位于背部 2/3 处

喙长度适中，喙尖白

鳍肢小而窄

有 2 条浅浅的 V 形喉沟

唇线在下颌中部后明显拱起

身上遍布圆形或椭圆形的、白色的达摩鲨咬痕（特别是在尿殖区）

鉴别特征一览
- 分布于热带至温带的太平洋和印度洋海域。
- 体型为中型。
- 浅色线状伤痕少或无。
- 喙长度适中，喙尖白。
- 额隆略微隆起，坡度平缓。
- 唇线在下颌中部后明显拱起。
- 扁平的牙齿位于下颌两侧拱顶。
- 背鳍小，呈镰刀形，位于背部 2/3 处。

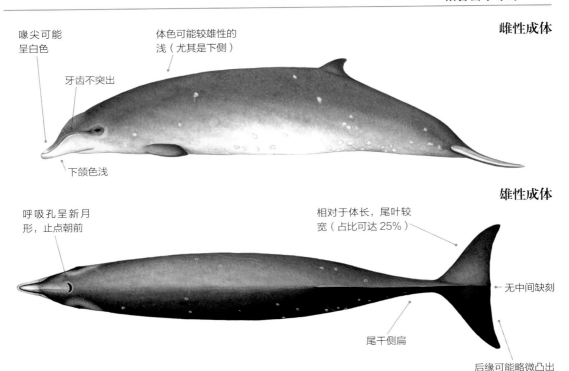

雌性成体

喙尖可能
呈白色

体色可能较雄性的
浅（尤其是下侧）

牙齿不突出

下颌色浅

雄性成体

呼吸孔呈新月
形，止点朝前

相对于体长，尾叶较
宽（占比可达 25%）

无中间缺刻

尾干侧扁

后缘可能略微凸出

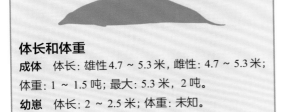

体长和体重

成体　体长：雄性 4.7 ～ 5.3 米，雌性：4.7 ～ 5.3 米；
体重：1 ～ 1.5 吨；最大：5.3 米，2 吨。
幼崽　体长：2 ～ 2.5 米；体重：未知。

相似物种

　　银杏齿中喙鲸容易与分布范围相同的其他中喙鲸混淆，比如德氏中喙鲸、哈氏中喙鲸和柏氏中喙鲸（如果只看牙齿的话，容易和格氏中喙鲸混淆）。如果没有更具体的信息，该物种在海上很难识别。和其他物种的雄性中喙鲸不同的是，雄性银杏齿中喙鲸身上没有明显的白色线状伤痕，所以该特征有助于识别。德氏中喙鲸的喙尖为浅灰色，下颌和喉部为白色；而银杏齿中喙鲸的喙尖为白色，下颌和喉部为深灰色。雄性成年哈氏中喙鲸的特点是有"帽子"和喙呈白色。雄性柏氏中喙鲸成体下颌拱起得更高，且其头部更扁。在海上独行的雌性柏氏中喙鲸成体和幼崽无明显特征，可能无法与其他中喙鲸区分开来。

分布

　　由于银杏齿中喙鲸的记录太少，并且此前银杏齿中喙鲸和德氏中喙鲸在物种分类上存在混淆，因此尚不清楚其确切分布。已知分布记录广泛出现

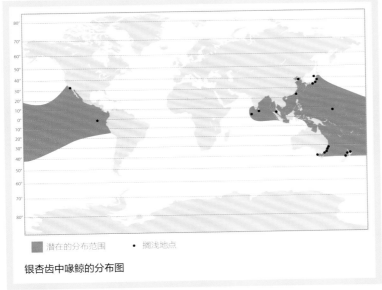

潜在的分布范围　　●　搁浅地点

银杏齿中喙鲸的分布图

雄性成体下颌

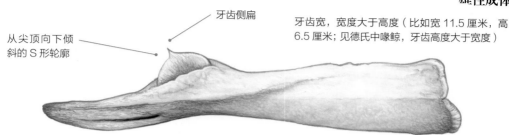

牙齿宽，宽度大于高度（比如宽 11.5 厘米，高 6.5 厘米；见德氏中喙鲸，牙齿高度大于宽度）

从尖顶向下倾斜的 S 形轮廓

牙齿侧扁

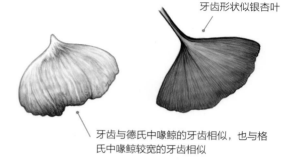

牙齿形状似银杏叶

牙齿与德氏中喙鲸的牙齿相似，也与格氏中喙鲸较宽的牙齿相似

于太平洋和印度洋（尽管印度洋的记录更像是德氏中喙鲸的分布记录），大部分集中于太平洋西部。银杏齿中喙鲸主要分布于热带至温带的深水水域，可能在海底地形复杂的区域更常见。

　　银杏齿中喙鲸的记录主要来自日本各地（总共 7 项，包括 1957 年在东京附近发现的模式标本），它们在日本的分布可能与黑潮暖流有关；山形县的一项记录表明，它们也可能分布于日本海。银杏齿中喙鲸搁浅事件也出现在其他地方：中国（辽宁省 1 起，台湾省 4 起）；美国加利福尼亚州的德尔马（1 起）；科隆群岛（1 起）；印度尼西亚马六甲海峡（1 起）；密克罗尼西亚的波纳佩州（1 起，以前误被记录为关岛）；澳大利亚（维多利亚州 1 起，新南威尔士州 4 起）；新西兰（5 起）；马尔代夫（1 起，马累国家博物馆收藏了 1 颗牙齿）。据报道，菲律宾曾发生 1 起该物种的搁浅事件，但其身份证明存在疑问。

　　声学研究一直在采集银杏齿中喙鲸的回声定位信号，包括广泛分布于夏威夷西南约 300 千米处的克罗斯海山周围的信号，以及偶尔出现在科纳、考爱岛、珀尔 - 赫米斯环礁（位于夏威夷群岛西北部）离岸海域的信号。

行为

　　由于缺乏经过证实的银杏齿中喙鲸海上活体目击记录，因此没有该物种相关的行为信息。和其他物种的雄性中喙鲸不同的是，雄性银杏齿中喙鲸身上没有明显的白色线状伤痕，这可能是因为其牙齿多埋于牙龈内，而非缺少种内争斗。

食物和摄食

已知信息非常有限。可能和其他喙鲸一样，主要以深海乌贼和某些鱼类为食，可能在水深大于 200 米的水域摄食。

牙齿（雄性）

上 0 颗
———
下 2 颗

群体规模和结构

　　未知。

天敌

　　未知，但可能为虎鲸和大型鲨鱼。

种群丰度

　　未知。根据现有记录数量，推测该物种种群丰度可能不高，不常见。

保护

　　世界自然保护联盟保护现状：数据不足（2008 年）。刺网和其他渔具的缠绕可能是银杏齿中喙鲸面临的最明显的威胁；在中国台湾，有几例银杏齿中喙鲸被深水刺网缠绕和多钩长线缠住的报告。和其他喙鲸一样，银杏齿中喙鲸可能会误食塑料垃圾，并受到噪声（主要来自军用声呐和地震勘探）污染的影响。日本和中国台湾的捕鲸者会误捕该物种。

生活史

完全未知。

赫氏中喙鲸

Hector's BEAKED WHALE　　　　　　　*Mesoplodon hectori*　(Gray, 1871)

目前关于赫氏中喙鲸的信息仅来自十多条搁浅记录和一条经过证实的海上活体观测记录，该物种是所有鲸目动物中最鲜为人知的一种。

分类　齿鲸亚目，喙鲸科。

英文常用名　以詹姆斯·赫克托（James Hector, 1834—1907 年）的名字命名，他是新西兰惠灵顿殖民地博物馆的创始研究员，新西兰惠灵顿也是发现该物种模式标本之处。

别名　新西兰喙鲸、斜喙鲸（因其头骨明显不对称而得名）。

学名　*Mesoplodon* 源自希腊语 *mesos*（中）、*hopla*（武装或武器）和 *odon*（牙齿），*Mesoplodon* 可以解释为"在下颌中部每侧都生有一颗牙齿"；*hectori* 是指以詹姆斯·赫克托的名字命名。

分类学　未识别出其他分形或亚种。

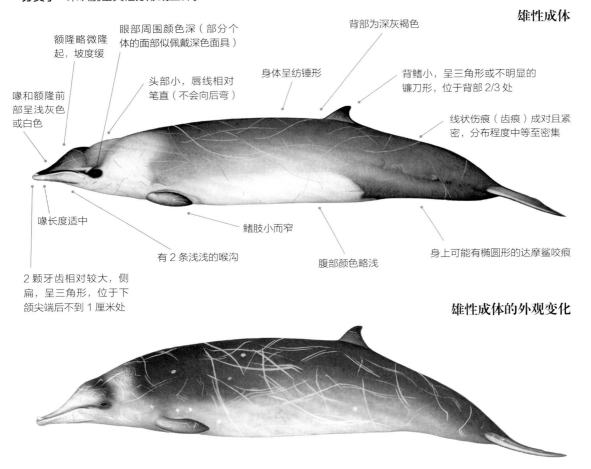

雄性成体

额隆略微隆起，坡度缓

眼部周围颜色深（部分个体的面部似佩戴深色面具）

背部为深灰褐色

头部小，唇线相对笔直（不会向后弯）

身体呈纺锤形

背鳍小，呈三角形或不明显的镰刀形，位于背部 2/3 处

喙和额隆前部呈浅灰色或白色

线状伤痕（齿痕）成对且紧密，分布程度中等至密集

喙长度适中

鳍肢小而窄

有 2 条浅浅的喉沟

腹部颜色略浅

身上可能有椭圆形的达摩鲨咬痕

2 颗牙齿相对较大，侧扁，呈三角形，位于下颌尖端后不到 1 厘米处

雄性成体的外观变化

鉴别特征一览

- 分布于南半球的暖水水域。
- 体型为中小型。
- 背鳍小，呈三角形或不明显的镰刀形，位于背部 2/3 处。
- 喙和额隆前部呈浅灰色或白色。
- 额隆坡度缓。
- 线状伤痕分布程度中等至密集。
- 2 颗牙齿位于下颌尖端，呈三角形，侧扁。

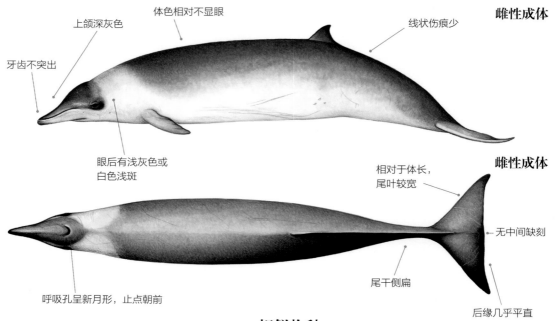

雌性成体

上颌深灰色

体色相对不显眼

线状伤痕少

牙齿不突出

眼后有浅灰色或白色浅斑

雌性成体

相对于体长，尾叶较宽

无中间缺刻

呼吸孔呈新月形，止点朝前

尾干侧扁

后缘几乎平直

体长和体重
成体　体长：雄性 4 ~ 4.3 米，雌性 4 ~ 4.4 米；体重：大约 900 千克；最大：4.5 米，大约 1 吨。
幼崽　体长：1.8 ~ 2.1 米；体重：未知。

相似物种

　　赫氏中喙鲸最可能与相同分布范围内的其他中喙鲸混淆，比如安氏中喙鲸、柏氏中喙鲸、银杏齿中喙鲸、初氏中喙鲸、长齿中喙鲸和铲齿中喙鲸，尤其是喙同样为白色的格氏中喙鲸。雌性赫氏中喙鲸成体和幼崽在海上可能无法识别。雄性赫氏中喙鲸下颌尖端有扁平的牙齿，格氏中喙鲸的牙齿位于下颌中部；赫氏中喙鲸体表大多是紧密成对的齿痕，而格氏中喙鲸的齿痕多为单条。赫氏中喙鲸和佩氏中喙鲸几乎无法区分（除了进行 DNA 检验），但它们生活在不同的半球。

分布

　　赫氏中喙鲸分布于南半球的寒温带水域，在南纬 32 度到 55 度之间。大多数记录来自新西兰、澳大利亚南部（包括塔斯马尼亚岛）、南美洲南部的大西洋海域（巴西、乌拉圭和马尔维纳斯群岛）和南非。智利火地岛以南的纳瓦里诺岛也发生过一起搁浅事件。新西兰和南美洲太平洋海岸之间没有任何记录，原因要么是分布中断，要么就是缺乏数据。据推测，赫氏中喙鲸分布于大陆架边缘以外的深水中（与该属的

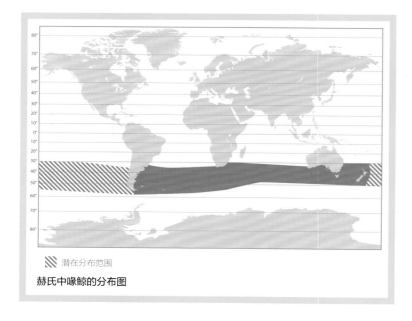

潜在分布范围

赫氏中喙鲸的分布图

食物和摄食

实际上是未知的。它们可能在深水中以乌贼（也可能是鱼类和无脊椎动物）为食。唯一的现场目击记录证实它们的潜水时间可达 4 分钟，但最长的潜水时间可能要长得多。

雄性成体的下颌

其他成员一样）。在新西兰，搁浅事件频发于当年 12 月～次年 4 月，表明该物种在夏季可能有离岸活动。1975 ～ 1979 年，4 头搁浅在加利福尼亚州南部的鲸目动物被暂定为赫氏中喙鲸，当时这起事件被认为是该物种在北半球首次出现在记录，但现在它们被确认为佩氏中喙鲸。

行为

已知行为信息主要来自搁浅个体的记录。唯一经过证实的活体目击记录出现于 1999 年，人们在澳大利亚西南部海域距离海岸约 50 米的浅水区发现了一头体长 3 米、外表健康的赫氏中喙鲸，该水域并非它的主要栖息地。它在研究船周围多次跃身击浪，并在该水域停留了 2 周后不知所踪。

牙齿

上 0 颗

下 2 颗

2016 年，南澳大利亚州博物馆对 1 头成年雌性进行了尸检，发现它的下颌有 1 对以前从未见过的小"尖牙"；在其下方是 2 颗典型的三角形牙齿（雌性喙鲸牙齿不萌出）。这些"多余"的牙齿可能是某种返祖现象（演化倒退）。

群体规模和结构

无相关信息，但可能以小群的形式出现。

生活史

几乎未知。幼崽主要生于夏季，每胎一崽（基于非常有限的证据）。

种群丰度

尚未对全球丰度进行估计。该物种可能在其大部分分布范围内都难被观察到，并缺乏相关记录，可能与缺乏研究和海上识别存在难度有很大关系。搁浅记录表明，该物种可能在新西兰海域比较常见。

保护

世界自然保护联盟保护现状：数据不足（2008 年）。关于该物种所受威胁的信息很少，但可推测出一些。和其他深海喙鲸一样，它们可能会误食塑料垃圾，并容易受到噪声（主要来自地震勘探和军用声呐）的影响。目前尚不清楚赫氏中喙鲸的直接捕获情况（除了 19 世纪在新西兰曾捕获一头之外），也无任何证据表明该物种经常作为副渔获物被捕获。

一张极为罕见的赫氏中喙鲸活体照片——在西澳大利亚州离岸海域活动的一头雌性幼崽

哈氏中喙鲸
HUBBS' BEAKED WHALE
Mesoplodon carlhubbsi Moore, 1963

哈氏中喙鲸鲜为人知，已知其在北大西洋的记录少于 60 条，大部分为搁浅记录，只有少数是海上活体的目击记录。哈氏中喙鲸与安氏中喙鲸极其相似，生活在南大洋寒冷的水域里。

分类 齿鲸亚目，喙鲸科。

英文常用名 卡尔·L. 哈布斯（Corl L. Hubbs, 1894—1979 年）是杰出的海洋生物学家，于 1945 年发现了该物种的模式标本，后来约瑟夫·柯蒂斯·穆尔为纪念哈布斯而以他的名字命名。哈布斯和加利福尼亚州斯克里普斯海洋研究所的其他教职工在第二次世界大战期间实行肉类配给时吃掉了这头鲸的肉，保存了该模式标本的骨架——该事件流传甚广。

别名 弓喙鲸。

学名 *Mesoplodon* 源自希腊语 *mesos*（中）、*hopla*（武装或武器）和 *odon*（牙齿），*Mesoplodon* 可以解释为"在下颌中部每侧都生有一颗牙齿"；*carlhubbsi* 指以卡尔·L. 哈布斯的名字命名。

分类学 过去被（部分人）认为是安氏中喙鲸的亚种，但最近的分子生物学研究证实二者存在种间差异；未识别出其他分形或亚种。

雄性成体

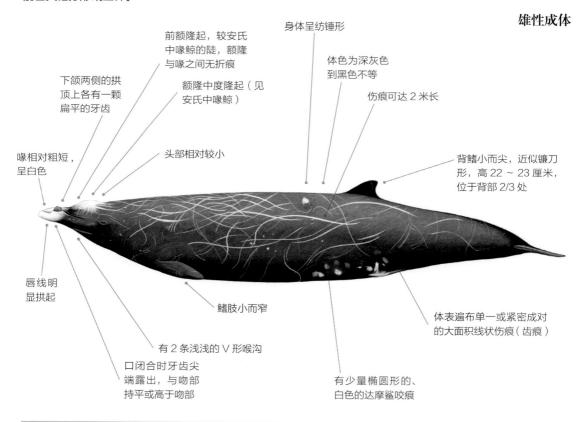

前额隆起，较安氏中喙鲸的陡，额隆与喙之间无折痕

额隆中度隆起（见安氏中喙鲸）

下颌两侧的拱顶上各有一颗扁平的牙齿

身体呈纺锤形

体色为深灰色到黑色不等

伤痕可达 2 米长

喙相对粗短，呈白色

头部相对较小

背鳍小而尖，近似镰刀形，高 22 ~ 23 厘米，位于背部 2/3 处

唇线明显拱起

鳍肢小而窄

体表遍布单一或紧密成对的大面积线状伤痕（齿痕）

有 2 条浅浅的 V 形喉沟

口闭合时牙齿尖端露出，与吻部持平或高于吻部

有少量椭圆形的、白色的达摩鲨咬痕

鉴别特征一览
- 分布于北大西洋寒温带。
- 体型为中型。
- 体色深且均匀。
- 额隆和喙呈白色。
- 伤痕密集。
- 背鳍小，呈镰刀形，位于背部 2/3 处。
- 下颌弓起，两侧各有一颗牙齿（獠牙）。

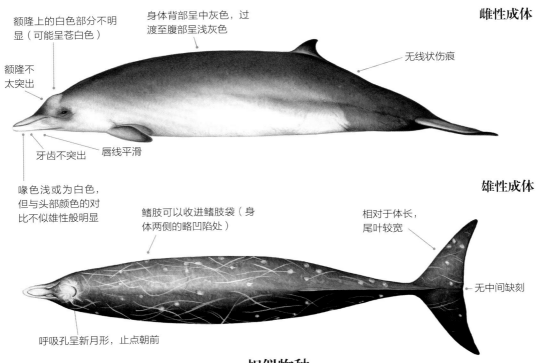

雌性成体

额隆上的白色部分不明显（可能呈苍白色）

身体背部呈中灰色，过渡至腹部呈浅灰色

无线状伤痕

额隆不太突出

牙齿不突出

唇线平滑

喙色浅或为白色，但与头部颜色的对比不似雄性般明显

雄性成体

鳍肢可以收进鳍肢袋（身体两侧的略凹陷处）

相对于体长，尾叶较宽

无中间缺刻

呼吸孔呈新月形，止点朝前

相似物种

雄性哈氏中喙鲸成体比大多数其他喙鲸更容易辨认。贝氏贝喙鲸、柯氏喙鲸、史氏中喙鲸、银杏齿中喙鲸、佩氏中喙鲸、印太喙鲸和柏氏中喙鲸都与哈氏中喙鲸的分布范围有不同程度的重叠，但哈氏中喙鲸白色的喙、额隆和大獠牙可作为识别特征；喙长、牙齿位置和唇线的形状也会有所帮助。哈氏中喙鲸与安氏中喙鲸相似（以前某些记录曾错误地将哈氏中喙鲸鉴定为安氏中喙鲸），但二者的分布范围并不重叠。在海上有经验的观察者才能够准确鉴定出哈氏中喙鲸雌性成体和年幼个体。

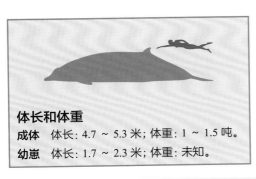

体长和体重
成体　体长：4.7 ~ 5.3 米；体重：1 ~ 1.5 吨。
幼崽　体长：1.7 ~ 2.3 米；体重：未知。

分布

哈氏中喙鲸的分布情况主要通过其搁浅记录来体现。该物种仅分布于北太平洋温带水域的离岸深海区。大部分记录来自北美洲西部，主要沿着加利福尼亚寒流向南流动的路径分布，在北纬 32 度 42 分（美国加利福尼亚州圣克利门蒂岛）至北纬 54 度 18 分（加拿大不列颠哥伦比亚省鲁珀特王子港）之间。也有分布记录来自日本

哈氏中喙鲸的分布图

幼崽

有深色眼斑

背侧为深褐色向下
过渡至腹侧黄白色

无线状伤痕

面部为浅色，吻
和喙尖为深色

唇线较缓

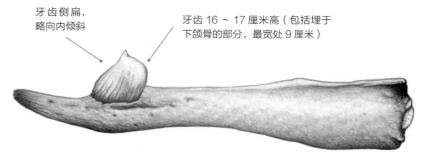

牙齿侧扁，
略向内倾斜

牙齿 16 ~ 17 厘米高（包括埋于
下颌骨的部分，最宽处 9 厘米）

太平洋海岸北纬 35 度 01 分（日本本州毗邻骏河湾的沼津市）至北纬 43 度 19 分（日本北海道根室市）之间，可能在向北流动的黑潮暖流和向南流动的亲潮汇合处。北太平洋中部缺少记录可能是由于该区域没有陆地。虽然目击记录较少，但哈氏中喙鲸在北太平洋的分布仍可能是连续的。然而，考虑到中部只有一次记录（在北纬 43 度、西经 163 度的公海，曾有一头哈氏中喙鲸被流刺网捕获），而在阿留申群岛或夏威夷没有记录，因此北太平洋也有可能存在东、西 2 个种群。据说，该物种仅在水深超过 200 米的水域进行长时间活动。

行为

只有几次被证实的海上目击记录。唯一有充分证据证实的目击事件发生于 1994 年 7 月 26 日美国俄勒冈州的离岸海域，当时海况极佳，共有 2 个群体被目击，分别有 2 头和 5 头。1997 年，在日本本州的骏河湾曾有单独一头哈氏中喙鲸被短暂目击到。2005 年，在美国华盛顿州的一次鲸目动物调查中很可能也目击到了一头哈氏中喙鲸。1989 年，有 2 头年轻个体活体被发现搁浅于旧金山海滩。它们被一家海洋馆运回馆内，但 2 周后死亡。

潜水过程

- 头部的喙和白色的额隆可见（有一例报告中个体出水时抬起整个头部）。
- 低矮的背部和背鳍出现时，头部消失。
- 下潜时背部轻微弓起。
- 通常不举尾。

喷潮

- 不明显。

食物和摄食

食物 有限的证据表明哈氏中喙鲸主要以深海乌贼和某些深海鱼类为食，包括黵乌贼、爪乌贼、蛸乌贼、帆乌贼、鞭乌贼、灯笼鱼和马康氏蛙鱼等。

摄食 可能为吸食（将食物吸入口腔然后整个吞下）。

潜水深度 可能潜至 500 ~ 3000 米深。

潜水时间 未知，但可能下潜长达 1 小时。

牙齿

上 0 颗

下 2 颗

仅雄性牙齿突出。

群体规模和结构

有限的信息表明它们可能 1 ~ 5 头形成一群。

天敌

未知，但虎鲸和大型鲨鱼可能是其天敌。

种群丰度

未知。已有的目击记录很少，表明该物种可能很罕见，但和所有中喙鲸一样，哈氏中喙鲸在海上难以被发现，因此也可能只是被遗漏了。自 21 世纪初，该物种在北美洲海岸的搁浅数量似乎有所减少。

保护

世界自然保护联盟保护现状：数据不足（2008 年）。日本捕鲸者在一些小型捕鲸活动中偶尔能捕到该物种，利用该物种制作的肉制品偶尔会出现在日本市场上。哈氏中喙鲸可能容易受到误捕的影响。1990 ~ 1995 年，有 5 头哈氏中喙鲸在加利福尼亚州离岸海域被用来捕捉剑鱼和长尾鲨的流刺网捕获，但自从 1997 年渔具被强制安装声波发射器（响铃定时器）以来，尚未出现误捕事件。

与其他种类的喙鲸一样，哈氏中喙鲸也可能受噪声（主要自军用声呐和地震勘探）污染、塑料垃圾误食和气候变化的影响。气候变化可能会对北太平洋所有冷水型喙鲸造成相当大的影响，因为它们无法随着气候变暖轻易地将分布范围向北转移。

生活史

交配 鲜为人知，但雄性体表的线状伤痕说明存在雄性争斗，可能是为了争夺雌性交配权（平行伤痕可能是在争斗时口闭合时产生的）。

妊娠期 未知。

产崽 幼崽可能主要生于夏季（5 ~ 8 月），每胎一崽。

断奶 未知。

寿命 未知。

柏氏中喙鲸
BLAINVILLE'S BEAKED WHALE　*Mesoplodon densirostris*　(Blainville, 1817)

柏氏中喙鲸是全球热带海域最常见的中喙鲸（尽管也只是相对"常见"），也是中喙鲸属分布最广的物种。它们的下颌明显弓起，下颌的牙齿突出似一对角，吻部的骨骼是所有动物当中最致密的。

分类　齿鲸亚目，喙鲸科。

英文常用名　该命名是为了纪念法国动物学家和解剖学家亨利·玛丽·迪克罗泰·德布雷维尔（Henri Marie Ducrotay de Blainville，1770—1850 年），他根据一根 18 厘米长的上颌骨描述了该物种。

别名　密颌喙鲸、热带喙鲸、牛幼崽和大西洋喙鲸。

学名　*Mesoplodon* 源自希腊语 *mesos*（中）、*hopla*（武装或武器）和 *odon*（牙齿），*Mesoplodo* 可以解释为"在下颌中部每侧都生有一颗牙齿"；*densirostris* 源自拉丁语 *densum*（致密或厚）和 *rostris*（喙），指该物种模式标本上颌骨的密度高于象牙的。

分类学　过去被（部分）人认为是安氏中喙鲸的亚种，但最近的分子生物学研究证实其存在种间差异；未识别出其他分形或亚种。

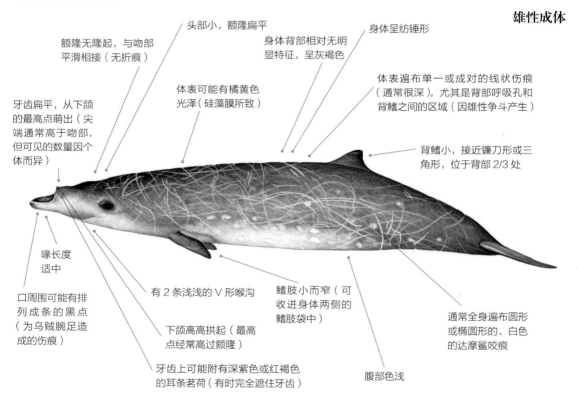

雄性成体

- 头部小，额隆扁平
- 额隆无隆起，与吻部平滑相接（无折痕）
- 身体背部相对无明显特征，呈灰褐色
- 身体呈纺锤形
- 体表可能有橘黄色光泽（硅藻膜所致）
- 体表遍布单一或成对的线状伤痕（通常很深），尤其是背部呼吸孔和背鳍之间的区域（因雄性争斗产生）
- 牙齿扁平，从下颌的最高点萌出（尖端通常高于吻部，但可见的数量因个体而异）
- 背鳍小，接近镰刀形或三角形，位于背部 2/3 处
- 喙长度适中
- 口周围可能有排列成条的黑点（为乌贼腕足造成的伤痕）
- 有 2 条浅浅的 V 形喉沟
- 鳍肢小而窄（可收进身体两侧的鳍肢袋中）
- 通常全身遍布圆形或椭圆形的、白色的达摩鲨咬痕
- 下颌高高拱起（最高点经常高过额隆）
- 腹部色浅
- 牙齿上可能附有深紫色或红褐色的耳条茗荷（有时完全遮住牙齿）

鉴别特征一览
- 分布于全球热带至暖温带水域。
- 体型为中型。
- 体色为灰褐色。
- 体表有达摩鲨咬痕。
- 线状伤痕在体表交织成网。
- 下颌高高拱起。
- 牙齿在下颌最高点萌出，扁平且前倾。
- 下颌齿上附有大量茗荷，貌似蓬松的毛球。
- 头部小，额隆扁平。
- 背鳍小，近似镰刀形或三角形，位于背部 2/3 处。

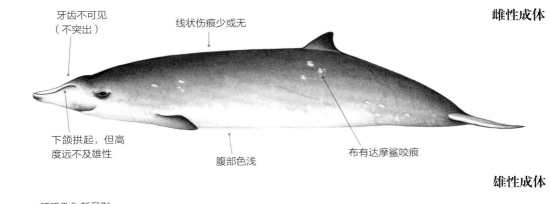

雌性成体

牙齿不可见
（不突出）

线状伤痕少或无

下颌拱起，但高
度远不及雄性

腹部色浅

布有达摩鲨咬痕

雄性成体

呼吸孔为新月形，
止点朝前

相对于体长，
尾叶较宽

无中间缺刻

尾干侧扁

"面颊"宽

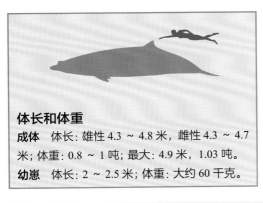

体长和体重

成体 体长：雄性 4.3 ~ 4.8 米，雌性 4.3 ~ 4.7
米；体重：0.8 ~ 1 吨；最大：4.9 米，1.03 吨。

幼崽 体长：2 ~ 2.5 米；体重：大约 60 千克。

相似物种

在海上近距离观察时，雄性柏氏中喙鲸成体是最容易识别的物种之一。没有雄性成体在场的情况下，雌性成体和幼崽更难识别，不过它们拱起的下颌能够作为有用的鉴定依据。与该物种分布范围重叠（重叠程度不同）的其他中喙鲸中，只有史氏中喙鲸（注意其黑色"头盔"和牙齿的不同形状、位置）、银杏齿中喙鲸（没有白色的线状伤痕）、哈氏中喙鲸（头部有明显的白色额隆）、格氏中喙鲸（背脊上有"虎纹"）和安氏中喙鲸（有白色尖喙）与它们有同样明显拱起的下颌。柏氏中喙鲸高高拱起的下颌和扁平的额隆尤其与众不同。长齿中喙鲸和铲齿中喙鲸的长齿和笔直的唇线与柏氏中喙鲸的完全不同。

柏氏中喙鲸与柯氏喙鲸的分布范围广泛重叠。除了体型（柯氏喙鲸身体更长，比柏氏中喙鲸大约长 20%）、头部形状和颜色、喙的形状、牙齿位置的差异外，还有一些更微妙的特征可以用以区分它们：柏氏中喙鲸常常以较小的角度出水和潜水，在海面上的身体轮廓较低

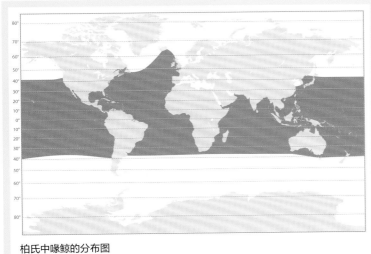

柏氏中喙鲸的分布图

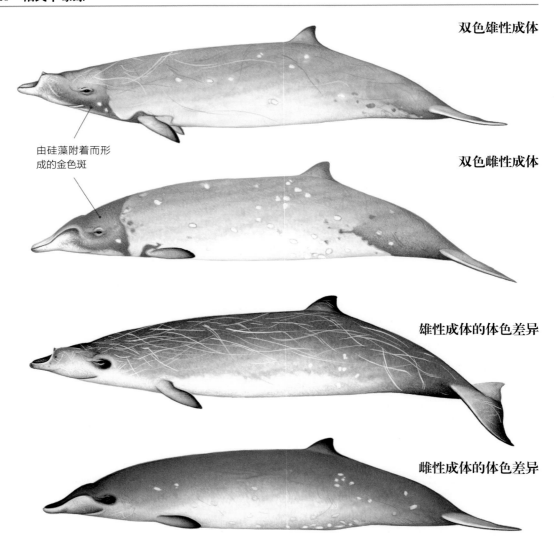

双色雄性成体

由硅藻附着而形
成的金色斑

双色雌性成体

雄性成体的体色差异

雌性成体的体色差异

潜水过程

- 喙与海面成 45° 角（整个头部可完整地露出海面）。
- 当停下来呼气时可能有轻微的停顿。
- 以小角度向前翻滚，头顶、背部至背鳍露出，呼吸孔和背鳍通常同时可见。
- 随着身体前部潜入水中，尾干露出，微微弓起（深潜时尾干明显弓起）
- 尾叶很少露出海面。
- 潜水过程通常由 3 ~ 10 次短而浅的潜水组成，每次潜水之间有 5 ~ 10 次换气，随后有一次长时间
  出水，持续 4 ~ 5 分钟，期间换气大约 40 次左右，最后进行摄食深潜。

喷潮

- 不明显，通常低矮且向前倾斜。

食物和摄食

食物　主要捕食深海乌贼和鱼类，存在区域性差异。

摄食　昼夜均有摄食行为；至少有时沿着海底摄食；摄食方式为吸食。

潜水深度　常在水深50米以内的水域长时间潜水，但下潜超过1000米并持续长达1小时的情况也并不少见；在夏威夷曾记录到1头雌性成体带领1头幼崽下潜至800米深的水域；最大下潜纪录为1599米。

潜水时间　通常下潜20 ~ 45分钟；最长纪录为83.4分钟。

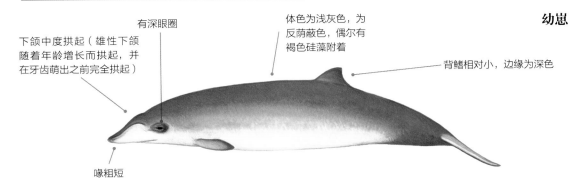

幼崽

下颌中度拱起（雄性下颌随着年龄增长而拱起，并在牙齿萌出之前完全拱起）

有深眼圈

体色为浅灰色，为反荫蔽色，偶尔有褐色硅藻附着

背鳍相对小，边缘为深色

喙粗短

矮；柏氏中喙鲸出水时背鳍和呼吸孔通常同时离开海面，而柯氏喙鲸通常不会；从身体后面或前面看，柯氏喙鲸的背部相对平坦，而柏氏中喙鲸的背部隆起；对比身体在海面上的可见部分，柏氏中喙鲸的背鳍看起来更大。

柏氏中喙鲸还可能与小型须鲸混淆，特别是小须鲸，但小须鲸体型更大。在下潜的时候，小须鲸的背部比柏氏中喙鲸的弓起得更高。

分布

柏氏中喙鲸分布于南北半球的热带到暖温带水域。全世界已知有361起搁浅事件，涉及386头柏氏中喙鲸。在夏威夷、巴哈马和加那利群岛等几个关键热点区域，经常可以看到柏氏中喙鲸。柏氏中喙鲸是中喙鲸里最适应热带生活的物种；高纬度水域的柏氏

生活史

性成熟　雌性和雄性均在8 ~ 10年性成熟，但雌性生育第一胎的时间在9 ~ 15年。

交配　据身上的伤痕判断，雄性之间的争斗相当常见。

妊娠期　大约12个月。

产崽　3 ~ 4年一次，每胎一崽。

断奶　可能出生大约12个月之后，但幼崽继续跟随母亲生活2 ~ 3年。

寿命　最少23岁，通常会更长。

中喙鲸的分布记录通常与暖流有关。它们出现在许多封闭海域，包括墨西哥湾、加勒比海和日本海，但在地中海的记录被认为是流浪个体的偶然记录。

与大陆架、深海海底峡谷和海山周围的陆坡区域相比，柏氏中喙鲸似乎更喜欢中等深度的水域（夏威夷和巴哈马水域的深度为500 ~ 1500米）。但目击报告表明，它们也活动于公海的更深处（水深至少5000米）和320米深（该深度为加那利群岛7次观测结果的平均深度）的浅水处。在已经研究过的少数几个区域中，该物种展示出高度的恋地性（研究人员在10 ~ 20年的时间里，在同一片水域重复多次看到已记录的个体）。

行为

相比于其他中喙鲸的行为，人们对柏氏中喙鲸的行为了解得更多。它们极少跃身击浪，或做出任何空中行为。目前还未发现它们与其他鲸目动物混群的现象。船只靠近时，它们所表现出的行为差异很大，在某些区域、某些情况下，它们会接近船只并与人互动，但也可能躲避船只。它们可能对游泳者好奇，但通常会躲避。

致密的喙

随着个体的成熟，尤其是雄性个体的成熟，柏氏中喙鲸的喙会二次骨化，形成了目前已知最致密的骨骼。对于这种现象出现的原因，人们提出了三种可能。

很少见柏氏中喙鲸跃身击浪，但夏威夷的这头雄性成体正在重复跃身击浪

第一，这些沉重的骨头可以充当"压舱物"，降低柏氏中喙鲸深海潜水的能量消耗（但该推测无法解释将这些骨头带回海面需要消耗比原来更多的能量）；第二，致密的喙可能是对回声定位过程中骨骼传播声音的适应；第三，致密的喙可能是一种机械性的加固措施，以防雄性争斗时头骨受到冲击损伤。最合理的解释是骨骼致密的喙可以防止头骨受损，但有一点需要注意：尽管柏氏中喙鲸的喙骨骼致密，但它们极为脆弱且无法弯曲，这不仅不能提高喙的抗断裂能力，反而使喙在正面碰撞的争斗中更容易断裂；然而，如果喙从其他角度受到撞击，骨结构的纵向纹理可以提供更多的保护，防止严重骨折。

牙齿

上 0 颗
——
下 2 颗

仅雄性牙齿突出。

群体规模和结构

柏氏中喙鲸的群体规模随地理区域的不同而不同，但每个群体通常有 3 ～ 7 头；在夏威夷和巴哈马海域观察到的最大群各有 11 头；也有成对或单独的个体。群体通常由 1 头雄性成体、若干头雌性成体及幼崽和年轻个体组成。亚成体似乎分处于不同的群体中，

雄性成体的下颌

从牙槽中冒出，牙齿 15 ～ 18 厘米高、8 ～ 9 厘米宽、4.5 厘米深

牙齿扁平，向前倾斜，与下颌大约成 45° 角，从下颌顶端冒出

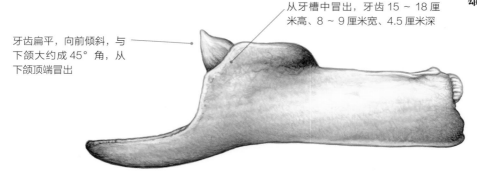

附生的茗荷遮挡了柏氏中喙鲸的牙齿

而且往往出现在食物不够丰富的水域。人们偶尔也会目击到更大的群体：有1头以上的雄性成体，可能由2个或多个群体暂时聚合形成。

天敌

在夏威夷水域发现的1头柏氏中喙鲸尾部有特殊的齿痕，疑似被虎鲸攻击造成。还有些个体身上有大型鲨鱼（可能包括居氏鼬鲨、直翅真鲨和噬人鲨）留下的咬痕。

照片识别

可以借助背鳍上的长期刻痕、缺刻和伤痕，再结合体表独特的伤痕图案（同类和达摩鲨造成的伤痕）识别柏氏中喙鲸。

种群丰度

尚未对全球种群丰度进行估计，但柏氏中喙鲸似乎在大多数热带海域较为常见。据估计，在夏威夷海域有2100多头。

保护

世界自然保护联盟保护现状：数据不足（2008年）。相关信息所知甚少。有在菲律宾帕米拉坎岛附近捕杀该物种的报告，捕捞方式为用手持鱼叉或用长矛发射的鱼叉猎捕。在流刺网捕捞作业中偶有误捕，在塞舌尔和澳大利亚西部离岸海域作业的日本金枪鱼船也偶有捕获。噪声污染是该物种当前面临的主要威胁之一，尤其是地震勘探和军用声呐产生的噪声。已知噪声污染曾经导致巴哈马群岛和加那利群岛的多头柏氏中喙鲸搁浅（将柏氏中喙鲸赶走数日的情况发生了不止一次）；在军用声呐频繁出现的海域，雌性柏氏中喙鲸的产崽数量可能减少。该物种面临的其他威胁可能包括塑料垃圾误食。

在法属波利尼西亚塔希提岛拍摄的柏氏中喙鲸：注意其头部有硅藻附生形成的金色斑块

梭氏中喙鲸

SOWERBY'S BEAKED WHALE *Mesoplodon bidens* (Sowerby, 1804)

梭氏中喙鲸是历史上第一头被描述的中喙鲸：1800 年，一头雄性梭氏中喙鲸在苏格兰东北部的马里湾搁浅，它的头骨被保存了下来。几年后，英国水彩画家兼博物学家詹姆斯·梭尔比给这具头骨画了一幅画，并描绘了他所想象的动物的完整模样。

分类　齿鲸亚目，喙鲸科。

英文常用名　以詹姆斯·梭尔比（James Sowerby, 1757—1822 年）的名字命名，梭尔比是第一个描述该物种的人。

别名　北海喙鲸和北大西洋喙鲸。

学名　*Mesoplodon* 源自希腊语 *mesos*（中）、*hopla*（武装或武器）和 *odon*（牙齿），*Mesoplodon* 可以解释为"在下颌中每侧都生有一颗牙齿"；*bidens* 源自拉丁语 *bis*（二、双）和 *dens*（牙齿）。

分类学　未识别出其他分形或亚种；在北大西洋西部的个体颜色较浅。

雄性成体

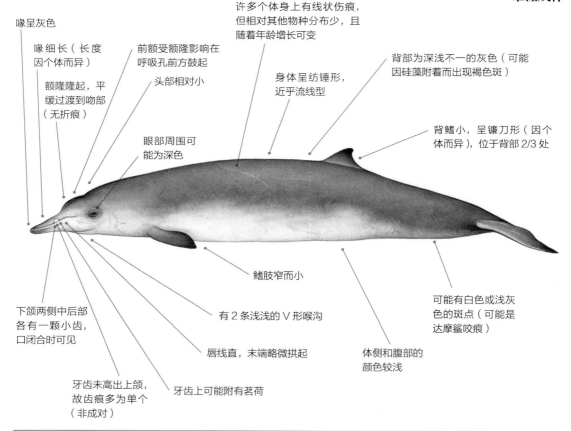

喙呈灰色

喙细长（长度因个体而异）

额隆隆起，平缓过渡到吻部（无折痕）

前额受额隆影响在呼吸孔前方鼓起

头部相对小

眼部周围可能为深色

许多个体身上有线状伤痕，但相对其他物种分布少，且随着年龄增长可变

身体呈纺锤形，近乎流线型

背部为深浅不一的灰色（可能因硅藻附着而出现褐色斑）

背鳍小，呈镰刀形（因个体而异），位于背部 2/3 处

下颌两侧中后部各有一颗小齿，口闭合时可见

牙齿未高出上颌，故齿痕多为单个（非成对）

牙齿上可能附有茗荷

鳍肢窄而小

有 2 条浅浅的 ∨ 形喉沟

唇线直，末端略微拱起

体侧和腹部的颜色较浅

可能有白色或浅灰色的斑点（可能是达摩鲨咬痕）

鉴别特征一览

- 分布于大西洋冷水水域。
- 背部为深浅不一的灰色，腹部为白色。
- 体表可能有白色线状伤痕。
- 体型为中型。
- 喙细长，出水时可见。
- 下颌两侧中后部各有一颗小齿。
- 前额明显隆起。
- 行为通常不引人注目，且难以预测。

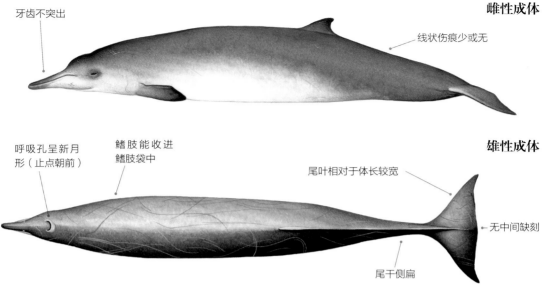

雌性成体

牙齿不突出

线状伤痕少或无

雄性成体

呼吸孔呈新月形（止点朝前）

鳍肢能收进鳍肢袋中

尾叶相对于体长较宽

无中间缺刻

尾干侧扁

体长和体重

成体 体长：雄性 4.5 ～ 5.5 米，雌性 4.4 ～ 5.1 米；体重：1 ～ 1.3 吨；最大：5.5 米，1.5 吨。

幼崽 体长：2.1 ～ 2.4 米；体重：170 ～ 185 千克。

雄性略大于雌性。

相似物种

近距离观察时，梭氏中喙鲸易与北大西洋的其他中喙鲸（初氏中喙鲸、格氏中喙鲸和柏氏中喙鲸）混淆。梭氏中喙鲸可用于识别的最明显的特征包括细长的喙（当个体大角度出水时，细长的喙通常清楚可见）、前方笔直而后方略拱起的唇线和向后倾斜的牙齿。在海上独行的雌性成体和幼崽无明显特征，可能无法被准确识别。

分布

梭氏中喙鲸分布于北大西洋北部冷而深的离岸水域，是中喙鲸里分布最靠北的。它们在北大西洋东部似乎更为常见，分布中心似乎为欧洲北部的海域，是那里最频繁搁浅的中喙鲸物种；在北海搁浅的比例较高（有些搁浅在英吉利海峡）。然而，鉴于这些海域的水深不超过 200 米，这些搁浅记录可能无法反映其真实的分布范围，毕竟搁浅原因可能与其为捕食而进入陌生环境有关。仅在苏格兰就已有 50 起左右的搁浅事件（超过该物种已知搁浅事件的 1/3）。它们在地中海极为罕见，在法国里维埃拉、科西嘉岛、撒丁岛，意大利的西西里岛，希腊和土耳其都曾发生过搁浅事件和目击事件，但目前尚不清楚这些事件的发生地是否超出该物种的分布范围或代表其分布范围的最东端。在

• 地中海目击记录　　• 超极限分布记录

梭氏中喙鲸的分布图

雄性成体褐色型

背鳍末端呈镰刀形、圆形或钩形

波罗的海偶有报告，但该海域可能没有个体居留。北大西洋西部记录较少，从美国弗吉尼亚州至戴维斯海峡均有分布。然而，记录少可能反映了相关海域缺少研究工作：1988 ～ 2011 年，该物种在加拿大新斯科舍省附近的冲沟海底峡谷的丰度增加了 21%；最近在弗吉尼亚州离岸海域的诺福克海底峡谷进行的声学研究中，研究人员经常听到梭氏中喙鲸的声音。已知该物种聚集在东北航道和苏格兰大陆架东部的海底峡谷（冲沟、肖特兰和哈尔迪曼德）附近。在美国佛罗里达州的墨西哥湾有一项超极限分布记录。

大多数记录位于北纬 30 度以北（最南端的记录位于加那利群岛，北纬 28 度 50 分），亚速尔群岛和马德拉群岛也有记录。它们在极地高纬度水域也有分布（最北端的记录位于挪威海，北纬 71 度 30 分）。梭氏中喙鲸的绝大多数搁浅事件发生在北纬 50 度到 60 度。在爱尔兰西海岸附近（2015 年和 2016 年，北纬 55 度和北纬 52 度）带幼崽的雌性个体曾有 2 次被目击到，它们主要分布于大陆架边缘以外的深水区。有限的研究工作表明，梭氏中喙鲸常在水深 450 ～ 2000 米的海域活动，通常与复杂的海底地形相关。在靠近海岸的水域（只要足够深），也能发现该物种（比如在海岛周围）。

行为

经过证实的海上活体目击记录相对较少。小群中的个体通常会在相隔 2 个体长的范围内出水。有观察

潜水过程
- 出水时头部通常与海面成 30°～ 45°角，喙明显可见。
- 额隆和头部其他部分大多数时候可见。
- 随着呼气，喙向水下倾斜。
- 背鳍出现时呼吸孔消失。
- 向前翻滚，几乎不弓背（深潜前可能向上弓背）。
- 游泳行为通常被描述为"不紧不慢"。

喷潮
- 略向前倾，小而发散，不可见或不明显。

食物和摄食

食物 主要捕食中层带和深层带的小型鱼类（包括大西洋鳕、无须鳕和灯笼鱼）以及一些乌贼，食物偏好在喙鲸中很少见。

摄食 未知。

潜水深度 通常在水深 400 ~ 750 米的海域摄食。

潜水时间 通常下潜 12 ~ 28 分钟，但也可能在水下待一小时左右；两次深潜之间可能休息 20 秒 ~ 2 分钟，期间出水 5 ~ 8 次。

雄性成体的下颌

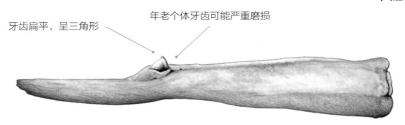

牙齿扁平，呈三角形

年老个体牙齿可能严重磨损

到该物种跃身击浪、浮窥和拍尾击浪的行为。至少在苏格兰大陆架东部，梭氏中喙鲸和北瓶鼻鲸混群的情况并不罕见，此外梭氏中喙鲸也曾与柯氏喙鲸混群。它们对船只的反应存在差异：往往非常害羞且善于躲避，但也有主动接近船只或表现得毫不在意的情况。

牙齿

上 0 颗
下 2 颗

仅雄性牙齿突出；两性都有退化的小齿，这些小齿通常不会萌出。

群体规模和结构

相关信息很少，梭氏中喙鲸可能 3 ~ 10 头组成一群（在大西洋两岸均有多条 8 ~ 10 头的群体的记录）。至少有部分群体由雌性成体、幼崽或未成体以及一头或多头雄性组成；此外，也有全部为雄性小群的目击记录。大多数搁浅梭氏中喙鲸为单一个体或母子对，但也有多达 6 头的"集体搁浅"的记录。

天敌

梭氏中喙鲸的天敌可能为虎鲸和大型鲨鱼，但尚未有直接证据证明。

照片识别

借助背鳍上独特的刻痕、缺刻和伤痕可以识别梭氏中喙鲸。

种群丰度

尚未对全球种群丰度进行估计。

保护

世界自然保护联盟保护现状：数据不足（2008 年）

尽管梭氏中喙鲸被加拿大的《濒危物种法案》列为特别关注的物种，但在过去，纽芬兰、冰岛和巴伦支海的捕鲸者会捕捞少量梭氏中喙鲸。在该物种分布范围内的几个区域内，有它们被渔具，特别是被放置在大陆架边缘的流刺网缠绕的记录；1989 ~ 1998 年，有 24 头梭氏中喙鲸死于美国东部大陆架坡折的一个小型中上层流刺网作业区（该作业区现已撤除）。该物种还可能面临噪声（主要来自军用声呐和地震勘探）污染、船只撞击的威胁，并可能误食塑料垃圾。

生活史

性成熟 可能为 7 年。

交配 鲜为人知，但线状伤痕表明雄性之间存在争斗，可能是为了争夺雌性交配权。

妊娠期 大约 12 个月。

产崽 晚冬到春季期间产崽，每胎一崽。

断奶 未知。

寿命 未知。

初氏中喙鲸

TRUE'S BEAKED WHALE

Mesoplodon mirus　(True, 1913)

初氏中喙鲸鲜为人知，在海上几乎没有确凿的目击记录，只有数量有限的搁浅事件提供了少量信息。它们的身份通常很难确定，尤其是在北大西洋。

分类　齿鲸亚目，喙鲸科。

英文常用名　源自弗雷德里克·W. 特鲁（Frderick W. True, 1858—1914 年）的名字，他是美国国立博物馆馆长，描述了该物种的模式标本（1912 年搁浅于北卡罗来纳州）。

别名　奇妙喙鲸。

学名　*Mesoplodon* 源自希腊语 *mesos*（中）、*hopla*（武装或武器）和 *odon*（牙齿），*Mesoplodon* 可以解释为"在下颌中部每侧都生有一颗牙齿"；*mirus* 为拉丁语，意为"奇妙"。

分类学　初氏中喙鲸有 2 个距离极远且形态具有很大差别的类型（北大西洋型和南半球型），这可能是它们分为 2 个不同亚种甚至物种的依据。

北大西洋型雄性成体

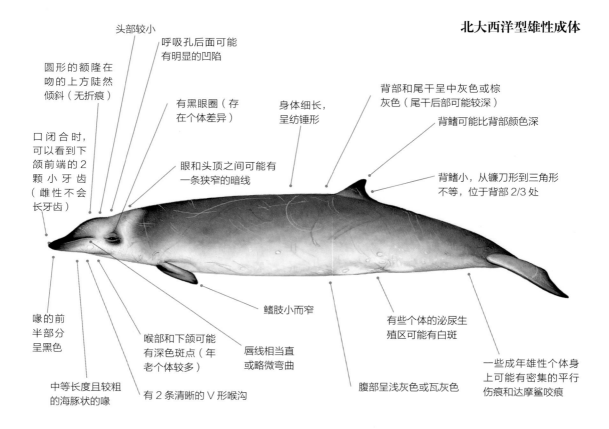

头部较小

呼吸孔后面可能有明显的凹陷

圆形的额隆在吻的上方陡然倾斜（无折痕）

有黑眼圈（存在个体差异）

身体细长，呈纺锤形

背部和尾干呈中灰色或棕灰色（尾干后部可能较深）

背鳍可能比背部颜色深

口闭合时，可以看到下颌前端的 2 颗小牙齿（雌性不会长牙齿）

眼和头顶之间可能有一条狭窄的暗线

背鳍小，从镰刀形到三角形不等，位于背部 2/3 处

喙的前半部分呈黑色

喉部和下颌可能有深色斑点（年老个体较多）

唇线相当直或略微弯曲

鳍肢小而窄

有些个体的泌尿生殖区可能有白斑

中等长度且较粗的海豚状的喙

有 2 条清晰的 V 形喉沟

腹部呈浅灰色或瓦灰色

一些成年雄性个体身上可能有密集的平行伤痕和达摩鲨咬痕

鉴别特征一览

- 分布于北大西洋和南半球。
- 生活在温带离岸水域。
- 体型为中型。
- 额隆呈圆形。
- 喙长度适中，前端有 2 颗小牙齿。
- 有紧密的平行伤痕。
- 背鳍小，位于背部 2/3 处。
- 1 ~ 5 头为一群。

南半球型雄性成体

上颌呈黑色

背部呈蓝灰色
至深灰色不等

背鳍通常呈浅色，但存在个体差异
（全深、全浅或深浅相间）

尾干明显颜色较浅

尾叶的背面
通常呈黑色

腹部、尾干、背鳍和
下颌呈白色或浅灰色

尾干呈白色
或浅灰色

尾叶腹面的暗带从
后缘中心向外辐射

北大西洋型雄性成体

呼吸孔呈新月形
（止点朝前）

背部中央可能有较深的脊纹
（从额隆后面到背鳍后面）

相对于体长，尾叶较宽

无中间缺刻（因个
体而异，一些个体
有小的缺刻）

背鳍到尾叶有
明显的背脊

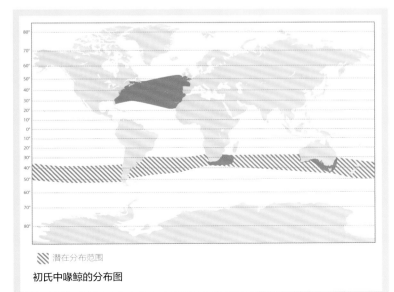

体长和体重

成体　体长：雄性 4.8 ~ 5.3 米，雌性 4.8 ~ 5.4
米；体重：1 ~ 1.4 吨；最大：5.4 米，1.4 吨。
幼崽　体长：2 ~ 2.5 米；体重：未知。
雌性通常比雄性略大。

潜在分布范围

初氏中喙鲸的分布图

相似的物种

　　在北大西洋，初氏中喙鲸的分布范围与柯氏喙鲸、柏氏中喙鲸、梭氏中喙鲸和热氏中喙鲸的有不同程度的重叠。初氏中喙鲸很难与热氏中喙鲸区分开，但初氏中喙鲸有更明显的额隆、更直的唇线和紧密的平行伤痕，另外，一些热氏中喙鲸背部有浅或深的条纹（存在个体差异）。南半球的初氏中喙鲸与至少其他 9 种喙鲸的分布范围有重叠，但由于初氏中喙鲸独特的颜色图案（白色或浅色的尾叶和背鳍），它们应该更容易被识别。

分布

　　初氏中喙鲸常常分布于比较深的暖温带离岸水域和其他中间地带，可能喜欢在海床地形复杂的区域活动。热带海域有 2 个相隔甚远的种群（很少出现在北纬 30 度到南纬 30 度之间）。在北美洲，它们的分布范围从加拿大新斯科舍省的布雷顿角岛到美国西部佛罗里达州的弗拉格勒海滩（在巴哈马搁浅一次）；在东部，它们在比斯开湾南部、加那利群岛和亚速尔群岛都曾出现过（据记录，

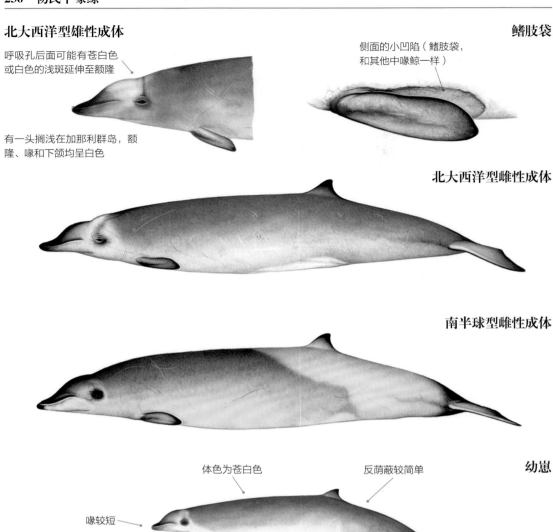

北大西洋型雄性成体

呼吸孔后面可能有苍白色
或白色的浅斑延伸至额隆

有一头搁浅在加那利群岛，额
隆、喙和下颌均呈白色

鳍肢袋

侧面的小凹陷（鳍肢袋，
和其他中喙鲸一样）

北大西洋型雌性成体

南半球型雌性成体

幼崽

体色为苍白色

反荫蔽较简单

喙较短

潜水过程
- 以一定的角度出水，可能露出整个喙和头部（略低于眼）。
- 缓慢向前翻滚，背微弓。
- 看不到尾叶。

喷潮
- 呈柱状，模糊且不明显。

食物和摄食

食物　可能主要捕食深水乌贼（包括枪乌贼和 *Teuthowenia spp.*）和一些鱼类（包括黑等鳍叉尾带鱼、蓝鳕、尾鳕、约氏双臀深海鳕）；在爱尔兰的 3 头初氏中喙鲸捕食的食物长度大多小于 12 厘米（最大范围为 1.1 ～ 110 厘米）。

摄食　未知。

潜水深度　可能大于 500 米（一项研究表明它们主要的食物位于 200 ～ 800 米深的水域）。

潜水时间　未知；2018 年，研究人员在马萨诸塞州科德角外 320 千米处一头初氏中喙鲸身上首次贴上了一个吸盘式的数字录音标签；目前正在分析 12 小时的数据。

雌性成体的下颌

牙齿呈橡子状，略向前倾斜

牙齿相对较小（约 5 厘米），随着年龄的增长可能磨损严重

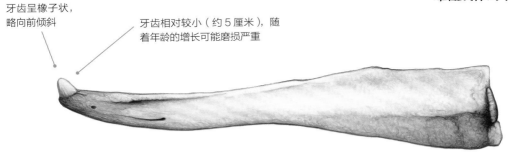

分布范围的最北端到苏格兰的赫布里底群岛）。大多数搁浅事件发生在美国，但在加拿大新斯科舍省、百慕大、爱尔兰，法国、西班牙、葡萄牙和摩洛哥也发生过搁浅事件。在南半球，搁浅事件主要发生在印度洋（南非、莫桑比克和澳大利亚南部）；有一起搁浅事件发生在南大西洋（在巴西圣保罗州）和一起发生在南太平洋（在新西兰南岛塔斯曼海）的搁浅事件。

行为

初氏中喙鲸在野外很少能被识别，所以人们对它们的行为知之甚少。有几条关于它们剧烈的跃身击浪记录，包括 2001 年人们在比斯开湾乘坐一艘渡轮时，看到一头初氏中喙鲸在 12 分钟内连续 24 次（间隔 20 ～ 60 秒）跃身击浪——近乎垂直于海面跳跃，然后侧身倒下，尾叶留在水下。2018 年，在比斯开湾的另一次目击记录涉及 4 头初氏中喙鲸，它们也在跃身击浪（和拍尾击浪）。它们对船只的反应似乎各不相同：有的个体会避开北卡罗来纳州的船只，但据报道

生活史

几乎一无所知。妊娠期大概 14 ～ 15 个月，单胎幼崽，约每 2 年一次。有一头雌性同时怀孕和哺乳的记录。

有的个体在亚速尔群岛和加那利群岛绕着船只转了 10 分钟。

牙齿

$$\frac{\text{上 0 颗}}{\text{下 2 颗}}$$

只有雄性的牙齿会露出喙外。

群体规模和结构

初氏中喙鲸通常为 1 ～ 4 头组成一群（基于一些罕见的目击证据）。

天敌

未知。

种群丰度

没有估计。

保护

世界自然保护联盟保护现状：数据不足（2008 年）。信息很少。渔具缠绕（尤其是捕捞长嘴鱼和金枪鱼的流刺网）可能是最大的威胁，但也可能受到噪声（来自军用声呐和地震勘探）污染的影响，并可能误食塑料垃圾。没有捕捞它们的记录。

史氏中喙鲸
STEJNEGER'S BEAKED WHALE

Mesoplodon stejnegeri (True, 1885)

史氏中喙鲸主要以搁浅而闻名，主要搁浅地是日本本州西海岸和阿拉斯加阿留申群岛，在海上鲜见活着的史氏中喙鲸。雄鲸有时被称为剑齿喙鲸，它们有 2 颗特别大的牙齿，像獠牙一样，用于打斗。

分类 齿鲸亚目，喙鲸科。

英文常用名 以挪威出生的动物学家莱昂哈德·赫斯·史丹吉（Leonhard Hess Stejneger, 1851—1943 年）的名字命名，他曾任美国国家博物馆馆长，他于 1883 年收集了该物种的模式标本（在堪察加的白令岛上，一个被海滩磨损的头骨）。

别名 白令海喙鲸、北太平洋喙鲸、剑齿喙鲸。

学名 *Mesoplodon* 源自希腊语 *mesos*（中）、*hopla*（武装或武器）和 *odon*（牙齿），*Mesoplodon* 可以解释为"在下颌中部每侧都生有一颗牙齿"；*stejnegeri* 是指以莱昂哈德·赫斯·史丹吉的名字命名。

分类学 没有公认的分形或亚种。

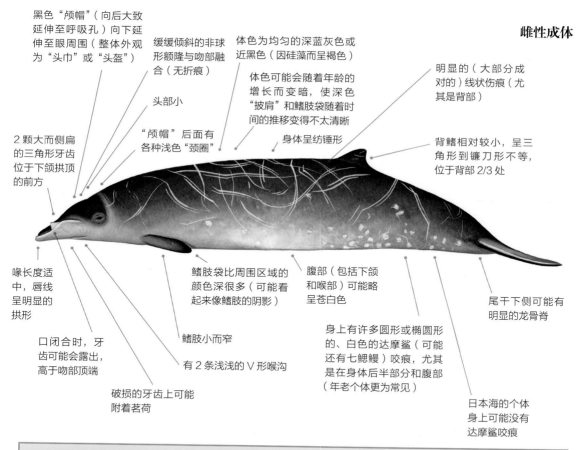

雌性成体

黑色"颅帽"（向后大致延伸至呼吸孔）向下延伸至眼周围（整体外观为"头巾"或"头盔"）

缓缓倾斜的非球形额隆与吻部融合（无折痕）

头部小

"颅帽"后面有各种浅色"颈圈"

2 颗大而侧扁的三角形牙齿位于下颌拱顶的前方

体色为均匀的深蓝灰色或近黑色（因硅藻而呈褐色）

体色可能会随着年龄的增长而变暗，使深色"披肩"和鳍肢袋随着时间的推移变得不太清晰

身体呈纺锤形

明显的（大部分成对的）线状伤痕（尤其是背部）

背鳍相对较小，呈三角形到镰刀形不等，位于背部 2/3 处

喙长度适中，唇线呈明显的拱形

鳍肢袋比周围区域的颜色深很多（可能看起来像鳍肢的阴影）

腹部（包括下颌和喉部）可能略呈苍白色

口闭合时，牙齿可能会露出，高于吻部顶端

鳍肢小而窄

有 2 条浅浅的 V 形喉沟

身上有许多圆形或椭圆形的、白色的达摩鲨（可能还有七鳃鳗）咬痕，尤其是在身体后半部分和腹部（年老个体更为常见）

尾干下侧可能有明显的龙骨脊

破损的牙齿上可能附着茗荷

日本海的个体身上可能没有达摩鲨咬痕

鉴别特征一览

- 分布于北太平洋北部寒冷的离岸水域。
- 体型为中型。
- 身体呈纺锤形。
- "颅帽"呈黑色。
- 前额略微倾斜。
- 唇线呈明显的拱形。
- 有 2 颗暴露在外的、扁平的大牙齿。
- 群体较小。

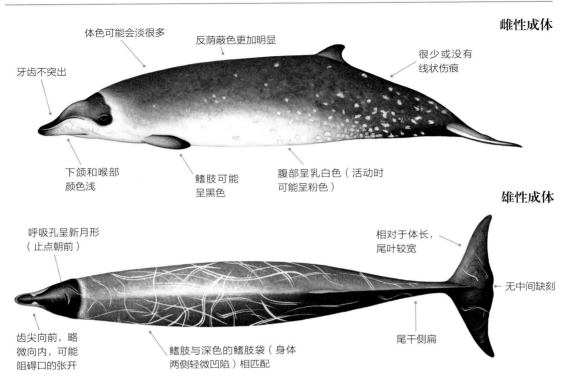

雌性成体

体色可能会淡很多

反荫蔽色更加明显

很少或没有线状伤痕

牙齿不突出

下颌和喉部颜色浅

鳍肢可能呈黑色

腹部呈乳白色（活动时可能呈粉色）

雄性成体

呼吸孔呈新月形（止点朝前）

相对于体长，尾叶较宽

无中间缺刻

齿尖向前，略微向内，可能阻碍口的张开

鳍肢与深色的鳍肢袋（身体两侧轻微凹陷）相匹配

尾干侧扁

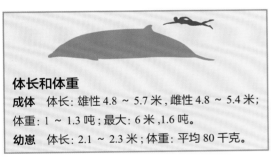

体长和体重

成体　体长：雄性 4.8 ~ 5.7 米，雌性 4.8 ~ 5.4 米；体重：1 ~ 1.3 吨；最大：6 米，1.6 吨。

幼崽　体长：2.1 ~ 2.3 米；体重：平均 80 千克。

相似物种

　　可能在视野良好的情况下能识别出成年雄性史氏中喙鲸。史氏中喙鲸最有可能与哈氏中喙鲸和柏氏中喙鲸混淆（尽管后两个物种的分布范围都比大多数史氏中喙鲸的更偏南）。突出的牙齿、拱起的唇线、平缓倾斜的额隆和黑色的"颅帽"有助于识别史氏中喙鲸。

分布

　　史氏中喙鲸主要分布于北太平洋的寒温带和亚北极水域。它们常出现在从加利福尼亚州北部至白令海南部的科曼多尔群岛和普里比洛夫群岛，南至日本海的南部；它们也出现在鄂霍次克海的南部，可能是阿拉斯加和日本海唯一常见的中喙鲸。最北端的搁浅事件出现在白令海峡的圣劳伦斯岛（北纬 64 度），最南端的出现在加利福尼亚州南部（北纬 33 度）。搁浅事件的季节性出现意味着在某些地区史氏中喙鲸会有北 - 南（夏季 - 冬季）的洄游，而东部群体身上的达摩鲨咬

史氏中喙鲸的分布图

幼崽

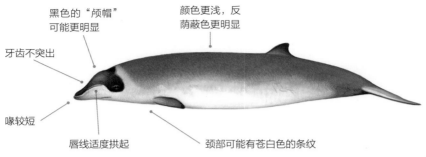

牙齿不突出

黑色的"颅帽"可能更明显

颜色更浅，反荫蔽色更明显

喙较短

唇线适度拱起

颈部可能有苍白色的条纹

尾叶（腹面）

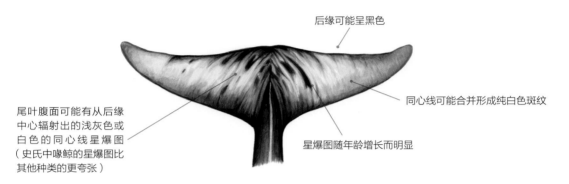

后缘可能呈黑色

尾叶腹面可能有从后缘中心辐射出的浅灰色或白色的同心线星爆图（史氏中喙鲸的星爆图比其他种类的更夸张）

星爆图随年龄增长而明显

同心线可能合并形成纯白色斑纹

痕意味着一年中它们至少有一部分时间会转移到温暖的水域；有证据表明，日本海和鄂霍次克海南部有居留种群。它们似乎更喜欢海底地形复杂的区域。大多数的活体目击事件发生在阿拉斯加的阿留申海沟，通常与大陆架陡坡密切相关，是因为阿留申海盆在大陆坡 730 ~ 1560 米深处。

行为

已知信息很少。已知它们会跃身击浪，看起来很害羞，很难接近。曾有记录显示它们在海面上会发出咆哮声和呻吟声。

潜水过程
- 喙尖首先出水。
- 呼吸孔和头顶短暂出现。
- 头部迅速消失，向前翻滚时背鳍不引人注目。
- 微微弓背。
- 看不到尾叶。
- 通常先进行 5 ~ 6 次浅潜，然后长潜 10 ~ 15 分钟。

喷潮
- 不明显。

食物和摄食

食物　主要捕食中层带和深层带的乌贼（尤其是黵乌贼科和小头乌贼科）和一些鱼类（如日本的鲑鱼）。

摄食　雄鲸的口只能张开几厘米，这限制了它们的摄食行为，所以雄鲸只能捕食小的或软体动物，意味着吸食是其主要摄食方式。

潜水深度　喜欢的食物表明它们至少可以潜至 200 米深；可能潜得更深（达 1500 米）。

潜水时间　至少下潜 15 分钟，可能更长。

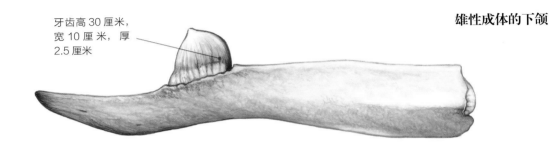

牙齿高 30 厘米，宽 10 厘米，厚 2.5 厘米

雄性成体的下颌

牙齿

上 0 颗
———
下 2 颗

只有雄性才会长出牙齿。

群体规模和结构

史氏中喙鲸通常 2 ~ 4 头组成一群，但范围为 1 ~ 15 头。群体可能为性别和年龄混合，也可能按性别或年龄分开；在阿拉斯加（1975 ~ 1994 年）发生的 20 起集体搁浅事件中，1 起为雄性搁浅，2 起为雌性搁浅，其余为雌雄混合搁浅。群体可能紧密地聚在一起，有时它们会互相摩擦身体，也会一起游泳和潜水。

天敌

未知，但很可能是虎鲸和鲨鱼。

种群丰度

尚未对全球丰度进行估计，但鉴于搁浅事件和目击记录，它们似乎比较罕见（至少在阿留申群岛和日本海 / 鄂霍次克海之外不常见）。估计在日本有 7100 头（1998 年）史氏中喙鲸。

保护

世界自然保护联盟保护现状：数据不足（2008 年）。被渔具缠绕可能是它们面临的最主要的威胁，日本捕捞鲑鱼的刺网和北美西海岸为剑鱼、鲨鱼设置的刺网曾伤害过它们。在日本，史氏中喙鲸与其他喙鲸被一起捕捞。它们可能会受到噪声（主要来自军用声呐和地震勘探）污染的影响，并可能误食塑料垃圾。尽管它们在北极地区从未被观察到，可以想象的是，海洋变暖可能会使这一物种的分布范围向北转移。

生活史

性成熟　未知。

交配　鲜为人知，但线状伤痕表明雄性之间存在争斗，可能是为了确定优先交配权（平行伤痕可能是在争斗时口部闭合造成的）。

妊娠期　未知。

产崽　单胎幼崽，春季到早秋出生。

断奶　未知。

寿命　最长寿命纪录为 36 岁。

热氏中喙鲸

GERVAIS' BEAKED WHALE

Mesoplodon europaeus　(Gervais, 1855)

　　热氏中喙鲸在大西洋北部有 300 多条记录，而在大西洋南部只有 6 条。其中大部分是搁浅记录，很少有可靠的海上目击记录，所以关于它们的生活方式和习性的信息很少。

分类　齿鲸亚目，喙鲸科。

英文常用名　以法国动物学家和解剖学家保罗·弗朗索瓦·路易斯·热尔韦斯（Paul François Louis Gervais，1816—1879 年）的名字命名，他描述了该物种。

别名　欧洲喙鲸、湾流喙鲸、安的列斯喙鲸。

学名　*Mesoplodon* 源自希腊语 *mesos*（中）、*hopla*（武装或武器）和 *odon*（牙齿），*Mesoplodon* 可以解释为"在下颌中部每侧都生有一颗牙齿"；*europaeus* 源自拉丁语 *Europaeus*（欧洲的），模式标本源自 1840 年在英吉利海峡漂浮的尸体。

分类学　没有公认的分形或亚种；搁浅在阿森松岛的个体的牙齿与搁浅在北大西洋的个体的牙齿略有不同，可能代表独立的亚种。

雄性成体

下颌两侧约 1/3 处拱起，上有一颗牙齿（距吻尖 7 ~ 10 厘米），在口部闭合时可见

缓缓倾斜，略呈球形的额隆与吻部合并（无折痕）

深眼圈通常比其他中喙鲸的更明显（存在个体差异）

头非常小

背部中央的暗带可能由于背部的颜色较深而有部分会不清（通常雌性成体和幼崽的更明显）

背部呈中灰色或深灰色（有时带褐色），腹部颜色较浅（随着年龄的增长可能会变深）

苍白色线状伤痕较少（通常为单条）

身体呈纺锤形

背鳍小而宽，略呈镰刀形，位于背部 2/3 处

喙长度适中，唇线相对较直（獠牙处略有拱起）

有 2 道浅浅的 V 形喉沟

鳍肢小而窄（比身体腹部颜色更深）

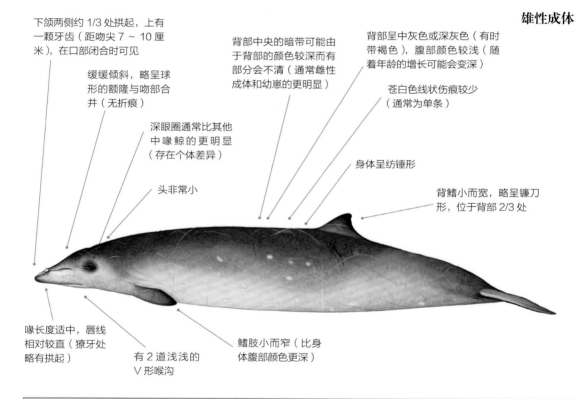

鉴别特征一览
- 分布于大西洋的热带至暖温带水域。
- 体型为中型。
- 背部呈中灰色或深灰色，腹部为苍白色。
- 体表有很少或没有线状伤痕。
- 头部很小，额隆略呈球状。
- 有深眼圈。
- 喙长度适中。
- 下颌两侧约 1/3 处拱起，上有一颗牙齿。
- 背鳍小，位于背部 2/3 处。
- 雌性成体和幼崽可能有"虎纹"。

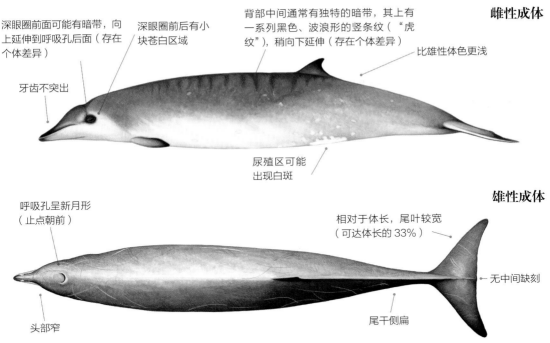

雌性成体

深眼圈前面可能有暗带，向上延伸到呼吸孔后面（存在个体差异）

深眼圈前后有小块苍白区域

牙齿不突出

背部中间通常有独特的暗带，其上有一系列黑色、波浪形的竖条纹（"虎纹"），稍向下延伸（存在个体差异）

比雄性体色更浅

尿殖区可能出现白斑

雄性成体

呼吸孔呈新月形（止点朝前）

相对于体长，尾叶较宽（可达体长的33%）

无中间缺刻

头部窄

尾干侧扁

体长和体重

成体 体长：雄性4.2～4.6米，雌性4.2～4.8米；
体重：0.8～1吨；最大：5.2米，1.2吨。
幼崽 体长：1.7～2.2米；体重：80千克。

热氏中喙鲸的分布图

主要的已知分布范围　　可能存在的分布范围　• 搁浅地点

相似物种

　　热氏中喙鲸的分布范围与一些其他中喙鲸（柏氏中喙鲸、初氏中喙鲸和梭氏中喙鲸）的重叠，在海上区分这些物种可能很困难。梭氏中喙鲸可以通过分布范围来识别，但也要看它们细长的喙和更靠后的牙齿。柏氏中喙鲸最显著的特征是成年雄性的下颌高高拱起，下颌顶端有巨大扁平的牙齿（通常覆盖着藤壶）；它们相对扁平的额隆和大量达摩鲨咬痕也与众不同。热氏中喙鲸和初氏中喙鲸的区分更难，但雄性牙齿的位置是最明显的区分标志（雄性初氏中喙鲸的牙齿在下颌前端）。然而，还有三个关键特征有助于区分：第一，头部轮廓。初氏中喙鲸有一个圆形的额隆，向吻部明显倾斜，唇线比较直；热氏中喙鲸有一个不那么鼓的额隆，缓缓向吻部倾斜。第二，雄性初氏中喙鲸身上常常有平行的线状伤痕（下颌前端或吻部上方有2颗突出牙齿的动物才能产生平行的线状伤痕）。第三，热氏中喙鲸身上经常有暗带，上面有黑色、波浪形的竖条纹（在雌性成体和年

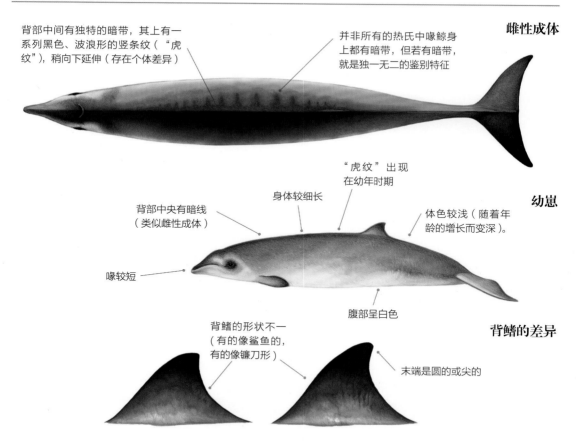

雌性成体

背部中间有独特的暗带，其上有一系列黑色、波浪形的竖条纹（"虎纹"），稍向下延伸（存在个体差异）

并非所有的热氏中喙鲸身上都有暗带，但若有暗带，就是独一无二的鉴别特征

"虎纹"出现在幼年时期

幼崽

背部中央有暗线（类似雌性成体）

身体较细长

体色较浅（随着年龄的增长而变深）。

喙较短

腹部呈白色

背鳍的差异

背鳍的形状不一（有的像鲨鱼的，有的像镰刀形）

末端是圆的或尖的

轻个体身上最明显）。热氏中喙鲸与柯氏喙鲸、北瓶鼻鲸的分布范围也有重叠，但后两个物种明显更大，更强壮。

分布

热氏中喙鲸的大多数记录来自北大西洋西部，从马萨诸塞州到墨西哥（包括墨西哥湾）、加勒比海和巴哈马。它们是美国东南部最常搁浅的喙鲸。它们在佛罗里达州和北卡罗来纳州的搁浅记录占全球搁浅记录总数的 40% 以上。多年来，该模式标本是北大西洋东部的唯一记录，大多数研究人员认为它们是被湾流带出正常范围的流浪者。但是，最近来自北大西洋东部的记录（总共超过 50 条）提供了一个更完整的信息，其中大约一半（21 条记录，涉及 24 头热氏中喙

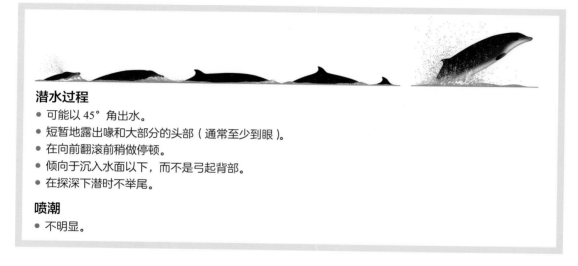

潜水过程

● 可能以 45°角出水。

● 短暂地露出喙和大部分的头部（通常至少到眼）。

● 在向前翻滚前稍做停顿。

● 倾向于沉入水面以下，而不是弓起背部。

● 在探深下潜时不举尾。

喷潮

● 不明显。

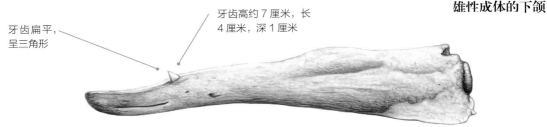

雄性成体的下颌

牙齿扁平，
呈三角形

牙齿高约 7 厘米，长
4 厘米，深 1 厘米

食物和摄食

信息鲜为人知，主要捕食深水乌贼，也捕食一些深水鱼类；记录显示搁浅个体的胃里有糠虾。

生活史

鲜为人知。在 12 个月的妊娠期后，单胎幼崽出生。寿命估计至少为 27 岁；最长寿命纪录为 48 岁。

鲸）的记录来自加那利群岛。但在爱尔兰、法国、西班牙、葡萄牙（尤其是在马德拉群岛）、亚速尔群岛、佛得角群岛、毛里塔尼亚和几内亚比绍都有记录。有一条来自地中海的记录——2001 年在意大利卡斯蒂利翁切洛附近搁浅的个体。南大西洋的记录来自阿森松岛（有 3 条）、纳米比亚（1 条）和巴西（2 条），最南端的搁浅记录来自巴西圣保罗州圣维森特（南纬 23 度 58 分）。但考虑到北大西洋的纬度范围，热氏中喙鲸的分布向南至少可以延伸到西部的乌拉圭。它们似乎喜欢热带和亚热带的深水域，但也有暖温带甚至寒温带水域的记录，它们可能在海底地形复杂的水域更常见。

牙齿（雄性）

上 0 颗
———
下 2 颗

只有雄性的牙齿会突出。

群体规模和结构

有限的信息表明，热氏中喙鲸通常独居，或组成小的、关系紧密的群体，一个群体中最多有 5 头。

天敌

热氏中喙鲸的天敌未知，但很可能是虎鲸或鲨鱼。

种群丰度

尚未对全球种群丰度进行估计。据估计，在墨西哥湾北部有 149 头中喙鲸，但这是 3 个物种（包括热氏中喙鲸）的综合数据。鉴于搁浅的频率，推测它们比较常见（至少在北美东海岸）。

保护

世界自然保护联盟保护现状：数据不足（2008 年）。被刺网和其他渔具缠绕可能是热氏中喙鲸面临的最严重的威胁；在新泽西州附近就有一些陷阱（定置）网缠绕的案例。像其他喙鲸一样，热氏中喙鲸可能受到噪声（主要来自军用声呐和地震勘探）污染的影响，并可能误食塑料垃圾。包括热氏中喙鲸在内的几起非典型喙鲸大规模搁浅事件，被证实与加那利群岛的海军活动有关。未发现任何捕捞行为。

这张照片拍摄于北卡罗来纳州的哈特勒斯角，照片中热氏中喙鲸的深眼圈和黑色竖条纹清晰可见

安氏中喙鲸

ANDREWS' BEAKED WHALE *Mesoplodon bowdoini* Andrews, 1908

安氏中喙鲸是世界上最鲜为人知的鲸目动物之一，从来没有被证实的海上目击记录，我们有限的知识来自48起安氏中喙鲸搁浅事件，它们都发生在南半球较冷的水域。安氏中喙鲸与在北太平洋发现的哈氏中喙鲸惊人地相似，但最近的遗传学和形态学研究证实了前者的特殊性。

分类 齿鲸亚目，喙鲸科。

英文常用名 罗伊·查普曼·安德鲁斯（1884—1960年），他是纽约市美国自然历史博物馆哺乳动物助理馆长，也是著名的"戈壁恐龙猎人"；他在24岁时确定这个物种是一个新物种。

别名 斜齿喙鲸、深冠喙鲸、鲍登喙鲸。

学名 *Mesoplodon* 源自希腊语 *mesos*（中）、*hopla*（武装或武器）和 *odon*（牙齿），*Mesoplodon* 可以解释为"在下颌中部每侧都生有一颗牙齿"；*bowdoini* 是指以乔治·S. 鲍登（George S. Bowdoin，1833—1913年）的名字命名，他是美国自然历史博物馆的理事和捐赠人，帮助博物馆丰富了鲸目动物藏品。

分类学 没有公认的分形或亚种。

雄性成体

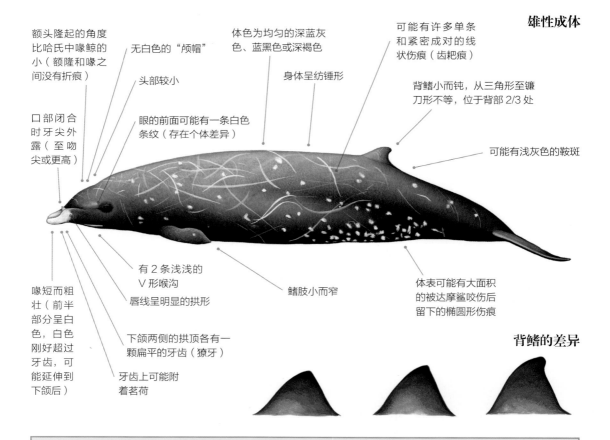

额头隆起的角度比哈氏中喙鲸的小（额隆和喙之间没有折痕）

无白色的"颅帽"

头部较小

口部闭合时牙尖外露（至吻尖或更高）

眼的前面可能有一条白色条纹（存在个体差异）

体色为均匀的深蓝灰色、蓝黑色或深褐色

身体呈纺锤形

可能有许多单条和紧密成对的线状伤痕（齿耙痕）

背鳍小而钝，从三角形至镰刀形不等，位于背部2/3处

可能有浅灰色的鞍斑

喙短而粗壮（前半部分呈白色，白色刚好超过牙齿，可能延伸到下颌后）

有2条浅浅的V形喉沟

唇线呈明显的拱形

下颌两侧的拱顶各有一颗扁平的牙齿（獠牙）

牙齿上可能附着茗荷

鳍肢小而窄

体表可能有大面积的被达摩鲨咬伤后留下的椭圆形伤痕

背鳍的差异

鉴别特征一览

- 分布于南半球较冷的水域。
- 体型为中小型。
- 体色为均匀的深色。
- 喙较短，喙尖呈白色。
- 体表有很多伤痕。
- 鳍小，呈三角形或镰刀形，位于背部2/3处。
- 下颌两侧的拱顶各有一颗獠牙。

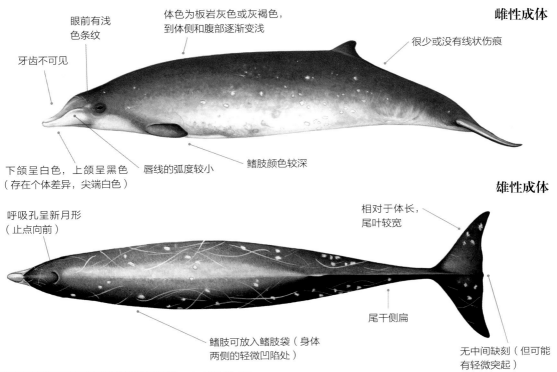

雌性成体

眼前有浅色条纹

体色为板岩灰色或灰褐色，到体侧和腹部逐渐变浅

很少或没有线状伤痕

牙齿不可见

下颌呈白色，上颌呈黑色（存在个体差异，尖端白色）

唇线的弧度较小

鳍肢颜色较深

雄性成体

相对于体长，尾叶较宽

呼吸孔呈新月形（止点向前）

尾干侧扁

鳍肢可放入鳍肢袋（身体两侧的轻微凹陷处）

无中间缺刻（但可能有轻微突起）

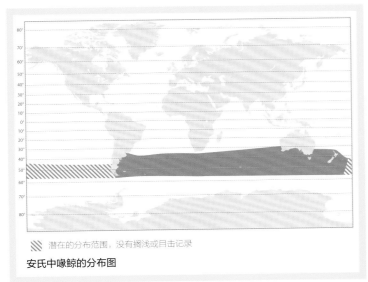

体长和体重

成体　体长：3.9 ~ 4.4 米；体重：1 ~ 1.5 吨。

幼崽　体长：约 2.2 米；体重：未知。

相似物种

　　安氏中喙鲸与其他中喙鲸的分布范围重叠（它们与格氏中喙鲸、赫氏中喙鲸、初氏中喙鲸和长齿中喙鲸的分布范围重叠，但重叠度低；更准确地说，它们与柏氏中喙鲸、银杏齿中喙鲸和铲齿中喙鲸的分布范围重叠度更高）。安氏中喙鲸与柏氏中喙鲸很难区分。在海上，可以通过中等长度的喙、白色的喙尖、独特的獠牙以及拱形的唇线辨别出雄性安氏中喙鲸。雌性安氏中喙鲸成体和幼崽可能无法区分。

分布

　　目前只知道 48 起搁浅事件发生在南纬 32 度至南极辐合带之间的寒温带至亚极地水域。最北端经证实的搁浅事件发生在西澳大利亚州的鸟岛，位于南纬 32 度 12 分；最南端的搁浅事件出现在麦夸里岛，大约在澳大利亚和南极洲的中间，位于南纬 54 度 30 分。其他大多数搁浅事件发生在新西兰及其周边岛屿（21 起发生在南岛、斯图尔特岛、查塔姆群岛和坎贝尔岛）和澳大利亚南部海岸（20 起发生在西澳大利亚州、南澳大利亚州、维多利亚州、新南威尔士和塔斯马尼亚岛），还有一些

▨ 潜在的分布范围，没有搁浅或目击记录

安氏中喙鲸的分布图

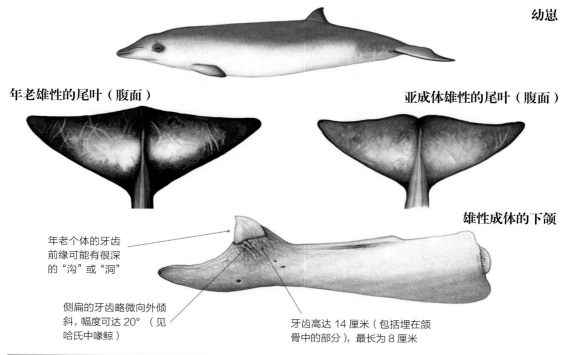

幼崽

年老雄性的尾叶（腹面）

亚成体雄性的尾叶（腹面）

雄性成体的下颌

年老个体的牙齿前缘可能有很深的"沟"或"洞"

侧扁的牙齿略微向外倾斜，幅度可达 20°（见哈氏中喙鲸）

牙齿高达 14 厘米（包括埋在颌骨中的部分），最长为 8 厘米

食物和摄食

食物 有限的证据表明，主要捕食深水乌贼和一些深水鱼类。

摄食 可能是吸食（将食物吸进口里并整个吞下）。

潜水深度 可能潜至 500 ~ 3000 米深。

潜水时间 未知，但可能下潜长达一个小时。

搁浅事件发生在特里斯坦 - 达库尼亚群岛（2 起）、马尔维纳斯群岛（3 起）、乌拉圭（1 起）和火地岛（1 起）。这些结果表明，在南半球，它们的总体可能是环极分布，尽管查塔姆群岛和南美西海岸之间的分布记录有很大的不同（这可能代表分布的中断，或者更可能的是这个地区鲸目动物记录普遍短缺）。据推测，它们更喜欢深海。

行为

无任何信息。

生活史

鲜为人知，但线状伤痕表明：雄性之间的争斗可能是为了确定繁殖的优势（平行伤痕可能是在口部闭合时造成的）。至少有证据表明，它们在新西兰有一个夏季 / 秋季的繁殖季。

牙齿

上 0 颗
下 2 颗

只有雄性长出牙齿。

群体规模和结构

几乎没有信息，但它们可能组成 1 ~ 5 头的群体。

天敌

安氏中喙鲸的天敌未知，但可能是虎鲸和大型鲨鱼。

种群丰度

种群丰度不详。至少在新西兰和澳大利亚南部的搁浅频率表明，它们可能不那么罕见。在野外完全没有看到过它们，可能是因为它们不引人注目，很难被发现；也可能是它们生活在经过充分研究的地区之外。

保护

世界自然保护联盟保护现状：数据不足（2008 年）。没有捕捞或误捕的证据，但与其他喙鲸一样，它们可能面临流刺网和多钩长线、噪声（主要来自军用声呐和地震勘探）污染的威胁，还可能误食塑料垃圾。

长齿中喙鲸
STRAP-TOOTHED BEAKED WHALE　　　　*Mesoplodon layardii*　(Gray, 1865)

长齿中喙鲸是最大的中喙鲸，因经常搁浅而闻名，但在海上很少见到。雄性成体的下颌有两颗独特的牙齿，可以上弯至上颌，形成一个"口罩"；牙齿很可能用于争斗，而不是摄食，"口罩"使雄鲸的口不能好好张开，张开幅度只有雌鲸的一半。

分类　齿鲸亚目，喙鲸科。

英文常用名　源自成年雄性的奇特的带状牙齿。

别名　带齿鲸、带齿喙鲸、莱氏喙鲸和长齿喙鲸。

学名　*Mesoplodon* 源自希腊语 *mesos*（中）、*hopla*（武装或武器）和 *odon*（牙齿），*Mesoplodon* 可以解释为"在下颌中部每侧都生有一颗牙齿"；*layardii* 是指以开普敦的南非博物馆馆长埃德加·利奥波德·莱亚德（Edgar Leopold Layard，1824—1900 年）的名字命名，他在 1865 年将博物馆收藏的一张头骨图纸寄给约翰·爱德华·格雷，格雷在此基础上描述了该物种。

分类学　没有公认的分形或亚种。

雄性成体

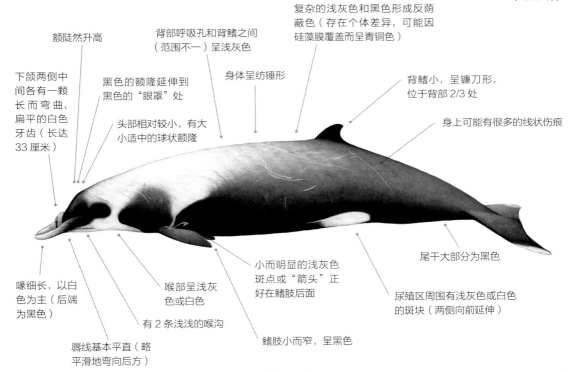

复杂的浅灰色和黑色形成反荫蔽色（存在个体差异，可能因硅藻膜覆盖而呈青铜色）

背部呼吸孔和背鳍之间（范围不一）呈浅灰色

额陡然升高

黑色的额隆延伸到黑色的"眼罩"处

身体呈纺锤形

背鳍小，呈镰刀形，位于背部 2/3 处

下颌两侧中间各有一颗长而弯曲、扁平的白色牙齿（长达 33 厘米）

头部相对较小，有大小适中的球状额隆

身上可能有很多的线状伤痕

喙细长，以白色为主（后端为黑色）

喉部呈浅灰色或白色

有 2 条浅浅的喉沟

小而明显的浅灰色斑点或"箭头"正好在鳍肢后面

鳍肢小而窄，呈黑色

尾干大部分为黑色

尿殖区周围有浅灰色或白色的斑块（两侧向前延伸）

唇线基本平直（略平滑地弯向后方）

鉴别特征一览
- 分布于南半球的寒带水域。
- 体型为中型。
- 复杂的浅灰色和黑色形成反荫蔽色。
- 有黑色的额隆和"眼罩"。
- 喙主要以黑色为主。
- 扁平的牙齿可能在上颌上方相交。

体长和体重
成体　体长：雄性 5 ~ 5.9 米，雌性 5 ~ 6.1 米；体重：1.3 ~ 2.7 吨，最大：6.2 米 ,2.8 吨。
幼崽　体长：2.2 ~ 3 米；体重：未知。
雌性平均比雄性大 5%。

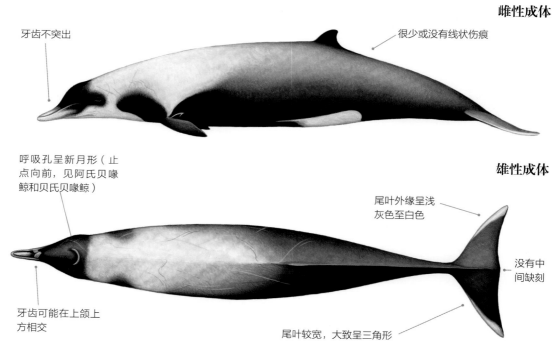

雌性成体

牙齿不突出

很少或没有线状伤痕

呼吸孔呈新月形（止
点向前，见阿氏贝喙
鲸和贝氏贝喙鲸）

雄性成体

尾叶外缘呈浅
灰色至白色

没有中
间缺刻

牙齿可能在上颌上
方相交

尾叶较宽，大致呈三角形

相似的物种

如果牙齿能被清楚地看到，雄性长齿中喙鲸成体可以被识别（尽管有可能与铲齿中喙鲸混淆——它们与铲齿中喙鲸的分布范围相重叠，并且具有大致相似的牙齿形态）。两种性别的长齿中喙鲸的颜色图案都是独特的，应该有助于将它们与该地区的其他中喙鲸，如格氏中喙鲸、赫氏中喙鲸和安氏中喙鲸区分开来（但请记住，在更好地了解铲齿中喙鲸的外部形态

之前，明确地区分这些物种是不容易的）。除非群体中有一头成年雄性，否则仅凭其中的幼崽和年轻个体几乎不可能将长齿中喙鲸与其他中喙鲸区分开来；要识别搁浅的、部分腐烂的年轻个体和雌性成体，通常需要进行基因鉴定。

分布

据悉，长齿中喙鲸在南半球寒冷的温带深海中（主要在南纬 35 度到 60 度之间）有连续的分布。全世界已知有190 多起搁浅事件，其中大约一半发生在澳大利亚和新西兰，其余的在南非、纳米比亚、南乔治亚岛、马尔维纳斯群岛、乌拉圭、巴西和智利，以及麦夸里岛、赫德岛、麦克唐纳和凯尔盖朗群岛。2011 年，在缅甸北纬 15 度 47 分处有一头成年雄性搁浅，这可能是超极限分布；它在该物种的已知分布范围以北 5000 多千米，在之前的搁浅地点（2002 年，在巴西东北部南纬 12 度 47 分处搁浅的雌性）以北 3000 多千米。大多

• 超极限分布记录

长齿中喙鲸的分布图

有硅藻的成年雌性

可能是成片的黄橙色硅藻

雄性成体

牙齿在下颌中部出现，向后弯曲约45°，并在上颌上方相交（通常会使口张开的幅度不超过4厘米）

牙齿的裸露部分可能附着茗荷，并可能被绿褐色硅藻覆盖

幼崽

与成体相似，但体色较淡，色素沉着正好相反

额隆呈现明显的苍白色（幼崽和年轻个体的呼吸孔前面一般呈浅灰色，后面呈深灰色）

潜水过程
- 以45°角出水。
- 头部和喙经常直接抬出水面（成年雄性会露出牙齿）。
- 头部开始下沉时，背鳍出现。
- 慢慢向前翻滚，很少弓背。
- 不露出尾叶。

喷潮
- 不明显。

食物和摄食

食物   主要捕食深水乌贼；也可能捕食一些鱼类和甲壳纲动物；相比于雄性成体，雌性成体和未成熟个体会捕食比较大的乌贼，但它们在捕食的食物的重量上没有明显的区别。

摄食   不清楚雄性如何用牙齿摄食，因为牙齿妨碍了口的正常打开，尽管它们（像其他喙鲸）可能是吸食摄食；牙齿可能作为"栅栏"，使食物直接进入口里。

潜水深度   与其他中喙鲸一样，在水深超过 500 米的水域摄食；吸血鬼乌贼（在长齿中喙鲸的胃中发现）主要位于 700 ～ 1500 米深的水域。

潜水时间   不明。

数在海上看到的活体都出现在澳大利亚和新西兰，在超过 2000 米深的水域和大陆架之外。相信它们在海底地形复杂的地区更为常见。有合理的证据表明它们有季节性的洄游（夏末秋初在其分布范围北部会出现更多的搁浅事件，在南非搁浅的长齿中喙鲸胃里有亚南极乌贼）。

行为

它们的行为鲜为人知，只有几条跃身击浪的记录。曾有人观察到有的个体会在风平浪静、阳光明媚的日子里晒太阳。它们通常难以接近：看到船只会向水中缓慢下潜，或侧身潜水（只露出一个鳍肢）。

雄性成体的下颌

牙齿（雄性）

上 0 颗
———
下 2 颗

雌性的牙齿不突出。

每颗牙齿的顶端都有小而锋利的小齿（可能用于雄性之间的争斗）

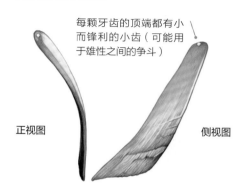

正视图   侧视图

群体规模与结构

很少有长齿中喙鲸群体的目击记录。但在大多数情况下，它们能被单独观察到，或雌雄配对，或最多 4 头组成一群。在西澳大利亚州南海岸短暂出现过的一个群体估计包含了 10 头不同年龄和性别的长齿中喙鲸。2002 年，一个有 4 头长齿中喙鲸的群体搁浅在新西兰的北岛；2007 年，另一个有 4 头长齿中喙鲸的群体（2 头雌鲸和 2 只幼崽）搁浅在南岛的北海岸。

天敌

虎鲸是长齿中喙鲸的天敌。2016 年 2 月 16 日，在西澳大利亚州由 7 头虎鲸组成的一个小群攻击并杀死了一头雌性长齿中喙鲸。大型鲨鱼也可能攻击它们。

种群丰度

尚未对全球丰度进行估计。与其他喙鲸一样，它们的数量可能较少；然而，根据搁浅的数量，它们似乎并不特别罕见。

保护

世界自然保护联盟保护现状：数据不足（2008 年）。从未有直接捕杀的记录。可能有一些刺网误捕的记录，但没有误捕的具体信息。与其他喙鲸一样，它们可能会误食塑料垃圾，受军用声呐和地震勘探带来的噪声影响。

生活史

性成熟   未知。

交配   成年雄性的怪异牙齿可能用于雄性之间的争斗，以获得与雌性交配的机会（虽然从未观察到）。

妊娠期   可能 9 ～ 12 个月。

产崽   在南半球春季至夏季出生，每胎一崽。

断奶   情况不明。

寿命   不详；一头繁殖力强的雌鲸曾活到 44 岁。

铲齿中喙鲸
SPADE-TOOTHED WHALE

Mesoplodon traversii (Gray, 1874)

铲齿中喙鲸是世界上现存的鲸目动物和所有大型哺乳动物中最鲜为人知的。它们存在的唯一证据是两起搁浅事件（一个母子对和一头雄性成体）、两块风化的头骨和一块带牙齿的下颌骨。从未有它们在海上的确切目击记录。

分类 齿鲸亚目，喙鲸科。

英文常用名 以雄性的下颌上长出的两颗牙齿而得名。牙齿露出部分的形状让人想起 19 世纪捕鲸者用来剥鲸脂的椭圆形剥皮刀（也被称为铲子）。

别名 铲齿喙鲸、巴氏喙鲸（以智利海洋生物学家尼瓦尔多·巴阿蒙德 /Nibaldo Bahamonde 的名字命名，他在鲁滨逊·克鲁索岛建立了海洋研究站，这是在新西兰以外发现的唯一标本所在地）、特拉弗斯喙鲸。

学名 *Mesoplodon* 源自希腊语 *mesos*（中）、*hopla*（武装或武器）和 *odon*（牙齿），*Mesoplodon* 可以解释为"在下颌中部每侧都生有一颗牙齿"；*traversii* 是指以律师和自然学家亨利·哈默斯利·特拉弗斯（Henry Hammersley Travers，1844—1928 年）的名字命名，他从查塔姆群岛带回了模式标本。

分类学 没有公认的分形或亚种；1995 年，一种喙鲸的"新"物种被命名为巴阿蒙德中喙鲸（*M. bahamondi*），但进一步的研究表明它是一种铲齿中喙鲸（*M. traversii* 被认为是有效的学名）。

雄性成体

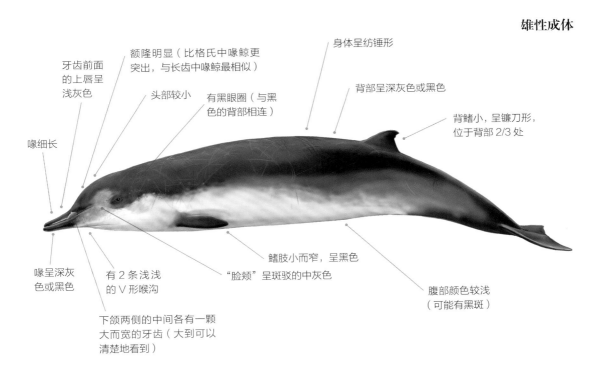

额隆明显（比格氏中喙鲸更突出，与长齿中喙鲸最相似）

牙齿前面的上唇呈浅灰色

头部较小

有黑眼圈（与黑色的背部相连）

身体呈纺锤形

背部呈深灰色或黑色

背鳍小，呈镰刀形，位于背部 2/3 处

喙细长

喙呈深灰色或黑色

有 2 条浅浅的 V 形喉沟

下颌两侧的中间各有一颗大而宽的牙齿（大到可以清楚地看到）

"脸颊"呈斑驳的中灰色

鳍肢小而窄，呈黑色

腹部颜色较浅（可能有黑斑）

鉴别特征一览

- 分布于南太平洋（可能还有其他海洋）的温带（可能还有亚热带）水域。
- 体型为中型。
- 喙细长。
- 额隆明显。
- 雄性下颌两侧的中间各有一颗向后倾斜的大牙齿。
- 背鳍小，呈镰刀形，位于背部 2/3 处。

体长和体重
成体 体长: 雄性 5.2 米（基于 1 头成年雄性），雌性 5.3 米（基于 1 头成年雌性）; 体重: 未知。
幼崽 未知。只知道有一头幼崽体长 3.5 米。

雌性成体

有深眼圈

比雄性的颜色更少
（反荫蔽色简单）

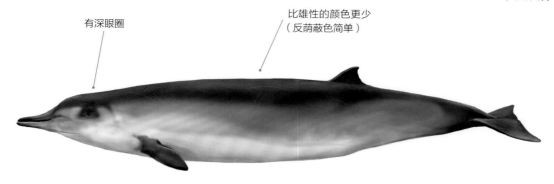

相似物种

　　铲齿中喙鲸的外观鲜为人知，以至于在获得进一步的信息之前，在海上进行正确的识别几乎是不可能的。它们可能至少与格氏中喙鲸、长齿中喙鲸和赫氏中喙鲸的分布范围有重叠，但其他中喙鲸都有细长的白色喙。格氏中喙鲸的额隆不那么圆，只有牙齿的尖端露在外面; 长齿中喙鲸的体色很特别，牙齿更长更窄; 赫氏中喙鲸的牙齿位于下颌前端。

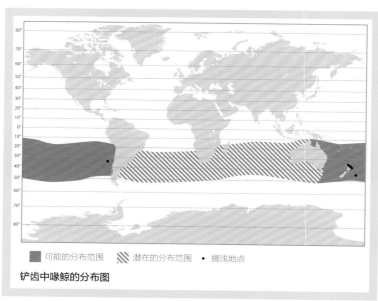

可能的分布范围　　潜在的分布范围　•　搁浅地点

铲齿中喙鲸的分布图

分布

　　关于铲齿中喙鲸的分布信息非常少，因为只有少数的记录。迄今为止，所有的记录都是在南太平洋南纬 33 度到 44 度之间的温带水域。然而，铲齿中喙鲸在其他地方可能只是没有被注意到，它们的分布范围可能包括亚热带水域和其他海洋。2010 年 12 月 31 日，一个母子对搁浅在新西兰北岛的奥帕普海滩（南纬 38 度），随后死亡。2017 年 12 月 23 日，一头成年雄鲸在新西兰北岛的怀皮罗贝（南纬 38 度）游动，之后不久就搁浅死亡。这 3 头鲸提供了关于这个物种可能的所有信息。除了它们之外，只有 3 个标本: 1872 年在查塔姆群岛的皮特岛（南纬 44 度）发现的一块带有牙齿的成年雄性的下颌骨（模式标本，部分不完整，但仍保持着采集时的良好状态）; 20 世纪 50 年代在北岛的白岛（南纬 37 度）发现的一块没有下颌骨的头骨; 以及 1986 年在智利附近的胡安·费尔南德斯群岛（南纬 33 度）的鲁滨逊·克鲁索岛发现

雄性成体的下颌

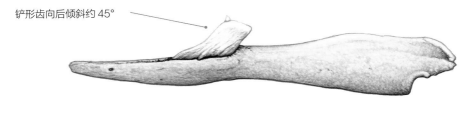

铲形齿向后倾斜约 45°

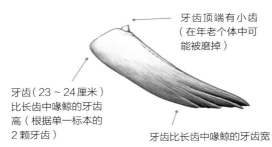

牙齿顶端有小齿
（在年老个体中可
能被磨掉）

牙齿（23～24厘米）
比长齿中喙鲸的牙齿
高（根据单一标本的
2 颗牙齿）

牙齿比长齿中喙鲸的牙齿宽

的另一块没有下颌的头骨。

行为

由于没有已证实的海上目击记录，所以人们对它们的行为一无所知。

牙齿（雄性）

上 0 颗

下 2 颗

群体规模和结构

未知。

食物和摄食

知之甚少。与其他喙鲸一样，它们被认为主要捕食深水乌贼和一些鱼类。

天敌

未知，但可能是虎鲸和鲨鱼。

种群丰度

未知。鉴于记录的数量很少，它们可能是罕见的，或者它们可能只是没有被注意到（特别是如果它们生活在新西兰和南美洲之间的深海水域）。

保护

世界自然保护联盟保护现状：数据不足（2008年）。目前没有关于它们受到的威胁的信息。与其他中喙鲸一样，它们可能会误食塑料垃圾，受到渔具缠绕和噪声（主要来自军用声呐和地震勘探）污染的影响。未发现任何捕杀行为。

生活史

未知。

虎鲸
KILLER WHALE OR ORCA

Orcinus orca　(Limaeus, 1758)

2000 年前，古罗马学者大普林尼将虎鲸描述为"一大块长着凶猛牙齿的肉"。甚至在 20 世纪 70 年代初，美国海军潜水手册就将它们描述为一种"极其凶猛"的动物，并警示众人"它们会抓住一切机会攻击人类"。但是，与其他顶级捕食者相比，虎鲸并配不上其杀手名声。

分类　齿鲸亚目，海豚科。

英文常用名　源于 killer（杀手）；早期巴斯克捕鲸者目睹了虎鲸对较大的鲸目动物攻击后赋予它们的名称，后变为杀人鲸；尽管俗名中有"鲸"，但它们是一种海豚。

别名　杀人鲸（与虎鲸互换使用）；黑鲸（对海豚科 6 种黑色动物的统称）；历史上还有人将其称为灰海豚。不同生态型的名称有所不同。

学名　*Orcinus* 源自古罗马神话，意为"亡者之国"；*orca* 为拉丁语，意为"桶状物"（让人联想起虎鲸的体型）或"一种鲸"。

分类学　暂时有 2 个公认的亚种：东北太平洋居留型和东北太平洋过客型（比格虎鲸），它们在 70 万年前就分化了。过客型、南极 Bs 型和南极 C 型等几种类型被认为可能拥有独立的物种地位（与苏联研究人员在 20 世纪 80 年代初最初描述的外形相同，即有 2 个假定的物种—— *O. nanus* 和 *O. glacialis*）。与此同时，"生态型"一词用于区分生态上不同的种群，它们彼此间不杂交（即使它们生活在同一水域），这也让我们认识到虎鲸分类学的不确定性。

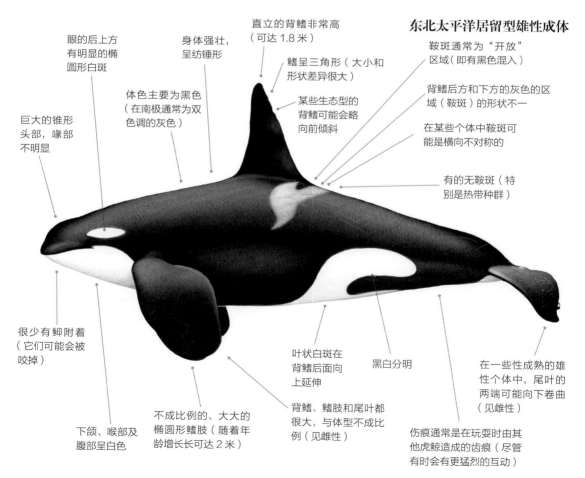

东北太平洋居留型雄性成体

眼的后上方有明显的椭圆形白斑

身体强壮，呈纺锤形

直立的背鳍非常高（可达 1.8 米）

鳍呈三角形（大小和形状差异很大）

鞍斑通常为"开放"区域（即有黑色混入）

体色主要为黑色（在南极通常为双色调的灰色）

某些生态型的背鳍可能会略向前倾斜

背鳍后方和下方的灰色的区域（鞍斑）的形状不一

巨大的锥形头部，喙部不明显

在某些个体中鞍斑可能是横向不对称的

有的无鞍斑（特别是热带种群）

很少有卿附着（它们可能会被咬掉）

叶状白斑在背鳍后面向上延伸

黑白分明

在一些性成熟的雄性个体中，尾叶的两端可能向下卷曲（见雌性）

下颌、喉部及腹部呈白色

不成比例的、大大的椭圆形鳍肢（随着年龄增长长可达 2 米）

背鳍、鳍肢和尾叶都很大，与体型不成比例（见雌性）

伤痕通常是在玩耍时由其他虎鲸造成的齿痕（尽管有时会有更猛烈的互动）

鉴别特征一览

- 分布于全球。
- 体型为中型。
- 体色为双色调（主要为深黑色 / 灰色和白色）。
- 雄性背鳍异常高。
- 具有典型的性别二态性。
- 眼的上方偏后有白色眼斑。
- 通常以家庭的形式组群。

雌性成体居留型

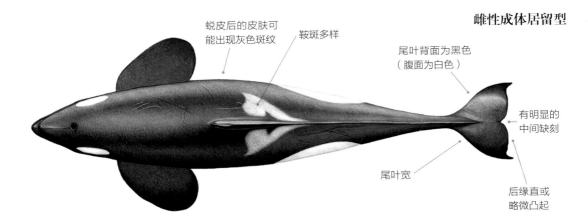

蜕皮后的皮肤可能出现灰色斑纹

鞍斑多样

尾叶背面为黑色（腹面为白色）

有明显的中间缺刻

尾叶宽

后缘直或略微凸起

体长和体重

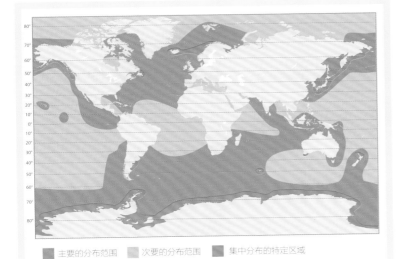

成体 体长：雄性 5.6 ~ 9 米，雌性 4.5 ~ 7.7 米；体重：1.3 ~ 6.6 吨；最大：9.8 米，10 吨。

幼崽 体长：2 ~ 2.8 米；体重：160 ~ 200 千克。

不同生态型的体型差异较大。它们具有典型的性别二态性，成年雄性比成年雌性要长 17%，重 40%。

主要的分布范围　　次要的分布范围　　集中分布的特定区域

虎鲸的分布图（包括所有生态型）

相似物种

虎鲸与其他物种并不容易混淆，但从远处看，灰海豚、领航鲸和伪虎鲸与虎鲸的雌性成体和幼崽相似；白腰鼠海豚有时会被误认为虎鲸。

分布

虎鲸是分布最广的鲸目动物，散落分布于全球。

虎鲸在所有大洋和许多封闭海域（包括白海、地中海、红海、波斯湾、鄂霍次克海、黄海、日本海、加利福尼亚湾、墨西哥湾和圣劳伦斯湾）均有分布；波罗的海有超极限分布的记录，但黑海没有；东西伯利亚海和拉普捷夫海很少或没有。从热带到极地，从碎波带到公海，在各种温度和深度的海域都能发现虎鲸的身影。

虎鲸分布密度最高的区域是食物丰富的温带至极地沿海水域。其中，南纬 60 度以南的

居留型雄性成体

居留型雌性成体

背鳍小，呈镰刀形
（可达 90 厘米）

背鳍末端尖或略圆

常有"开放"的鞍斑

鳍肢较大（虽然按比例比雄鲸的小些）

尾叶的末端很少
卷曲（见雄性）

居留型年轻个体

两性幼崽的背鳍均呈镰刀形，与
雌性成体的相似（二者难以区分）

雄鲸在大约 15 岁时
背鳍开始迅速生长

居留型新生幼崽

可能有暗淡的"披肩"

色彩更柔和

头部比成体的
更接近锥形

雌雄个体都有镰刀形的背鳍

鞍斑不明显或没有（两岁后变得
明显，一旦形成，不再变化）

白色区域通常呈橙红色
（6 ~ 12 个月大时会改变）

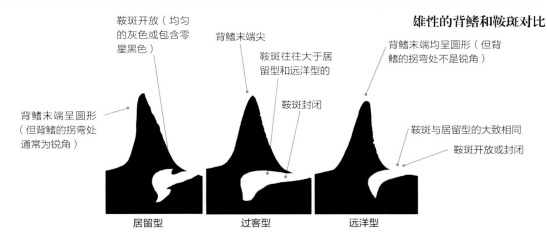

雄性的背鳍和鞍斑对比

鞍斑开放（均匀的灰色或包含零星黑色）

背鳍末端尖

鞍斑往往大于居留型和远洋型的

鞍斑封闭

背鳍末端呈圆形（但背鳍的拐弯处通常为锐角）

背鳍末端均呈圆形（但背鳍的拐弯处不是锐角）

鞍斑与居留型的大致相同

鞍斑开放或封闭

居留型　　过客型　　远洋型

南大洋食物最为丰富。南极常有厚厚的冰层，北极却很少（尽管随着全球变暖，在更远的北方，随着固结冰范围和冰冻时间的减少，固结冰会季节性地增多）；虎鲸最北的分布记录在北纬 80 度的斯瓦尔巴群岛。

背鳍倾倒在野外生活的虎鲸身上很少见（平均不到 1%，不同区域存在较大的差异）；然而，这种情况在人工饲养的虎鲸身上相当常见（背鳍不再坚挺是缺乏锻炼，以及压力、创伤或疾病所致）

虎鲸在热带和离岸水域分布广泛但罕见，一些北半球的种群会跟随食物长途洄游，一些南极的种群会去低纬度水域（比如从 4500 千米外的南极半岛到巴西附近的亚热带水域）进行短期旅行（6 ~ 7 周），大概是因为在温暖的海水中它们可以进行皮肤再生，热量损失最小。

行为

虎鲸在海面上非常活跃，尤其是在社交时或成功捕猎之后。

它们经常跃身击浪、鳍肢击浪、举尾或浮窥（慢慢地浮出海面，直到头部和大部分鳍肢都露出海面，然后慢慢下潜，隐于海中）；有时可能会数头一起浮窥。它们会有船首乘浪或船尾乘浪（更常见）行为。北方的居留型虎鲸会在浅水滩底部摩擦光滑的卵石。当摄食时（居留型 50% ~ 65% 的时间在摄食，过客型 80% 的时间在摄食），鲸群可能分布在一个广阔的区域。休息时，它们通常排成一行慢慢游动，潜水和

潜水过程
- 雄性成体高大的背鳍清晰可见。
- 背鳍末端通常先露出海面（然后是头部）。

喷潮
- 较高，呈柱状（最高可达 5 米），顶部浓密。
- 略微向前倾。
- 在无风条件下可能很明显。

食物和摄食

食物 为顶级捕食者，食物极其多样化（全球已知的食物约 150 种），但食物的选择更取决于它们的分布范围和生态型。虎鲸的食物包括 31 种鲸目动物（包括被反复撞击而制服的蓝鲸）、19 种鳍足类动物、44 种硬骨鱼类（包括鲑鱼、鲱鱼和翻车鲀）、22 种鲨鱼和鳐鱼（包括来自加利福尼亚州、澳大利亚和南非的噬人鲨）、20 种海鸟（包括企鹅）、5 种乌贼和章鱼、2 种海龟和 2 种陆生哺乳动物（在岛屿间游泳渡海的骡鹿锡特卡亚种和驼鹿）。

摄食 方式多样，包括在阿根廷的北角镇和印度洋的克罗泽群岛的"搁浅摄食"——冲滩捕食海豹；在南极的"击浪冲刷"——将威德尔海豹从浮冰上赶到水中猎杀；在直布罗陀海峡，使蓝鳍金枪鱼体力衰竭后被捕杀；在冰岛和挪威，虎鲸"旋转"捕食成群结队的鲱鱼。它们经常合作摄食，还吃多钩长线上的渔获物。

潜水深度 随食物和位置而异；最大下潜纪录超过 1000 米（靠近南乔治亚岛），但可能更深（特别是雄鲸）；摄食的居留型虎鲸通常下潜的深度不到 100 米。

潜水时间 因食物和区域而异；摄食的居留型虎鲸一般下潜 2～3 分钟，休息时在浅水区先进行 3～4 次短暂的潜水，然后进行一次 2～5 分钟的潜水；过客型虎鲸的潜水时间通常是居留型虎鲸的 2 倍（可能超过 10 分钟）；最长纪录为 16 分钟。

浮出海面是同步的，出水间隔也有规律；或在海面上静止不动。它们的游动速度可达 55 千米 / 时。虎鲸在船只周围的行为差异很大，有的会躲避船只，有的毫不在意，而还有的对船只充满好奇。它们通常会跟随渔船，甚至有时会长时间跟随（在白令海，一个虎鲸小群跟随渔船游了 31 天，共游了 1600 千米）。

尾叶

生活史

（基于对东北太平洋居留型虎鲸的研究）

性成熟 雌性 11～16 年（12～14 年后首次生育存活幼崽），雄性 15 年（20 年之后才能成功繁育后代，那时完全成熟）。

交配 显然当两群或更多群聚在一起时，它们就会出现交配行为（种群成员间通常都有亲缘关系，这样做是为了减少近亲繁殖的可能）。在一些区域，"超级鲸群"（即来自同一小群的 100 多头虎鲸）中可能出现交配行为。

妊娠期 15～18 个月。

产崽 每 3～8 年一次（偶尔也有 2～14 年的情况）；在太平洋东北部，雌鲸每 3 年产崽一次，但幼崽死亡率相对较高（37%～50% 的幼崽在出生一年后死亡），产崽的平均间隔时间大约为 5 年；全年幼崽出生的高峰期随地点而变化（比如在太平洋东北部，当年 10 月～次年 3 月新生虎鲸的数量较多）；雌鲸在长达 25 年的繁殖期内会产下 3～5 头幼崽。

断奶 1～2 年后（偶尔可达 3 年）。

寿命 雄鲸平均寿命为 29 岁（最长为 60 岁），雌性平均寿命为 50 岁（最长为 100 岁）；寿命的区域差异如下：南部居留型虎鲸为雄性 22.1 岁，雌性 39.4 岁；北部居留型虎鲸为雄性 36.8 岁，雌性 50.1 岁；阿拉斯加南部居留型虎鲸为雄性 41.2 岁，雌性 49.5 岁；挪威居留型虎鲸为雄性 34 岁，雌性 43 岁。作为信息储存库和对社群生存至关重要的领导者，雌性在大约 40 岁时停止繁殖。一位被称为奶奶（J2～J 小群的女族长）的雌性南部居留型在 1911 年出生，2016 年去世（105 岁）。研究人员常利用背鳍高度与宽度的比值（HWR 系数）估算雄鲸的年龄。

虎鲸的头骨：牙齿平均长 7 ~ 10 厘米，但可以长到 13 厘米（尽管在某些生态型中，它们因为吃了像鲨鱼一样具有磨蚀作用的食物，牙齿磨损到了牙龈线）

牙齿

上 20 ~ 28 颗
下 20 ~ 28 颗

当口部闭合时，上齿就会被挤进下齿的空隙之间，有助于捕捉和咬住食物；有些生态型的虎鲸牙齿可能被磨平。

群体规模和结构

一个虎鲸群有 2 ~ 150 头或更多的个体，数量视生态型而定；大多数群体少于 20 头。据报道，更大规模群体的形成可能是虎鲸为了摄食季节性的食物或交配而临时聚集的。单独看到的个体几乎都是雄鲸。

天敌

虎鲸的天敌可能只有其他虎鲸。曾经有被证实的虎鲸的杀婴行为——在北太平洋，一头雄性成年虎鲸和它的母亲咬死了来自同一种群的另一头雌性虎鲸的新生幼崽，此外还有同类相食的案例。

照片识别

借助背鳍的大小、形状和伤痕，以及鞍斑的大小、形状、颜色、伤痕都可以识别虎鲸。

一些特征（比如眼斑）可以辅助识别鳍肢和鞍斑无明显特征的个体。因为灰色鞍斑是不对称的，为了避免混淆，大多数研究人员同时拍摄了虎鲸身体左右两侧的照片。

种群丰度

尚未对全球丰度进行估计，但全球至少有 5 万头虎鲸（考虑到缺乏与大洋和北极有关的数据，并且有可能低估了南极的种群数量，因此事实上虎鲸的总体数量可能要比 5 万头多得多），它们在高纬度寒冷又食物丰富的水域中的数量相对较多。南极南纬 60 度以南最新的种群丰度是 2.5 万 ~ 2.7 万头（有些估计值是这个数值的 3 倍，因为大多数虎鲸都生活在浮冰中，难以被发现）。白令海、阿留申群岛、俄罗斯远东、北美西部沿海水域、挪威海、日本和其他地方也有一定数量的虎鲸。

发声特征

虎鲸可以发出很大的声音，主要有 3 种声音：回声定位的咔嗒声（用于定位和探测食物）、哨叫声（持续数秒的高频单一音调，可能用于短距离交流）、所谓离散或脉冲声（一种独特的声音模式，类似吱吱声或尖叫声，频率较低，可能用于在数十千米的距离保持联系）。居留型虎鲸大多在摄食时发出声音（猎物听不到）；而当它们休息时，发声便大大减少。

因为一些身为哺乳动物的猎物可以听到虎鲸发出的声音，所以过客型虎鲸在捕食时通常是沉默的，它们发出不规则的、神秘的咔嗒声代替回声定位，同样可以定位猎物；然而，在捕杀过程中或捕食后，它们会发出相当大的声音。

每个居留型小群都有自己独特的"方言"，包括成员独特的声音和与其他社群互通的声音；"方言"之间的相似程度反映了社群间的联系程度。相反，过客型虎鲸或多或少会发出相同的声音，有 4 ~ 6 种声音类型（没有一种与居留型互通）；由于过客型虎鲸的社会结构不稳定，它们没有群体特定的方言。人们对远洋型虎鲸的发声方式所知甚少，它们的声音与居留型虎鲸或过客型虎鲸都不同，但它们确实会频繁发声和进行回声定位（它们摄食鱼类，主要以鲨鱼为食）。

在冰岛、挪威和苏格兰，虎鲸以鲱鱼为食，在用尾叶拍打鲱鱼前，它们会发出低频、长时间、高强度的脉冲——被称为群居叫声。这些声音低于虎鲸最敏感的听觉范围，这表明这些声音不是用来彼此交流的，而是用于恐吓鲱鱼，使鲱鱼聚集得更紧密，从而提高虎鲸在水下用尾叶拍晕猎物的效率。

保护

世界自然保护联盟保护现状：数据不足（2017年）。虎鲸体型中等，鲸油和肉的产量低，这意味着商业捕鲸杀死的虎鲸的数量相对较少（1946 ~ 1981 年，日本平均每年捕杀 43 头；1935 ~ 1979 年，平均每年捕杀 26 头。1979 ~ 1980 年，苏联在南极捕杀了 916 头）。1982 年，国际捕鲸委员会正式禁止捕杀虎鲸。从那以后，就没有任何商业捕鲸的记录了，但在格陵兰岛、加勒比海的一些岛屿、印度尼西亚、日本和其他地方，仍有一些未被记录的捕鲸活动在继续。

虎鲸对渔业资源造成了真实且可感知的威胁，它们被人类误认为是危险的，因此它们也受到伤害。1938 ~ 1981 年，挪威每年杀死 56 头虎鲸来减少它们对当地渔业资源的威胁；一些渔民（比如阿拉斯加的渔民）仍然会射杀虎鲸。在阿拉斯加、地中海西部、南太平洋、南大西洋、南大洋和其他一些地方，虎鲸摄食多钩长线上的渔获物是一个日益严重的问题。

自 1961 年以来，至少有 148 头虎鲸被捕获，它们于世界各地的海洋水族馆中展示（其实有更多数量的虎鲸被捕获，但只有一些"令人偏爱的"个体被人工饲养，通常是年轻个体和雄性成体）。1962 ~ 1977年，至少有 65 头虎鲸在加拿大不列颠哥伦比亚省和美国华盛顿州被活捉；1976 ~ 1988 年，有 59 头在冰岛被捕杀；日本海域捕杀的虎鲸的数量较少（没有数据记录）。自 2012 年以来，至少有 21 头虎鲸在鄂霍次克海被捕杀（2018 年，允许额外捕杀 13 头）。近年来，更多的虎鲸被人工饲养，但定期的捕鲸行动仍在继续。目前，在 8 个国家的 15 座海洋公园里有 56 头人工饲养虎鲸（其中 21 头是野生捕获的，35 头是人工繁殖的）。

虎鲸面临的其他威胁包括：水体污染（一些水体内多氯联苯和重金属含量高得惊人，大规模的石油泄漏可能导致虎鲸的大量死亡）、噪声污染和船只交通干扰（包括一些区域的观鲸船）。此外，食物减少可能也是一个严重的威胁（如由于过度捕捞和产卵地退化，最近东北太平洋的大鳞大马哈鱼数量明显下降）。全球变暖可能会对依赖海冰生存的虎鲸产生特别严重的影响。

虎鲸的生态型

虎鲸有一系列不同的、令人眼花缭乱的生态形式，被称为生态型。

即使它们生活在同一水域，不同的生态型之间也并不相关，它们有不同的季节分布模式、社会结构、行为、声音，以及食物和栖息地偏好。它们在繁殖上是相互隔离的，在基因上也是不同的。它们在外观上也有所不同，可以通过背鳍形状、鞍斑颜色、眼斑的形状、大小和方向，是否有背部"披肩"，以及体色来识别。

在北半球，居留型、过客型和远洋型是最著名的生态型，对生活在东北太平洋的虎鲸的研究充分证实了这一结论。在东太平洋也可能存在另一种生态型，被称为 LA 小群（暂定），但自 1997 年以来，它们就不曾出现过。北大西洋的情况尚不明朗，那里似乎有许多不同的种群，但研究人员对于具体的生态型（如果确实存在的话）没有达成共识；可以想象，它们中至少有一些可能捕食相同类型但比例不同的食物。虎鲸在南极和邻近水域还有另外 5 种类型：A 型、大型 B 型（或称浮冰型）、小型 B 型（或称热尔拉什型）、C 型（或称罗斯海型）和 D 型（或称亚南极型）。

有限的证据表明，虎鲸可能还有更多的生态型（总共至少有 40 个不同的虎鲸种群）。在新西兰，一种潜在的新生态型约有 200 头，它们主要以刺鳐和鲨鱼为食，但也以其他鱼类和其他鲸目动物为食。在热带太平洋中部还有另一种生态型：与其他生态型相比，该生态型相对较小，两性差异较少，已知的捕食对象多种多样，包括像大翅鲸这样大的鲸目动物、双髻鲨和大眼长尾鲨等鲨鱼以及乌贼。

南非可能有好几种不同的生态型，包括一些可以识别出的来自南极洲的个体，但其中有一头捕食其他鲸目动物、鳍足类动物、鱼类和海鸟，十分特别。阿根廷瓦尔德斯半岛附近的虎鲸以冲滩捕猎海豹而闻名，但也有人观察到它们捕食七鳃鲨、其他鱼类和企鹅。亚南极马里恩岛的虎鲸以南象海豹、亚南极海狮和几种企鹅为食；人们还观察到它们从多钩长线上偷吃南极鳕鱼（小鳞犬牙南极鱼）。北大西洋也可能有更多的生态型：纽芬兰与拉布拉多省的一种生态型捕食种类繁多的食物且偏爱小须鲸。随着研究的发展，可能还会有其他发现。

最近在东北太平洋进行的 DNA 研究证实，居留型虎鲸和过客型虎鲸在 70 万年前就开始分化，这至少可以为某些生态型的独立亚种甚至物种地位提供更多证据。北半球的居留型虎鲸目前被认为是指名形式。

然而，也可能有广布种。高纬度水域（食物丰富的区域）的虎鲸食物专一并形成了生态型，而低纬度水域（食物较少的区域）的虎鲸则倾向于摄食各种各样的食物，吃任何能吃的东西。因此，它们不太可能成为一种特有的生态型。

虎鲸的社会结构

对居住在太平洋东北部的虎鲸的长期研究显示，它们是已知的除人类外哺乳动物中社会结构最稳定的一种。有 4 种社会结构形式。

1. 虎鲸基本的社会单位是母系群体，一个母系群体（或母系家庭，以前称为亚小群）通常由一个较年长的雌鲸带着它的"儿子""女儿"以及"女儿"的后代一起生活。母系群体可能由 5 代组成，它们一生的全部或大部分时间都在一起生活；一个群体可能由多达 17 头虎鲸组成，但更常见的是 5 ~ 6 头。雄鲸和雌鲸都会在它们出生的群体中生活一辈子；从来没有个体长期离开并加入另一个母系群体（除了少数涉及"孤儿"的罕见案例）。母系群体一起行动，很少相隔几千米或一次分开几个小时。

2. 更大的是小群，通常由 3 个（范围为 1 ~ 11个）关系密切的母系群体（它们拥有共同的最近的母系祖先）组成，彼此之间至少有 50% 的时间在一起。一个虎鲸小群平均有 18 头鲸（2 ~ 49 头不等，通常10 ~ 25 头）。和母系群体相比，小群没有那么稳定（成

员可能会分开几天或几周）。居留型虎鲸有时会临时聚集，形成大型的聚群——称为超级鲸群，包括多个母系群体和小群。

3. 有相似"方言"的小群（源自一个共同的母系祖先）属于同一部落；同一小群的虎鲸很少一起旅行，也不杂交。

4. 经常联系的小群属于同一社群。社群是通过相互联系的程度来定义的，而不是母亲的亲缘程度或声音相似性。

在世界其他地方虎鲸的其他生态型中是否还存在类似的社会结构尚不确定。例如，过客型虎鲸的基本社会结构是母系群体，通常由一头雌性成体和它的后代组成；但是，这种情况下的社会结构更为灵活，雄鲸和其后代都有可能长时间或永久离开。

虎鲸有多危险？

据我们所知，野生虎鲸从未杀死过任何一个人，尽管在 1972 年一个冲浪者在加利福尼亚州被虎鲸咬伤了腿（虎鲸立即松口，冲浪者的伤口被缝了 100 针）。在早期的两次南极探险中都有虎鲸试图袭击人类的报道，令人费解的是，两次都是针对摄影师：赫伯特·庞廷（1911 年，斯科特的第二次远征）和弗兰克·赫尔利（1915 年，沙克尔顿的"持久号"南极远征）；在这两次袭击中，虎鲸都试图冲破人们站立的薄冰。虎鲸曾冲撞并撞沉小型帆船；船上人员没有受伤，袭击的原因尚不清楚。在被人工饲养时，它们偶尔会攻击，甚至杀死驯兽师（也许可以被理解）。

虎鲸喷潮的高度可达 5 米

北太平洋已知的虎鲸生态型

居留型虎鲸

- 是典型的黑白色虎鲸。
- 雄鲸的背鳍末端通常比过客型虎鲸的更圆、更尖。
- 背鳍后缘通常有一些刻痕和伤痕。
- 雄鲸背鳍的倾斜程度不同。
- 背鳍末端往往在其基部的前方。
- 背鳍后缘呈波浪形（尤其是年老雄性）。
- 背鳍前缘直或稍凹。
- 鞍斑通常是开放的（除浅灰色外，其他部位嵌入了相当大的黑色色块），很少是封闭的。
- 鞍斑中心很少向前延伸，超过背鳍基部的中点。
- 没有明显的背部"披肩"。
- 中型白色眼斑，呈椭圆形（与身体轴线平行）。

体长 雄性 6.9 米，雌性 6 米；最长：7.2 米。

分布 主要分布于东北太平洋，从阿留申群岛、阿拉斯加沿着加拿大不列颠哥伦比亚省和美国华盛顿州一直到蒙特利湾、美国加利福尼亚州均有分布；也可能出现在北太平洋其他区域，比如俄罗斯远东地区的一大批食鱼型虎鲸，在外观、行为、声音和遗传上都与这种生态型一致（分布范围包括鄂霍次克海中部，堪察加半岛的南部和中部、科曼多尔群岛、千岛群岛、白令海南部）；它们被称为 R 型虎鲸。常栖息于隐蔽的沿海水道，或者悄悄到远离大陆架的海域冒险。夏季的最大行程通常小于 200 千米。

食物与摄食 主要捕食鱼。多以东部的鲑鱼为食，有地域偏好性（在萨利希海捕食濒临灭绝的大鳞大马哈鱼；在阿拉斯加湾春季捕食大鳞大马哈鱼，初夏捕食大鳞大马哈鱼，夏末和秋季捕食银大马哈鱼）。阿留申群岛的多线鱼也是俄罗斯远东地区虎鲸的主要食物。除此之外，这里的虎鲸也以底栖鱼类，比如狭鳞庸鲽、多佛比目鱼和乌贼为食。虎鲸善于从多钩长线上取下银鳕鱼。面对海洋哺乳动物，它们常常视而不见，很少表现出躲避行为。

群体结构 在东北太平洋有 3 个社群：南部居留型、北部居留型和阿拉斯加南部居留型。

群体规模 小群通常由 3 个母系群体组成（范围为 1 ~ 11 个），平均 18 头（通常 10 ~ 25 头，但从 2 ~ 49 头不等）。

种群丰度 东北太平洋种群丰度约为 1000 头（南部居留型有 75 头、北部居留型有 290 头、阿拉斯加南部居留型约有 700 头），俄罗斯远东地区有 1600 头被拍照识别出（大约一半在科曼多尔群岛）。

附注 海洋哺乳动物协会目前将当地的虎鲸视为一个独立的亚种。当描述这些虎鲸的恋地性和运动模式时，"居留"一词是相当具有误导性的，所以它们经常被称为食鱼型虎鲸。

居留型雌性成体和幼崽

过客型虎鲸（比格虎鲸）

- 是典型的黑白色虎鲸。
- 3 种北太平洋生态型中体型最大的。
- 雄鲸背鳍末端通常比居留型的更直、更尖。
- 背鳍后缘常有许多刻痕和伤痕。
- 背鳍末端往往在其基部中心的上方。
- 鞍斑较大，呈均匀的灰色。
- 鞍斑"封闭"（没有黑色色块嵌入）。
- 中型白色眼斑，呈椭圆形（向后方轻微倾斜）。
- 没有明显的背部"披肩"。

　　体长　雄性 8 米，雌性 7 米；最长：9.8 米。

　　分布　从白令海、加拿大不列颠哥伦比亚省和美国华盛顿州到加利福尼亚州均有分布；也可能出没于北太平洋的其他地方：比如生活在俄罗斯远东地区的一种鲜为人知的食兽型虎鲸种群，在外观、行为和声音上都与上述生态型的一致；它们被称为 T 型虎鲸，主要生活于鄂霍次克海和楚科奇海的沿海。洄游模式与季节性可获得食物相关。生活于沿海和离岸水域。在分布上没有明显的季节变化，但是活动范围比居留型的更广，并且洄游路线往往并不稳定（很少保持可预测的路线或长时间停留在同一地方）。

　　食物与摄食　主要捕食哺乳动物，尤其是鲸目动物、鳍足类动物和海獭。食物偏好因地而异。会杀死海鸟（通常不吃它们，会丢掉尸体），偶尔也会捕食乌贼。未见捕食鱼类的情况。这是一种在加利福尼亚蒙特利湾（主要在 4～5 月）和阿拉斯加以东的阿留申群岛（包括乌尼马克海峡）捕猎灰鲸幼崽的生态型。

　　群体结构　过客型生活的群体比居留型的更小、更不稳定（这更适合它们的捕食方式，群体过大会增

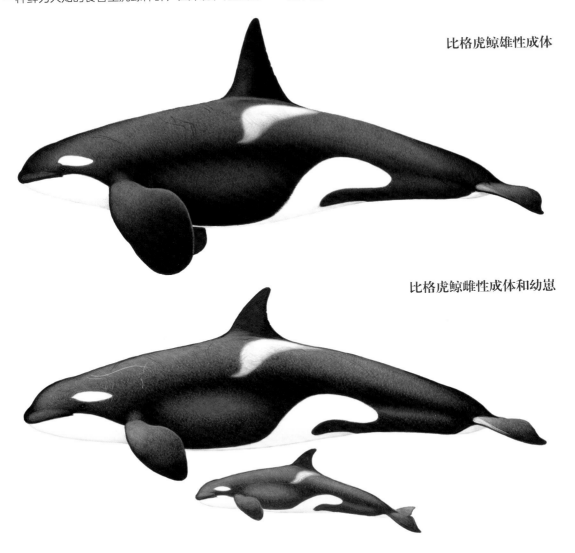

比格虎鲸雄性成体

比格虎鲸雌性成体和幼崽

加被猎物发现的可能）。后代通常离开母系群体很长一段时间，或者永远离开。雌鲸通常在性成熟后离开其出生的家庭，与其他过客型群体一起行动；它们可能会在生下自己的幼崽后重新加入自己出生的家庭，但通常只停留很短的时间。雄鲸更依赖母系群体（第一头出生的雄鲸常对它的母亲有强烈的依赖感）。过客型的族群似乎并没有从声音上细分为多个家族。在东北太平洋有 3 个虎鲸社群：阿拉斯加湾、阿留申群岛和白令海社群；西海岸社群；AT1（或楚加奇）社群。

群体规模　通常由 2 ~ 6 头虎鲸组成，包括一头雌鲸及其后代。近年来，研究人员已观测到 30 头以上的大型临时聚群，有时还会看到单独行动的个体（通常是雄鲸）。

种群丰度　在东北太平洋海域有 1000 多头虎鲸（阿拉斯加湾约有 590 头，楚加奇有 7 头，美洲西海岸约有 500 头）；俄罗斯远东地区的数量未知（至少 100 头）。

附注　为了纪念已故的迈克尔·比格博士，研究人员共同将原先的"过客型虎鲸"这一生态型称为比格虎鲸（同时"过客"一词在描述这类虎鲸的恋地性和洄游模式时不甚准确）。20 世纪 70 年代初至 80 年代末，比格是不列颠哥伦比亚省虎鲸研究的先驱者和奠基人，他是第一个根据自然斑纹对虎鲸个体进行照片识别的人。在他去世后的几十年里，大量令人信服的证据表明，比格虎鲸可以成为一个单独物种（是与其他虎鲸基因差异最大的虎鲸）。

阿拉斯加东南部的比格虎鲸正在玩耍一条鲑鱼（在它的口里）

远洋型虎鲸

- 是典型的黑白色虎鲸。
- 总体外观和居留型的非常类似。
- 3 种已知的北太平洋生态型中体型最小的。
- 背鳍相对较小。
- 雄鲸背鳍末端是流畅的圆钝形（比过客型的更圆，没有像它们那样的尖背鳍）。
- 和居留型的相比，背鳍后缘有更多的刻痕和伤痕。
- 灰色鞍斑的大小与居留型的相似。
- 整齐有序的椭圆形伤痕可能是被达摩鲨咬伤所致。
- 鞍斑很模糊（通常是闭合的，即没有黑色嵌入，变成灰色鞍斑，尽管一些个体的鞍斑是开放的）。
- 游动时用尾叶有规律地击打海面。
- 性别二态性程度低于居留型或过客型的（雄鲸和雌鲸体型类似）。
- 牙齿磨损严重，甚至亚成体也有这种情况（通常磨平至牙龈，可能是因为吃表皮粗糙的鲨鱼所致）。

　　体长　雄性 6.5 米，雌性 5.5 米；最长 7.2 米。

　　分布　北太平洋 3 种生态型中人们了解最少的一种。分布范围从加利福尼亚州南部到阿留申群岛东部、阿拉斯加，在离岸区域进行大范围的迁移。目前还不清楚它们是否主要在公海或大陆架活动；它们偶尔也会出没于沿海（也会进入受保护的近岸水域）。

　　食物与摄食　为硬骨和软骨鱼类，特别是鲨鱼（包括噬人鲨、大青鲨、太平洋白斑角鲨）；也包括大鳞大马哈鱼和狭鳞庸鲽。无任何证据表明它们摄食哺乳动物。

　　群体结构　信息有限。它们被认为具有一种动态的社会结构，从母系群体中分离，类似于过客型的社会结构；偶尔像居留型一样大规模聚群。虽然在雌鲸和幼崽之间已经观察到长期的联系，但是在生产的雌性之间是否存在这种联系还不清楚。

　　群体规模　正常大小（50 ~ 100 头并不罕见）；偶尔会有 200 多头临时聚集在一起的情况（可能与食

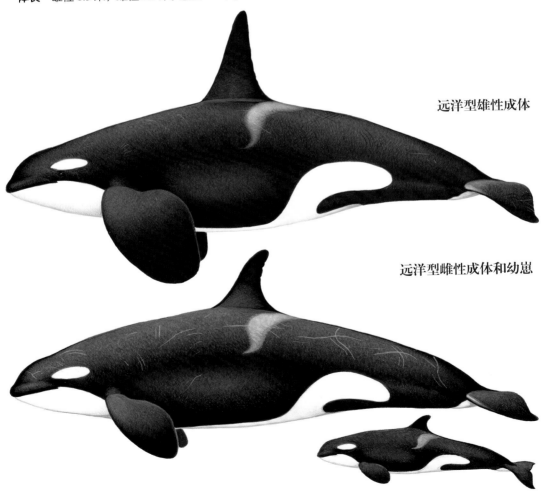

远洋型雄性成体

远洋型雌性成体和幼崽

物密度有关）。

　　种群丰度　太平洋东北部有 350 ～ 500 头。

　　附注　当船靠近时，它们常常比居留型和过客型更会躲避（不稳定且长时间地潜水）。

LA 小群（暂定）

　　北半球的一种非官方生态型，被称为 LA 小群，在 1982 ～ 1997 年经常在洛杉矶附近出现（它们由旧金山附近的费拉隆群岛向南进入墨西哥加利福尼亚湾）。该社群有 13 ～ 15 头虎鲸。众所周知，它们以海狮、鲨鱼以及其他鱼类为食（1997 年，一头雌鲸在费拉隆群岛杀死了一条噬人鲨）。

　　它们不像居留型或远洋型那样喜欢发出声音。有可能它们已经把它们的分布范围向南转移到了墨西哥，但是它们已经很多年没有出现了。

- 体型为小型。
- 背鳍末端呈圆形。
- 背鳍后缘上有许多凹痕（后缘常悬挂着排成一线的鹅颈藤壶）。
- 鞍斑窄且闭合。

LA 小群雄性成体

LA 小群雌性成体

区分虎鲸生态型的关键：眼斑、背鳍和鞍斑

北大西洋公认的虎鲸种群

注: 最初东北大西洋虎鲸被分为广食种"1型"和只以海洋哺乳动物为食的"2型",而今这种分类仅适用于博物馆和来自北欧水域的搁浅标本,不再适用于概括北大西洋虎鲸。北大西洋可能的生态型划分不如世界其他区域的清楚;此外,在北大西洋仍然有一些群体和种群没有得到充分研究,它们的生态以及与其他已知群体和种群的亲缘关系仍然未知。这里描述了最著名的种群。

以冰岛夏季产卵鲱鱼为食的虎鲸

- 是典型的黑白色虎鲸。
- 体型比西海岸社群的虎鲸小。
- 更像东北太平洋居留型。
- 中大型椭圆形的眼斑(平行于身体中轴线)。
- 眼斑前端在呼吸孔前。
- 牙齿磨损严重(牙齿经常磨平至牙龈线)。
- 鞍斑明显。
- 磨损的牙齿会产生较宽的刮痕标记。

    体长 雄性 6.3 米,雌性 5.9 米; 最长: 6.6 米。

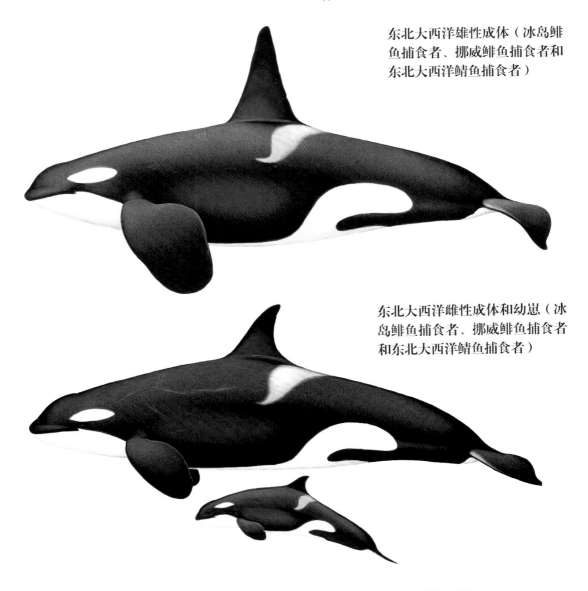

东北大西洋雄性成体(冰岛鲱鱼捕食者、挪威鲱鱼捕食者和东北大西洋鲭鱼捕食者)

东北大西洋雌性成体和幼崽(冰岛鲱鱼捕食者、挪威鲱鱼捕食者和东北大西洋鲭鱼捕食者)

分布　分布于冰岛，但约有 5% 的个体在春季和夏季洄游到苏格兰东北部（尤其是设得兰群岛，小部分洄游到凯斯内斯和奥克尼群岛）。目前，冰岛和挪威没有发现它们的踪迹（尽管冰岛夏季产卵的鲱鱼和挪威春季产卵的鲱鱼分布范围重叠，从 20 世纪 70 年代到如今都是如此）。然而，基因分析发现这 2 个鲱鱼场的虎鲸聚集成一个群体。

食物和摄食　主要摄食成群结队的鲱鱼，在冰岛附近的鲱鱼越冬场、产卵场和摄食场之间穿梭。冬季和夏季经常进行"旋转"捕食：3 ~ 9 头虎鲸为一组，围捕鲱鱼；它们从较大的鲱鱼群中分离出一群鱼，快速地绕其游动（吹泡泡、露出下腹部、拍尾击浪），把鱼群聚集成一个更紧密的球形，将尾叶甩向球形鱼群，尽可能多地击昏或杀死鲱鱼，然后一条一条地拣食。磨损的牙说明它们还有另一种摄食方式——"吮吸"整条鱼。一些生活在冰岛的虎鲸似乎专门以鲱鱼为食，一年到头都跟着它们，而其他虎鲸只是季节性或偶然地以其为食。在冰岛，还有其他 12 种虎鲸的食物，包括小须鲸、长肢领航鲸、白喙斑纹海豚、港湾鼠海豚、港海豹和灰海豹、绒鸭、鱼类（鲱鱼、鲑鱼、大西洋大庸鲽和马舌鲽）和乌贼，但目前还不清楚以上动物是否被以鲱鱼为食的虎鲸摄食。在苏格兰，虎鲸以鲱鱼（离岸）和港海豹、灰海豹（沿海）为食，同时还以港湾鼠海豚、水獭和海鸟（如海雀、管鼻鹱和绒鸭）为食。苏格兰的虎鲸会返回冰岛过冬，在那里它们捕食鲱鱼，即全年都在此处的鲱鱼。这两个群体在外形上没有明显的差异，但有一些轻微的遗传差异。

群体结构　群体之间的短期和长期关系复杂多变，包括持续的伙伴关系（与东北太平洋的母系群体相似）和"泛泛之交"。

群体规模　以海洋哺乳动物为食时，群体规模为 4 ~ 6 头；捕食靠近海岸的鱼时，群体规模为 6 ~ 30 头；捕食大陆架边缘的鱼类时，群体规模多达 300 头。

种群丰度　目前，在冰岛虎鲸项目的照片识别目录中共有 432 头可识别（不包括幼崽）。

以挪威春季产卵鲱鱼为食的虎鲸

- 与冰岛以鲱鱼为食的虎鲸没有明显的区别。

　　体长　雄性 6.2 米，雌性 5.5 米；最长 6.6 米。

　　分布　大多数挪威的虎鲸跟随春季产卵的鲱鱼迁移。这些鲱鱼春季在挪威中部和罗弗敦群岛周围产卵，夏季（4 ~ 9 月）散布到挪威海摄食生长，然后到罗弗敦群岛以北的水域越冬（有些甚至会游到北纬 80 度以上），南至挪威中部和罗弗敦群岛周围；自 1950 年以来，鲱鱼（以及虎鲸）在不同时期至少有 6 个越冬场。目前在挪威和冰岛之间没有发现任何虎鲸迁移的变化。

　　食物和摄食　主要是大西洋鲱鱼；其他记录在案的食物包括鲭鱼、鳕鱼、鲑鱼、乌贼和港湾鼠海豚。已经观察到一些个体在捕猎港海豹和灰海豹，在幼崽成长期间它们最有可能出现在北极、特罗姆斯郡和芬马克郡的沿海水域（6 ~ 7 月吃港海豹，9 ~ 10 月吃灰海豹，11 ~ 12 月再往北寻找食物）。这一种群中的许多虎鲸的主要食物可能包括海豹（作为单一食性或季节性可获得的食物）。

　　群体结构　捕食鲱鱼的虎鲸可能与冰岛虎鲸相似；捕食海豹的虎鲸常以小而稳定的群体活动，也可能短暂地以大群活动（最有可能的原因是为了社交和传授摄食行为）。

　　群体规模　捕食鲱鱼的群体规模为 6 ~ 30 头不等（中间值为 15 头），而捕食海豹的群体则为 3 ~ 11 头不等（中间值为 5 头）。

　　种群丰度　在鲱鱼大量繁殖时期，挪威沿海水域至少有 1000 头；20 世纪 80 年代末，统计结果估计夏季在更广阔的挪威海域有 7000 头。

　　附注　在冬季摄食地，虎鲸和大翅鲸（大翅鲸通常在虎鲸开始捕食后加入）之间会出现非捕食性聚集。

以东北大西洋鲭鱼为食的虎鲸

- 与冰岛和挪威以鲱鱼为食的虎鲸特征有细微的不同，比如眼斑通常较小，雄性背鳍末端通常更圆（像黄油刀的形状）。
- 牙齿有磨损（由于吸吮式摄食）。

　　体长　雄性 6.3 米，雌性 5.9 米；最长 6.6 米。

　　分布　遍及北海北部、爱尔兰海、挪威海域以及北极。大部分在离岸活动，也有在沿海活动的情况。广为人知的是秋中至秋末它们主要在设得兰群岛、奥克尼群岛和挪威南部之间活动；冬天在赫布里底群岛西部的海域；夏末时在挪威海域（包括冰岛），分布范围远至北纬 72 度。有一种虎鲸的聚群是以鲭鱼为目标，这类鲭鱼在深秋至冬季（当年 10 月 ~ 次年 1 月）从北海迁入爱尔兰水域，但尚不清楚它们一年中剩下的时间身处何地，也不知道它们是否就是夏季挪威海鲭鱼种群的一部分。

　　食物与摄食　鲭鱼（至少一年中的部分时间虎鲸

以它们为食，然而是全年以鲭鱼为食还是转向其他季节性可捕获的食物尚不清楚）。虎鲸经常在拖网渔船附近摄食（在拖网作业期间在渔网周围活动）。在挪威海的虎鲸群体似乎采用了与鲱鱼捕食者相似的"旋转"捕食方式。

群体结构　鲜为人知。

群体规模　人们曾经观察到挪威海的虎鲸群体有 1 ~ 40 头（平均 8 头）；在拖网渔船周围摄食的虎鲸群体有 1 ~ 70 头（平均 13 头）。最大的群体有 200 头。

种群丰度　在挪威海为期 2 年的研究期间，研究人员观察到 271 头虎鲸；然而，考虑到几年之间重复见到的个体很少，种群数量可能会大得多。

西海岸社群

- 是典型的黑白色虎鲸。
- 比冰岛或挪威鲱鱼捕食者更大。
- 更像东北太平洋过客型和南极 A 型。
- 中大型的眼斑，呈椭圆形（向后方倾斜）。
- 眼斑前端在呼吸孔后。
- 牙齿很少或没有磨损。
- 鞍斑不明显。

体长　雄性未知，雌性 6.1 米；最长：未知。

分布　广泛分布于英国和爱尔兰，从彭布罗克郡到爱尔兰南部海域，沿着爱尔兰整个西海岸，向北到外赫布里底群岛，分布范围很广；然而，主要在苏格兰西海岸附近活动（该社群就是因此得名）。

食物与摄食　信息有限，但已知它们曾捕获过港海豹和港湾鼠海豚。

群体结构　大多数是成对或 3 头。

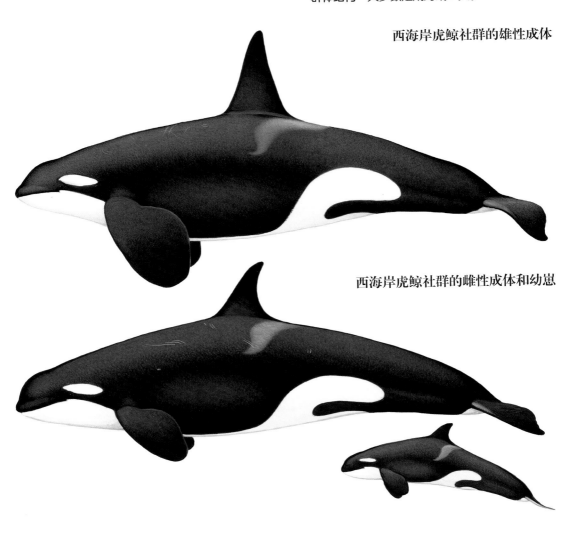

西海岸虎鲸社群的雄性成体

西海岸虎鲸社群的雌性成体和幼崽

群体规模 通常为 2～3 头,但数量太少,无法确定。

种群丰度 2018 年,西海岸社群只剩下 8 头虎鲸（有证据显示存在明显的近亲繁殖,这表明它们与邻近种群隔离）；20 多年来没有观察到幼崽。

附注 可能至少存在另外 2 个虎鲸社群：一群为 27 头和一群为 64 头（组成北部岛屿群）,可能生活在英国；它们全年在设得兰和奥克尼群岛出现,是否会到冰岛或挪威就无法得知了。可能还有其他种群具有西海岸社群的一些特征（比如体型庞大、牙齿未被磨损）；这类虎鲸可能出没于亚速尔群岛、法罗群岛和斯瓦尔巴群岛。20 世纪,捕鲸者从北大西洋捕获了许多体型相似的个体,因此这些虎鲸可能代表了之前分布更广泛的祖先群体的存留个体。

以直布罗陀海峡的蓝鳍金枪鱼为食的虎鲸

- 是典型的黑白色虎鲸。
- 中大型的眼斑,呈椭圆形（平行于身体中轴线）。
- 雄性背鳍的末端通常呈圆形,止点尖（类似于东北太平洋居留型的）。
- 有明显且闭合的鞍斑,呈均匀的灰色。

体长 雌性 6 米,雄性 5.3 米；最长 7.3 米。

分布 已知分布于加的斯湾、西班牙南部（主要在春季和夏季）和直布罗陀海峡中部（主要在夏季）。人们对它们在秋季和冬季的活动知之甚少,尽管它们可能跟随蓝鳍金枪鱼进入东大西洋（在金枪鱼离开地中海产卵场后）。它们并不经常出现在地中海区域（尽管在 2000 年以前偶尔能在此处看到）。

直布罗陀海峡摄食蓝鳍金枪鱼的雄性成体

直布罗陀海峡摄食蓝鳍金枪鱼的雌性成体

直布罗陀海峡的蓝鳍金枪鱼摄食者

食物和摄食　在春季，大西洋蓝鳍金枪鱼被虎鲸高速追逐，每次可长达 30 分钟（被称为筋疲力尽捕猎法）。在夏季，大约有一半的种群（A1 和 A2 小群）经常（至少从 1999 年起）从带饵鱼钩上掠夺金枪鱼。尚不清楚它们是否全年依赖金枪鱼而活；然而，至少有一个小群（D 小群）可能会随机捕食沿海鱼类。

群体结构　没有观察到社群之间的分散；2006年，一个小群（A 小群）分裂为 2 个小群（A1 和A2），并且彼此间仍然存在强烈的关联。

群体规模　小种群被细分为 5 个小群（A1、A2、B、C 和 D），由 7 ~ 15 头虎鲸组成。

种群丰度　30 ~ 40 头。

附注　最近的研究表明，直布罗陀海峡和加那利群岛的虎鲸之间没有融合，这 2 个种群似乎在繁殖、社交和生态方面有所不同。自 20 世纪 60 年代以来，大西洋蓝鳍金枪鱼的数量大幅下降。

西北大西洋种群

- 是典型的黑白色虎鲸。
- 中大型眼斑，呈椭圆形（平行于身体轴线）。
- 背鳍末端通常呈圆形，止点尖（类似于东北太平洋居留型的）。
- 鞍斑明显，呈均匀的灰色，大部分闭合。

体长　雄性 6.7 米，雌性 5.5 ~ 6.5 米；最长未知。

分布　已知主要分布于格陵兰岛、纽芬兰北部和拉布拉多半岛，尤其是在夏季（尽管冬季科研人员的观测力量要小得多，而季节性出现的浮冰可能限制了拉布拉多半岛和纽芬兰北部海岸的虎鲸分布）。

渔民报告说，在远离海岸的纽芬兰大浅滩上有虎鲸出没。目前无任何证据表明加拿大大西洋区域种群有季节性洄游的行为；然而，一头被卫星标记定位的虎鲸在巴芬岛附近的加拿大大西洋海域度过了夏季，然后游过拉布拉多半岛和纽芬兰岛的外大陆架，穿越大西洋进入亚速尔群岛附近的温暖水域。虎鲸在苏格兰大陆架、圣劳伦斯湾、新斯科舍省和新不伦瑞克省似乎不太常见；在美国东部这种情况也很少见到。目击虎鲸的大多数地点相对靠近海岸，水深不到 200 米，但这可能受观察者的影响（在离岸 200 千米的海上、大陆架之外水深超过 3000 米的海域，也发现了单独的虎鲸和虎鲸群）。

食物和摄食　格陵兰岛、纽芬兰岛和拉布拉多岛的虎鲸摄食多种海豹（包括竖琴海豹）、其他鲸目动物（包括小须鲸、大西洋斑纹海豚和白喙斑纹海豚，偶尔还有年轻的大翅鲸）和鱼类（包括鲱鱼、鲭鱼、鲑鱼、鳕鱼和点纹斑竹鲨），偶尔也捕食海鸟（包括刀嘴海雀和绒鸭）。似乎有一些种群专门捕食某种特定的食物（比如格陵兰岛西部的鱼类和头足类动物，格陵兰岛东部的海洋哺乳动物）。

群体结构　未知。

群体规模　通常为 2 ~ 6 头（平均 5 头）；很少超过 15 头，偶尔多达 30 头；所有目击记录中有 1/4 的是单独行动的个体。据报道，20 世纪 70 年代的捕鲸活动中渔民曾目睹了 100 头虎鲸的大群（可能是多个小群被同一种食物所吸引）。

种群丰度　信息有限（正在编制照片识别目录）；纽芬兰岛和拉布拉多半岛有 150 ~ 200 头。

附注　与世界其他许多地方的虎鲸相比，人们对西北大西洋虎鲸的了解相对较少。目前尚不清楚它们是否与邻近区域的虎鲸种群有融合。

加拿大北极社群　至少在夏季，在加拿大大西洋海域的目击记录显著增加：随着全球气温上升、北极海冰消退，许多以前的屏障正在消失，虎鲸可以进入以前无法进入的海湾、峡湾和水湾。这些特殊的虎鲸只以海洋哺乳动物为食（竖琴海豹、环斑海豹、髯海豹、冠海豹、港海豹、一角鲸、白鲸和北极露脊鲸）；然而，不能排除它们捕食鱼类的可能。

在南极及其附近海域已知的虎鲸生态型

A 型（南极虎鲸）

- 是典型的黑白色虎鲸。
- 可能是最大的南极生态型（可能和大型 B 型的体型相当）。
- 中型眼斑，呈椭圆形（平行于身体轴线）。
- 通常没有背部"披肩"。
- 鞍斑可能呈褐色。
- 雄性鞍斑通常是封闭的，雌性的可能略微开放。
- 白色区域偶尔略呈黄色（因硅藻附着）。
- 黑色区域偶尔略呈褐色（因硅藻附着）。

体长 雄性 7.3 米，雌性 6.4 米；最长 9.2 米。

分布 在南半球的夏季，它们在南极水域环极分布，大多数情况下在离岸、无冰的开阔水域；经常出现在南极半岛周围。人们对其季节性的迁移知之甚少，但至少在短时间内，它们会从南极洲洄游到纬度更低、更温暖的水域。在新西兰、澳大利亚、南非、西非、巴塔哥尼亚以及克罗泽群岛、凯尔盖朗群岛和麦夸里岛，都出现了形似 A 型的虎鲸，但这些鲸是否洄游到南极水域尚不清楚。目前，A 型是一种"包罗万象"的生态型，包括任何不是 B 型、C 型或 D 型的生态型。总的来说，它可能包括一个以上的生态型。

食物和摄食 在南极水域，主要是南极小须鲸和象海豹，尽管它们可能捕获其他须鲸和其他海豹的幼崽；也有人观察到它们追逐（虽然没捕捉）企鹅。这种生态型在远离南极水域时的食物还不得而知。在新西兰，形似 A 型的虎鲸以摄食鳐鱼、鲨鱼和鳍足类动物而闻名；在澳大利亚，它们以鲸、海豹、儒艮和远洋鱼类为食；它们的食物还有小须鲸、南象海豹、企鹅和克罗泽群岛的鱼类（在那里，虎鲸们经常从多钩长线上偷吃南极鳕鱼）。

群体结构 未知。

群体规模 10 ~ 15 头。

群体规模 未知，南极洲半岛至少有 372 头已被识别的个体。

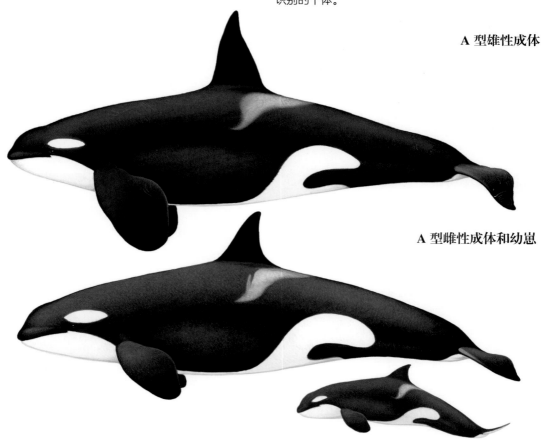

A 型雄性成体

A 型雌性成体和幼崽

大型 B 型（浮冰虎鲸）

- 体色为双色——灰色和白色（非黑色和白色）。
- 体型比小型 B 型的更大，更健壮。
- 体表通常覆盖硅藻（白色区域呈黄色，灰色区域呈褐色）。
- 体表常常有达摩鲨留下的椭圆形咬痕。
- 眼斑多样，但总比任何其他虎鲸的大（至少是南极 A 类虎鲸的 2 倍）。
- 眼斑平行于身体轴线。
- 鞍斑几乎总是封闭的。
- 有深灰色的背部"披肩"（通常作为鞍斑的延伸，与鞍斑由窄窄的白边分开），从前额延伸到背鳍后面。
- 外表与小型 B 型非常相似，但体型是其体型的 2 倍。
- 经常在浮冰周围浮窥（寻找海豹）。

体长 雄性未知，雌性未知；最长 9 米；估计至少是 B 型体型的 2 倍。

分布 夏季分布于南极水域环极分布，主要在有密集浮冰的离岸，尤其是大块浮冰的地区。在南极半岛的北部是罕见的，会随着夏季坚冰层的破裂而南移。在冬季的分布尚不清楚，尽管一年中的大部分时间都在南极水域，也会定期快速往返洄游到热带和亚热带水域（南纬 30 度到 37 度之间）。这种行为被称为修护迁移。据悉，这种迁移可以让皮肤再生，且不会造成热量损失。南极半岛的虎鲸群向北，经马尔维纳斯群岛，迁移到乌拉圭和巴西。"干净"的灰白色个体很可能是刚从热带海域回来（硅藻已经从它们的皮肤表面脱落了）。

食物和摄食 优先以威德尔海豹为食（通常以合作的方式——"击浪冲刷"捕捉海豹），并经常捕食蟹海豹和豹海豹。它们偶尔捕食南极小须鲸和象海豹，也可能捕食大翅鲸幼崽。

群体结构 未知。

群体规模 通常小于 10 头。

种群丰度 未知。

大型 B 型雄性成体

大型 B 型雌性成体和幼崽

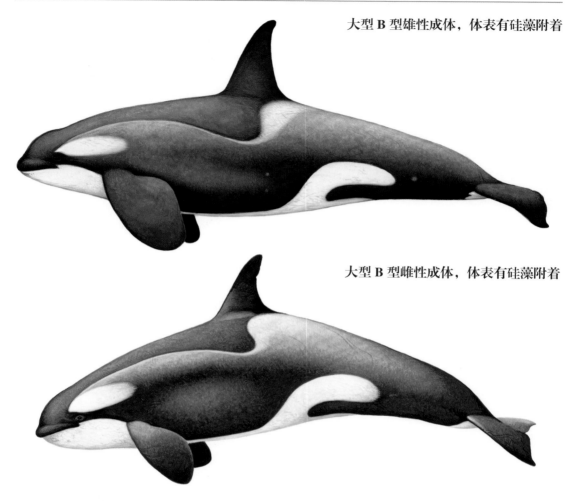

大型 B 型雄性成体，体表有硅藻附着

大型 B 型雌性成体，体表有硅藻附着

南极大型 B 型虎鲸主要以威德尔海豹为食，但这头虎鲸正在浮窥，以确定海豹是否可作为猎物

小型 B 型（热尔拉什虎鲸）

- 体色为双色——灰色和白色（非黑色和白色）。
- 体型比大型 B 型的更小，更细长。
- 体表通常被硅藻覆盖（白色区域呈黄色，灰色区域呈褐色）。
- 体表常常有达摩鲨留下的椭圆形咬痕。
- 眼斑多样，但总比任何其他虎鲸的大（浮冰虎鲸除外）。
- 眼斑比浮冰虎鲸的窄。
- 眼斑可能平行于身体轴线或略微倾斜。
- 鞍斑通常（但不总是）闭合。
- 有深灰色背部"披肩"（虽然可能不清晰），从眼斑正前方向后延伸到背鳍正后方，与鞍斑的下前缘相连（通常与鞍斑由窄窄的白边分开）。
- 外形与大型 B 型非常相似，但体型只有其一半。

　　体长　雄性未知，雌性未知；最长 7 米；据估计大约是浮冰虎鲸的一半。

分布　已知虎鲸主要分布于南极半岛西部和威德尔海西部；格拉什海峡和南极湾是分布热点区域。通常在更开阔的水域活动（以避开浮冰），靠近企鹅群。一年中的大部分时间都在南极洲，但定期（6～7 周）洄游至热带和亚热带水域（南纬 30 度到 37 度之间），这种行为被称为修护迁移。据悉，这种迁移可以让皮肤再生，而不会造成热量损失。"干净"的灰白色个体很可能刚从热带海域回来（硅藻已经从它们的皮肤表面脱落了）。

食物和摄食　只观察到它们以企鹅为食，特别是巴布亚企鹅和帽带企鹅（只吃它们的胸肌，丢弃其余部分），但它们可能主要以在海底附近捕获的鱼（可能还有乌贼）为食（它们是深水潜水者）。

群体结构　未知。

群体规模　通常为 50 多头。

种群丰度　未知。

小型 B 型雄性成体

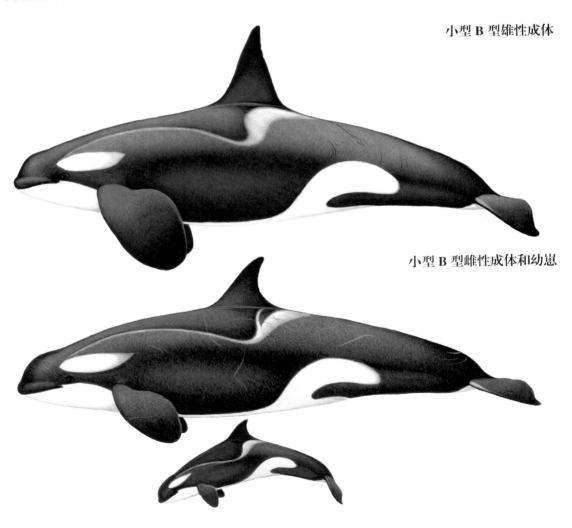

小型 B 型雌性成体和幼崽

小型 B 型雄性成体，体表有硅藻附着

C 型（罗斯海虎鲸）

- 体色为双色——灰色和白色（非黑色和白色）。
- 体表可能有硅藻附着（白色区域呈黄色或橙色，黑色和灰色区域呈褐色）。
- 体表常常有达摩鲨留下的椭圆形咬痕。
- 已知是虎鲸生态型中最小的。
- 有深灰色背部"披肩"（通常与鞍斑由窄窄的白边分开）。
- 小而狭长的眼斑（与身体轴线成 45° 角，常向前倾斜）。
- 鞍斑通常是闭合的，并且明显。

　　体长和体重　雄性 5.6 米，雌性 5.2 米；最长 6.1米；体重比 A 型和 B 型的轻很多（可以想象其他虎鲸会捕食它）。

　　分布　仅发现于南极洲东部，主要分布在罗斯海，但在威尔克斯地海岸也有分布，数量较少，向西至普里兹湾，通常在麦克默多湾有目击记录。生活在密集的浮冰、冰穴、坚冰的水道中（通常距离开阔水域数千米）。一年中的大部分时间都在南极洲（冬季的海冰中也有记录），但达摩鲨咬痕和在新西兰和澳大利亚附近的目击记录表明，至少有一些个体会洄游到热带和亚热带水域。冬季在新西兰（最北至群岛湾）和澳大利亚东南部观察到它们。

　　食物和摄食　主要捕食鱼；尤其是 2 米长的大型南极鳕鱼（但由于商业捕捞，这种鱼的数量一直在下降），还以另外 2 种更小的冰鱼为食，还可能吃大量很小的侧纹南极鱼。捕食企鹅的证据有限。通常在水深 200 ～ 400 米的深海潜水，最深可达 700 米。

　　群体结构　未知。

C 型雄性成体

群体规模　10 ~ 120 头（多至 200 头）；群体规模近年来有所减小（最近均值在 14 头）。

种群丰度　未知，麦克默多湾水域年平均值估计为 470 头。

C 型雌性成体和幼崽

南极的 C 型虎鲸：已知是虎鲸中体型最小的生态型

D 型（亚南极虎鲸）

- 是典型的黑白色虎鲸。
- 独特的白色小眼斑（平行于身体轴线）易于识别（有的没有）。
- 明显的球状额隆，见其他虎鲸的（某些个体的更像领航鲸的）。
- 雄性背鳍相对更短、更窄，明显向后卷，末端尖（背鳍比其他南极生态型的更像镰刀且更尖）。
- 雌雄虎鲸的背鳍大小和形状有明显差异（与其他生态型一样）。
- 有相对明显的鞍斑。
- 无明显的背部"披肩"。
- 体表没有黄色或褐色（在某些生态型中由硅藻附着导致）。

　　体长　雄性未知，雌性未知；最长 7.3 米。

　　分布　在亚南极水域环极分布，范围为南纬 40 度到 60 度之间；有时其分布与岛屿有关。首次记录是 1955 年在新西兰帕拉帕拉乌穆搁浅的 17 头虎鲸。2004 年，在印度洋西南部克罗泽群岛附近的离岸水域观察到了第一头活体虎鲸。自那时以来，在南大洋北缘（包括克罗泽群岛、南乔治亚岛和新西兰次南极群岛）已有 25 条左右的现场目击记录；现在几乎每年都能在德雷克海峡以及马尔维纳斯群岛和南乔治亚岛之间看到它们。

　　食物和摄食　信息有限，但肯定捕食鱼类（它们从克洛泽群岛附近和智利离岸的多钩长线上偷吃南极鳕鱼）。

　　群体结构　未知。

　　群体规模　从 9 ~ 35 头不等，平均 18 头（但目前可参考的依据甚少）。

　　种群丰度　未知。

　　附注　这是外观最特别的一种虎鲸生态型，它们的白色眼斑非常小，可以立即被认出来。

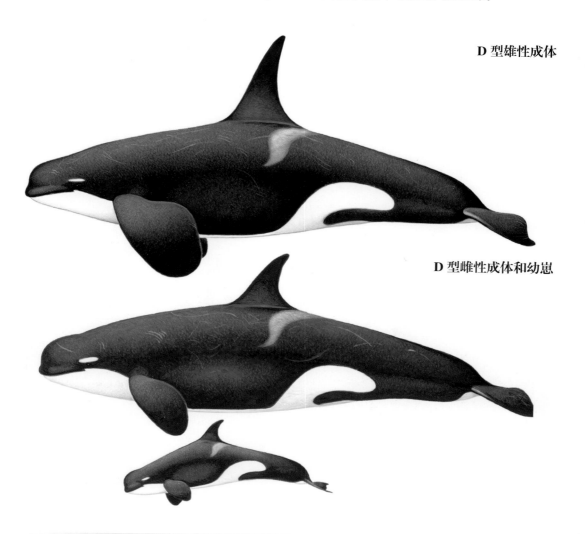

D 型雄性成体

D 型雌性成体和幼崽

最鲜为人知的南极虎鲸：D 型

在南美洲和南极洲之间的德雷克海峡中，一头年轻的 D 型虎鲸浮出海面

短肢领航鲸
SHORT-FINNED PILOT WHALE　　*Globicephala macrorhynchus*　Gray, 1846

短肢领航鲸是一种外观独特的动物。但在海上，几乎无法将它们与其近亲长肢领航鲸区分开来（二者鳍肢的长度和形状存在细微差异）。这两个物种在体型和外观上都具有高度的性别二态性。

分类　齿鲸亚目，海豚科。

英文常用名　short-finned（短鳍）指鳍肢短（见长鳍），pilot（领航）来自早期的理论，即群体中会有一头鲸来带领整个群体，而其他鲸会一直跟随头领，虽然这么做可能导致死亡。

别名　短鳍领航鲸、太平洋领航鲸、巨头鲸（因球状额隆命名）、黑鲸（对海豚科6种黑色动物的统称，因为每个物种的名字中都有"鲸"）。

学名　*Globicephala* 来自拉丁语 *globus*（球体或圆形）；*macrorhynchus* 源于希腊语 *makros*（大）、*kephale*（头，指球状的额隆）和 *rhynchos*（吻或喙）。

分类学　没有公认的亚种；遗传证据表明有3种未确定分类地位的类型：1种在大西洋，2种在太平洋和印度洋。在日本北部较冷的亲潮（shiho 型）和日本南部较温暖的黑潮（naisa 型）中首次发现了不同生态型，它们在体型、额隆形状、鞍斑亮度、牙齿数量、声音、生活史和遗传学方面存在差异。现在人们认为，它们的分布更为广泛：shiho 型分布于整个东太平洋，而 naisa 型分布于其他区域；它们被东太平洋阻隔，可能是不同的亚种。naisa 型也可能有不同的分类，一个种群在大西洋（大西洋类型），另一个种群在太平洋西部和中部以及印度洋（由非洲的本格拉阻隔）。

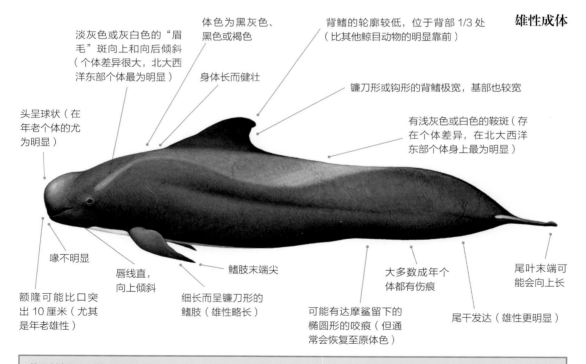

雄性成体

淡灰色或灰白色的"眉毛"斑向上和向后倾斜（个体差异很大，北大西洋东部个体最为明显）

体色为黑灰色、黑色或褐色

背鳍的轮廓较低，位于背部1/3处（比其他鲸目动物的明显靠前）

身体长而健壮

镰刀形或钩形的背鳍极宽，基部也较宽

有浅灰色或白色的鞍斑（存在个体差异，在北大西洋东部个体身上最为明显）

头呈球状（在年老个体的尤为明显）

喙不明显

唇线直，向上倾斜

鳍肢末端尖

额隆可能比口突出10厘米（尤其是年老雄性）

细长而呈镰刀形的鳍肢（雄性略长）

大多数成年个体都有伤痕

可能有达摩鲨留下的椭圆形的咬痕（但通常会恢复至原体色）

尾叶末端可能会向上长

尾干发达（雄性更明显）

鉴别特征一览
- 分布于世界各地的温暖水域。
- 体型为中型。
- 体色为黑灰色、黑色或褐色。
- 额隆呈球状。

- 喙不明显。
- 背鳍极度靠前、基部宽阔而后倾。
- 群体大小不一。

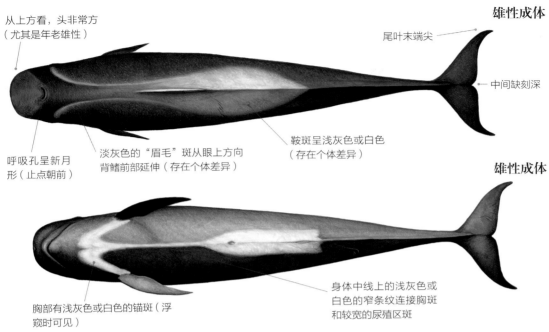

雄性成体

从上方看，头非常方
（尤其是年老雄性）

尾叶末端尖

中间缺刻深

呼吸孔呈新月
形（止点朝前）

淡灰色的"眉毛"斑从眼上方向
背鳍前部延伸（存在个体差异）

鞍斑呈浅灰色或白色
（存在个体差异）

雄性成体

胸部有浅灰色或白色的锚斑（浮
窥时可见）

身体中线上的浅灰色或
白色的窄条纹连接胸斑
和较宽的尿殖区斑

体长和体重

成体　体长：雄性 5.6 ~ 9 米，雌性 4.5 ~ 7.7 米；
体重：1.3 ~ 6.6 吨；最大：9.8 米，10 吨。
幼崽　体长：2 ~ 2.8 米；体重：160 ~ 200 千克。
不同生态型的体型差异较大。

■ 主要的分布范围　　■ 次要的分布范围　　▦ 与长肢领航鲸大致重
叠的分布范围

短肢领航鲸的分布图

相似物种

短肢领航鲸与长肢领航鲸有一些相似之处，二者
之间的形态差异（鳍肢的长度和形状、头骨形状、牙
齿数量）很微妙，在海上很难将它们区分开来（除非
能清楚地看到鳍肢）。研究表明，经验丰富的观察者可
以对西北大西洋的这两个物种进行区分：特别是，长肢
领航鲸通常体色较深；如果有鞍斑的话，它们背鳍后面
有一条明显的边（短肢领航鲸总是有一块鞍斑，其边
缘不清晰），鳍肢和头骨的形状
是可用于区分它们的主要特征：
短肢领航鲸的头骨短且宽，而长
肢领航鲸的头骨较窄。有证据表
明这 2 个物种在大西洋进行了杂
交。在短肢领航鲸分布范围内较
温暖的区域，它们可能会与伪虎
鲸混淆，但伪虎鲸的头部呈锥
形，鳍肢明显，背鳍更为纤细、
直立，也更靠近身体的后部。已
有短肢领航鲸与瓶鼻海豚在人工
饲养环境下杂交的报道。

分布

短肢领航鲸广泛分布于世
界各地的热带、亚热带和暖温
带水域，通常范围在北纬 50 度

以北或南纬 40 度以南的水域。它们也出现在红海南部，但在地中海（长肢领航鲸生活的地方）不存在，在波斯湾末知。短肢领航鲸长期生活在某些区域（比如，在夏威夷主要岛屿周围，其中一些岛屿自 20 世纪 80 年代末以来就为研究人员所知），但其他种群在返回首选地之前可能会洄游很远的距离（据记录，短肢领航鲸个体的迁移速度可达 2400 千米 / 月）。一些区域的季节性近岸 - 离岸（冬季 / 早春 - 夏季 / 秋季）洄游与乌贼季节性的产卵洄游有关。短肢领航鲸喜欢大陆架坡折、大陆架和岛屿斜坡水域以及具有复杂地形（如海山）的区域；深海环境中的种群丰度较低。它们会洄游到海水足够深的近岸区域。在夏威夷，

雄性成体

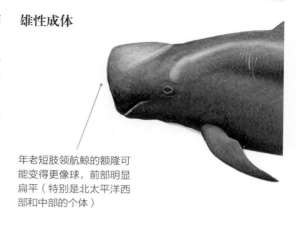

年老短肢领航鲸的额隆可能变得更像球，前部明显扁平（特别是北太平洋西部和中部的个体）

雌性成体

头较圆

背鳍明显较小

尾干不发达

背鳍没有那么宽

SHIHO 型雄性成体
（太平洋东部及日本北部海域）

雄性成体的头部较圆（尤其是俯视时）

背鳍后面有更亮、更宽、更明显的浅灰色鞍斑（后缘明显）

体型较大
（雌性长 4.2 ～ 5.1 米，雄性长 6.2 ～ 7.3 米）

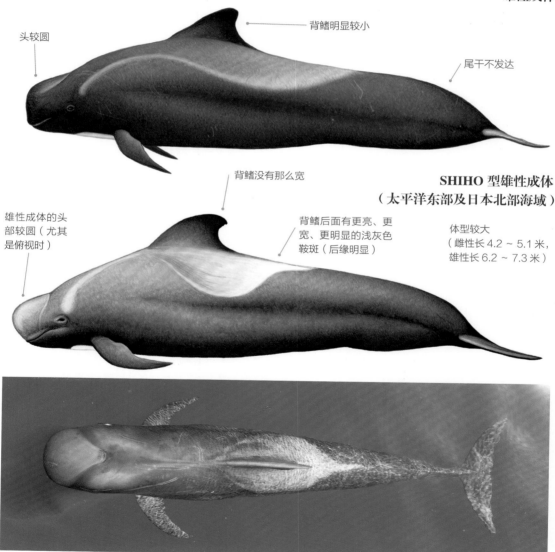

北太平洋东部的 shiho 型短肢领航鲸

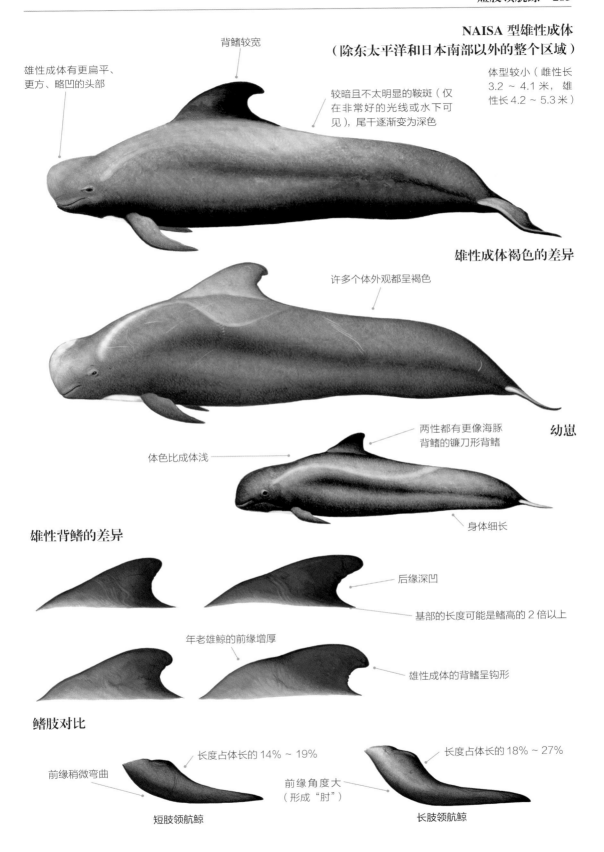

背鳍较宽

**NAISA 型雄性成体
（除东太平洋和日本南部以外的整个区域）**

体型较小（雌性长
3.2 ～ 4.1 米，雄
性长 4.2 ～ 5.3 米）

雄性成体有更扁平、
更方、略凹的头部

较暗且不太明显的鞍斑（仅
在非常好的光线或水下可
见），尾干逐渐变为深色

雄性成体褐色的差异

许多个体外观都呈褐色

幼崽

两性都有更像海豚
背鳍的镰刀形背鳍

体色比成体浅

身体细长

雄性背鳍的差异

后缘深凹

基部的长度可能是鳍高的 2 倍以上

年老雄鲸的前缘增厚

雄性成体的背鳍呈钩形

鳍肢对比

长度占体长的 14% ～ 19%

长度占体长的 18% ～ 27%

前缘稍微弯曲

前缘角度大
（形成"肘"）

短肢领航鲸

长肢领航鲸

短肢领航鲸活动的深度记录为 324 ~ 4400 米，但在 500 ~ 3000 米处有明显的目击率峰值。

行为

短肢领航鲸常被观察到与许多其他物种聚集在一起，包括大翅鲸、抹香鲸、柯氏喙鲸、瓜头鲸、小虎鲸、伪虎鲸、热带点斑原海豚、糙齿海豚和瓶鼻海豚。有记录显示，领航鲸会攻击其他鲸目动物，它们往往会骚扰较大的鲸；但有时角色会反转，比如遇到较小的瓜头鲸时，领航鲸却成了受害者。长鳍真鲨经常跟随领航鲸，以获得它们丢失或遗弃的食物（或者依靠它们在深海寻找食物）。短肢领航鲸比长肢领航鲸有更活跃的空中行为，偶尔会跃身击浪（尽管不像许多小型海豚那样频繁）、浮窥和拍尾击浪。每天大部分时间都在海面漂浮（休息）。

雄鲸较大的体型和更显著的特征可能是为了展示自己或增加交配机会，也可能有助于保护自己的群体以免受虎鲸和鲨鱼的攻击。与几乎所有其他鲸目动物相比（除了长肢领航鲸），短肢领航鲸更容易发生大规模搁浅，部分原因可能是其紧密的社会关系。它们会为死去的成员哀悼，并会带着死去的幼崽四处游动数小时或数天。

它们对船只的反应因位置而异，但如果船只速度不太快，它们可能会接近或对其视而不见。它们很少船首乘浪，通常会无视游泳者的存在，或者潜水以躲避他们（但夏威夷发生了 2 起事件：1992 年，2 头雄性咬住 2 名游泳者，将其带到 10 ~ 12 米深，然后又将其带回海面；2003 年，2 个年轻个体骚扰并咬了 2 名自由潜水员）。

牙齿

$$\frac{\text{上 } 14 \sim 18 \text{ 颗}}{\text{下 } 14 \sim 18 \text{ 颗}}$$

群体规模和结构

短肢领航鲸的群体高度社会化，它们生活在母系群体中（由一位雌性族长及其直系亲属组成），结构类似于虎鲸群体（尽管不太稳定）。

它们通常 15 ~ 50 头（在夏威夷主要岛屿的群体平均为 18 头，在马德拉岛的群体平均为 15 头）组成一群，包括不同的年龄和性别（尽管雌性成体较多）。它们终生都会在这个家庭群体中生活。雄鲸会在不同家族群体临时聚集期间与不同群体的雌性进行交配。几个家族群体可以联合起来组成一个小群，通常有 30 ~ 90 头，最多达几百头。

天敌

尽管虎鲸和大型鲨鱼是短肢领航鲸潜在的天敌，但无相关证据。它们体表几乎没有伤痕，这表明袭击要么十分罕见，要么只发生在少数个体身上且是致命的。

照片识别

借助背鳍和背部的刻痕、伤痕和其他明显标记，

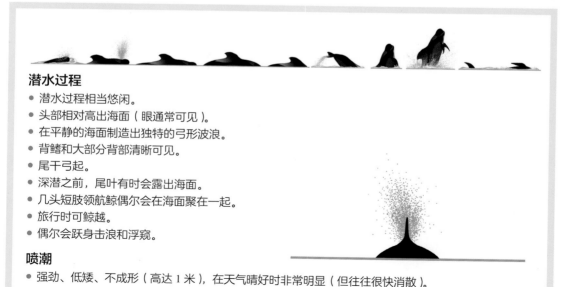

潜水过程

- 潜水过程相当悠闲。
- 头部相对高出海面（眼通常可见）。
- 在平静的海面制造出独特的弓形波浪。
- 背鳍和大部分背部清晰可见。
- 尾干弓起。
- 深潜之前，尾叶有时会露出海面。
- 几头短肢领航鲸偶尔会在海面聚在一起。
- 旅行时可鲸越。
- 偶尔会跃身击浪和浮窥。

喷潮

- 强劲、低矮、不成形（高达 1 米），在天气晴好时非常明显（但往往很快消散）。

食物和摄食

食物　主要捕食乌贼（特别是乳光枪乌贼、褶柔鱼、玻璃蛸、里氏臂乌贼、大王酸浆鱿，可能也有某些海域的大王乌贼）和一些章鱼，以及深水鱼类。

摄食　摄食时可能以"合唱队"的形式开展，最长可达 3000 米；在加那利群岛，短肢领航鲸凭借精力充沛的冲刺来追捕猎物，然后采用猛冲和吸吮的方式摄食。

潜水深度　下潜超过 1000 米深，但深度因区域和时间的不同而变化很大；在一些区域，它们在夜间浅层摄食的证据有限，但因深海散射层的上升，白天下潜更深（比如在夏威夷，白天通常为 700 ~ 1000 米，晚上为 300 ~ 500 米）；在加那利群岛，日夜进行深潜，最高纪录为 1552 米。

潜水时间　通常下潜 12 ~ 15 分钟（偶尔可达 20 分钟），因性别、大小和行为而异；最长纪录为 27 分钟（夏威夷）。

以及背鳍的高度、形状和皮肤损伤可以识别短肢领航鲸。鞍斑的形状也很有用。

种群丰度

尚未对总体丰度进行估计。大致的数量估计如下：热带太平洋东部有 589000 头，日本附近海域有 60000 头（包括 53609 头 naisa 型和 4321 头 shiho 型），北大西洋西部有 21500 头，夏威夷水域有 19000 ~ 20000 头，菲律宾苏禄海有 7700 头，墨西哥湾至少有 2400 头，美国西海岸外有 836 头，直布罗陀海峡内有 150 头。

保护

世界自然保护联盟保护现状：无危（2018 年）。几个世纪以来，世界上的许多地方都捕杀短肢领航鲸，日本、加勒比海的小安的列斯群岛、菲律宾、印度尼西亚和斯里兰卡仍然有针对短肢领航鲸的鱼叉捕鲸和驱捕捕鲸。日本和加勒比海的捕杀量最大，每年都有 100 多头。它们像北太平洋的旗鱼和鲨鱼一样，特别容易被流刺网缠住；涉及的短肢领航鲸的总数不得而知，但每年可能发生几千次。在许多区域，它们试图从远洋多钩长线上摘下诱饵或渔获物，结果被钩住（或被报复性地射杀）。美国和日本捕捉它们用于公众展览和研究。作为顶级捕食者，它们是海洋食物链中重金属和有机氯的"储存库"。因为它们喜欢静静地浮在海面上，所以有时会被船只撞击。在某些区域，商业船只、海上建筑、地震勘探和军用声呐产生的噪声也可能对它们构成威胁。

发声特征

短肢领航鲸在摄食和社交时使用复杂的声音。除了用于导航和寻找食物的回声定位外，它们还会发出特定的音调和脉冲呼叫，用于社交和摄食（基本上是为了保持联系）。它们行为活跃时，发出的声音通常比较复杂；而行为不太活跃时，发出的声音则比较简单。与长肢领航鲸相比，它们的声音的频率更高（平均 7.9 千赫），频率范围更广。不同的母系群体可能有不同的叫声（性质类似虎鲸小群特有的方言），甚至可能有签名哨叫声。

生活史

性成熟　雌性 8 ~ 9 年，雄性 13 ~ 17 年（尽管雄性直到几年后才成功交配）；雌性继续长 22 年，雄性继续长 27 年。

妊娠期　14 ~ 16 个月。

产崽　每 3 ~ 5 年产崽一次，年龄较大的雌性产崽间隔最长为 8 年（雌性一生平均产崽 4 ~ 5 头）；全年都有幼崽出生，在南半球的春季和秋季达到高峰，在北半球大多为秋季和冬季（夏威夷和日本南部是 7 ~ 11 月，7 月是产崽高峰期）。

断奶　2 ~ 3 年后或更长时间才断奶；但雌性可能会继续哺乳最后一头幼崽长达 7 年（雌性）或 15 年（雄性），可能是为了使其后代获得繁殖优势。

寿命　雌性至少 60 岁，雄性 35 ~ 45 岁（最长寿命纪录为雌性 63 岁，雄性 46 岁）；当 35 ~ 40 岁时，年龄较大的非繁殖雌性可能会提供保姆服务，并有可能成为群体的守护者。

长肢领航鲸

LONG-FINNED PILOT WHALE

Globicephala melas (Traill, 1809)

根据经验，长肢领航鲸和短肢领航鲸的性别和大致年龄可以通过观察背鳍判断：随着其年龄的增长而改变形状，雌性和雄性的形状大不相同。领航鲸雄性成体的背鳍尤其独特：外形低矮，基部极宽（基部的长度可能是鳍的高度的 2 倍多）。

分类 齿鲸亚目，海豚科。

英文常用名 long-finned（长鳍）是指鳍肢长（见短鳍），pilot（领航）来自早期的理论，即群体中会有一头鲸来带领整个群体，而其他鲸则一直跟随，即使这么做可能导致死亡。

别名 长鳍领航鲸、大西洋领航鲸、北方领航鲸、巨头鲸（因为其球状额隆而命名）和黑鲸（对海豚科 6 种黑色动物的统称，因为每个物种的名字中都有"鲸"）。

学名 *Globicephala* 源自拉丁语 *globus*（球体或圆形）和希腊语 *kephale*（头），指球形额隆；*melas* 为希腊语，意为"黑色"。

分类学 已公认有 2 个亚种：北大西洋长肢领航鲸和南半球长肢领航鲸；2 个现存亚种的分类地位一直存在争议。日本水域还有一个未命名亚种（现已灭绝），被称为北太平洋长肢领航鲸。还有一些形态学证据和不同的生态标记（比如脂肪酸），表明北部亚种可能由 2 个生态型组成，分别位于东北大西洋和西北大西洋（可能在地理上被环流隔开）。

北大西洋雄性成体

头部呈球状（年老个体的有时扁平）

浅灰色或白色的"眉毛"斑向上和向后倾斜（存在个体差异，在北大西洋通常见不到）

体色主要为黑色、深灰色或褐色

身体长而健壮

镰刀形或钩形背鳍极宽，基部也较宽

背鳍低，位于背部 1/3 处（比其他鲸目动物的明显向前）

背鳍后缘凹陷较深

有浅灰色或白色的鞍斑（个体差异很大，在南半球亚种身上最为明显）

喙不明显

唇线直，向上倾斜

额隆可能比口突出 10 厘米（尤其是年老雄性）

鳍肢末端尖

鳍肢细长，呈镰刀形（雄性略长）

大多数成体身上都有伤痕

尾干发达（雄性更明显）

尾叶末端可能会向上长

鉴别特征一览

- 分布于北大西洋和南半球的寒冷水域。
- 体型为中型。
- 体色为黑色、深灰色或褐色。
- 额隆呈球状。
- 喙不明显。
- 背鳍极度靠前，基部宽阔而后倾。
- 群体大小不一。

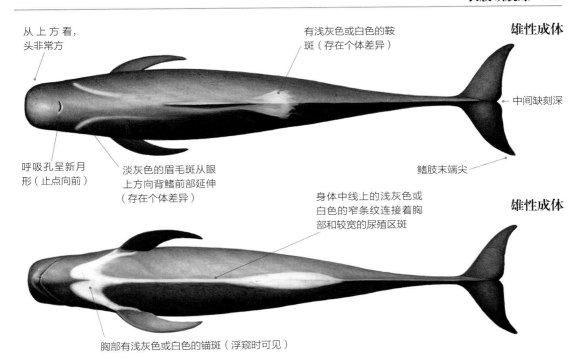

从上方看，头非常方

有浅灰色或白色的鞍斑（存在个体差异）

雄性成体

中间缺刻深

呼吸孔呈新月形（止点向前）

淡灰色的眉毛斑从眼上方向背鳍前部延伸（存在个体差异）

鳍肢末端尖

雄性成体

身体中线上的浅灰色或白色的窄条纹连接着胸部和较宽的尿殖区斑

胸部有浅灰色或白色的锚斑（浮窥时可见）

体长和体重

成体　体长：雄性 4 ～ 6.7 米，雌性 3.8 ～ 5.7 米；体重：1.3 ～ 2.3 吨；最大：6.7 米，2.3 吨。
幼崽　体长：1.7 ～ 1.8 米；体重：75 ～ 80 千克。
雄性约比雌性长 1 米。

相似物种

　　长肢领航鲸和短肢领航鲸的分布范围有些重叠。这 2 个物种之间的形态差异（鳍肢的长度和形状、头骨形状、牙齿数量）很微妙。除非有清晰的鳍肢，否则在海上很难将它们区分开（也不是不可能）。鳍肢和头骨的形状是区分它们的主要特征：长肢领航鲸的头骨较窄，而短肢领航鲸的头骨短且宽。有一些证据表明这 2 个物种在东北大西洋进行了杂交。在分布范围内较温暖的海域，它们可能会与伪虎鲸混淆，但伪虎鲸的头部更接近锥形，背鳍更为纤细、直立，也更靠近身体后部。

分布

　　长肢领航鲸 2 个现存的亚种广泛分布在北大西洋和南半球的寒温带至亚极地水域，并被一条宽阔的热带海域隔开。在北大西洋，它们的分布范围不广，南至北回归线，西至北纬65 度，东至北纬 75 度，分布在圣劳伦斯湾、北海和地中海西部（尤其是阿尔沃兰海），最北至巴伦支海。在南半球，它们主

‖‖‖‖ 与短肢领航鲸大致重叠的分布范围

长肢领航鲸的分布图

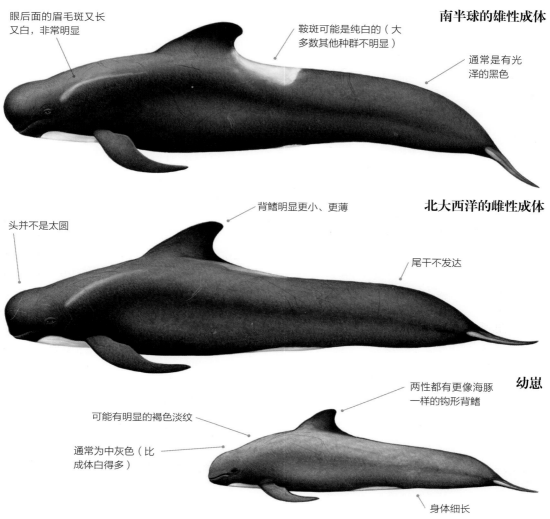

南半球的雄性成体

眼后面的眉毛斑又长又白，非常明显

鞍斑可能是纯白的（大多数其他种群不明显）

通常是有光泽的黑色

北大西洋的雌性成体

背鳍明显更小、更薄

头并不是太圆

尾干不发达

幼崽

两性都有更像海豚一样的钩形背鳍

可能有明显的褐色淡纹

通常为中灰色（比成体白得多）

身体细长

潜水过程

- 潜水过程相当悠闲。
- 头相对高出水面（眼通常可见）。
- 在平静的海面制造出独特的弓形波浪。
- 背鳍和大部分背部都清晰可见。
- 尾干高高弓起。
- 在深潜之前，尾叶有时会浮出海面。
- 几头鲸通常一起浮出海面。
- 旅行时偶尔会鲸越。
- 偶尔也有浮窥行为。

喷潮

- 强劲、低矮、细密的喷潮（高达 1 米），在天气晴好时非常明显（但往往很快消散）。

鳍肢对比

长度占体长的 14% ～ 19%

轻微弯曲
的前缘

短肢领航鲸

长度占体长的 18% ～ 27%
（偶尔为 14% ～ 30%）

前缘角度大
（形成"肘"）

长肢领航鲸

要分布于大约南纬 30 度（南美洲西海岸外的南纬 14 度）到南极辐合带以外的水域（南太平洋中部，至少到南纬 68 度），特别是大陆架坡折、大陆架和岛屿斜坡的海域以及具有复杂地形（如海山）的海域。在北大西洋西部，冬季和春季它们在大陆斜坡上的分布密度最高，夏季和秋季它们在大陆架海域的分布密度最高。大多数目击记录都是在 2000 米深的水域。如果它们在近岸区域，那么海水必须足够深。它们会迁移，但也可能是一些北 - 南（夏季 - 冬季）迁移，比如在东北大西洋。它们季节性的近岸 - 离岸（冬季 / 早春 - 夏季 / 秋季）迁移与乌贼、鲭鱼的季节性产卵洄游有关。它们以前在北太平洋西部（在日本发现的可追溯到 12 世纪的头骨）也有分布，但现在似乎已经在那里灭绝了（可能是由于驱捕捕鲸业而灭绝）。

行为

通常能在混合物种聚群中能看到长肢领航鲸，特别是在小须鲸、大西洋斑纹海豚和瓶鼻海豚的聚群。长肢领航鲸在直布罗陀海峡经常追赶食鱼型虎鲸。与短肢领航鲸相比，长肢领航鲸的空中行为不太活跃，经常浮窥和拍尾击浪，但偶尔跃身击浪。它们在白天的大部分时间（尤其是日出时）都在海面漂浮（休息）。

雄性长肢领航鲸更大的体型和更显著的特征可能是为了展示自己或增加交配机会，也可能有助于防御虎鲸和鲨鱼的攻击。长肢领航鲸几乎比任何其他鲸目动物（除了短肢领航鲸）都更容易集体搁浅，部分原因可能是它们的社会关系紧密。它们会为了死去的成员哀悼，并会带着死去的幼崽四处游动数小时或数天。

长肢领航鲸浮窥时，胸部独特的锚斑清晰可见

食物和摄食

食物　主要捕食乌贼（包括滑柔鱼、褶柔鱼、角鱿科的物种和强壮斑乌贼等头足类动物）和一些中小型鱼类（包括鲭鱼、大西洋鳕、马舌鲽、鲱鱼、鳕鱼和点纹斑竹鲨），尤其是北大西洋的鱼类；偶尔还有虾类。但是，不同水域的差异很大（比如在伊比利亚，它们吃章鱼比乌贼更多）。

摄食　在大多数区域，往往在夜间进行深水摄食。

潜水深度　一般下潜 30 ~ 500 米；最深纪录为 828 米（法罗群岛），但可能更深。

潜水时间　通常下潜 2 ~ 12 分钟，取决于区域和食物；最高纪录为 18 分钟。

它们对船只的反应因位置而异，但可能会接近缓慢移动的船只，或对其视而不见，很少船首乘浪。

牙齿

上 16 ~ 26 颗
———————
下 16 ~ 26 颗

群体规模和结构

长肢领航鲸的群体高度社会化，它们生活在母系群体（由一位雌性族长及其直系亲属组成）中，结构类似于虎鲸群体（尽管不太稳定）。它们通常 8 ~ 20 头（北大西洋和地中海区域为 11 ~ 14 头）组成一群，群体地域差异很大，包括不同的年龄和性别（尽管雌性成体较多）。它们在家族群体中生活了一辈子。雄性会在不同家庭群体临时聚集期与不同群体的雌性交配。几个家庭可以联合起来组成一个社群，社群通常多达 50 头，有时超过 100 头（加拿大大西洋区域的平均数量为 110 头）；曾有多达 1200 头的群体的记录。

天敌

尽管虎鲸和大鲨鱼是长肢领航鲸潜在的天敌，但无相关证据。它们体表几乎没有伤痕，这表明袭击要么十分罕见，要么只发生在少数个体身上且是致命的。

照片识别

借助背鳍和背部的刻痕、伤痕、斑纹，以及背鳍的高度、形状和皮肤损伤可以识别长肢领航鲸。鞍斑的形状也有助于识别。

种群丰度

尚未对总体丰度进行估计，估计已有近 100 万头。某些区域的大致数量估计如下：冰岛和法罗群岛有 590000 头，南极辐合带以南有 200000 头（尽管这是一个旧数据，出自 1976 ~ 1978 年夏天），加拿大大西洋水域至少有 16000 头，格陵兰岛西部有 9200 头，格陵兰岛东部有 258 头，直布罗陀海峡有 200 多头。其中一些数据可能包括短肢领航鲸，因为在短肢领航鲸和长肢领航鲸分布范围重叠的地方，二者不太容易区分。

保护

世界自然保护联盟保护现状：无危（2018 年）。几个世纪以来，在北大西洋的许多地方都有捕鲸活动，包括苏格兰（奥克尼群岛和赫布里底群岛）、爱尔兰、法罗群岛、挪威、冰岛、格陵兰岛、科德角和纽芬兰。纽芬兰是最极端的案例，捕杀了 54000 头领航鲸（1947 ~ 1971 年），1956 年达到峰值 10000 头；捕

生活史

性成熟　雌性约 8 年，雄性约 12 年（虽然雄性只有在性成熟多年后才能成功交配）。

交配　一夫多妻制。雄性在群体之间四处游动，以便在临时聚集的期间交配。

妊娠期　12 ~ 16 个月。

产崽　3 ~ 5 年一次；幼崽主要在春季和夏季出生（北大西洋为 4 ~ 9 月，南半球为当年 10 月 ~ 次年 4 月）。

断奶　在 2 ~ 3 年或更长时间后断奶。

寿命　雌性至少 60 岁，雄性 35 ~ 45 岁；和虎鲸一样，雌性在 35 ~ 40 岁时进入更年期（尽管有一例在 55 岁时怀孕）；年长的雌性既是保姆又是群体的守护者。

鲸活动在当地种群数量大幅度减少后停止了。格陵兰岛每年仍有多达 350 头领航鲸被捕杀。法罗群岛极具争议的驱捕捕鲸至今仍在继续，捕鲸的数据可追溯到 1584 年（完整的记录从 1709 年开始，一直持续至今）；在过去的 3 个世纪中，250000 多头长肢领航鲸在大约 1900 次捕鲸活动中被捕杀（2007 ~ 2016 年平均每年 544 头）。马尔维纳斯群岛的一次捕鲸活动捕获了南半球种群中的一些长肢领航鲸。

紧密的社会结构使得该物种特别容易被捕捞。它们易被流刺网、拖网和多钩长线缠住，尽管涉及的总数不详。纽芬兰岛附近、美国东北部、英国西南部、地中海、法国大西洋沿岸、巴西南部和其他地方的大陆架坡折都有定期、偶然的误捕现象。作为顶级捕食者，它们是重金属和有机氯的"储存库"，北大西洋种群受到的污染尤其严重。有时它们会被船只撞击，因为它们常常静止地漂浮在海面上。商业船只、海上建设、地震勘探和军用声呐产生的噪声也可能对某些区域的个体构成威胁。2006 ~ 2007 年，地中海的长肢领航鲸群爆发了麻疹病毒，造成至少 60 头个体死亡。它们也可能受到食物被过度捕捞的威胁，并且被捕获后还可能供展示和研究。

发声特征

长肢领航鲸在摄食和社交中会使用复杂的声音。除了用于导航和寻找食物的回声定位外，它们还会发出特定的音调和脉冲呼叫，用于社交和摄食（基本上是为了保持联系）。它们行为活跃时，发出的声音通常比较复杂；而行为不太活跃时，发出的声音则比较简单。与短肢领航鲸相比，它们的声音的频率更低（平均 4.4 千赫），频率范围更窄。不同的母系群体可能有不同的叫声（性质类似于虎鲸小群特有的方言），但迄今为止，这种情况只在短肢领航鲸身上发现过。

挪威西奥伦群岛的一个长肢领航鲸家族

伪虎鲸
FALSE KILLER WHALE

Pseudorca crassidens　(Owen, 1846)

它们尽管叫伪虎鲸，但在分类上隶属于海豚科，它们通常表现得像精力充沛、活泼的海豚。

分类　齿鲸亚目，海豚科。

英文常用名　源于其头骨形态（而不是外观或行为）与虎鲸很相似。

别名　伪领航鲸、厚齿逆戟鲸和黑鲸（对海豚科 6 种黑色动物的统称，因为每个物种的名字中都有"鲸"）。

学名　*Pseudorca* 源自希腊语 *pseudos*（假）和拉丁语 *orca*（一种鲸），但这是从虎鲸的学名衍生而来；*crassidens* 源自拉丁语 *crassus*（厚）和希腊语 *dens*（牙齿）。

分类学　没有公认的分形或亚种；然而，最近在夏威夷进行的基因、照片识别和卫星标记研究证实了 2 个居留群体（主要是夏威夷和夏威夷西北部）以及北太平洋中部和东部的离岸伪虎鲸在生态和遗传上的高度独特性。

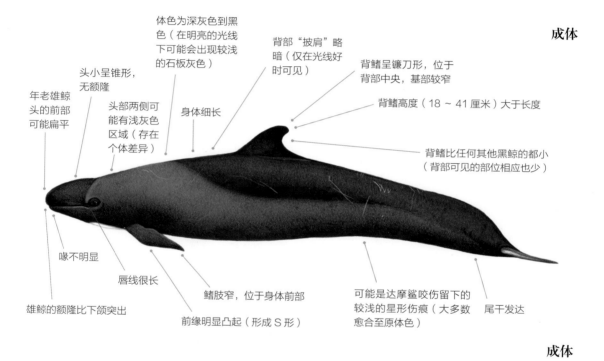

体色为深灰色到黑色（在明亮的光线下可能会出现较浅的石板灰色）

背部"披肩"略暗（仅在光线好时可见）

背鳍呈镰刀形，位于背部中央，基部较窄

成体

头小呈锥形，无额隆

头部两侧可能有浅灰色区域（存在个体差异）

身体细长

背鳍高度（18～41 厘米）大于长度

年老雄鲸头的前部可能扁平

背鳍比任何其他黑鲸的都小（背部可见的部位相应也少）

喙不明显

唇线很长

鳍肢窄，位于身体前部

可能是达摩鲨咬伤留下的较浅的星形伤痕（大多数愈合至原体色）

尾干发达

雄鲸的额隆比下颌突出

前缘明显凸起（形成 S 形）

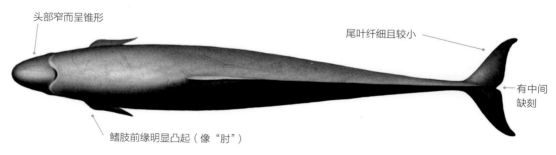

成体

头部窄而呈锥形

尾叶纤细且较小

有中间缺刻

鳍肢前缘明显凸起（像"肘"）

鉴别特征一览

- 分布于全球温暖的水域（主要是离岸）。
- 体型为中型。
- 体色为深灰色或黑色。
- 身体细长。
- 背鳍呈镰刀形，基部较窄。
- 头部小而呈锥形。
- 鳍肢前缘明显凸起。
- 群体小而充满生机。

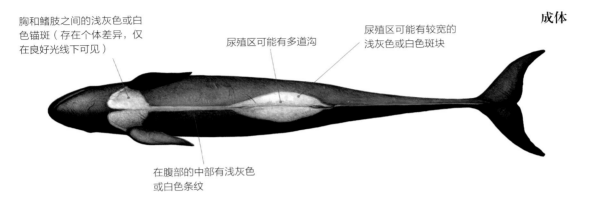

胸和鳍肢之间的浅灰色或白色锚斑（存在个体差异，仅在良好光线下可见）

尿殖区可能有多道沟

尿殖区可能有较宽的浅灰色或白色斑块

成体

在腹部的中部有浅灰色或白色条纹

体长和体重

成体 体长：雄性 4 ~ 6 米，雌性 4 ~ 5.1 米；体重：1.1 ~ 2 吨；最大：6.1 米，2.2 吨。

幼崽 体长：1.5 ~ 2 米；体重：大约 80 千克。雄性比雌性大；不同区域的大小有差异（例如，日本的个体比南非的大 10% ~ 20%）。

相似物种

　　伪虎鲸很可能与其他"黑鲸"混淆。伪虎鲸的体长是瓜头鲸和小虎鲸的 2 倍；年轻个体头部更长，有更小（相对于背部可见的部位）、更圆的背鳍和独一无二的 S 形鳍肢。领航鲸的体型与其相似，但前者的头部更圆，具有更大、更宽的背鳍（位于背部更靠前的位置）。从更远的地方看，一些海豚也可能会和伪虎鲸混淆，它们的背鳍形状可能看起来很相似，但在近处看时它们大不相同。已有伪虎鲸与瓶鼻海豚在人工饲养环境下杂交的记录。

分布

　　伪虎鲸分布于全世界热带至暖温带水域，主要在北纬 50 度到南纬 50 度之间。它们在低纬度水域的分布密度要高得多；到了北太平洋北纬 15 度以北，分布密度就大幅度下降了，在北太平洋东部的墨西哥北部很少见。它们在许多半封闭海域常见，比如墨西哥湾、加利福尼亚湾、日本海、黄海、帝汶海和阿拉弗拉海；偶尔出现在地中海、红海和波斯湾。在较冷的温带水域（比如波罗的海、英国和不列颠哥伦比亚省）目

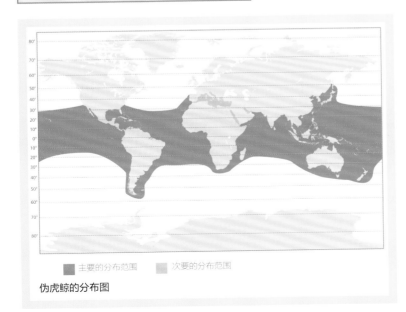

主要的分布范围　　次要的分布范围

伪虎鲸的分布图

成体背鳍的差异

背鳍形状
多种多样

通常鳍的末
端呈圆形

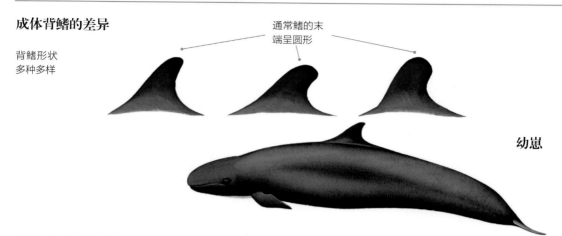

幼崽

击到的伪虎鲸常被认为是超极限分布。

关于伪虎鲸洄游的信息很少。它们对夏威夷群岛具有高度恋地性，尽管个体在岛屿之间会迁移 283 千米。在澳大利亚北部，一头被标记的个体在 104 天内迁移了 7577 千米（来来回回，而非直线）。

伪虎鲸主要在大陆坡及其以外的深海水域活动，尤其是深度大于 1500 米的水域；它们也生活在接近海岸的深水区，尤其是在海岛周围。然而，一些区域的大陆架海域没有伪虎鲸，某些个体似乎更靠近海岸活动，并出现在浅水区：特别是在哥斯达黎加、夏威夷主要岛屿、新西兰北岛和西非（加蓬和科特迪瓦）；在澳大利亚北部的帝汶海，4 头被标记的伪虎鲸在平均深度为 36 米（从未超过 118 米）的水中待了近 5 个月。

行为

伪虎鲸是一种精力旺盛、游泳速度很快的鲸目动物。它们经常跃出海面，尤其是在攻击猎物时（当用尾叶的下侧拍击鱼时，有时会腹部朝上、背部朝下地跃出海面）；也经常跃身击浪，并将口里含着的食物抛向高空。

伪虎鲸的大规模搁浅事件相当常见（可能是由于它们紧密的社会关系）。白天，瓜头鲸、小虎鲸和短肢领航鲸常常在海面上一动不动地漂浮（休息），这种现象在伪虎鲸中极为罕见。伪虎鲸经常和其他鲸目动物互动，特别是糙齿海豚和瓶鼻海豚，但偶尔也会与长吻飞旋原海豚等其他物种互动。与瓶鼻海豚的长期互动也有记录（在新西兰有这样的案例，它们之间的互动关系持续了 5 年以上）。然而，它们偶尔会攻击其他鲸目动物。它们不会躲避船只，且常常会船首乘浪和船尾乘浪。它们在观鲸船周围很活跃，嬉戏玩耍，经常对潜水者很好奇。有文献记载它们向水里的人甚至是船上的人提供鱼类（像与其他伪虎鲸分享一样）。1987 年，一头原来被叫作"威利"的伪虎鲸搁浅在温哥华岛西海岸，它成功地活了下来，并在接下

潜水过程

缓慢游动

- 头部和额隆露出海面（眼通常少见）。
- 向前翻滚，背鳍消失，尾干弓起。
- 很少能看到尾叶。
- 有时可见短而细密的喷潮。

快速游动

- 可能低而平地豚跃，但通常只露出背鳍，还会产生浪花。
- 尾叶可见。

食物和摄食

食物　捕食的动物因区域而异，但主要捕食大型鱼（包括鲑鱼、鲯鳅、黄鳍金枪鱼、长鳍金枪鱼、鲣鱼、剑鱼、平鳍旗鱼和花鲈）；也捕食乌贼；会攻击并吃掉其他鲸目动物（主要是从热带太平洋金枪鱼围网中逃出的、受伤的热带点斑原海豚和长吻飞旋原海豚，还有一份存疑的记录中称伪虎鲸在夏威夷杀死了一头大翅鲸幼崽）。

摄食　合作捕食并分享食物（甚至观察到它们与瓶鼻海豚合作捕食）；有记录称，伪虎鲸在科隆群岛骚扰抹香鲸（可能是一种盗食寄生行为，驱使抹香鲸吐出乌贼后，自己吃掉乌贼）；日夜均摄食。

潜水深度　大多数在海面摄食，但也会在海底摄食；潜水深度能够超过 1000 米。

潜水时间　长距离潜水时，一般下潜 4 ~ 6 分钟；最高纪录为 18 分钟。

来的 17 年中与不列颠哥伦比亚省海岸的船只和人们联系密切。

牙齿

$$\frac{上\ 14 ~ 22\ 颗}{下\ 16 ~ 24\ 颗}$$

群体规模和结构

不同水域的伪虎鲸群体数量差别很大，一般为 10 ~ 60 头（通常为 2 ~ 100 头）；特殊情况下，一个群体多达 400 头，甚至还有更大的群体（最大规模的集体搁浅有 835 头）。假如某个水域有一个小群，常常会有其他群体在周边水域中。较小的群体（夏威夷研究人员称之为"集群"）主要由亲缘关系密切的个体组成，年龄和性别不一；与虎鲸的小群相似，雌性伪虎鲸（可能还有雄性）似乎一直生活在它们出生的社群中。伪虎鲸群体高度社会化，个体间联系紧密：通常会有长达 15 年的长期联系。较大的群体（通常分布在数千米内，有时可达 20 千米）可能是小而稳定的小群临时聚集在一起的。

天敌

有记录证实虎鲸会袭击伪虎鲸（在新西兰），鼬鲨和噬人鲨等大型鲨鱼也会袭击它们。

照片识别

借助背鳍上独特的刻痕、缺刻和伤痕可以识别伪虎鲸。

种群丰度

没有总体种群丰度的估计，但作为顶级捕食者，它们在自然环境下很少见。近期唯一的丰度估计是在夏威夷：主要岛屿周围有 150 ~ 200 头，夏威夷西北部有 550 ~ 600 头，远洋种群有 1550 头。

保护

世界自然保护联盟保护现状：近危（2018 年）。伪虎鲸面临的最大的威胁可能是误捕，曾发生在澳大利亚北部、安达曼群岛、阿拉伯海、巴西南部海岸、热带太平洋东部等地方。在数据已知的地方，误捕被认为不利于伪虎鲸的可持续发展。伪虎鲸特别容易受到多钩长线的影响，这种渔具在热带和亚热带海域都很常见；当鲸试图从鱼线上获得鱼饵或渔获物时，它们就会被钩子挂住，由此造成的伤害可能是致命的，渔民有时会向它们射击或用鱼叉来杀死它们。夏威夷最近的研究表明，在垂钓渔业中，雌性伪虎鲸更容易受伤。1972 ~ 2008 年，日本为避免伪虎鲸与渔民争夺黄尾鰤资源，捕杀了 2643 头伪虎鲸。在日本、印度尼西亚和小安的列斯群岛，它们偶尔会被直接捕获。韩国市场上经常出售伪虎鲸肉。一些被活捉的个体被卖到大洋洲进行人工饲养和展览。伪虎鲸面临的其他威胁还包括由于过度捕捞、塑料垃圾误食、化学污染和噪声（特别是军用声呐和地震勘探产生的）污染所导致的食物的减少。

生活史

性成熟　雄性 11 ~ 19 年，雌性 8 ~ 11 年。

交配　未知。

妊娠期　14 ~ 16 个月。

产崽　6 ~ 7 年一次，全年都有幼崽出生，每胎一崽。不同水域的生育高峰不一样（夏威夷及其他区域种群的生育高峰期在冬末，日本种群的生育高峰期在春至秋初）。

断奶　18 ~ 24 个月后；在 25 ~ 30 年后停止生长。

寿命　可能是 60 岁，也可能是 70 岁，甚至 80 岁（据记录，最老的雄性 58 岁，雌性 63 岁）；雌性在 40 ~ 45 岁进入更年期（和虎鲸、领航鲸一样）。

小虎鲸
PYGMY KILLER WHALE

Feresa attenuata Gray, 1874

尽管名称不同，小虎鲸在分类上仍属于海豚科。直到 1952 年，人们才从 1827 年和 1874 年收集到的 2 个头骨中得知这一点。虽然小虎鲸仍然鲜为人知，但近年来人们对其的了解进一步加深。

分类 齿鲸亚目，海豚科。

英文常用名 源于它们与体型更大的虎鲸有着共同的特征。

别名 细长领航鲸、侏儒虎鲸和细长黑鲸（"黑鲸"是对海豚科 6 种黑色动物的统称，因为每个物种的名字中都有"鲸"）。

学名 *Feresa* 源自 *féres*（法语中海豚的方言名称）；*attenuata* 源自拉丁语 *attenuatus*（薄或缩小），指喙逐渐变细。

分类学 没有公认的分形或亚种。

成体

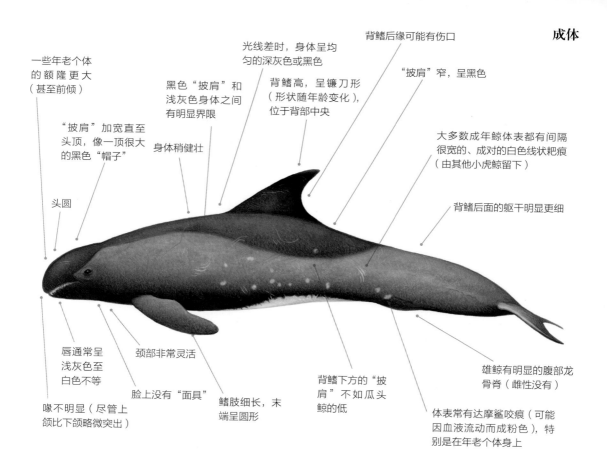

一些年老个体的额隆更大（甚至前倾）

"披肩"加宽直至头顶，像一顶很大的黑色"帽子"

头圆

黑色"披肩"和浅灰色身体之间有明显界限

身体稍健壮

光线差时，身体呈均匀的深灰色或黑色

背鳍高，呈镰刀形（形状随年龄变化），位于背部中央

背鳍后缘可能有伤口

"披肩"窄，呈黑色

大多数成年鲸体表都有间隔很宽的、成对的白色线状耙痕（由其他小虎鲸留下）

背鳍后面的躯干明显更细

唇通常呈浅灰色至白色不等

颈部非常灵活

脸上没有"面具"

鳍肢细长，末端呈圆形

背鳍下方的"披肩"不如瓜头鲸的低

雄鲸有明显的腹部龙骨脊（雌性没有）

喙不明显（尽管上颌比下颌略微突出）

体表常有达摩鲨咬痕（可能因血液流动而成粉色），特别是在年老个体身上

鉴别特征一览
- 分布于世界各地的热带和亚热带水域。
- 体型为小型。
- 在光线差时身体看起来颜色一致。
- "披肩"为黑色，脸部无"面具"。
- 背鳍大而宽，位于背部中央。
- 头部为圆形。
- 一般游动速度慢，不活跃。
- 通常组成 50 头以下的小群。

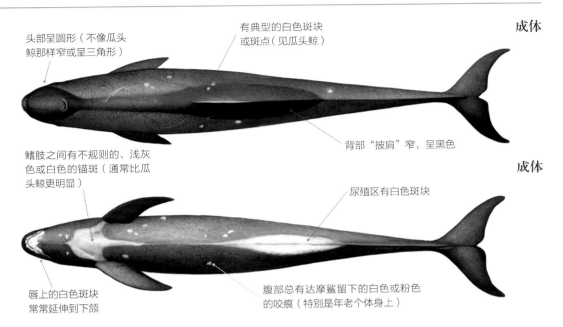

成体

头部呈圆形（不像瓜头鲸那样窄或呈三角形）

有典型的白色斑块或斑点（见瓜头鲸）

背部"披肩"窄，呈黑色

成体

鳍肢之间有不规则的、浅灰色或白色的锚斑（通常比瓜头鲸更明显）

尿殖区有白色斑块

唇上的白色斑块常常延伸到下颌

腹部总有达摩鲨留下的白色或粉色的咬痕（特别是年老个体身上）

体长和体重

成体　体长：雄性 2 ~ 2.6 米，雌性 2 ~ 2.4 米；
体重：110 ~ 170 千克；最大：2.7 米，228 千克。

幼崽　体长：约 80 厘米；体重：约 15 千克。

小虎鲸是俗名有"鲸"的鲸目动物中体型最小的。

相似物种

在海上很难将小虎鲸与瓜头鲸区分开。小虎鲸有更圆的头、相对明显的背部"披肩"、线状的耙痕，鳍肢末端圆，头顶有黑色的"帽子"，没有深色的"面具"。在良好的光线下，"披肩"和头部形状通常是区分这2 个物种的最佳特征。从远处看，可以通过行为上的差异将它们区分开：小虎鲸游动缓慢，并且不会豚跃。群体规模则是另一个区分特征：如果一群鲸少于 50 头，则它们更可能是小虎鲸。

分布

小虎鲸分布于世界各地的热带和亚热带水域，在北纬 40度到南纬 35 度之间，与瓜头鲸的分布范围几乎完全重叠。它们在高纬度水域比较罕见，通常与暖流有关。大多数目击事件发生在大陆架的离岸深水区，以及在靠近海岸的大洋岛屿周围，这里的水深而清澈；夏威夷似乎是一个例外，在这里，小虎鲸常生活在岛屿斜坡水域。它们没有已知的洄游或定期迁移模式，至少在其分布范围的某些地方，似乎全年可见。虽然小虎鲸也有来自地中海、红

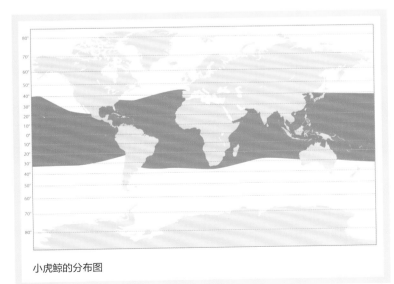

小虎鲸的分布图

头部的差异

鳍肢的对比

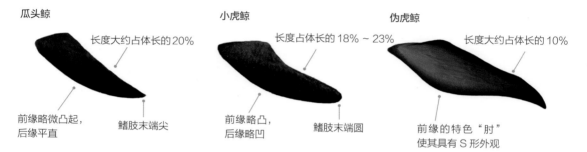

瓜头鲸

长度大约占体长的20%

前缘略微凸起，
后缘平直

鳍肢末端尖

小虎鲸

长度占体长的18% ~ 23%

前缘略凸，
后缘略凹

鳍肢末端圆

伪虎鲸

长度大约占体长的10%

前缘的特色"肘"
使其具有S形外观

海和波斯湾的历史记录，但这些记录从未被证实。

行为

　　小虎鲸是海豚科中最鲜为人知的成员（尽管自20世纪80年代以来在夏威夷就开展了对它们的研究）。小虎鲸很难被观察到，虽然已经被目击到了跃身击浪，

但很少看到它们的空中行为。它们对船只的反应极其多样：有的躲避（缓慢而平静地离开），有的非常好奇。人们可以停下船来，将船置于空挡、停在距它们50 ~ 100米处，看看它们是否会浮窥或接近。它们会对不动的船只产生好奇，偶尔也会在缓慢移动的船只前船首乘浪。在人工饲养环境中，它们对饲养员和其

潜水过程

- 通常游得缓慢。
- 小心谨慎地浮出海面，很少会豚跃。
- 浮出海面时保持很低的身位，只露出头顶、背部和背鳍。
- 潜水时轻轻翻滚。
- 很少露出尾叶。
- 群体经常以协调的"合唱队"形式肩并肩地游泳。

喷潮

- 很少见。

食物和摄食

食物　主要捕食乌贼和鱼；已知在热带太平洋东部的小虎鲸会攻击并可能摄食其他海豚；据说在夏威夷它们会吃鱼饵或鱼钩上的鱼。

摄食　似乎大多数都发生在晚上。

潜水深度　据信在深水摄食；在夏威夷，最常出现在 500 ～ 3500 米深的水中。

潜水时间　不详。

他鲸目动物有很强的攻击性——咆哮冲撞，甚至撕咬，并且会杀死鱼缸里的其他动物。已有小虎鲸大规模搁浅的记录，特别是在中国台湾、美国佛罗里达州和佐治亚州的海岸。它们一天中的大部分时间都在缓慢地游动、社交或在海面上一动不动地休息（它们经常躺着，只露出背部，大部分背鳍在水下，头歪向一边，部分或全部露出海面）。它们偶尔也会与短肢领航鲸待在一起，并且会与糙齿海豚一起船首乘浪。

牙齿

上 16 ～ 22 颗

下 22 ～ 26 颗

群体规模和结构

小虎鲸中通常 12 ～ 50 头组成一群，尽管曾有过成对或多达几百头的群体。在夏威夷，一群平均有 9 头。群体中的关系似乎很牢固和持久（但不知道它们是近亲还是长期的伙伴关系）。

天敌

小虎鲸的天敌是大型鲨鱼，可能还有虎鲸。它们背部伤口的位置表明，如果它们发现有鲨鱼来袭击，就会翻身防御（以保护更脆弱的腹部）。

种群丰度

没有总体丰度的估计。可能因为小虎鲸是一个自然环境中的稀有物种，或者它们隐蔽的行为可以解释为什么它们很少被看到。某些区域的数量估计如下：热带太平洋东部有 39000 头（1993 年），墨西哥湾北部有 400 头（2006 年），夏威夷群岛有 3500 头（2017 年）。

生活史

几乎一无所知。幼崽在 8 ～ 10 月出生（基于非常有限的证据）。

夏威夷的小虎鲸，注意其圆形的鳍肢末端

瓜头鲸

MELON-HEADED WHALE

Peponocephala electra (Gray, 1846)

它们尽管名为瓜头鲸，但在分类学上仍隶属于海豚科。在 20 世纪 60 年代之前，人们只能通过它们的骨架了解它们，但如今在世界的一些地方经常可以看到它们。

分类 齿鲸亚目，海豚科。

英文常用名 以头的形状命名。

别名 小虎鲸、多齿黑鲸、小黑鲸、夏威夷黑鲸（"黑鲸"是对海豚科 6 种黑色动物的统称，因为每个物种的名字中都有"鲸"）。

学名 *Peponocephala* 源自希腊语 *pepon*（瓜）或拉丁语 *pepo*（南瓜）；*kephale* 为希腊语，意为"头"；*electra* 要么源自希腊神话中的海仙女 *Electra*（伊莱克拉特），要么源自希腊语 *elektra*（琥珀），指其骨骼的颜色。

分类学 没有公认的分形或亚种。

雄性成体

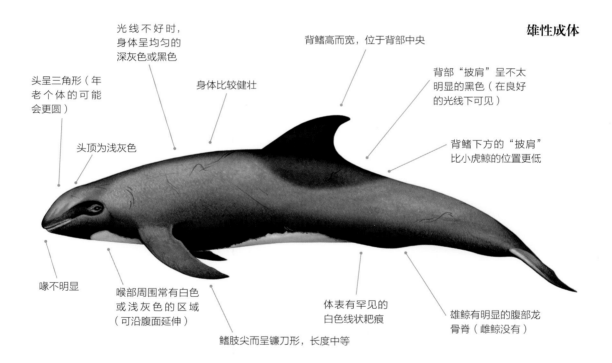

头呈三角形（年老个体的可能会更圆）

头顶为浅灰色

喙不明显

光线不好时，身体呈均匀的深灰色或黑色

身体比较健壮

喉部周围常有白色或浅灰色的区域（可沿腹面延伸）

鳍肢尖而呈镰刀形，长度中等

背鳍高而宽，位于背部中央

背部"披肩"呈不太明显的黑色（在良好的光线下可见）

背鳍下方的"披肩"比小虎鲸的位置更低

体表有罕见的白色线状耙痕

雄鲸有明显的腹部龙骨脊（雌鲸没有）

鉴别特征一览

- 分布于世界各地的热带和亚热带水域。
- 体型为小型。
- 在光线好时可以看到不明显的深色背部"披肩"和脸部"面具"。
- 在光线差时身体看起来颜色一致。

- 背鳍高而宽，位于背部中央。
- 头部呈三角形，较尖。
- 会高速游动。
- 通常组成 100 头以上的大群。

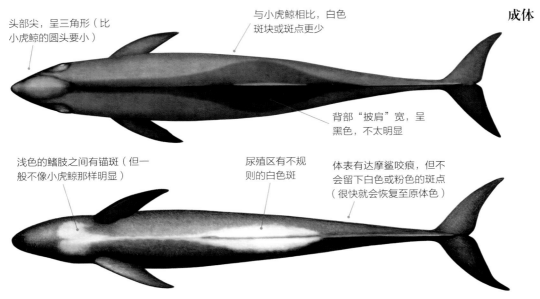

成体

头部尖，呈三角形（比小虎鲸的圆头要小）

与小虎鲸相比，白色斑块或斑点更少

背部"披肩"宽，呈黑色，不太明显

浅色的鳍肢之间有锚斑（但一般不像小虎鲸那样明显）

尿殖区有不规则的白色斑

体表有达摩鲨咬痕，但不会留下白色或粉色的斑点（很快就会恢复至原体色）

体长和体重
成体　体长：雄性 2.4 ~ 2.7 米，雌性 2.3 ~ 2.6 米；体重：160 ~ 210 千克；最大：2.8 米，275 千克。
幼崽　体长：1 ~ 1.2 米；体重：约 15 千克。

相似物种

　　瓜头鲸与小虎鲸在海上很容易混淆。瓜头鲸有更尖的三角形的头、深色的"面具"和相对不明显且正好位于背鳍下方的"披肩"，没有线状的耙痕，鳍肢尖，头顶颜色浅。在光线良好的情况下，"披肩"和头部形状通常是区分这 2 个物种的最佳特征。而群体规模则是另一个区分特征：如果一群鲸多于 100 头，则它们更可能是瓜头鲸。

分布

　　瓜头鲸分布在世界各地的热带和亚热带水域，分布范围几乎与小虎鲸的完全重合。大多数目击事件发生在北纬 20 度到南纬 20 度之间，在北纬 40 度以北或南纬 35 度以南很少看到它们（高纬度水域的偶见记录通常与暖流有关）。大多数目击事件发生在大陆架的离岸深水域，以及在海岸附近的大洋岛屿，周围有深而清澈的水域。它们似乎被吸引到赤道上升流的区域。瓜头鲸没有已知的洄游或定期迁移模式，至少在其分布范围的某些地方，似乎全年可见；有一些证据表明，它们白天在近岸活动（休息和社交），晚上在离岸水域游泳摄食。

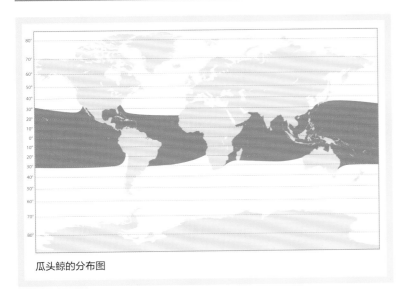

瓜头鲸的分布图

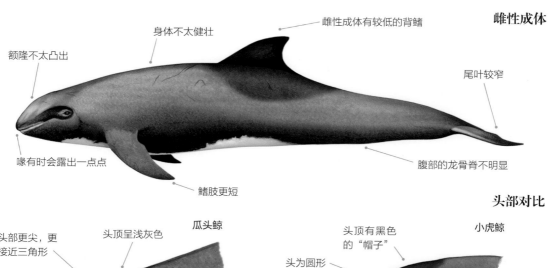

雌性成体

额隆不太凸出

身体不太健壮

雌性成体有较低的背鳍

尾叶较窄

喙有时会露出一点点

鳍肢更短

腹部的龙骨脊不明显

头部对比

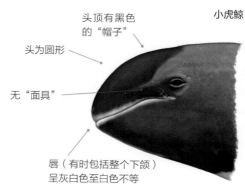

瓜头鲸

头部更尖，更接近三角形

头顶呈浅灰色

黑色"面具"不太明显（光线好时更明显）

唇（以及年老个体下颌的尖端）通常呈浅灰色至白色不等

小虎鲸

头顶有黑色的"帽子"

头为圆形

无"面具"

唇（有时包括整个下颌）呈灰白色至白色不等

行为

瓜头鲸被目击到时通常是密集的、快速游动的大群，它们因突然改变方向而闻名。它们经常与弗氏海豚聚在一起，并被观察到曾与长吻飞旋原海豚、大西洋点斑原海豚、热带点斑原海豚、瓶鼻海豚、糙齿海豚、短肢领航鲸和大翅鲸在一起。它们也被看到与黑风鳐和其他鳐在一起。在热带太平洋东部，它们常常躲避靠近的船只，但在其分布范围的其他地方，它

背鳍多样

年老个体的背鳍更像镰刀

背鳍后缘可能受损

潜水过程

缓慢游动

● 喷潮可见。
● 头部和额隆在背鳍出现前短暂露出水面。
● 尾叶很少露出。

快速游动

● 喷潮可见。
● 豚跃时会离开海面或掠过海面，产生大量浪花。

们会热情地船首乘浪（经常将其他物种从船头赶走）。它们经常跃身击浪和浮窥，特别是在社交时。白天在平静的海面上，大群瓜头鲸常在海面上游动、闲逛、休息，它们的头顶、背部和部分背鳍清晰可见，尾部则垂在水中。瓜头鲸大规模的搁浅事件是比较常见的。在人工饲养环境下，它们对饲养员和其他鲸目动物有攻击性；在野外，它们通常对水中的人会躲避或充满好奇。

牙齿

上 40 ~ 52 颗

下 40 ~ 52 颗

群体规模和结构

瓜头鲸通常形成 100 ~ 500 头关系紧密的大群，特殊情况下达 2000 头；夏威夷的平均群体规模为 250 头。较大的群体有时由很多单独出现的小群组成（有一些按性别和年龄分开）；它们会聚成较大的群，特别是在白天。

天敌

瓜头鲸的天敌是大型鲨鱼，可能还有虎鲸。它们背部的伤口位置表明，如果它们发现鲨鱼要来袭击，就会翻身防御（以保护更脆弱的腹部）。

种群丰度

瓜头鲸的全球丰度估计至少为 60000 头，该物种似乎在其某些分布范围比较常见。某些区域的数量估计如下：热带太平洋东部有 45000 头（1993 年），墨西哥湾北部有 2250 头（2009 年），苏禄海东部有 900 头（2006 年），菲律宾塔尼翁海峡（宿务和内格罗斯岛之间）有 1400 头。夏威夷有 2 个已知的种群：在大岛

食物和摄食

食物　主要捕食乌贼，也会捕食小型鱼类和甲壳纲动物，在某些水域也可能偶尔捕食海豚。

摄食　大多数摄食行动在晚上进行。

潜水深度　深处摄食时，通常（但不限于）喜欢水深大于 1000 米的水域。

潜水时间　最长纪录为 12 分钟。

附近有一个 400 ~ 500 头的小型居留种群，还有一个 8000 多头的更大、分布范围更广的种群（2010 年）。

保护

世界自然保护联盟保护现状：无危（2008 年）。没有定期的大型捕鲸活动，但在加勒比海的圣文森特和格林纳丁斯、日本、斯里兰卡、菲律宾和印度尼西亚的鱼叉和驱捕捕鲸业中，有少量瓜头鲸被捕杀，以作为食物或在其他渔业作业中作为诱饵使用。也有较少的个体在渔业作业中被误捕。瓜头鲸面临化学污染、噪声（来自军用声呐和地震勘探）污染以及食物被过度捕捞的威胁。

生活史

性成熟　根据有限的证据，雌性约 11.5 年，雄性 15 ~ 16.5 年。

交配　未知。

妊娠期　12 ~ 13 个月。

产崽　每 3 ~ 4 年一次，全年皆有出生，每胎一崽，在不同的纬度有不同的高峰期。

断奶　可能在 1 ~ 2 年后。

寿命　雄性至少 22 岁，雌性 30 岁（最长寿命纪录为 36 岁）。

这头瓜头鲸有清晰可见的黑色"披肩"、白色的唇和尖尖的鳍肢

灰海豚

RISSO'S DOLPHIN *Grampus griseus* (G. Cuvier, 1812)

　　灰海豚是体表伤痕最多的海豚，也是最大的海豚。每一头灰海豚的体色都有很大的不同，这是该物种独有的特征之一。

分类　齿鲸亚目，海豚科。

英文常用名　以意大利 - 法国博物学家安托万·里索（Antoine Risso，1777—1845 年）的名字命名，他对模式标本的解释构成了乔治·居维叶对灰海豚正式描述的基础。

别名　斑纹海豚、白头海豚、黎氏海豚、灰色海豚，历史上曾称它们胸头鲸（因为额隆有明显的"纵沟"）

学名　*Grampus* 可能源自中世纪的拉丁语 *crassus piscis*（肥鱼或大鱼），后变为法语 *graundepose* 和中世纪英语 *grampoys*（捕鲸者曾用其来称呼所有的中型齿鲸）；*griseus* 源自中世纪拉丁语 *griseus*（灰色），或者更具体地说，指"灰白色"或"灰色的斑纹"。

分类学　没有公认的分形或亚种；地中海的灰海豚与东大西洋的灰海豚在基因上有区别。与黑鲸关系密切。

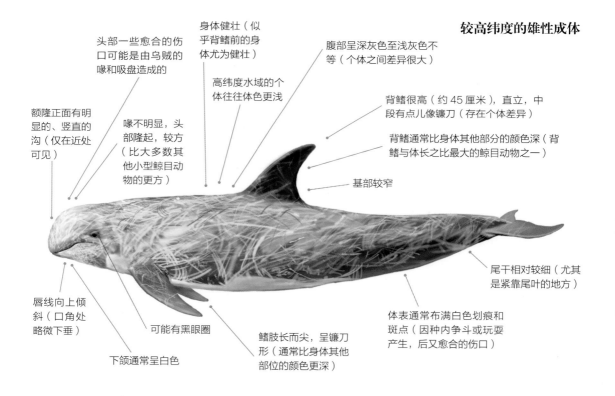

较高纬度的雄性成体

头部一些愈合的伤口可能是由乌贼的喙和吸盘造成的

身体健壮（似乎背鳍前的身体尤为健壮）

高纬度水域的个体往往体色更浅

腹部呈深灰色至浅灰色不等（个体之间差异很大）

额隆正面有明显的、竖直的沟（仅在近处可见）

喙不明显，头部隆起，较方（比大多数其他小型鲸目动物的更方）

背鳍很高（约 45 厘米），直立，中段有点儿像镰刀（存在个体差异）

背鳍通常比身体其他部分的颜色深（背鳍与体长之比最大的鲸目动物之一）

基部较窄

尾干相对较细（尤其是紧靠尾叶的地方）

唇线向上倾斜（口角处略微下垂）

可能有黑眼圈

下颌通常呈白色

鳍肢长而尖，呈镰刀形（通常比身体其他部位的颜色更深）

体表通常布满白色划痕和斑点（因种内争斗或玩耍产生，后又愈合的伤口）

鉴别特征一览

- 分布于热带到寒温带水域。
- 体型为小型。
- 身体健壮。
- 头部呈方形（侧视），喙不明显。
- 额隆有纵沟。
- 体表满是线状伤痕。
- 同一群体内体色差异很大。
- 年老个体几乎都呈白色。
- 附肢通常比身体其他部位的颜色深。
- 背鳍高而直立。

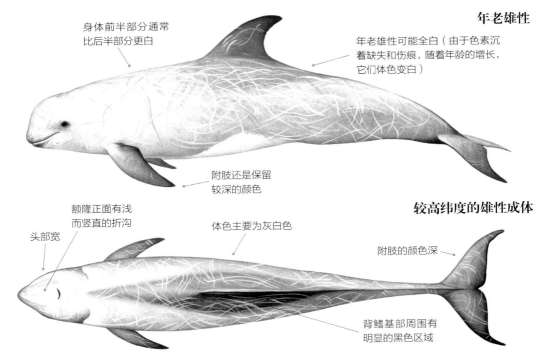

年老雄性

身体前半部分通常比后半部分更白

年老雄性可能全白（由于色素沉着缺失和伤痕，随着年龄的增长，它们体色变白）

附肢还是保留较深的颜色

较高纬度的雄性成体

额隆正面有浅而竖直的折沟

头部宽

体色主要为灰白色

附肢的颜色深

背鳍基部周围有明显的黑色区域

体长和体重
成体 体长：雄性 2.9 ～ 3.8 米，雌性 2.8 ～ 3.8 米；体重：300 ～ 400 千克；最大：4.1 米，约 500 千克。
幼崽 体长：1 ～ 1.5 米；体重：20 ～ 30 千克。

相似物种

灰海豚是很容易在近处能被辨认出的、唯一的小型钝头鲸目动物，它们通常体色较浅。从远处看，它们可能会与瓶鼻海豚、瓜头鲸，甚至雌性和未成熟的雄性虎鲸混淆（背鳍特别高），但体表较多的白色划痕和方形头部应该是灰海豚与众不同的特征。灰海豚在人工饲养和野生环境下均有与瓶鼻海豚的杂交记录。它们和一些雄性喙鲸体表都有较多的伤痕，但头部和喙的形状可以将二者分开。年轻、体色较深、体表几乎没有伤痕的灰海豚可能会与瓜头鲸相混淆，但前者很少单独出现。白鲸偶尔会游到灰海豚正常分布范围的南部，但它们没有背鳍，并且体色为均匀的灰色或白色。额隆上的纵沟是灰海豚独有的。

分布

灰海豚广泛分布在全球的热带到寒温带水域的沿海到大洋的所有栖息地，至少在北纬 64 度到南纬 46 度之间，从沿海到大洋的所有栖息地都有分布。

灰海豚在所有分布范围内

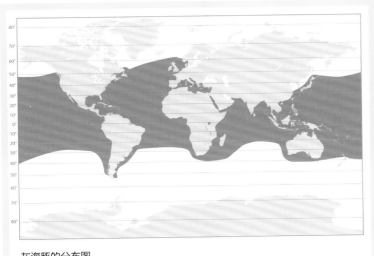

灰海豚的分布图

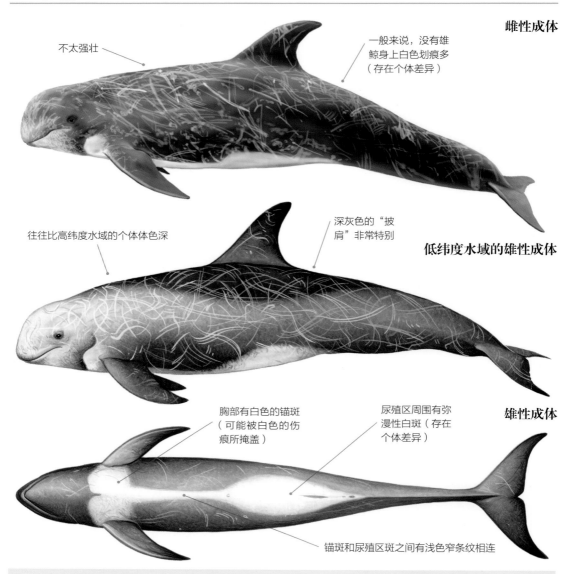

雌性成体

不太强壮

一般来说，没有雄鲸身上白色划痕多（存在个体差异）

往往比高纬度水域的个体体色深

深灰色的"披肩"非常特别

低纬度水域的雄性成体

胸部有白色的锚斑（可能被白色的伤痕所掩盖）

尿殖区周围有弥漫性白斑（存在个体差异）

雄性成体

锚斑和尿殖区斑之间有浅色窄条纹相连

潜水过程
- 通常以45°角出水。
- 眼通常出现在海面之上。
- 背部微弓，高大的背鳍很明显。
- 向前翻滚并消失时，几乎不露出尾部（在深潜前露出更多的尾部，有时会露出尾叶），群体经常同步游动和浮出海面。

喷潮
- 不明显（长时间潜水后明显些）。

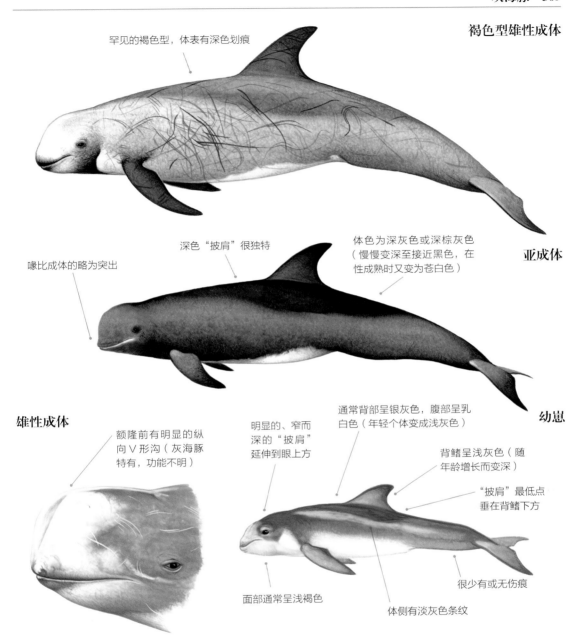

褐色型雄性成体

罕见的褐色型，体表有深色划痕

亚成体

深色"披肩"很独特

体色为深灰色或深棕灰色（慢慢变深至接近黑色，在性成熟时又变为苍白色）

喙比成体的略为突出

雄性成体

额隆前有明显的纵向 V 形沟（灰海豚特有，功能不明）

幼崽

明显的、窄而深的"披肩"延伸到眼上方

通常背部呈银灰色，腹部呈乳白色（年轻个体变成浅灰色）

背鳍呈浅灰色（随年龄增长而变深）

"披肩"最低点垂在背鳍下方

面部通常呈浅褐色

体侧有淡灰色条纹

很少有或无伤痕

非常偏爱大陆架和大陆坡的中温带水域，纬度在 30 度到 45 度之间，它们的分布范围包括许多半封闭水域（如墨西哥湾、红海、北海、地中海、加利福尼亚湾和日本海），但不包括非常浅的水域，如波斯湾（虽然在英吉利海峡的西部比较常见）。灰海豚在高纬度极地区域没有分布。

它们喜欢温度高于 12℃ 的水域（很少在低于 10℃ 的水域中活动）。这导致它们会在一些区域进行季节性迁移，比如在苏格兰北部的夏季摄食地和地中海的冬季繁殖地之间迁移，这可能也是冬季在加利

福尼亚州出现的个体数量比夏季多 10 倍的原因。在温度较稳定的地方，它们分布密度较高。一些区域分布情况的长期变化与海况和产卵乌贼的迁移有关（1982 ～ 1983 年厄尔尼诺现象后，它们在加利福尼亚州南部从罕见变为常见）。

它们喜欢生活在大陆架坡折、大陆坡和海底峡谷的深水区，特别是陆峭的海底区域（一般为 400 ～ 1000 米深）。它们也出现在大陆坡以外的一些大洋（如热带太平洋东部），会进入沿海浅水区（如英吉利海峡西南部），季节性地捕食乌贼。它们似乎

食物和摄食

食物 主要捕食糙乌贼属的物种和章鱼，但也捕食一些乌贼和较少的磷虾。

摄食 大多数的摄食似乎是在傍晚和夜间（利用柔鱼夜间迁移到海面的时机进行）；会合作摄食；可能通过吸吮来摄食。

潜水深度 通常在 50 米以内的水域潜水；最深纪录为 460 米。

潜水时间 通常下潜 1 ~ 10 分钟，然后浮出海面 1 ~ 4 分钟（以 15 ~ 20 秒的间隔进行 12 次呼气）；在加利福尼亚州的一项研究显示，它们一次摄食会进行 7 ~ 11 次潜水，每次超过 10 分钟（一个未经证实的报告称其有 30 分钟）。

零散地分布于大陆和大洋岛屿之间的水域。有证据表明，灰海豚栖息地的选择是为了避免与其他深潜的齿鲸，如柯氏喙鲸和抹香鲸在空间和时间上重叠。

行为

在白天，灰海豚会进行社交、休息或旅行。社交时，它们的空中活动很多，会跃身击浪、浮窥（经常露出整个头部和身体，直到鳍肢），用头部、尾部和鳍肢拍打海面。在马尔代夫、坦桑尼亚的海岸和印度洋的其他区域的报告显示，它们会将尾叶高高伸出海面，同时保持头朝下的姿势（意义不明）。有时它们在快速行进时豚跃（通常是在被天敌追捕或受到威胁时），常与其他海豚科动物互动，比如北瓶鼻海豚、太平洋斑纹海豚、大西洋斑纹海豚、真海豚、条纹原海豚、弗氏海豚以及领航鲸，有时还与灰鲸和其他大型的鲸目动物互动。有报告称，灰海豚对同样以头足类动物为食的其他物种（特别是抹香鲸、领航鲸和伪虎鲸）有攻击性行为。在一些区域，它们经常船首乘浪、船尾乘浪，并与船只互动，但在其他区域，它们不会接近船只；它们并不是特别害羞或紧张，而是通常会保持一个"个人空间"，并慢慢转身离开船只。一个例外是一头名叫罗盘·杰克的海豚，1888 ~ 1912 年，它护送船只穿越新西兰的库克海峡长达 24 年。

牙齿

上 0 ~ 4 颗（残存的，通常不再生）

下 4 ~ 14 颗

一个群体中的个体体色差异很大是灰海豚的特点

灰海豚经常跃身击浪，特别是在社交时

1991 ~ 1992 年在加利福尼亚州附近的调查发现，冬季的种群丰度几乎高出一个数量级（冬季 32376 头，夏季 3980 头）。最近的区域数量估计如下：热带太平洋东部有 175800 头；欧洲大陆架有 11069 头（在爱尔兰东部和苏格兰西北部附近密度最高）；美国东部有 18250 头；夏威夷水域有 7256 头；加利福尼亚州、俄勒冈州和华盛顿州附近有 6336 头；墨西哥湾北部有 1589 头；亚速尔群岛有 1250 头；利古里亚海西部有 70 ~ 100 头。

两性都有靠近下颌前部的牙齿（通常为 6 ~ 8 颗）；在年老个体中可能被磨损（或缺失）。

群体规模和结构

灰海豚通常 5 ~ 30 头组成一群，但最多能达到 100 头；曾有报告称聚群的数量多达 4000 头，特别是在加利福尼亚州附近。灰海豚似乎有"分阶层"的群体结构，在按年龄和性别聚集的稳定群体中通常有 3 ~ 12 头。雄性聚集在高度稳定的社会群体中，雌性在产崽季节组成稳定的育幼群来照顾幼崽。年幼的个体在断奶后似乎会在其出生的群体附近停留几年，然后在 6 ~ 8 岁时组成亚成体的单身群体。

天敌

伤口显示灰海豚会受到鲨鱼和虎鲸的攻击。

照片识别

借助背鳍形状和长期的刻痕、缺刻和伤痕，以及身体上独特的伤痕可以识别灰海豚。

种群丰度

尚未对全球丰度进行估计（虽然现有的估计之和为 350000 头，但这可能只是实际总数的一个零头）。

保护

世界自然保护联盟保护现状：无危（2018 年）；地中海种群，数据不足（2010 年）。灰海豚在一些国家被捕杀以作为食物、鱼饵和肥料。日本（每年捕杀 250 ~ 500 头）和法罗群岛有捕鲸活动；斯里兰卡、加勒比海的圣文森特和格林纳丁斯、菲律宾和印度尼西亚的渔民用鱼叉或渔网捕杀灰海豚（每年多达 1300 头）。

然而，灰海豚肉的汞含量很高（和大多数小型鲸目动物的肉一样），被认为危害人类健康。在世界各地的渔业中都有误捕的案例，它们似乎特别容易受到多钩长线的伤害（据报道，它们是捕捞夏威夷剑鱼的多钩长线中最常上钩的物种）；偶尔会因为从渔具上偷鱼饵和乌贼而遭到报复。作为深海潜水者，它们很可能容易受到噪声污染的影响，特别是来自军用声呐和地震勘探的噪声。它们面临的其他威胁包括水体污染、塑料垃圾误食和人类娱乐活动的干扰（当观鲸活动最多时，它们休息和社交时间似乎明显减少了）。在过去，它们曾被捕获用于展览。

生活史

性成熟　雌性 8 ~ 10 年，雄性 10 ~ 12 年。

交配　伤痕可能作为用于衡量其他群体成员"质量"的一个标准；交配可能是一种有精子竞争的混交系统。

妊娠　13 ~ 14 个月。

产崽　每 2 ~ 3 年一次（在一些区域长达 4 年）；全年皆可出生，每胎一崽，高峰期可能有区域差异（比如北大西洋和南非的夏季，西太平洋的夏/秋季，东太平洋的秋/冬季）。

断奶　雄性约 12 个月后，雌性 20 ~ 24 个月后。

寿命　根据皮肤外观研究，可能是 40 ~ 50 岁（根据牙齿生长层估计，寿命最长的个体是一头 38 岁的雌性）。

弗氏海豚

FRASER'S DOLPHIN

Lagenodelphis hosei　Fraser, 1956

多年来，人们只能通过 1895 年之前在婆罗洲沙捞越发现的一副骨架了解弗氏海豚。它被卖给了伦敦的大英博物馆（现藏于自然历史博物馆），但在博物馆苦苦等待了 50 多年，这副骨架才被确认为举世无双的一副骨架。弗氏海豚在野外的第一次正式记录是在 1971 年，但现在它们在世界的几个地方相当常见。

分类　齿鲸亚目，海豚科。

英文常用名　以弗朗西斯·查尔斯·弗雷泽（Francis Charles Fraser, 1903—1978 年）的名字命名，他是大英博物馆著名的动物学家，根据婆罗洲发现的头骨描述了这个物种。

别名　沙捞越海豚、婆罗洲海豚、白腹海豚、短吻海豚、短吻白腹海豚、霍氏海豚、弗氏鼠海豚和白鼠海豚。

学名　斑纹海豚属 *Lagenorhynchus* 与真海豚属 *Delphinus* 合并而成的新属，弗氏海豚显示了这 2 个属的形态特征；*hosei* 源自查尔斯·E. 霍斯（Charles E. Hose, 1863—1929 年）的名字。他是一位出生在英国，居住在婆罗洲的医生和博物学家，他与他的兄弟欧内斯特在沙捞越的路通河发现了这具模式标本。

分类学　没有公认的分形或亚种；大西洋的个体可能更大，并且从脸到肛门有不明显的条纹。

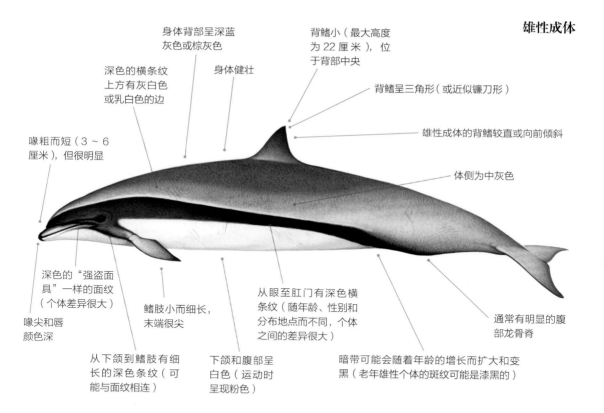

雄性成体

身体背部呈深蓝灰色或棕灰色

深色的横条纹上方有灰白色或乳白色的边

身体健壮

背鳍小（最大高度为 22 厘米），位于背部中央

背鳍呈三角形（或近似镰刀形）

雄性成体的背鳍较直或向前倾斜

喙粗而短（3 ~ 6 厘米），但很明显

体侧为中灰色

深色的"强盗面具"一样的面纹（个体差异很大）

喙尖和唇颜色深

鳍肢小而细长，末端很尖

从眼至肛门有深色横条纹（随年龄、性别和分布地点而不同，个体之间的差异很大）

通常有明显的腹部龙骨脊

从下颌到鳍肢有细长的深色条纹（可能与面纹相连）

下颌和腹部呈白色（运动时呈现粉色）

暗带可能会随着年龄的增长而扩大和变黑（老年雄性个体的斑纹可能是漆黑的）

鉴别特征一览

- 分布于世界各地的热带和亚热带深水区。
- 体型为小型。
- 身体健壮。
- 喙短但明显。
- 雄性常有深色的"强盗面具"和横条纹。
- 三角形的背鳍，鳍肢和尾叶均小。
- 同一群体存在个体差异。
- 密集的群体会溅起水花、留下清晰的尾流。

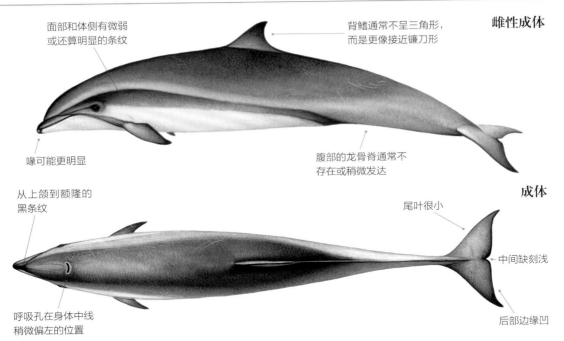

雌性成体

面部和体侧有微弱或还算明显的条纹

背鳍通常不呈三角形，而是更像接近镰刀形

喙可能更明显

腹部的龙骨脊通常不存在或稍微发达

从上颌到额隆的黑条纹

成体

尾叶很小

中间缺刻浅

呼吸孔在身体中线稍微偏左的位置

后部边缘凹

体长和体重

成体 体长：雄性 2.2 ~ 2.7 米，雌性 2.1 ~ 2.6 米；体重：130 ~ 200 千克；最大：2.7 米，209 千克。
幼崽 体长：1 ~ 1.1 米；体重：15 ~ 20 千克。
雄性比雌性大。

相似物种

　　弗氏海豚不太可能与其他任何物种混淆（尽管可能很难在一个大混合群中挑出几头弗氏海豚）。从远处看一群弗氏海豚，可以看到它们的外观很有特点——紧密结合的群体会产生明显的尾流。在一个足够大的群体中，至少有一些个体会有独特的"强盗面具"和体侧的深色横条纹。条纹原海豚的浅色 V 形肩斑是其鉴别特征（弗氏海豚没有）。

分布

　　弗氏海豚主要分布在大西洋、太平洋与印度洋的热带、亚热带（可能还有暖温带）的水域，主要在北纬 30 度到南纬 30 度之间。有时能在亚速尔群岛（约北纬 38 度）和马德拉岛（约北纬 33 度）附近看到该物种，这说明该物种是一个潜在的气候变化的指示物种。搁浅在澳大利亚东南部、法国、苏格兰和乌拉圭的弗氏海豚被认为是外来个体（可能是受海洋临时暖流的影响）。

　　弗氏海豚喜欢在大陆架以外水深超过 1000 米的离岸水域

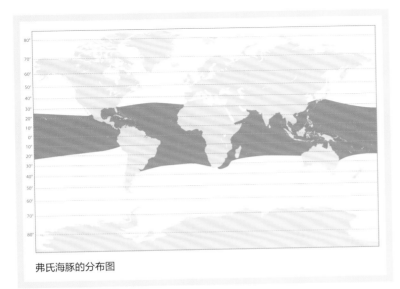

弗氏海豚的分布图

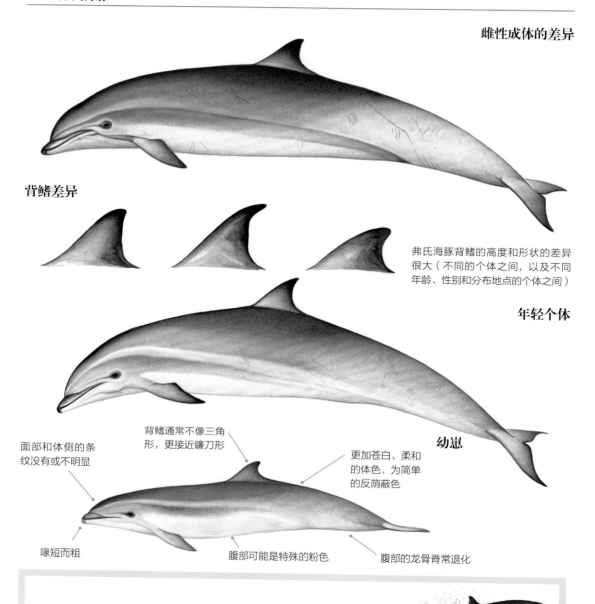

雌性成体的差异

背鳍差异

弗氏海豚背鳍的高度和形状的差异很大（不同的个体之间，以及不同年龄、性别和分布地点的个体之间）

年轻个体

面部和体侧的条纹没有或不明显

背鳍通常不像三角形，更接近镰刀形

更加苍白、柔和的体色，为简单的反荫蔽色

幼崽

喙短而粗

腹部可能是特殊的粉色

腹部的龙骨脊常退化

潜水过程

缓慢游动

- 不明显的喷潮。
- 只有呼吸孔、部分背部和背鳍外露。
- 向前翻滚，背部微微弓起。
- 背鳍末端最后消失。
- 不举尾。

快速游动

- 长时间、小角度、浪花飞溅的豚跃（大群会产生大量白沫）。

食物和摄食

食物　多捕食中层带的鱼类（特别是灯笼鱼和银斧鱼属）、头足类动物（特别是鱿鱼和乌贼）和甲壳纲动物；与其他远洋海豚相比，它们喜欢以生活在较深水域的大型动物为食。

摄食　未知。

潜水深度　潜至接近海面处到 600 米不等；生理学研究表明其能够进行深潜。

潜水时间　未知。

活动；有时会在离海岸只有 100 米的近岸深水区域活动（比如在菲律宾、印度 - 马来群岛、中国台湾、马尔代夫和加勒比海的小安的列斯群岛）。它们的活动区域往往与上升流有关。它们在太平洋区域最常见。大多数在北大西洋目击到的个体来自墨西哥湾和加勒比海（特别是瓜德罗普岛），但海上的目击记录分散在各个区域。

行为

弗氏海豚是活泼和精力充沛的游泳者，通常结成密集、快速移动的群体，将海面搅出大量浪花。它们经常与其他物种混合聚集在一起，特别是瓜头鲸、短肢领航鲸和瓶鼻海豚，但也有（取决于区域）灰海豚、长吻飞旋原海豚和热带点斑原海豚，有时还有抹香鲸。它们偶尔也会进行低而相对不显眼的跃身击浪，有的会接近船只，有的会躲避船只。在热带太平洋东部域，当船只接近时，海豚群往往会聚集，然后它们在距船只 50 ~ 100 米时突然高速游动，并迅速改变方向，只有在距船只较远时才会放慢速度。在一些区域，如墨西哥湾和马尔代夫，它们会船首乘浪，但往往很短暂。它们在船首乘浪时可能会被其他物种驱赶，偶尔会集体搁浅。

牙齿

上 72 ~ 88 颗
下 68 ~ 88 颗

群体规模和结构

弗氏海豚往往以大群出现，一群通常有 40 ~ 1000 头，但偶尔会看到小到 4 ~ 15 头或者大到 2500 头的群体。弗氏海豚平均群体规模如下：夏威夷为 283 头，马尔代夫为 215 头，加勒比海为 50 ~ 80 头，墨西哥湾为 15 ~ 30 头。

天敌

在巴哈马，已有虎鲸捕食弗氏海豚的报告，这种情况也可能发生在其他地方。弗氏海豚偶尔被伪虎鲸捕食；它们也可能被大型鲨鱼捕食。

种群丰度

尚未对总体丰度进行估计，但全球至少有 350000 头。在热带太平洋东部约有 289000 头，在夏威夷有 51500 头，在苏禄海东部有 13500 头，在墨西哥湾北部有 700 头。在小安的列斯群岛、加勒比海和菲律宾目击弗氏海豚的频率相对较高（其他地方明显较少）。

保护

世界自然保护联盟保护现状：无危（2018 年）。在印度尼西亚、菲律宾、斯里兰卡、日本、中国台湾、加勒比海的小安的列斯群岛以及其他地方都有用鱼叉或驱捕捕鲸的记录。它们在热带太平洋东部和菲律宾的围网中偶然会被误捕；也有被日本的长袋陷阱网，南非、加纳、斯里兰卡、阿拉伯海、菲律宾、日本的刺网，以及南非的防鲨网捕获的记录。虽然弗氏海豚被捕获的数量不多，但在 20 世纪 90 年代，菲律宾棉兰老岛和巴拉望北部的渔业活动每年杀死数百头弗氏海豚以作为鱼饵和人类食物。

生活史

性成熟　雌性 5 ~ 8 年，雄性 7 ~ 10 年。

交配　据悉为混交系统。

妊娠　12 ~ 13 个月。

产崽　每 2 年一次；每胎一崽，全年皆可，季节性产崽高峰因区域而异：比如南非的夏季、日本的春季和秋季。

断奶　未知。

寿命　可能 15 岁或更长（最长寿命纪录为 19 岁）。

大西洋斑纹海豚

ATLANTIC WHITE-SIDED DOLPHIN

Lagenorhynchus acutus (Gray, 1828)

尽管体侧的亮白斑是这种群居海豚最引人注目的特征之一，但把大西洋斑纹海豚称为 white-sided（白边）有点儿名不副实，它们的斑纹比大多数其他海豚的斑纹更复杂、大胆，颜色也更丰富。

类别 齿鲸亚目，海豚科。

英文常用名 Atlantic（大西洋）是指该物种为北大西洋的特有物种；white-sided 指其身体两侧细长的白色条纹。

别名 大西洋白边豚、白边、弹跳海豚（因为其经常跃水）、臭鼬鼠海豚；与所有斑纹海豚属的海豚一样，被研究人员亲切地称为斑纹海豚。

学名 *Lagenorhynchus* 源自拉丁语 *lagena*（瓶）和 *rhynchus*（喙或鼻），指其喙的形状；*acutus* 为拉丁语，意为"尖"，指背鳍。

分类学 斑纹海豚属正在修订。大西洋斑纹海豚可能会在不久的将来被归入自己的属——*Leucopleurus*。没有公认的分形或亚种。

成体

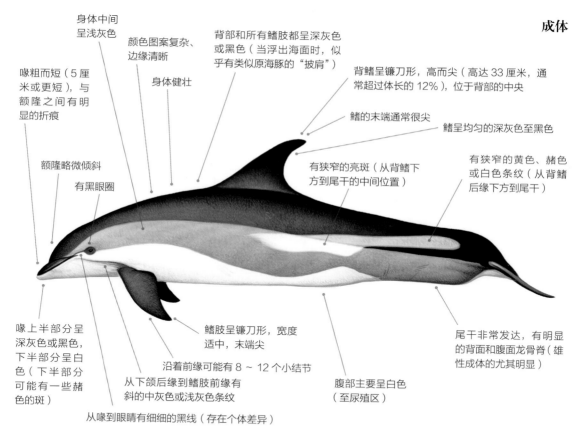

身体中间呈浅灰色

颜色图案复杂、边缘清晰

背部和所有鳍肢都呈深灰色或黑色（当浮出海面时，似乎有类似原海豚的"披肩"）

喙粗而短（5 厘米或更短），与额隆之间有明显的折痕

身体健壮

背鳍呈镰刀形，高而尖（高达 33 厘米，通常超过体长的 12%），位于背部的中央

额隆略微倾斜

鳍的末端通常很尖

鳍呈均匀的深灰色至黑色

有黑眼圈

有狭窄的亮斑（从背鳍下方到尾干的中间位置）

有狭窄的黄色、赭色或白色条纹（从背鳍后缘下方到尾干）

喙上半部分呈深灰色或黑色，下半部分呈白色（下半部分可能有一些赭色的斑）

鳍肢呈镰刀形，宽度适中，末端尖

尾干非常发达，有明显的背面和腹面龙骨脊（雄性成体的尤其明显）

沿着前缘可能有 8 ~ 12 个小结节

从下颌后缘到鳍肢前缘有斜的中灰色或浅灰色条纹

腹部主要呈白色（至尿殖区）

从喙到眼睛有细细的黑线（存在个体差异）

鉴别特征一览

- 分布在北大西洋的寒温带至亚北极水域。
- 体型为小型。
- 颜色图案复杂而鲜明。
- 尾干有黄色、赭色或白色的斑。
- 体侧有明显的亮斑。

- 背鳍呈镰刀形，高而尖，位于背部中央。
- 喙短而粗。
- 尾干有独特的背面和腹面龙骨脊。
- 活泼好动，擅长高难度动作。

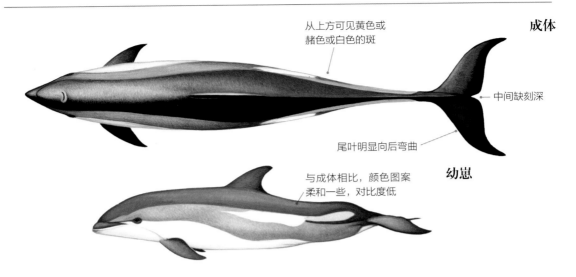

成体

从上方可见黄色或
赭色或白色的斑

中间缺刻深

尾叶明显向后弯曲

幼崽

与成体相比，颜色图案
柔和一些，对比度低

体长和体重

成体 体长：雄性 2.2 ～ 2.7 米，雌性 2 ～ 2.5 米；
体重：170 ～ 230 千克；最大：2.8 米，235 千克。

幼崽 体长：1 ～ 1.2 米；体重：24 ～ 30 千克。

相似物种

大西洋斑纹海豚和白喙斑纹海豚的分布范围几乎相同（尽管白喙斑纹海豚的分布范围延伸到更北的寒

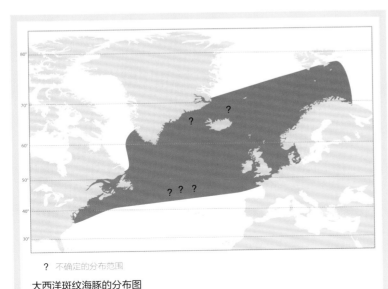

? 不确定的分布范围

大西洋斑纹海豚的分布图

冷水域），二者最容易混淆，但大西洋斑纹海豚的体型更小、更细，身体两侧和尾干有明显的黄色、赭色或白色斑，背鳍后面没有白色或浅灰色的鞍斑，喙的上半部分呈深灰色或黑色，这一点与众不同。它们可能与真海豚会有些混淆，但真海豚有更长、更细的喙，体型更小巧，两侧有独特的十字形或沙漏形图案；真海豚的黄褐色斑更宽、更靠前。有报道称，一些反常的个体身体两侧有更多的白色条纹，或没有白色、黄色、赭色的斑。

分布

大西洋斑纹海豚分布在北大西洋的寒温带至亚北极水域，通常在 1 ～ 16℃的水域（它们喜欢 5 ～ 11℃的水域）活动。在北大西洋西部，它们的分布范围从北卡罗来纳州的北纬 35 度附近（主要是乔治海滩以北、缅因湾南部）向北到格陵兰岛南部（可能到格陵兰岛西部的北纬 70 度附近），最东也许到大西洋的西经 29 度。

在北大西洋东部，大西洋斑纹海豚的分布范围从布列塔尼附近的北纬 48 度（虽然有记录说最南到直布罗陀海峡，可能还有亚速尔群岛）向北到斯瓦尔巴群岛南部的北纬 75 度；最北边的界限不甚明确。有时它们会远赴加拿大的圣劳伦斯河。它们曾出现在北海，但白

大西洋斑纹海豚在头部出水之前，海面往往会出现气泡

令海内海没有记录（有一些来自斯卡格拉克海峡和卡特加特海峡）。

它们喜欢较高的外大陆架和大陆坡的深水区，主要在 100 ～ 500 米深的水域，但也出现在大洋水域，并会进入水深小于 50 米的峡湾和海湾。在一些区域，它们的种群丰度有大幅度的季节性变化：通常在温暖的月份，向更北的纬度或海岸靠近。

行为

大西洋斑纹海豚活泼好动，特别是在较大的群体和社会环境中。它们常常会跳跃，很少拍尾击浪。它们有 2 种跳跃方式：简单跳跃（没有旋转或扭动身体，跳出，再以平滑的弧线重新入水）和复杂跳跃（跳得更高，在空中扭动和旋转身体）。它们会与大型须鲸（特别是长须鲸和大翅鲸）互动、合作摄食，有时会与长肢领航鲸、瓶鼻海豚、白喙斑纹海豚和其他海豚组成混合群。它们经常结成 100 头以上的大群，喜爱船首乘浪和船尾乘浪，还会在须鲸乘浪时穿梭其中。

牙齿

$$\frac{\text{上 } 58 \sim 80 \text{ 颗}}{\text{下 } 62 \sim 76 \text{ 颗}}$$

小而呈锥形的牙齿。

群体规模和结构

大西洋斑纹海豚多为小群，但群体可能是稳定的，一般为 2 ～ 10 头的亚群体、30 ～ 100 头的常规群体，以及多达 500 头的大群。人们曾经在法罗群岛附近观察到 1000 多头的群体；还有多达 4000 头的群体的特殊记录，随区域和行为的不同而异（在旅行和社交时群体往往较大）。在英国和冰岛水域有平均数量不到 10 头的群体，在新英格兰附近有平均 52 头（从 4 ～ 6 月的平均 35 头到 8 ～ 10 月的 72 头不等）的群体，纽芬兰附近有平均 50 ～ 60 头的群体，法罗群岛附近有平均 60 头的群体（从 1 ～ 544 头不等）。它们可能会因年龄和性别的差异再形成不同的群体（年龄较大的年轻个体一般生活在独立的群体里，至少有一段时间，一些雄性可能形成单身群体）。两性都会从

潜水过程
- 短暂地露出大部分的喙和头部（包括眼）。
- 黄色斑和白色斑往往同时出现。
- 背部高高弓起。
- 尾叶偶尔露出海面。

喷潮
- 不明显（气泡往往在头部露出海面之前出现）。

食物和摄食

食物　主要捕食小型的群居鱼类（特别是鲱鱼、鳕鱼、鲭鱼、银鳕鱼、蓝鳕、美洲玉筋鱼、亚洲胡瓜鱼和银无须鳕）、乌贼（特别是滑柔鱼）和虾。

摄食　已知在新英格兰附近合作捕食美洲玉筋鱼，会驱赶鱼群使其成为紧贴着海面的紧密球形。

潜水深度　不明，但可能相当浅。

潜水时间　通常少于 1 分钟；最长纪录为 4 分钟。

其出生的群体中离开。

天敌

大西洋斑纹海豚可能被虎鲸和大型鲨鱼捕食，但资料不多。

照片识别

借助背鳍上的缺刻、刻痕和伤痕，以及体色和异常的色素沉着可以对大西洋斑纹海豚进行识别。

种群丰度

尚未对全球丰度进行估计，但种群丰度似乎是相当丰富的，150000 ~ 300000 头可能是一个合理的估测。区域性的估计结果如下：北大西洋西部有 48819 头，欧洲大西洋水域有 15510 头（不包括冰岛、格陵兰岛或斯瓦尔巴群岛），加拿大圣劳伦斯湾有 11740 头。

保护

世界自然保护联盟保护现状：无危（2008 年）。历史上，特别是在纽芬兰和挪威，大量大西洋斑纹海豚在捕鲸活动中被杀死；在法罗群岛，1872 ~ 2009 年的 158 次捕鲸活动中一共捕杀了 9435 头大西洋斑纹海豚，捕鲸活动仍在继续。在格陵兰岛和加拿大东部仍有海豚被误捕，渔业误捕是该水域大西洋斑纹海豚面临的主要威胁。在爱尔兰西南部水域，海豚在拖网后面摄食，更容易被意外捕获。它们特别容易被以鲭鱼为目标的中上层拖网、刺网和其他渔具伤害。它们似乎也很容易受到重金属和有机氯污染物的污染。

生活史

性成熟　雌性 6 ~ 12 年，雄性 7 ~ 11 年。

交配　情况不明。

妊娠　约 11 个月。

产崽　每 1 ~ 2 年一次，每胎一崽；主要在夏季出生，在大西洋西部 6 ~ 7 月达到高峰，在大西洋东部延续到秋季。

断奶　18 个月后。

寿命　20 ~ 30 岁。

大西洋斑纹海豚既活泼好动，又擅长高难度动作

太平洋斑纹海豚

PACIFIC WHITE-SIDED DOLPHIN　　*Lagenorhynchus obliquidens*　　Gill, 1865

太平洋斑纹海豚非常活泼，精力充沛，喜欢高高跃出海面翻跟头，进行后空翻、旋转和侧空翻。这种群居性的海豚经常聚成一大群，然后溅起大量水花，以至于人们在看见它们之前就能先看到水花。

类别　齿鲸亚目，海豚科。

英文常用名　Pacific（太平洋）是指该物种是北太平洋的特有物种；white-sided 是指其胸前的大块淡灰色斑。

别名　太平洋白边海豚、太平洋白条海豚、太平洋条纹鼠海豚、白条纹鼠海豚和钩鳍鼠海豚（以及这些名称的不同组合）；与所有斑纹海豚属的海豚一样，被研究人员亲切地称为斑纹海豚。

学名　*Lagenorhynchus* 源自拉丁语 *lagena*（瓶）和 *rhynchus*（喙或鼻），指喙的形状；*obliquidens* 源自拉丁语 *obliquus*（斜）和 *dens*（齿），指其牙齿略弯曲。

分类学　斑纹海豚属正在修订中，太平洋斑纹海豚（它们曾经被错误地认为是暗色斑纹海豚的一个亚种）可能与它的姐妹种暗色斑纹海豚一起在不久的将来被列为一个单独的属（可能是 *Sagmatias*）。没有公认的亚种，但可能有 6 个颜色图案为地理种群（3 个在北太平洋东部，2 个在北太平洋西部，1 个在离岸水域），在长度和头骨特征上略有不同；这些在海上是无法区分的。有一些不常见的颜色模式或形态，包括全黑和基本全白（不是白化病）的个体；最常见的是布劳内尔型，以动物学家罗伯特·L. 布劳内尔（Robert L. Brownell）命名，他首次描述了这种类型。

成体

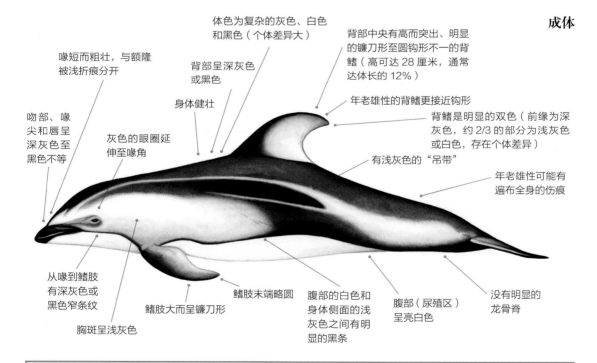

体色为复杂的灰色、白色和黑色（个体差异大）

背部中央有高而突出、明显的镰刀形至圆钩形不一的背鳍（高可达 28 厘米，通常达体长的 12%）

喙短而粗壮，与额隆被浅折痕分开

背部呈深灰色或黑色

身体健壮

年老雄性的背鳍更接近钩形

背鳍是明显的双色（前缘为深灰色，约 2/3 的部分为浅灰色或白色，存在个体差异）

吻部、喙尖和唇呈深灰色至黑色不等

灰色的眼圈延伸至喙角

有浅灰色的"吊带"

年老雄性可能有遍布全身的伤痕

从喙到鳍肢有深灰色或黑色窄条纹

鳍肢大而呈镰刀形

鳍肢末端略圆

腹部的白色和身体侧面的浅灰色之间有明显的黑条

腹部（尿殖区）呈亮白色

没有明显的龙骨脊

胸斑呈浅灰色

鉴别特征一览

- 分布于北太平洋寒温带水域。
- 体型为小型。
- 高大、突出、醒目的双色背鳍。
- 颜色图案为复杂的灰色、白色和黑色。
- 腹部呈亮白色。
- 胸斑呈浅灰色。
- 背部有浅灰色的"吊带"。
- 喙短而粗。
- 能完成高难度的动作，爱表现。
- 会靠近船只。

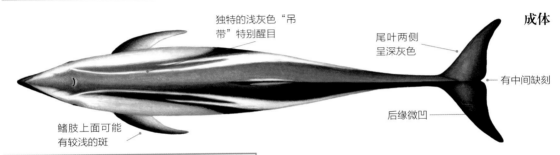

独特的浅灰色"吊带"特别醒目

尾叶两侧呈深灰色

成体

有中间缺刻

后缘微凹

鳍肢上面可能有较浅的斑

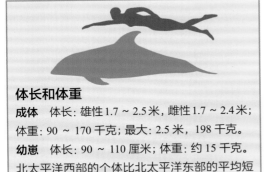

体长和体重
成体　体长：雄性1.7 ~ 2.5米，雌性1.7 ~ 2.4米；
体重：90 ~ 170千克；最大：2.5米，198千克。
幼崽　体长：90 ~ 110厘米；体重：约15千克。
北太平洋西部的个体比北太平洋东部的平均短
10厘米。

年老雄性的背鳍比较接近钩形（末端可能向下弯曲至背鳍高度的中点）

雌性的背鳍不像钩形

成体背鳍

背鳍的形状、大小和图案差异很大（因不同的年龄、性别和个体而异）

相似物种

　　从远处看，太平洋斑纹海豚可能会与真海豚混淆，但前者喙的长度要短得多，且二者背鳍及其图案非常不同。快速运动的太平洋斑纹海豚可能像稍小的白腰鼠海豚，都能产生船尾急流般的浪花，但二者的体色、背鳍的大小和形状、头部形状和行为都是不同的（白腰鼠海豚不会跃出海面，一般群体少于10头）。太平洋斑纹海豚看起来与暗色斑纹海豚非常相似，但二者的分布范围没有重叠。

分布

　　研究人员在北太平洋和一些邻近水域（包括黄海、日本海、鄂霍次克海、白令海南部和加利福尼亚湾南部）的寒温带水域陆续发现了太平洋斑纹海豚的踪迹。在北太平洋西部，它们的分布范围从中国南部的东海约北纬27度（再往南，中国台湾的记录被认为是误判）向北到科曼多尔群岛外约北纬55度。在北太平洋东部，它们的分布范围从下加利福尼亚州以南约北纬22度向北至阿拉斯加湾的北纬61度，向西至阿留申群岛的阿姆奇特卡岛，最常见的是在北纬35度到47度。

　　它们广泛分布于深海水域，但也在大陆边缘的大陆架和大陆坡活动，通常在距离海岸200千米以内。它们也出现在近海水域，那里的水深接近岸边（加拿大不列颠哥伦比亚省和美国华盛顿州沿海通道内以及加利福尼亚州蒙特雷湾的海底峡谷）。它们似乎会进行一些季节性的沿岸-离岸和南北迁移（特别是在该分布范围的南部和北部）。在太平洋东部，全球变暖引起的水温上升被认为在过去的30年里造成了它们的分布范围向极地靠近（在加拿大和阿拉斯加东南部种

太平洋斑纹海豚的分布图

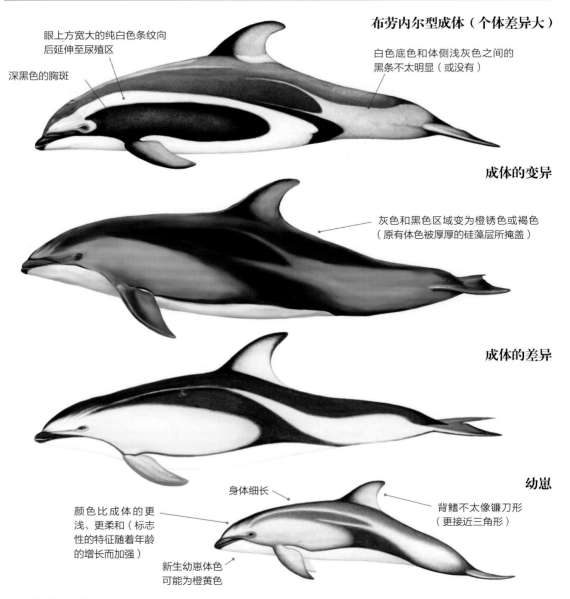

布劳内尔型成体（个体差异大）

眼上方宽大的纯白色条纹向后延伸至尿殖区

深黑色的胸斑

白色底色和体侧浅灰色之间的黑条不太明显（或没有）

成体的变异

灰色和黑色区域变为橙锈色或褐色（原有体色被厚厚的硅藻层所掩盖）

成体的差异

幼崽

身体细长

背鳍不太像镰刀形（更接近三角形）

颜色比成体的更浅、更柔和（标志性的特征随着年龄的增长而加强）

新生幼崽体色可能为橙黄色

潜水过程

- 浮出海面的速度很快。
- 可能像白腰鼠海豚那样会产生类似船尾急流的浪花。
- 头顶和背部几乎同时以小角度出水（速度较快时可以看到）。
- 背部明显弓起，随后下沉到海面以下。
- 豚跃时身体大部分或完全离开海面。
- 用背鳍划破海面（类似鲨鱼）。

食物和摄食

食物　偶尔捕食小型鱼（有 60 种，包括灯笼鱼、北太平洋梭鳕、美洲鳀、毛鳞鱼、马鲛鱼、无须鳕、刀鱼、鲑鱼和沙丁鱼）和头足类动物（有 20 种，包括乳光枪乌贼）；某些区域的个体偶尔也吃虾。

摄食　大群合作驱赶鱼群使其成为紧贴着海面的球形；在追逐食物时，能够以 28 千米 / 时的速度前进。

潜水深度　离岸种群摄食 500 ~ 1000 米深处的鱼；沿海种群主要摄食生活在海面的猎物。

潜水时间　平均 24 秒，很少超过 3 分钟；最长为 6.2 分钟。

群变得更多，而在加利福尼亚南部海湾则变少，种群规模更小）。

行为

太平洋斑纹海豚在旅行时能完成高难度动作；在摄食或社交时常见单次跳跃。它们跃出水面时可能侧翻和露出肚皮，也会鳍肢击浪和拍尾击浪。经常看到它们与其他海洋哺乳动物，比如灰海豚和北露脊海豚在一起（可能与某些北露脊海豚群体有长期的互动）；它们偶尔会与大翅鲸、加利福尼亚海狮和海鸟混在一起摄食。它们好奇心极强，甚至可能接近静止的船只、潜水员和浮潜者，很喜欢船首乘浪和船尾乘浪。它们不会放过任何能在小型快艇、大型邮轮等各种船只前后或者海浪中乘浪的机会。

牙齿

$$\frac{上 46 ~ 72 颗}{下 46 ~ 72 颗}$$

群体规模和结构

太平洋斑纹海豚是高度群居的群体，通常是多达 100 头的群体，但有时可达数千头。太平洋斑纹海豚大群往往按年龄和性别分成不同的小群；小型的、密集的单身雄性个体组成的群体很常见。群体规模因行为而异：它们喜欢组成紧凑的大型群体游动（所有成员向相同的方向以相同的速度游动），然后分成更分散的小群进行摄食和社交。群体可以分散在几千米之外（小群），但仍然通过声音保持联系。

天敌

虎鲸是太平洋斑纹海豚主要的天敌。太平洋斑纹海豚遇到过客虎鲸时会很快逃离，但它们时常被目击到在居留型虎鲸群附近，甚至与之互动（它们能分辨这 2 种生态型的区别）。在不列颠哥伦比亚省的内陆水道中，虎鲸曾经把海豚赶到海滩上（但海豚似乎已经学会避开这种捕猎陷阱）。噬人鲨是已知的天敌，

太平洋斑纹海豚也可能被其他大型鲨鱼捕获。

照片识别

借助背鳍后缘的伤痕、刻痕，以及背鳍形状和颜色的差异可以识别太平洋斑纹海豚。研究人员还利用群体中颜色异常的海豚（如白化动物和褐色形态的海豚）作为群体标记。

种群丰度

尚未对太平洋斑纹海豚的全球丰度进行估计，但可能超过 100 万头。美国加利福尼亚州、俄勒冈州和华盛顿州的最新丰度估计是 26814 头，它们的数量随季节和年份的变化而波动很大（对海况变化的反应）。2005 年，加拿大不列颠哥伦比亚省沿海水域的估计数为 25900 头，是该区域数量最多的海豚之一。

保护

世界自然保护联盟保护现状：无危（2018 年）。历史上，太平洋斑纹海豚面临的最大威胁是日本和韩国在整个北太平洋中部和西部进行的大规模公海流刺网捕捞乌贼和鲑鱼活动：在 20 世纪 70 ~ 80 年代直到 90 年代初，共有 10 万头左右的太平洋斑纹海豚被捕杀。其他各种渔业造成的太平洋斑纹海豚死亡率相对较低，如东太平洋的剑鱼和长尾鲨渔业。2007 年，日本将太平洋斑纹海豚列入允许捕杀的物种名录，并设定了每年 360 头的配额；在太地町的捕捞活动中，偶尔会捕到这种海豚。在不列颠哥伦比亚省，种群数量因为鲑鱼养殖业所使用的水下声学驱赶装置而下降（尽管这些驱赶装置现在被禁止使用）。

生活史

产崽　每 4 ~ 5 年一次，每胎一崽，主要在 5 ~ 9 月出生，有一定的区域差异。

断奶　8 ~ 10 个月后。

寿命　35 ~ 45 岁。

暗色斑纹海豚

DUSKY DOLPHIN　　　　　　　　　　　　*Lagenorhynchus obscurus*　(Gray, 1828)

　　暗色斑纹海豚能完成各种高难度动作，因此一个大群中任何时候都有一部分个体在半空中表演高空跳跃和翻跟斗，而这也正是它们为人所熟知的行为。这是研究得最为深入的一种斑纹海豚——研究人员对斑纹海豚属6种海豚使用的一个亲切的统称。

类别　齿鲸亚目，海豚科。

英文常用名　指其深色的喙。

别名　朦胧海豚和无喙海豚；与所有斑纹海豚属的海豚一样，被研究者称为斑纹海豚；亚种俗名见分类学。

学名　*Lagenorhynchus* 源自拉丁语 *lagena*（瓶）和 *rhynchus*（喙或鼻），指喙的形状；*obscurus* 源自拉丁语 *obscurus*（黑或不明显），指喙的颜色和大小。

分类学　斑纹海豚属正在修订中，这个物种可能在不久的将来被列为一个单独的属（可能是 *Sagmatias*）。它的姐妹种太平洋斑纹海豚，曾经被错误地认为是暗色斑纹海豚的一个亚种。目前有 4 个亚种被认可（但在海上可能无法区分）：阿根廷暗色斑纹海豚或菲氏海豚（*L. o. fitzroy*），以贝格尔号船长罗伯特·菲茨洛伊（Robert Fitzory）的名字命名，他绘制了该亚种早期的标本（由查尔斯·达尔文在巴塔哥尼亚附近采集）；非洲暗色斑纹海豚（*L. o. obscurus*）；智利 / 秘鲁暗色斑纹海豚（*L. o. posidonia*）；以及新西兰暗色斑纹海豚（未命名的亚种，但可能是 *L. o. superciliosis*）。

成体

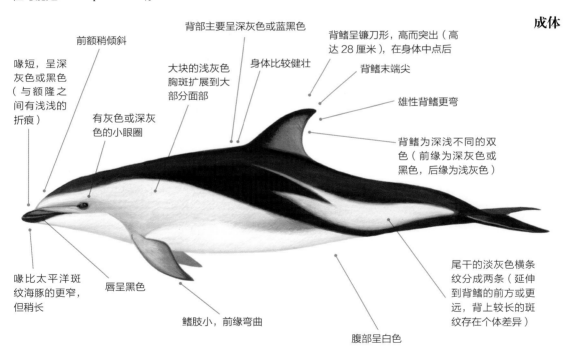

前额稍倾斜

喙短，呈深灰色或黑色（与额隆之间有浅浅的折痕）

有灰色或深灰色的小眼圈

大块的浅灰色胸斑扩展到大部分面部

背部主要呈深灰色或蓝黑色

身体比较健壮

背鳍呈镰刀形，高而突出（高达 28 厘米），在身体中点后

背鳍末端尖

雄性背鳍更弯

背鳍为深浅不同的双色（前缘为深灰色或黑色，后缘为浅灰色）

尾干的淡灰色横条纹分成两条（延伸到背鳍的前方或更远，背上较长的斑纹存在个体差异）

喙比太平洋斑纹海豚的更窄，但稍长

唇呈黑色

鳍肢小，前缘弯曲

腹部呈白色

鉴别特征一览

- 分布于南半球的寒温带水域。
- 体型为小型。
- 颜色图案为复杂的黑色、白色和灰色。
- 有浅灰色的面纹和胸斑。
- 有 2 条向前的浅灰色横条纹。

- 腹部呈白色。
- 背鳍高而突出，呈双色。
- 前额稍微倾斜。
- 喙短呈黑色。
- 群居，能完成高难度动作。

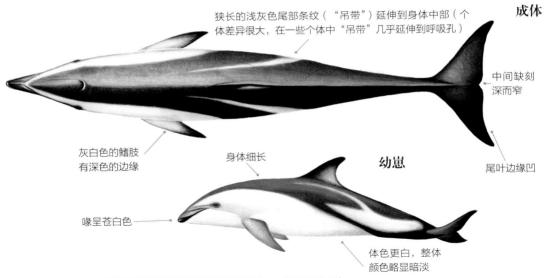

成体

狭长的浅灰色尾部条纹（"吊带"）延伸到身体中部（个体差异很大，在一些个体中"吊带"几乎延伸到呼吸孔）

中间缺刻深而窄

灰白色的鳍肢有深色的边缘

身体细长

幼崽

喙呈苍白色

尾叶边缘凹

体色更白，整体颜色略显暗淡

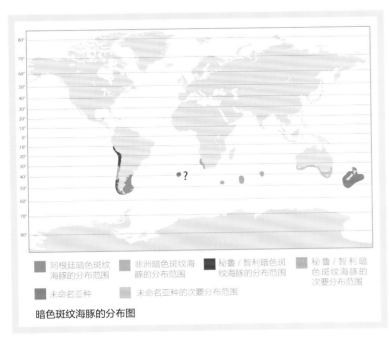

体长和体重
成体 体长：雄性 1.7 ～ 2 米，雌性 1.7 ～ 2 米；体重：70 ～ 85 千克；最大：2.1 米，100 千克。
幼崽 体长：80 ～ 100 厘米；体重：9 ～ 10 千克。
一些区域有体型差异。

相似物种

暗色斑纹海豚最有可能与皮氏斑纹海豚混淆，二者在南美洲南部的分布范围重叠，且有大致相似的体型和颜色。暗色斑纹海豚整体看起来更浅，面部和喙颜色浅，胸斑颜色更明亮（腹部没有暗色的界限），也经常出现在更大更有活力的群体中。暗色斑纹海豚看起来与太平洋斑纹海豚非常相似，但二者在分布范围上没有重叠。已有暗色斑纹海豚与真海豚和南露脊海豚进行杂交的报道。

分布

暗色斑纹海豚间断分布于南半球的寒温带水域。有 7 个明显隔离的种群。

1. 新西兰（包括查塔姆群岛和坎贝尔群岛）种群。它们与寒冷的南岸洋流和坎特伯雷洋流有关。

2. 南美洲南部和中部种群。它们分布在从秘鲁北部的南纬 8 度到太平洋的合恩角，以及大西洋的南纬 36 度左右（包括马尔维纳斯群岛）。在南纬约 36 度到 46 度的智利海岸的 1000 千米处可能还有一个低密度的断层（尽管近年来有更多的记录）。断层与西海岸寒冷的洪堡洋流和东海岸的马尔维纳斯群

阿根廷暗色斑纹海豚的分布范围

非洲暗色斑纹海豚的分布范围

秘鲁／智利暗色斑纹海豚的分布范围

秘鲁／智利暗色斑纹海豚的次要分布范围

未命名亚种

未命名亚种的次要分布范围

暗色斑纹海豚的分布图

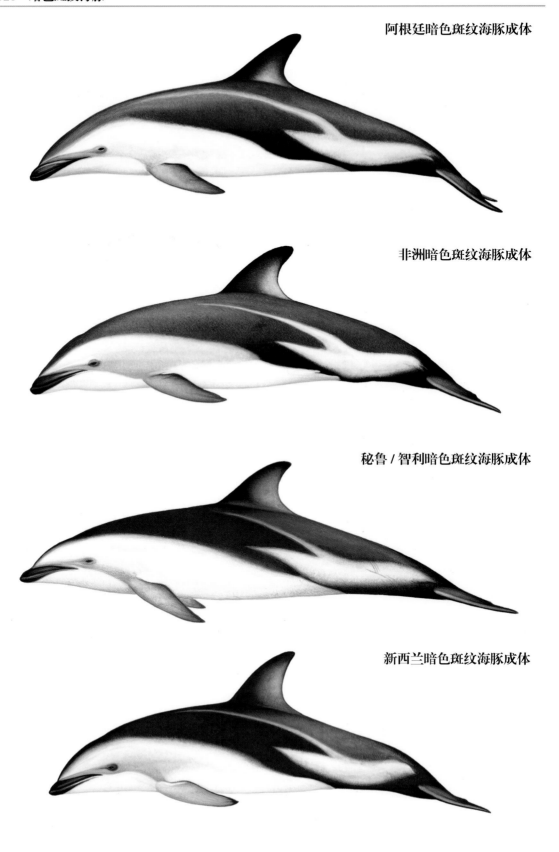

阿根廷暗色斑纹海豚成体

非洲暗色斑纹海豚成体

秘鲁 / 智利暗色斑纹海豚成体

新西兰暗色斑纹海豚成体

与南露脊海豚的杂交种

岛洋流有关。有证据表明，这个种群的分布范围远远延伸到南大洋，至少到南纬 60 度（南极辐合带以南），但在辐合带以南的任何岛屿都没有发现它们。

3. 非洲西南部种群。从南非的法尔斯湾到安哥拉的洛比托湾。在南纬 27 度到 30 度的南非 / 纳米比亚边境的奥兰治河口附近可能有一个低密度断层。这个种群与本格拉寒流有关：北部界限在安哥拉（南纬 12 度左右），可能由安哥拉暖流和本格拉寒流之间的海洋锋面位置所决定。

4. 阿姆斯特丹和圣保罗群岛种群，位于印度洋。

5. 爱德华王子岛、马里恩岛与克罗泽群岛种群，位于印度洋。但没有它们在凯尔盖朗群岛、赫德岛的准确记录。

6. 特里斯坦 - 达库尼亚群岛和戈夫群岛（主要是戈夫群岛）种群，位于南大西洋。在戈夫群岛周围有一个 300 多头的居留种群；大多数来自特里斯坦水域的记录是在离岸 100 ~ 200 千米处。

7. 澳大利亚南部（包括塔斯马尼亚岛）种群。这一种群在澳大利亚水域偶尔会被目击到，并出现搁浅情况，似乎是一个暂居种群（可能来自新西兰）。

暗色斑纹海豚的分布与寒冷的上升流和寒流有关，主要分布在沿海，喜欢在浅水活动（小于 500 米，通常小于 200 米），多在大陆架上被发现。它们有时也在较深的斜坡水域活动，但水深通常小于 2000 米。它们喜欢表层水温为 10 ~ 18℃ 的水域，但也会冒险进入更冷的水域。

根据区域的不同，丰度有昼夜和季节性的沿岸 - 离岸差异。带着幼崽的群体往往更常见于不到 20 米的近岸浅水区，可能是为了防止虎鲸和鲨鱼的捕猎；在夏季和冬季可能有南北迁移行为（记录到的迁移距离达 780 千米），但其他种群似乎基本上是居留的。

行为

暗色斑纹海豚常常做出高难度动作，经常接连不断地高高跃出海面（能连续 36 次）。它们常常以完美的弧线跃出海面（头朝下回到水中）；侧身、用腹部和背部猛烈撞击海面以产生最大的水花；或翻个跟斗。它们常与真海豚、南露脊海豚、领航鲸和其他各种鲸目动物有互动。在秘鲁，它们经常与真海豚和海鸟组成大型的摄食群。在新西兰的凯库拉附近，它们经常在夜间捕食深海散射层的灯笼鱼和乌贼，在上午和下午进行社交活动，并在中午休息。在浅水湾，它们却在白天捕食成群的鱼（比如沙丁鱼）。一般来说，它们常对船只好奇并靠近船只；经常船首乘浪。

潜水过程

- 缓慢游动时，喙尖首先露出海面。
- 喷潮时大部分头部和眼短暂地露出。
- 当背部和背鳍出现时，头部下降到海面以下。
- 尾干几乎不露出。
- 快速游动时会豚跃，随后再次干脆入水。
- 用背鳍划破海面（类似鲨鱼）。

食物和摄食

食物 捕食各种各样聚群的鱼（包括阿根廷鳀、秘鲁鳀、沙丁鱼、无须鳕、杜父鱼和灯笼鱼）和乌贼（包括巴塔哥尼亚枪乌贼和茎柔鱼）；它们的捕食范围从海面到海底，根据一天中的不同时间、季节和地点，食物和捕食策略有很大差异。

摄食 大群合作捕食，以成群的鱼为食；在一些区域主要在夜间摄食（主要是生活在深海散射层的猎物），在其他区域则不分昼夜摄食。

潜水深度 最深纪录为 156 米。

潜水时间 非摄食潜水时平均为 21 秒，摄食潜水时超过 90 秒。

牙齿

$$\frac{上\ 52 \sim 78\ 颗}{下\ 52 \sim 78\ 颗}$$

群体规模和结构

暗色斑纹海豚的群体一般为 2 ~ 1000 头（偶尔为 2000 头），群体规模和结构因季节、活动、食物和地点的不同而有很大差异。群体裂变、融合是常态，群体的大小和结构经常变化，因为个体会在包含各种年龄和性别的大型混合群体以及各个交配、哺乳和摄食的小群之间移动。在新西兰凯库拉附近，冬季离岸的群体较大（多于 1000 头），夏季近岸的群体较小（少于 1000 头）。在一些区域，群体一般在冬季规模较小（3 ~ 20 头），夏季规模较大（20 ~ 500 头）。有证据表明，它们彼此间有长期的偏好对象和避免社交的对象。

天敌

在某些地区（比如阿根廷和新西兰），虎鲸是暗色斑纹海豚的主要天敌，海豚会游到非常浅的水域以躲避虎鲸。海豚也有可能被大型鲨鱼捕猎，包括噬人鲨、大青鲨和尖吻鲭鲨；在巴塔哥尼亚附近的扁头哈那鲨的胃里发现了暗色斑纹海豚残体。

照片识别

借助背鳍后缘的刻痕、缺刻，并结合鳍的形状，以及身体上任何其他伤痕、伤口或畸形可以识别暗色斑纹海豚。

种群丰度

尚未对全球总体丰度进行估计，尽管它们在其分布的大部分区域似乎很丰富。现有的区域丰度估计如

在新西兰的凯库拉，暗色斑纹海豚能做高难度动作，经常高高跃起

高大的双色背鳍是暗色斑纹海豚的典型特征

下：新西兰沿海有 12000 ～ 20000 头（包括长期生活在凯库拉的 2000 头左右），阿根廷巴塔哥尼亚沿海至少有 6600 头。

保护

世界自然保护联盟保护现状：数据不足（2008年）。暗色斑纹海豚面临的最大的威胁可能是秘鲁沿海始于 20 世纪 70 年代初用流刺网和鱼叉进行的非法捕捞。尽管 1996 年非法捕捞被禁止，但每年仍然有 5000 ～ 15000 头暗色斑纹海豚被捕杀用作鲨鱼诱饵，另有 3000 头被捕杀以供人食用。有数据表明，在萨拉韦里港每年仍有 700 头被捕杀。在智利和南非，可能也有相对较少的个体被捕杀。在它们分布范围内的大多数国家，尽管没有近期可参考的数据，但渔业误捕仍是一个大问题。新西兰的贻贝养殖场可能会对其摄食行为和可获得的栖息地产生影响。在某些区域，过度捕捞暗色斑纹海豚的食物可能也是一个问题。

生活史

性成熟　雌性 4 ～ 6 年，雄性 4 ～ 5 年（因地而异，在新西兰，首次繁殖年龄为 7 ～ 8 年）。

交配　可能是混交系统（雄性和雌性都与多个伴侣交配），有精子竞争；雄性之间不会相互攻击（雄性可能组成联盟，高速追逐雌性）。

妊娠期　11 ～ 13 个月（因区域而异）。

产崽　每 2 ～ 3 年一次；每胎一崽，有区域高峰期（秘鲁为 8 ～ 10 月，新西兰为当年 11 月～次年 1 月，阿根廷为当年 11 月～次年 2 月，南非为 1 ～ 3 月）。

断奶　12 ～ 18 个月后（因区域而异，在秘鲁沿海约为 12 个月，在新西兰沿海至少为 18 个月）。

寿命　为 25 ～ 35 岁（最长寿命纪录为 36 岁）。

沙漏斑纹海豚

HOURGLASS DOLPHIN *Lagenorhynchus cruciger* (Quoy and Gaimard, 1824)

与众不同的是，仅基于1820年在海上绘制的草图，沙漏斑纹海豚就被正式描述并被接受为一个有效的物种。它们经常被目击到，特别是在德雷克海峡，但很少有标本可供研究，它们仍然是所有海豚中最鲜为人知的一种。

分类 齿鲸亚目，海豚科。

英文常用名 宽大的白色横条纹在它们的背鳍下方变成一条细细的白线，形成了特有的沙漏状图案。

别名 很少用的名称：施普林格、南方白侧海豚、海臭鼬、威氏海豚和十字海豚。与所有斑纹海豚属的海豚一样，被研究人员亲切地称为斑纹海豚。

学名 *Lagenorhynchus* 源自拉丁语 *lagena*（瓶）和 *rhynchus*（喙或鼻），指喙的形状；*cruciger* 源自拉丁语 *crucis*（十字）和 *gero*（携带），*cruciger* 的字面意思为"十字携带者"。

分类学 斑纹海豚属正在修订中，沙漏斑纹海豚可能在不久的将来被重新归入另一个属 *sagmatias*；没有公认的分形或亚种。

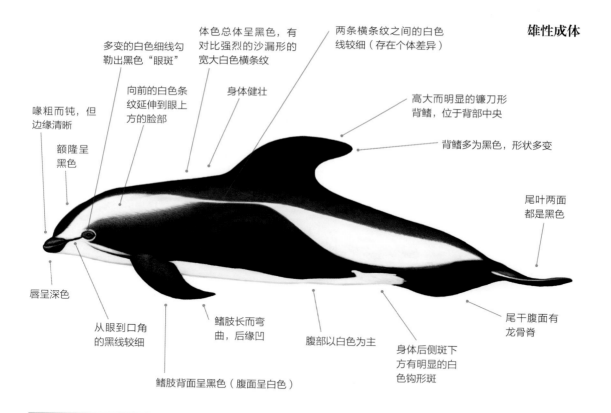

多变的白色细线勾勒出黑色"眼斑"

向前的白色条纹延伸到眼上方的脸部

体色总体呈黑色，有对比强烈的沙漏形的宽大白色横条纹

身体健壮

两条横条纹之间的白色线较细（存在个体差异）

雄性成体

喙粗而钝，但边缘清晰

额隆呈黑色

高大而明显的镰刀形背鳍，位于背部中央

背鳍多为黑色，形状多变

尾叶两面都是黑色

唇呈深色

从眼到口角的黑线较细

鳍肢长而弯曲，后缘凹

腹部以白色为主

身体后侧斑下方有明显的白色钩形斑

尾干腹面有龙骨脊

鳍肢背面呈黑色（腹面呈白色）

鉴别特征一览

- 分布于亚南极和南极的海洋水域。
- 体型为小型。
- 体色黑白分明。
- 背鳍高大且呈镰刀形。
- 快速游动时会豚跃。
- 喜欢船首乘浪。

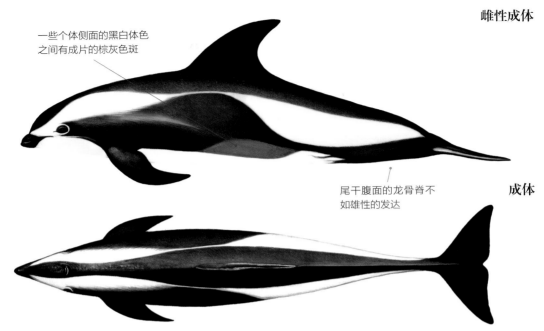

雌性成体

一些个体侧面的黑白体色之间有成片的棕灰色斑

尾干腹面的龙骨脊不如雄性的发达

成体

体长和体重
成体　体长: 雄性 1.6 ～ 1.9 米; 雌性 1.4 ～ 1.8 米;
体重: 70 ～ 90 千克; 最大: 1.9 米, 94 千克。
幼崽　体长: 0.9 ～ 1.2 米, 体重: 未知。

相似物种

　　沙漏斑纹海豚是唯一有尖背鳍的小型大洋型海豚，经常出现在南极辐合带以南。它们可能会与暗色斑纹海豚或皮氏斑纹海豚混淆，但另两种海豚体表没有引人注目的黑白图案。南露脊海豚是黑白相间的，且与沙漏斑纹海豚分布范围重叠，但南露脊海豚没有背鳍。而黑白相间的康氏矮海豚主要分布在沿岸水域。

分布

　　沙漏斑纹海豚分布于南极和亚南极的环太平洋区域。大多数的目击事件都出现在南纬 45 度到 65 度，特殊的目击事件最北出现在南太平洋的南纬 33 度 40 分（智利瓦尔帕莱索附近）和南大西洋的南纬 36 度 14 分，最南出现在南太平洋的南纬 67 度 38 分。在一些区域的冰缘附近也发现了沙漏斑纹海豚。它们的分布与南极环极地洋流密切相关，最常出现在海浪湍急的区域。大多数目击事件出现在低于 7℃ 的水域，但在表层水温为 0.3 ～ 13.4℃ 的水域也有记录。它们主要生活在离岸深水域，

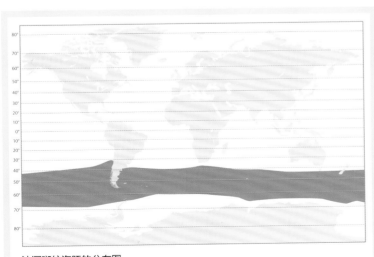

沙漏斑纹海豚的分布图

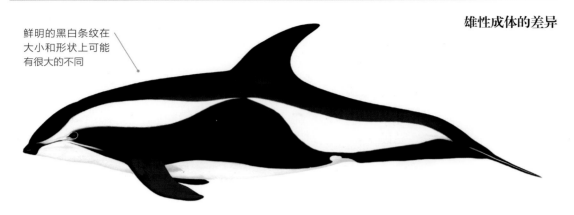

雄性成体的差异

鲜明的黑白条纹在
大小和形状上可能
有很大的不同

雄性成体的变异

偶尔有个体出现白
化现象（体表部分
区域色素缺失）

潜水过程

浮出海面的 3 种主要动作类型如下。

缓慢游动

- 很少喷潮。
- 头顶先出现。
- 背部和背鳍出现时，头部仍然可见。
- 头部降到海面以下。
- 轻轻翻滚下潜。
- 尾叶可能出水（或有时拍打海面）。

高位快速游动

- 以小角度纵身跃起，然后在海面下快速游动（类似于摄食的企鹅）。

低位快速游动

- 非常接近海面，只有头顶和背鳍可见。
- 产生独特的船尾急流般的浪花（类似于白腰鼠海豚产生的）。

食物和摄食

食物 主要捕食小鱼、乌贼和甲壳纲动物；喜欢安氏克灯鱼、阿根廷无须鳕幼鱼、爪乌贼和巴塔哥尼亚枪乌贼（基于有限的样本）。

摄食 经常与大鹱、黑眉信天翁以及其他海鸟一起摄食；有时在浮游生物群中摄食。

潜水深度 食物选择表明它们主要在海面摄食。

潜水时间 未知。

雌性

很少有急剧向后弯曲的背鳍

末端更尖

背鳍更小但更接近镰刀形

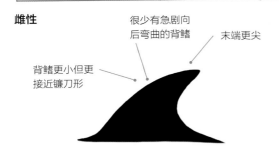

雄性

背鳍中段突然向后弯曲

背鳍

钩形背鳍更大、更明显

末端更圆

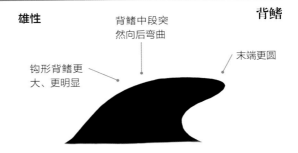

但有时也在岛屿和海岸附近水深不到 200 米的地方出现（特别是在南美洲附近和南极半岛，甚至出现在比格尔海峡）。目前没有已知的沙漏斑纹海豚长距离洄游记录，但它们可能在冬季向北洄游到南极洲以南的水域，或更靠岸边。

行为

沙漏斑纹海豚经常与长须鲸互动（以至于捕鲸者利用它们来寻找长须鲸），较少与小须鲸、南瓶鼻鲸、阿氏贝喙鲸、虎鲸、长肢领航鲸和南露脊海豚互动；有记录显示它们曾与南露脊鲸同行，甚至会在大型鲸前乘浪。它们似乎很容易被船只所吸引，经常会改变游动方向，从相当远的地方靠近船只，并热衷于船首乘浪或船尾乘浪，停留时间长达 30 分钟以上。它们出现得非常快，人们常常没注意到它们何时游到船头。它们很活跃，通常游得很快，尤其喜欢在远海冲浪，经常跃身击浪且会绕着体轴旋转。很少看到它们的幼崽，也许是因为它们在波涛汹涌的海面上不易被注意到，或者是母子对刻意避开了船只。

生活史

性成熟 未知。

交配 据悉是混交系统，有精子竞争。

妊娠期 约为 13 个月。

产崽 每 2 ~ 3 年一次，每胎一崽，在南部的夏季出生（可能是 1 ~ 2 月）。

断奶 未知。

寿命 未知，但可能为 25 岁或更长。

牙齿

$$\frac{\text{上 } 52 \sim 68 \text{ 颗}}{\text{下 } 54 \sim 70 \text{ 颗}}$$

群体规模和结构

沙漏斑纹海豚通常 1 ~ 12 头组成一群，曾有多达 100 头的群体。

天敌

沙漏斑纹海豚没有已知的天敌，但虎鲸和豹海豹是潜在的天敌。有一头沙漏斑纹海豚身上的伤口可能是由鲨鱼造成的。

照片识别

借助特殊的黑白颜色图案来识别沙漏斑纹海豚或许是可行的。

种群丰度

唯一的丰度估计是根据两次旧的调查（1976 ~ 1977 年和 1987 ~ 1988 年）的综合数据，夏季在南极辐合带以南有 144300 头。

保护

世界自然保护联盟保护现状：无危（2018 年）。目前沙漏斑纹海豚没有已知的主要威胁，它们偏远的海洋栖息地使其在大多数时间都远离人类。有几个孤立的报告称一些个体被误捕，但没有系统的研究。

白喙斑纹海豚

WHITE-BEAKED DOLPHIN

Lagenorhynchus albirostris　(Gray, 1846)

尽管它们的名字叫白喙斑纹海豚，但并不是该物种所有海豚都有白色的喙，许多海豚的喙实际上是相当暗或有斑点的。它们的格陵兰语名字 *aarluarsuk* 的意思是"虎鲸的样子"。

分类　齿鲸亚目，海豚科。

英文常用名　以大部分个体的喙的颜色而命名。

别名　白喙小海豚、白鼻海豚、猎乌贼海豚等；与所有斑纹海豚属的海豚一样，被研究人员亲切地称为斑纹海豚。

学名　*Lagenorhynchus* 源自拉丁语 *lagena*（瓶）和 *rhynchus*（喙或鼻），指喙的形状；*albirostris* 源自拉丁语 *albus*（白）和 *rostrum*（喙或吻）。

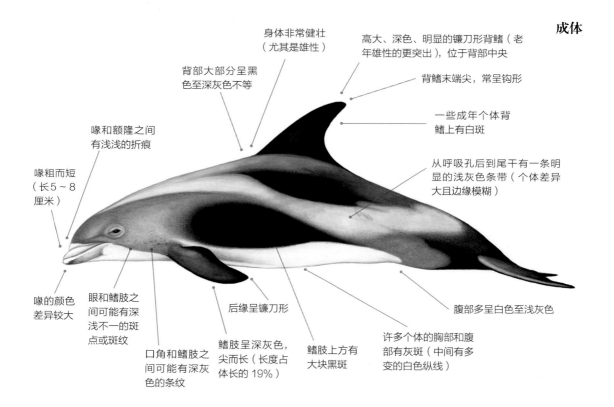

成体

身体非常健壮（尤其是雄性）

高大、深色、明显的镰刀形背鳍（老年雄性的更突出），位于背部中央

背部大部分呈黑色至深灰色不等

背鳍末端尖，常呈钩形

喙和额隆之间有浅浅的折痕

一些成年个体背鳍上有白斑

喙粗而短（长5~8厘米）

从呼吸孔后到尾干有一条明显的浅灰色条带（个体差异大且边缘模糊）

喙的颜色差异较大

眼和鳍肢之间可能有深浅不一的斑点或斑纹

后缘呈镰刀形

腹部多呈白色至浅灰色

口角和鳍肢之间可能有深灰色的条纹

鳍肢呈深灰色，尖而长（长度占体长的19%）

鳍肢上方有大块黑斑

许多个体的胸部和腹部有灰斑（中间有多变的白色纵线）

鉴别特征一览

- 分布于北大西洋的冷水水域。
- 体型为小型。
- 体色为复杂的、分散的灰色、黑色和白色（存在个体差异）。
- 体侧有明显的浅灰色条带。
- 身体非常健壮。
- 背鳍后面有灰白色的鞍斑。
- 喙短而粗（通常呈白色）。
- 高大的深色背鳍呈镰刀形。

成体

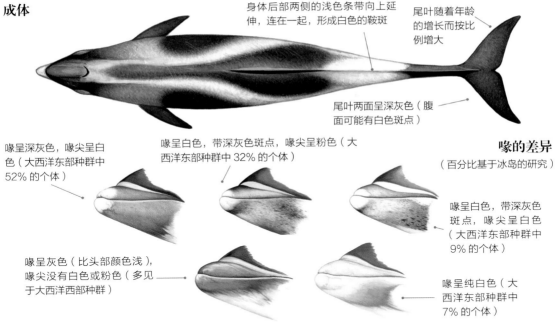

身体后部两侧的浅色条带向上延伸，连在一起，形成白色的鞍斑

尾叶随着年龄的增长而按比例增大

尾叶两面呈深灰色（腹面可能有白色斑点）

嗉呈深灰色，嗉尖呈白色（大西洋东部种群中52%的个体）

嗉呈白色，带深灰色斑点，嗉尖呈粉色（大西洋东部种群中32%的个体）

嗉的差异
（百分比基于冰岛的研究）

嗉呈白色，带深灰色斑点，嗉尖呈白色（大西洋东部种群中9%的个体）

嗉呈灰色（比头部颜色浅），嗉尖没有白色或粉色（多见于大西洋西部种群）

嗉呈纯白色（大西洋东部种群中7%的个体）

体长和体重

成体　体长：2.4～3.1米，体重：180～275千克；最大：3.2米，354千克。

幼崽　体长：1.1～1.3米，体重：大约40千克。雄性比雌性稍大。

相似物种

　　白喙斑纹海豚最容易与大西洋斑纹海豚混淆，二者的分布范围几乎相同。前者更粗壮，背鳍后面有灰白色的鞍斑，嗉（通常）为白色，没有黄色、赭色或白色的条纹。

分布

　　白喙斑纹海豚多分布在北大西洋的寒温带至无冰的极地水域，分布范围包括戴维斯海峡南部、圣劳伦斯湾、巴伦支海和北海。波罗的海和比斯开湾，以及伊比利亚半岛沿线偶尔有目击记录，在地中海西部也有一些存疑的目击记录。目前，已经有4个确定的白喙斑纹海豚高密度分布海域：拉布拉多大陆架（包括格陵兰岛西南部）、冰岛、苏格兰（包括爱尔兰海北部和北海北部）和沿挪威北部海岸的大陆架（向北延伸到白海）。白喙斑纹海豚在欧洲水域比北美更常见。夏天，它们是斯瓦尔巴群岛的常客（至少至北纬80度），有时会出现在浮冰的边缘。它们喜欢在表层水温为5～15℃

主要的分布范围　　潜在的分布范围

白喙斑纹海豚的分布图

成体的差异

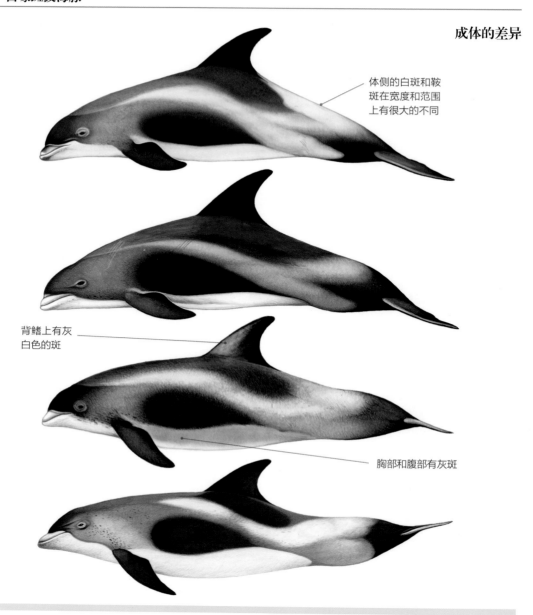

体侧的白斑和鞍
斑在宽度和范围
上有很大的不同

背鳍上有灰
白色的斑

胸部和腹部有灰斑

潜水过程

快速游动

- 快速游动时，往往不会干净利落地跃出海面，而是掠过海面，产生独特的类似船尾急流的浪花。

缓慢游动

- 缓慢游动时，喷潮不明显（小而细密的喷潮）。
- 头部、背部和喙上半部分出现在海面。
- 高大的背鳍出现在海面。
- 轻轻翻滚潜水。

食物和摄食

食物　多捕食中上层水域的鱼类和底栖鱼类，包括大西洋鳕鱼、黑线鳕鱼、毛鳞鱼、鳕鱼和欧洲鳕鱼；也可能捕食乌贼、章鱼和底栖甲壳纲动物。

摄食　在水下深处单独摄食，并在海面上合作驱赶鱼群。

潜水深度　未知；冰岛的一头白喙斑纹海豚潜到 45 米深。

潜水时间　信息很少；它们在冰岛下潜 24 ～ 28 秒；最长纪录为 78 秒。

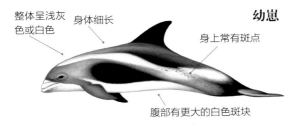

整体呈浅灰色或白色

身体细长

幼崽

身上常有斑点

腹部有更大的白色斑块

的水域活动，主要生活于沿海水域，水深小于 200 米，但也出现在大陆架上和离岸水域以外。它们在一些区域全年皆有，但在其他区域（特别是在遥远的北方），一般有由北向南（夏季 - 冬季）的洄游。

行为

白喙斑纹海豚擅长高难度动作，经常跃出海面，做出一系列的空中行为。它们摄食时与其他鲸目动物结伴而行，包括长须鲸、小须鲸和大翅鲸（捡拾逃逸的小鱼），并与长肢领航鲸、虎鲸、瓶鼻海豚、真海豚、灰海豚和大西洋斑纹海豚混群活动。它们在一些区域的行为可能相当难以捉摸，但在其他区域，它们经常从远处接近船只，进行船首乘浪和船尾乘浪，速度可以达到 30 千米/时（虽然平均速度是 3.5 ～ 5 千米/时）。

牙齿

上 46 ～ 56 颗
——————
下 44 ～ 56 颗

每排的前三颗牙齿通常隐藏在牙龈内。

生活史

性成熟　雌性 8 ～ 9 年，雄性 9 ～ 10 年。

交配　未知。

妊娠期　11 ～ 12 个月。

产崽　每胎一崽，5 ～ 9 月出生（6 ～ 7 月为高峰期）。

断奶　未知。

寿命　最长寿命为 39 岁。

群体规模和结构

白喙斑纹海豚通常 5 ～ 30 头组成一群；在冰岛平均为 9 头，在斯瓦尔巴群岛为 6 头，在丹麦为 4 ～ 6 头。它们很少单独出现。有迹象表明，白喙斑纹海豚按年龄和性别聚群。已知它们有几百头的群体，特别是离岸群体，偶尔也会有 1500 头以上的群体（可能由许多较小的群体组成）。

天敌

白喙斑纹海豚的天敌未知，可能是虎鲸和大型鲨鱼（尤其是噬人鲨）。有记录显示，北极熊在斯瓦尔巴群岛会捕食被困在冰中的白喙斑纹海豚。

照片识别

借助背鳍后缘的伤痕和刻痕，结合鳍肢、背鳍上的斑以及皮肤的损伤程度可以识别白喙斑纹海豚。

种群丰度

尚未对整体丰度进行估计，但可能有数万头，也可能低至数十万头。粗略估计的数量如下：欧洲大西洋大陆架约有 22700 头，冰岛沿海水域约有 31653 头，格陵兰岛约有 27000 头，北海约有 7856 头，加拿大东部近岸约有 2000 头。

保护

世界自然保护联盟保护现状：无危（2018 年）。历史上，在挪威、冰岛、法罗群岛和加拿大（拉布拉多和纽芬兰）都有捕杀白喙斑纹海豚的记录，它们主要为人类所食用。在格陵兰岛西南部仍有针对性的捕捞行为（每年 40 ～ 250 次），在加拿大也有误捕情况，但这些被认为不是白喙斑纹海豚面临的主要威胁。白喙斑纹海豚在整个分布范围域的刺网、鳕鱼陷阱网和拖网渔业中偶尔被误捕，尽管数量相对较少。已知白喙斑纹海豚会携带大量有机氯和重金属。它们对噪声特别敏感，比如地震勘探的声音。

皮氏斑纹海豚

PEALE'S DOLPHIN *Lagenorhynchus australis* (Peale, 1849)

皮氏斑纹海豚有着与暗色斑纹海豚和白喙斑纹海豚大致相似的复杂斑纹，它们鲜为人知，最好的识别方法是其独特的深色面具。

分类 齿鲸亚目，海豚科。

英文常用名 以蒂希安·拉姆齐·皮尔（Titian Ramsay Peale，1799—1885年）的名字命名，他是美国博物学家和艺术家，在1839年首次观察到这个物种，并为其绘制了插图，6年后正式描述了它。

别名 很少用的名称——黑颊海豚、黑面海豚、南白边海豚和犁铧海豚；与所有斑纹海豚属的海豚一样，被研究人员亲切地称为斑纹海豚。

学名 *Lagenorhynchus* 源自拉丁语 *lagena*（瓶）和 *rhynchus*（喙或鼻），指喙的形状；*australis* 为拉丁语，意为"南方"。

分类学 斑纹海豚属正在修订中，皮氏斑纹海豚可能会被重新列入一个恢复使用的属 *Sagmatias*（它将成为该属的模式种）；没有公认的分形或亚种。

成体

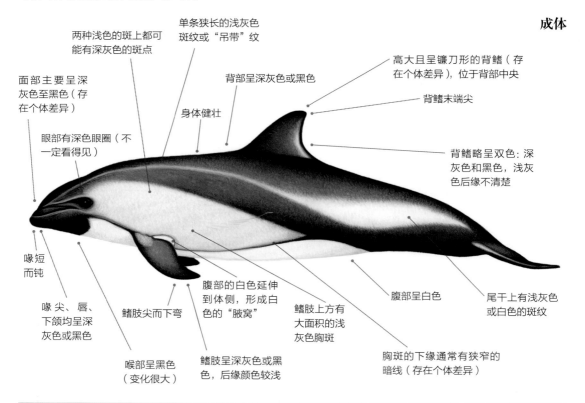

两种浅色的斑上都可能有深灰色的斑点

单条狭长的浅灰色斑纹或"吊带"纹

面部主要呈深灰色至黑色（存在个体差异）

背部呈深灰色或黑色

高大且呈镰刀形的背鳍（存在个体差异），位于背部中央

背鳍末端尖

眼部有深色眼圈（不一定看得见）

身体健壮

背鳍略呈双色：深灰色和黑色，浅灰色后缘不清楚

喙短而钝

喙尖、唇、下颌均呈深灰色或黑色

鳍肢尖而下弯

喉部呈黑色（变化很大）

腹部的白色延伸到体侧，形成白色的"腋窝"

鳍肢呈深灰色或黑色，后缘颜色较浅

鳍肢上方有大面积的浅灰色胸斑

胸斑的下缘通常有狭窄的暗线（存在个体差异）

腹部呈白色

尾干上有浅灰色或白色的斑纹

鉴别特征一览

- 分布于南美洲南部的浅水区。
- 常在海藻森林中栖息。
- 体型为小型。
- 身体健壮。
- 喙不明显。
- 身体上有复杂的灰色、黑色和白色。
- 脸上仿佛戴了深色面具。
- 背鳍高，呈镰刀形。

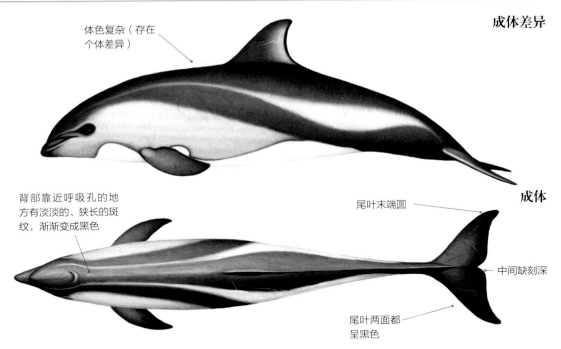

成体差异

体色复杂（存在个体差异）

背部靠近呼吸孔的地方有淡淡的、狭长的斑纹，渐渐变成黑色

成体

尾叶末端圆

中间缺刻深

尾叶两面都呈黑色

体长和体重

成体　体长：雄性 1.4 ~ 2.2 米，雌性 1.3 ~ 2.1 米；最重：115 千克。

幼崽　体长：1 ~ 1.3 米；体重：未知。

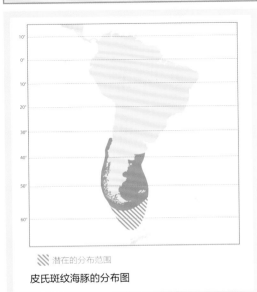

潜在的分布范围

皮氏斑纹海豚的分布图

相似物种

　　皮氏斑纹海豚最可能与暗色斑纹海豚混淆，二者的分布范围重叠，有大致相似的体型和体色。皮氏斑纹海豚看起来更强壮，体色更深。它们深色的面具和喙，以及浅灰色的胸斑（到眼部结束）在近处看很明显；相比暗色斑纹海豚，它们更常出现在较小且不活跃的群体中。

分布

　　皮氏斑纹海豚分布于南美洲南部大陆两岸的寒温带和亚极地水域，范围从太平洋一侧的南纬 33 度（智利圣地亚哥附近）至合恩角以南的德雷克海峡（南纬 59 度），以及大西洋一侧的南纬 38 度（阿根廷布宜诺斯艾利斯以南约 300 千米）。它们在火地岛、麦哲伦海峡、马尔维纳斯群岛及其以南 200 千米也能看到。它们有 2 块不同的栖息地：智利南部受保护的海湾、海峡和峡湾入口以及智利北部（奇洛埃岛以北）；阿根廷大部分区域的浅海大陆架上开放的、被波浪冲刷的海岸。它们的活动情况不甚明了：虽然有些种群似乎是居留的，但有证据显示其他种群有近岸 - 离岸（夏季 - 冬季）的迁移。

　　它们经常能在海岸附近活动，在看得见陆地的范围内，通常在水下不到 20 米的地方；但它们最远可到离岸 300 千米处。它们喜欢在浅水活动，水越深，数量越少；很少在水深超过 200 米的水域出现。

颜色图案较浅且发白

幼崽

胸斑底部的界限较不明显

背鳍的差异

行为

在大部分时间里，皮氏斑纹海豚笨重而缓慢地游动，相当不显眼，但很容易突然活跃。它们常见的潜水模式为在 1 分钟内进行 3 次较短的潜水，然后进行 1 次较长的潜水。它们经常出现在其他海豚的混合群体中，特别是康氏矮海豚群体，偶尔还有暗色斑纹海豚群体和灰海豚群体。它们经常在沿海的海浪中玩耍，并可能频繁跃身击浪。它们经常用头、尾或鳍肢拍打海面，有时还会浮窥；常常精力充沛地在船首乘浪，经常加速前进并跃入高空，也会船尾乘浪。

牙齿

$$\frac{上\ 54 \sim 74\ 颗}{下\ 54 \sim 72\ 颗}$$

群体规模与结构

皮氏斑纹海豚通常 2 ～ 5 头组成一群（最近在巴塔哥尼亚南部群体研究发现，一群平均为 3.4 头）；有时一群可达 30 头；很少观察到多达 100 头的群体。群体规模因行为而异（社交时为大群，旅行时为小群）。

天敌

皮氏斑纹海豚的天敌未知，但可能是虎鲸和鲨鱼（包括七鳃鲨、噬人鲨、太平洋睡鲨和尖吻鲭鲨），虽然在皮氏斑纹海豚的分布范围内这些海洋动物都不是特别常见的物种；在分布范围的最南部，豹海豹可能捕食皮氏斑纹海豚的幼崽。

照片识别

借助背鳍的形状，结合鳍和背部的缺刻、刻痕和伤痕可以识别皮氏斑纹海豚。

潜水过程

浮出海面的方式主要有以下两种。

缓慢游动

- 不太明显的喷潮。
- 只有呼吸孔、背鳍和一小部分背部露出来。

快速游动

- 当水溅到脸周围时，身体大部分会隐藏在水墙后面（因此有"犁铧海豚"的绰号）。
- 群体喜欢有节奏地一起浮出海面（也可能做低低的长距离跳跃），经常跃身击浪。

> **食物和摄食**
>
> **食物**　主要捕食各种鱼类、头足类动物和甲壳纲动物，包括盲鳗、羽鼬鳚、澳洲犁齿鳕、阿根廷无须鳕、红色肠腕蛸、巴塔哥尼亚枪乌贼和牟氏美红对虾。
>
> **摄食**　在海草床（它们从叶子上摘下小章鱼食用）和开放水域摄食；用向日葵队形包围猎物，合作捕食。
>
> **潜水深度**　未知，但主要在浅水区的海底摄食。
>
> **潜水时间**　平均下潜 28 秒（一般为 3 秒 ~ 2 分 37 秒）。

种群丰度

尚未对总体丰度进行估计。通过对巴塔哥尼亚大陆架（沿阿根廷南部约 1300 千米）种群的调查，种群数量估计为 2 万头左右。其他区域的数量估计如下：麦哲伦海峡为 2400 头，马尔维纳斯群岛为 1900 头，奇洛埃岛附近为 200 头左右。

保护

世界自然保护联盟保护现状：无危（2018 年）。从 20 世纪 70 年代到 90 年代早期，阿根廷和智利的渔民都会捕杀皮氏斑纹海豚，它们的肉可供人类食用或作为诱饵（尤其是利润丰厚的帝王蟹渔业）。捕杀皮氏斑纹海豚的行为现在是违法的（尽管在偏远地区几乎不可能完成禁止）。虽然捕蟹业已经衰落，新的诱饵也已出现，但在某种程度上，对皮氏斑纹海豚的捕杀仍不可避免地继续着。或许一个更大的威胁是最近工业化的鲑鱼和贻贝养殖场的扩张：海豚被迫离开它们重要的栖息地，受到船只航行的干扰，或者溺亡在用来驱赶掠食性海狮的渔网中。它们因刺网误捕而导致的死亡也是一个问题。

> **生活史**
>
> **性成熟**　未知。
>
> **交配**　未知。
>
> **妊娠期**　10 ~ 12 个月。
>
> **产崽**　每胎一崽，出生高峰期在当年 10 月 ~ 次年 4 月。
>
> **断奶**　未知。
>
> **寿命**　有记录的最大年龄为 13 岁，但最高年龄可能更长。

皮氏斑纹海豚的黑色面具很有特色；这头海豚正在德雷克海峡的一艘船前进行船首乘浪

智利矮海豚

CHILEAN DOLPHIN

Cephalorhynchus eutropia (Gray, 1846)

与鼠海豚类似的智利矮海豚被发现于南美洲西南海岸的浅水区，鲜为人知。

分类　齿鲸亚目，海豚科。

英文常用名　智利海豚（尽管最新的研究显示在阿根廷的数量很少）；黑海豚（一种别名）其实是一种误称，虽然其死亡后体色很快变黑。

别名　黑海豚、智利黑海豚、白腹飞旋原海豚、花斑海豚、南方海豚和黑喙头海豚。

学名　*Cephalorhynchus* 源自希腊语 *kephale*（头）和 *rhynchos*（喙或吻），指从头到喙逐渐倾斜；*eutropia* 源自希腊语 *eutropos*（多用途的）、*eu*（对或真）和 *tropidos*（龙骨脊），指坚硬的具有龙骨脊的头骨。

分类学　没有公认的分形或亚种。

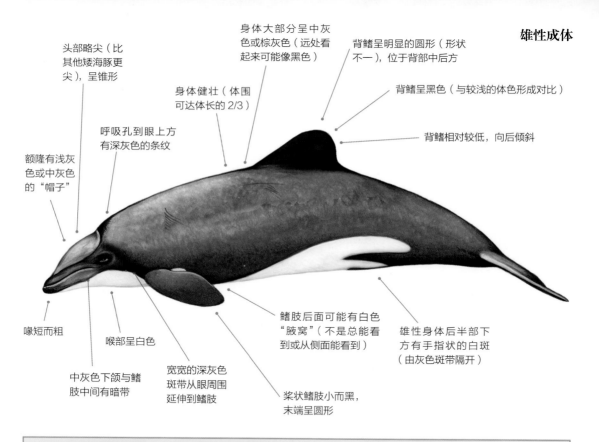

雄性成体

头部略尖（比其他矮海豚更尖），呈锥形

身体大部分呈中灰色或棕灰色（远处看起来可能像黑色）

背鳍呈明显的圆形（形状不一），位于背部中后方

背鳍呈黑色（与较浅的体色形成对比）

身体健壮（体围可达体长的 2/3）

呼吸孔到眼上方有深灰色的条纹

背鳍相对较低，向后倾斜

额隆有浅灰色或中灰色的"帽子"

喙短而粗

喉部呈白色

鳍肢后面可能有白色"腋窝"（不是总能看到或从侧面能看到）

雄性身体后半部下方有手指状的白斑（由灰色斑带隔开）

中灰色下颌与鳍肢中间有暗带

宽宽的深灰色斑带从眼周围延伸到鳍肢

桨状鳍肢小而黑，末端呈圆形

鉴别特征一览

- 主要分布于智利的中部和南部。
- 生活在浅水区。
- 体型为小型。
- 背鳍呈黑色，为圆形。
- 身体大部分呈深浅不一的灰色。
- 身体后半部分下方有手指状的白斑。
- 喙不明显。
- 群体较小。

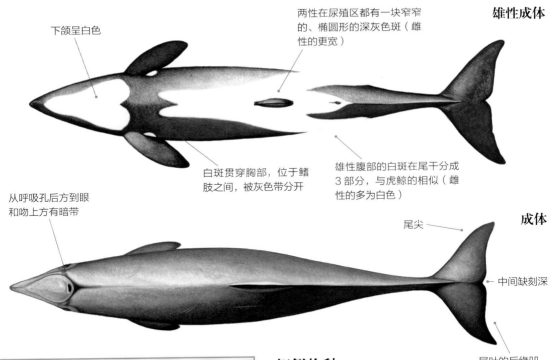

雄性成体

下颌呈白色

两性在尿殖区都有一块窄窄的、椭圆形的深灰色斑（雌性的更宽）

白斑贯穿胸部，位于鳍肢之间，被灰色带分开

雄性腹部的白斑在尾干分成3部分，与虎鲸的相似（雌性的多为白色）

从呼吸孔后方到眼和吻上方有暗带

成体

尾尖

中间缺刻深

尾叶的后缘凹

体长和体重

成体 体长：雄性 1.2 ~ 1.7 米，雌性 1.2 ~ 1.7 米；体重：30 ~ 60 千克；最大：1.7 米，63 千克。

幼崽 体长：0.9 ~ 1 米；体重：8 ~ 10 千克。

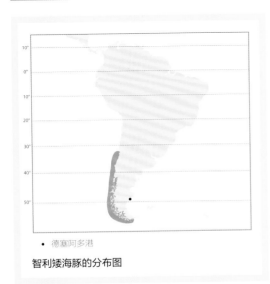

● 德塞阿多港

智利矮海豚的分布图

相似物种

　　智利矮海豚与康氏矮海豚的分布范围在麦哲伦海峡和火地岛有重叠，但后者体表有明显的黑色（或深灰色）和白色；在阿根廷的德塞阿多港和智利峡湾，发现了可能是智利矮海豚 / 康氏矮海豚的杂交后代，颜色介于二者中间。皮氏斑纹海豚和棘鳍鼠海豚同域分布，但即使在远处也可以通过背鳍的形状来区分它们。

分布

　　智利矮海豚原产于智利中南部距海岸 2600 千米处；阿根廷也有少量流浪个体。它们已知分布范围从瓦尔帕莱索（南纬 33 度 06 分）到合恩角附近（南纬 55 度 15 分），包括麦哲伦海峡的东侧和火地岛的西海岸（较小范围），偶尔会有偏北的记录，最远可达南纬 30 度。它们分布不均匀，往往聚集在不同的热点区域，如康塞普西翁省附近的阿劳科湾、智利奇洛埃省大岛周围的海峡以及智利峡湾的一些海湾。发现的大部分智利矮海豚都在海岸 500 米内，在离岸 1000 米以外的地方没有发现它们（尽管在邻近的离岸水域几乎没有进行过调查）。它们经常出现于寒冷、黑暗、较浅的沿海水域，错综复杂的峡湾、海峡和隐蔽海湾，以及河口和河流（上游12 千米处）。它们更喜欢水深 3 ~ 15 米（很少超过 30 米）的浅水区，尤其是在潮差大、潮位快的区域，靠近河流和峡湾入口处的浅堤。它们也经常出现在碎波带。它们

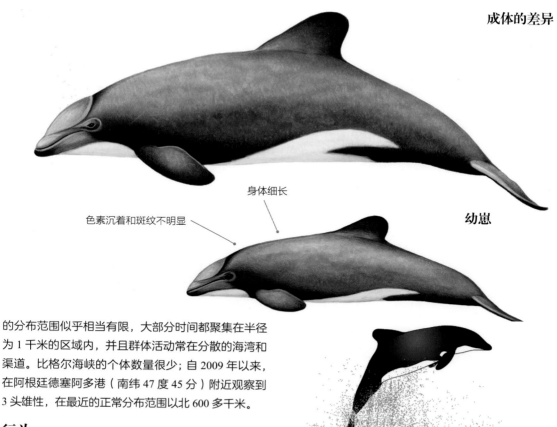

成体的差异

身体细长

色素沉着和斑纹不明显

幼崽

的分布范围似乎相当有限，大部分时间都聚集在半径为1千米的区域内，并且群体活动常在分散的海湾和渠道。比格尔海峡的个体数量很少；自2009年以来，在阿根廷德塞阿多港（南纬47度45分）附近观察到3头雄性，在最近的正常分布范围以北600多千米。

行为

　　智利矮海豚可能比较活跃，会豚跃，偶尔会跃身击浪。栖息在分布范围南部的一些群体对船只往往较为警惕，并且难以接近，这或许是对捕杀的一种习得反应；但生活在分布范围北部的一些群体会接近船只，也可能进行船首乘浪或船尾乘浪。在一些区域（如瓜伊特卡斯群岛）有时可以观察到智利矮海豚与皮氏斑纹海豚聚集在一起摄食并进行社交活动；但在其他地方，这两个物种之间存在明显的空间和时间分割模式。

智利矮海豚有时也与摄食中的海鸟在一起。

牙齿

$$\frac{上\ 58 \sim 68\ 颗}{下\ 58 \sim 68\ 颗}$$

群体规模和结构

　　智利矮海豚通常2～3头组成一群，也经常4～10

潜水过程
- 喷潮不明显（有时可见）。
- 吻尖最先出现，紧随其后的是额隆（前额）。
- 圆形背鳍出现时，身体在水中翻滚得相对较高。
- 头部下沉，背鳍消失。
- 尾叶很少出现。
- 垂直跳跃，通常头部先入水（飞溅的水花很小）。

食物和摄食

食物　主要捕食小型底栖鱼类和生活在中上层水域的鱼类（包括沙丁鱼、鳀鱼和岩鳕），以及乌贼、章鱼和甲壳纲动物（包括铠甲虾）；胃中也发现过绿藻（但可能是意外摄入）。

摄食　有证据表明它们之间存在协作摄食。

潜水深度　下潜至 30 米以内。

潜水时间　通常下潜不到 3 分钟。

头（有时多达 15 头）组成一群；偶尔多达 50 头（可能是几个小群的合并），尤其是在北半球。据报道，在瓦尔迪维亚北部开阔海岸的聚群多达 400 头。种群大小因地点和栖息地而异，在繁殖季似乎会增加。

天敌

智利矮海豚的天敌未知，但可能是虎鲸和鲨鱼（包括七鳃鲨、噬人鲨和尖吻鲭鲨），虽然在其分布范围内这些海洋动物都不是特别常见的物种；在其分布范围最南端，豹海豹可能会捕食智利矮海豚幼崽。

生活史

性成熟　雄性和雌性均为 5 ~ 9 年。

交配　未知。

妊娠期　10 ~ 11 个月。

产崽　每 2 年（偶尔 3 ~ 4 年）一次；每胎一崽，出生在南方的春季至夏末（当年 10 月~次年 4 月）。

断奶　未知。

寿命　未知，但可能至少 20 岁。

照片识别

借助背鳍形状，再结合背部的伤痕可以识别智利矮海豚。

种群丰度

尚未对全球丰度进行估计。该物种数量似乎很少（最多只有几千头），但这种稀有性可能是由于研究人员缺少调查以及它们的警觉性和逃避行为。种群数量被认为在不断减少。

保护

世界自然保护联盟保护现状：濒危（2017 年）。智利矮海豚的大部分分布范围内几乎无人居住，但也存在威胁。多年来它们一直被捕杀，肉以供人类食用和作为诱饵（用于利润丰厚的帝王蟹渔业，以及剑鱼、岩鳕鱼渔业）。在 20 世纪 70 ~ 80 年代，每年可能有数百头甚至数千头智利矮海豚被捕杀。捕杀智利矮海豚现在是非法的（尽管在偏远地区几乎不可能完全禁止）。虽然捕蟹业已经衰落，新型诱饵也已出现，但捕杀在一定程度上仍将继续。或许一个更大的威胁是最近工业化的鲑鱼和贻贝养殖场的扩张：海豚被迫离开它们重要的栖息地，又受到船只航行的干扰，或者溺亡在用来驱赶掠食性海狮的渔网中。沿海刺网和其他渔具的误捕死亡至少可以追溯到 1962 年；虽然没有多少统计数据，但在整个物种范围内，这显然仍是一个问题。

三头智利矮海豚一起浮出海面

康氏矮海豚

COMMERSON'S DOLPHIN　　*Cephalorhynchus commersonii*　（Lacépède, 1804）

康氏矮海豚是世界上最小的海豚之一。它们的分布范围最为奇特：主要栖息在南美洲南部和马尔维纳斯群岛周围，但在 8500 千米外的印度洋的凯尔盖朗群岛也有独立的种群。

分类　齿鲸亚目，海豚科。

英文常用名　源自法国内科医生和植物学家菲利普·康默森（Philibert Commerson，1727—1773 年），他于 1767 年在麦哲伦海峡观察到该物种后，首次描述了该物种。

别名　黑白海豚、花斑海豚、臭鼬海豚、詹姆士海豚、凯尔盖朗群岛康氏矮海豚。

学名　*Cephalorhynchus* 源自希腊语 *kephale*（头）和 *rhynchos*（喙或吻），指从头到喙逐渐倾斜；*commersonii* 是指以菲利普·康默森的名字命名。

分类学　有 2 个公认的亚种：分布于南美洲南部的南美洲康氏矮海豚（*C. c. commersonii*）以及法国南部和南极区域的凯尔盖朗群岛康氏矮海豚（*C. c. kerguelenensis*）；凯尔盖朗群岛康氏矮海豚大约在 10000 年前仅有少数个体。越来越多的证据表明，马尔维纳斯群岛的康氏矮海豚可能是另一个亚种，在南美洲海岸似乎有多种基因不同的种群。

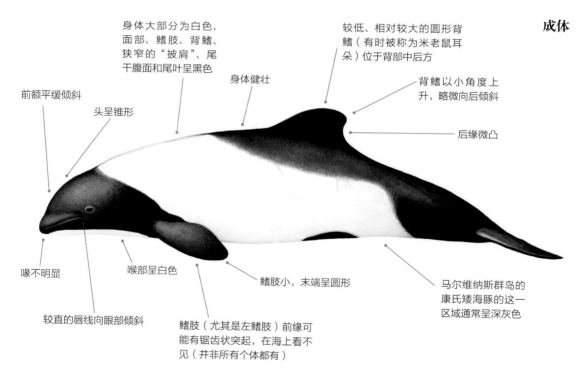

成体

身体大部分为白色，面部、鳍肢、背鳍、狭窄的"披肩"、尾干腹面和尾叶呈黑色

身体健壮

较低、相对较大的圆形背鳍（有时被称为米老鼠耳朵）位于背部中后方

背鳍以小角度上升，略微向后倾斜

后缘微凸

前额平缓倾斜

头呈锥形

喙不明显

喉部呈白色

较直的唇线向眼部倾斜

鳍肢小，末端呈圆形

鳍肢（尤其是左鳍肢）前缘可能有锯齿状突起，在海上看不见（并非所有个体都有）

马尔维纳斯群岛的康氏矮海豚的这一区域通常呈深灰色

鉴别特征一览

- 多分布于南美洲南部和凯尔盖朗群岛。
- 凯尔盖朗群岛的康氏矮海豚群体小。
- 生活在沿海浅水区。
- 体型为小型。
- 外表与鼠海豚相似。

- 背鳍低而圆。
- 身体黑白分明。
- 速度快且活跃。
- 可能会靠近船只。

体长和体重（南美洲康氏矮海豚）	体长和体重（凯尔盖朗群岛康氏矮海豚）
成体　体长：雄性 1.2 ~ 1.4 米，雌性 1.3 ~ 1.5 米；体重：25 ~ 45 千克，最大：1.5 米，66 千克。	**成体**　体长：雄性 1.4 ~ 1.7 米，雌性 1.5 ~ 1.7 米；体重：30 ~ 50 千克；最大：1.74 米，86 千克。
幼崽　体长：65 ~ 75 厘米；体重：4.5 ~ 8 千克。	**幼崽**　体长：65 ~ 75 厘米；体重：4.5 ~ 7 千克。
	雌性比雄性稍大。

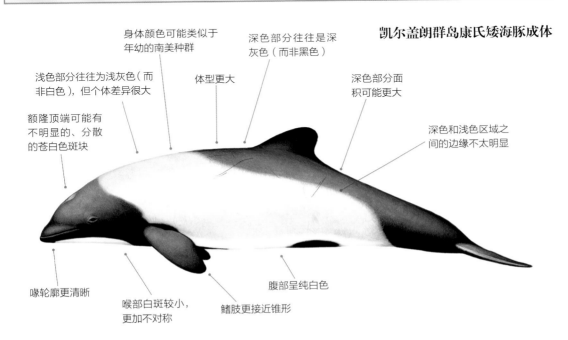

凯尔盖朗群岛康氏矮海豚成体

身体颜色可能类似于年幼的南美种群

深色部分往往是深灰色（而非黑色）

浅色部分往往为浅灰色（而非白色），但个体差异很大

体型更大

深色部分面积可能更大

额隆顶端可能有不明显的、分散的苍白色斑块

深色和浅色区域之间的边缘不太明显

喙轮廓更清晰

喉部白斑较小，更加不对称

鳍肢更接近锥形

腹部呈纯白色

相似物种

康氏矮海豚有可能与智利矮海豚、棘鳍鼠海豚、黑眶鼠海豚混淆，它们的分布范围都有不同程度的重叠。但康氏矮海豚有明显的特征：黑白分明的体色，体侧和背部明显的白色斑块，低而圆的背鳍。

在阿根廷的德塞阿多港和智利峡湾，发现了可能是智利矮海豚和康氏矮海豚的杂交后代，颜色介于二者之间。

分布

南美洲康氏矮海豚

两个亚种生活的地方相距很远，中间缺乏合适的栖息地，所以它们之间交流似乎不太可能。南美洲亚种是阿根廷、智利最南端寒冷的、较浅的近岸水域的特有物种，主要分布在大西洋海岸（巴西南纬 31 度偶

南美洲康氏矮海豚　　次要的分布范围　　凯尔盖朗群岛康氏矮海豚

康氏矮海豚的分布图

成体

末端圆形

中间缺刻浅

后缘凹

额头有多变的∨形图案（呼吸孔后面黑白部分的边缘因磨损而变得不清楚，凯尔盖朗群岛康氏矮海豚不明显或没有）

雄性成体

尿殖区有大块的黑斑（雄性的多为椭圆形，有些后倾；雌性多为∪形，有些前倾）

喉部呈白色

胸部有连接鳍肢的黑带（凯尔盖朗群岛的康氏矮海豚通常被身体中央的白色窄条纹分开）

腹部主要呈白色

潜水过程

缓慢游动

- 有时在非常寒冷的条件下，可以看到小的、分散的喷潮。
- 缓慢向前翻滚时，背鳍出现。
- 头部下沉，随后背鳍消失。

快速游动

- 以较低的高度跃出海面。

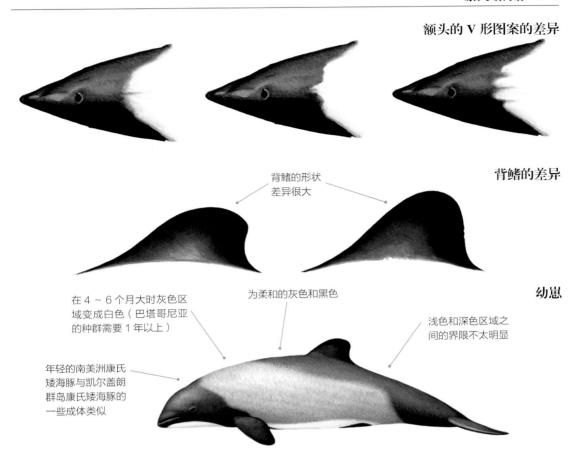

额头的 V 形图案的差异

背鳍的差异

背鳍的形状
差异很大

幼崽

在 4 ～ 6 个月大时灰色区
域变成白色（巴塔哥尼亚
的种群需要 1 年以上）

为柔和的灰色和黑色

浅色和深色区域之
间的界限不太明显

年轻的南美洲康氏
矮海豚与凯尔盖朗
群岛康氏矮海豚的
一些成体类似

尔会看到）和太平洋海岸约南纬 52 度 91 分（最近在麦哲伦海峡以北 1200 千米的智利峡湾看到过一次）。南美洲亚种分布的南部界限为合恩角（南纬 55 度 15 分），有时它们会进入德雷克海峡到南设得兰群岛（南纬 61 度 50 分）以北。该亚种总体数量在分布范围的南部较多，但在边界处很少。在阿根廷的瓦尔德斯半岛和火地岛之间有很多康氏矮海豚；在智利，它们主要分布在麦哲伦海峡和附近的水道，比如阿尔米兰塔兹苟峡湾、奥特韦湾和菲茨罗伊海峡。南乔治亚岛有未经证实的报告。它们更喜欢有庇护的栖息地，如峡湾、狭窄的水道、海湾、港口和河口，以及有强水流、大潮差的地方，通常是深度小于 200 米（有时在海岸破碎带内，浅至 1 米），几乎总是在能看到陆地的水域。它们可能会随着潮水向海岸移动，常见于破碎带，尤其是在夏季，常在靠近海岸的湍流水域中。它们容易被海草床吸引，在巴塔哥尼亚河上游 24 千米处出现过；偏好表层水温为 4 ～ 16℃的水域。

它们没有已知的长距离洄游行为（最长纪录为 300 千米）。这 2 个亚种的分布都呈现出季节性的变化：在寒冷的冬季远离海岸，在夏季靠近海岸，可能是由于它们跟随食物迁移或躲避夏季较高的海水温度。

凯尔盖朗群岛康氏矮海豚

在凯尔盖朗群岛，它们仅分布于岛屿附近，栖息于开放水域、海藻密布的海岸线和岛屿之间的保护区，范围为南纬 48 度 30 分到 49 度 45 分。它们偏好表层水温为 1 ～ 8℃的海域，夏季主要分布在半封闭的莫比昂湾，但在冬季迁移出海湾。它们在东北部和南部沿海的其他海湾和峡湾也出现过，最近一次它们出现在南非开普敦南部，这是极其罕见的。

行为

康氏矮海豚可能在外表上像鼠海豚，但在行为上完全与众不同。它们行动迅速，活跃而顽皮，似乎喜欢冲浪和跃身击浪，经常在水下仰泳或以身体为纵轴在水中旋转。人们也曾看到它们在海鸟的下方浮出海面并轻推海鸟。它们非常喜欢接近船只，随时进行船首乘浪和船尾乘浪，经常在船下沿 8 字形游动，并

食物和摄食

食物　南美洲康氏矮海豚多捕食种类繁多的鱼类（包括阿根廷无须鳕、银汉鱼和鳗鱼）、乌贼、章鱼、小甲壳类动物、海洋蠕虫和其他底栖无脊椎动物；凯尔盖朗群岛康氏矮海豚的食物比较有限，主要是鱼类（尤其是鲭鱼和银鱼）。

摄食　单一个体在海床、海草床和潮汐区摄食；大群会合作捕食海面或岸边聚集的鱼群（或者使用任何其他合适的屏障，比如停泊的船只、岩石海岸和码头）；燕鸥经常跟随它们摄食（可以很好地表明康氏矮海豚的存在）。

潜水深度　未知。

潜水时间　通常潜水 20 ～ 30 秒（每次潜水浮出海面 2 ～ 3 次）。

跃出海面（有时会重复，但可能不像一些其他海豚那样有技巧）。已知它们与皮氏斑纹海豚、智利矮海豚、棘鳍鼠海豚和南美海狮互动。在一些区域能观察到它们固定的"漂浮"或"上下浮动"的行为，并且这种行为在风平浪静的时候极为常见。

牙齿

$$\frac{\text{上 } 56 \sim 70 \text{ 颗}}{\text{下 } 56 \sim 70 \text{ 颗}}$$

群体规模和结构

康氏矮海豚通常 1 ～ 10 头组成一群，有时多达 15 头；据报道有时它们会组成 100 多头的松散聚群，但这往往是短暂的（10 ～ 30 分钟）。单独个体和 2 ～ 4 头的小群在北方更常见，大群在南方更常见。

天敌

虎鲸很可能是康氏矮海豚的主要天敌（康氏矮海豚在它们面前表现出明显的躲避行为）；大型鲨鱼也可能是它们的天敌；在分布范围的最南端，豹海豹可能会捕食康氏矮海豚的幼崽。

照片识别

借助背鳍上的缺刻，鳍和背部的伤痕，额头黑色的 V 形图案和色素沉着模式可以识别南美洲亚种。凯尔盖朗群岛康氏矮海豚额头的 V 形图案很模糊。

种群丰度

尚未对全球丰度进行估计，但可能是种群数量最多的矮海豚属物种。在阿根廷大约有 4 万头（从海岸线到 100 米等深线，在南纬 43 度到 55 度之间）南美

康氏矮海豚在马尔维纳斯群岛冲浪

康氏矮海豚经常在水下仰泳和以身体为纵轴旋转

洲亚种；另外，巴塔哥尼亚大陆架约有 22000 头。目前还没有关于凯尔盖朗群岛亚种的估计，尽管它们的数量可能很少；2013 年，莫比昂湾的种群数量估计为 69 ± 13 头。

保护

　　世界自然保护联盟保护现状：无危（2017 年）；凯尔盖朗群岛亚种尚未单独评估。从 20 世纪 70 年代到 90 年代早期，阿根廷和智利都捕杀它们，肉以供人类食用或者作为渔业诱饵（尤其是利润丰厚的帝王蟹渔业）。捕杀康氏矮海豚现在是非法的（尽管在偏远地区几乎不可能完全禁止）。虽然捕蟹业已经衰落，新型诱饵也已出现，捕杀在一定程度上仍不可避免地继续。在南美洲南部，康氏矮海豚是最常被渔网捕获的鲸目动物，尤其容易受到沿海刺网、三层流刺网、远洋拖网和围网伤害。康氏矮海豚的食物被过度捕捞也

是一大问题。它们偶尔也会被人类为了取乐而捕杀，也曾被捕获并在大洋洲进行展示。

独特的黑白体色和圆形背鳍使康氏矮海豚更容易辨认

生活史

性成熟　雌性 6 ～ 9 年，雄性 5 ～ 9 年。

交配　未知。

妊娠期　11 ～ 12 个月。

产崽　每 2 年（偶尔 3 ～ 4 年）一次；每胎一崽，生于晚春至夏季（当年 9 月～次年 3 月），高峰在 1 月中旬。

断奶　10 ～ 12 个月后。

寿命　可能是 10 ～ 20 岁；研究人员从 1996 年开始就观察到，在野生环境中寿命最长的是来自圣朱利安的雌性个体；其中一头被人工饲养的个体的寿命为 26 岁。

海氏矮海豚

HEAVISIDE'S DOLPHIN *Cephalorhynchus heavisidii* (Gray, 1828)

这种美丽的小海豚是非洲西南沿岸本格拉生态系统的特有物种，它们喜欢冲浪，经常可以看到它们在海岸边的海浪中嬉戏。

分类 齿鲸亚目，海豚科。

英文常用名 应该是海威氏海豚（Haviside's dolphin，以英国东印度公司的一位船长命名，他于1827年将模式标本从南非带到英国）；然而，这一物种却意外地以海维赛德（Heaviside）船长的名字命名，他是一位著名的海军外科医生，大约在同一时期，他碰巧出售一些非鲸目动物的解剖标本。错误的名称一直沿用至今，因为按照惯例，应使用与学名拼写相同的常用名（根据命名规则，不能更改）。

别名 海威氏海豚和本格拉海豚。

学名 *Cephalorhynchus* 源自希腊语 *kephale*（头）和 *rhynchos*（喙或吻），指从头到喙逐渐倾斜；*heavisidii* 指海维塞德船长。

分类学 没有公认的分形或亚种。

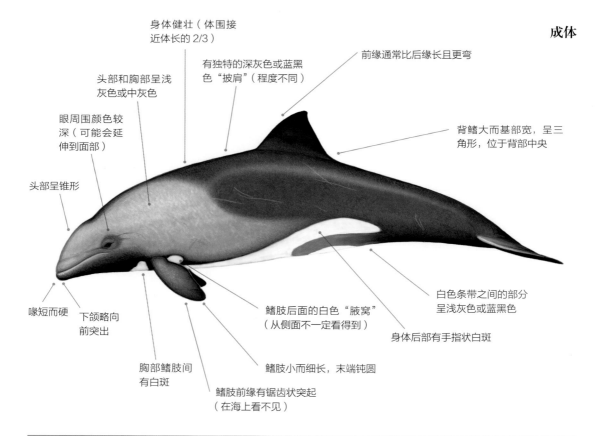

成体

身体健壮（体围接近体长的2/3）

头部和胸部呈浅灰色或中灰色

有独特的深灰色或蓝黑色"披肩"（程度不同）

前缘通常比后缘长且更弯

眼周围颜色较深（可能会延伸到面部）

背鳍大而基部宽，呈三角形，位于背部中央

头部呈锥形

喙短而硬

下颌略向前突出

胸部鳍肢间有白斑

鳍肢前缘有锯齿状突起（在海上看不见）

鳍肢小而细长，末端钝圆

鳍肢后面的白色"腋窝"（从侧面不一定看得到）

白色条带之间的部分呈浅灰色或蓝黑色

身体后部有手指状白斑

鉴别特征一览

- 分布于非洲南部大西洋沿岸。
- 体型为小型。
- 体色为复杂、界限分明的黑色、灰色和白色。
- 身体后半部分有手指状的白斑。
- 背鳍大而基部宽，呈三角形，位于背部中央。
- 喙不明显。
- 群体较小。
- 很活跃。

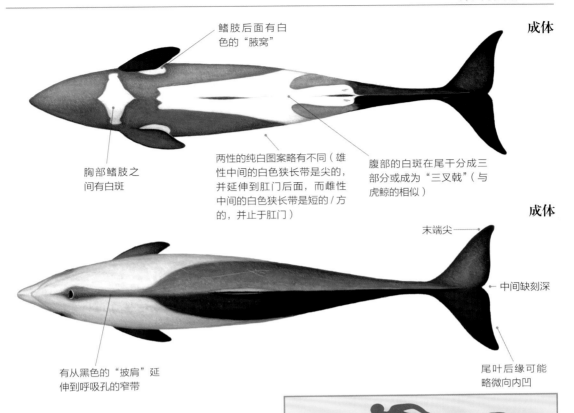

成体

鳍肢后面有白色的"腋窝"

两性的纯白图案略有不同（雄性中间的白色狭长带是尖的，并延伸到肛门后面，而雌性中间的白色狭长带是短的／方的，并止于肛门）

胸部鳍肢之间有白斑

腹部的白斑在尾干分成三部分或成为"三叉戟"（与虎鲸的相似）

成体

末端尖

中间缺刻深

有从黑色的"披肩"延伸到呼吸孔的窄带

尾叶后缘可能略微向内凹

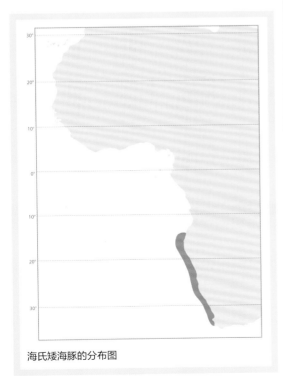

海氏矮海豚的分布图

体长和体重
成体 体长: 1.2 ~ 1.7 米; 体重: 50 ~ 75 千克; 最大: 1.8 米, 75 千克。
幼崽 体长: 80 ~ 85 厘米; 体重: 未知, 但可能为 10 千克左右。

相似物种

　　海氏矮海豚的分布范围与其他几种小型鲸目动物的有重叠，包括稍大的同域的暗色斑纹海豚，但海氏矮海豚的三角形背鳍（与暗色斑纹海豚的镰刀形鳍相比）和明显的图案与众不同。群体规模也是它们的显著特征：海氏矮海豚通常出现在少于 10 头的小群中，而暗色斑纹海豚通常出现在更大的群体中。

分布

　　海氏矮海豚仅分布于安哥拉南部、纳米比亚和南非 2500 千米海岸线的本格拉生态系统的冷水域。它们的分布范围从南纬 16 度 30 分的安哥拉南部蒂格雷斯港

幼崽

（可能更北，但证据很少）到南纬34度20分的南非开普角；在开普角东部暖水域看到的种群被认为是流浪个体。它们在这个范围内连续出现，尽管有一些区域的分布密度或高或低，但这通常与食物的丰度有关（特别是鳕鱼）。它们与本格拉寒流的冷水有关系，更喜欢表层水温为9～15℃的海水。有证据表明，它们的分布范围多为沿海岸线延伸的50～90千米的小范围栖息地。它们通常栖息在水深不足100米的水域，但一般距离海岸30千米（有记录显示最远距离海岸85千米，水深达200米）。在分布范围内的大部分区域，它们早晨向近岸水域移动（休息、社交，可能还是为了避开鲨鱼），下午活跃在离岸数千米的地方（摄食，它们的食物在夜间更接近海面）。它们通常在日出和正午之间离海岸最近，更喜欢有沙滩和大浪（尤其是拍岸的白浪）的地方，比如海湾尽头；下午3点到日出之间离岸最远。人们经常可以在开普敦和鲸港湾等主要种群集中区看到它们。

行为

海氏矮海豚精力充沛，有时很吵闹；它们喜欢冲浪，经常可以看到其在海浪中嬉戏，进行各种跳跃动作（面对竞争对手或者在小群中）。偶尔会看到它们在海面翻跟斗或做后空翻，最高可达2米，最后用腹部和尾部拍打海面。它们很愿意接近船只（尤其是在近岸和更大的群体中，在离岸分散摄食时不太常见），经常船首乘浪，有时也会在船尾乘浪；偶尔与暗色斑纹海豚混聚在一起。

牙齿

上44～56颗
下44～56颗

群体规模和结构

海氏矮海豚通常2～3头组成一群，但范围为1～10头不等；在一些种群密度高的区域，比如南非的开普敦和纳米比亚的迪亚士角和佩利肯角，可能会出现多达100头的更大的松散聚群。群体成员的流动性很高。

天敌

虎鲸在海氏矮海豚的分布范围内很少见，但曾被观察到它们捕食海氏矮海豚。有几头海氏矮海豚身上

潜水过程

- 喷潮不可见。
- 头部首先出现，紧随其后的是背鳍末端。
- 在水中翻滚时身体露出水面的部分较多。
- 头部下沉，背鳍消失。
- 尾叶很少出现。
- 在快速游泳时，经常以较小的角度跃出海面。
- 垂直跳跃，通常头部先入水（飞溅的水花很小）。

食物和摄食

食物　主要捕食底栖（部分为中上层水域）鱼类，尤以浅水的鳕鱼幼鱼为主，但也捕食岬羽鼬、虾虎鱼、鲭鱼和其他鱼；也会捕食乌贼和章鱼。

摄食　大多在夜间摄食。

潜水深度　主要在较浅（小于 100 米）水域的海床上或海床附近摄食。

潜水时间　未知。

有鲨鱼留下的咬痕。

照片识别

借助背鳍刻痕可能可以区分海氏矮海豚，但这很困难，因为只有 15% ~ 30% 的个体具有个体识别所需的刻痕。鳍上的伤痕更常见，但通常仅限于单侧识别和短时间的识别。

种群丰度

据估计，在海氏矮海豚分布范围南端（从开普敦到兰伯特湾的海岸线长 390 千米）的种群数量为 6345 头。假设南非种群作为一个整体，种群总数量是这个数字的 2 倍也合情合理。据估计，在纳米比亚的鲸港湾和吕德里茨各有 500 头左右。

保护

世界自然保护联盟保护现状：近危（2017 年）。尽管在海氏矮海豚分布范围内，人类的分布密度大多较低，但由于分布范围，有限沿海栖息地较脆弱，它们还是受到了人类活动的影响。误捕很少导致海氏矮海豚直接死亡，但可能是最大的威胁，流刺网、海滩围网、拖网和其他渔具导致的偶然死亡的数据未知。一个潜在的新问题是试验性的水中拖网捕捞马鲛鱼。长期气候变化及其对本格拉生态系统的可能影响也是令人担忧的问题。人们对海氏矮海豚分布范围内船只数量增加的潜在影响知之甚少。

发声特征

海氏矮海豚能发出高频窄带的回声定位咔嗒声。和许多其他海豚一样，矮海豚属的海豚不发出哨叫声。

生活史

性成熟　雌性 6 ~ 9 年，雄性 6 ~ 9 年。

交配　全年。

妊娠期　10 ~ 11 个月。

产崽　每 2 ~ 4 年（偶尔 1 年）一次；每胎一崽，出生高峰在南部的夏季（当年 10 月 ~ 次年 1 月）。

断奶　未知。

寿命　最长寿命为 26 岁。

海氏矮海豚的三角形背鳍和明显的图案是独特的

赫氏矮海豚

HECTOR'S DOLPHIN　　　*Cephalorhynchus hectori*　（Van Bénéden, 1881）

赫氏矮海豚是世界上最小的海豚之一，仅在新西兰出现，是所有鲸目动物中分布有局限的一种。在过去的30年里，它们的数量急剧下降，分布范围大大缩小，现在其中一个亚种——北岛赫氏矮海豚（也称毛伊矮海豚）正处于灭绝的边缘。

分类　齿鲸亚目，海豚科。

英文常用名　以苏格兰出生的科学家詹姆斯·赫克托（James Hector，1834—1907年）的名字命名，他是新西兰殖民博物馆（现为新西兰蒂帕帕国家博物馆）的馆长，描述了模式标本（1873年在库克海峡拍摄的海豚）；毛伊（maui）则为毛利语，意为"北岛"。

别名　新西兰海豚、新西兰白额海豚、白头海豚、小花斑海豚；亚种常见名称见分类学。

学名　*Cephalorhynchus* 源自希腊语 *kephale*（头）和 *rhynchos*（喙或吻），指从头到喙逐渐倾斜；*hectori* 是指以詹姆斯·赫克托的名字命名。

分类学　公认的2个亚种：南岛赫氏矮海豚（*C. hectori hectori*）和北岛赫氏矮海豚（*C. h. maui*）；它们看起来一模一样（毛伊矮海豚稍大），但它们在基因上是不同的，并且没有杂交的证据。南岛赫氏矮海豚进一步分化为至少4个基因和地理上不同的亚种群（西海岸种群、东海岸种群、北海岸种群和南海岸种群）；这些亚种群进一步分化为小规模的局部种群，其中有几个种群的数量不到100头。

成体

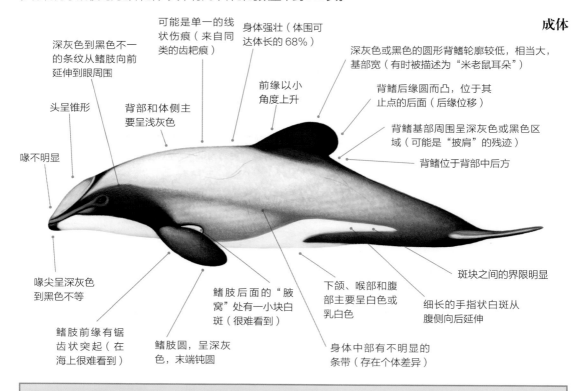

可能是单一的线状伤痕（来自同类的齿耙痕）

深灰色到黑色不一的条纹从鳍肢向前延伸到眼周围

身体强壮（体围可达体长的68%）

深灰色或黑色的圆形背鳍轮廓较低，相当大，基部宽（有时被描述为"米老鼠耳朵"）

前缘以小角度上升

背鳍后缘圆而凸，位于其止点的后面（后缘位移）

头呈锥形

背部和体侧主要呈浅灰色

背鳍基部周围呈深灰色或黑色区域（可能是"披肩"的残迹）

喙不明显

背鳍位于背部中后方

喙尖呈深灰色到黑色不等

鳍肢后面的"腋窝"处有一小块白斑（很难看到）

下颌、喉部和腹部主要呈白色或乳白色

斑块之间的界限明显

细长的手指状白斑从腹侧向后延伸

鳍肢前缘有锯齿状突起（在海上很难看到）

鳍肢圆，呈深灰色，末端钝圆

身体中部有不明显的条带（存在个体差异）

鉴别特征一览

- 分布于新西兰的沿岸浅水区域。
- 体型为小型。
- 主要为浅灰色，有深色的附肢。
- 腹部呈白色或乳白色。

- 面部主要为深色。
- 圆形的背鳍向后倾斜。
- 群体小。

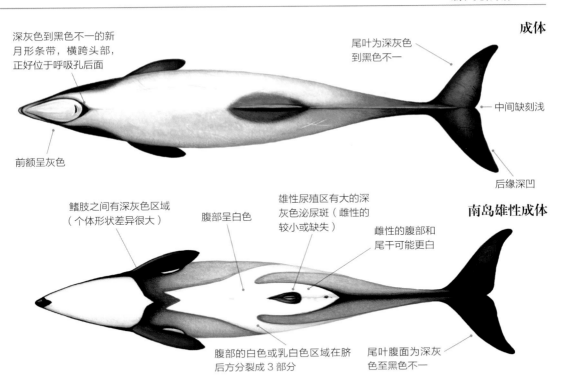

成体

深灰色到黑色不一的新月形条带，横跨头部，正好位于呼吸孔后面

前额呈灰色

尾叶为深灰色到黑色不一

中间缺刻浅

后缘深凹

南岛雄性成体

鳍肢之间有深灰色区域（个体形状差异很大）

腹部呈白色

雄性尿殖区有大的深灰色泌尿斑（雌性的较小或缺失）

雌性的腹部和尾干可能更白

腹部的白色或乳白色区域在脐后方分裂成 3 部分

尾叶腹面为深灰色至黑色不一

相似物种

　　赫氏矮海豚很容易与该区域内的其他海豚（主要是瓶鼻海豚、暗色斑纹海豚和真海豚）区分开来。新西兰其他海豚的背鳍不是圆形的，且赫氏矮海豚特征明显：体型较小、矮胖、不明显的喙（仅与暗色斑纹海豚相同）、与众不同的体色。

分布

南岛赫氏矮海豚

　　赫氏矮海豚常见于南岛东海岸和西海岸的中部，主要分布在南纬 41 度 30 分到 44 度 30 分。种群密度最高的是在东部的班克斯半岛，以及西部的格雷茅斯

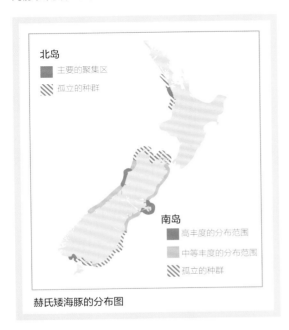

北岛

　主要的聚集区

孤立的种群

南岛

高丰度的分布范围

中等丰度的分布范围

孤立的种群

赫氏矮海豚的分布图

体长和体重（南岛赫氏矮海豚）
成体　体长：雄性 1.2 ~ 1.4 米，雌性 1.3 ~ 1.5 米；体重：35 ~ 50 千克；最大：1.5 米，50 千克。
幼崽　体长：60 ~ 70 厘米；体重：8 ~ 10 千克。

体长和体重（北岛赫氏矮海豚）
成体　体长：雄性 1.3 ~ 1.5 米，雌性 1.3 ~ 1.6 米；体重：40 ~ 60 千克；最大：1.6 米，65 千克。
幼崽　体长：60 ~ 75 厘米；体重：8 ~ 10 千克。
雌性略大于雄性。

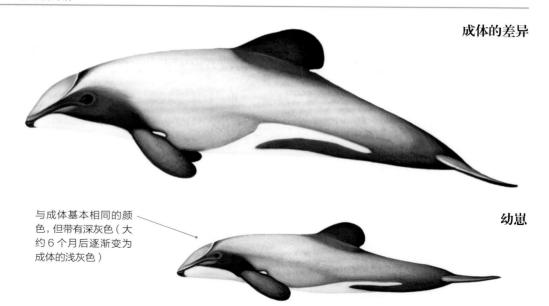

成体的差异

幼崽

与成体基本相同的颜色，但带有深灰色（大约 6 个月后逐渐变为成体的浅灰色）

和韦斯特波特之间。它们在峡湾很少见，喜欢的表层水温为 6 ~ 22℃（在高于 14℃ 的海水中最多见）。它们的分布范围通常在距海岸线 50 千米以内（最高纪录是 106 千米），有些个体常年在同一区域活动，累计超过 20 年。没有它们长距离洄游的证据。

它们的栖息地的水深小于 100 米，距离海岸 40 千米以内（2 个亚种的分布与水深有关，而不是海岸的距离）。分布范围取决于地理位置，在西海岸较深的水域，分布范围约为 12 千米；在东海岸较浅的水域，分布范围约为 37 千米。它们经常出现在碎波带

以外或港口内。在大多数分布范围内，仲夏（当年 12 月 ~ 次年 2 月）靠近海岸的地方种群密度最高；在一年的其余时间里，它们的栖息深度和离海岸的距离都有很大的变化。

北岛赫氏矮海豚

北岛亚种曾经生活在北岛西海岸的大部分区域（从库克海峡到九十英里海滩），但如今只在西北部约 200 千米处发现，位于南纬 36 度 30 分到 38 度 20 分。沿着马努考港和怀卡托港之间长达 40 千米的海岸线分

潜水过程

- 通常缓慢而悠闲地浮出海面。
- 喷潮不明显。
- 飞溅的水花很少或没有。
- 慢慢向前翻滚。
- 背鳍消失在海面以下。
- 当摄食时，典型的潜水过程包括在 54 秒内潜水 6 次，然后进行 90 秒的长潜水。
- 在社交活动中，典型的潜水过程是每 25 ~ 30 秒浮出海面，不进行长时间潜水。
- 快速旅行时偶尔会活跃地冲出海面，浪花飞溅。

食物和摄食

食物　捕食各种各样的小鱼（体长小于 10 厘米，如福氏厚唇鲻、黍鲱、比目鱼、红鳕、鲱鱼、指䲁和大口拟珍灯鱼等）；还捕食乌贼（尤其是澳洲双柔鱼）和章鱼；南岛东海岸种群的食物（8 个物种占其食物的 80%）比西海岸种群的（4 个物种占其食物的 80%）更多样化。

摄食　从海面到海底，贯穿整个水域；被离岸拖网渔船强烈吸引（多达 50 头的群体可能跟随拖网渔船几个小时，不同的个体加入和离开，以被网搅动的鱼为食）。

潜水深度　可能潜至 50 米或者更深。

潜水时间　最长可下潜 90 秒或者更短。

布的种群的密度较高（但是，最近几乎所有的研究工作都集中在这一区域）。最近的研究表明，南岛个体有一些迁移到毛伊岛，但这 2 个亚种目前的遗传隔离主要是它们之间存在相对较远的地理距离与较小的家域范围所致。新西兰的海豚偶尔也会在北岛的东海岸出现，但尚不清楚它们是属于南岛亚种还是北岛亚种。

行为

赫氏矮海豚的空中行为相当活跃。较大的群体特别喧闹，很多个体都有追逐、跳跃、吹泡泡和拍尾击浪等行为（当以正常的方式向上游动或仰泳时）。当 2～7 头赫氏矮海豚组成的小群加入 20～50 头的临时大群中时，它们的社交行为会迅速增多。赫氏矮海豚有 3 种不同的跳跃方式：水平跳跃是长而低的跳跃行为，通常是在游得很快的时候；垂直跳跃指的是高而干净利落的跳跃行为，头部先入水，溅起的水花很少（这种跳跃通常与社交活动或求偶行为有关，通常为一雄一雌，一头比另一头跳跃的时间晚几秒）；还有嘈杂跳跃，这种跳跃行为的目的是通过背部、身体前部或侧面落入水中，尽可能地产生更多的水花和水下噪声（最不常见，但通常会重复多次）。它们也会跃出浮窥，经常冲浪，特别是在恶劣的天气。在一些浅水区，它们会随着波浪直接进入海滩（通常是深度不到 1 米的水中），喜欢玩海草和其他物种。它们很容易被小型船只吸引，尤其是那些航行速度小于 10 海里（1 海里约为 1.85 千米）的船只，并随时进行船首乘浪（尽管它们经常在几百米后就返回）。它们还经常在漂流的船附近游荡。

赫氏矮海豚在空中表现活跃，尤其是在大群中

生活史

性成熟　雌性 6 ~ 9 年，雄性 5 ~ 9 年。

交配　混交系统（雄性和雌性都与多个伴侣交配）。

妊娠期　10 ~ 11 个月。

产崽　每 2 ~ 3 年（有时是 4 年）一次；每胎一崽，幼崽生于春季至夏末（主要是当年 11 月初 ~ 次年 2 月中旬）。

断奶　至少 2 个月；幼崽会和母亲在一起 2 ~ 3 年。

寿命　至少 18 ~ 20 岁，也可能到 25 岁。

牙齿

$$\frac{上\,48 ~ 62\,颗}{下\,48 ~ 62\,颗}$$

群体规模和结构

赫氏矮海豚通常 2 ~ 10 头组成一群，几个近距离的小群会聚集在一起，组成一个约为 25 头（最多 50 头甚至更多）的临时大群，在 10 ~ 30 分钟内聚集和分离，个体通常在此过程中会换群。这种群不是家族群，成体之间的长期联系很少。按年龄或性别划分的群体很常见：少于 6 头的群体通常全都是成年雄性、成年雌性或年轻个体；母亲和幼崽形成的育儿群体经常远离（通常是活跃的）雄性。赫氏矮海豚在冬季常分散形成较小的群体。

天敌

赫氏矮海豚的天敌是大型鲨鱼，可能还有虎鲸。

照片识别

借助背鳍后缘的刻痕和其他损伤，以及身体伤痕（有时还有病毒性皮肤病导致的斑点和"纹身"——尽管这些变化缓慢）可以识别赫氏矮海豚。

种群丰度

南岛赫氏矮海豚的最新丰度估计为 14849 头（11923 ~ 18492 头）：东海岸种群有 8969 头，西海岸种群有 5642 头，南海岸种群有 238 头。自 20 世纪 90 年代末以来，西海岸种群和南海岸种群的数量大幅下降，但东海岸种群的数量增加了 5 倍（目前尚不清楚这是否与所使用不同的调查方法有关）。种群总数以前估计为 7300 头左右。目前，毛伊岛只剩下 63 头毛伊矮海豚，其中包括 10 头正值繁殖期的雌性（2004 年有 111 头）。在 20 世纪 70 年代早期，大约有 5 万头赫氏矮海豚（包括约 2000 头毛伊矮海豚）。

美丽的图案和独特的、圆圆的后缘位移的背鳍使赫氏矮海豚不会被认错

呼吸孔后面独特的新月形条带

赫氏矮海豚通常缓慢而悠闲地浮出海面

常见的群体规模是 2 ~ 10 头

保护

　　世界自然保护联盟保护现状：濒危（2008 年）；北岛赫氏矮海豚，极危（2008 年）。种群数量增长缓慢（在没有人类影响的情况下，每年平均增长率不超过 2%，而体型更大、寿命更长的种群的平均增长率为 2% ~ 4%），它们对近岸水域（人类活动最频繁的地方）的偏好使得这 2 个亚种特别脆弱。它们面临的主要威胁是刺网（由娱乐渔业和商业渔民设置）的缠绕，这种原因导致的赫氏矮海豚的死亡数量占其总死亡数量的 60%。自 20 世纪 70 年代初，单丝塑料发明以来，刺网捕渔业迅速发展，刺网捕鱼与拖网捕鱼共同对赫氏矮海豚构成了威胁（每天捕鱼的渔获率较低，

使其食物受到影响；在新西兰水域拖网的数量远多于流刺网的数量）。近年来，逐渐完美的保护工作——立法和建立保护区（比如 4130 平方千米的班克斯半岛海洋哺乳动物保护区），使得赫氏矮海豚的死亡率有望降低。但大部分赫氏矮海豚的分布范围都在保护区之外，需要执法工作更完善，并使渔民采用对海豚友好的捕鱼方法。目前的赫氏矮海豚的死亡率会使它们灭绝，毫无疑问，如果它们要存活下去，误捕死亡率需要降低到接近零。赫氏矮海豚面临的其他威胁包括污染、疾病、船只运输、栖息地改变和受到干扰（包括最近在这 2 个亚种分布范围内进行的石油、天然气探测和地震勘探）。

北露脊海豚

NORTHERN RIGHT WHALE DOLPHIN *Lissodelphis borealis* (Peale, 1848)

南露脊海豚与北露脊海豚表面上看起来可能很相似，但它们的体色却有显著的不同，并且在地理分布上也有很大的不同。

分类 齿鲸亚目，海豚科。

英文常用名 源于没有背鳍（与露脊鲸共有的特征）。

别名 太平洋露脊海豚、白腹露脊海豚、蛇海豚。

学名 *Lissodelphis* 源自希腊语的 *lissos*（平滑，指缺少背鳍或背脊）和 *delphis*（海豚）; *borealis* 为拉丁语，意为"北方的"。

分类学 没有公认的分形或亚种；一些种群的特征是有一种"旋涡状"的颜色类型（可能类似于南露脊海豚），有时被误认为是一亚种（*L. b. albiventris*）。

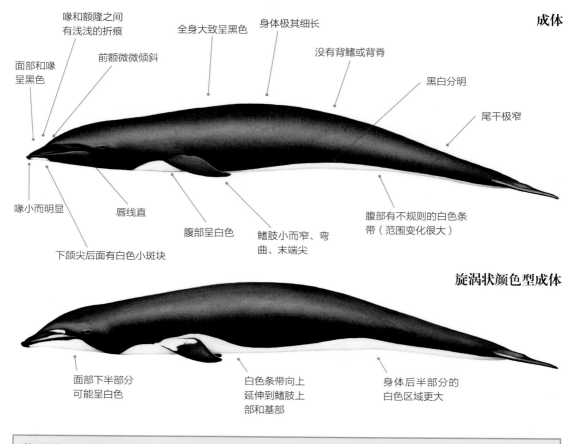

成体

喙和额隆之间有浅浅的折痕

全身大致呈黑色

身体极其细长

没有背鳍或背脊

黑白分明

尾干极窄

面部和喙呈黑色

前额微微倾斜

喙小而明显

唇线直

腹部呈白色

鳍肢小而窄、弯曲、末端尖

腹部有不规则的白色条带（范围变化很大）

下颌尖后面有白色小斑块

旋涡状颜色型成体

面部下半部分可能呈白色

白色条带向上延伸到鳍肢上部和基部

身体后半部分的白色区域更大

鉴别特征一览

- 分布于北太平洋温带深水区。
- 体型为小型（在海上看起来更小）。
- 无背鳍。
- 主要为黑色，腹部有白色条带。
- 身体极其细长。
- 喙小而明显。
- 小角度跳跃。
- 群体通常较大。

白色条带从喉部后面延伸到
尾叶缺刻，在胸部变宽

成体

雌性生殖器周围的
白色条带略宽

除白色条带周围的黑
色后缘和中央斑外，
尾叶大部分呈白色

鳍肢呈黑色

尾叶小，末端尖

成体

有中间缺刻

浅灰色的新
月形斑块

后缘凹

体长和体重

成体　体长：雄性 2.2 ~ 2.6 米，雌性 2.1 ~ 2.3 米；
体重：60 ~ 100 千克；最大：3.1 米，113 千克。
幼崽　体长：0.8 ~ 1 米；体重：未知。
雄性比雌性稍大。

相似物种

　　北露脊海豚与其他物种不会被混淆，它们是其分布范围内唯一没有背鳍的小型鲸目动物。在远处看时可能会将其与海狮混淆。有个体全为黑色或者白色的记录。

分布

　　北露脊海豚分布在北太平洋从冷到暖的温带水域。它们的分布范围主要为北太平洋东部的北纬 31 度到 50 度，西部的北纬 35 度到 51 度。它们很少进入白令海（有来自阿留申群岛和阿拉斯加湾的超极限分布记录）。据悉，它们不会进入日本海、鄂霍次克海或加利福尼亚湾，主要分布在外大陆架及其以外的深海水域，但也包括靠近海岸的深海水域（如海底峡谷）；似乎更喜欢加利福尼亚州洋流系统中的沿海水域。它们偶尔会向南迁移（比如北纬 29 度的墨西哥下加利福尼亚州），这种行为与冷水的异常侵入有关。它们在表层水温为 8 ~ 19℃ 的水域内分布最为丰富。它们很少有洄游行为，但至少在某些区

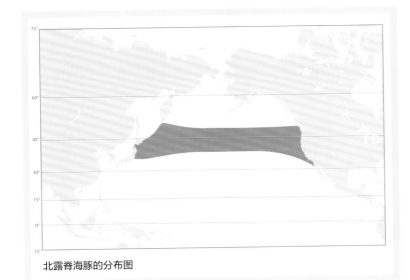

北露脊海豚的分布图

更柔和的颜色图案

较暗的身体部分为乳灰色到棕灰色不一（约1岁时达到成体的颜色）

幼崽

域，冬季似乎向南洄游并靠近海岸，夏季向北洄游远离海岸（可能是停留在适宜温度的水域内）。

行为

北露脊海豚游动的速度很快，可达到34千米/时。它们经常与至少14种其他鲸目动物有互动，特别是太平洋斑纹海豚，但也有短肢领航鲸和灰海豚。它们可能会处于一波又一波的高度兴奋状态，伴随着许多空中行为，如跃身击浪、浮窥、腹部击浪、侧身击浪和拍尾击浪，以及充满活力的游动。它们对船只的反应各不相同，有的会有强烈的躲避行为，有的会与船只进行热情的互动，但都会船首乘浪（特别是在有太平洋斑纹海豚或其他容易接近船只的物种存在的时候）。它们很容易激动，但也非常容易受到惊吓。

牙齿

上 74 ~ 104 颗

下 84 ~ 108 颗

群体规模和结构

北露脊海豚喜欢聚群，一般一群为 100 ~ 200 头，但有时为 2000 ~ 3000 头；北太平洋东部种群的平均值为 110 头，北太平洋西部种群的平均值为 200 头。北露脊海豚很少单独行动。它们的群体通常以 V 形或"合唱队"的形式行进，要么非常紧密地聚集在一起，要么在群体中形成更分散的亚群体。

天敌

北露脊海豚的天敌可能是虎鲸和大型鲨鱼。

照片识别

目前不可能实现。

种群丰度

据悉全球有数十万头。1993 年所估计的种群数量从 68000 头到 535000 头不等，具有很大的不确定性。2008 ~ 2014 年的调查估计，加利福尼亚州、俄勒冈州和华盛顿州海岸沿线有 26556 头。

保护

世界自然保护联盟保护现状：无危（2018 年）。在北纬 38 度到 46 度大规模的公海流刺网捕鱼中，有大量个体因误捕而死亡。目前还没有具体的统计数量，但在 20 世纪 80 年代末，日本和韩国捕捞乌贼的流刺网船队每年捕杀的北露脊海豚的总数估计为 15000 ~ 24000 头。联合国于 1993 年禁止了这样的捕

潜水过程

快速游动

- 优雅的、有活力的小角度跳跃（高达 7 米），以腹部击浪的方式重新入水，造成浪花四溅。
- 游动时几乎像鳗鱼一样。

缓慢游动

- 不明显的翻滚，仅浮出海面进行呼吸（只露出头顶和呼吸孔）。
- 在海上很不明显。

旋涡状颜色型：注意白色延伸至鳍肢的基部上面

食物和摄食

食物 主要捕食鱼类（在北太平洋中部，多为灯笼鱼，占饵料鱼类的 89%，还有北太平洋梭鳕、秋刀鱼等），但也有一些乌贼（特别是加利福尼亚州南部的乳光枪乌贼）。

摄食 未知。

潜水深度 可能潜至 200 米以下。

潜水时间 10 ～ 75 秒，最长纪录是 6.2 分钟。

杀行为，缓解了北露脊海豚的一些生存压力，但大型公海流刺网仍然在专属经济区内被非法使用，比如俄罗斯的围网、日本捕捞鲑鱼的流刺网和美国捕捞长尾鲨和剑鱼的流刺网。虽然从未有过大规模的直接捕捞活动，但自 20 世纪 40 年代以来，日本小型鲸目动物渔业（尤其是白腰鼠海豚鱼叉渔业）一直在少量捕杀该物种。在 19 世纪中期，美国的捕鲸者偶尔会以该物种为食。

生活史

性成熟 雌性和雄性都是 10 年。

交配 未知。

妊娠期 大约 12 个月。

产崽 每 2 年（有时 1 ～ 3 年）一次；每胎一崽，幼崽出生在夏季（7 ～ 8 月为高峰期）。

断奶 未知。

寿命 可能 25 岁或者更长（最长寿命纪录为 42 岁）。

北露脊海豚是其分布范围内唯一没有背鳍的小型鲸目动物

南露脊海豚

SOUTHERN RIGHT WHALE DOLPHIN *Lissodelphis peronii* (Lacépède, 1804)

生活在高纬度水域的海豚往往是黑白相间的，南露脊海豚也不例外。它们有着引人注目的黑白斑，身体细长，并且完全没有背鳍，很容易辨认。

分类 齿鲸亚目，海豚科。

英文常用名 源于没有背鳍（与露脊鲸共有的特征）。

别名 南露脊鼠海豚、粉喙鼠海豚、贝氏海豚。

学名 *Lissodelphis* 源自希腊语 *lissos*（平滑）和 *delphis*（海豚），指其缺少背鳍或背脊；*peronii* 是指以弗朗索瓦·佩龙（François Péron, 1775—1810 年）的名字命名，他是一名法国博物学家，在地理学家号船上工作时，于 1802 年观察到了塔斯马尼亚岛南部的这些海豚。

分类学 没有公认的分形或亚种。

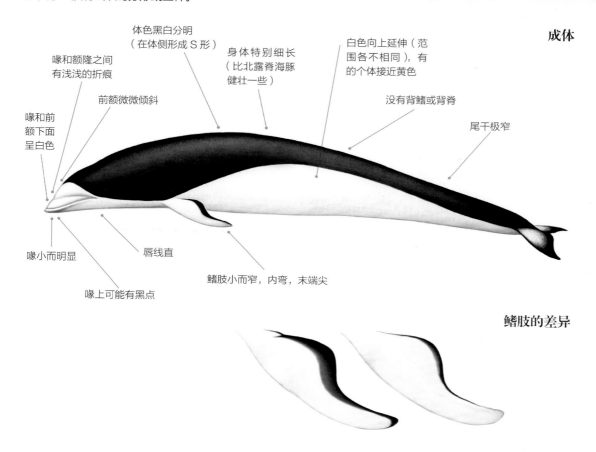

成体

体色黑白分明（在体侧形成 S 形）

喙和额隆之间有浅浅的折痕

前额微微倾斜

身体特别细长（比北露脊海豚健壮一些）

白色向上延伸（范围各不相同），有的个体接近黄色

没有背鳍或背脊

尾干极窄

喙和前额下面呈白色

喙小而明显

唇线直

喙上可能有黑点

鳍肢小而窄，内弯，末端尖

鳍肢的差异

鉴别特征一览

- 分布于南半球的深水区。
- 体型为小型。
- 无背鳍。
- 体色黑白分明。
- 身体细长。
- 喙小而明显。
- 面部和喙主要呈白色。
- 小角度跳跃。
- 群体通常较大。

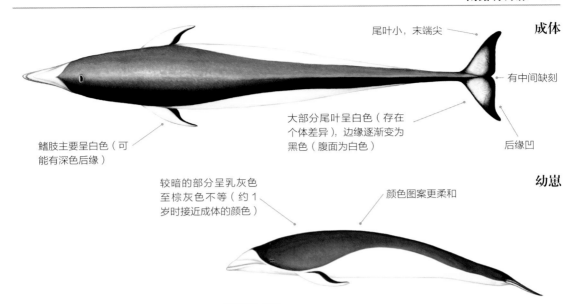

成体

尾叶小，末端尖

有中间缺刻

大部分尾叶呈白色（存在
个体差异），边缘逐渐变为
黑色（腹面为白色）

后缘凹

鳍肢主要呈白色（可
能有深色后缘）

幼崽

较暗的部分呈乳灰色
至棕灰色不等（约 1
岁时接近成体的颜色）

颜色图案更柔和

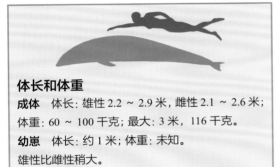

体长和体重

成体 体长：雄性 2.2 ～ 2.9 米，雌性 2.1 ～ 2.6 米；
体重：60 ～ 100 千克；最大：3 米，116 千克。

幼崽 体长：约 1 米；体重：未知。

雄性比雌性稍大。

相似物种

南露脊海豚不会与其他物种混淆，是其分布范围
内唯一没有背鳍的小型鲸目动物。黑眶鼠海豚也是上

黑下白，但背鳍与众不同，并且更胖。在远处看时，
南露脊海豚可能与海狮、海豹甚至企鹅混淆。有个体
体色全为黑色的记录。来自阿根廷的报告称，曾发现
一头南露脊海豚与暗色斑纹海豚的杂交后代。

分布

南露脊海豚分布在南半球的温带至亚南极水域。
它们环南极分布，主要栖息于南纬 25 度到 61 度。它
们的分布范围沿着大陆西海岸向北延伸（由于南半球
逆时针流动的冷洋流）到南纬 23 度的本格拉寒流（鲸
港湾、纳米比亚）和南纬 12 度的洪堡洋流（秘鲁首
都利马），最后到纬度较低的亚热带区域。它们的分
布范围的南部界限似乎是南极辐合带，范围为南纬 48
度到 61 度（确切位置随时间和
经度而变化，通常在大西洋比
在太平洋更靠北）。在富克兰洋
流（巴塔哥尼亚岛和富克兰群
岛之间）以及印度洋的西风漂
流中，智利离岸的南露脊海豚
最丰富。它们的分布范围包括
大澳大利亚湾、塔斯曼海和查
塔姆群岛，主要栖息于外大陆
架及其以外的深海，但也栖息
于深度超过 200 米的近岸水域，
比如智利、纳米比亚和新西兰。
2018 年，一群南露脊海豚在智
利麦哲伦海峡的浅水区至少停
留了 17 天。它们大部分分布在

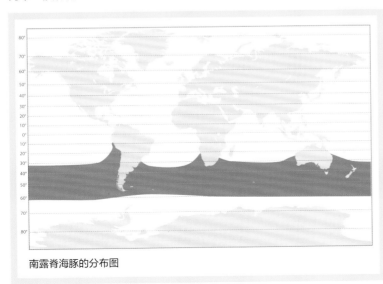

南露脊海豚的分布图

与暗色斑纹海豚的杂交种

表层水温为 1 ~ 20℃的水域。它们的洄游情况鲜为人知，但有证据表明在某些区域（比如南美洲西部），它们在春季和夏季向北洄游并靠近海岸，冬季则远离海岸并向南洄游；其他的一些种群，比如在纳米比亚水域，似乎全年都栖息在这里。

行为

南露脊海豚的游速相对较快，可达到 25 千米／时。它们可能处于一波又一波的高度兴奋状态，并伴随着许多空中行为，如跃身击浪、浮窥、腹部击浪、侧身击浪和拍尾击浪，以及充满活力的游动。它们经常与其他鲸目动物混聚在一起，尤其是长肢领航鲸、暗色斑纹海豚和沙漏斑纹海豚。它们对船只的反应各不相同，但似乎对船只并不是特别感兴趣，它们也很少船首乘浪（但经常与更喜欢接近船只的其他物种一起进行船首乘浪）。

牙齿

上 78 ~ 98 颗
下 78 ~ 98 颗

群体规模和结构

南露脊海豚是高度聚群的物种，通常一群有几百头，有时多达 1000 头；智利的聚群平均为 210 头。群体通常以 V 形或"合唱队"的形式行进，要么非常紧密地聚集在一起，要么在群体中形成更分散的亚群体。

天敌

南露脊海豚的天敌可能是虎鲸和大型鲨鱼。1983年，人们在从智利捕获的一条长 1.7 米的巴塔哥尼亚犬牙鱼的胃里发现了一头南露脊海豚幼崽。

食物和摄食

食物 主要捕食鱼类（尤其是灯笼鱼和大眼金枪鱼）和乌贼；还可能捕食一些磷虾。

摄食 未知。

潜水深度 可能潜至 200 米以下（食物多在 200 ~ 1000 米）。

潜水时间 可下潜 10 ~ 75 秒；最长纪录为 6.4 分钟。

潜水过程

快速游动

- 优雅的、有活力的小角度跳跃，以腹部击浪的方式重新入水，造成浪花四溅。
- 游动时有点儿像企鹅。

缓慢游动

- 不显眼的翻滚，仅浮出海面进行呼吸（只露出头顶和呼吸孔）。
- 在海上很不明显。

南露脊海豚有醒目的黑白分明的图案

照片识别

目前不可能实现。

生活史

性成熟 雌性和雄性可能为 10 年。

交配 未知。

妊娠期 12 个月左右。

产崽 每 2 年一次；每胎一崽，据信幼崽生于冬季或者早春。

断奶 未知。

寿命 未知，但可能类似于北露脊海豚（最长寿命纪录为 42 岁）。

种群丰度

未知，尽管认为在其分布范围内相当常见。

保护

世界自然保护联盟保护现状：无危（2018 年）。鲜为人知。没有大规模捕捞南露脊海豚的证据（但在智利和秘鲁，有数量不详的南露脊海豚被非法捕捞，以供人类食用或用作蟹饵）。尽管信息很少，流刺网渔业误捕可能是南露脊海豚面临的主要威胁，比如智利北部（特别是剑鱼捕捞）、秘鲁、非洲南部和澳大利亚南部。

从远处看，一群南露脊海豚在游动时非常像企鹅

矮鳍伊河海豚

AUSTRALIAN SNUBFIN DOLPHIN

Orcaella heinsohni Beasley, Robertson and Arnold, 2005

截至目前，矮鳍伊河海豚仍被视为伊河海豚的一种，但二者在 2005 年被区分开来（主要是基于头骨形态和遗传学，但也基于外部特征，比如体色、背鳍高度和是否有背鳍沟）。它们的近亲是虎鲸。

分类 齿鲸亚目，海豚科。

英文常用名 Australian（澳大利亚的）指它们在澳大利亚最为知名，并且研究最深；snubfin（矮鳍）源自其矮又宽的背鳍。

别名 无。

学名 *Orcaella* 源自拉丁语 *orca*（一种鲸）和 *ella*（小的）；*heinsohni* 是指以澳大利亚鲸目动物学家乔治·海因松（George Heinsohn）的名字命名，他在澳大利亚水域首次对该物种进行了一些研究。

分类学 没有公认的分形或亚种（尽管在隔离的群体之间存在明显的遗传差异）。

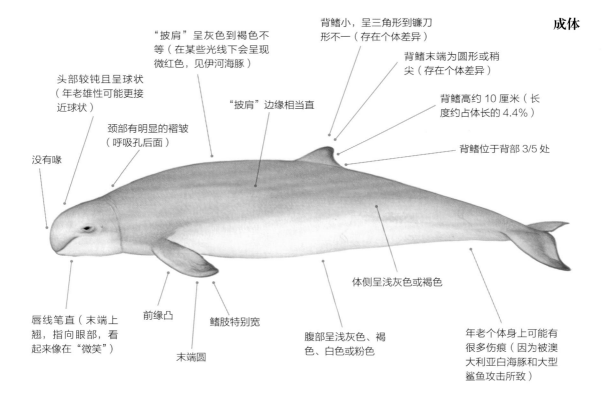

成体

- 背鳍小，呈三角形到镰刀形不一（存在个体差异）
- 背鳍末端为圆形或稍尖（存在个体差异）
- "披肩"呈灰色到褐色不等（在某些光线下会呈现微红色，见伊河海豚）
- 背鳍高约 10 厘米（长度约占体长的 4.4%）
- 头部较钝且呈球状（年老雄性可能更接近球状）
- "披肩"边缘相当直
- 背鳍位于背部 3/5 处
- 颈部有明显的褶皱（呼吸孔后面）
- 没有喙
- 体侧呈浅灰色或褐色
- 唇线笔直（末端上翘，指向眼部，看起来像在"微笑"）
- 前缘凸
- 末端圆
- 鳍肢特别宽
- 腹部呈浅灰色、褐色、白色或粉色
- 年老个体身上可能有很多伤痕（因为被澳大利亚白海豚和大型鲨鱼攻击所致）

鉴别特征一览

- 分布于澳大利亚北部沿海和巴布亚新几内亚南部。
- 体型为小型。
- 体色为三色调，从灰色到褐色不等，不易觉察。
- 头呈球状，没有喙。
- 背鳍小，位于背部中点后面。
- 无背鳍沟。
- 神秘，浮出海面时身体较低。
- 通常组成小群。

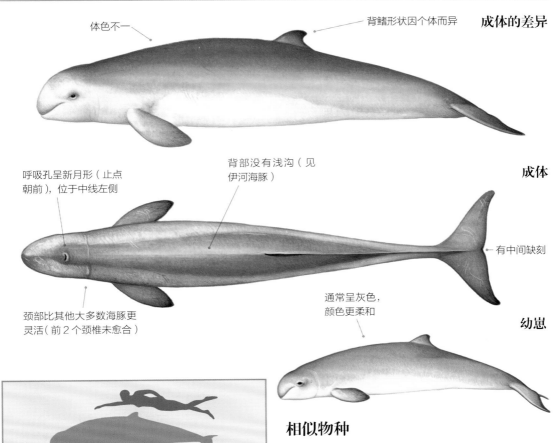

成体的差异

体色不一

背鳍形状因个体而异

成体

呼吸孔呈新月形（止点朝前），位于中线左侧

背部没有浅沟（见伊河海豚）

有中间缺刻

颈部比其他大多数海豚更灵活（前2个颈椎未愈合）

通常呈灰色，颜色更柔和

幼崽

体长和体重

成体 体长：雄性 2.1 ~ 2.7 米，雌性 1.9 ~ 2.3 米；体重：114 ~ 130 千克；最大：2.7 米，133 千克。

幼崽 体长：约 1 米；体重：10 ~ 12 千克。

雄性比雌性略大。

矮鳍伊河海豚的分布图

主要的分布范围

可能的分布范围

相似物种

矮鳍伊河海豚是其分布范围内唯一没有喙的小型鲸目动物。虽然它们可能与儒艮混淆，但矮鳍伊河海豚有背鳍（儒艮没有）。矮鳍伊河海豚和伊河海豚被认为并不是同域分布的，它们可以通过颜色区分（前者有三色调，而后者为两色调）；矮鳍伊河海豚没有背鳍沟，并且颈部褶皱更明显。在澳大利亚已证实有一头矮鳍伊河海豚与澳大利亚白海豚的杂交后代。

分布

在萨胡尔大陆架（从澳大利亚北部海岸延伸到新几内亚岛的大陆架的一部分）的热带和亚热带水域，在受保护的海岸和河口的浅而狭窄的区域，矮鳍伊河海豚的记录很少。它们分布在整个澳大利亚北部以及巴布亚新几内亚南部巴布亚湾的基科里三角洲，但分布得很分散。在澳大利亚，它们的分布范围从西澳大利亚州的罗巴克湾，向东北穿过北部地方，向南沿昆士兰海岸到昆士兰中部的克佩尔湾；南至西澳大利亚州西北角和昆士兰布里斯班河的记录被认为是超极限分布。在巴布亚新几内亚，已知它们的分布范围从莫里吉奥岛以东到拜穆鲁，并可能延伸至普拉里河的源头。所罗门群岛有轶事记录，但物种身份不明。有强有力的证据表明，矮鳍伊河海豚的分布范围非常固定（尽管沿着澳大利亚北部海岸可能有一些季节性的迁移），活动地点似乎没有什么改变。

　　大多数目击事件发生在距海岸 6 千米以内，但在浅水区可达 20 千米深（比如北部地方的卡奔塔利亚湾，那里的海水只有 10 米深）。它们一般距离最近的河口都不超过 20 千米，通常生活在水深不到 18 米的水域，但一些种群经常会进入水深仅为 2 米的水域。在潮汐河口和红树林遮蔽的海湾，以及海草床周围它们的数量最多；据报道，某些地方它们会疏浚河道。与伊河海豚不同，矮鳍伊河海豚不常生活在淡水中，但在一些较大的潮汐河上游 50 千米处也有目击记录。

矮鳍伊河海豚能向空中喷出一股定向良好的长水柱

行为

　　矮鳍伊河海豚不太擅长空中高难度动作，通常只在受到干扰、社交或逆流游动时才进行小角度的跳跃。它们有时会浮窥、摩擦身体、侧滚和拍尾击浪。群体可能会突然变得充满活力，进行有趣的、溅起浪花的跳跃。它们也会向空中喷射一股 1 ~ 2 米长的、定向良好的水柱，这个行为通常与摄食有关（可能是为了围捕小鱼）。矮鳍伊河海豚有时会与澳大利亚白海豚和印太瓶鼻海豚在一起，但它们之间的互动是不同的。澳大利亚白海豚可能具有攻击性，或表现出性行为，但这 2 个物种可能会一起摄食和游泳。矮鳍伊河海豚一般不敢靠近船只，不会船首乘浪。

牙齿

$$\frac{上\ 27 ~ 42\ 颗}{下\ 29 ~ 37\ 颗}$$

群体规模和结构

　　矮鳍伊河海豚通常 2 ~ 6 头组成一群，但有时是单独个体或多达 25 头组成的松散群体。昆士兰州东北部群体的平均规模为 5.3 头，西澳大利亚州金伯利区域的平均群体规模为 2 ~ 4 头（取决于具体地点）。群体可以是变化的，但也可以是固定的、长期的。

天敌

　　鲨鱼捕食矮鳍伊河海豚的可能性更高。在最近的一项研究中，有 72% 的矮鳍伊河海豚显示出被鲨鱼（其中一半以上为鼬鲨）咬伤的迹象，这种情况在所有海豚中是最高的。

照片识别

　　借助背鳍，背部的刻痕、伤痕和其他明显标记，以及尾叶可以识别矮鳍伊河海豚。

潜水过程

- 喷潮不明显（可以听到）。
- 出水不明显，几乎没有飞溅的浪花。
- 只有呼吸孔和背部可见。
- 向前翻滚潜水，尾干很少出现或根本不出现。
- 可能会稍微弓起背部或在海面下滑行。
- 在极速潜水前，偶尔会将尾叶露出海面。
- 很少有低的、水平的、溅起浪花的豚跃。

食物和摄食

食物　是随机摄食者，捕食多种鱼类（包括天竺鲷、小牙鳂、沙丁鱼、鳗鱼和鲷）、乌贼（尾枪乌贼、枪乌贼、莱氏拟乌贼）、章鱼、墨鱼和甲壳纲动物（对虾）。

摄食　贯穿海面至海底；会合作摄食；可吐水以协助渔民捕鱼（见行为）。

潜水深度　未知。

潜水时间　通常下潜 30 秒 ～ 3 分钟；最长纪录为12 分钟（受干扰时）。

种群丰度

尚未对全球丰度进行估计，尽管可能只有少于 1万头成熟个体。它们通常均为少于 150 头的小群。区域估计数量如下：北部地方沿卡奔塔利亚湾西部约有1000 头，埃辛顿港有 136 ～ 222 头，达尔文地区有19 ～ 70 头；西澳大利亚州的罗巴克湾 133 头，锡格尼特湾 48 ～ 54 头；昆士兰的克利夫兰湾有 64 ～ 76 头，克佩尔湾有 71 ～ 80 头。

保护

世界自然保护联盟保护现状：易危（2017 年），可能会被划为濒危。近岸栖息地和缓慢的繁殖速度使它们特别容易受到人类活动的影响。港口和码头的建设，以及水产养殖、采矿、农业活动、住宅开发和船只活动的增加使得它们的栖息地丧失、退化和受到干扰。近岸刺网，特别是那些设置在小溪、河流和浅海河口捕捉尖牙鲈和四指马鲅的刺网，通常会捕获矮鳍伊河海豚。虽然相关数据很少，但对矮鳍伊河海豚误捕在巴布亚新几内亚已经达到了惊人的水平。监管刺网捕鱼在澳大利亚的一些地区被禁止或严格管制，但监管很困难。20 世纪 60 年代早期矮鳍伊河海豚面临的一个主要威胁是被昆士兰州许多海滩使用的防鲨网意外捕获，这些网是为了降低游客被鲨鱼袭击的风险；从1992 年开始，随着这些网逐渐改为饵钩鼓阵装置，矮鳍伊河海豚的死亡数量有所下降（尽管在某些区域这仍然是一个问题）。虽然在历史上它们可能被澳大利亚的一些原住民捕杀，并且在巴布亚新几内亚南部也有特意捕杀它们的传闻，但目前还不知道具体的捕杀方式。矮鳍伊河海豚面临的其他威胁包括食物匮乏、噪声污染、化学污染和海洋垃圾误食。

生活史

性成熟　雌性和雄性都是 8 ～ 10 年。

交配　未知。

妊娠期　14 个月左右。

产崽　每 2 ～ 3 年一次（偶尔可能多达 5 年一次）；每胎一崽（季节未知）。

断奶　未知。

寿命　可能是 28 ～ 30 岁。

钝而呈球状的头部和明显的颈部褶皱是矮鳍伊河海豚的特征

伊河海豚

IRRAWADDY DOLPHIN　　　　*Orcaella brevirostris*　(Owen in Gray, 1866)

伊河海豚表面上看起来像是有背鳍的江豚或生活在赤道的白鲸，虽没有被划为河豚，但在河流、河口和潟湖中都能找到它们。随着近年来它们分布范围和数量的减少，现已濒临灭绝。

分类　齿鲸亚目，海豚科。

英文常用名　源自缅甸的伊洛瓦底江；最早的标本之一是在该河上游 1450 千米处发现的。

别名　马哈坎河海豚和佩舒特河豚。

学名　*Orcaella* 源自拉丁语 *orca*（一种鲸）和 *ella*（小的）；*brevirostris* 源自拉丁语 *brevis*（短）和 *rostrum*（喙）。

分类学　没有公认的分形或亚种（尽管淡水亚种群有明显的区别，并且可能有必要指定新的亚种）；伊河海豚属于 2005 年被分为 2 个物种（伊河海豚和矮鳍伊河海豚），这主要是基于头骨形态和遗传学，但也基于外部特征，比如体色、背鳍高度和是否有背鳍沟。

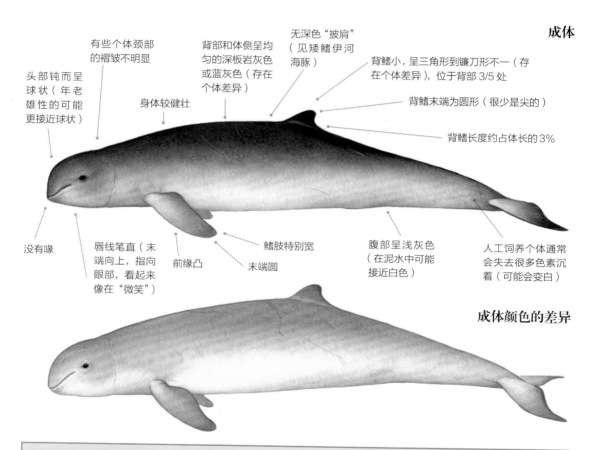

成体

头部钝而呈球状（年老雄性的可能更接近球状）

有些个体颈部的褶皱不明显

背部和体侧呈均匀的深板岩灰色或蓝灰色（存在个体差异）

身体较健壮

无深色"披肩"（见矮鳍伊河海豚）

背鳍小，呈三角形到镰刀形不一（存在个体差异），位于背部 3/5 处

背鳍末端为圆形（很少是尖的）

背鳍长度约占体长的 3%

没有喙

唇线笔直（末端向上，指向眼部，看起来像在"微笑"）

前缘凸

鳍肢特别宽

末端圆

腹部呈浅灰色（在泥水中可能接近白色）

人工饲养个体通常会失去很多色素沉着（可能会变白）

成体颜色的差异

鉴别特征一览
- 分布于热带和亚热带的印度洋 - 太平洋海域。
- 生活在沿海的低盐度水域中。
- 体型为小型。
- 体色为双色调的灰色。
- 头呈球状，没有喙。
- 背鳍小，位于背部中后方。
- 背鳍沟浅。
- 行踪隐秘，浮出海面时身体较低。
- 通常组成小群。

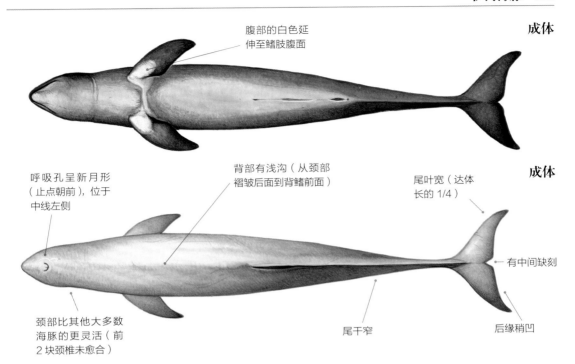

成体

腹部的白色延伸至鳍肢腹面

成体

呼吸孔呈新月形（止点朝前），位于中线左侧

背部有浅沟（从颈部褶皱后面到背鳍前面）

尾叶宽（达体长的 1/4）

有中间缺刻

颈部比其他大多数海豚的更灵活（前2块颈椎未愈合）

尾干窄

后缘稍凹

体长和体重

成体 体长：雄性 1.7 ~ 2.7 米，雌性 1.7 ~ 2.2 米；体重：115 ~ 130 千克；最大：2.8 米，130 千克。

幼崽 体长：约 1 米；体重：10 ~ 12 千克。

相似物种

　　伊河海豚可能与印太江豚甚至儒艮混淆，但伊河海豚有背鳍（其他 2 个物种没有）。它们与孙德尔本斯红树林的恒河豚的分布范围有重叠，但恒河豚的喙很长。伊河海豚和矮鳍伊河海豚被认为并不是同域分布的（它们被深海分隔，可能在第四纪冰河期之前就已经存在），但它们可以通过颜色来区分（前者身上有 2 种颜色，后者身上有 3 种颜色）；伊河海豚有背鳍沟和不太明显的颈部褶皱。

分布

　　伊河海豚在巽他大陆架（东南亚大陆架的一部分）浅水区和受保护的沿海、河口、淡水中的分布记录很少。伊河海豚分布于南亚和东南亚的热带和亚热带区域，喜欢低盐度水域。由于栖息地缺乏淡水输入或伊河海豚局部灭绝，它们的分布范围破碎化，被分成相对较小的种群。它们也曾出现在 3 个微咸水域（泰国的宋卡湖、印度的吉尔卡湖和菲律宾的马兰帕亚海峡）和 3 个大型河流系

伊河海豚的分布图

幼崽

统（缅甸的伊洛瓦底江上游 1450 千米的河段，但在旱季，目前仅分布于曼德勒上游 370 千米河段；印度尼西亚婆罗洲的马哈坎河上游 560 千米处，尽管现在主要是其干流的 195 千米延伸段；老挝和柬埔寨境内的湄公河上游 690 千米河段，但现在主要是从老挝和柬埔寨边界的湄公河上游到孔恩瀑布的 190 千米河段）。它们也可能进入其他河流的下游（远达 86 千米）。

沿海种群通常生活在海岸和河口几千米以内，或者大型潟湖和红树林中。它们的首选水深因区域而异：吉尔卡湖种群所在处的水深通常为 0.6 ~ 2.5 米，沙捞越州种群所在处的水深通常为 2 ~ 5.4 米，马兰帕亚湾种群所在处的水深小于 6 米，孟加拉国沿海种群所在处的水深为 7.5 米，印度尼西亚巴厘巴板湾的种群所在处的水深为 14.6 米。河流种群集中在汇流处或上游和下游急流相对较深的水域（10 ~ 50 米）。

一些种群在涨潮时向近岸（或下游）迁移，在退潮时向远岸（或上游）迁移。在某些区域，它们季节性的迁移是对淡水输入变化做出的反应。否则，它们的分布范围较小（低至几十千米）。

行为

伊河海豚不太擅长空中高难度动作，通常在受到干扰、社交或逆流游动时只进行低低的跳跃。它们有时会浮窥、摩擦身体和拍尾击浪，还会向空中喷射一般 1 ~ 2 米长的、定向良好的水柱，通常与摄食有关（可能是为了围捕小鱼）。伊洛瓦底江种群的特别习性是与撒网渔民合作捕鱼。它们一般不敢靠近船只，不会船首乘浪。

牙齿

$$\frac{上\ 16 ~ 38\ 颗}{下\ 22 ~ 36\ 颗}$$

有些种群的牙齿可能不会萌出（比如马哈坎河种群）。

群体规模和结构

伊河海豚通常 2 ~ 6 头组成一群，但因地点而异；当 2 个或更多的群体聚集在一起时，一群最多可达 20 头；而在旱季，在一些深水河岸中，一群最多可达 30 头。

天敌

伊河海豚没有确知的天敌，但可能是大型鲨鱼。

照片识别

借助背鳍的刻痕、伤痕及其他明显的标记能识别伊河海豚。

种群丰度

尚未对全球丰度进行估计。通常在分布范围内，10 ~ 100 头的小群较常见，特例是孟加拉国开放的河口水域，在 2007 年估计有 5400 头。区域数量大致

潜水过程

- 喷潮不明显（有时可以听到）。
- 出水不明显，几乎没有飞溅的浪花。
- 只有呼吸孔和背部（包括背鳍）可见。
- 向前翻滚潜水时，弓起背部。
- 在极速下潜或侧身翻转前，会将尾叶举出海面，或露出一半的尾叶。
- 很少豚跃（但有低而水平的、溅起浪花的跳跃）。

食物和摄食

食物　主要捕食种类繁多的鱼类（包括鲶鱼）、章鱼、乌贼和甲壳纲动物。

摄食　主要是白天摄食；会合作捕食；可吐水以协助渔民捕鱼（见行为）。

潜水深度　未知。

潜水时间　通常下潜 30 秒 ~ 3 分钟；最长纪录为 12 分钟（受干扰时）。

如下：孟加拉国孙德尔本斯红树林有 451 头；沿着泰国湾的达叻海岸有 423 头；马来西亚沙捞越古晋湾有 233 头；印度吉尔卡湖有 111 头；湄公河、柬埔寨和老挝的水域有 80 头；印度尼西亚马哈坎河有 77 头；缅甸的伊洛瓦底江有 58 ~ 72 头；柬埔寨戈公港有 69 头；印度尼西亚加里曼丹省的巴里巴板湾有 50 头；菲律宾的马兰帕亚湾有 35 头。

保护

世界自然保护联盟保护现状：濒危（2017 年）；印度尼西亚马哈坎河亚种群，极危（2008 年）。其他 4 个地理上孤立的亚种群（每个亚种群的成熟个体少于 80 头）：缅甸的伊洛瓦底江种群；湄公河、老挝和柬埔寨种群；泰国宋卡湖种群；菲律宾的马兰帕亚湾种群。近岸和淡水栖息地以及缓慢的繁殖速度使该物种特别容易受到人类活动的影响。

伊河海豚面临的主要威胁是小型渔业的误捕，特别是流刺网渔业；在一些区域，高达 9.3% 的年死亡率使得它们无法继续生存（在没有人为威胁的情况下，伊河海豚种群数量的最大年增幅估计为 3.8%。伊洛瓦底江的非法电鱼活动可能是伊河海豚面临的另一个严重威胁。修建水坝（特别是在伊洛瓦底江和湄公河），开采金矿、沙子和砾石，进行农业生产，修建养鱼场和设置栅栏陷阱使得伊河海豚的栖息地丧失、退化或受到干扰。20 世纪 70 年代，伊河海豚在柬埔寨被捕杀过，但在其分布范围的部分区域，它们受到当地人的尊敬。它们曾在泰国、印度尼西亚和缅甸被捕捉过，并在海洋馆活动的现场展示，尽管这种情况已不再常见。它们面临的其他威胁包括食物枯竭、污染（石油、杀虫剂、工业废料和煤尘）和船只碰撞。

生活史

性成熟　雌性和雄性都是 8 ~ 10 年。

交配　精力充沛，交配群体同步浮出海面，游动迅速，彼此"挤成一团"，然后并排游动，同时保持身体接触。

妊娠期　约 14 个月。

产崽　每 2 ~ 5 年一次；每胎一崽，幼崽可全年出生，产崽高峰因地理位置而异（通常在季风前的 4 ~ 6 月）。

断奶　大约 24 个月后；6 个月后可以吃固体食物。

寿命　可能是 28 ~ 30 岁。

伊河海豚的近岸习性使其特别容易受到人类活动的影响

糙齿海豚

ROUGH-TOOTHED DOLPHIN *Steno bredanensis* (G. Cuvier in Lesson, 1828)

在近距离观察时，这种前额平缓倾斜的海豚是不会被认错的，它们更像一种已灭绝的鱼龙（恐龙时代的海洋爬行动物），而不是鲸目动物。

分类　齿鲸亚目，海豚科。

英文常用名　源自牙齿表面有细小的纵向褶皱或脊，触感粗糙。

别名　粗齿海豚、斜头海豚、斯氏海豚，很少用的名字——黑鼠海豚。

学名　*Steno* 可能源自丹麦科学家尼古劳斯·斯泰诺（Nicolaus Steno, 1638—1686 年）的名字，也可能源自希腊语 *stenos*（窄的），指其喙；*bredanensis* 源自荷兰艺术家 J. G. S. 布雷达（J.G.S. van Breda, 1788—1867 年）的名字，他负责绘制和描述了模式标本；*ensis* 为拉丁语，意为"属于"。

分类学　没有公认的分形或亚种。

雄性成体

其他糙齿海豚（尤其是年老个体）咬伤后留下的线状伤痕

背鳍相当大而近似镰刀形（年龄越大，越近似镰刀形），位于背部中央

身体前部健壮（尾干较窄）

背鳍基部宽

额隆平缓地变窄，喙长适中（头呈锥形）

体侧呈中灰色

眼大而稍微突出，通常有黑眼圈

喙和额隆之间没有界限

狭窄的深灰色"披肩"向背鳍两侧下方微倾

体侧深色和腹部浅色之间的边界非常不整齐

身体下半部分（包括腹部、喉部、下颌和喙尖）通常呈浅灰色、白色或粉色

从眼到鳍肢有宽条带（几乎看不见）

鳍肢比大多数其他小型鲸目动物的更靠后

鳍肢大（长度占体长的 17%～19%）而细长

可能有卿附着

尾干下方有不明显的龙骨脊

体侧和腹部通常有椭圆形的、白色的达摩鲨咬痕（随着年龄的增长，斑点会越来越多，和伤痕混合在一起时，喉部和腹部会整体呈现白色或粉色）

鉴别特征一览

- 分布于热带和亚热带离岸水域。
- 体型为小型（但粗壮）。
- 体色为复杂的三色调。
- 背鳍突出，接近镰刀形。
- 头呈锥形。
- 额隆平缓地变窄，喙长适中。
- 鳍肢异常大。
- 体表可能有粉色或白色斑点。
- 外表像爬行动物。
- 通常"掠过"海面。

体长和体重

成体 体长：雄性 2.2 ～ 2.7 米，雌性 2.1 ～ 2.6 米；
体重：90 ～ 155 千克；最长：2.8 米。

幼崽 体长：1 ～ 1.2 米；体重：约 15 千克。

雄性比雌性稍大。

雌性成体

喙长适中

线状伤痕较少

尾干腹面无明显
的龙骨脊

"披肩"在呼吸孔和背
鳍之间最窄

成体

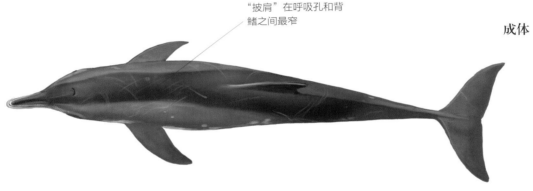

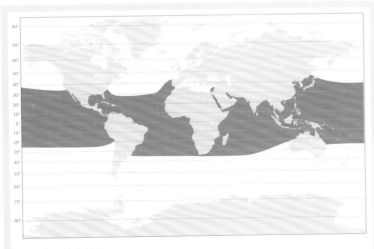

糙齿海豚的分布图

相似物种

从远处看，糙齿海豚最容
易与瓶鼻海豚混淆。但糙齿海
豚平缓倾斜的前额与喙之间没
有分界，这使得识别它们相当
容易；它们浅色的唇和下颌（如
果是浅色的话）以及达摩鲨的
伤痕也很独特（瓶鼻海豚的伤
口颜色很快就会恢复为原来的
灰色）。据报道，糙齿海豚与瓶
鼻海豚的杂交后代已成功被人
工饲养。

分布

糙齿海豚分布在大西洋、

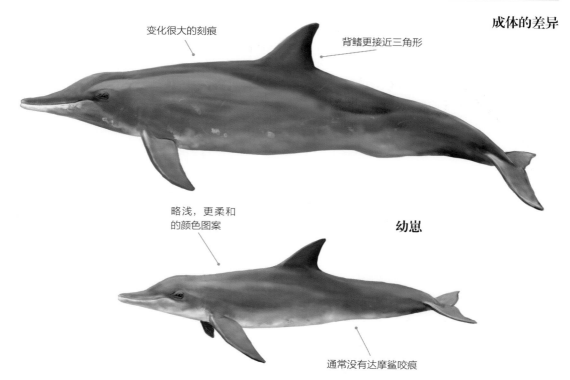

成体的差异

变化很大的刻痕

背鳍更接近三角形

略浅，更柔和
的颜色图案

幼崽

通常没有达摩鲨咬痕

太平洋和印度洋的热带至亚热带（和一些暖温带）水域，主要为北纬 40 度左右到南纬 35 度左右。它们也分布在许多半封闭的水域，包括红海、加利福尼亚湾、墨西哥湾和加勒比海。它们以前被认为是地中海的流浪者，但在地中海东部的角落（西西里海峡的东部，主要在黎凡特海盆内）仍有一小部分残余种群。它们喜欢大陆架以外的深海水域，很少接近陆地，除了陡峭的岛屿周围。在分布范围内的某些区域，糙齿海豚的目击记录随着深度的增加而增多。然而，在地中海东部、巴西、西非以及其他分布范围的浅水区也发现了该物种。它们至少显示出对一些大洋岛屿的恋地性，目前没有已知的长距离洄游行为。

行为

糙齿海豚可能会显得相当迟钝和不活跃，也不会进行很夸张的高难度空中动作，但它们确实会进行非常

潜水过程
缓慢游动
- 出水时行踪隐秘（尽管背鳍引人注目）。
- 喷潮不明显。
- 头顶和吻出现在海面。
- 身体浮出海面，露出部分背部和背鳍。
- 潜水时背部轻微弓起。
- 平时可以在海面下游泳，并可以看到背鳍的顶端。
中速游动
- 头部和下颌掠过海面，形成独特的浪花墙（看起来很像冲浪）。

食物和摄食

食物　主要捕食鱼类，包括针鱼和飞鱼、乌贼和章鱼；偏爱超过 1 米长的鲯鳅；在某些个体胃中发现的藻类可能是意外摄入。

摄食　有时合作捕食；被认为主要以靠近海面的物种为食，所以海鸟经常与其摄食群体在一起。

潜水深度　潜水不是特别深；最深纪录为 399 米（尽管从形态学上来讲，还可以潜得更深）；夜间潜水深度更深。

潜水时间　因地而异；在夏威夷平均下潜 4 ~ 7 分钟；最长纪录为 15 分钟。

有规律地跃身击浪（虽然不是特别高）。它们经常进行浮窥、拍打海面和低角度的弧线跳跃。它们以排成一排的同步游动而闻名。它们经常与其他鲸目动物在一起，比如大翅鲸、短肢领航鲸、伪虎鲸、瓜头鲸、瓶鼻海豚、原海豚、长吻飞旋原海豚和弗氏海豚。研究人员有几次观察发现，它们会对生病和死亡个体进行帮助和看护照顾，时间长达数小时甚至数天。它们通常被原木和其他漂浮物（或鱼类聚集装置）吸引，以相关鱼类为食。该物种以借助伪虎鲸来捕鱼而闻名，至少在夏威夷，它们经常从渔民的鱼钩上偷走鱼饵和渔获物。它们对船只的反应并不相同，有的可能有逃避行为，有的可能对船只极感兴趣。在大多数地方，它们只要不积极摄食，就很容易接近。它们通常会船首乘浪和船尾乘浪，有时甚至会停留在缓慢移动的船只附近。

牙齿

上 38 ~ 52 颗
下 38 ~ 56 颗

群体规模和结构

糙齿海豚通常 10 ~ 20 头组成一群，尽管偶尔有较小的群体或单独个体；在热带太平洋东部和大西洋中部，多达 50 头的群体并不罕见；有报告显示有的群体超过了 300 头（可能是亚群体的聚合）。一些证据表明，与大多数海豚物种相比，糙齿海豚群体的稳定性更强。

天敌

糙齿海豚的天敌未知，但可能是虎鲸和大型鲨鱼（没有愈合的伤口表明大多数攻击是致命的）。

照片识别

可以借助背鳍后缘的缺刻和斑点的色素沉着模式来识别糙齿海豚。

种群丰度

种群总体数量可能超过 250000 头。据估计，热带太平洋东部约有 146000 头，夏威夷附近约有 72000 头，墨西哥湾北部约有 2750 头。

保护

世界自然保护联盟保护现状：无危（2018 年）。已知糙齿海豚没有受到严重的威胁。在斯里兰卡、中国台湾、日本、印度尼西亚、所罗门群岛、巴布亚新几内亚、圣文森特和格林纳丁斯、西非和（历史上）南大西洋的圣赫勒拿岛的海豚渔业中捕杀的数量相对较少。在巴西、斯里兰卡、中国台湾、美属萨摩亚、阿拉伯海、北太平洋离岸以及其他地方，对糙齿海豚的误捕的问题更令人担忧。糙齿海豚曾被捕获并在大洋洲进行展览。它们面临的其他潜在威胁包括化学污染、噪声污染和某些区域的炸药捕鱼，以及因从鱼钩上偷取鱼饵和渔获物而遭到报复。

生活史

性成熟　雌性 8 ~ 10 年，雄性 5 ~ 14 年。

交配　未知。

妊娠期　可能 12 个月左右。

产崽　每胎一崽；可能在夏天出生。

断奶　未知。

寿命　32 ~ 36 岁（最长寿命纪录为 48 岁）。

西非白海豚
ATLANTIC HUMPBACK DOLPHIN

Sousa teuszii　(Kükenthal, 1892)

西非白海豚名副其实：它们的背鳍位于特别细长的"驼峰"上。这是一种非常罕见的海豚，分布在非洲西海岸，需要立即采取行动防止其灭绝。

分类　齿鲸亚目，海豚科。

英文常用名　Atlantic（大西洋）指这个物种是东大西洋特有的；humpback（驼峰或驼背）指其背鳍所在的、隆起的肉质"驼峰"（大翅鲸的鳍 / 驼峰结构的海豚版本）。

别名　驼背海豚、大西洋驼背海豚、西非驼背海豚、喀麦隆海豚、喀麦隆河豚、特氏海豚（以爱德华·特兹 / Eduard Tëusz 的名字命名）。

学名　*Sousa* 的含义尚不清楚，但它可能基于一个印地语方言的"河豚"（由格雷于 1866 年建立）；*teuszii* 源自德国博物学家爱德华·特兹的名字，他于 1892 年发现了第一个已知的标本（在喀麦隆杜阿拉战船湾发现的头骨；令人意外的是，这个头骨不知何故和被鲨鱼咬伤的西非海牛尸体混在了一起，在当时造成了很大的误会）。

分类学　白海豚的分类已经争论了 2 个多世纪，尽管西非白海豚自 2004 年以来已被广泛接受；最近的研究工作还描述了 4 个有效的物种，孟加拉湾可能有第 5 个物种。没有公认的西非白海豚的分形或亚种（尽管没有针对性的遗传学或形态学研究，实地观察却表明一些种群之间存在明显的差异）。

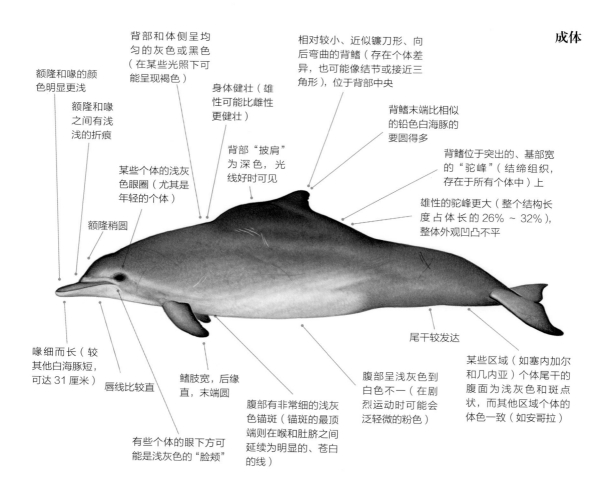

成体

背部和体侧呈均匀的灰色或黑色（在某些光照下可能呈现褐色）

相对较小、近似镰刀形、向后弯曲的背鳍（存在个体差异，也可能像结节或接近三角形），位于背部中央

额隆和喙的颜色明显更浅

额隆和喙之间有浅浅的折痕

身体健壮（雄性可能比雌性更健壮）

背鳍末端比相似的铅色白海豚的要圆得多

某些个体的浅灰色眼圈（尤其是年轻的个体）

背部"披肩"为深色，光线好时可见

背鳍位于突出的、基部宽的"驼峰"（结缔组织，存在于所有个体中）上

额隆稍圆

雄性的驼峰更大（整个结构长度占体长的 26% ~ 32%），整体外观凹凸不平

尾干较发达

喙细而长（较其他白海豚短，可达 31 厘米）

唇线比较直

鳍肢宽，后缘直，末端圆

腹部呈浅灰色到白色不一（在剧烈运动时可能会泛轻微的粉色）

某些区域（如塞内加尔和几内亚）个体尾干的腹面为浅灰色和斑点状，而其他区域个体的体色一致（如安哥拉）

有些个体的眼下方可能是浅灰色的"脸颊"

腹部有非常细的浅灰色锚斑（锚斑的最顶端则在喉和肚脐之间延续为明显的、苍白的线）

鉴别特征一览

- 分布于西非的热带和亚热带区域。
- 生活在近岸水域。
- 体型为小型。
- 背鳍位于独特的细长"驼峰"上。
- 背部通常呈均匀的灰色或黑色（取决于光线）。
- 身体健壮，尾干发达。
- 出水时，露出较长而细的喙。
- 通常对船只毫不在意或害羞。

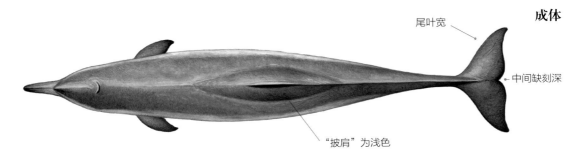

成体

尾叶宽

中间缺刻深

"披肩"为浅色

体长和体重

成体　体长：2.3 ～ 2.8 米；体重：140 ～ 280 千克（基于铅色白海豚的体重来估算）；

最大：2.85 米，166 千克。

幼崽　体长：约 1 米；体重：约 10 千克。雄性可能比雌性稍大，但已知信息很少。

相似物种

　　西非白海豚最有可能与瓶鼻海豚混淆，它们在分布范围上重叠（这 2 种海豚有时形成混合群体）。可以通过喙长、背鳍大小和形状，以及驼峰来区分二者。瓶鼻海豚常形成更大、更活跃的群体。西非白海豚在外观上与铅色白海豚非常相似（尽管西非白海豚的背鳍更圆），但这 2 个物种在地理上被与本格拉寒流相关的冷水隔开，被认为不会混合在一起。

分布

　　西非白海豚主要分布于大西洋东部非洲大陆西海岸沿岸的热带和亚热带近岸浅水区，从西撒哈拉（北纬 23 度 54 分）的达赫拉湾向南至安哥拉南部（南纬 15 度 38 分）。在非洲的 13 个国家已经证实它们的存在，但在可能分布范围内的另外 6 个国家——塞拉利昂、利比里亚、科特迪瓦、加纳、赤道几内亚和刚果（金）尚未有记录；然而，在这些地方的调查工作开展得也相对较少。它们不会出现在佛得角或圣多美和普林西比等离岸岛屿周围。它们的分布可能不连续，有很长的海岸线也没有任何目击事件报告，但很难确定这是缺乏种群丰度的调查还是仅仅缺乏信息。目击报告事件的主要区域是毛里塔尼亚的阿尔金、塞内加尔的萨卢

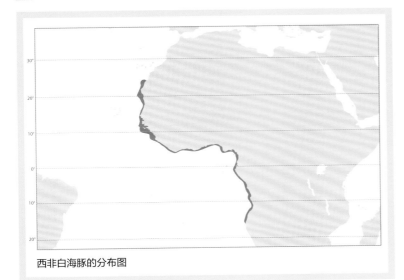

西非白海豚的分布图

背部的"驼峰"
突出

与成体颜色相似

幼崽

背鳍和背脊上可能有白色伤痕
（尤其是"驼峰"明显的个体）

背鳍的差异

姆河三角洲、比热戈斯群岛和邻近的大陆海岸；几内亚比绍、几内亚的沿海水域、加蓬南部和刚果民主共和国的沿海水域、安哥拉南部。

它们喜欢以受潮汐和波浪运动强烈影响的软沉积物海底为栖息地，如碎波带、河口、水道、泥滩和沙洲，包括红树林和裸露的开阔海岸；它们经常在碎浪水域"巡逻"。它们通常在深度小于 20 米（通常浅至 3 米，平均深度为 5 米）的水域活动；通常在离岸 1 ~ 2 千米处，经常在 100 米的范围内活动；在距海岸 13 千米的地方都有记录，但那里的水很浅。它们喜欢 16 ~ 32℃的水温，偶尔占据受潮汐影响的河流（萨卢姆河丰久涅上游 53 千米处除外）；无任何证据表明有不同的淡水种群。没有已知的长距离洄游行动；有限的证据表明，某些区域的种群对栖息地的恋地性很高，而另一些区域的种群则存在局部迁移行为。

行为

西非白海豚通常不太显眼，经常安静地旅行或摄食。不像其他海豚那样做出空中动作，它们会偶尔跳跃（通常是简单地向前跳跃或向后倒向一侧）；有时也会竖直悬垂在水中，在社交活动中头部露出水面（浮窥）。已知西非白海豚会与瓶鼻海豚形成混合群。它们对船只的反应各不相同，但如果小心翼翼地接近它们，通常它们会有轻微的躲避反应（会继续活动，同时与船只保持 15 ~ 20 米，留有"个人空间"）。如果船的引擎关掉，它们可能会靠近船只。然而，如果一不小心，它们可能会分散，潜水，在水下改变方向，并在一定距离之外重新出现。它们不会船首乘浪。毛里塔尼亚有关于它们与瓶鼻海豚和渔民合作围捕鲻鱼的古老报告。

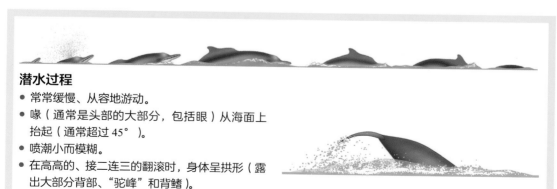

潜水过程
- 常常缓慢、从容地游动。
- 喙（通常是头部的大部分，包括眼）从海面上抬起（通常超过 45°）。
- 喷潮小而模糊。
- 在高高的、接二连三的翻滚时，身体呈拱形（露出大部分背部、"驼峰"和背鳍）。
- 在深潜摄食之前（通常是在相对较深的水域），尾叶会举出海面。

食物和摄食

食物　多捕食近岸沿海、河口和暗礁鱼类（包括鲻鱼、鲷、鲱鱼、鲷鱼、大西洋裸颊鲷、律氏棘白鲳、沙丁鱼、黄鱼和大西洋鲣鱼）。

摄食　有时合作围捕鲻鱼，但也可能分散在不同区域单独摄食（独立摄食几分钟，然后重新聚集几分钟）；尾部向上潜水意味着摄食底栖鱼类和暗礁鱼类；有时会利用海岸线诱捕猎物。

潜水深度　细节未知，但通常很浅（可能不到 20 米）。

潜水时间　一般下潜 40～60 秒。

牙齿

上 54～64 颗
下 52～62 颗

群体规模和结构

群体规模和结构因地理位置、栖息地、季节（比如在安哥拉，夏季的平均群体规模明显较小）和种群结构而异。典型的群体规模为 1～10 头（占目击总数的 65%），但在毛里塔尼亚和几内亚比绍水域为 20 多头，在塞内加尔水域为 37 头，在加蓬水域为 40 头，在几内亚湾为 45 头。在安哥拉南部的一个小亚种群中，个体之间似乎存在着长期和稳定的联系，但在其他地方，群体的稳定性是未知的。

天敌

没有直接证据，但大型鲨鱼是西非白海豚最有可能的天敌。

照片识别

可借助背鳍后缘的刻痕、缺刻和其他损伤，以及鳍上的伤痕和其他临时标记可能能识别西非白海豚。

种群丰度

尚未对全球种群丰度进行估计，但可能不到 3000 头（并且这个数字可能正在下降）。大多数亚种群的个体数量明显少于 100 头。最近几乎没有准确的区域数量估计：塞内加尔的萨卢姆河三角洲至少有 103 头；在几内亚北部努涅斯河 375 平方千米的流域面积内至少有 47 头；以及安哥拉南部 35 千米长的海岸线分布有 10 头。

保护

世界自然保护联盟保护现状：极危（2017 年）；在整个分布范围内西非白海豚的数量都在下降。近岸分布和对干扰的敏感性，使它们特别容易受到人类活动的影响。它们面临的最大的直接威胁是渔网误捕，这在大多数渔场都有记录。近岸手工刺网的缠绕似乎也是主要威胁，这种网经常被放在距离海岸 1 千米的范围内，以及海豚活跃的内部海湾，但西非白海豚也经常被章鱼线、海滩围网和渔栅捕获。当地至少有一些西非白海豚被捕杀后供人类食用（"海洋野味"贸易）和用作鲨鱼诱饵。西非白海豚面临的其他潜在威胁包括栖息地丧失和退化（特别是港口建设和沿海开发）、船只撞击、食物被过度捕捞、化学污染和噪声污染。

生活史
实际上一无所知。可能与铅色白海豚的相似。

雄性"驼峰"的高度很夸张

喉和下颌呈亮灰色，"脸颊"可能是浅灰色，比如这头西非白海豚

中华白海豚

INDO-PACIFIC HUMPBACK DOLPHIN

Sousa chinensis (Osbeck, 1765)

此前，分布于南非、中国和澳大利亚的所有白海豚都被归为中华白海豚。但在 2014 年，这种海豚被分为 3 个不同的物种：中华白海豚、铅色白海豚和澳大利亚白海豚。印度洋 - 太平洋海域几个种群的分类学地位仍然悬而未决，许多在外形上存在着很大地理差异的种群还没有被记录下来。

分类 齿鲸亚目，海豚科。

英文常用名 Indo-pacific（印度洋 - 太平洋）指这个物种是东印度洋和西太平洋的特有物种；humpback（驼峰或驼背）指它们与背部有独特的长 "驼峰" 的物种隶属于同一属。

别名 印太驼海豚、太平洋驼海豚、中国驼海豚、婆罗洲白海豚和斑海豚。

学名 *Sousa* 的含义尚未可知，但它可能是基于一个印地语方言的名字——河豚（最初由格雷于 1866 年建立，为糙齿海豚属 *Steno* 的一个亚属）；*chinensis* 源自 China（中国）和拉丁语 *ensis*（属于）。

分类学 白海豚的分类已经争论了 2 个多世纪。最近的研究目前确认了 4 个有效物种，但考虑到孟加拉国的白海豚的遗传特性以及孟加拉湾其他个体的异常外形，最终可能会有第 5 个物种（暂定 *S. lentiginosa*，暂时划为 *S. chinensis*，直到其分类学地位明确为止）。在马来西亚本土和婆罗洲的白海豚的确切分类地位也存在不确定性。中国台湾有一种独特的、最近被接受的亚种，叫作中华白海豚台湾亚种（*S. c. taiwanensis*）；所有其他的中华白海豚都属于 *S. c. chinensis*。

中国的雄性成体

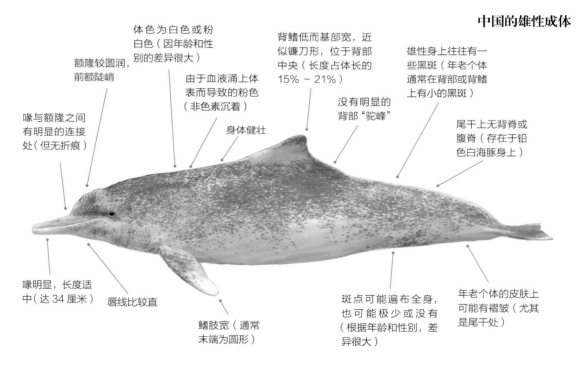

额隆较圆润，前额陡峭

体色为白色或粉白色（因年龄和性别的差异很大）

背鳍低而基部宽，近似镰刀形，位于背部中央（长度占体长的 15% ~ 21%）

雄性身上往往有一些黑斑（年老个体通常在背部或背鳍上有小的黑斑）

喙与额隆之间有明显的连接处（但无折痕）

由于血液涌上体表而导致的粉色（非色素沉着）

身体健壮

没有明显的背部 "驼峰"

尾干上无背脊或腹脊（存在于铅色白海豚身上）

喙明显，长度适中（达 34 厘米）

唇线比较直

鳍肢宽（通常末端为圆形）

斑点可能遍布全身，也可能极少或没有（根据年龄和性别，差异很大）

年老个体的皮肤上可能有褶皱（尤其是尾干处）

鉴别特征一览

- 分布于南亚和东南亚的热带至暖温带水域。
- 体型为小型。
- 生活在近岸水域，通常在淡水输入区附近。
- 大部分为白色（通常带有粉色）。
- 常带有深色斑点。
- 没有明显的背部 "驼峰"。
- 背鳍低而基部宽，近似镰刀形，位于背部中央。
- 喙长度适中，边界清楚（长 34 厘米）。

体长和体重

成体 体长：雄性 2 ~ 2.6 米，雌性 2 ~ 2.6 米；
体重：200 ~ 240 千克；最大：2.7 米，240 千克。

幼崽 体长：1 米；体重：10 ~ 12 千克。

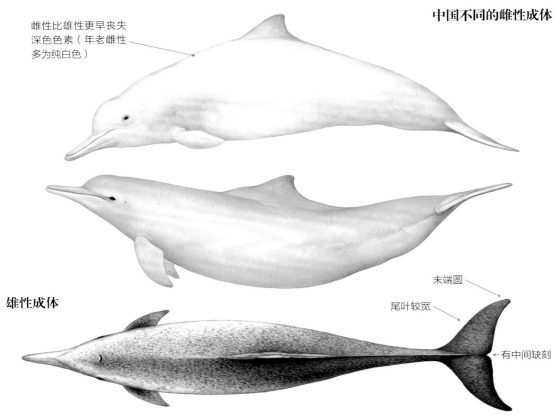

中国不同的雌性成体

雌性比雄性更早丧失
深色色素（年老雌性
多为纯白色）

末端圆

尾叶较宽

雄性成体

有中间缺刻

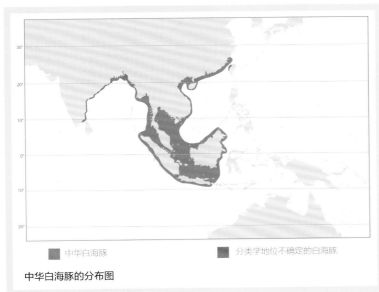

中华白海豚 ⬛ 中华白海豚　⬛ 分类学地位不确定的白海豚

中华白海豚的分布图

相似物种

　　中华白海豚在孟加拉湾可能与铅色白海豚的分布范围有些重叠（取决于分类学的最终决定），但成年中华白海豚有与众不同的特点：背部没有突出的"驼峰"，背鳍更宽、末端更圆，体色更浅。中华白海豚和瓶鼻海豚的体色不同（特别是当中华白海豚个体为粉色时），背鳍和头部形状也不相同。

分布

　　在确定孟加拉湾白海豚的分类问题之前，中华白海豚的精确

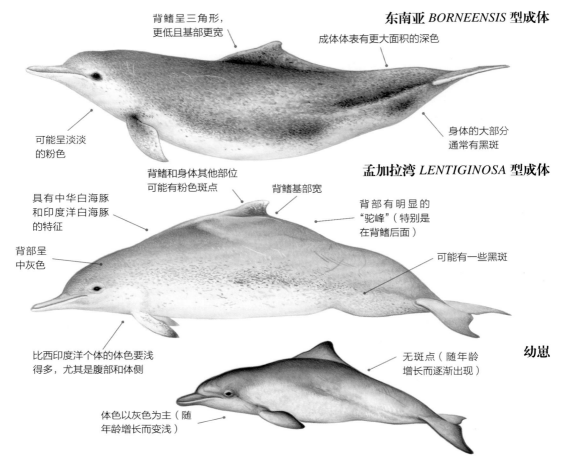

背鳍呈三角形，
更低且基部更宽

东南亚 *BORNEENSIS* 型成体

成体体表有更大面积的深色

可能呈淡淡
的粉色

身体的大部分
通常有黑斑

孟加拉湾 *LENTIGINOSA* 型成体

背鳍和身体其他部位
可能有粉色斑点

背鳍基部宽

背部有明显的
"驼峰"（特别是
在背鳍后面）

具有中华白海豚
和印度洋白海豚
的特征

可能有一些黑斑

背部呈
中灰色

比西印度洋个体的体色要浅
得多，尤其是腹部和体侧

幼崽

无斑点（随年龄
增长而逐渐出现）

体色以灰色为主（随
年龄增长而变浅）

分布范围尚不确定。在本综述中，假设中华白海豚分布于中国华中地区（最北端的记录来自长江口附近）东部的暖温带水域，那么经过印度 - 马来群岛，它们的分布范围至少南至印度尼西亚，西至缅甸、孟加拉国和印度沿海边缘以及东部。然而，确认的它们的分布范围仅向西延伸至缅甸、孟加拉国，从那里到孟加拉国和印度东部的种群分类地位仍然未知。因此，这个物种肯定出现在中国、越南、柬埔寨、泰国、马来西亚、新加坡、印度尼西亚和文莱。除此之外，还有一个来自菲律宾南部的超极限分布记录，这可能是由婆罗洲的洋流带到那里的。

中华白海豚常出现于浅海沿岸水域，该部分水域通常深 20 ~ 30 米，它们很少在距离海岸几千米的地方出现。它们的分布范围将扩展到离岸较远的地方，不过那里的水非常浅。它们在河口及其周围的分布密度最高，但也会出现在开阔海岸、岩石礁、海湾、沿

潜水过程

- 常常缓慢、从容不迫地游动。
- 喙（通常是头部的大部分，包括眼）露出海面。
- 喷潮小而不清楚。
- 在高高的、接二连三的翻滚时，身体弓起（露出大部分背部、"驼峰"、背鳍和尾叶）。
- 在深潜摄食之前，尾叶通常会举到水面以上。

海潟湖和红树林沼泽，以及有沙洲和泥滩的地方。它们有时会进入河流和内陆水道，但向上游迁移的距离很少超过几千米（仍在潮汐影响范围内）。它们的分布是不连续的，在河口之间的长海岸线上的分布密度低或为零。海岸线的类型不同，它们的分布模式也不同，并且已经确定它们的丰度会随季节的变换而变动。

行为

它们技巧平平——跃身击浪、杂技般的跳跃和浮窥比较常见（尤其是在生殖活动达到高峰时）。它们对船只的反应随着区域的不同而变化：在中国香港，该物种非常习惯大型船只的存在；但在其他区域，它们可能是害羞和谨慎的，很少船首乘浪或船尾乘浪。

牙齿

上 64 ~ 76 颗
———————————
下 58 ~ 76 颗

群体规模和结构

中华白海豚通常 2 ~ 6 头组成一群，有时多达 10 头，但在某些区域有较大的聚群。在孟加拉湾，群体的平均值相当高（中位数为 19，并且有一群达 330 头的记录），在中国香港（通常是渔船附近）的聚群达 40 头。群体结构似乎随地域而异，在中国香港流动的群体是常态，在莫桑比克和中国台湾的群体则更稳定（虽然这可能更多地反映了研究工作的开展情况）。

天敌

中华白海豚的天敌未知，但可能是大型鲨鱼和虎鲸（尽管在海豚喜欢的河口水域这 2 种动物都不常见，并且很少有海豚被咬伤的证据）。

照片识别

借助背鳍后缘的刻痕、缺刻和其他标记，以及斑点和颜色图案可以识别中华白海豚。此外，鳍和背部的伤痕和其他临时标记也可用于识别。

种群丰度

尚未对全球总体丰度进行估计，但总数量不太可能超过 16000 头。所有的种群数量总和为 5056 头（或 5692 头，包括孟加拉国），主要包括中国的 4730 头。到目前为止，数量最多的种群在中国华南地区的珠江口，估计有 2637 头（2007 年）。大多数被研究的海豚种群（包括 2010 年在中国台湾的 74 头）的数量似乎正在减少。

保护

世界自然保护联盟保护现状：易危（2015 年）；中国台湾亚种，极危（2017 年）。近岸栖息地使中华白海豚与人类直接接触，特别是与大量渔民直接接触。中华白海豚面临的主要威胁是渔具的偶然缠绕，特别是沿海刺网、拖网和岸边围网；台湾海峡东部超过 30% 的海豚因渔具而受伤。目前还没有发现明显的直接捕杀行为（尽管任何对中国台湾亚种的捕捞都会导致很严重的后果）。它们面临的其他威胁包括栖息地丧失和受到干扰（包括沿海开发、疏浚、水产养殖和土地开垦），噪声污染，河口河流流量严重减少，微量金属、有机氯和其他形式的污染以及船只撞击。

铅色白海豚

INDIAN OCEAN HUMPBACK DOLPHIN

Sousa plumbea (G. Cuvier, 1829)

印度洋的白海豚分类存在相当大的不确定性。那些生活在西部的海豚被认为是铅色白海豚，但在东部（孟加拉湾）的海豚可能是铅色白海豚或中华白海豚的另一种形态，也可能是一个全新的物种（暂定为 *S. lentiginosa*），甚至是三者的结合。

分类 齿鲸亚，海豚科。

英文常用名 Indian Ocean（印度洋）指该物种是印度洋特有的；humpback（驼峰或驼背）指其背鳍所在的、隆起的肉质"驼峰"（大翅鲸的鳍/驼峰结构的海豚版本）。

别名 印度洋驼海豚和铅色海豚。

学名 *Sousa*（最初由格雷于 1866 年建立的，为糙齿海豚属 *Steno* 的一个亚属）的含义尚未可知，但它可能源于意为"海豚"的印地语方言；*plumpea* 为拉丁语，意为"铅色"或"重"（也许是指驼峰）。

分类学 白海豚的分类学已经争论了 2 个多世纪，但是最近的研究描述了 4 个认可的物种，可能还有第 5 个。2014 年，铅色白海豚被认定为独特物种（以前分布在南非到澳大利亚的所有白海豚都被归为中华白海豚），没有公认的亚种，但波斯湾可能有一种侏儒型白海豚。

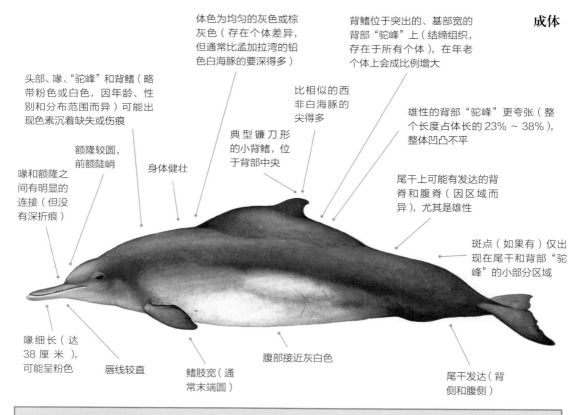

成体

体色为均匀的灰色或棕灰色（存在个体差异，但通常比孟加拉湾的铅色白海豚的要深得多）

背鳍位于突出的、基部宽的背部"驼峰"上（结缔组织，存在于所有个体），在年老个体上会成比例增大

头部、喙、"驼峰"和背鳍（略带粉色或白色，因年龄、性别和分布范围而异）可能出现色素沉着缺失或伤痕

比相似的西非白海豚的尖得多

雄性的背部"驼峰"更夸张（整个长度占体长的 23% ~ 38%），整体凹凸不平

额隆较圆，前额陡峭

典型镰刀形的小背鳍，位于背部中央

尾干上可能有发达的背脊和腹脊（因区域而异），尤其是雄性

喙和额隆之间有明显的连接（但没有深折痕）

身体健壮

斑点（如果有）仅出现在尾干和背部"驼峰"的小部分区域

喙细长（达 38 厘米），可能呈粉色

唇线较直

鳍肢宽（通常末端圆）

腹部接近灰白色

尾干发达（背侧和腹侧）

鉴别特征一览
- 分布于西印度洋热带和暖温带水域。
- 体型为小型。
- 身体健壮。
- 体色为均匀的灰色或棕灰色。
- 深色色素可能会缺失。
- 小而尖的背鳍位于特别大的"驼峰"上。
- 喙细而长。
- 额隆较圆。

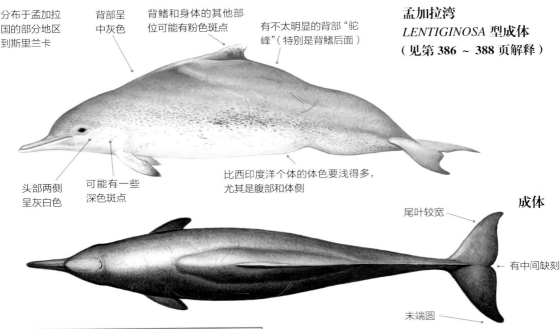

分布于孟加拉国的部分地区到斯里兰卡

背部呈中灰色

背鳍和身体的其他部位可能有粉色斑点

有不太明显的背部"驼峰"（特别是背鳍后面）

孟加拉湾
LENTIGINOSA 型成体
（见第 386 ~ 388 页解释）

头部两侧呈灰白色

可能有一些深色斑点

比西印度洋个体的体色要浅得多，尤其是腹部和体侧

成体

尾叶较宽

有中间缺刻

末端圆

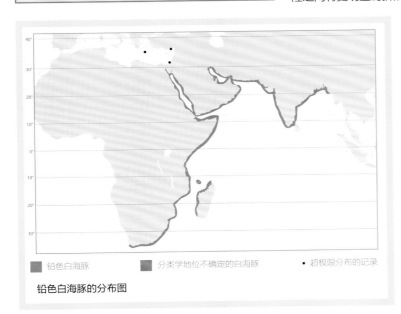

体长和体重
成体 体长：雄性 1.8 ~ 2.7 米，雌性 1.7 ~ 2.5 米；体重：200 ~ 250 千克；最大：2.8 米，260 千克。
幼崽 体长：1 ~ 1.1 米；体重：14 千克。
不太可能有 3 米或更长的记录。

铅色白海豚的分布图

□ 铅色白海豚　　□ 分类学地位不确定的白海豚　　• 超极限分布的记录

相似物种

　　铅色白海豚与其分布范围内的其他任何鲸目动物不同，毫无疑问，它们背部异常巨大的"驼峰"上的小背鳍非常明显。孟加拉湾的白海豚可能与中华白海豚的形态有些重叠（取决于分类的最终定夺），但成年铅色白海豚有更突出的背部"驼峰"、更小更尖的背鳍和更深的体色。印太瓶鼻海豚和瓶鼻海豚没有背部隆起，背鳍明显更大，头部形状也与铅色白海豚的不同，喙和额隆之间有更明显的折痕。

分布

　　在明确孟加拉湾的白海豚的分类之前，它们精确的分布范围是无法确定的。在本综述中，假设铅色白海豚产于南非的法尔斯湾、印度的南端和斯里兰卡北部。在上述 3 个地区以东，即来自印度、孟加拉国和缅甸东海岸的白海豚属于中华白海豚（但可能是另一个物种），仅见于热带至暖温带水域。

　　铅色白海豚在印度洋，沿着狭窄、较浅的海岸分布。它们出现在 23 个不同的国家和区域，包括亚丁湾、红海和波斯

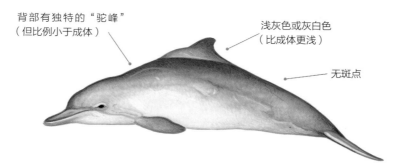

背部有独特的"驼峰"
（但比例小于成体）

浅灰色或灰白色
（比成体更浅）

幼崽

无斑点

湾等半封闭水域，以及安达曼群岛、马约特岛、巴扎鲁托群岛和桑给巴尔岛等几个离岸岛屿周围。研究人员尚未调查该范围的大部分区域，但铅色白海豚的分布似乎是不连续的：在较深的海岸线以及人类影响较大的区域很可能没有。据记载，3头铅色白海豚已经找到了进入地中海的路（大概是从红海经过苏伊士运河）：2001年在以色列，2016年在土耳其，2017年在希腊克里特岛；它们被认为是超极限分布。显然，到达克里特岛北海岸的健康个体必须从塞得港苏伊士运河出口至少迁移1000千米，再穿过深海水域；如果它靠近浅海水域，则最长可迁移2330千米（该物种记录的最长距离）。

有一些铅色白海豚长期忠于栖息地的证据，但它们在一些区域的分布和丰度随季节而变化。在南非，它们离海岸的平均距离为120千米（从30～500千米不等）。它们非常偏爱庇护区，如沙湾、沿海潟湖、岩石礁、河口和红树林，很少出现在距离海岸3千米以上的地方（通常只有几百米）或水深超过25米（有时浅至2米）的水域。

行为

铅色白海豚偶尔会跃身击浪，并做出其他空中行为。它们经常沿海岸平行游动。它们非常害怕船只，并且很少船首乘浪。当船只接近它们时，它们通常会在水下分散开并改变游动方向，在一段距离之外出乎意料地再次出现。

牙齿

$$\frac{上\ 66 \sim 78\ 颗}{下\ 62 \sim 74\ 颗}$$

群体规模和结构

铅色白海豚的群体规模通常少于10头，但在某些区域群体较大（30～100头在阿拉伯水域并不罕见）。大多数群体不分性别和年龄段组成。莫桑比克的群体有长期稳定的迹象，但这被认为是不寻常的（在其他地方，群体聚集和分散的现象更为普遍）。

天敌

鼬鲨、噬人鲨和低鳍真鲨可能是铅色白海豚的天敌，虎鲸可能也是。

照片识别

借助背鳍和"驼峰"上的自然标记可以识别铅色白海豚。

种群丰度

尚未对全球丰度进行估计，但可能不会超过

潜水过程
- 常常缓慢、从容不迫地游动。
- 喙（通常是头部的大部分，包括眼）会明显浮出海面。
- 喷潮小而模糊。
- 在高高的、接二连三的翻滚时，身体弓起（露出大部分背部、"驼峰"、背鳍和尾叶）。
- 在深潜水摄食之前，尾叶通常会举到海面上。

铅色白海豚通常生活在浅海沿岸水域

食物和摄食

食物　捕食种类繁多的近岸、河口和礁石鱼类；在某些区域偶尔会捕食乌贼、章鱼和甲壳纲动物。

摄食　通常在海床附近的浅水、浑水中摄食；在阿拉伯湾和莫桑比克的巴扎鲁托群岛，被人们观察到故意暂时搁浅在裸露的沙洲上追逐鱼类。

潜水深度　在浅处潜水，通常下潜 25 米。

潜水时间　通常下潜 40 ～ 60 秒；最长约 5 分钟。

10000 头。它们在任何地方似乎都不特别多，并且种群数量正在下降。所有被评估的种群都很小（通常少于 500 头，经常少于 200 头，大部分时候少于 100 头）。最近估计南非的种群约有 500 头（20 世纪 90 年代末不足 1000 头，如今下降到目前的数量），阿布扎比水域约有 700 头（已知的最大种群）。

保护

世界自然保护联盟保护现状：濒危（2015 年）。近岸栖息地使得铅色白海豚与人类直接接触，尤其是与大量渔民直接接触。它们面临的主要威胁是渔具的偶然缠绕，特别是沿海刺网，但也包括拖网和南非水域的防鲨网。

据报道，在几个研究区域内铅色白海豚的死亡率很高，使得它们的生存明显不可持续，并且许多铅色白海豚（如坦桑尼亚彭巴占总数 41% 的个体）因渔具而受伤。在印度有一些报复性捕杀铅色白海豚的行为，因为它们会破坏渔具并与渔民争夺鱼类资源。有一些直接捕杀铅色白海豚以供人类食用的行为，包括在马达加斯加西南部的驱赶捕捞；据报道，在印度西部有铅色白海豚肉出售。铅色白海豚面临的其他威胁包括栖息地丧失和受到干扰（包括河道疏浚、土地开垦和港口建设），石油泄漏，有机氯及其他形式的污染，以及船只撞击。

生活史

性成熟　雌性大约 10 年，雄性 12 ～ 13 年。

交配　以高频率的身体接触（包括触摸、撕咬和摩擦）为特点。

妊娠期　10 ～ 12 个月。

产崽　通常每 3 年一次；每胎一崽，有季节性高峰（南非南方的春季或夏季）。

断奶　2 年后；母子关系至少保持 3 ～ 4 年。

寿命　40 ～ 50 岁。

澳大利亚白海豚
AUSTRALIAN HUMPBACK DOLPHIN
Sousa sahulensis　Jefferson and Rosenbaum, 2014

　　2014 年，澳大利亚白海豚从中华白海豚中分离出来，它们现在被认为是一个独立的物种，在遗传学、形态学方面与该属的其他物种不同，它们的体色和分布范围也与众不同。

分类　齿鲸亚目，海豚科。

英文常用名　Australian（澳大利亚的）指其已知的主要分布范围，以及迄今为止该物种的大部分信息来源地；humpback（驼峰或驼背）指它们与背部有一个独特长"驼峰"的物种隶属于同一属。

别名　驼海豚和萨胡尔海豚。

学名　*Sousa*（最初由格雷于 1866 年建立的，为糙齿海豚属 *Steno* 的一个亚属）的含义尚未可知，但它可能源于意为"河豚"的印地语方言；*sahulensis* 则与该物种的已知分布范围位于浅浅的萨胡尔大陆架（从澳大利亚北部海岸延伸到新几内亚的大陆架的一部分）上有关。

分类学　白海豚的分类学已经争论了 2 个多世纪，但最近的研究成果描述了 4 个有效种，在孟加拉湾可能有第 5 种。澳大利亚白海豚没有公认的分形或亚种。

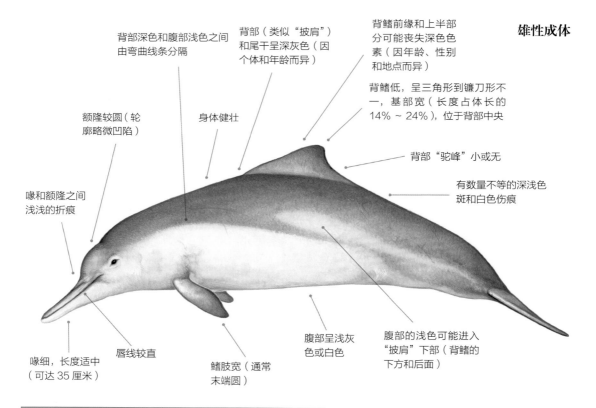

背部深色和腹部浅色之间由弯曲线条分隔

背部（类似"披肩"）和尾干呈深灰色（因个体和年龄而异）

背鳍前缘和上半部分可能丧失深色色素（因年龄、性别和地点而异）

雄性成体

背鳍低，呈三角形到镰刀形不一，基部宽（长度占体长的 14% ~ 24%），位于背部中央

额隆较圆（轮廓略微凹陷）

身体健壮

背部"驼峰"小或无

有数量不等的深浅色斑和白色伤痕

喙和额隆之间浅浅的折痕

喙细，长度适中（可达 35 厘米）

唇线较直

鳍肢宽（通常末端圆）

腹部呈浅灰色或白色

腹部的浅色可能进入"披肩"下部（背鳍的下方和后面）

鉴别特征一览

- 分布于澳大利亚和新几内亚南部沿海热带和亚热带区域。
- 体型为小型。
- 身体健壮。
- 总体呈双色调灰色。
- 背部"披肩"倾斜。
- 背部"驼峰"小或无。
- 背鳍低，基部很宽。
- 喙细，长度适中。
- 通常比较害羞，难以靠近。

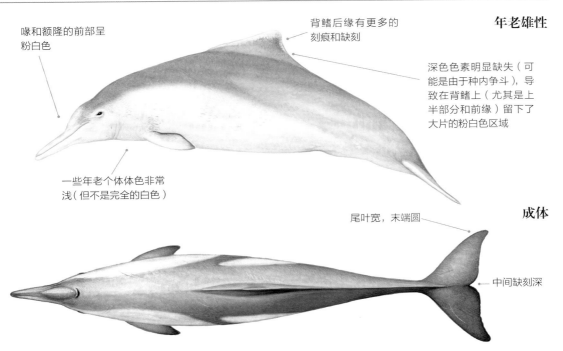

年老雄性

喙和额隆的前部呈
粉白色

背鳍后缘有更多的
刻痕和缺刻

深色色素明显缺失（可
能是由于种内争斗），导
致在背鳍上（尤其是上
半部分和前缘）留下了
大片的粉白色区域

一些年老个体体色非常
浅（但不是完全的白色）

成体

尾叶宽，末端圆

中间缺刻深

体长和体重

成体 体长：雄性 2.1 ～ 2.6 米，雌性 2 ～ 2.6 米；
体重：大约 240 千克；最长：2.7 米。
幼崽 体长：大约 1 米，体重：10 ～ 12 千克。
雄性可能比雌性略大。

澳大利亚白海豚的分布图

相似物种

　　澳大利亚白海豚最可能与瓶鼻海豚和印太瓶鼻海豚
混淆，它们的分布范围重叠，但它们喙长、头部形状、
背鳍形状和体色并不相同，水面行为也不同。矮鳍伊河
海豚和真海豚的分布范围重叠，但它们应该很容易通过
体型、整体的颜色图案、头部和背鳍形状来区分。在澳
大利亚西北部，有一头雄性澳大利亚白海豚和一头雌性
矮鳍伊河海豚的杂交后代的记录。

分布

　　澳大利亚白海豚分布在澳大利亚和新几内亚南部热
带和亚热带的浅海：西至西澳大利亚州鲨鱼湾（南纬 25
度 51 分），东至昆士兰州 - 新南威尔士州边界（南纬 31
度 27 分），北至新几内亚南部。在新几内亚进行的少数
几次调查显示，澳大利亚白海豚主要是在西巴布亚省的
鸟头海景（南纬 4 度 70 分）和巴布亚新几内亚巴布亚
湾的基科里三角洲（南纬 7 度 41 分）附近出现。

　　西澳大利亚州的西北角似乎是澳大利亚白海豚数量
特别丰富的一个地方（密度为每平方千米 1 头海豚，这
是有记录以来的最高密度），但它们在整个分布范围内
的分布基本是稀疏的。它们一般出现在距离海岸 10 千
米以内的水域，且通常更近；在更远的离岸水域进行的
调查工作很少，但据记录，它们曾出现在距离陆地 56
千米的地方（特别是在有遮蔽和保护的水域，如大堡礁

雌性成体

背鳍前缘或上半部分深色色素的丧失非常有限（见雄性）

背鳍上的刻痕和缺刻较少

幼崽

比成体的灰色更深（随年龄增长而变浅）

很少或无色素沉着及斑点

周围）。它们有时在 1 ～ 2 米深的水域出现，在深度小于 10 米的水域常见，在深度大于 20 米的水域不太常见；对深度的偏好因它们的位置而异。

目前还不确定该物种是否出现在澳大利亚和新几内亚之间大陆架的深水区（深达 90 米）。它们常出现于浅水和受保护的沿海栖息地，如小海湾、浅海湾、沙底河口、大型潮汐河流（至上游 50 千米处）、珊瑚礁、沿海群岛、海草床和红树林，偶尔也出现于疏浚航道中；很少出现在开阔的海岸线。它们对不同的栖息地的恋地性不同：在昆士兰，一些澳大利亚白海豚似乎是永久居民，另一些在此地活动的时间则更为短暂。澳大利亚白海豚和中华白海豚之间的边界大致为华莱士线（19 世纪英国博物学家艾尔弗雷德·拉塞尔·华莱士提出的在亚洲和澳大利亚之间许多动植物

的重要生物地理分界线）。

行为

澳大利亚白海豚的行为鲜为人知。它们比较灵活，能够进行高空跳跃和空翻。在莫顿湾，它们时常跟在拖网渔船后面摄食，有时印太瓶鼻海豚也会参与其中。人们曾观察到澳大利亚白海豚与矮鳍伊河海豚的互动。雄性经常会携带海绵动物，它们似乎会借用海绵动物来进行一些性行为（人类以外的哺乳动物很少在性行为中使用物体）；一些瓶鼻海豚在海底摄食时则会叼着海绵动物保护喙，以避免被魟的毒棘刺伤和其他危险。它们一般会躲避船只，但也会在拖网渔船后面摄食；当前尚未观察到它们的船首乘浪行为，但在某些区域它们可能对船只毫不在意或者十分好奇。

潜水过程

- 缓慢、从容不迫地游动。
- 喙（通常是头部的大部分，包括眼）明显浮出海面。
- 喷潮小而不清楚。
- 身体弓起（露出大部分背部、"驼峰"、背鳍），呈高而紧的蜷缩状。
- 在深潜水摄食之前，尾叶通常会举到海面上（最常见于相对较深的水域）。
- 有时进行高空跳跃和空翻。

食物和摄食

食物　为随机捕食者；主要捕食近岸、河口和礁石鱼类（包括鲷鱼、石首鱼、鲻鱼、鳕鱼、鲹鱼、乳香鱼和梭鱼）；很少捕食头足类动物或甲壳纲动物。

摄食　长时间潜水时，主要在海底附近单独摄食；大的群体通常在靠近海面的地方摄食；它们会在极浅的水中摄食，在追逐食物时可能搁浅，然后再扭动着身体回到水中。

潜水深度　具体未知，但通常在浅处潜水（通常小于 20 米）。

潜水时间　通常下潜 40 ~ 60 秒；最长为 5 分钟。

牙齿

$$\frac{上\ 62 \sim 70\ 颗}{下\ 62 \sim 68\ 颗}$$

群体规模和结构

澳大利亚白海豚通常 1 ~ 5 头（最多 10 头）组成一群；因摄食而聚集的群体数量为 30 ~ 35 头，尤其是跟随拖网渔船的时候。群体结构并不稳定，群体的规模和组成经常发生变化。

天敌

澳大利亚白海豚最有可能的天敌是大型鲨鱼，它们身上有鲨鱼攻击留下的伤痕作为证据。

照片识别

借助背鳍后缘的刻痕、缺刻和其他损伤可以识别澳大利亚白海豚。

种群丰度

尚未对总体丰度进行估计，但最近对现有数据的评估表明，澳大利亚白海豚成熟个体可能少于10000头。近期的区域性估算研究较少，估算结果为14 ~ 207 头，但大多数亚种群似乎都少于 50 头。可以确定的是，澳大利亚白海豚的种群数量正在下降。

保护

世界自然保护联盟保护现状：易危（2015 年）。近岸栖息地和对干扰的敏感性，使得它们特别容易受到人类活动的影响。被渔网误捕似乎是它们面临的主要威胁，特别是设置在河流、狭窄或宽阔的浅海河口处、用来捕捞尖牙鲈和多指马鲅的近岸刺网。刺网捕鱼在澳大利亚的一些区域被禁止或严格管制，但法规执行起来很困难。

20 世纪 60 年代初以来，新南威尔士州和昆士兰州许多海滩使用防鲨网拦截鲨鱼，以降低游客被鲨鱼袭击的风险，但这也给澳大利亚白海豚带来了被误捕的危险。1992 年以来，昆士兰州逐渐将防鲨网改为饵钩鼓阵装置，澳大利亚白海豚的死亡数量有所下降，但新南威尔士州的问题仍存在。虽尚无记录证明人类会捕杀澳大利亚白海豚，但有传闻称在新几内亚有人直接捕杀澳大利亚白海豚，将其作为鲨鱼诱饵，但人们并不知道具体的捕捞方式。港口和码头的修建，水产养殖，采矿和农业活动的改造，住宅开发和船只活动的增加造成了澳大利亚白海豚栖息地的丧失和退化。它们面临的其他威胁包括食物遭到过度捕捞、船只撞击、噪声污染和化学污染。在 20 世纪 60 年代和70 年代，至少有 8 头澳大利亚白海豚被捕获并进行展览，但根据澳大利亚法律，这种行为已不再被允许。

生活史

性成熟　雌性可能是 9 ~ 10 年，雄性 12 ~ 14 年。

交配　以高频率的身体互动（包括触摸、撕咬和摩擦）和频繁的空中行为为特点；雄性和雌性在交配时，会有另一头雄性驱赶竞争者。

妊娠期　10 ~ 12 个月。

产崽　每 3 年一次，每胎一崽。

断奶　大约 2 年后。

寿命　可能超过 40 岁；2018 年发现的个体的最长寿命估计为 52 岁（饲养在澳大利亚海洋世界的一头澳大利亚白海豚）。

瓶鼻海豚
COMMON BOTTLENOSE DOLPHIN　　　*Tursiops truncatus*　(Montagu, 1821)

瓶鼻海豚是一种有代表性的海豚，它们喜欢在沿海生活的习性使得其十分适合人工饲养。它们经常出现在电视上，是最著名的鲸目动物之一。但由于在体型、形状、头骨形态和体色上的巨大差异，它们的分类仍存在争议。多年来，研究人员已经提出了 20 多个名义上的物种，但目前只有 2 个物种被认可（瓶鼻海豚和印太瓶鼻海豚）。其他的将来也可能被接受。

分类　齿鲸亚目，海豚科。

英文常用名　bottlenose（瓶鼻）源于其喙的形状。

别名　宽吻海豚；有关亚种常见名称，见分类法。

学名　*Tursiops* 源自拉丁语 *tursio*，在大普林尼的《博物志》第九卷中，是指"像海豚一样的鱼"，而 *ops* 为希腊语后缀，意为"外观"（即"看起来像海豚"）；*truncatus* 源自拉丁语 *trunco* 或 *truncare*（缩短或截断），要么是指相对较短的喙，要么是指模式标本中磨损、扁平的牙齿，乔治·蒙塔古认为这是关键的鉴别特征。

分类学　目前有 3 个公认的亚种：瓶鼻海豚（*T. t. truncatus*），分布于世界各地的热带至温带水域；拉氏瓶鼻海豚（*T. t. gephyreus*），一种较大的沿海海豚，分布于南大西洋西部；黑海瓶鼻海豚（*T. t. ponticus*）只分布于黑海、刻赤海峡（连接亚速海的一部分）和土耳其海峡。有学者提出应赋予拉氏瓶鼻海豚物种级别的地位，但学界对此存在十分激烈的争论。

2011 年，澳大利亚瓶鼻海豚（*Tursiops australis*）被描述为一个新物种，它们确实是一种独特的形态，具有一些独特的体色，但是该提议还没有被海洋哺乳动物学会接受，学会认为被发现于澳大利亚南部和东南部（包括塔斯马尼亚岛），需要重新对相关数据和论据进行更严格的评估。在北大西洋似乎有 2 种生态型：一种较小的沿海型和一种较大、健壮的离岸型（但差异是细微的，并因位置而异）。

成体

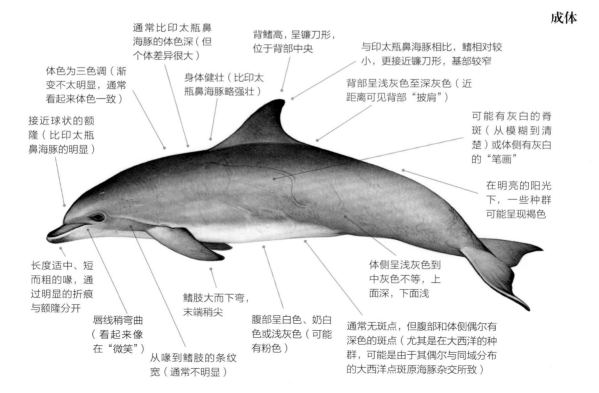

通常比印太瓶鼻海豚的体色深（但个体差异很大）

体色为三色调（渐变不太明显，通常看起来体色一致）

身体健壮（比印太瓶鼻海豚略强壮）

背鳍高，呈镰刀形，位于背部中央

与印太瓶鼻海豚相比，鳍相对较小，更接近镰刀形，基部较窄

背部呈浅灰色至深灰色（近距离可见背部"披肩"）

接近球状的额隆（比印太瓶鼻海豚的明显）

可能有灰白的脊斑（从模糊到清楚）或体侧有灰白的"笔画"

在明亮的阳光下，一些种群可能呈现褐色

长度适中、短而粗的喙，通过明显的折痕与额隆分开

唇线稍弯曲（看起来像在"微笑"）

鳍肢大而下弯，末端稍尖

从喙到鳍肢的条纹宽（通常不明显）

腹部呈白色、奶白色或浅灰色（可能有粉色）

体侧呈浅灰色到中灰色不等，上面深，下面浅

通常无斑点，但腹部和体侧偶尔有深色的斑点（尤其是在大西洋的种群，可能是由于其偶尔与同域分布的大西洋点斑原海豚杂交所致）

鉴别特征一览

- 分布于全世界热带至温带水域。
- 体型为小型。
- 身体健壮。
- 喙短而粗。
- 是有代表性典型的海豚。

- 有"微笑唇"。
- 体色为三色调（从暗淡到清晰）。
- 腹部很少有小的黑色斑点。
- 在沿海水域，通常形成小群。
- 经常在船首乘浪。

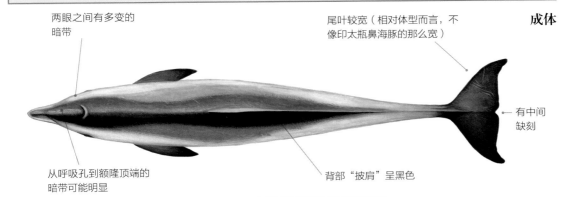

两眼之间有多变的暗带

尾叶较宽（相对体型而言，不像印太瓶鼻海豚的那么宽）

成体

有中间缺刻

从呼吸孔到额隆顶端的暗带可能明显

背部"披肩"呈黑色

体长和体重

成体　体长：雄性 1.9 ~ 3.8 米，雌性 1.8 ~ 3.5 米；体重：136 ~ 600 千克最大：3.9 米，635 千克。

幼崽　体长：1 ~ 1.5 米；体重：15 ~ 25 千克。

瓶鼻海豚种群之间的体型差异很大（分布在高水温区域的种群体型反而更小）；体型最大、最健壮的个体生活在其分布范围的极限（如沿苏格兰东北海岸、北大西洋东部）；雄性通常比雌性稍大。

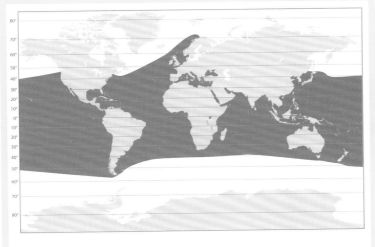

瓶鼻海豚的分布图

相似物种

根据区域的不同，瓶鼻海豚可能会与许多其他海豚混淆，识别最好通过排除法完成。瓶鼻海豚与大西洋点斑原海豚看起来非常相似：体型和健壮程度的差异可能会有所帮助，但这些差别过于细微而对明确区分它们意义不大。斑点多的海豚很可能是大西洋点斑原海豚，但要注意，有些大西洋点斑原海豚几乎没有斑点，有些瓶鼻海豚的斑点不多。区分常见的瓶鼻海豚和与其非常相似的印太瓶鼻海豚可能特别困难，因为它们的分布范围重叠，它们的差异可能很细微，但瓶鼻海豚通常体型更大、更健壮，颜色更深，"披肩"不那么明显；瓶鼻海豚也有不太突出的脊斑，不太圆的额隆，很少或没有腹部斑点，短小而粗的喙，以及更接近镰刀形、更窄的背鳍。已知至少有 6 个海豚物种之间存在杂交，包括印太瓶鼻海豚、

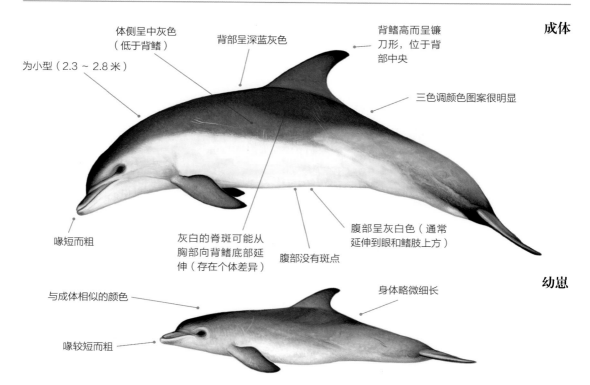

成体

体侧呈中灰色（低于背鳍）
背部呈深蓝灰色
背鳍高而呈镰刀形，位于背部中央
为小型（2.3 ~ 2.8 米）
三色调颜色图案很明显
喙短而粗
灰白的脊斑可能从胸部向背鳍底部延伸（存在个体差异）
腹部没有斑点
腹部呈灰白色（通常延伸到眼和鳍肢上方）

幼崽

与成体相似的颜色
身体略微细长
喙较短而粗

瓶鼻海豚、灰海豚、糙齿海豚、短肢领航鲸和伪虎鲸。

分布

　　瓶鼻海豚广泛分布于全世界热带至温带水域，在北纬 45 度到南纬 45 度最多，北欧除外（在英国各地以及北纬 62 度的法罗群岛，数量众多）。少数瓶鼻海豚的分布向鄂霍次克海南部、新西兰南部和火地岛延伸。它们多出现在大多数半封闭水域，包括黑海、地中海、北海、墨西哥湾、加勒比海、红海、波斯湾、日本海和加利福尼亚湾。它们不分布在波罗的海。

　　瓶鼻海豚最常见于浅海沿岸水域和大洋岛屿周围，但也可出现在大陆架边缘，它们在深海的离岸水域数量最多，经常在海湾、潟湖、水道和港口周围活动，并会进入河流进行短暂的冒险。在印度洋，印太瓶鼻海豚在沿海区域十分常见，瓶鼻海豚主要生活在离岸。沿海种群通常是非洄游种群，在特定区域保持长期、多代的家域范围；比如佛罗里达西海岸的种群已经被观察了近半个世纪，至少有 5 代。在这些家域范围内，栖息地可能会发生季节性变化。一些生活在冷水的沿海种群可能会进行季节性洄游，冬季一般向

潜水过程

- 缓慢游动时，喙尖首先露出海面。
- 额隆的上部（有时是眼）在喷潮的时候可以看到。
- 头部低于海面。
- 背部和背鳍看起来很短。
- 通常尾干几乎看不见。
- 在快速游动时，豚越后整齐划一地重返水中。

成体的差异

食物和摄食

食物　是捕食多面手，在种群和个体间具有独特的摄食技巧；捕食种类繁多的鱼类（尤其是鲷鱼、鲭鱼和鲻鱼）、头足类动物和甲壳类动物；发声的鱼类占了食物的很大一部分（可能更容易找到）；主要是底栖生物，但也有一些是远洋生物；会试图吞下大得离谱的食物（吞下成体大西洋鲑需要 15 分钟）。

摄食　拥有各种各样的摄食技巧，具体取决于食物和位置，包括高速追逐和吹泡泡将猎物聚集到海面、敲打捕食（用尾叶敲打水面把鱼从水里赶出来，有时在半空中捕捉它们）、搁浅捕食（将鱼推到泥滩上，然后暂时搁浅以捕捉鱼）、惊吓捕食（用尾部拍打形成的气泡将鱼从海草床和其他植被中吓出来）、泥环捕食（一头海豚会制造出环形的泥柱，其他海豚会在鱼跃出泥柱的时候在半空中抓鱼）；还会跟在拖网捕虾船后面（摄食被丢弃的鱼），从渔具上偷鱼；在毛里塔尼亚和巴西，经常将鲻鱼驱赶到浅水区渔民身边；不同的年龄和性别的个体可能在不同的区域摄食（比如，母子对在近岸水域，未成熟的个体在离岸水域，没有繁殖的成体在更远的离岸水域）。

潜水深度　深度不一，取决于位置和食物；它们通常可潜至 70 米，但距岸边一般为几百米；最远 1000 米。

潜水时间　离岸平均下潜 1 ~ 5 分钟（最长纪录为 13 分钟）；近岸通常下潜 30 秒 ~ 2 分钟（最长纪录为 8 分钟）。

南迁移（比如沿美国大西洋海岸）。人们对离岸种群的迁移知之甚少，但它们似乎要迁移更长的距离，一项研究显示它们平均每天迁移 33 ~ 89 千米。

行为

瓶鼻海豚大部分时间都很活跃，会跳跃、拍尾击浪、豚跃、冲浪和做出其他空中行为。它们会在近岸和离岸水域进行船首乘浪和船尾乘浪，常在乘浪时跃出水面。它们可以跟随任何船只，比如小型摩托艇、大型海洋货轮或邮轮，甚至可以在大型鲸前面的波浪乘浪（"吻部乘浪"）。

瓶鼻海豚经常与大西洋点斑原海豚、西非白海豚、中华白海豚、伪虎鲸以及其他各种大型鲸和海豚（包括一些区域的印太瓶鼻海豚）混聚在一起。目前还有关于它们与大翅鲸嬉戏互动的一些报道。它们可

瓶鼻海豚是狂热的船首乘浪者

能更具侵略性，会攻击其他海豚，比如巴哈马群岛的大西洋点斑原海豚和巴西东南部的圭亚那海豚。

已知在苏格兰、威尔士和加利福尼亚州的海豚会攻击和杀死港湾鼠海豚。这不是一两个个体的反常行为，而是相当普遍的情况。造成这种情况的原因不明，可能是食物竞争、摄食干扰、雄性瓶鼻海豚因高水平的睾丸激素而增强的攻击性、打斗练习、玩耍行为，或与在瓶鼻海豚中观察到的杀婴行为有关。

一些野生的瓶鼻海豚会变得"友好"，孤独的个体（不是群体中的一员）会在港口附近游荡，与人交朋友，更喜欢与船只、潜水员和游泳者互动，而不是与其他海豚互动。有些瓶鼻海豚会停留数周或数月，另一些则会停留数年。英国和新西兰是产生这样的互动的热点区域。

牙齿

上 36 ~ 54 颗
———————
下 36 ~ 54 颗

年老海豚的牙齿经常磨损或缺失。

群体规模和结构

瓶鼻海豚通常 2 ~ 15 头组成一群，但有时在离岸水域以几百头的大群出现（特别是在热带太平洋东部和印度洋西部）；据报告称，曾有 1000 头以上的群体。一般来说，靠近海岸的群体较小（但种群规模的增长与海岸距离的增加不是成比例的）。种群结构变化很大，但会相对流动。对热带沿海种群的研究表明，基本社会单位（随着时间的推移可以保持稳定）通常

由育幼群、未成熟的雌雄个体、紧密结合的雄性群体和单独的雄性成体所组成；然而，无任何证据表明在苏格兰水域有大量雄性 - 雄性对或育幼群。

天敌

瓶鼻海豚的天敌主要是鲨鱼，特别是噬人鲨、鼬鲨、低鳍真鲨和灰真鲨。当遇到鲨鱼时，瓶鼻海豚典型的反应可能是容忍，但有报道称其会用喙撞击鲨鱼。这可能是瓶鼻海豚有很高的存活率的原因（在一些区域，多达一半的瓶鼻海豚身上有鲨鱼咬伤的伤痕）。大部分伤痕都在其身体的后半部和腹部，这表明鲨鱼从后面和下面攻击它们。虎鲸可能偶尔攻击它们。数量不详的沿海瓶鼻海豚被虹杀死（要么被刺伤，要么在吞食后被其尾棘刺穿重要器官）。

照片识别

借助背鳍后缘上的刻痕和缺刻，鳍的大小和形状，以及任何其他明显的标记和伤痕可以识别瓶鼻海豚。

种群丰度

全世界粗略估计至少有 600000 头瓶鼻海豚。区域大致数量的估计如下：热带太平洋东部有 243500 头；北太平洋西部有 168000 头（包括日本沿海水域有 37000 头）；墨西哥湾北部有 100000 头；北美洲东海岸有 126000 头；地中海少于 10000 头；北大西洋东部有 19000 头；夏威夷水域有 3215 头；北美西海岸的离岸水域有 2000 头。

保护

世界自然保护联盟保护现状：无危（2008 年）；新西兰菲奥德兰亚种，极危（2010 年）；地中海亚种，易危（2009 年）；黑海瓶鼻海豚，濒危（2008 年）。瓶鼻海豚在其分布范围内的许多地方被捕捞。最严重的情况发生于黑海，在 1946 ~ 1983 年至少有 24000 头被用于人类食用、获取油脂和皮革。1966 年，苏联、保加利亚和罗马尼亚禁止商业捕杀黑海的鲸目动物。1983 年，土耳其禁止商业捕杀黑海的鲸目动物。然而，在秘鲁、法罗群岛、加勒比海、西非、日本、斯里兰卡、印度尼西亚等一些地方，不同程度的捕捞活动仍在继续，以供人类食用和作为鲨鱼诱饵，从而减少与商业渔业的明显竞争。

瓶鼻海豚是第一种被人工饲养的鲸目动物，由于它们适应性强，易于训练，现在仍然是最经常被人工饲养的物种。目前，至少 17 个国家有 800 ~ 1000 头瓶鼻海豚用于公开展览、研究和军事用途。自 20 世纪 60 年代以来，在黑海有 1000 多头（不包括捕获期间的意外死亡）瓶鼻海豚被捕杀；现在所有黑海区域的国家都禁止捕杀瓶鼻海豚，近年来没有官方的捕杀记录。但它们继续在世界其他区域被捕杀，包括古巴、所罗门群岛、日本和俄罗斯等。

在瓶鼻海豚的分布范围内，刺网、围网、拖网以及鱼钩、鱼线等渔具的缠绕是瓶鼻海豚面临的一个严重威胁。吞食休闲渔具是它们面临的另一个威胁。它们面临的其他威胁包括栖息地退化、受到破坏和干扰（特别是对沿海种群），船只撞击，环境污染和其他形式的污染。一些区域大量不负责任、不受监管的海豚观赏和同海豚一起游泳的活动所带来的不良影响。

生活史

性成熟　雌性 5 ~ 13 年；雄性 9 ~ 14 年。

交配　对热带区域沿海种群的研究表明，雄性联盟会离开家园寻找发情的雌性（一旦雌性离开了所在的群体，雄性之间就会相互竞争以争夺与雌性的交配权）；雌性的群聚可以持续数周。但是，其他地方没有这种行为的证据（交配行为可能因栖息地和位置而异）。它们会像其他海豚一样频繁交配（即使没有可能让雌性怀孕），可能是为了加强群体的联系。

妊娠期　12 ~ 12.5 个月。

产崽　每 3 ~ 6 年一次（偶尔每年一次），每胎一崽，区域不同，季节性高峰不同（通常为春季和夏季或春季和秋季）。

断奶　1.5 ~ 2 年后（最后出生的幼崽断奶时间更长）；幼崽与母亲在一起的时间为 3 ~ 6 年（可能在下一头幼崽出生时分离，但在某些种群中，出生很长一段时间后仍与母亲保持联系）。

寿命　最长寿命纪录为雌性 67 岁，雄性 52 岁；有 48 岁高龄的雌性成功生产并抚养了幼崽的纪录。

印太瓶鼻海豚

INDO-PACIFIC BOTTLENOSE DOLPHIN   *Tursiops aduncus*   (Ehrenburg, 1833)

2000 年，印太瓶鼻海豚从瓶鼻海豚中分离出来，体型稍小的印太瓶鼻海豚是已知唯一会使用工具的鲸目动物。在西澳大利亚州的鲨鱼湾，70 多头印太瓶鼻海豚已经学会了在海底摄食时，在喙上"戴着"海绵动物作为保护用的"手套"或盾牌。

分类　齿鲸亚目，海豚科。

英文常用名　Indo-Pacific（印度洋 - 太平洋）指该物种是印度洋和西太平洋特有的；bottlenose（瓶鼻）源于其喙的形状。

别名　印度洋瓶鼻海豚。

学名　*Tursiops* 源自拉丁语 *tursio*，在大普林尼的《博物志》第九卷中，是指"像海豚一样的鱼"，而 *ops* 为希腊语后缀，意为"外观"（即"看起来像海豚"）；*aduncus* 源自拉丁语 *aduncus*（钩形的），这个词最初出现于1832 年，但含义不清楚；它可能指该物种钩形的背鳍或略微上翘的下颌。

分类学　没有公认的分形或亚种。最近的基因研究表明，非洲南部的瓶鼻海豚也被认为可能是瓶鼻海豚的第 3 个种（但目前普遍认为可能性不太高）。西澳大利亚州的鲨鱼湾中著名的瓶鼻海豚也可能代表一个独立谱系。

成体

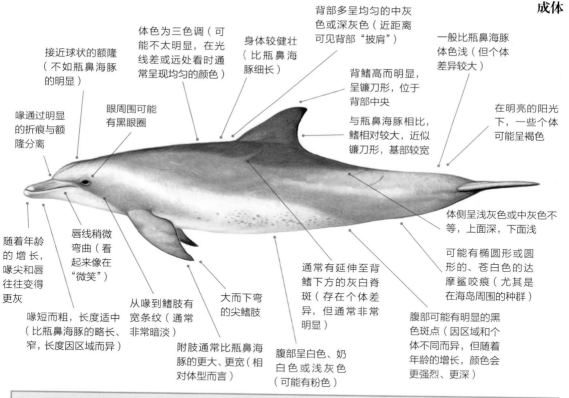

接近球状的额隆（不如瓶鼻海豚的明显）

喙通过明显的折痕与额隆分离

眼周围可能有黑眼圈

体色为三色调（可能不太明显，在光线差或远处看时通常呈现均匀的颜色）

身体较健壮（比瓶鼻海豚细长）

背部多呈均匀的中灰色或深灰色（近距离可见背部"披肩"）

一般比瓶鼻海豚体色浅（但个体差异较大）

背鳍高而明显，呈镰刀形，位于背部中央

与瓶鼻海豚相比，鳍相对较大，近似镰刀形，基部较宽

在明亮的阳光下，一些个体可能呈褐色

随着年龄的增长，喙尖和唇往往变得更灰

唇线稍微弯曲（看起来像在"微笑"）

喙短而粗，长度适中（比瓶鼻海豚的略长、窄，长度因区域而异）

从喙到鳍肢有宽条纹（通常非常暗淡）

附肢通常比瓶鼻海豚的更大、更宽（相对体型而言）

大而下弯的尖鳍肢

腹部呈白色、奶白色或浅灰色（可能有粉色）

通常有延伸至背鳍下方的灰白脊斑（存在个体差异，但通常非常明显）

体侧呈浅灰色或中灰色不等，上面深，下面浅

可能有椭圆形或圆形的、苍白色的达摩鲨咬痕（尤其是在海岛周围的种群）

腹部可能有明显的黑色斑点（因区域和个体不同而异，但随着年龄的增长，颜色会更强烈、更深）

鉴别特征一览

- 分布在印度洋 - 太平洋的热带至温带水域。
- 体型为小型。
- 身体较健壮。
- 喙短而粗，长度适中。
- 有"微笑唇"。
- 体色为三色调（从暗淡到清晰）。
- 腹部可能有深色斑点。
- 通常是中小型群体。
- 偶尔船首乘浪。

体长和体重

成体 体长: 雄性1.8 ~ 2.6米, 雌性1.8 ~ 2.6米;
体重: 120 ~ 200 千克; 最大: 2.7米, 230 千克。

幼崽 体长: 0.8 ~ 1.2米; 体重: 9 ~ 21 千克。

种群之间的体型差异很大。

成体

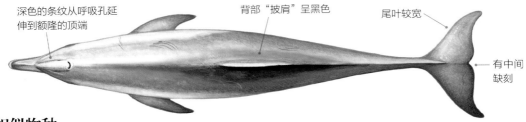

深色的条纹从呼吸孔延伸到额隆的顶端

背部"披肩"呈黑色

尾叶较宽

有中间缺刻

相似物种

在不同的区域，印太瓶鼻海豚可能会与其他一些海豚混淆。最好通过排除法来识别它们。要将它们与非常相似的瓶鼻海豚区分开来尤其困难，二者在分布范围上有重叠，它们的差异可能很细微。但印太瓶鼻海豚通常体型较小，不太健壮，颜色更浅，"披肩"更明显；印太瓶鼻海豚还有更突出的脊斑，更圆的额隆，颜色相当深的腹部斑点，长而粗的喙，不太接近镰刀形、更宽的背鳍。在人工饲养环境下，这两种瓶鼻海豚的杂交种已经生下了可繁育的后代。

分布

印太瓶鼻海豚广泛但不连续地分布于印度洋和西太平洋的热带至温带的沿海水域，西起南非南端，东至澳大利亚南部和东部以及新喀里多尼亚。它们分布于印度 - 马来群岛的各座岛屿和半岛，以及一些大洋岛屿（如马尔代夫、塞舌尔、留尼汪岛和马达加斯加）周围。它们也出现在一些寒温带水域（如日本本州中部的北海岸、中国北部、澳大利亚南部和南非）。它们多分布在一些半封闭水域，包括泰国湾、红海和波斯湾，喜欢表层水温为18 ~ 30℃的海域，但在不同区域和季节之间对温度的喜好差异很大。

它们基本只沿着大陆架和大陆架上方水域分布，特别是在沙质或岩石质海底，以及具有珊瑚礁和海草床的浅海沿岸水域（不到100米深）。它们经常在大洋岛屿周围出现，集中在河口及其周围。

它们一般不洄游，全年定居在栖息地，并在有限的沿海水域内保持长期、多代的家域范围。典型的家域范围为20 ~ 200平方千米。有一些季节性迁移的证据，特别是在温带区域，偶尔能目击到有印太瓶鼻海豚长途旅行数百千米到深海水域，雄性比雌性更喜欢广阔的活动范围。

行为

一般来说，印太瓶鼻海豚不如瓶鼻海豚灵活，但仍能做一些高空跳跃动作。多年来，人们在澳大利亚南部河口港的一个小型印太平瓶鼻海豚社群中观察到它们依靠尾部行走，

印太瓶鼻海豚的分布图

成体的差异

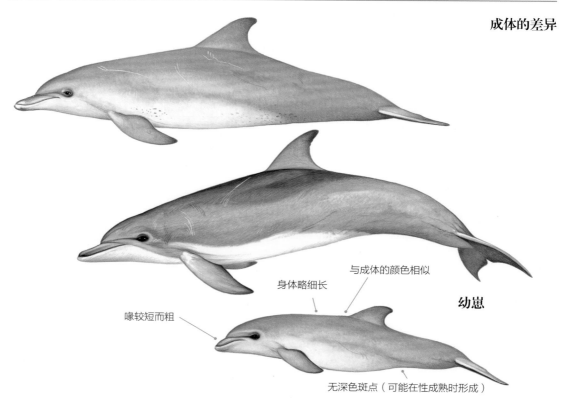

与成体的颜色相似

身体略细长

幼崽

喙较短而粗

无深色斑点（可能在性成熟时形成）

从海面竖直伸出身子，并通过用力拍尾来保持这一姿势（一头被临时人工饲养的受伤海豚康复后，曾与其他海豚一起接受过尾部行走的训练）。它们有时与中华白海豚、长吻飞旋原海豚、真海豚、伪虎鲸和其他海豚（包括瓶鼻海豚）混聚在一起。它们可能是敏捷的船首乘浪和船尾乘浪者。在澳大利亚的几个地方，印太瓶鼻海豚曾进入浅水区，接受人们投喂。

牙齿

$$\frac{\text{上 } 46 \sim 58 \text{ 颗}}{\text{下 } 46 \sim 58 \text{ 颗}}$$

群体规模和结构

印太瓶鼻海豚一般 6 ~ 60 头组成一群，但有时也有几百头的大群。100 多头的群体在日本很常见，但据报道在南非有 600 多头的大群，有幼崽的群体往往更大。大多数群体都是相对流动的，每天都能看到不同的个体。

雄性可能会结成联盟（2 ~ 3 头），向其他雄性群体发起挑战，以获得能繁殖的雌性；雌性（有时是近亲）也可能组成合作联盟，以避免被雄性胁迫、抚育幼崽和逃避鲨鱼的捕食。

潜水过程
- 缓慢游动时，喙尖先露出海面。
- 在呼吸时可以看到额隆（有时是眼）的上部。
- 头部沉到海面以下，背部和背鳍看起来很短，尾叶通常几乎看不见。
- 在快速游动时，豚越后能整齐划一地重返水中。

食物和摄食

食物　主要捕食底栖鱼类、礁石鱼类和头足类动物；偶尔会吃一些小型底栖鲨鱼和一些远洋生物。大多数食物的体长小于 30 厘米。它们的食物与瓶鼻海豚的首选食物几乎没有重叠。

摄食　拥有各种各样的摄食技巧，取决于食物和位置，包括"底部挖掘"（将喙插入海草床或海床，以驱赶猎物）、"海绵摄食"（用喙携带海绵动物，可能是为了防止摄食时喙摩擦海底）、"脱壳"（将大贝壳从水中提起，以驱赶藏在里面的鱼）、搁浅摄食（制作海浪将鱼推到泥滩上，然后暂时搁浅以捕鱼）、"吃零食"（在水面附近腹部朝上追逐鱼）、"抛章鱼"（摄食前将章鱼抛到空中，以免其窒息）、惊吓捕食（用尾巴拍打水以形成气泡将鱼从海草床和其他植被中吓出来）。在澳大利亚东部的拖网捕虾船后面摄食被丢弃的鱼（通常与澳大利亚白海豚一起）。

潜水深度　因位置和食物的不同而不同，但通常在浅处潜水；最深 200 米。

潜水时间　通常下潜 30 秒 ~ 2 分钟（最长纪录为 10 分钟）。

天敌

　　印太瓶鼻海豚的主要天敌是噬人鲨、低鳍真鲨、鼬鲨和灰真鲨，至少在该分布范围（比如南非和西澳大利亚）是如此。在西澳大利亚州的鲨鱼湾，74% 的非幼崽海豚身上有鲨鱼袭击留下的伤痕。没有虎鲸捕食印太瓶鼻海豚的记录，但可能在分布范围的部分区域存在。

照片识别

　　可以借助背鳍后缘和前缘上的刻痕和缺刻，鳍的大小和形状，以及任何其他明显的标记和伤痕来识别印太瓶鼻海豚。

种群丰度

　　尚未对全球总体丰度进行估计。当地种群往往较小且相对孤立，通常包含几十到几百头海豚。大概的区域估计如下：南非夸祖鲁 - 纳塔尔附近有 520 ~ 530 头；在西澳大利亚州的鲨鱼湾东部有 1600 多头；澳大利亚的波因特卢考特有 700 ~ 1000 头；澳大利亚的莫顿湾有 334 头；日本有 380 头；澳大利亚西部的班伯里有 185 头；桑给巴尔有 136 ~ 179 头。

保护

　　世界自然保护联盟保护现状：数据不足（2008年）。在斯里兰卡、所罗门群岛、菲律宾、澳大利亚、和东非（可能还有印度尼西亚）仍有数量不详的印太瓶鼻海豚被捕杀，以供人类食用和作为鲨鱼诱饵。

　　在它们的整个分布范围内，刺网、围网、拖网以及鱼钩、鱼线等渔具的缠绕是最大的问题。20 世纪 80 年代，捕杀印太瓶鼻海豚的活动转移到印度尼西亚水域，在那里基本上没有受到监管。在南非和澳大利亚，用于保护游泳者的防鲨网也造成了大量海豚死亡。

　　印太瓶鼻海豚是水族馆首选的人工饲养物种，尤其是在亚洲。近年来，在印度尼西亚、日本和所罗门群岛均有活体捕捞行为。该物种的近岸分布使其特别容易受到一系列其他威胁，包括栖息地退化、船只撞击、环境和其他形式的污染，以及食物被过度捕捞等。人们还担心一些区域大量不负责任、不受监管的海豚观赏和同海豚一起游泳活动所带来的不良影响。

生活史

性成熟　雌性 12 ~ 15 年，雄性 10 ~ 15 年。

交配　雄性联盟会离开家园寻找发情的雌性（一旦雌性离开了所在的群体，雄性之间就会相互竞争以与雌性交配）；雌性的群聚现象可以持续数周。它们像其他海豚一样频繁交配（即使没有可能让雌性受孕），可能是为了加强社会联系。

妊娠期　12 个月。

产崽　每 3 ~ 6 年一次（偶尔 1 ~ 2 年）；每胎一崽，在水温最高的月份达到峰值。

断奶　3 ~ 5 年后（有时短至 18 ~ 20 个月）；母亲和幼崽之间的纽带非常牢固（观察到母亲会在很长一段时间内保护死去的后代）。

寿命　雌性 50 岁，雄性 40 岁。

热带点斑原海豚

PANTROPICAL SPOTTED DOLPHIN

Stenella attenuata　(Gray, 1846)

　　热带点斑原海豚的外观由于年龄、个体和所在区域的不同而存在很大差异，有的身上几乎没有斑点，有的身上有大量斑点。尽管在热带太平洋东部围网捕捞金枪鱼的活动使热带点斑原海豚的数量大幅减少，但它们依然是地球上数量最多的鲸目动物之一。

分类　齿鲸亚目，海豚科。

英文常用名　它们是全世界热带水域中特有的物种，并且许多个体因身上广泛存在的深色和浅色斑点而得名。

别名　斑海豚、斑鼠海豚、点斑海豚、窄吻海豚、细喙海豚、尖喙海豚、白斑原海豚、格氏海豚。

学名　*Stenella* 源于希腊语 *stenos*（狭窄）和 *ella*（小的），指它们的喙；*attenuata* 源于拉丁语 *attenuatus*（细的、缩小的或弱的）。人们认为给这一物种命名的约翰·E. 格雷（John E. Gray，1800—1875 年）很可能犯了错误，认为 *attenuatus* 是"尖的"意思，因为他曾称呼这个物种为尖喙海豚。

分类学　点斑原海豚的分类在 1987 年被修订后，形成了 2 个被广泛接受的物种。目前已经确认有 2 个热带点斑原海豚亚种（基于头骨的测量和遗传数据）：一种（*S. a. attenuata*）栖居在离岸，它们小一些，更细长且斑点较少，广泛分布在全世界的热带海洋中；另一种（*S. a. graffmani*）栖息在近岸，它们大一些，更健壮且斑点较多，主要分布在热带太平洋东部的沿岸水域（沿墨西哥、中美洲和南美洲的西海岸至秘鲁北部）。目前，原海豚属的分类存在争议，在不久的将来可能被重新修订。

离岸热带点斑原海豚成体

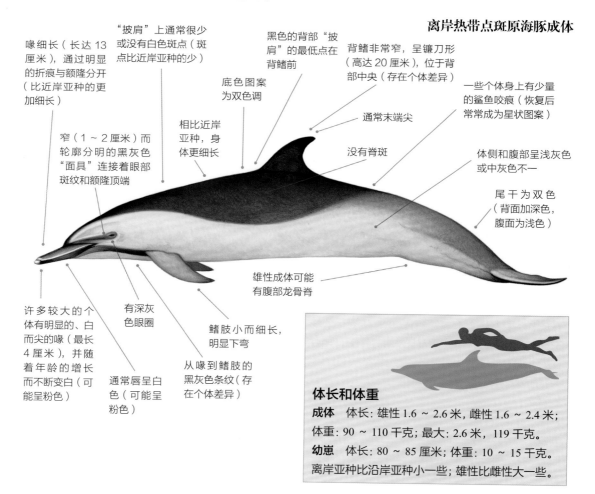

喙细长（长达 13 厘米），通过明显的折痕与额隆分开（比近岸亚种的更加细长）

"披肩"上通常很少或没有白色斑点（斑点比近岸亚种的少）

黑色的背部"披肩"的最低点在背鳍前

背鳍非常窄，呈镰刀形（高达 20 厘米），位于背部中央（存在个体差异）

底色图案为双色调

通常末端尖

一些个体身上有少量的鲨鱼咬痕（恢复后常常成为星状图案）

窄（1~2 厘米）而轮廓分明的黑灰色"面具"连接着眼部斑纹和额隆顶端

相比近岸亚种，身体更细长

没有脊斑

体侧和腹部呈浅灰色或中灰色不一

尾干为双色（背面加深色，腹面为浅色）

许多较大的个体有明显的、白而尖的喙（最长 4 厘米），并随着年龄的增长而不断变白（可能呈粉色）

有深灰色眼圈

雄性成体可能有腹部龙骨脊

通常唇呈白色（可能呈粉色）

鳍肢小而细长，明显下弯

从喙到鳍肢的黑灰色条纹（存在个体差异）

体长和体重

成体　体长：雄性 1.6~2.6 米，雌性 1.6~2.4 米；体重：90~110 千克；最大：2.6 米，119 千克。

幼崽　体长：80~85 厘米；体重：10~15 千克。

离岸亚种比沿岸亚种小一些；雄性比雌性大一些。

鉴别特征一览

- 分布于全球热带至亚热带水域。
- 体型为小型。
- 尾干为双色。
- 黑色的背部"披肩"的最低点在背鳍前。
- 有着各种各样的深色和浅色斑点。
- 喙细长，喙尖呈白色。

- 唇多呈白色。
- 底色图案为双色调。
- 没有脊斑。
- 背鳍高，呈镰刀形，位于背部中央。
- 同一群体中个体存在外观差异。

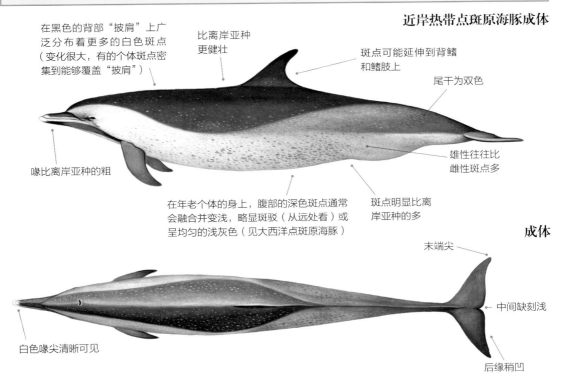

近岸热带点斑原海豚成体

在黑色的背部"披肩"上广泛分布着更多的白色斑点（变化很大，有的个体斑点密集到能够覆盖"披肩"）

比离岸亚种更健壮

斑点可能延伸到背鳍和鳍肢上

尾干为双色

喙比离岸亚种的粗

雄性往往比雌性斑点多

在年老个体的身上，腹部的深色斑点通常会融合并变浅，略显斑驳（从远处看）或呈均匀的浅灰色（见大西洋点斑原海豚）

斑点明显比离岸亚种的多

成体

末端尖

中间缺刻浅

白色喙尖清晰可见

后缘稍凹

离岸热带点斑原海豚的主要分布范围　　沿岸热带点斑原海豚的主要分布范围

热带点斑原海豚的分布图

相似物种

　　由于个体斑点的差异如此之大（见下页），识别成年热带点斑原海豚的最可靠的特征是背部"披肩"（总在背鳍前面非常低的位置）的形状和"披肩"颜色的深浅。人们很容易将它们和长吻飞旋原海豚混淆，但是这两种海豚可以通过颜色图案、喙的长度和粗细以及背鳍的形状进行区分。在大西洋，热带点斑原海豚的分布范围和大西洋点斑原海豚的重叠，但大西洋点斑原海豚更加粗壮一些，它们有着浅色的脊斑和基本是三色调的底色，尾

注：根据年龄，热带点斑原海豚通常可以被分为4个不同
的颜色阶段：双色的幼崽（从出生到3岁），有少量斑点
的年轻个体（3～8岁），斑驳的年轻成体（8～10岁）
和斑点逐渐融合的年轻成体（10岁以上）。

双色的幼崽

喙呈浅色（喙尖
随着年龄增长而
逐渐变浅，其余
部分随着年龄增
长逐渐变深）

没有斑点

颜色图案为双色（背
部呈浅灰色，腹部呈
白色或乳白色）

附肢呈深灰色

幼崽身上接近白色或乳白色
（或粉色，如果活跃的话）的
区域会逐渐变为黄灰色

有少量斑点的年轻个体

双色调底色依然明显（但
是腹部变暗，呈浅灰色）

背部"披肩"的
颜色随着年龄的
增长而变深

腹部的黑色斑点已经形成
（尤其是在头部下方和腹部）

干的颜色不太分明。瓶鼻海豚和印太瓶鼻海豚也有不
同程度上的斑点（通常在腹部），但是它们和热带点斑
原海豚在体型，身体形状，喙和背鳍的形状，以及背
部"披肩"的形状、颜色深浅等方面有着很大的区别；
它们也有多样的浅色脊斑。在巴西费尔南多-迪诺罗
尼亚岛附近，人们观察到了可能是热带点斑原海豚与
长吻飞旋原海豚的杂交后代。

分布

　　热带点斑原海豚分布在太平洋、大西洋和印度
洋的热带水域和部分亚热带水域，从北纬40度到南
纬40度。虽然在更冷的水域中偶然也能看到它们的
身影，但绝大多数分布在这个范围内较低的纬度。它
们分布于红海、波斯湾和阿拉伯海，但地中海和加利

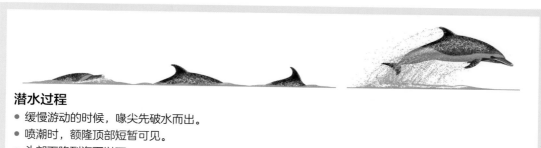

潜水过程
- 缓慢游动的时候，喙尖先破水而出。
- 喷潮时，额隆顶部短暂可见。
- 头部下降到海面以下。
- 背部和背鳍短暂出现。
- 尾干通常很少能看到。
- 在快速游动时，豚越后能整齐划一地重返水中。

斑驳的年轻成体

双色调图案依然明显

背部斑点为浅色

腹部深色斑点的数量和大小不断增加，直到它们开始聚集（但仍然没有完全融合）

斑点逐渐融合的近岸热带点斑原海豚成体

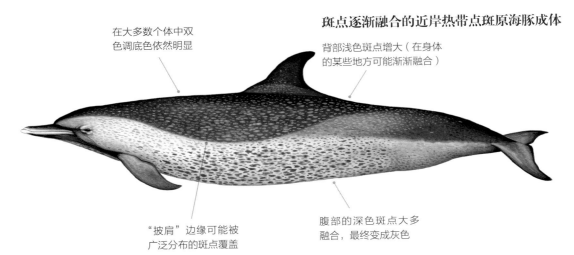

在大多数个体中双色调底色依然明显

背部浅色斑点增大（在身体的某些地方可能渐渐融合）

"披肩"边缘可能被广泛分布的斑点覆盖

腹部的深色斑点大多融合，最终变成灰色

福尼亚湾没有。曾有一条它们出现在中国黄海水域（2009 年）的记录。北太平洋区域有大量文献记载，但这个物种在其他区域出现的细节却鲜为人知。

离岸热带点斑原海豚主要分布在远洋水域、大陆架边缘以外，以及夏威夷、加勒比海、菲律宾和印度洋等一些大洋岛屿周围。但如果靠近岸边的水足够深的话，它们确实也会出现在近岸。它们主要栖息在海水表面温度超过 25℃、并且会突然变浅（小于 50 米）的温跃层水域。近岸热带点斑原海豚通常分布在海岸 130 千米以内（很少超过 200 千米），沿拉丁美洲西海岸经墨西哥南部到秘鲁北部都有，它们通常在 50 米以内的水域活动。人们对它们的季节性洄游行为知之甚少，但有证据表明，不同区域的种群存在由北向南、由东向西和由沿岸向离岸的洄游。一些个体在 9 ~ 10 个月内的分布范围最远可达 2400 千米，其他个体可能有更加稳定的栖息地。

食物和摄食

食物　离岸热带点斑原海豚的食物主要是海洋表层和中层带的小型鱼类（特别是灯笼鱼和飞鱼）、乌贼（特别是褶柔鱼）和甲壳纲动物；沿海热带点斑原海豚的食物可能主要是更大的底栖动物。

摄食　主要在夜间摄食；离岸热带点斑原海豚在深海散射层摄食。

潜水深度　白天通常在浅处（5 ~ 50 米）潜水，晚上在深处（25 ~ 250 米）潜水，根据区域而定；最深纪录为 342 米。

潜水时间　通常下潜 30 秒 ~ 2 分钟；最多 5.4 分钟。

生活史

性成熟　雌性 9 ～ 11 年，雄性 12 ～ 15 年。

交配　未知。

妊娠期　11 ～ 11.5 个月。

产崽　每 2 ～ 3 年一次（西太平洋区域为 4 ～ 6 年）；幼崽全年皆可出生，每胎一崽，存在区域性高峰（比如夏威夷为 7 ～ 10 月；热带太平洋东部为春季和秋季）。

断奶　平均 9 个月后（有些个体至少 2 年）；在 6 个月开始吃固体食物。

寿命　至少 40 岁（最长寿命纪录为 46 岁）。

行为

热带点斑原海豚游动速度快（短时间的爆发速度可能超过 22 千米／时），可以做高难度杂技动作（虽然它们无法旋转身体），并且经常跃身击浪和侧身击浪。年轻个体跳得特别高（通常是体长的 3 倍）；至少有一部分海豚跳跃似乎是为了去除身体上的䲟。在热带太平洋东部和印度洋西部，它们经常与黄鳍金枪鱼、鲣鱼混聚在一起（也许是为了提高摄食效率或者保护自己免受捕食者的伤害）。它们也被发现与长吻飞旋原海豚、瓶鼻海豚、糙齿海豚和其他鲸目动物混聚在一起。它们喜欢接近船只，并进行船首乘浪（除了在热带太平洋东部的金枪鱼渔场，在那里它们通常躲避船只）；相比雄性，雌性和年轻个体更乐于船首乘浪。

牙齿

$$\frac{上\ 68 \sim 96\ 颗}{下\ 68 \sim 94\ 颗}$$

群体规模和结构

沿岸热带点斑原海豚通常是 10 ～ 20 头为一群（1 ～ 100 头不等）；一群离岸热带点斑原海豚可能有数百或数千头，有时分布范围超过数百千米。在一个大的群体中，可能有根据年龄和性别而划分的亚群体，比如母子对、年轻个体和亚成年个体，以及雄性成体，它们倾向于待在自己的群体中。群体的大小和组成经常发生变化。

天敌

热带点斑原海豚的主要天敌是虎鲸，甚至包括大型鲨鱼；也可能有伪虎鲸和小虎鲸。人们曾观察到夏威夷的一条鼬鲨和巴西东南部的一条双髻鲨成功地袭

墨西哥湾的一头热带点斑原海豚（离岸亚种）：它身上没什么斑点，黑色的"披肩"在背鳍下方非常低的位置

太平洋东部沿海一头斑点较多的热带点斑原海豚

击了热带点斑原海豚。

照片识别

借助独特的斑点（如果存在的话）以及背鳍后缘的刻痕、凹痕和任何其他长期的标记可以识别热带点斑原海豚。另外根据其斑点的生长情况可以估算其年龄。

种群丰度

热带点斑原海豚可能是世界上数量最多的海豚之一，至少有 250 万头（还不包括有待评估的种群）。在热带太平洋东部估计有 27.8 万头沿岸亚种和 130 万头离岸亚种；在日本外海有 44 万头；在夏威夷公海水域有 5.6 万头；在墨西哥湾北部有 5.1 万头；在菲律宾苏禄海东部有 1.5 万头。

保护

世界自然保护联盟保护现状：无危（2018 年）。在热带太平洋东北部，尤其是墨西哥和中美洲西部，热带点斑原海豚在的围网中的死亡率非常高，在那里黄鳍金枪鱼与热带点斑原海豚、长吻飞旋原海豚和真海豚（较少）一起游动。商业捕鱼会将大型金枪鱼和海豚一起捕捞，总共有 600 多万头海豚被捕杀，其中 400 万头是热带点斑原海豚，热带太平洋东北部海豚的数量减少了 76%。

立法、对捕捞设备和方法的重大改进（包括放回捕获的海豚），以及公众对"确保海豚安全的金枪鱼捕捞方法"的支持，大大降低了海豚的死亡率（每年低于 1000 头）。然而，尽管经过了 30 年的保护，该物种数量的复苏迹象仍微乎其微，可能的原因如下：反复被捕获和释放而产生的应激压力，幼崽与母亲的分离，生态系统承载能力的变化，当前捕捞量的低报。

在整个分布范围内，仍有一些热带点斑原海豚偶尔被围网、刺网和拖网渔船捕获。在日本和所罗门群岛的驱赶捕鱼和鱼叉捕鱼中，有相当多数量的热带点斑原海豚被捕杀（仅在 1972 ~ 2008 年，日本就有 2.7 万多头）以供人类食用，在加勒比海、斯里兰卡、印度、印度尼西亚和菲律宾的海豚捕捞中作为诱饵，这里没有精确的数字。热带点斑原海豚面临的其他威胁可能包括地震勘探的噪声污染和船只交通的干扰（特别是在它们白天休息期间）。

大西洋点斑原海豚
ATLANTIC SPOTTED DOLPHIN

Stenella frontalis （G. Cuvier, 1829)

从很多方面来说，大西洋点斑原海豚比热带点斑原海豚更像印太瓶鼻海豚。它们的外观由于年龄、个体和生活区域的不同而有很大的差异，有的身上几乎没有斑点，有的则有许多斑点。

分类 齿鲸亚目，海豚科。

英文常用名 这个物种是大西洋特有的，许多个体身上有大面积的深色和浅色的斑点。

别名 斑点海豚、墨西哥斑点海豚、斑海豚、点斑鼠海豚、 嘴海豚、库维尔海豚和长吻海豚（或这些名称的不同组合）。

学名 *Stenella* 源自希腊语 *stenos*（狭窄）和 *ella*（小），指它们的喙；*frontalis* 源自拉丁语 *frons*（额头或前额）和 *alis*（属于），显然是指额隆。

分类学 点斑原海豚的分类在 1987 年被修订后，形成了 2 个被广泛接受的物种。目前还没有公认的大西洋点斑原海豚亚种。然而，它们似乎有 2 种类型（可能被证明是亚种）：一种体型较大，身体健壮，斑点很多，主要出现在北大西洋西部温暖水域的大陆架上（以前被称为大西洋细吻原海豚）；另一种体型较小，身体更细长，有不明显的斑点或无斑点，生活在墨西哥湾流和北大西洋中部（以及亚速尔群岛等离岸岛屿周围）的大陆坡上。原海豚属的分类学目前存在争议，并可能在不久的将来进行修订，本物种可能被划分到另外一个属。

"斑点融合"的多斑点型成体

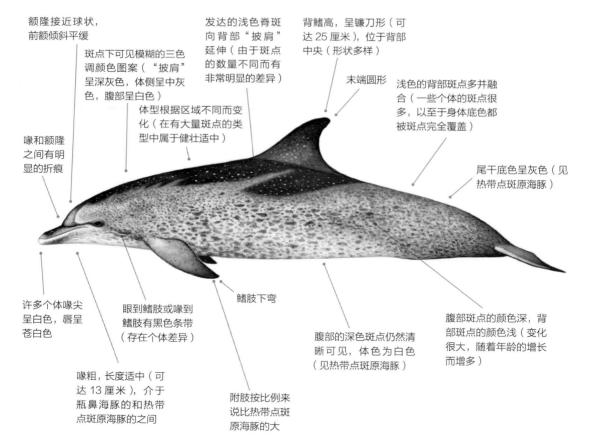

额隆接近球状，前额倾斜平缓

斑点下可见模糊的三色调颜色图案（"披肩"呈深灰色，体侧呈中灰色，腹部呈白色）

发达的浅色脊斑向背部"披肩"延伸（由于斑点的数量不同而有非常明显的差异）

背鳍高，呈镰刀形（可达 25 厘米），位于背部中央（形状多样）

末端圆形

浅色的背部斑点多并融合（一些个体的斑点很多，以至于身体底色都被斑点完全覆盖）

体型根据区域不同而变化（在有大量斑点的类型中属于健壮适中）

喙和额隆之间有明显的折痕

尾干底色呈灰色（见热带点斑原海豚）

许多个体喙尖呈白色，唇呈苍白色

眼到鳍肢或喙到鳍肢有黑色条带（存在个体差异）

鳍肢下弯

腹部斑点的颜色深，背部斑点的颜色浅（变化很大，随着年龄的增长而增多）

腹部的深色斑点仍然清晰可见，体色为白色（见热带点斑原海豚）

喙粗，长度适中（可达 13 厘米），介于瓶鼻海豚的和热带点斑原海豚的之间

附肢按比例来说比热带点斑原海豚的大

鉴别特征一览

- 分布在大西洋热带到暖温带水域。
- 体型为小型。
- 通常比热带点斑原海豚更健壮。
- 许多个体有大量斑点。
- 同一群体的个体外观差异很大。
- 浅色的脊斑稍斜。
- 体色为三色调。
- 背鳍高，呈镰刀形，位于背部中央。
- 喙长度适中，喙尖呈白色。

多斑点型成年

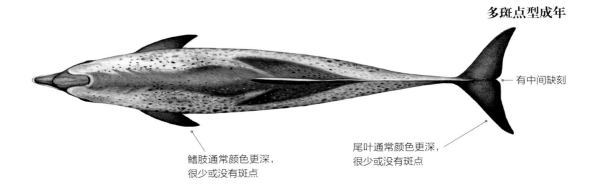

有中间缺刻

鳍肢通常颜色更深，
很少或没有斑点

尾叶通常颜色更深，
很少或没有斑点

体长和体重

成体　体长：雄性 1.7 ~ 2.3 米，雌性 1.7 ~ 2.3 米；
体重：110 ~ 140 千克；最大：2.3 米，143 千克。
幼崽　体长：0.8 ~ 1.2 米；体重：10 ~ 15 千克。

相似物种

由于斑点数量的巨大差异，大西洋点斑原海豚很容易被误判。它们常常与瓶鼻海豚混淆（但它们与印太瓶鼻海豚的分布范围没有重叠）；二者之间体型和健壮程度的差异有助于分辨，但这些差异不易察觉而且很难区分。有大量斑点的个体很可能是大西洋点斑原海豚，但是要注意有些大西洋点斑原海豚几乎没有斑点，而有些瓶鼻海豚则也有斑点。生活在大西洋的热带点斑原海豚身体更细长，缺少浅色脊斑，双色调的体色，以及颜色分明的尾叶。目前有已知的大西洋点斑原海豚与热带点斑原海豚和瓶鼻海豚的杂交后代。

分布

大西洋点斑原海豚分布在南北半球大西洋的热带到暖温带水域，从北纬50度到南纬33度。在大西洋西侧，它们分布在巴西南部向北到新英格兰（尽管在南大西洋西部的分布是不连续的）；在大西洋东侧，它们分布在加蓬北部到毛里塔尼亚（确切的界限鲜为人知）。大西洋点斑原海豚常出现在一些海岛周围，如亚速

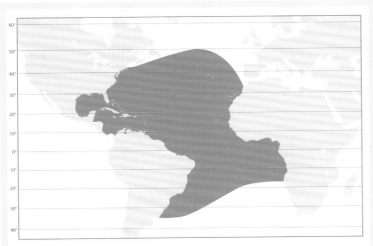

大西洋点斑原海豚的分布图

大西洋点斑原海豚通常根据年龄可以被分为 4 个不同的
颜色阶段：双色的幼崽（从出生到平均 3 岁），少量斑
点的年轻个体（平均 4 ~ 8 岁），斑驳的年轻成体（平
均 9 ~ 15 岁），斑点逐渐融合的成体（大于 15 岁）

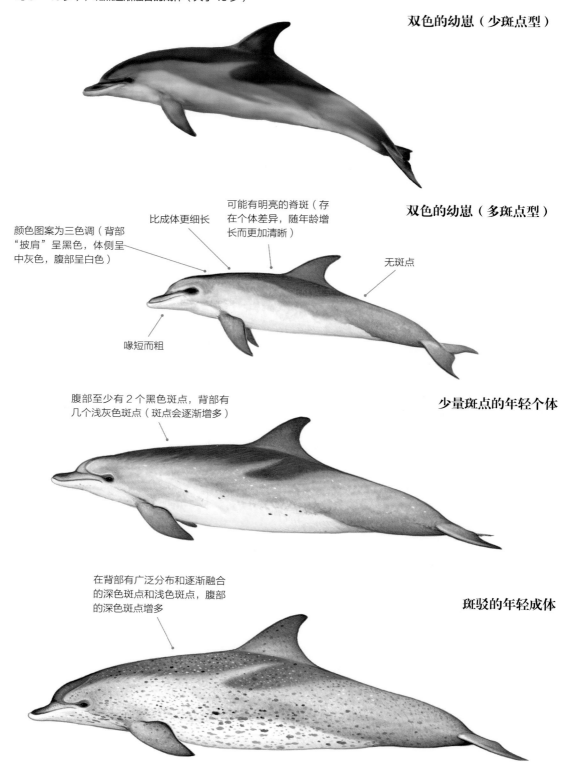

双色的幼崽（少斑点型）

双色的幼崽（多斑点型）

可能有明亮的脊斑（存
在个体差异，随年龄增
长而更加清晰）

颜色图案为三色调（背部
"披肩"呈黑色，体侧呈
中灰色，腹部呈白色）

比成体更细长

无斑点

喙短而粗

少量斑点的年轻个体

腹部至少有 2 个黑色斑点，背部有
几个浅灰色斑点（斑点会逐渐增多）

在背部有广泛分布和逐渐融合
的深色斑点和浅色斑点，腹部
的深色斑点增多

斑驳的年轻成体

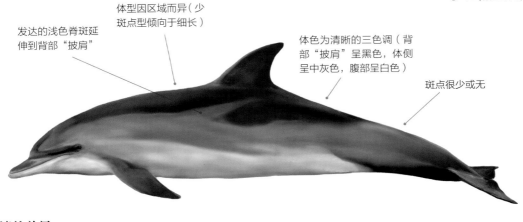

少斑点型成体

发达的浅色脊斑延伸到背部"披肩"

体型因区域而异（少斑点型倾向于细长）

体色为清晰的三色调（背部"披肩"呈黑色，体侧呈中灰色，腹部呈白色）

斑点很少或无

背鳍的差异

尔群岛和巴哈马群岛；在墨西哥湾有分布，但不生活在地中海。

多斑点型更喜欢浅海大陆架水域，通常分布在深度为 200 米的范围内，距离海岸 250 ～ 350 千米（通常至少离岸 8 千米）。少斑点型出现在大陆架外和大陆坡的上面水域以及深海。它们在近岸水域不太常见，但也有例外（比如巴西东南部的格兰德岛湾），它们可能更喜欢大洋岛屿周围较浅的水域（比如巴哈马群岛较浅的 6 ～ 12 米的沙堤）。它们可能有一些季节性的近岸 - 离岸迁移。

行为

大西洋点斑原海豚能做复杂的空中动作，具有非常好的跳跃能力。它们经常玩海带和一些其他东西。大西洋点斑原海豚经常混聚在不稳定的瓶鼻海豚群体中（通常大西洋点斑原海豚数量是瓶鼻海豚数量的 2 ～ 3 倍），瓶鼻海豚的体型几乎是大西洋点斑原海豚的 2 倍多，并且它们会攻击大西洋点斑原海豚。在亚速尔群岛，大西洋点斑原海豚会加入由金枪鱼、海鸟、真海豚、瓶鼻海豚，有时还有其他鲸目动物临时组成的混合物种摄食大聚群。在生活的大多数区域中，大

潜水过程

- 缓慢游动时，喙尖先破水而出。
- 喷潮时，额隆顶部短暂可见。
- 头部下降到海面以下。
- 背部和背鳍短暂出现。
- 尾干通常不会露出。
- 在快速游动时，豚越后能整齐划一地重返水中。

食物和摄食

食物   捕食各种各样的小鱼到大鱼（包括鲱鱼、鳀鱼和比目鱼）和乌贼；夜间以飞鱼为食；偶尔摄食底栖无脊椎动物，食性上存在区域差异。

摄食   在巴哈马群岛，它们会在柔软的沙质海床上捕鱼（将喙插入沙中）；已知它们在某些区域会跟随拖网渔船，摄食渔船丢弃的鱼。离岸型的海豚会合作将鱼群围成球状赶至靠近水面的地方。

潜水深度   在小于 10 米处潜处；最深纪录是 60 米。

潜水时间   大多下潜 2 ~ 4 分钟；最长时间纪录是 6 分钟。

西洋点斑原海豚是狂热的船首乘浪爱好者，它们有时会跟随一艘快速行驶的船游很远。巴哈马的大西洋点斑原海豚已经习惯了潜水者的存在。它们因为特征鲜明的签名哨叫声而闻名，每个个体的哨叫声都是独一无二的，可以用哨叫声来确定它们的身份。

牙齿

$$\frac{上\ 64 \sim 84\ 颗}{下\ 60 \sim 80\ 颗}$$

群体规模和结构

大西洋点斑原海豚的群体一般为中小群，最多为 50 头（偶尔为 200 头）。离岸和沿岸群体规模通常较小（5 ~ 15 头）。它们往往按年龄和性别聚群，并且往往在大小和组成上有所不同。有证据表明，2 ~ 3 头雄性个体会结成亲密的联盟。

天敌

鲨鱼（比如鼬鲨和低鳍真鲨）和虎鲸是大西洋点斑原海豚已知的天敌。大西洋点斑原海豚也可能被其他黑鲸捕食。

照片识别

借助独特的斑点图案、结合背鳍后缘的刻痕和缺刻以及其他长期的标记可以识别大西洋点斑原海豚，还可以根据其斑点的生长情况来估计其年龄。

种群丰度

尚未对总体丰度进行估计。区域估计的大概数量如下：北大西洋西部（芬迪湾下游到佛罗里达中部）

亚速尔群岛一群基本上没有斑点的大西洋点斑原海豚

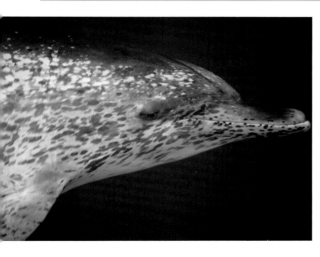

生活史

性成熟　雌性 8 ～ 15 年，雄性 18 年。

交配　一夫多妻制（单雄配多雌）。

妊娠期　11 ～ 12 个月。

产崽　每 3 ～ 4 年一次（1 ～ 5 年不等），热带区域幼崽全年皆可出生，每胎一崽。其他地方有季节性的产崽高峰。

断奶　3 ～ 5 年后。

寿命　可能至少 50 岁，已知最长寿命纪录为 55 岁。

有限的证据表明，大西洋东部的大西洋点斑原海豚多分布在近海。这是墨西哥湾的一个个体

有 45000 头，墨西哥湾北部有 38000 头（被认为是低估了）。

保护

世界自然保护联盟保护现状：无危（2018 年）。在加勒比海、北大西洋西部、委内瑞拉、巴西、毛里塔尼亚、加纳和其他地方，它们偶尔会被渔民捕杀，但没有具体的数字，至少有一部分个体被用于人类食用或作为鲨鱼诱饵。大西洋点斑原海豚虽然在加勒比海小安的列斯群岛和西非海岸可能偶尔被捕杀，但并没有已知的直接捕杀记录。它们面临的其他威胁尚不清楚，但可能包括有机氯污染物。

大西洋点斑原海豚在它们的大部分分布范围内都是船首乘浪的爱好者

长吻飞旋原海豚

SPINNER DOLPHIN

Stenella longirostris （Gray, 1828）

长吻飞旋原海豚因其惊人的动作而得名，它们会跃出水面，以身体为纵轴旋转 7 次，然后在落水时溅起巨大的水花。它们在热带的许多地方都可以见到。这个物种在形态和颜色上比其他鲸目动物有更多的地理差异。

分类　齿鲸亚目，海豚科。

英文常用名　源于它们在空中可以进行独特的旋转。

别名　长吻海豚、热带飞旋海豚、长鼻海豚、飞旋海豚和旋转海豚；亚种的名称见分类学。

学名　*Stenella* 源自希腊语 *stenos*（窄）和 *ella*（小），指它们的喙；*longirostris* 源自拉丁语 *longus*（长）和 *rostrum*（喙或吻），字面意思是"狭长的喙"。

分类学　目前已知有 4 个亚种：格雷飞旋原海豚（有时称夏威夷海豚，*S. l. longirostris*），这是全世界大多数热带海洋水域发现的"典型"飞旋原海豚；中美洲（以前称"哥斯达黎加"）飞旋原海豚（*S. l. centroamericana*），生活在中美洲的太平洋沿岸；东方飞旋原海豚（*S. l. orientalis*），生活在热带太平洋东部的离岸水域；以及侏儒飞旋原海豚（*S. l. roseiventris*），生活在东南亚和澳大利亚北部。还有一种叫作白腹飞旋原海豚的杂交海豚，介于格雷飞旋原海豚和东方飞旋原海豚之间，白腹飞旋原海豚发现于这 2 个"亲本"亚种相遇的热带太平洋东部。原海豚属的分类学目前存在争议，并可能在不久的将来进行修订。

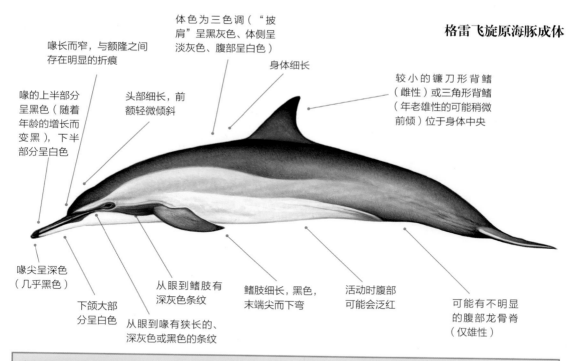

格雷飞旋原海豚成体

喙长而窄，与额隆之间存在明显的折痕

体色为三色调（"披肩"呈黑灰色、体侧呈淡灰色、腹部呈白色）

身体细长

头部细长，前额轻微倾斜

喙的上半部分呈黑色（随着年龄的增长而变黑），下半部分呈白色

较小的镰刀形背鳍（雌性）或三角形背鳍（年老雄性的可能稍微前倾）位于身体中央

喙尖呈深色（几乎黑色）

下颌大部分呈白色

从眼到鳍肢有深灰色条纹

从眼到喙有狭长的、深灰色或黑色的条纹

鳍肢细长，黑色，末端尖而下弯

活动时腹部可能会泛红

可能有不明显的腹部龙骨脊（仅雄性）

鉴别特征一览

- 分布于全世界的热带和亚热带水域。
- 体型为小型。
- 通常身体细长。
- 背鳍直立（有时向前倾斜），位于背部中央。
- 外观因地理位置不同而差异很大。
- 喙细长。
- 额隆稍微倾斜。
- 能进行极高的旋转跳跃。
- 通常群居。

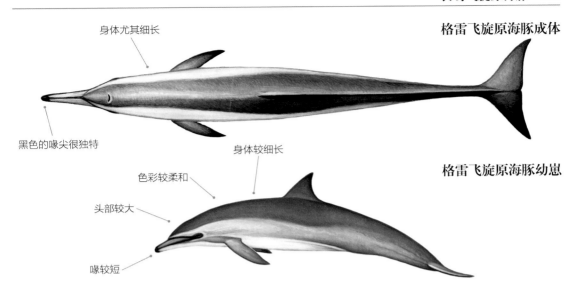

身体尤其细长

格雷飞旋原海豚成体

黑色的喙尖很独特

身体较细长

格雷飞旋原海豚幼崽

色彩较柔和

头部较大

喙较短

相似物种

长吻飞旋原海豚凭借其独特和多样的空中旋转动作能被立刻认出来，而其他海豚只会偶尔旋转几圈。它们与其他体型相似、长着长吻的海豚可能混淆，特别是在离得较远时。但它们在相对喙长、背鳍形状和颜色图案上存在显著差异。格雷飞旋原海豚与短吻飞旋原海豚特别相似，它们的分布范围在大西洋重叠，但格雷飞旋原海豚更细长，喙更长更细，额隆不太圆，背鳍通常不那么像镰刀形（尽管变化很大且分布范围存在重叠），颜色图案也不一样。另外，短吻飞旋原海豚"披肩"上有两处"凹陷"，喙顶上有深色"胡须"。热带点斑原海豚和它们也有相似的分布范围且身上也有不明显的斑点，但这两种海豚在喙的长度和厚度、

背鳍的形状（长吻飞旋原海豚背鳍不太像镰刀形）和颜色图案（热带点斑原海豚的深色背部"披肩"总是在背鳍的正前方非常低的位置）上有明显的区别。在巴西费尔南多-迪诺罗尼亚群岛附近，人们观察到了可能存在的长吻飞旋原海豚与热带点斑原海豚、短吻飞旋原海豚的杂交后代。中美洲飞旋原海豚和东方飞旋原海豚几乎完全相同，尤其雌性和年轻个体，二者可能无法区分。

分布

长吻飞旋原海豚分布于太平洋、大西洋和印度洋的所有热带和大多数亚热带水域，在北纬 30 度和 40 度和南纬 20 度到 40 度。长吻飞旋原海豚最常见于沿

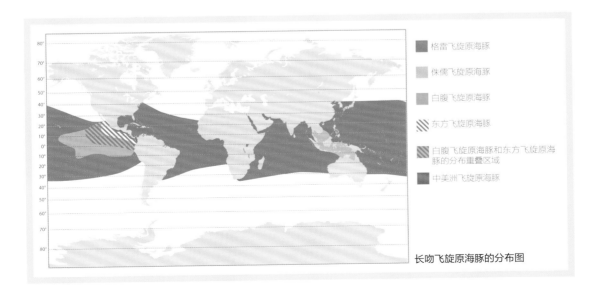

格雷飞旋原海豚

侏儒飞旋原海豚

白腹飞旋原海豚

东方飞旋原海豚

白腹飞旋原海豚和东方飞旋原海豚的分布重叠区域

中美洲飞旋原海豚

长吻飞旋原海豚的分布图

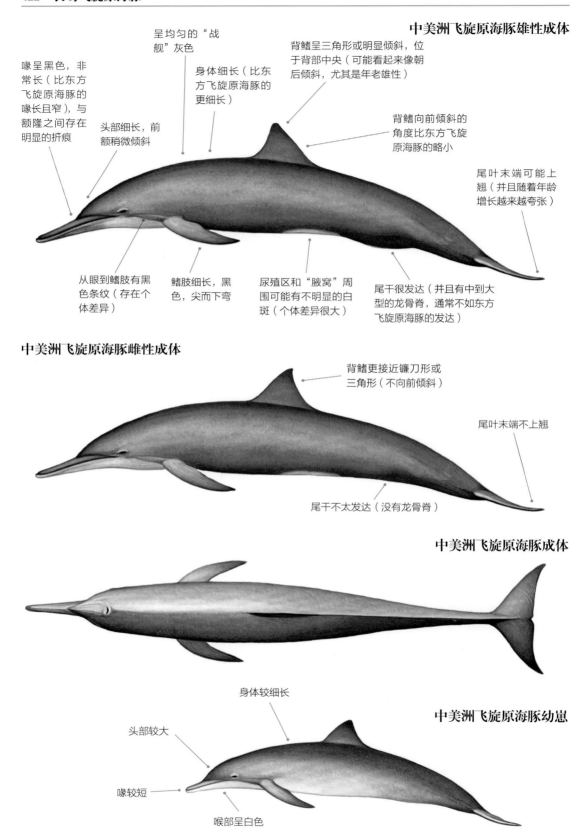

中美洲飞旋原海豚雄性成体

呈均匀的"战舰"灰色

背鳍呈三角形或明显倾斜，位于背部中央（可能看起来像朝后倾斜，尤其是年老雄性）

喙呈黑色，非常长（比东方飞旋原海豚的喙长且窄），与额隆之间存在明显的折痕

身体细长（比东方飞旋原海豚的更细长）

头部细长，前额稍微倾斜

背鳍向前倾斜的角度比东方飞旋原海豚的略小

尾叶末端可能上翘（并且随着年龄增长越来越夸张）

从眼到鳍肢有黑色条纹（存在个体差异）

鳍肢细长，黑色，尖而下弯

尿殖区和"腋窝"周围可能有不明显的白斑（个体差异很大）

尾干很发达（并且有中到大型的龙骨脊，通常不如东方飞旋原海豚的发达）

中美洲飞旋原海豚雌性成体

背鳍更接近镰刀形或三角形（不向前倾斜）

尾叶末端不上翘

尾干不太发达（没有龙骨脊）

中美洲飞旋原海豚成体

中美洲飞旋原海豚幼崽

身体较细长

头部较大

喙较短

喉部呈白色

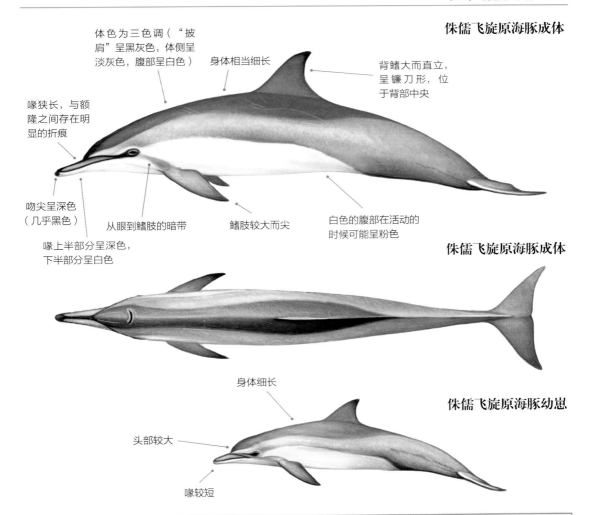

侏儒飞旋原海豚成体

体色为三色调（"披肩"呈黑灰色，体侧呈淡灰色，腹部呈白色）

身体相当细长

背鳍大而直立，呈镰刀形，位于背部中央

喙狭长，与额隆之间存在明显的折痕

吻尖呈深色（几乎黑色）

从眼到鳍肢的暗带

鳍肢较大而尖

白色的腹部在活动的时候可能呈粉色

喙上半部分呈深色，下半部分呈白色

侏儒飞旋原海豚成体

身体细长

侏儒飞旋原海豚幼崽

头部较大

喙较短

体长和体重（中美洲飞旋原海豚）
成体　体长：雄性 1.9 ～ 2.2 米，雌性 1.8 ～ 2.1 米；
体重：55 ～ 75 千克；最大：2.2 米，82 千克。
幼崽　体长：75 ～ 80 厘米；体重：10 千克。

体长和体重（白腹飞旋原海豚）
成体　体长：雄性 1.6 ～ 2.4 米，雌性 1.6 ～ 2 米；
体重：55 ～ 75 千克；最大：2.4 米，75 千克。
幼崽　体长：75 ～ 80 厘米；体重：10 千克。

体长和体重（格雷飞旋原海豚）
成体　体长：雄性 1.6 ～ 2.1 米，雌性 1.4 ～ 2 米；
体重：55 ～ 70 千克；最大：2.2 米，80 千克。
幼崽　体长：75 ～ 80 厘米；体重：10 千克。

体长和体重（东方飞旋原海豚）
成体　体长：雄性 1.6 ～ 2 米，雌性 1.5 ～ 1.9 米；
体重：55 ～ 70 千克；最大：2 米，75 千克。
幼崽　体长：75 ～ 80 厘米；体重：10 千克。

体长和体重（侏儒飞旋原海豚）
成体　体长：雄性 1.4 ～ 1.6 米，雌性 1.3 ～ 1.5 米；
体重：23 ～ 35 千克；最大：1.6 米，36 千克。
幼崽　体长：50 ～ 70 厘米；体重：5 ～ 7 千克。

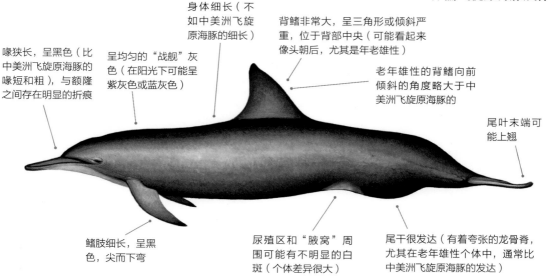

侏儒飞旋原海豚成体

喙狭长，呈黑色（比中美洲飞旋原海豚的喙短和粗），与额隆之间存在明显的折痕

呈均匀的"战舰"灰色（在阳光下可能呈紫灰色或蓝灰色）

身体细长（不如中美洲飞旋原海豚的细长）

背鳍非常大，呈三角形或倾斜严重，位于背部中央（可能看起来像头朝后，尤其是年老雄性）

老年雄性的背鳍向前倾斜的角度略大于中美洲飞旋原海豚的

尾叶末端可能上翘

鳍肢细长，呈黑色，尖而下弯

尿殖区和"腋窝"周围可能有不明显的白斑（个体差异很大）

尾干很发达（有着夸张的龙骨脊，尤其在老年雄性个体中，通常比中美洲飞旋原海豚的发达）

东方飞旋原海豚雌性成体

背鳍更直，接近镰刀形或三角形（不向前倾斜）

尾叶末端不上翘

尾干不太发达（没有龙骨脊）

东方飞旋原海豚成体

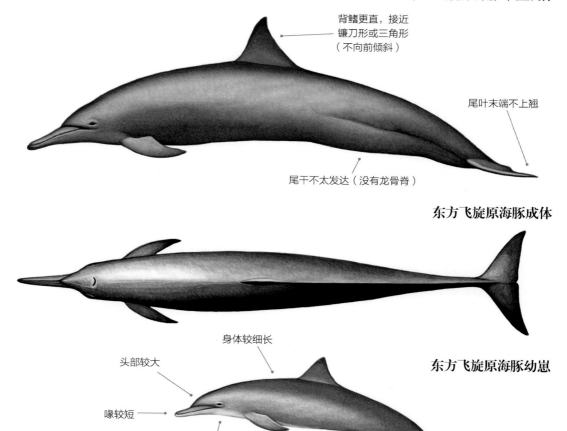

身体较细长

头部较大

喙较短

喉部呈白色（可能延伸到苍白的腹部）

东方飞旋原海豚幼崽

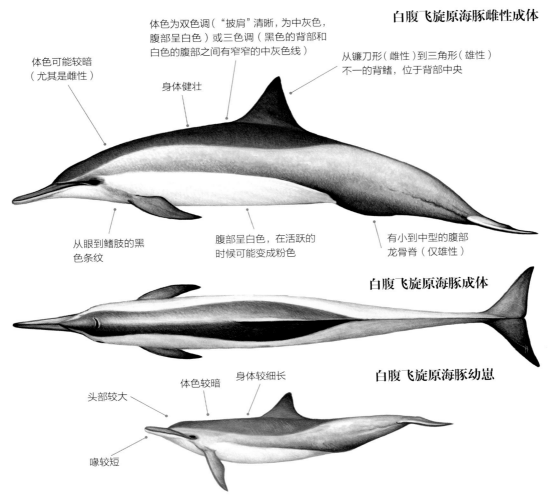

白腹飞旋原海豚雌性成体

体色为双色调（"披肩"清晰，为中灰色，腹部呈白色）或三色调（黑色的背部和白色的腹部之间有窄窄的中灰色线）

从镰刀形（雌性）到三角形（雄性）不一的背鳍，位于背部中央

体色可能较暗（尤其是雌性）

身体健壮

从眼到鳍肢的黑色条纹

腹部呈白色，在活跃的时候可能变成粉色

有小到中型的腹部龙骨脊（仅雄性）

白腹飞旋原海豚成体

白腹飞旋原海豚幼崽

头部较大

体色较暗

身体较细长

嚎较短

海水域、大洋岛屿和浅滩周围，但它们也会大量出现在公海上，分布在广阔的开放水域。沿海的长吻飞旋原海豚，尤其是栖息在大洋岛屿周围的，经常在早上迁移到较浅的沙底海湾，休息到下午晚些时候或傍晚；浅色的沙子可能有助于它们发现接近的鲨鱼（它们对白天休息场所的要求似乎相当严格）；它们晚上冒险到深水中摄食。在某些地方，它们实际上栖息在珊瑚环礁的潟湖里。有些区域，它们对栖息地的恋地性很高。

中美洲飞旋原海豚

它们是热带太平洋东部一条 150 千米长的、狭窄的浅海地带特有的海豚，分布范围是从墨西哥的特万特佩克湾到哥斯达黎加。

格雷飞旋原海豚

除热带亚洲和热带太平洋东部的部分区域外，它们分布在全球的大部分区域。它们主要出没于大洋岛屿周围，但也曾出现在公海。

东方飞旋原海豚

它们分布在热带太平洋东部，在西经 145 度以东；北部界限从墨西哥下加利福尼亚州开始，南至厄瓜多尔北部（大致在赤道附近），通常在太平洋东部暖池的离岸水域。

侏儒飞旋原海豚

它们几乎只分布在热带的印度洋 - 太平洋海域、东南亚和澳大利亚北部的沿岸浅海，主要分布在 50 米以下的珊瑚礁周围。在这个区域的较深的离岸水域，它们被格雷飞旋原海豚所取代。

白腹飞旋原海豚

它们主要分布在热带太平洋东部的离岸水域，大致出现在东方飞旋原海豚与格雷飞旋原海豚相遇的地方，与东方飞旋原海豚的分布范围有大面积重叠。

行为

长吻飞旋原海豚是所有海豚中最善于进行空中表演的海豚之一。除了在空中旋转外，它们还会跃身击浪、弧形跳跃、尾上头下跳跃、腹部击浪、拍尾击浪和鳍肢击浪。在夏威夷，白天在浅沙湾休息的长吻飞旋原海豚经常排成"之"字形游动，同时做出有规律的空中行为。这种行为被认为是为了测试群体是否准备好向离岸迁移。它们经常与热带太平洋东部和印度洋的热带点斑原海豚混聚在一起，偶尔也与其他海洋哺乳动物一起出现。在分布范围内的许多地方，它们很乐于接近船只，并在船首乘浪（除了在热带太平洋东部的金枪鱼渔场，在那里它们通常躲避船只）。

旋转

它们最有名的动作是向空中跳跃到 3 米高，再以身体为纵轴旋转 7 次，然后落入水中。通常在下降过程中，它们最多可旋转 14 次（每一次都不如前一次有力）。它们在破水而出之前就开始在水下旋转。不同年龄的个体都会旋转。一旦一头长吻飞旋原海豚开始旋转，其他个体通常也会加入。其他一些海豚物种也会旋转，但与长吻飞旋原海豚的旋转次数和频率都不一样。对于这种行为有许多可能的解释：可能是为了在重新入水时产生足够的阻力，以去除附着的鲫（尽管鲫并不总是在它们身上）；可能是与求偶有关的社会性行为；可能是一种锻炼肌肉或准备夜间摄食的方法；或者旋转和重新入水所产生的巨大水下气泡可以作为一个独特的声学目标，让它们在分布广泛的群体中进行联系。

牙齿

$$\frac{上 80 \sim 124 颗}{下 80 \sim 124 颗}$$

不同亚种的牙齿数量有细微的差别。

群体规模和结构

长吻飞旋原海豚的群体规模随着活动与地点的不同而不同，几十头到几千头不等。最大的群体往往出现在离岸水域，最小的群体出现在沿岸水域。不同区域的群体的结构差异很大，比如夏威夷主要岛屿周围有一个分离组合（个体定期结合，然后每天分离）的群体，但在夏威夷群岛西北部有长期稳定的伙伴群体。有一些证据表明它们会按年龄和性别分成不同的群体。

潜水过程

- 缓慢游动时，喙尖先破水而出。
- 喷潮时，额隆顶部短暂可见。
- 头部下降到海面以下。
- 背部和突出的背鳍短暂出现，有些个体看起来好像前后颠倒。
- 尾干快速弓起（通常很高）。
- 尾叶通常不会露出。
- 在快速游动时，豚越后能整齐划一地重返水中。
- 游动的大群可能搅动海水，产生大量泡沫。

> **食物和摄食**
>
> **食物**　侏儒飞旋原海豚摄食底栖珊瑚礁鱼类和无脊椎动物。该物种其他海豚捕食中层带的小型鱼类（长度小于 20 厘米）、乌贼和樱虾。
>
> **摄食**　大多数在晚上摄食，白天休息（侏儒飞旋原海豚白天摄食）；一些种群合作摄食（生活在夏威夷离岸的海豚会将鱼群围成球状并驱赶至海面）。
>
> **潜水深度**　因亚种而异；离岸亚种的通常潜至 200 ~ 300 米，但也能潜至 600 米或更深的地方。
>
> **潜水时间**　休息时一次下潜 1 ~ 2 分钟（大部分时间在海面）；在摄食时一次下潜 3 ~ 4 分钟（两次深潜之间在海面停留 30 秒）。

天敌

　　大型鲨鱼可能是长吻飞旋原海豚最主要的天敌。长吻飞旋原海豚身上没有观察到鲨鱼攻击后愈合的伤口，说明大多数大型鲨鱼的攻击对它们来说很可能都是致命的。其他天敌也可能是虎鲸、伪虎鲸，甚至小虎鲸。

照片识别

　　尽管只有大约 15% 的个体的背鳍是完全不同的，但借助背鳍后缘的刻痕和缺刻可以识别长吻飞旋原海豚。

种群丰度

　　尚未对全球丰度进行估计，但长吻飞旋原海豚可能是世界上最多的海豚之一。许多区域尚未进行估计，但已知的数量加起来有 100 多万头。大致的区域数量如下：热带太平洋东部有 80.1 万头白腹飞旋原海豚和 61.3 万头东方飞旋原海豚；苏禄海东南部有 3.1 万头长吻飞旋原海豚；墨西哥湾北部有 1.2 万头长吻飞旋原海豚；夏威夷周围有 1800 ~ 2000 头长吻飞旋原海豚。

保护

　　世界自然保护联盟保护现状：无危（2018 年）；东方飞旋原海豚，易危（2008 年）。热带太平洋东北部尤其是墨西哥和中美洲西部，黄鳍金枪鱼与长吻飞旋原海豚、热带点斑原海豚和（较少的）真海豚混聚在一起，由于围网误捕导致的长吻飞旋原海豚的死亡率非常高。商业捕鱼会同时捕获金枪鱼和海豚，总共有 600 多万头海豚被捕杀，其中 200 万头是长吻飞旋原海豚，热带太平洋东北部的海豚数量减少了约 65%。

　　立法、对捕捞工具和捕捞方法的重大改进（包括放回捕获的海豚），以及公众对"确保海豚安全的金枪鱼捕捞方法"的支持，大大降低了它们的死亡率

（每年不到 1000 头）。然而，尽管受到了 30 年的保护，长吻飞旋原海豚的数量并没有显示出明显的复苏迹象。有如下几个可能的原因：反复被捕获和释放而产生的应激压力，幼崽与母亲的分离，生态系统承载能力的变化，当前捕捞量的低报。

　　在它们的分布范围内，一些围网、流刺网和拖网仍然会偶尔捕获长吻飞旋原海豚，其中一些捕捞使得该物种的生存不可持续；在泰国湾的拖虾渔网中偶然会发现侏儒飞旋原海豚。在某些情况下，长吻飞旋原海豚的价值导致了人们积极地去捕捞它们。在所罗门群岛、加勒比海、斯里兰卡、印度、印度尼西亚、菲律宾、日本和西非，都有人直接捕捞它们作为鲨鱼诱饵或供人食用。目前还没有确切的捕捞数据，但据报道，印度洋一些国家每年都会有数千人参加捕捞。长吻飞旋原海豚面临的其他威胁可能包括人为干扰（特别是在海豚经常休息的一些浅海沿岸水域，来自观豚船和游泳者的干扰），海洋垃圾误食（或缠绕），化学污染和噪声污染。

> **生活史**
>
> **性成熟**　雌性 8 ~ 9 年，雄性 7 ~ 10 年。
>
> **交配**　东方飞旋原海豚和中美洲飞旋原海豚是一夫多妻制（单雄配多雌），格雷飞旋原海豚、侏儒飞旋原海豚和白腹飞旋原海豚是多夫多妻制（雌雄都有多个交配伙伴）。它们有着不同程度的雌雄竞争（取决于亚种），从公开竞争到精子竞争。
>
> **妊娠期**　10 个月。
>
> **产崽**　每 3 年一次；每胎一崽，一年四季皆可出生，根据区域的不同，季节性的产崽高峰从春末到秋季。
>
> **断奶**　1 ~ 2 年后。
>
> **寿命**　25 ~ 30 岁。

短吻飞旋原海豚

CLYMENE DOLPHIN

Stenella clymene (Gray, 1850)

分子研究表明，短吻飞旋原海豚可能是长吻飞旋原海豚和条纹原海豚广泛杂交演化而来，在许多方面，短吻飞旋原海豚似乎介于二者之间。它们最初被认为是一种变异的长吻飞旋原海豚，直到 1981 年才被普遍认为是一个独立的新物种。

分类 齿鲸亚目，海豚科。

英文常用名 以希腊神话中的海洋女神和提坦女神 Clymene（克吕墨涅）命名。

别名 短吻飞旋海豚、大西洋飞旋海豚、塞内加尔海豚和头盔海豚（它们从喙尖到额隆的独特条纹据说看起来像 10 世纪诺曼人头盔上的面罩）。

学名 *Stenella* 源自希腊语 *stenos*（窄）和 *ella*（小），指它们的喙；*Clymene* 来自神话中的海洋女神名字（但有些人认为这个词来自希腊语 *klymenos*，意为"臭名昭著"或"声名狼藉"）。

分类学 有一些证据表明，短吻飞旋原海豚是由杂交物种演化而来（它们的外表和行为类似于长吻飞旋原海豚，而它们的头骨类似于条纹原海豚），如果是这样，它们将是已知的第一种以这种方式出现的海洋哺乳动物；没有公认的分形或亚种。原海豚属的分类目前存在争议，该属可能在不久的将来要进行修订。

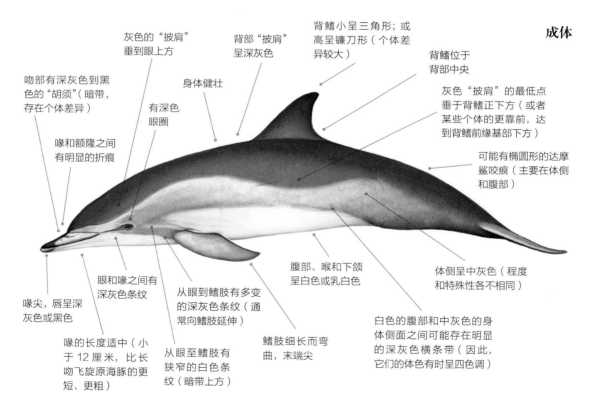

成体

灰色的"披肩"垂到眼上方

背部"披肩"呈深灰色

背鳍小呈三角形；或高呈镰刀形（个体差异较大）

背鳍位于背部中央

吻部有深灰色到黑色的"胡须"（暗带，存在个体差异）

身体健壮

灰色"披肩"的最低点垂于背鳍正下方（或者某些个体的更靠前，达到背鳍前缘基部下方）

喙和额隆之间有明显的折痕

有深色眼圈

可能有椭圆形的达摩鲨咬痕（主要在体侧和腹部）

喙尖，唇呈深灰色或黑色

眼和喙之间有深灰色条纹

从眼到鳍肢有多变的深灰色条纹（通常向鳍肢延伸）

腹部、喉和下颌呈白色或乳白色

体侧呈中灰色（程度和特殊性各不相同）

喙的长度适中（小于 12 厘米，比长吻飞旋原海豚的更短、更粗）

从眼至鳍肢有狭窄的白色条纹（暗带上方）

鳍肢细长而弯曲，末端尖

白色的腹部和中灰色的身体侧面之间可能存在明显的深灰色横条带（因此，它们的体色有时呈四色调）

鉴别特征一览

- 分布于大西洋温暖的水域。
- 体型为小型。
- 身体健壮。
- 体色为三色调（个体差异很大）。

- 深色"披肩"上有两个明显的"凹陷"（外观呈波浪状）。
- 背鳍接近三角形或镰刀形。
- 喙粗壮，长度适中。
- 吻部有深色的"胡须"。

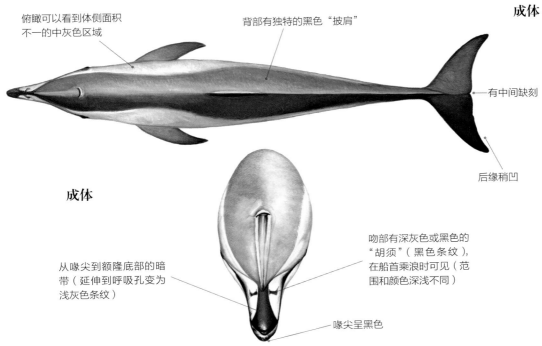

成体

俯瞰可以看到体侧面积不一的中灰色区域

背部有独特的黑色"披肩"

有中间缺刻

后缘稍凹

成体

从喙尖到额隆底部的暗带（延伸到呼吸孔变为浅灰色条纹）

吻部有深灰色或黑色的"胡须"（黑色条纹），在船首乘浪时可见（范围和颜色深浅不同）

喙尖呈黑色

体长和体重
成体 体长：雄性1.8～2米，雌性1.7～1.9米；
体重：50～80千克；最大：2米，80千克。
幼崽 体长：0.9～1.2米；体重：10千克。

短吻飞旋原海豚的分布图

相似物种

　　短吻飞旋原海豚的外形与格雷飞旋原海豚的类似，但前者体型更小，更健壮，喙更短、更粗，额隆更圆，背鳍通常更接近镰刀形（尽管个体差异很大且分布范围存在重叠），二者的颜色图案也不一样，看看短吻飞旋原海豚"披肩"上有两处"凹陷"，喙顶上有深色"胡须"。"干净"的喉部有助于将短吻飞旋原海豚与其他海豚分开，但遗憾的是，这个特征并不能帮助我们区分短吻飞旋原海豚与长吻飞旋原海豚（格雷飞旋原海豚也有类似的喉部）。从远处看它们可能与真海豚混淆，但真海豚的背部"披肩"会在背鳍下方"凹陷"，形成一个尖尖的V形，而短吻飞旋原海豚的"凹陷"则形成一条平滑的曲线；短吻飞旋原海豚"干净"的喉部、白色的下颌（格雷飞旋原海豚也有）和吻部的"胡须"也是将其与真海豚区分开来的明显特征。短吻飞旋原海豚与条纹原海豚有着些许相似之处，但仔细观察，它们的颜色图案却大不相同。在巴西的费尔南多-

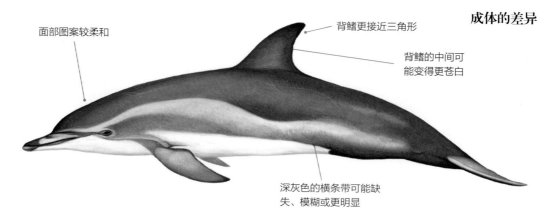

成体的差异

面部图案较柔和

背鳍更接近三角形

背鳍的中间可能变得更苍白

深灰色的横条带可能缺失、模糊或更明显

迪诺罗尼亚群岛附近，人们发现了一种由短吻飞旋原海豚和长吻飞旋原海豚杂交生下的海豚。

分布

短吻飞旋原海豚分布在大西洋的热带、亚热带水域，偶尔出现在暖温带水域，比如加勒比海和墨西哥湾。现在还不知道它们是否进入地中海。在大西洋的东部，它们的分布范围从安哥拉南部（南纬 14 度）到毛里塔尼亚中部以北（北纬 19 度）；南部边界之所以在非洲西海岸，可能是受到了本格拉寒流的影响。（尽管它们可能出现在大西洋中部更南边的离岸水域，那里的海水温度更高）。在西部，它们分布在巴西南里奥格兰德州（南纬 30 度），北至新泽西（北纬 39 度）。大西洋中部有 2 个记录。它们仅分布于温暖水域，表层水温一般为 19.6 ~ 31.1℃（大多数区域高于 25℃）。它们的分布也受到温暖洋流的强烈影响，比如墨西哥湾流、北赤道洋流和巴西洋流。这个海洋物种主要出现在大陆架的向海方向（倾向于大陆坡和更

远处），在近岸很少见到（海岸临近深水的地方除外），一般在水深为 400 ~ 5000 米处。它们常年生活在热带区域，没有已知的长距离洄游。

它们动作敏捷，经常在空中活动——竖直跃起和旋转；跃起后可能会旋转 4 次，直到侧面或背部入水（尽管它们跳跃次数较低，频率也较低，旋转的精细度和技巧也不如长吻飞旋原海豚，但这是除了长吻飞旋原海豚之外唯一能经常以身体为纵轴旋转的海豚）。与所有远洋海豚一样，在海面上相对活跃的"安静"群体也很常见。据报道，它们会偶尔与西非的真海豚、加勒比海和其他地方的长吻飞旋原海豚混聚在一起。它们对船只的反应不一，或躲避，或好奇。在某些区域，热衷于船首乘浪的短吻飞旋原海豚会经常从远处接近船只。

牙齿

上 78 ~ 104 颗

下 76 ~ 96 颗

潜水过程

- 只有呼吸孔，部分背部和背鳍露出。
- 向前翻滚，背部微微弓起。
- 尾干消失在水面以下。
- 尾叶看不到。
- 快速游动时会豚跃。

喷潮

- 不明显。

食物和摄食

食物 捕食中层带的小型鱼类（包括灯笼鱼、鲱鱼和鳕鱼）和乌贼。

摄食 多数在夜间摄食；人们也曾观察到它们在墨西哥湾白天合作摄食。

潜水深度 未知。

潜水时间 未知。

群体规模和结构

短吻飞旋原海豚一般由 1 ~ 1000 头组成一群，总体平均值为 70 ~ 80 头（墨西哥湾的数量约为平均值的一半）。

天敌

没有记录在案的事件，但它们的天敌可能为虎鲸和大型鲨鱼。

种群丰度

尚未对总体丰度进行估计。墨西哥湾北部（2003年4月有6575头）和美国东海岸（1998年有6086头）的统计数量已过时。人们认为缺乏记录的原因是由于缺少调查工作和识别困难，而不是因为短吻飞旋原海豚数量少。

保护

世界自然保护联盟保护现状：无危（2018年）。在加勒比海小安的列斯群岛的渔民手持鱼叉捕杀它们，它们的肉以供人类食用或被用作鲨鱼诱饵。已知在整个分布范围内，它们都可能被渔网意外大量捕获，尤其是在委内瑞拉、几内亚湾。它们是加纳渔港最常见的鲸目动物。已知西非有对它们的间接捕获和直接捕捞活动，但严重程度尚不清楚。虽然油气勘探和开采及油气意外泄漏是潜在的威胁，但目前还不知道其他重大的问题。

生活史

几乎没有短吻飞旋原海豚的任何信息，尽管它们很可能与长吻飞旋原海豚相似。人们认为它们在体长1.7米时达到性成熟。最长寿命为16岁。

在墨西哥湾，短吻飞旋原海豚正在豚跃，注意它们身上深灰色横条带的差异

条纹原海豚
STRIPED DOLPHIN

Stenella coeruleoalba   (Meyen, 1833)

几千年前，古希腊人对条纹原海豚美丽的条纹和颜色感到惊奇，并在壁画中描绘了它们。该物种广泛分布于全球的温暖水域，数量超过 200 万头，在世界上的许多地方都是人们熟悉的生物。

分类   齿鲸亚目，海豚科。

英文常用名   因从喙开始沿着身体侧面一直延伸到肛门的独特黑色长条纹而得名。

别名   飞驰海豚（由于其习惯在某些区域从船只附近疾驰而去）、飞驰鼠海豚、蓝白海豚、条纹海豚、灰海豚、梅氏海豚、希腊海豚和白腹飞旋原海豚。

学名   *Stenella* 源自希腊语 *stenos*（窄）和 *ella*（小），指它们的喙；*coeruleoalba* 源自拉丁语 *coeruleus*（蓝黑色或天蓝色）和 *albus*（白色），指用于鉴别的条纹、脊斑和图案。

分类学   目前没有公认的分形或亚种，但它们的头骨形态和体型存在显著的地理差异；地中海和北大西洋东部的亚种群在遗传上是有区别的。原海豚属的分类目前存在争议，该属可能在不久的将来要进行修订。

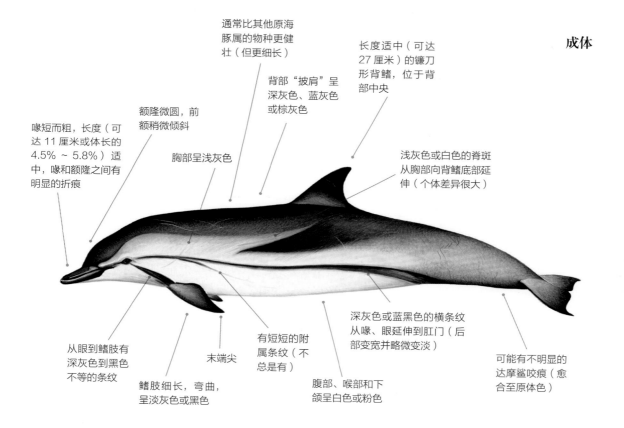

通常比其他原海豚属的物种更健壮（但更细长）

背部"披肩"呈深灰色、蓝灰色或棕灰色

长度适中（可达 27 厘米）的镰刀形背鳍，位于背部中央

成体

额隆微圆，前额稍微倾斜

喙短而粗，长度（可达 11 厘米或体长的 4.5%～5.8%）适中，喙和额隆之间有明显的折痕

胸部呈浅灰色

浅灰色或白色的脊斑从胸部向背鳍底部延伸（个体差异很大）

从眼到鳍肢有深灰色到黑色不等的条纹

末端尖

有短短的附属条纹（不总是有）

深灰色或蓝黑色的横条纹从喙、眼延伸到肛门（后部变宽并略微变淡）

可能有不明显的达摩鲨咬痕（愈合至原体色）

鳍肢细长，弯曲，呈淡灰色或黑色

腹部、喉部和下颌呈白色或粉色

鉴别特征一览

- 分布于全世界热带至暖温带的深水水域。
- 体型为小型。
- 体色为复杂的三色调。
- 有长长的深色横条纹。

- 腹部呈白色或粉色。
- 浅灰色或白色的脊斑向后、向上延伸到背鳍。
- 镰刀形背鳍长度适中，位于背部中央。
- 是活泼的、精力充沛、快速的游泳者。

成体

有中间缺刻

尾叶两面呈淡
灰色至黑色

体长和体重

成体 体长：雄性 2.2 ~ 2.6 米，雌性 2.1 ~ 2.4 米；
体重：100 ~ 150 千克；最大：2.6 米，156 千克。

幼崽 体长：90 ~ 100 厘米；体重：10 ~ 15 千克。

相似物种

条纹原海豚与其他几种海豚可能会混淆，虽然条纹原海豚的外观会因为分布位置的不同以及个体的不同而产生很大的差异，但黑色的横条纹和浅色的脊斑有助于条纹原海豚与其他所有物种相分开。热带点斑原海豚和瓶鼻海豚可能也有不明显的脊斑，但热带点斑原海豚通常有大量斑点，瓶鼻海豚的脊斑往往比较淡。真海豚在体型和外形上大致与条纹原海豚相似，但颜色图案却大不相同。弗氏海豚从眼到肛门的条纹也很淡（虽然较宽），但它们更强壮，喙较短，背鳍小得与身体不成比例。

分布

条纹原海豚广泛分布于大西洋、太平洋、印度洋的离岸水域，在北纬 50 度到 40 度；在北太平洋，它们出现在纬度低于北纬 43 度的水域。它们主要出现在热带至暖温带的水域，相比原海豚属的其他海豚，它们的分布范围延伸到更高的纬度（它们是该属中唯一经常到达北欧的物种）。它们是地中海种群数量最多的海豚，但在印度洋的分布范围鲜为人知。它们很少见于日本海和东海。在堪察加半岛、阿留申群岛西部、格陵兰岛南部、冰岛、法罗群岛和爱德华王子岛（位于亚南极印度洋）都无记录，它们在红海和波斯湾迁移不定。条纹原海豚通常分布在深度超过 1000米的水域（随着水域深度的增加，目击率也在急剧增加）。它们通常分布在大陆架外（从大陆坡一直延伸到大洋），靠近海岸但海水足够深的地方也有它们的身影。在地中海，它们有时出现在相对靠近海岸的浅水区。它们最喜欢表层水温为 18 ~ 22℃的水域，但也有报告称这一温度为 10 ~ 26℃。根据群体数量的不同，它们可能会有白天的近岸 - 离岸迁移，随洋流进行季节性迁移或根据海水表层水温的变化进行季节性迁移。

行为

条纹原海豚擅长做高难度空中动作，经常跳到 5 ~ 7 米高，还会倒立豚跃和下颌击浪。它们常有一种被称为尾部旋转的独特行为——用力摇摆尾巴成圈的同时进行大弧度跳跃。它们很少与其他鲸目动物或海鸟混聚在一起（成体偶尔与真海豚在一起，很少与灰海豚混聚；年轻群体有时与金枪鱼鱼群混聚在一起）。人们偶尔可以在地中海看到它们在长须鲸前进行

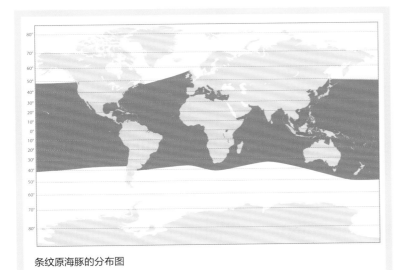

条纹原海豚的分布图

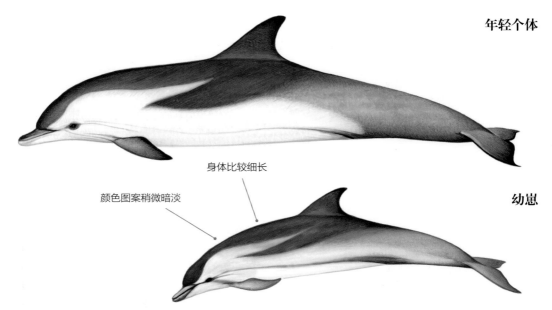

年轻个体

身体比较细长

颜色图案稍微暗淡

幼崽

"吻首乘浪"。在热带太平洋东部它们对船只会躲避；在其他地方，它们会进行船首乘浪和船尾乘浪，但相比其他热带海豚它们更容易受到惊吓，经常无缘无故地飞快游走（以低而浪花四溅的跳跃形式）。

牙齿

上 78 ~ 110 颗
下 78 ~ 110 颗

群体规模和结构

条纹原海豚的密集型的群体通常有 10 ~ 100 头，有时有 500 头，偶尔有几千头的报告。群体数量的区域差异很大：北大西洋东部一个群体平均有 10 ~ 30 头，地中海西部一个群体平均有 26 头，夏威夷离岸一个群体平均有 53 头，日本外海一个群体平均有 100 头。通常离岸越远，水越深，群体规模越大。根据年龄和性别不同，条纹原海豚可能存在不同的群体，个体在不同群体之间迁移。它们主要分为 3 个主要群体：年轻个体群体、成年群体和混合群体（包括母子对）。成年群体要么是处于繁殖期的个体（雌性和雄性）组成，要么是未处于繁殖期的个体（怀孕和哺乳期的雌性，或者分开生活的雄性）组成。幼崽在断奶 1 ~ 2 年后离开混合群体加入年轻个体群体，然后在性成熟后加入成年群体。

天敌

条纹原海豚的天敌是虎鲸和鲨鱼，也可能包括伪虎鲸和小虎鲸。

照片识别

有可能通过照片识别出条纹原海豚，但非常困难。因为条纹原海豚身上的自然标记不明显，并且数

潜水过程

- 通常在快速游动并进行长距离小弧度跳跃时被发现。
- 以较小的角度出水，入水时喙尖先入水。
- 在跳到空中的过程中可以把尾部高高扬起。
- 当海面能见度低时，通常会像白腰鼠海豚一样，弄出船尾急流般的浪花。

食物和摄食

食物　捕食各种小鱼（一般小于 17 厘米），尤其是灯笼鱼；还捕食乌贼（尤其在地中海和东北大西洋）和一些甲壳纲动物。

摄食　大部分可能是夜间活动。

潜水深度　可能能够潜至 700 米深，但极限未知。

潜水时间　未知。

量很多，导致我们很难发现以前见过的个体。借助背鳍缺刻、背部伤痕以及颜色图案的变化可以识别条纹原海豚。

种群丰度

全世界超过 240 万头。估计的区域数量大约如下：热带太平洋东部有 150 万头；北太平洋西部有 57 万头；地中海（不包括第勒尼安海）西部有 11.8 万头，整个地中海条纹原海豚的数量可能是这个数字的 2 倍；比斯开湾有 7.4 万头；加利福尼亚、俄勒冈州和华盛顿附近有 2.9 万头；亚得里亚海南部有 2 万头。

保护

世界自然保护联盟保护现状：无危（2018 年）。地中海亚群体，易危（2010 年）。在日本鱼叉捕鱼和驱赶捕鱼中，条纹原海豚是被捕杀的数量最多的海豚。条纹原海豚每年的捕杀量差异很大，但自 1978 年（适当的记录开始时）以来，有 2.1 万头条纹原海豚被捕杀；近年来，每年平均有 500 ~ 750 头被捕杀。斯里兰卡、所罗门群岛和加勒比海的圣文森特和格林纳丁斯也会捕杀少量条纹原海豚，目的是供人类食用、保护渔业和作为捕虾诱饵。20 世纪 70 年代和 80 年代（在欧洲于 2002 年颁布禁令之前），数以万计的条纹原海豚在公海的流刺网中被捕杀（公海流刺网仍然在地中海被非法使用，用于捕获金枪鱼和剑鱼）。在许多区域，其他渔具，特别是围网、中上层拖网和流刺网的误捕对条纹原海豚都是一种威胁，每年有数百至数千头条纹原海豚死于某些渔场。有机氯污染物被认为是 1990 ~ 1992 年地中海数千头条纹原海豚大规模死亡的根本原因（降低了它们对疾病的抵抗力）；此后也发生了类似的、规模较小的事件。过度捕捞条纹原海豚的食物可能是它们面临的另一个威胁。人工饲养的条纹原海豚通常在 1 ~ 2 周死亡。

特写展示了条纹原海豚独特的脊斑

生活史

性成熟　雌性 5 ~ 13 年，雄性 7 ~ 15 年。

交配　可能是一夫多妻的交配模式（单雄与多雌交配）。

妊娠期　12 ~ 13 个月。

产崽　每 3 ~ 4 年（偶尔 2 年）一次；每胎一崽，全年皆可出生，有季节性高峰（在日本有 2 个高峰：一个在夏天，一个在冬天）。

断奶　12 ~ 18 个月后。

寿命　可能为 50 岁（怀孕雌性个体的最大年龄为 48 岁）。

加那利群岛的条纹原海豚正在豚跃

真海豚

COMMON DOLPHIN

Delphinus delphis (Linnaeus, 1758)

亚里士多德和大普林尼非常详细地描述了真海豚，这是第一个被科学描述的海豚物种。但从那以后，关于是否应该将真海豚的几个亚种视为单独的物种这一问题存在争议。热闹的真海豚将海面搅得浪花飞溅的景象在世界许多地方都很常见。

分类 齿鲸亚目，海豚科。

英文常用名 反映了这个物种的广泛的分布范围和丰富度。

别名 十字海豚、沙漏海豚；大西洋的种群：大西洋海豚、鞍背海豚、鞍背鼠海豚和披肩海豚；太平洋的种群：太平洋海豚、白腹海豚、贝氏海豚、印度太平洋真海豚和浅海真海豚。

学名 *Delphinus* 源自拉丁语 *delphinus*（像海豚的）；*delphis* 源自希腊语 *delphis*（海豚），也可能与希腊语 *delphys*（子宫）相关，表示生机勃勃。

分类学 分类学上十分混乱，自 1758 年以来有 20 多个物种被描述。后来，它们被分成了 2 个物种：真海豚（*D. delphis*）和长吻真海豚（*D. capensis*）。直到 1994 年，大多数专家都认为它们是一个单一物种——真海豚。最近的研究又对这 2 个物种提出了质疑，所以自 2016 年以来它们又重新被视为一个物种。然而，这仍在审查之中。目前有公认的 4 个亚种：真海豚（*D. delphis delphis*）、北太平洋长吻真海豚（*D. d. bairdii*）、印度洋 - 太平洋真海豚（*D. d. tropicalis*）和黑海真海豚（*D. d. ponticus*）。在加利福尼亚州附近的北太平洋长吻真海豚，可能被认为是一个独特的物种。

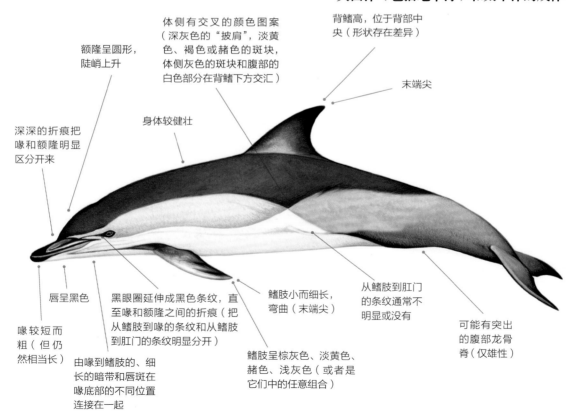

大西洋（包括地中海）和太平洋的成体

体侧有交叉的颜色图案（深灰色的"披肩"，淡黄色、褐色或赭色的斑块，体侧灰色的斑块和腹部的白色部分在背鳍下方交汇）

额隆呈圆形，陡峭上升

背鳍高，位于背部中央（形状存在差异）

末端尖

深深的折痕把喙和额隆明显区分开来

身体较健壮

唇呈黑色

黑眼圈延伸成黑色条纹，直至喙和额隆之间的折痕（把从鳍肢到喙的条纹和从鳍肢到肛门的条纹明显分开）

鳍肢小而细长，弯曲（末端尖）

从鳍肢到肛门的条纹通常不明显或没有

可能有突出的腹部龙骨脊（仅雄性）

喙较短而粗（但仍然相当长）

由喙到鳍肢的、细长的暗带和唇斑在喙底部的不同位置连接在一起

鳍肢呈棕灰色、淡黄色、赭色、浅灰色（或者是它们中的任意组合）

鉴别特征一览

- 分布于全世界热带至温带的水域。
- 体型为小型。
- 体侧有交叉的或沙漏形的图案。
- 深灰色的"披肩"向下延伸到背鳍下方的 V 形。
- 有淡黄色、褐色或赭色的斑块。
- 体侧有灰色的斑块。
- 腹部呈白色。
- 颜色图案的细节有很大不同。
- 背鳍高，近似镰刀形，位于背部中央。
- 通常是快速移动、引人注目的群体。

真海豚成体

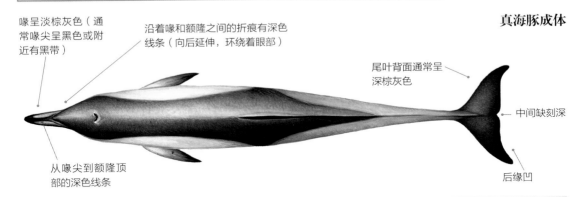

喙呈淡棕灰色（通常喙尖呈黑色或附近有黑带）

沿着喙和额隆之间的折痕有深色线条（向后延伸，环绕着眼部）

尾叶背面通常呈深棕灰色

中间缺刻深

从喙尖到额隆顶部的深色线条

后缘凹

体长和体重（黑海真海豚）

成体 体长：雄性 1.5 ~ 1.8 米，雌性 1.5 ~ 1.7 米；
体重：150 千克；最长：2.2 米。

体长和体重（北太平洋长吻真海豚）

成体 体长：雄性 2 ~ 2.6 米，雌性 1.9 ~ 2.2 米；
体重：150 ~ 235 千克；最长：2.6 米。

体长和体重（印度洋 – 太平洋真海豚）

成体 体长：雄性 2 ~ 2.6 米，雌性 1.9 ~ 2.2 米；
体重：150 ~ 235 千克；最长：2.6 米。

幼崽 体长：80 ~ 93 厘米；体重：7 ~ 10 千克。

体长和体重（真海豚）

成体 体长：雄性 1.7 ~ 2.5 米，雌性 1.6 ~ 2.4 米；
体重：150 ~ 200 千克；最大：2.7 米，235 千克。
北大西洋的个体比北太平洋的个体大些。

相似物种

真海豚两侧独特的交叉或沙漏形图案应能将它们与大多数其他海豚区分开来，包括长吻飞旋原海豚和条纹原海豚（体型相似），以及大西洋点斑原海豚（它们的尾干上有一个中窄的赭色斑，而不是同样颜色的胸斑）。在大西洋，从远处看，真海豚可能会与形状相似的短吻飞旋原海豚混淆，但是短吻飞旋原海豚的背部"披肩"在背鳍下方形成一条光滑的曲线（而不是一个尖尖的 V 形）。短吻飞旋原海豚"干

真海豚的分布图

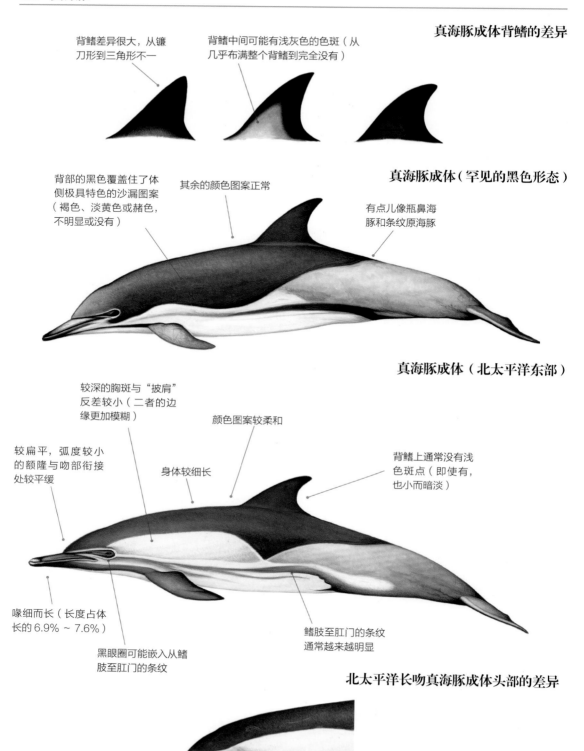

真海豚成体背鳍的差异

背鳍差异很大，从镰刀形到三角形不一

背鳍中间可能有浅灰色的色斑（从几乎布满整个背鳍到完全没有）

真海豚成体（罕见的黑色形态）

背部的黑色覆盖住了体侧极具特色的沙漏图案（褐色、淡黄色或赭色，不明显或没有）

其余的颜色图案正常

有点儿像瓶鼻海豚和条纹原海豚

真海豚成体（北太平洋东部）

较深的胸斑与"披肩"反差较小（二者的边缘更加模糊）

颜色图案较柔和

较扁平，弧度较小的额隆与吻部衔接处较平缓

身体较细长

背鳍上通常没有浅色斑点（即使有，也小而暗淡）

喙细而长（长度占体长的6.9%～7.6%）

黑眼圈可能嵌入从鳍肢至肛门的条纹

鳍肢至肛门的条纹通常越来越明显

北太平洋长吻真海豚成体头部的差异

从眼到鳍肢的条纹深且宽（可能形成"强盗面具"）

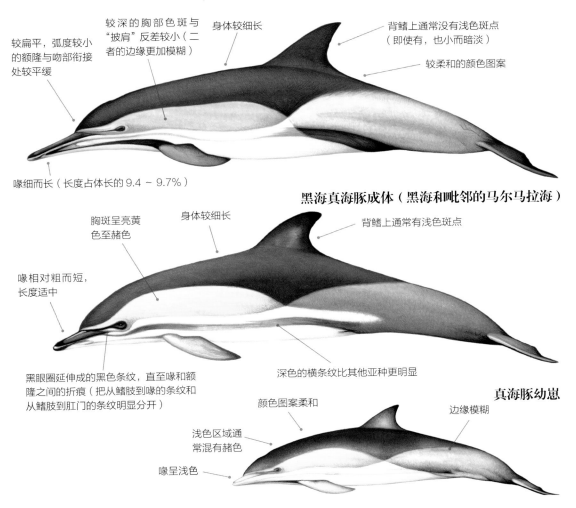

印度洋（包括红海、波斯湾和泰国湾）和西太平洋真海豚成体

较扁平，弧度较小的额隆与吻部衔接处较平缓

较深的胸部色斑与"披肩"反差较小（二者的边缘更加模糊）

身体较细长

背鳍上通常没有浅色斑点（即使有，也小而暗淡）

较柔和的颜色图案

喙细而长（长度占体长的 9.4 ~ 9.7%）

黑海真海豚成体（黑海和毗邻的马尔马拉海）

胸斑呈亮黄色至赭色

身体较细长

背鳍上通常有浅色斑点

喙相对粗而短，长度适中

黑眼圈延伸成的黑色条纹，直至喙和额隆之间的折痕（把从鳍肢到喙的条纹和从鳍肢到肛门的条纹明显分开）

深色的横条纹比其他亚种更明显

真海豚幼崽

颜色图案柔和

边缘模糊

浅色区域通常混有赭色

喙呈浅色

净"的喉部、白色的下颌和喙上的"胡须"将它们与真海豚区分开来。曾有报告称发现了人工饲养的真海豚和野生的暗色斑纹海豚的杂交后代。

表层水温为 10 ~ 28℃。在大多数区域，它们非常喜欢具有强烈上升流的区域，以及具有陡峭海床（例如海山和陡坡）的区域。

分布

真海豚分布在全球热带至温带的水域，大致从北纬 40 度（北太平洋）和北纬 60 度（北大西洋）到大约南纬 50 度。它们可能偶尔跟随正常分布范围以外的温暖洋流。在一些半封闭水域，如地中海和黑海，也会出现不同的真海豚种群。墨西哥湾和加勒比海大部分区域都没有真海豚。它们分布在从近岸水域到离岸数千千米的水域。一些亚种（比如太平洋东北部的长吻真海豚）会进入几米深的浅水区，非常靠近海岸。群体数量会随季节变化，并随表层水温的变化而变化（或随温度改变和迁移的食物而变化）。它们最喜欢的

行为

真海豚在空中非常活跃，经常进行各种高难度跳跃动作、空翻（有时高达 6 ~ 7 米）、鳍肢击浪、拍尾击浪。它们还会做一种叫"翻跟斗"的动作，这是一种独特的空中表演：直接跃出海面，然后转体空翻，猛击海面，以产生最大的浪花。它们也可以干净利落地入水，毫无浪花。通常情况下，真海豚在高速游动时会豚跃（据记录，它们的爆发速度高达 40 千米/时）。它们经常与领航鲸、条纹原海豚、长吻飞旋原海豚、灰海豚，以及斑纹海豚属的各种海豚和其他鲸目动物混聚在一起。它们也常与海鸟混在一起摄食。它们会

帮助受伤的同伴，有时会帮助同伴靠近海面呼吸。它们是热情而精力充沛的船首乘浪者和船尾乘浪者，甚至也会在大型须鲸前进行"吻部乘浪"；经常从远处接近船只，尤其是在船首乘浪的时候（热带太平洋东部除外，那里有金枪鱼渔场）。然而，并不是一个群体中的所有个体都会船首乘浪。

牙齿

$$\frac{上\ 82 \sim 134\ 颗}{下\ 82 \sim 128\ 颗}$$

群体规模和结构

真海豚是高度群居的物种，一个群体有 10 ~ 10000 头或者更多。群体的组成鲜为人知，但一个大型群体被认为是由 20 ~ 30 头真海豚组成的较小的社会单位组成，这些个体之间不一定具有血缘关系，但群体中的成员似乎是流动的。它们可能会有一些隔离的形式，比如育龄群体（雌性成体彼此间无亲缘关系，但通常处于同一生殖阶段，陪伴着它们的幼崽）和单身汉群体（雄性成体）。然而，雄性成体、雌性成体与亚成体和幼崽所组成的混合群体似乎是最常见的。群体的规模和组成可能会随季节变化而变化。在太平洋东北部，最大的群体通常在白天出现，那是它们主要的社交和休息时间，但这些大群在下午晚些时候和晚上会分成小群，在深海散射层摄食；在早晨，这些小群又会聚合为一个大群。

天敌

虎鲸和鲨鱼是小型海豚（其中包括真海豚）主要的天敌。在热带太平洋东部可以观察到伪虎鲸捕食真海豚。真海豚偶尔还会被小虎鲸和领航鲸攻击。

照片识别

可能可以借助背鳍的色素沉着（随着时间的推移是稳定的）识别真海豚。此外，可以偶尔通过背鳍前后缘的刻痕或缺刻（尽管这些在真海豚身上并不常见）以及任何其他明显的伤痕或标记识别真海豚。

种群丰度

真海豚的数量有 400 万 ~ 500 万头（基于相对过时的区域估计）。没有最新的统计数据，但（考虑到其中一些分布范围重叠）热带太平洋东部大约有 296.3 万头；美国西海岸有 110 万头；美国东海岸有 7 万头；墨西哥的下加利福尼亚州有 16.5 万头；欧洲离岸水域（北纬 53 ~ 57 度）有 27.3 万头；欧洲大陆架水域有 6.3 万头；南非有 1.5 万 ~ 2 万头；地中海西部有 1.9 万头；在黑海至少有数万头。

长吻还是短吻？

分类学产生的不确定性是因为世界各地的真海豚在体型和颜色上存在着巨大的差异。1994 年，研究人员发表的形态学和遗传学研究证明，在太平洋东北部有 2 个不同的物种生活在同一区域（它们通常同时出现在同一区域，但不形成混合群体，似乎存在生殖隔离），它们被分成长吻真海豚（ *D. capensis* ）和短吻真海豚（ *D. delphis* ）。最新的证据表明，尽管太平洋东北部可能有一个单独的长吻真海豚物种，但这种区别在全世界都是不适用的（在某些区域，长吻真海豚在遗传上更接近短吻真海豚而不是其他的长吻真海豚）。人们得出的结论是长吻真海豚可能不是一个被认可的独立物种。然而，在太平洋东北部可能有一种独特的真海豚（暂定名为 *D. bairdii* ）。

潜水过程

- 出水角度小（常常在水下就开始）。
- 大部分头部（包括眼）和完整的喙短暂可见。
- 喙的下部沿着海面掠过。
- 在头部两侧可能有较小的水墙。
- 向前滑动（而不是翻滚），背部略微弓起。
- 很少露出尾叶。

食物和摄食

食物　捕食各种小型（小于 20 厘米）鱼类和乌贼（包括沙丁鱼、鲱鱼、鲭鱼、鳀鱼、无须鳕、鲣鱼、鲑鱼、灯笼鱼、飞鱼和乳光枪乌贼），以及一些甲壳纲动物（包括远海红蟹和磷虾）；食物随季节、区域和时间而变化。

摄食　在某些区域，主要在夜间摄食分布在深海散射层的食物（在黑暗中向海面移动）；在其他区域，主要以表层鱼类为食；驱赶鱼群时通常会合作摄食。

潜水深度　摄食时大多数潜水深度小于 50 米，但最深纪录为 280 米。

潜水时间　通常下潜 10 秒 ~ 3 分钟；最长潜水时间达 8 分钟。

保护

　　世界自然保护联盟保护现状：目前仍被列为 2 个物种——长吻真海豚，数据不足（2008 年）；短吻真海豚，无危（2008 年），其中地中海亚种群，濒危（2003 年），黑海亚种群，易危（2008 年）。真海豚面临的主要威胁是整个分布范围内由于渔业误捕而产生偶发的高死亡率，特别是远洋流刺网（每年造成数万头海豚死亡，其中仅直布罗陀海峡附近的地中海剑鱼渔业就会造成 12000 ~ 15000 头真海豚死亡）。小型刺网、拖网和围网渔业也会导致海豚意外死亡。在热带太平洋东部，真海豚（以及热带点斑原海豚和长吻飞旋原海豚）与黄鳍金枪鱼混在一起，被渔民用围网大量捕获；然而自 1986 年以来（当时每年偶然捕获真海豚 24307 头），更完善的法规已导致真海豚的死亡率降低了 98%。截止到 20 世纪 90 年代，它们在历史上曾在十几个国家被捕杀过。1931 ~ 1966 年，苏联、罗马尼亚和保加利亚在黑海捕杀了约 157 万头真海豚。1966 年这三个国家都禁止商业捕杀小型鲸目动物。1962 ~ 1983 年，土耳其在黑海捕杀了 15.9 万 ~ 16.1 万头真海豚，直到 1983 年土耳其禁止捕杀小型鲸目动物。在日本（有时会捕捞）、委内瑞拉（用鱼叉捕捞）、秘鲁和墨西哥，人类会捕捞真海豚食用或将其作为鲨鱼诱饵。真海豚面临的其他威胁包括人们过度捕捞其食物，重金属和有机氯污染，以及油气勘探和军用声呐产生的噪声（这可能是 2008 年英国真海豚大规模搁浅的原因）污染。人们还会捕捉真海豚活体，以用于展示。在过去 30 ~ 40 年中，由于各种因素，包括历史上的捕捞活动，过度捕捞造成真海豚食物枯竭，栖息地质量下降以及误捕，地中海区域真海豚的数量至少下降了 50%。

发声特征

　　真海豚声音洪亮，拥有丰富的声音，包括咔嗒声、哨叫声和突发脉冲呼叫。咔嗒声是持续时间较短的声音（从 23 千赫到 100 千赫以上），以固定的间隔快速连续出现，主要用于回声定位。哨叫声（通常是简单的上下声调，从 3 千赫到 24 千赫）主要用于交流，是个体独有的；每头海豚都会发出一种独特的、定型的哨叫声（通常持续不到 1 ~ 4 秒），其他海豚都能识别（称为签名哨叫声）。突发脉冲呼叫是一系列快速产生的咔嗒声，比回声定位的咔嗒声快 10 倍；它们经常被用于海豚的社交互动，也许是为了传达情感状态的信息（比如"愤怒""进攻""兴奋""让我们玩吧"）。真海豚也会发出"嗡嗡声"（也称为吠声、嚎叫声或尖叫声），尤其是在声势浩大的攻击中；这些咔嗒声速度如此之快，以至对人耳来说，它们似乎是连续不断的声音。

生活史

性成熟　雌性 2 ~ 10 年（黑海种群为 2 ~ 4 年，东太平洋和西大西洋种群为 6 ~ 9 年，大西洋东北部种群 9 ~ 10 年）；雄性 3 ~ 12 年（黑海种群为 3 年，东太平洋和西大西洋种群为 7 ~ 12 年）。

交配　适度的性别二态性暗示了混交系统（依赖于精子竞争）。

妊娠期　10 ~ 11.5 个月。

产崽　每 1 ~ 4 年一次（因区域而异，比如黑海种群为 1 年，北太平洋种群为 2 ~ 3 年，北大西洋东部种群为 4 年）；在一些区域（特别是热带区域）一年到头都有幼崽出生，每胎一崽，在其他地方有区域性高峰；由于"阿姨"会帮助幼崽，亲代的照料而得以加强。

断奶　10 ~ 19 个月后；2 ~ 3 个月后可以食用固体食物。

寿命　25 ~ 35 岁。

土库海豚

TUCUXI   *Sotalia fluviatilis*   (Gervais and Deville in Gervais, 1853)

土库海豚是海豚家族中唯一只在淡水中生活的海豚，也是在亚马孙河流域发现的 2 种海豚之一（另一种是亚马孙河豚）。它们最近和与自己非常相似、关系密切的圭亚那海豚分开。

分类　齿鲸亚目，海豚科。

英文常用名　源自图皮语（现已消亡）——曾经是巴西亚马孙地区的图皮印第安人使用的语言。

别名　巴西海豚、圭亚那河海豚、灰海豚和灰河口海豚。

学名　*Sotalia* 的起源无人知晓，据说它是被随意创造的；*fluviatilis* 源自拉丁语 *fluviatilis*（河中的）。

分类学　没有公认的分形或亚种。土库海豚属的分类已经争论了 140 多年。在 19 世纪末，有 5 个物种（3 种生活在河流，2 种生活在海洋）被描述，然后又减少到 2 个，最后只剩下 1 个物种，就是土库海豚（有河流和海洋亚种或生态型）。2007 年，它们又被正式分为 2 个不同的物种，生活在亚马孙河流域的土库海豚和生活在中美洲、南美洲沿海水域以及奥里诺科河的圭亚那海豚。除了生态差异外，这 2 个物种的区别主要是基于基因和头骨形状的差异。

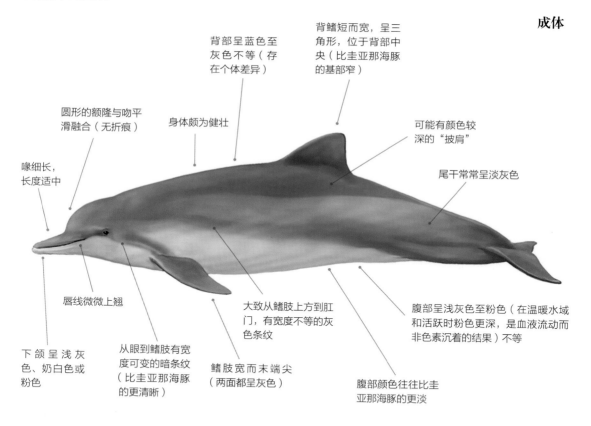

成体

背部呈蓝色至灰色不等（存在个体差异）

背鳍短而宽，呈三角形，位于背部中央（比圭亚那海豚的基部窄）

圆形的额隆与吻平滑融合（无折痕）

身体颇为健壮

可能有颜色较深的"披肩"

喙细长，长度适中

尾干常常呈淡灰色

唇线微微上翘

下颌呈浅灰色、奶白色或粉色

从眼到鳍肢有宽度可变的暗条纹（比圭亚那海豚的更清晰）

大致从鳍肢上方到肛门，有宽度不等的灰色条纹

鳍肢宽而末端尖（两面都呈灰色）

腹部呈浅灰色至粉色（在温暖水域和活跃时粉色更深，是血液流动而非色素沉着的结果）不等

腹部颜色往往比圭亚那海豚的更淡

鉴别特征一览

- 分布于亚马孙河流域。
- 体型为小型（比圭亚那海豚小）。
- 背部呈蓝色至灰色不等，腹部呈浅灰色至粉色不等。
- 圆形的额隆与吻平滑融合（无折痕）。

- 喙细长，长度适中。
- 背鳍短而宽，呈三角形，位于背部中央。
- 热衷于水面行为。

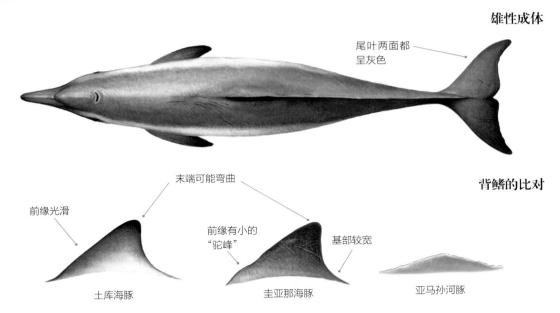

雄性成体

尾叶两面都
呈灰色

背鳍的比对

末端可能弯曲

前缘光滑

前缘有小的
"驼峰"

基部较宽

土库海豚

圭亚那海豚

亚马孙河豚

体长和体重
成体　体长: 雄性 1.4 ~ 1.5 米, 雌性 1.3 ~ 1.5 米;
体重: 35 ~ 45 千克; 最大: 1.5 米, 53 千克。
幼崽　体长: 71 ~ 83 厘米; 体重: 8 千克。

相似物种

　　土库海豚外表非常独特——矮小且胖。唯一与它们的分布范围有明显重叠的鲸目动物是亚马孙河豚,但亚马孙河豚在体型、颜色、背鳍形状和头部形状上都与它们有很大的不同。在亚马孙河河口附近它们可能与一些圭亚那海豚的分布范围重叠; 在野外圭亚那海豚和土库海豚几乎无法区分, 但土库海豚体型较小, 腹部颜色较淡; 二者的背鳍形状也有细微差异。

分布

　　土库海豚分布在整个亚马孙河流域, 似乎沿着亚马孙河连续分布, 在亚马孙河的大部分支流中都有发现, 包括哥伦比亚的普图马约河和卡克塔河; 秘鲁的乌卡亚利河和马拉尼翁河; 厄瓜多尔的纳波河和库亚贝诺河; 还有巴西的内格罗河、马代拉河、普卢斯河和塔帕诺斯河。玻利维亚的贝尼 / 马莫雷河流域。种群被无法通行的浅水区、急流和瀑布分割开来。亚马孙河河口的土库海豚属 2 个物种的分布范围可能重叠。它们经常栖息于与主河道相连的湖泊和牛轭湖。土库海豚在该区域所有 3 种类型的河水（富含沉积物的白水、酸性的黑水和清水）中都曾出现; 它们出没较多的区域通常是白水河道和黑水河道交汇的地方。它们的分布受季节性河流水位波动的影响; 在雨季, 它们可能会进入较小的支流和湖泊, 但与同域亚马孙河豚不同, 它们不会进入食物丰富的

大西洋

太平洋

亚马孙河流域

土库海豚的分布图

马拉尼翁河

乌卡亚利河

内格罗河

马代拉河

塔帕诺斯河

亚马孙河

年龄可以通过粉色的程度来确定（新生儿全身呈明显的粉色；在年长的幼崽身上，只有背鳍上部一小部分呈粉色）

幼崽

雨林河流里摄食，至少在一些区域很少进入深度小于3米的河流或深度小于1.8米的湖泊。它们喜欢选择水流较缓的地方：水道交汇处，活动区域在距河岸50米的范围以内（而非河道中央）和湖泊。尽管有早期的理论，但最近的基因研究证实，生活在奥里诺科河下游的海豚是圭亚那海豚，而不是土库海豚。

行为

土库海豚经常热衷于水面行为并进行各种跳跃和空翻（特别是在旱季）。它们经常浮窥、在海面翻滚、拍尾击浪和鳍肢击浪。它们与亚马孙河豚同域，但二者很少互动（当它们互动时，土库海豚似乎占优势）。土库海豚通常比较害羞，比圭亚那海豚更难接近，也没有船首乘浪的记录。

牙齿

上 56 ~ 70 颗
下 52 ~ 66 颗

群体规模和结构

通常在成体和幼崽的混合群体中，土库海豚最多

有4头（偶尔6头）。最近一项深入的研究表明，它们的平均群体规模为3.37头，偶然有30头大群的报道。它们的群体是流动的，并且个体很少保持长期联系。

天敌

土库海豚没有已知的天敌，但可能是低鳍真鲨。

照片识别

借助背鳍上永久性的明显标记（特别是后缘的刻痕和缺刻），以及体侧的明显标记和褪色程度可以识别土库海豚。

种群丰度

尚未对全球丰度进行估计。区域数量估计如下：亚马孙河、洛雷托亚库河和雅瓦里河共计592平方千米的流域内有1545头；在秘鲁马拉尼翁河和萨米里亚河共计554平方千米的流域内有1319头。在巴西马米拉乌阿保护区的研究表明，在22年的时间里，即使在这个保护区里，土库海豚的数量也在急剧下降，每9年减少一半。

潜水过程
- 头和喙以45°角出水（眼通常可见）。
- 迅速出水（通常出水时间不超过一秒钟）。
- 呼气声嘈杂，但不喷潮。
- 背部弓起。
- 尾叶很少出现。
- 高速游泳时常常快速豚跃。

食物和摄食

食物　捕食 13 科 27 种、体长为 5 ～ 37 厘米的鱼类；偏爱无脂鲤科鱼、石首鱼和鲶鱼。

摄食　单独摄食或群体摄食，有时似乎合作摄食。

潜水深度　未知。

潜水时间　通常下潜 20 秒～ 2 分钟，在这期间有时进行 5 ～ 10 秒的短暂潜水。

保护

　　世界自然保护联盟保护现状：数据不足（2010年）。土库海豚大部分的栖息地靠近人类居住区，因此它们特别受人类活动的影响。它们在许多地方都容易被渔具意外捕获，特别是刺网、围网、虾栅和渔栅。近年来，由于巴西、哥伦比亚、秘鲁、玻利维亚和其他地方的大城市对鲶鱼的需求不断增长，作为非法捕捞鲶鱼的诱饵——海豚（主要是亚马孙河豚，但也有土库海豚）肉的需求量越来越大，人们捕杀了越来越多的海豚。在当地，土库海豚的生殖器官、牙齿和眼可作为护身符，而牙齿和骨骼有时可作为工艺品。一些神话和传说可能会阻止人们捕杀土库海豚。亚马孙河的主要支流计划修建 200 多座水坝，这些水坝和水力发电设施将阻止鱼类的洄游，减少鱼类的数量，限制海豚的活动（中断基因交流）。土库海豚面临的其他威胁包括过度捕捞海豚的食物，炸药捕鱼，栖息地丧失、被破坏，污染（来自用于提炼黄金的汞、杀虫剂、污水和工业废料）以及船只流量的增加。过去人们也会捕捉活体，放在水族馆中进行展示（2005 年后，这一行为是非法的）。

生活史

性成熟　雌性 5 ～ 8 年，雄性平均 7 年。

交配　人们认为它们有一个基于精子竞争的混交系统，雄性之间很少或根本没有争斗。

妊娠期　平均 10 ～ 11 个月。

产崽　每 2 年一次（偶尔 3 年或 4 年）；幼崽在9 ～ 11 月的旱季出生，每胎一崽。

断奶　7 ～ 9 个月后。

寿命　30 ～ 35 岁。

土库海豚的下颌通常呈浅灰色、奶白色或粉色

圭亚那海豚

GUIANA DOLPHIN　　　　　　　　　　　　　　*Sotalia guianensis*　(Van Bénéden, 1864)

圭亚那海豚最近才和与自己密切且非常相似、生活在淡水的土库海豚分开，圭亚那海豚主要生活在温暖的沿海水域（尽管最近在奥里诺科河发现了它们的存在）。乍一看，它们像小型瓶鼻海豚。

分类　齿鲸亚目，海豚科。

英文常用名　关于这一物种的国际常用名仍存在争议。

别名　沿海海豚、河口海豚、海洋土库海豚、灰海豚。

学名　*Sotalia* 的起源无人知晓，据说它是被随意创造的；因为范贝内登最初的描述是基于从苏里南和法属圭亚那边界的马罗韦讷河口采集的 3 个标本。

分类学　没有公认的分形或亚种。土库海豚属的分类已经争论了 140 多年。在 19 世纪末，有 5 个物种（3 个生活在河流，2 个生活在海洋）被描述，然后又减少到 2 个，最后只剩下 1 个物种，就是土库海豚（有河流和海洋亚种或生态型）。2007 年，它们又被正式分为 2 个不同的物种，生活在亚马孙河流域的土库海豚和生活在中美洲、南美洲沿海水域以及奥里诺科河的圭亚那海豚。除了生态差异外，这 2 个物种的区别主要是基于基因和头骨形状的差异。

成体

背部呈蓝色至灰色不等（存在个体差异）

圆形的额隆与吻平滑融合（无折痕）

身体颇为健壮

背鳍前缘的小"驼峰"（见土库海豚）

鳍的末端可能呈钩形

背鳍短而宽，呈三角形，位于背部中央（比土库海豚的基部宽）

喙细长，长度适中

在背鳍下方和尾干上可能有灰色斑（个体差异很大）

唇线微微上翘

下颌呈浅灰色、奶白色或粉色

从眼到鳍肢有宽度不等的边缘模糊的暗条纹（比土库海豚的更模糊）

鳍肢宽而末端尖（两面都呈灰色）

腹部和体侧呈浅灰色至粉色不等

腹部颜色往往比土库海豚的深

鉴别特征一览

- 分布在南美洲中部和北部的大西洋海岸（和奥里诺科河）。
- 体型为小型（比土库海豚大）。
- 背部呈蓝色至灰色不等，腹部呈浅灰色至粉色不等。
- 圆形的额隆与吻平滑融合（无折痕）。
- 喙细长，长度适中。
- 背鳍短而宽，呈三角形，位于背部中央。
- 热衷于水面行为。

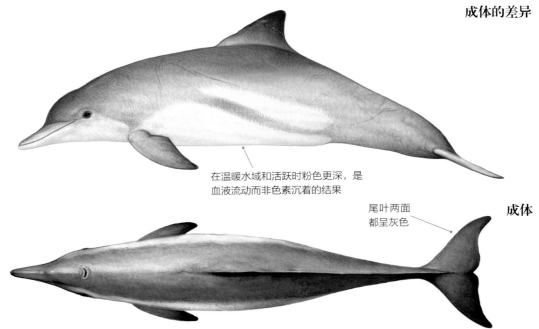

成体的差异

在温暖水域和活跃时粉色更深，是
血液流动而非色素沉着的结果

尾叶两面
都呈灰色

成体

体长和体重

成体 体长：雄性 1.6 ~ 1.9 米，雌性 1.6 ~ 2 米；
体重：50 ~ 80 千克；最大：2.2 米，121 千克。
幼崽 体长：90 ~ 106 厘米；体重：12 ~ 15 千克。

圭亚那海豚的分布图

相似物种

由于圆形的额隆与喙之间没有折痕（与大多数其他海豚不同），因此圭亚那海豚的头部轮廓与众不同。它们的背鳍比体型大得多的瓶鼻海豚更短、更接近三角形，基部更宽；这 2 个物种之间可能会发生杂交。圭亚那海豚可能会和拉普拉塔河豚混淆，但拉普拉塔河豚体型更小，喙更长，鳍肢更接近方形，背鳍更短、更圆。

分布

圭亚那海豚沿着热带和亚热带的加勒比海，以及南美洲中部和北部的大西洋海岸分布，分布似乎是不连续的。它们出现在尼加拉瓜北部（北纬 14 度）的拉亚西克萨河口，以及巴西南部（南纬 27 度）的弗洛里亚诺波利。洪都拉斯北部（北纬 15 度）有一份未经证实的目击报告。它们分布范围的最南端的界限可能由温暖、向南流动的巴西海流和寒冷、向北流动的马尔维纳斯寒流（福克兰寒流）汇聚的水域确定。马拉开波湖（委内瑞拉西北部一个大型半封闭的河口系统）也有一个种群。在亚马孙河口，土库海豚属的 2 个物种的分布范围可能重叠。圭亚那海豚显示出极高的栖息地恋地性，很少离开出生的区域，并且一些个体在同一区域生活长达 10 年。

它们主要分布在浅水近岸水域，尤其是河口、海湾和其他受保护的浅水沿海水域。它们在不同的深度、

幼崽

年龄可以通过粉色的程度来确定（新生儿全身呈现明显的粉色；在年长的幼崽身上，只有背鳍上部的一小部分呈粉色）

温度、盐度和浊度的水域内都有分布，但大多是在不到 5 米深的浅水栖息地（巴西里约热内卢海岸较深）。很少（如果有的话）能在远洋水域看到它们，并且大多数目击事件都发生在距海岸 100 米以内。然而，一些加勒比海附近的岛屿（包括特立尼达岛和多巴哥岛）和巴西阿布罗柳斯群岛（离巴伊亚州海岸 70 千米）也有报道。

基因研究证实，圭亚那海豚也生活在奥里诺科河水系。在委内瑞拉玻利瓦尔城附近，土库海豚属的一个物种至少在奥里诺科河上游 300 千米处被发现，在那里它们被急流和瀑布有效地与亚马孙河流域的种群隔离开来。直到最近，该物种的身份还不清楚。人们认为它们与沿海种群隔离。

行为

圭亚那海豚非常热衷于水面行为，并喜欢进行各种各样的跳跃和空翻。它们常常浮窥、在水面上翻滚、拍尾击浪和鳍肢击浪。已知它们与哥斯达黎加附近的瓶鼻海豚混聚在一起。它们通常对安静的船只毫不在意，比土库海豚更容易接近，但当有引擎的船靠近时，常常会躲避。已知它们无船首乘浪的行为，但可能在过往船只产生的波浪和尾流中冲浪。

牙齿

上 60 ~ 72 颗

下 56 ~ 64 颗

群体规模和结构

圭亚那海豚在成体和幼崽的混合群体中通常能达到 10 头（最常见的是 4 ~ 6 头），在 50 ~ 60 头的群体也并不少见。群体成员是流动的，个体之间很难保持长久联系，尽管母子对与其他协助育幼的成体组成的家庭群体可能维持数月。在巴西南部，尤其是里约热内卢附近，大型的合作捕食群体最为常见，曾出现过多达 200 头的群体（塞佩蒂巴湾）和 400 头的群体（格兰德岛湾）。

快速游动

潜水过程

- 头和喙以 45° 角出水（眼通常可见）。
- 迅速出水（通常出水时间不超过一秒钟）。
- 呼气声嘈杂，但不喷潮。
- 背部弓起。
- 尾叶很少出现。
- 高速游动时常常快速豚跃。

缓慢游动

食物和摄食

食物 捕食 25 科 70 种鱼（1 ～ 115 厘米长，但 3 ～ 16 厘米长的幼鱼更受欢迎）；有时也捕食头足类动物；偶尔也会有甲壳纲动物（虾和螃蟹）。

摄食 单独或群体摄食，使用多种捕食技巧，有时合作摄食；通常与海鸟一同摄食；在巴西的卡纳内亚河口，成群结队的海豚在把鱼群往斜坡海滩上驱赶时几乎搁浅。与使用手工渔网的当地渔民合作捕鱼；有时用气泡作为屏障；喙上无毛的触须凹点作为电感受器，可能用于食物的探测（除了单孔类动物之外，在哺乳动物中是独一无二的）。

潜水深度 未知。

潜水时间 通常下潜 20 秒 ～ 2 分钟不等，在这期间有时进行 5 ～ 10 秒的短暂潜水。

天敌

圭亚那海豚的天敌鲜为人知，但很可能是鲨鱼和虎鲸，有鲨鱼咬伤的报道。有一次，人们曾观察到低鳍真鲨试图捕食它们。在巴西南部，圭亚那海豚通常会被瓶鼻海豚攻击，并会迅速逃跑。

照片识别

借助背鳍上永久性的明显标记（特别是后缘上的刻痕和缺刻），以及体侧的明显标记可以识别圭亚那海豚。

种群丰度

尚未对全球丰度进行估计。在分布范围内的少数区域它们似乎很丰富，但在过去 30 年中，某些区域的数量大幅下降。巴西的区域估计数量包括瓜纳巴拉湾有 420 头，卡拉韦拉斯河口有 57 ～ 124 头，卡纳内亚河口有 389 ～ 430 头，巴拉那瓜河口有 182 多头，巴比东加湾有 245 头；奥里诺科河 1684 平方千米的流域内有 2205 头。

保护

世界自然保护联盟保护现状：易危（2017 年）。圭亚那海豚大部分的栖息地靠近人类居住区，因此它们特别受人类活动的影响。它们容易被渔具意外捕获，特别是刺网、围网、虾栅和渔栅，这在许多地方都是非常严峻的问题。有记录显示渔民曾经一网捕捞了 80 多头圭亚那海豚。尽管有法律保护，但仍有一些圭亚那海豚被直接捕杀以供人食用或用作鲨鱼和虾的诱饵（特别是在巴西北部）。在当地，它们的生殖器官、牙齿和眼可作为护身符。一些神话和传说可能会阻止人们捕杀它们。它们面临的其他威胁包括栖息地的丧失、被破坏（特别是由于养虾），食物被过度捕捞，环境污染（包括杀虫剂、污水和工业废物），船只流量增加，以及游客投喂。过去人们也会捕捉圭亚那海豚活体，以放在水族馆中进行展示（2005 年后，这一行为是非法的）。

生活史

性成熟 雌性 5 ～ 8 年，雄性 6 ～ 7 年。

交配 人们认为它们有一个基于精子竞争的混交系统，雄性之间很少或根本没有争斗。

妊娠期 11.5 ～ 12 个月。

产崽 每 2 年一次（偶尔 3 年或 4 年）；每胎一崽，全年皆可出生，有一些证据表明存在季节性的区域高峰。

断奶 8 ～ 10 个月后。

寿命 30 ～ 35 岁。

恒河豚

SOUTH ASIAN RIVER DOLPHIN *Platanista gangetica* (Roxburgh, 1801)

濒临灭绝的恒河豚生活在泥泞的河流中，它们的眼功能性失明（最多可感知到光线强度和方向的变化），它们几乎完全依靠回声定位来导航和摄食。

分类 齿鲸亚目，恒河豚科。

英文常用名 以它们所生活的地区命名；被称为失明河豚，因为它们细小的针孔状的眼发育不良，缺乏晶状体。

别名 在恒河被称为甘加海豚、恒河海豚、印河海豚、苏苏海豚、舒舒海豚及许多其他方言名称；在印度河被称为布兰河豚和盲河豚。

学名 *Platanista* 源自希腊语 *platanistes*（平的或广的），指相对扁平的喙（尽管普林尼将其称为鱼），而 *gangetica* 为拉丁语，意为"恒河的"。

分类学 最初被划分为 2 个亚种；后来在 1971 ~ 1998 年被分为 2 个物种：恒河豚（*Platanista gangetica*）和印河豚（*P. minor Owen*）；目前被认为是 2 个亚种，恒河豚（*P. g. gangetica*）和印河豚（*P. g. minor*）。然而最近的研究表明，这 2 个亚种的 DNA 和头骨形态存在着很大的差异（据估计，它们在 55 万年前就已经分化，尽管在 5000 年前曾发生过短暂的联系），差异大到足以将它们分为 2 个物种；物种的分开将对保护工作产生重大的影响。印河豚的平均体型可能稍小，除此之外，恒河豚（亚种）和印河豚没有明显的差异。

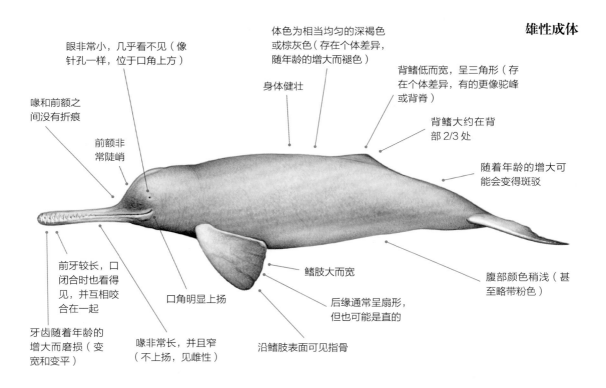

雄性成体

眼非常小，几乎看不见（像针孔一样，位于口角上方）

体色为相当均匀的深褐色或棕灰色（存在个体差异，随年龄的增大而褪色）

身体健壮

背鳍低而宽，呈三角形（存在个体差异，有的更像驼峰或背脊）

喙和前额之间没有折痕

前额非常陡峭

背鳍大约在背部 2/3 处

随着年龄的增大可能会变得斑驳

前牙较长，口闭合时也看得见，并互相咬合在一起

口角明显上扬

鳍肢大而宽

腹部颜色稍浅（甚至略带粉色）

后缘通常呈扇形，但也可能是直的

牙齿随着年龄的增大而磨损（变宽和变平）

喙非常长，并且窄（不上扬，见雌性）

沿鳍肢表面可见指骨

鉴别特征一览

- 生活在印度、孟加拉国、尼泊尔和巴基斯坦的河流中，很少分布于不丹。
- 体色为相当均匀的深褐色或棕灰色（存在个体差异）。
- 体型为小型。
- 喙非常长，并且窄（有点儿像恒河鳄）。
- 口闭合时，在喙的前端也看见长长的牙齿。
- 背鳍低而宽，呈三角形。
- 悄悄地、隐秘地、非常迅速地浮出水面。

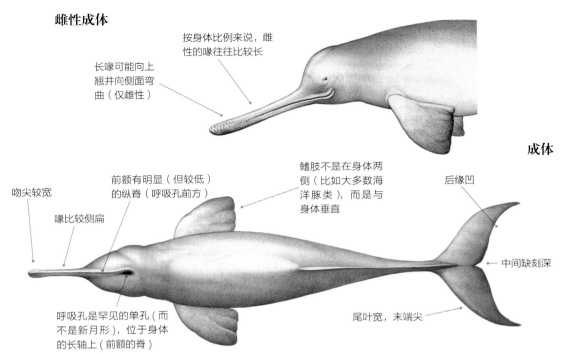

雌性成体

按身体比例来说，雌性的喙往往比较长

长喙可能向上翘并向侧面弯曲（仅雌性）

前额有明显（但较低）的纵脊（呼吸孔前方）

鳍肢不是在身体两侧（比如大多数海洋豚类），而是与身体垂直

后缘凹

成体

吻尖较宽

喙比较侧扁

中间缺刻深

呼吸孔是罕见的单孔（而不是新月形），位于身体的长轴上（前额的脊）

尾叶宽，末端尖

体长和体重

成体　体长：雄性 1.7 ~ 2.2 米，雌性 1.8 ~ 2.5 米；体重：70 ~ 85 千克；最大：2.6 米，114 千克。

幼崽　体长：70 ~ 90 厘米；体重：4 ~ 7.5 千克。

■ 主要的分布范围　■ 次要的分布范围

恒河豚的分布图

相似物种

　　恒河豚（亚种）与伊河海豚、瓶鼻海豚、中华白海豚或印太江豚（主要分布在孙德尔本斯红树林、胡格利河、文尔诺普利河和森古河河口附近）可能混淆。恒河豚（亚种）的低矮背鳍应该与众不同（大得多的瓶鼻海豚和中华白海豚有突出的背鳍，而印太江豚完全没有背鳍）。由于没有喙，伊河海豚应该是可以被辨别出的。而印河豚的分布范围不与任何其他鲸目动物的重叠。

分布

　　恒河豚通常生活在印度、孟加拉国、尼泊尔和巴基斯坦的河流系统中相对较浅（通常小于 3 米）的浊水中，能够承受较大的水温变化（从冬季的 5℃到夏季平均的 35℃）。它们出现在南亚的河流三角洲，那里的盐度低于 10‰，上游是喜马拉雅山和喀喇昆仑山麓，有时它们会被岩石屏障、浅水、急流或最近的水坝和拦河坝（低矮的、有闸门的分流水坝）阻挡。它们最常见于产生逆流涡

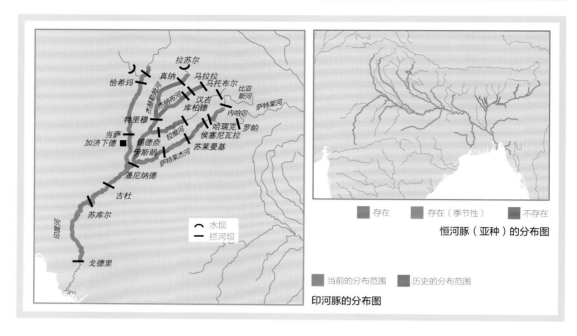

存在　存在（季节性）　不存在

恒河豚（亚种）的分布图

当前的分布范围　历史的分布范围

印河豚的分布图

成体颜色的差异

成体

幼崽

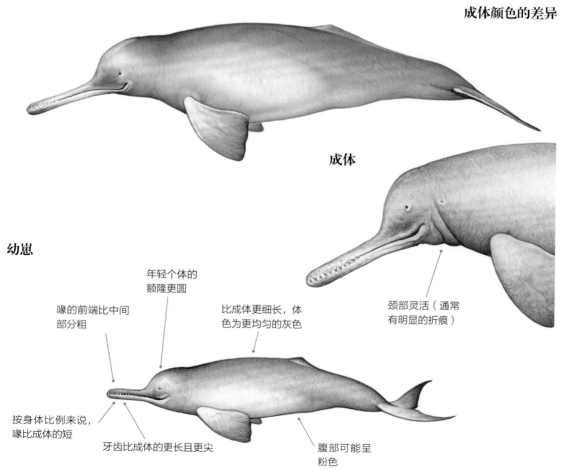

年轻个体的
额隆更圆

喙的前端比中间
部分粗

比成体更细长，体
色为更均匀的灰色

颈部灵活（通常
有明显的折痕）

按身体比例来说，
喙比成体的短

牙齿比成体的更长且更尖

腹部可能呈
粉色

食物和摄食

食物　捕食多种鱼类（包括鲶鱼、鲤鱼和鳗鱼）和无脊椎动物（包括淡水虾、蜗牛和蛤蜊）；食性因地点和季节而异。

摄食　在水面到河床摄食，用长吻翻动泥浆来搜寻食物；一些证据表明，在夏季季风期间，摄食减少；在恒河中观察到 8 ~ 10 头恒河豚合作捕食。

潜水深度　未知，但通常在 30 米以内的浅水中潜水；在孙德尔本斯红树林，它们一贯偏爱平均 12 米深的水。

潜水时间　平均下潜 30 秒 ~ 2.5 分钟（最长潜水时间 8 分 24 秒）。

流的区域，比如小岛、沙洲、河流弯道和迂回处，以及河流和支流的汇合处。在这里它们在水流较慢的地方寻找庇护所，而且能获得丰富食物。它们的分布往往很不均匀，且随季节变化很大，在干燥的冬季，它们集中在主河道的下游；在季风吹来的夏季，它们会向上游游动，并进入较小的支流和一些湖泊。然而，在许多地方，水坝和灌溉拦河坝现在会阻碍它们季节性的迁移。

恒河豚（亚种）

从历史上看，恒河豚（亚种）出现在恒河 - 雅鲁藏布江 - 梅格纳河和文尔诺普利 - 森古河的主要河流和大型支流中。它们在印度东北部和孟加拉国的分布范围仍然相对较广，在格尔纳利河及其支流（尼泊尔西南部）有一个小而孤立的亚种群，有它们在不丹的季风季节偶尔出现的报道。但它们已经从许多河流的上游区域消失了。它们不再定期出现在恒河上游，在恒河的十几条大型支流中分布稀少或灭绝。它们分布密度最高的地方是印度恒河的中下游区域（尽管许多河流尚未被调查），比哈尔邦伯格萨尔和马尼哈里之间 500 千米的延伸段的种群密度最高。据报道，当季风将印度东海岸的淡水冲出时，恒河亚种会沿着孟加拉湾海岸迁移。

印河豚

19 世纪 70 年代，印河豚曾广泛分布于巴基斯坦和印度西北部 3400 千米长的印度河及其 5 大支流中（杰赫勒姆河、杰纳布河、拉维河、萨特莱杰河和比亚斯河）。然而，在这一历史分布范围内，在过去的一个世纪里印河豚的数量下降了 80%，它们已经从印度河以及除了一条大支流之外的所有支流中消失。随着印度河流域灌溉系统的巨大发展，拦河坝对印河豚的迁移产生了越来越多的阻碍，使得它们的种群变得支离破碎（印度河是世界上最分散和改造最严重的河流之一）。目前，印河豚的分布范围仅为印度河 690 千米的延伸段和巴基斯坦境内真纳和戈德里拦河坝之间的主水道，加上印度西北部比亚斯河上的一个非常小的亚种群。它们曾经有 17 个支离破碎的亚种群，但只有 6 个亚种群延续了下来（巴基斯坦有 5 个，印度有 1 个）。其中只有 3 个亚种群可能能够独立生存：

潜水过程

- 通常悄悄地、隐秘地、非常迅速地出水（平均出水的时间为 1 秒钟）。
- 几乎从不露出尾叶。
- 每个个体都单独出水（除了带幼崽的雌性）。
- 有 3 种主要的出水方式：
1. 只有头顶或喙尖露出水面。
2. 头的大部分、吻部上侧、背部和尾干露出水面。
3. 喙以 45° 角、充满活力地出水，大部分或全部身体可见（虽然很少露出尾叶），身体急剧弯曲，重新入水，喙先入水（如上图）。
- 遇险时可能会拍尾击浪，浪花飞溅。
- 幼崽和亚成体可能会短暂地跃出水面。

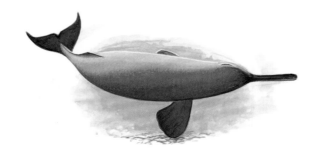

侧游的成体

恰希玛和当萨之间的亚种群，当萨和古杜之间的亚种群，古杜和苏库尔之间的亚种群。最大的亚种群位于古杜和苏库尔拦河坝之间，1974 年这段河流被指定为印度河海豚保护区，受法律保护。

行为

恒河豚的行为通常比较隐秘，它们在野外很难被观测到，尤其是在有水流干扰的情况下。它们经常生活在人类居住地附近，但它们不会船首乘浪。恒河豚会跟随桨驱动的渔船游数千米，可能是为了摄食受到船只惊扰的鱼。它们会浮窥，但很少跃身击浪（尽管它们有时会充满活力地浮出水面，露出大部分头部和身体）。在人工饲养的环境中，它们经常侧游（通常是向右侧），在野外也可能这样（水太浑浊，无法直接观察）；侧游时，它们的一侧鳍肢会沿着水底移动，并不断地将头部从一侧向另一侧摆动。

牙齿

$$\frac{上\ 26 \sim 39\ 颗}{下\ 26 \sim 35\ 颗}$$

年轻个体的牙齿更尖（年老个体的牙齿因磨损而更像钉子）。

生活史

性成熟 雌雄个体都是 10 年。

交配 鲜为人知；曾观察到 4 ~ 5 头雄性追逐一头雌性，其中一头雄性最终与之交配。

妊娠期 平均 9 ~ 10 个月。

产崽 每 2 ~ 3 年一次；每胎一崽，全年皆可出生，恒河豚可能在当年 12 月 ~ 次年 1 月和 3 ~ 5 月达到产崽高峰，印河豚可能在 4 ~ 5 月达到产崽高峰。

断奶 10 ~ 12 个月后（可能在 5 ~ 6 个月后开始以柔软的昆虫幼虫和小鱼为食）。

寿命 估计平均为 33 ~ 35 岁。

群体规模和结构

恒河豚通常是独居的，在母子对或流动的群体中最多有 10 头；曾有报道称观察到松散的群体多达 30 头。

照片识别

大多数恒河豚没有可供识别的标记，这使得照片识别几乎不可能。

天敌

未知。

种群丰度

尚未对总体丰度进行严格评估。在 20 世纪 80 年代初，初步估计恒河豚（亚种）的种群数量为 4000 ~ 5000 头，2014 年约为 3500 头。但研究人员未对恒河豚（亚种）大部分的分布范围进行调查；其中约 70% 主要位于恒河及其支流，20% 位于雅鲁藏布江及其支流，不到 10% 位于孙德尔本斯红树林；据 2015 年估计，尼泊尔约有 50 头恒河豚（亚种）。研究员对巴基斯坦的印河豚的最低种群数量做了评估，数量如下：2001 年为 1200 头，2006 年为 1550 ~ 1750 头，2011 年为 1452 头；最新的初步估计为 1300 头，其中约 75% 的个体生活在古杜和苏库尔拦河坝之间的一段 126 千米长的河流中（1974 ~ 2008 年，这一亚群体可能每年增加 5.65%）。人们有理由相信在印度（比亚斯城和哈里克拦河坝之间），幸存的印河豚不到 10 头。

保护

世界自然保护联盟保护现状：濒危（2017 年）；恒河豚（亚种），濒危（2004 年）；印河豚，濒危（2004 年）。恒河豚是世界上最濒危的鲸目动物之一。水资源开发项目极大地影响了它们在整个分布范围内的栖息地、数量和种群结构。特别是水坝和灌溉拦河坝使

恒河豚（亚种）浮出水面，在紧闭的口外可以看到它异常细长的喙和长长的牙齿

它们的种群分散（水坝是它们洄游的绝对障碍，尽管有些个体可能能够通过灌溉拦河坝向下游洄游），并减少了下游适宜栖息地的数量和质量。印度颁布的《2016 年国家水道法案》将 106 条河流设计成货运水道，并将修建更多水坝和拦河坝，以及进行大规模疏浚，这将对恒河亚种 90% 的分布范围产生不利影响；有人担心这可能是"压死骆驼的最后一根稻草"。同时，恒河豚特别容易被渔网缠住，因为它们在主要的渔场摄食。故意捕杀恒河豚的情况在许多区域有所减少，但仍然存在，至少偶尔发生（比如在恒河中游）；

它们的肉不受欢迎，只有非常贫穷的人才食用，或者（至少在孟加拉国）用于饲养牲畜；它们的油脂被用作搽剂和鱼饵。1972 年，巴基斯坦和印度禁止捕捞恒河豚（2010 年，恒河豚被评为印度国家级水生动物）。恒河豚面临的其他威胁包括化学污染、噪声污染、食物的过度捕捞和船只撞击。

发声特征

　　它们会产生几乎连续的咔嗒声以用于回声定位，人们没有录制到它们发出的其他声音。

一张清晰的印河豚浮出水面的照片

亚马孙河豚
AMAZON RIVER DOLPHIN

Inia geoffrensis　(Blainville, 1817)

亚马孙河豚呈明亮的粉色。一些生活在河边的人们对它们心存敬畏，认为它们可以在黑暗中变成勾引女人的男人（从而解释了人类意外怀孕的原因）。目前，它们只有一个物种，但将来可能会分成 2 个或更多的物种。

分类　齿鲸亚目，亚马孙河豚科。

英文常用名　以其主要的分布范围而命名。

别名　粉色河豚、鼠海豚和托尼纳。

学名　*Inia* 源自玻利维亚瓜拉约印第安人给这种海豚取的本地名字；*geoffrensis* 以法国自然史教授艾蒂安·若弗鲁瓦·圣伊莱尔（Étienne Geoffroy St Hilaire, 1772—1844 年）的名字命名，他于 1810 年被拿破仑·波拿巴派去掠夺葡萄牙博物馆（法国入侵后），并获得了该物种的模式标本（来自亚马孙河下游）。

分类学　在最近几十年里有很多的研究相互矛盾。目前，有 2 个亚种被确认：亚马孙河豚（*I. g. geoffrensis*），生活在巴西、秘鲁、厄瓜多尔、哥伦比亚和委内瑞拉的亚马孙河和奥里诺科河中；玻利维亚河豚（*I. g. boliviensis*），位于玻利维亚马代拉河上游以及玻利维亚和巴西的边界；有些人声称存在第 3 个亚种：奥里诺科河豚（*I. g. humboldtiana*），位于委内瑞拉和哥伦比亚的奥里诺科盆地。目前已经有 3 个独立物种的提案：亚马孙河豚（*I. geoffrensis*）、玻利维亚河豚（*I. boliviensis*）和阿拉瓜亚河豚（*I. araguaiaensis*），但形态学和遗传学证据表明它们可能是无效的。

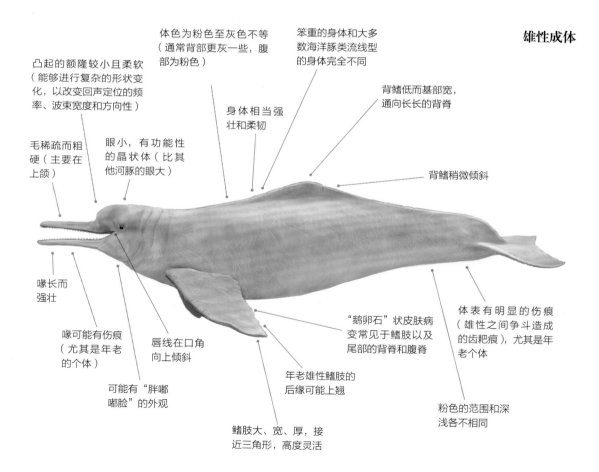

雄性成体

体色为粉色至灰色不等（通常背部更灰一些，腹部为粉色）

笨重的身体和大多数海洋豚类流线型的身体完全不同

凸起的额隆较小且柔软（能够进行复杂的形状变化，以改变回声定位的频率、波束宽度和方向性）

背鳍低而基部宽，通向长长的背脊

身体相当强壮和柔韧

毛稀疏而粗硬（主要在上颌）

眼小，有功能性的晶状体（比其他河豚的眼大）

背鳍稍微倾斜

喙长而强壮

喙可能有伤痕（尤其是年老的个体）

唇线在口角向上倾斜

"鹅卵石"状皮肤病变常见于鳍肢以及尾部的背脊和腹脊

体表有明显的伤痕（雄性之间争斗造成的齿耙痕），尤其是年老个体

年老雄性鳍肢的后缘可能上翘

可能有"胖嘟嘟脸"的外观

鳍肢大、宽、厚，接近三角形，高度灵活

粉色的范围和深浅各不相同

鉴别特征一览

- 分布于南美洲北部的河流和湖泊。
- 仅生活在淡水中。
- 体型为小型。
- 体色为灰色至粉色不等。
- 喙又细又长。

- 背鳍低，通向背脊。
- 鳍肢较大。
- 前额呈球状。
- 独居或形成小群。

雄性成体颜色的差异

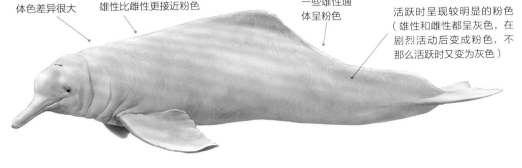

体色差异很大

雄性比雌性更接近粉色

一些雄性通体呈粉色

活跃时呈现较明显的粉色（雄性和雌性都呈灰色，在剧烈活动后变成粉色，不那么活跃时又变为灰色）

体长和体重

成体 体长：雄性 2.2 ～ 2.5 米，雌性 1.8 ～ 2.3 米；体重：70 ～ 185 千克；最大：2.7 米，207 千克；

幼崽 体长：75 ～ 90 厘米；体重：10 ～ 13 千克。雄性平均比雌性长 16%、重 55%。亚马孙河豚是最具性别二态性的鲸目动物之一。

亚马孙河豚的分布图

地图标注：奥里诺科河、卡西基亚雷运河、大西洋、索利蒙伊斯河、内格罗河、亚马孙河、图库鲁伊急流、图库鲁伊大坝、马拉尼翁河、乌卡亚利河、吉劳大坝、圣安东尼奥大坝、特奥托尼奥急流、托坎廷斯河、太平洋

图例：亚马孙流域、亚马孙河豚、玻利维亚河豚、类型不确定的区域、奥里诺科河豚、阿拉瓜亚河豚

相似物种

　　土库海豚是唯一与亚马孙河豚活动范围重叠的海豚。土库海豚较小，喙相对较短，背鳍高而呈镰刀形；它们也更具活力，更喜欢河流中心的深水区。

一个、两个还是三个物种？

　　不同种群的亚马孙河豚是否存在显著的形态和遗传差异，以证明其是不同的物种或亚种？它们在地理上分开的时间够长吗？这些问题没有明确的答案。不同种群的亚马孙河豚主要的形态差异被认为是体型、喙的相对长度、牙齿的数量和头骨的宽度，但这些特征的区别一直存在争议，因为它们个体差异很大，样本量相对较小。目前也很难确认它们的分布有没有重叠。

玻利维亚河豚

　　2012 年，海洋哺乳动物学会最初认为玻利维亚河豚是一个新物种，但它们没有得到进一步的遗传取样的支持，并回到亚种地位。它们与亚马孙河豚被一段长 400 千米的瀑布和急流（在玻利维亚瓜亚拉梅林和巴西波多韦柳之间）从地理上隔离开，DNA 研究表明，几十年（可能几百年）以来它们没有基因交流。然而，由于曾经在急流之间和急流下游观察到海豚，因此这些急流不会形成绝

玻利维亚河豚

阿拉瓜亚河豚

对的屏障。2013 年，巴西在马代拉河上修建吉劳水电站和圣安东尼奥水电站以来，这种情况发生了变化，这两座水电站完全阻断了河豚向任何方向的通行。

目前仅在马代拉河上游、特奥托尼奥急流上游、贝尼河、马莫雷河发现它们。如果这一分类被接受，它们将是内陆国家唯一的一种鲸目动物。

牙齿

$$\frac{上\ 62 \sim 70\ 颗}{下\ 62 \sim 70\ 颗}$$

（包括 36 ~ 44 颗臼齿状的牙齿）。

阿拉瓜亚河豚

2014 年它们被作为一个新物种，依据是（有争议的）它们在地理上与亚马孙河豚分离了 200 万年。然而，样本是从距离亚马孙河豚分布极为遥远的地方采集的，基于极少数样本来判断的，因此海洋哺乳动物学会并不承认这一证据。阿拉瓜亚河豚是巴西的特有物种，沿 1500 千米长的阿拉瓜亚河分布，在托坎廷斯河流域有额外的栖息地（由 7 座水电大坝分割，另有 2 座规划修建）。种群数量为 975 ~ 1525 头。

牙齿

$$\frac{上\ 48 \sim 56\ 颗}{下\ 48 \sim 56\ 颗}$$

（包括 24 ~ 32 颗臼齿状的牙齿）。

奥里诺科河豚

有人声称奥里诺科河豚是一个独立的亚种。它们表现出行为上的差异（比如，它们比其他亚马孙河豚在空中更活跃），并且它们的背鳍更高。然而，它们在奥里诺科河和亚马孙河流域之间的迁移可能通过卡西基亚雷运河（连接奥里诺科河和亚马孙河支流内格罗河）实现，因此奥里诺科河豚作为亚种的有效性值得怀疑。

为什么亚马孙河豚是粉色的？

许多亚马孙河豚，特别是年老的雄性都呈明亮的粉色，但这并不是由色素沉着引起的。相反，这是因为它们身上自然的灰色逐渐消失，以及争斗中造成的大量伤痕，使皮肤下的血液更加明显。根据其年龄和活动水平、水温和水体透明度、地理位置，它们身上粉色的程度差别很大。粉色被认为是成熟的标志，可能与一角鲸的长牙具有相同的展示功能。尽管体色相似，但雄性体色通常比雌性体色更粉，年老的雄性身上的粉色最明显。

分布

亚马孙河豚是南美北部亚马孙河和奥里诺科河（水域面积约 700 万平方千米）的特有物种，分布在巴西、玻利维亚、哥伦比亚、委内瑞拉、秘鲁和厄瓜多尔（可能还有圭亚那南部的一些河流）。在亚马孙河流域，它们沿着整个亚马孙河和其主要支流，以及

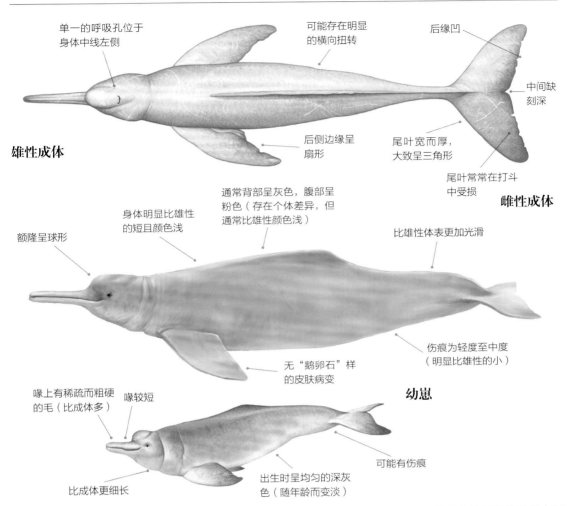

雄性成体

单一的呼吸孔位于身体中线左侧

可能存在明显的横向扭转

后缘凹

中间缺刻深

后侧边缘呈扇形

尾叶宽而厚，大致呈三角形

尾叶常常在打斗中受损

雌性成体

通常背部呈灰色，腹部呈粉色（存在个体差异，但通常比雄性颜色浅）

身体明显比雄性的短且颜色浅

比雄性体表更加光滑

额隆呈球形

伤痕为轻度至中度（明显比雄性的小）

无"鹅卵石"样的皮肤病变

喙上有稀疏而粗硬的毛（比成体多）

喙较短

幼崽

比成体更细长

出生时呈均匀的深灰色（随年龄而变淡）

可能有伤痕

较小的河流和湖泊分布。在奥里诺科盆地，它们出现在奥里诺科河干流及其主要支流（委内瑞拉卡罗尼河支流丘伦河的天使瀑布）和湖泊中。

它们几乎在能到达的任何地方都会出现，而不必冒险进入半咸水或海水。它们在旱季（7～11月，视区域而定）集中在主要河道，但在雨季（当年12月～次年6月）分散到复杂的洪泛森林、湖泊、河道和洪泛区。在它们分布范围内，水位的年季节变化可能高达15米。在旱季，雌雄个体在所有的栖息地均匀分布。在雨季，雌雄两性是分开的：雌性成体及幼崽更喜欢环境复杂的、洪泛区栖息地，这里水流减少，小鱼丰富；而雄性成体和亚成体往往留在大河的边缘（在这里，它们的数量通常比雌性的多一倍）。它们的季节性迁移可能长达数百千米；每天几十千米的迁移并不罕见，尽管该物种往往对栖息地有很高的恋地性。它们喜欢食物丰富的浑浊水——颜色如白咖啡；然而，它们也出现在黑咖啡颜色的水中（尽管这里食物不够丰富）。最受欢迎（但最不常见）的栖息地是黑水河流和白水河流交汇处，这里鱼类的密度最大；然而，任何水域汇合点，尤其是河湾或湖泊的汇合处都是它们喜欢的地方。一般来说，在河流边缘亚马孙河豚的密度较高，因为大多数饵料鱼类往往生活在这里，在河流的中心亚马孙河豚的密度降低；它们能在2米以下的水里游泳，而且经常离岸边很近。

行为

亚马孙河豚是真正生活在洪泛森林中的豚类，能够在部分被淹没的树木和树根之间扭动和弯曲身体进行导航，依靠其大型鳍肢灵活移动而自由游动（它们甚至可以倒着游）。它们通常动作缓慢，但能够短时间爆发出极高的速度。它们会在水面上挥舞一个鳍肢、浮窥、拍尾击浪，偶尔还会跃身击浪（年轻个体跃身击浪比成体多）。人们认为"胖嘟嘟脸"会影响它们向下的视力，这可能是人们经常观察到它们倒立游泳

食物和摄食

食物 主要捕食鱼类（已知 43 种，体长为 5 ~ 80 厘米，尤其喜爱鲇鱼）、一些螃蟹和软体动物，偶尔还有龟。

摄食 通常是独自摄食，但会在浅水中合作驱赶和捕捉鱼类；较大的鱼被撕成碎片而不是整个吞下；大多数在清晨和下午晚些时候摄食。

潜水深度 未知，但很可能在很浅的地方潜水。

潜水时间 潜水不到 1 分钟（一般为 30 ~ 40 秒）；最长 1 分 50 秒。

的原因。雄性成体（偶尔也有雄性亚成体）用喙衔着不能食用的无生命物品，为了达到社交或性行为的目的。这种行为在除人类以外的任何其他哺乳动物中都很少见。这些物体通常是树枝、较大的种子或杂草，虽然有时也可能是蛇和乌龟——在水面上经常被反复击打或者随着亚马孙河豚头部剧烈的摆动而被抛了出去。有时雄性会咬着河底的硬黏土慢慢游上来，身子纵向旋转后又游回去。携带行为全年都会发生（高峰期为 3 月和 6 ~ 8 月），但随着群体中雌性数量的增加，雄性的携带行为也会增加，这可能是一种求偶行为（雄性之间存在竞争，以获得配偶的注意）。在有携带行为的群体中，成年雄性之间会互相攻击，攻击的可能性是没有携带物品行为的群体的 40 倍。雄性对雌性也有一些攻击性行为（一种性骚扰）。它们对人的反应从害羞到好奇不一。亚马孙海豚不会船首乘浪，但通常会接近船只（以及漂浮的房屋和站在河岸上的人），有时会咬住渔民的桨或用身体摩擦独木舟。它们可能与土库海豚形成松散的群体，共同捕食鱼类。

牙齿

上 46 ~ 70 颗
下 48 ~ 70 颗

它们有 2 种牙齿，这在鲸目动物中独一无二的：66 ~ 104 颗锥形前齿和 24 ~ 44 颗臼齿状后齿（用于压碎坚硬的猎物）。

群体规模和结构

亚马孙河豚大部分是独居，尽管经常有 2 ~ 3 头的小群；大多数是母子对。在食物丰富的地方，它们会组成多达 19 头的松散群体。目前对群体成员之间

潜水过程

- 通常情况下，在水面上停留不到一秒钟。
- 尾叶很少可见（奥里诺科河豚的通常可见）。
- 喷潮时会伴有响声（比如像打鼾或打喷嚏），喷潮可见（高达 2 米）；或者喷潮时安静，喷潮模糊。
- 偶尔跃身击浪（很少完全离开水面）。

"潜行"过程

- 最常见。
- 以很小的角度缓慢出水。
- 同时出现额隆的上部、呼吸孔、吻尖，有时露出背脊（身体相对水平）。
- 背部略微弓起以潜水。

"弓背和翻滚"过程

- 头部先破水而出。
- 常常露出完整的喙。
- 背部清晰可见，从弓背翻滚到下潜之前，会露出整个背脊。

的长期关系（除了雌性和不能独立生活的后代）并不了解。

天敌

亚马孙河豚的天敌未知，但潜在的天敌包括黑凯门鳄、美洲虎、蟒蛇和低鳍真鲨。

照片识别

虽然通过照片识别亚马孙河豚比较困难，但借助背鳍上的缺刻和伤痕、背部独特的色素沉着模式可能能识别它们。

种群丰度

未知。一个估计值是 15000 头，但可能全球有数万头。2006 ～ 2007 年的一项研究估计：玻利维亚 1113.5 平方千米的区域内和 389 平方千米的区域内分别有 3201 头和 1369 头；秘鲁 554.4 平方千米的区域内有 917 头，厄瓜多尔 144 平方千米的区域内有 147 头，哥伦比亚 592.6 平方千米和 1231.1 平方千米的区域内分别有 1115 头和 1016 头；委内瑞拉 1684 平方千米的区域内有 1779 头；总数为 9544 头。在某些区区，它们的分布密度是所有鲸目动物中最高的，每平方千米有 5.9 头。然而，如今亚马孙河豚的种群数量有明显的下降迹象（部分区域每年至少下降 10%）。

保护

世界自然保护联盟保护现状：濒危（2018 年）。亚马孙河豚在其分布范围内仍然分布广泛，数量相对较多。但随着人类在其分布范围内活动的扩张，并从河流生态系统中获取了更多的资源，亚马孙河豚面临

粉色、长吻、小眼、球状的前额和弯曲的颈部是亚马孙河豚的显著特征

着越来越大的生存压力。它们面临的威胁包括渔具的偶然缠绕、食物枯竭、河流筑坝、森林砍伐以及有机氯和重金属的化学污染。每年有许多亚马孙河豚死于刺网和其他渔网的缠绕；这些渔具在 20 世纪 60 年代首次被引入该区域，现在几乎每个生活在河边的家庭都在使用。至少有同样数量的亚马孙河豚（特别是在巴西和秘鲁）被鱼叉叉住或枪杀（非法），以作为捕捉鲶鱼的诱饵。人们捕杀它们以避免其和人类争夺鱼类资源，同时它们也会损坏渔网；这可能是影响该物种生存的主要威胁。使用炸药捕鱼是非法的，但在某些区域很常见。在亚马孙河沿岸的非法采矿作业中，汞经常被用来将黄金从土壤和岩石中分离出来，导致河水中的汞含量很高，这一情况令人担忧。另一个日益严重的威胁是水电站大坝造成的亚马孙河豚栖息地丧失和破碎化：已有 13 座大坝影响了亚马孙河豚的分布，还有 3 座大坝正在建设中，另有 7 座正在规划中。自 20 世纪 90 年代末以来，巴西当地人定期喂养亚马孙河豚，这已成为一个旅游项目；尽管目前该活动已获得许可，但监管不力，亚马孙河豚之间（有时是亚马孙河豚和游客之间）会争夺食物。亚马孙河豚一度深受大洋洲的追捧，从 1956 年到 1970 年初，仅出口到美国和欧洲的亚马孙河豚就超过 100 头，但这种贸易现在已经停止。

生活史

性成熟　两性皆为 5 年。

交配　雌性可能会选择那些通过打斗和行为展示来维持统治地位的雄性；雄性的性行为具有攻击性。

妊娠期　平均 10 ～ 11 个月。

产崽　每 2 ～ 3 年一次，偶尔 1 年；一年四季皆有幼崽出生，每胎一崽，峰值因地理位置而异（在秘鲁和玻利维亚，水位下降时达到峰值；在委内瑞拉，水位上升时达到峰值；在巴西，高水位时达到峰值）。

断奶　平均 12 个月后，雌性可同时哺乳和怀孕。

寿命　10 ～ 30 岁。

拉普拉塔河豚

FRANCISCANA

Pontoporia blainvillei (Gervais and d'Orbigny, 1844)

尽管被划分为河豚，但拉普拉塔河豚主要是一种海洋物种。作为世界上最小的海豚之一，它们被渔民称为白色幽灵，因为它们的体色通常很浅，并且当它们看到人类时往往会立即消失。

分类 齿鲸亚目，拉普拉塔河豚科。

英文常用名 拉普拉塔河口是 1842 年采集其模式标本的地方。

别名 拉普拉塔海豚和托尼哈。

学名 *Pontoporia* 源自希腊语 *pontos*（外海或公海）和 *poros*（航行或交叉口），指该物种在淡水和海水之间迁移；*blainvillei* 是指以法国博物学家亨利·玛丽·迪克罗泰·德布兰维尔（Henri Marie Ducrotay de Blainville，1777—1850 年）的名字命名。

分类学 没有公认的亚种；至少有 2 种地理（和遗传上不同的）类型，一种较小的类型出现在南纬 27 度以北的巴西中部和北部；另一种较大的类型出现在南纬 32 度以南的巴西南部、乌拉圭和阿根廷；那些在遥远北方的个体的体型为中等。

雄性成体

随着年龄的增长，皮肤可能会变白（一些较年老个体主要或完全呈白色）

身体无标记（无明显的伤痕）

前额陡峭，呈圆形

背部呈褐色至暗灰色不等（存在个体差异）

背鳍低，高度适中，基部宽

眼较小

"披肩"隐约可见

喙极其细长（15 ～ 19 厘米）

颈部柔韧（颈椎未愈合）

鳍肢宽而呈铲形

体侧和腹部呈较浅的褐色（或淡黄色）到浅灰色

尾叶宽

喙长占体长的 12% ～ 15%（相比任何现生鲸目动物的体型，它们的喙最长）

后缘不规则

沿鳍肢表面有可见的脊（像手指骨）

除了长度外，生活在北部和南部的类型之间没有明显的外部形态差异

鉴别特征一览

- 分布于南美洲东海岸热带和温带的浅水区。
- 为浅色反荫蔽色的颜色图案。
- 体型为小型。
- 喙非常长，在出水时常常露出海面。
- 背鳍低，基部宽。
- 出水时安静、隐秘，几乎没有水花。

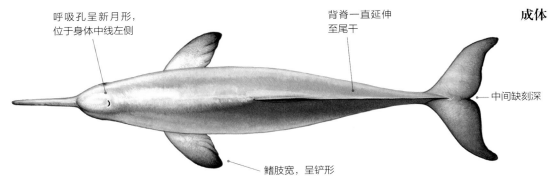

呼吸孔呈新月形，位于身体中线左侧

背脊一直延伸至尾干

成体

中间缺刻深

鳍肢宽，呈铲形

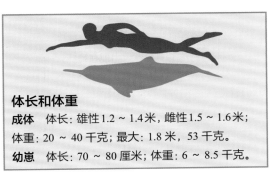

体长和体重

成体　体长：雄性 1.2 ~ 1.4 米，雌性 1.5 ~ 1.6 米；
体重：20 ~ 40 千克；最大：1.8 米，53 千克。
幼崽　体长：70 ~ 80 厘米；体重：6 ~ 8.5 千克。

背鳍的差异

背鳍差异很大（从三角形到镰刀形不一），但经常向后弯曲，并且总是有钝圆的末端

有些鳍可能类似于小鲨鱼的鳍

相似物种

　　拉普拉塔河豚与其他几种小型鲸目动物的分布范围重叠，但它们非常长的喙、小眼和宽且圆润的背鳍与众不同。"指状"鳍肢也与该区域其他海豚不同，但在海上很难观察到。年轻的拉普拉塔河豚的喙相对较短，它们可能与圭亚那海豚混淆，但拉普拉塔河豚较大，喙较粗，二者的背鳍的形状也不同。

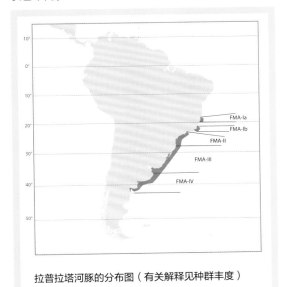

拉普拉塔河豚的分布图（有关解释见种群丰度）

分布

　　拉普拉塔河豚是南美洲东海岸（巴西、乌拉圭和阿根廷）热带和温带水域的特有物种，它们喜欢浅水和浑浊的水域，生活在水深约 30 米且能避开海浪的狭窄地带。它们常避开深、清澈而寒冷的水域，尽管有人在 50 米深处和 55 千米远的海上（特别是分布范围的北部）看到过它们；然而，水深超过 30 米时，它们的种群密度会随着离岸距离的变远而急剧下降。它们的分布范围从巴西东南部的圣埃斯皮里图州的伊塔乌纳斯（南纬 18 度 25 分）到阿根廷中部的圣马蒂亚斯湾（南纬 41 度 10 分），但它们并不是连续分布的。它们在以下 2 个区域极为罕见或不存在：圣埃斯皮里图州圣克鲁斯的皮拉库 - 阿苏河口（南纬 19 度 57 分）到里约热内卢州的巴拉 - 德伊塔巴波阿纳（南纬 21 度 18 分）；从阿尔马桑 - 杜斯布济乌斯（南纬 22 度 44 分）到里约热内卢的安格拉 - 杜斯雷斯（南纬 22 度 59 分）。它们偶尔进入拉普拉塔河河口和其他河口。目前还不清楚它们洄游的情况，虽然在某些区域记录了它们季节性近岸 - 离岸的迁移行为。它们可能不会离开出生的区域，并且其家域范围很小，只有几十千米。

行为

　　一般来说，在野外很难很好地观察到拉普拉塔河豚，因此人们对它们的行为知之甚少。它们通常很害羞，会躲避船只，不会船首乘浪。它们似乎没有空中

拉普拉塔河豚的喙（相对于体型）是现生鲸目动物中最长的

雌性成体

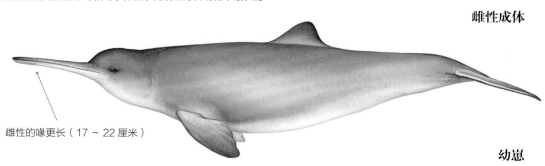

雌性的喙更长（17 ~ 22 厘米）

幼崽

喙明显比成体的短和粗

体色可能稍深

体色更均匀

比成体更细长

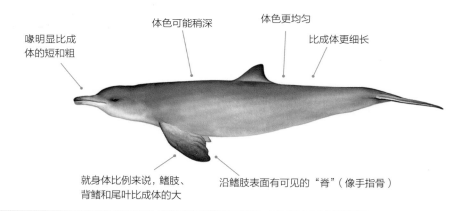

就身体比例来说，鳍肢、背鳍和尾叶比成体的大

沿鳍肢表面有可见的"脊"（像手指骨）

潜水过程

- 喙和头部先出水（喙通常举到空中，清晰可见）。
- 背部和背鳍短暂出现，露出水面的身体较低。
- 出水时安静而隐蔽，几乎没有飞溅的水花。
- 同一群体中的个体经常同步浮出水面和呼吸。
- 游动时，平均每次下潜 15 ~ 21 秒（短时间潜水 3 ~ 4 次后进行一次长时间潜水）。

食物和摄食

食物　捕食种类繁多的小型海鱼（尤其是石首鱼科），已知至少 63 种；还会捕食乌贼、章鱼（7 种）和甲壳纲动物（6 种）；食物通常小于 10 厘米；食性因季节变化而改变，幼崽通常吃虾，一年后转而吃鱼。

摄食　主要在海床附近摄食，但也会捕获一些远洋食物；人们在阿根廷观察到了合作摄食行为。

潜水深度　未知，但在 30 米以下的水域并不常见。

潜水时间　平均下潜时间为 22 秒（范围为 3 ~ 83 秒）；在阿根廷，75% 的时间用于潜水和摄食。

活动，与其他鲸目动物的很少互动或根本不互动。在涨潮和满潮期间，摄食行为似乎增加了，而迁移则减少了。

牙齿

上 53 ~ 58 颗
———————
下 51 ~ 56 颗

群体规模和结构

拉普拉塔河豚通常 2 ~ 5 头组成一群，但有群体规模达 30 头的记录。

天敌

拉普拉塔河豚的天敌是虎鲸和几种鲨鱼（包括哈那鲨、双髻鲨、锥齿鲨和鼬鲨）。

种群丰度

出于保护目的，拉普拉塔河豚的分布范围被划分为 4 个"拉普拉塔河豚管理区"——FMAs（见地图）。最新的可用种群数据（非常近似）为：FMA-Ⅰ，2011 年不到 2000 头；FMA-Ⅱ，2008 ~ 2009 年为 8500 头；FMA-Ⅲ，1996 年为 42000 头；和 FMA-Ⅳ，2003 年 4 月为 14000 头。有强有力的证据表明，拉普拉塔河豚的种群数量正在下降。

保护

世界自然保护联盟保护现状：易危（2017 年）。拉普拉塔河豚喜欢浅海的沿岸水域，这使得它们非常容易受到人类生活的威胁。刺网误捕是它们面临的主要威胁，至少从 20 世纪 40 年代初就是如此。最近的数据很少，但很可能每年至少有几千头拉普拉塔河豚因刺网捕捞而死亡，这一物种的死亡率很可能超过出生率，可能导致其灭绝。拉普拉塔河豚面临的其他威胁包括栖息地的退化和受到干扰、化学和噪声污染以及因过度捕捞而导致食物的减少。它们的胃含物有各种各样的垃圾，包括废弃的渔具、玻璃纸和塑料。没有迹象表明人们对其有直接的捕捞行为。

生活史

性成熟　雌性 2 ~ 5 年，雄性 3 ~ 4 年。

交配　雄性似乎是一夫一妻制，没有争斗留下的伤痕；它们可能会保护雌性和幼崽，可能是为了交配，甚至是出于父爱（这种行为是独一无二的）。

妊娠期　10.5 ~ 11.2 个月。

产崽　每 1 ~ 2 年一次，在北部区域全年皆可出生，每胎一崽；但在南部，产崽的高峰为当年 10 月 ~ 次年 2 月；它们是一种繁殖周期最短的鲸目动物。

断奶　在 6 ~ 9 个月后。

寿命　最长寿命纪录为雌性 23 岁，雄性 16 岁。

拉普拉塔河豚出水时，喙通常清晰可见

白鱀豚

YANGTZE RIVER DOLPHIN

Lipotes vexillifer (Miller, 1918)

不幸的是，白鱀豚可能是第一个因人类活动而灭绝的鲸目动物。偶尔会有它们的目击报告，但其真实性受到高度质疑。

分类 齿鲸亚目，白鱀豚科。

英文常用名 在中国，根据其近代的历史分布范围和体色而命名。

别名 中华江豚；很少用的名称——长江豚、白鳍豚和白旗豚。

学名 *Lipotes* 源自希腊语 *lipos*（脂肪）；*vexillifer* 源自拉丁语 *vexillum*（旗帜）和 *fer*（携带或承载），与背鳍有关。

分类学 没有公认的分形或亚种。

成体

眼小，位于头部两侧非常高的位置（功能正常，但视力差）

头部和颈部两侧的苍白色"笔画"

背部呈蓝灰色至棕灰色不等

背鳍低，基部宽，呈三角形（位于从吻部开始至身体的 2/3 处）

身体相当健壮

额隆呈圆形，前额陡峭

尾干两侧呈微亮的白色

喙长而窄，略微上翘（随着年龄的增长而变长，雌性的喙比较长）

"脸颊"鼓起

下颌和上颌的下边缘呈白色

鳍肢宽而圆

腹部呈白色到灰白色不等

出水时尾叶不可见

鉴别特征一览

- 分布于中国长江中下游。
- 体型为小型。
- 背部呈蓝灰色至棕灰色不等。
- 喙长而窄，略微上翘。
- 背鳍低，呈三角形。
- 长江江豚是其分布范围内唯一的其他鲸目动物。

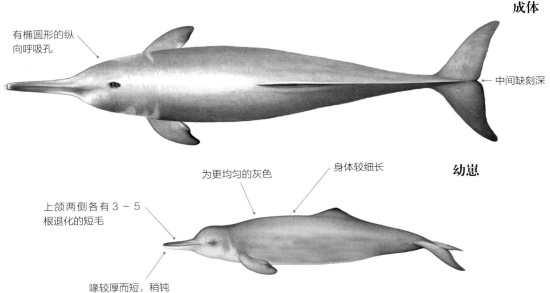

成体

有椭圆形的纵向呼吸孔

中间缺刻深

幼崽

为更均匀的灰色

身体较细长

上颌两侧各有3～5根退化的短毛

喙较厚而短，稍钝

相似物种

除白鱀豚外，长江江豚是长江中唯一的其他鲸目动物（中华白海豚在长江中下游也有目击记录）。分子研究表明，长江江豚与白鱀豚、拉普拉塔河豚的亲缘关系较恒河豚的更密切。

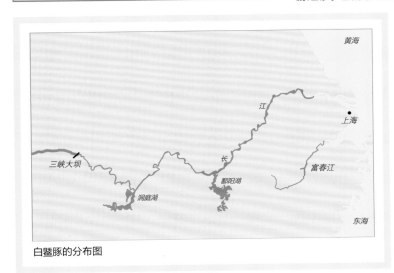

体长和体重
成体　体长：雄性 1.8～2.3 米，雌性 1.85～2.5 米；体重：40～170 千克；最大：2.6 米，240 千克；
幼崽　体长：80～95 厘米；体重：2.5～4.8 千克。

白鱀豚的分布图

黄海

江

上海

三峡大坝

长

富春江

鄱阳湖

洞庭湖

东海

分布

白鱀豚近期的历史分布范围是中国长江中下游及与长江相连的较小河流，从三峡到上海附近入海口、全长 1700 千米的河段。它们也出现在长江口以南的钱塘江和与长江相连的 2 个大湖（洞庭湖和鄱阳湖），以前也出现在长江口。没有已知的洄游行为，尽管它们的迁移范围很广（曾有个体至少游了 200 千米的记录），并且有轶事记录表明它们春季向上游迁移，冬季向下游迁移。它们最理想的栖息地是近断流的任何地方（如河流的底部弯曲处、泥滩和沙洲），这里有很高的生物多样性，是躲避强水流的庇护所。

行为

白鱀豚行为飘忽不定，很难接近，通常是长时间潜水，并在水下改变行动方向。它们白天最为活跃，夜晚在水流缓慢的地方休息。没有它们空中行为（比如跃身击浪）的证据。过去它们常与长江江豚在一起（这 2 个物种在 63% 的官方目击记录中都出现在一起）。

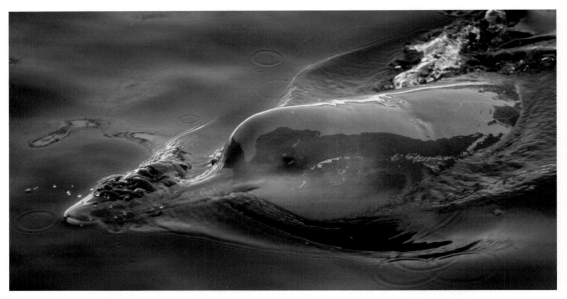

白鱀豚在 2007 年被宣布为功能性灭绝

牙齿

上 62 ~ 68 颗

下 64 ~ 72 颗

群体规模和结构

白鱀豚 3 ~ 4 头（最大范围为 2 ~ 6 头）组成一群；曾有最多 16 头（从 1980 年之后不超过 10 头）的群体记录。

照片识别

借助面部图案，结合背鳍上的伤痕和刻痕可以识别白鱀豚。

种群丰度

中国晋代学者郭璞（276—324 年）曾说长江中白鱀豚"多有之"。遗传分析估计 1000 年前有效种群的数量超过 100000 头。到 20 世纪 50 年代，种群数量减少到几千头，1980 年种群数量只有 400 头，1990 年不到 100 头，1997 年减少至 13 头（包括一头幼崽）。最后一次被证实的目击记录是 2001 年搁浅的一头怀孕的雌性白鱀豚和 2002 年被拍摄到的一头活体白鱀豚。2006 年 11 月 6 日 ~ 12 月 13 日，研究人员进行了一次深入的目视和声学调查以寻找幸存的白鱀豚，这次调查使用了两艘独立作业的船只，覆盖整个的历史分布范围，但没有找到白鱀豚存在的任何证据。另一项全范围的调查是在 2017 年 11 ~ 12 月进行的，但也没有找到它们存在的任何证据。目前也没有人工饲养的白鱀豚。该物种在 2007 年被宣布功能性灭绝（换句话说，即使有少数个体存活下来，这一物种也没有恢复的希望）。

潜水过程

- 出水缓慢且平稳，不产生水花。
- 通常只能看到头顶、背鳍和背部的一小部分（尽管有时可以看到整个头部和喙）。
- 先是频繁、持续时间较短（间隔 10 ~ 30 秒）的潜水，随后进行长潜（最长潜水时间是 3 分 20 秒）。
- 几乎看不见喷潮（但是近距离可以听见，像很大的喷嚏声）。

食物和摄食

食物　捕食淡水鱼。

摄食　未知。

潜水深度　未知。

潜水时间　通常下潜 10 ~ 30 秒，最深纪录为 3 分 20 秒。

保护

国际自然保护联盟现状：极危（可能灭绝，2017 年）；由于偶尔有未经证实的目击报告，所以国际自然保护联盟正在采取预防措施。渔业发展可能是导致该物种数量减少的主要原因：在 20 世纪 70 ~ 80 年代，死亡的白鱀豚有一半可能是被多钩长线钓住或者被渔网意外捕获而溺死；在 20 世纪 90 年代，电捕鱼导致了白鱀豚 40% 的死亡率。在 20 世纪之前，据说白鱀豚身上的油脂可以用来填船缝和照明，并且可以入药，

因此白鱀豚被大量捕杀。渔民可能会获取其皮肤以制作皮革产品；在 20 世纪 50 ~ 70 年代，由于饥荒，人们偶尔会吃白鱀豚。

白鱀豚面临的其他威胁包括其食物被过度捕捞、与船相撞、噪声污染、农业排水、工业污染和生活污染等。1975 年，中国政府将白鱀豚列为国家级保护物种，并宣布其为国宝。

生活史

性成熟　雄性 4 年，雌性 6 年。

交配　在 1 ~ 6 月。

妊娠期　10 ~ 11 个月。

产崽　每 2 年一次；每胎一崽，1 ~ 4 月产崽。

断奶　8 ~ 20 个月后。

寿命　可能超过 20 岁，最长寿命纪录为 24 岁。

1980 年，白鱀豚淇淇被鱼钩划伤，随后它在中国武汉的中国科学院水生生物研究所呆了 22 年，直到 2002 年去世。它一直是该物种研究的重要信息来源

白腰鼠海豚

DALL'S PORPOISE　　　　　　　　　　　　　*Phocoenoides dalli*　（True, 1885）

白腰鼠海豚可能是速度最快的小型鲸目动物，当它们快速跃出水面时，通常人们只是看到溅起浪花的模糊身影。与其他鼠海豚不同的是，它们经常接近船只，并随时进行船首乘浪和船尾乘浪。

分类　齿鲸亚目，鼠海豚科。

英文常用名　以美国博物学家威廉·H. 达尔（William H. Dall, 1845—1927 年）的名字命名，他于 1873 年在阿拉斯加收集了第一个标本。

别名　达尔鼠海豚、达氏鼠海豚、初氏鼠海豚。

学名　*Phocoenoides* 源自希腊语 *phokaina* 或拉丁语 *phocaena*，意为"鼠海豚"；*oides* 源自希腊语 *eides*（像）；*dalli* 是指以威廉·H. 达尔的名字命名。

分类学　已有 2 个亚种（根据体色图案）: dalli 型（*P. d. dalli*）和 truei 型（*P. d. truei*）; dalli 型是指名形式。还有 2 种较小的 dalli 型颜色变体，以白色斑块的大小来区分（北太平洋 - 白令海种群的白色斑块较大，日本海 - 鄂霍次克海种群的白色斑块较小）。

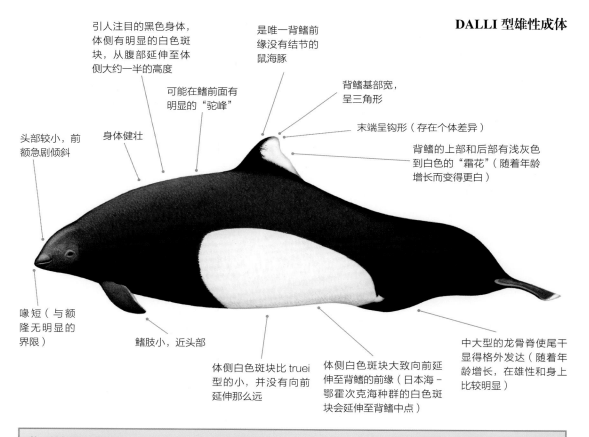

DALLI 型雄性成体

引人注目的黑色身体，体侧有明显的白色斑块，从腹部延伸至体侧大约一半的高度

是唯一背鳍前缘没有结节的鼠海豚

可能在鳍前面有明显的"驼峰"

背鳍基部宽，呈三角形

末端呈钩形（存在个体差异）

背鳍的上部和后部有浅灰色到白色的"霜花"（随着年龄增长而变得更白）

头部较小，前额急剧倾斜

身体健壮

喙短（与额隆无明显的界限）

鳍肢小，近头部

体侧白色斑块比 truei 型的小，并没有向前延伸那么远

体侧白色斑块大致向前延伸至背鳍的前缘（日本海 - 鄂霍次克海种群的白色斑块会延伸至背鳍中点）

中大型的龙骨脊使尾干显得格外发达（随着年龄增长，在雄性和身上比较明显）

鉴别特征一览

- 分布于北太平洋及其附近较冷的深水域。
- 体色黑白分明，体侧有明显的白色斑块。
- 能产生非常独特的、船尾急流般的浪花，常见于浮出水面时。
- 可能精力充沛，异常活跃（行为更像海豚）。
- 双色背鳍基部宽，呈三角形。
- 体型为小型。
- 尾干非常发达。

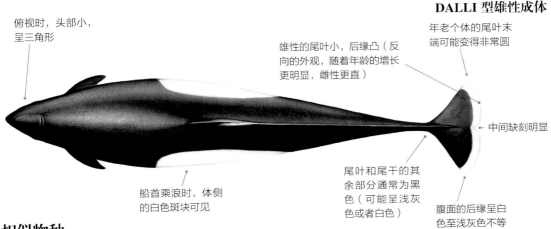

俯视时，头部小，呈三角形

DALLI 型雄性成体

年老个体的尾叶末端可能变得非常圆

雄性的尾叶小，后缘凸（反向的外观，随着年龄的增长更明显，雌性更直）

中间缺刻明显

船首乘浪时，体侧的白色斑块可见

尾叶和尾干的其余部分通常为黑色（可能呈浅灰色或者白色）

腹面的后缘呈白色至浅灰色不等

相似物种

太平洋斑纹海豚可以产生类似船尾急流的浪花，但它们的背鳍与众不同。白腰鼠海豚有时被缺乏经验

的观察者误认为是"虎鲸幼崽"。在逆光的条件下从远处看，港湾鼠海豚可能看起来与缓慢翻滚的白腰鼠海豚非常相似（但大多数白腰鼠海豚背鳍上的白色"霜花"应该是独特的，并且港湾鼠海豚通常栖息在浅水区）。已知有雌性白腰鼠海豚和雄性港湾鼠海豚的杂交后代，特别是在不列颠哥伦比亚省；杂交后代具有繁殖能力，通常与白腰鼠海豚一起出现，通常行为更像白腰鼠海豚。dalli 型和 truei 型之间很少杂交。

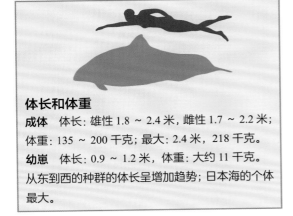

体长和体重

成体 体长：雄性 1.8 ~ 2.4 米，雌性 1.7 ~ 2.2 米；体重：135 ~ 200 千克；最大：2.4 米，218 千克。

幼崽 体长：0.9 ~ 1.2 米，体重：大约 11 千克。从东到西的种群的体长呈增加趋势；日本海的个体最大。

分布

白腰鼠海豚分布在北太平洋北部和邻近水域，包括日本海、白令海南部和鄂霍次克海的寒温带至亚北极水域。它们喜欢表层水温低于 17℃ 的水域，丰度峰值出现在表层水温低于 13℃ 的地方。它们主要分布在离岸，但也在水深超过 100 米的沿海区域。它们的季节性迁移随区域甚至种群（南 - 北，近岸 - 离岸或居留）而异。在潮汐混合强烈的区域以及大陆架和斜坡水域分布特别丰富。

DALLI 型

它们分布在整个物种分布范围内，从白令海中部的北纬63 度到日本南部的北纬35 度，再到加利福尼亚州南部的北纬30 度（当异常寒冷的水大量流入时，它们偶尔出现在墨西哥下加利福尼亚州附近的北纬28度）。dalli 型与 truei 型的分布范

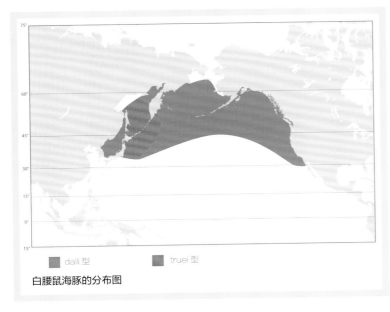

dalli 型　　　truei 型

白腰鼠海豚的分布图

DALLI 型雄性成体的差异

一些个体的白色斑块上可能有
黑色斑点（可能是大量的）

背鳍通常向前倾
斜（主要是大型、
年老雄性）

DALLI 型年老雄性

背部和腹部有夸张的龙骨脊

背鳍不向前倾斜

身体不太健壮

DALLI 雌性成体

尾干不太发达

体色为石灰色而非黑色

背鳍或尾叶上没有"霜花"

幼崽

尾叶后缘凹

体侧斑块呈浅灰色而非白色
（通常带有少许橙色）

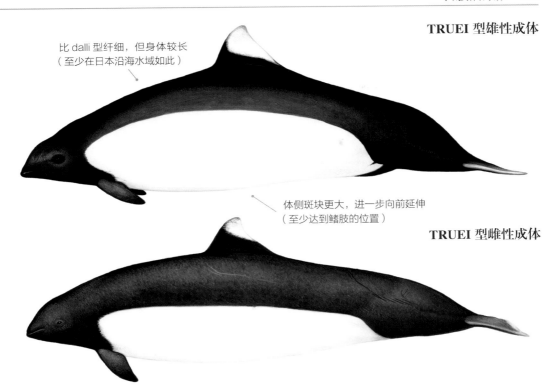

TRUEI 型雄性成体

比 dalli 型纤细，但身体较长（至少在日本沿海水域如此）

体侧斑块更大，进一步向前延伸（至少达到鳍肢的位置）

TRUEI 型雌性成体

围很少重叠。不同分布范围内，dalli 型仅占整个群体的 4% ~ 20%。日本海 - 鄂霍次克海的种群通过津轻海峡和宗谷海峡洄游到北海道太平洋沿岸和鄂霍次克海南部的夏季繁殖地。

TRUEI 型

它们主要分布在北太平洋西部和鄂霍次克海，从北纬 35 度到 54 度；从未在日本海出现。它们在日本中部和北部的太平洋沿岸过冬，通过千岛群岛洄游到鄂霍次克海南部和中部的夏季繁殖地。目击记录的数量自西向东递减，在东经 170 度以东大部分区域没有；它们极少出现在遥远的阿留申群岛；1989 年在加利福尼亚有一次记录。

行为

这是一种精力充沛的鼠海豚，异常活跃，能快速地跳跃，高速地迂回前进（达 55 千米 / 时）。白腰鼠海豚可能是短时间内速度最快的小型鲸目动物。它们是敏捷的船首乘浪者，的确，是唯一经常船首乘浪的鼠海豚，它们更喜欢快速行驶的船只（超过 20 千米 / 时），并对速度较慢的船不感兴趣；经常来无影、去无踪。它们甚至会在大型鲸的前面进行"吻首乘浪"，也会在快艇的后面进行船尾乘浪。白腰鼠海豚

很少出现空中行为，如跃身击浪、拍尾击浪或豚跃。它们通常与北美海岸的太平洋斑纹海豚（北纬 50 度以南）和短肢领航鲸（北纬 40 度以南）在一起。

风平浪静的一天，一头白腰鼠海豚正在船首乘浪

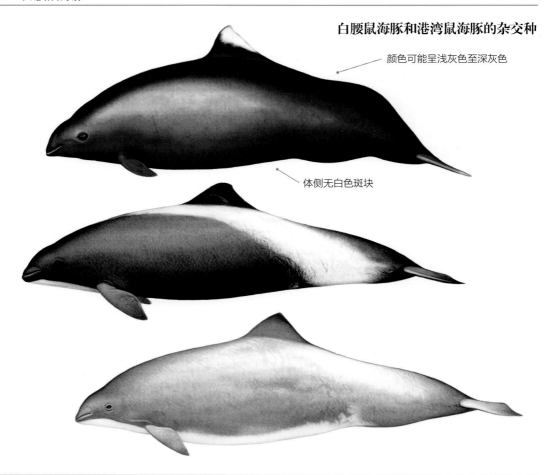

白腰鼠海豚和港湾鼠海豚的杂交种

颜色可能呈浅灰色至深灰色

体侧无白色斑块

潜水过程

快速游动

- 最常见的是：快速掠过海面时，激起独特的 V 形、船尾急流般的浪花（据推测，它们上升到海面呼吸时，从头上落下的锥形水柱所形成的浪花类似于船尾急流）。
- 在风平浪静的海面上，它们的喷潮是如此的独特，能让人在很远的地方就能认出它们（尽管透过水墙几乎看不到其身体）。
- 喷潮模糊。

缓慢游动

- 像港湾鼠海豚一样缓慢、向前翻滚。
- 在海面，尾叶抬升的高度比港湾鼠海豚的还高，身体具有独特的方形轮廓。
- 模糊的喷潮很少引起扰动或基本没有影响。
- 通常情况下，在长潜、深潜之前，能连续快速地进行 10 ~ 15 次短而浅的潜水（每次持续时间不超过 15 秒）。

食物和摄食

食物　随机捕食者，捕食一系列从海面到中层带的鱼类（包括灯笼鱼、沙丁鱼、狭鳕鱼、鳀鱼、无须鳕、美洲玉筋鱼、毛鳞鱼、鲱鱼和鲭鱼）和乌贼，大多短于 30 厘米；可能捕食很少的磷虾、虾和其他甲壳类动物。

摄食　主要在晚上摄食；最近的研究表明其在一些区域白天摄食。

潜水深度　最近的标识研究表明，它们的大多数摄食活动在 100 米以内；但是，它们能够进行深潜，可以以 500 多米的深度摄食。

潜水时间　通常下潜 1 ~ 2 分钟；但一些摄食潜水可能持续 5 分钟以上。

牙齿

dalli 型

$$\frac{上\ 46 \sim 56\ 颗}{下\ 48 \sim 56\ 颗}$$

truei 型

$$\frac{上\ 38 \sim 46\ 颗}{下\ 40 \sim 48\ 颗}$$

像所有鼠海豚一样，白腰鼠海豚的牙齿呈铲状，是牙齿最小的鲸目动物，它们那小小的牙齿像米粒一样，被角质、坚硬的突起（牙龈齿）分开。

群体规模和结构

白腰鼠海豚通常 2 ~ 10 头（一般少于 5 头）组成一个流动的群体。它们在食物集中的地方会临时聚集起更大的群体（但这些群体缺乏海豚群体的凝聚力）；海洋种群的规模最大。一份报告表明，单身雄性成体经常与刚分娩的雌性成体保持密切联系（配偶保护），并会攻击其他雄性成体。

天敌

白腰鼠海豚的天敌是虎鲸。它们可以区分虎鲸的生态型，经常接近某些虎鲸并在其周围游泳，但会快速远离东太平洋过客虎鲸。它们的天敌可能还有大型鲨鱼。

照片识别

可能借助背鳍的色素沉着、畸形以及颜色图案可以识别白腰鼠海豚。

种群丰度

白腰鼠海豚总数可能有 120 万头。最新的区域数量估计包括鄂霍次克海的 55.4 万头，日本的 10.4 万头，美国西海岸的 10 万头，阿拉斯加的 8.6 万头。

保护

世界自然保护联盟保护现状：无危（2017 年）。白腰鼠海豚可能比任何其他小型鲸目动物都更容易捕捞。自有记录以来，1979 ~ 2016 年，日本渔民用鱼叉捕杀了 323013 头，以供人类食用和作为宠物食品。1988 年，白腰鼠海豚最高年捕杀量为 40367 头。渔获量配额于 1993 年实行（2015 ~ 2016 年，dalli 型捕杀配额为 6212 头，truei 型捕杀配额为 6152 头），这使白腰鼠海豚成为目前世界上被直接捕杀最多的物种。大多数白腰鼠海豚是在捕鲸船前进行船首乘浪时被鱼叉捕获的。在日本和俄罗斯的公海，渔民用流刺网捕捞鲑鱼和乌贼时，有 10000 ~ 20000 头白腰鼠海豚被捕获而意外死亡，这种情况主要发生在 20 世纪 50 年代到 80 年代（现在已被禁止）。如今，在日本和俄罗斯，每年有数千头白腰鼠海豚意外死亡；而在美国和加拿大，则有数百头意外死亡。它们面临的另一个主要威胁是污染物（特别是有机氯和汞）。

回声定位

白腰鼠海豚回声定位所发出的嘀嗒声的频率是人类听觉范围的许多倍（峰值在 120 ~ 140 千赫的窄频带，有些几乎达到 200 千赫）；这也超过了虎鲸的听力极限。

生活史

性成熟　雌性 4 ~ 7 年，雄性 3.5 ~ 8 年（有巨大的地理差异）。

交配　以夏季为主，但全年都有；雄性可能会直接争夺雌性，然后保护雌性不受其他潜在追求者的伤害。

妊娠期　10 ~ 12 个月。

产崽　每 1 ~ 3 年一次（因种群而异）；主要在晚春或夏季出生（6 ~ 8 月），每胎一崽；在幼崽出生后的一个月之内雌性通常准备再次繁殖。

断奶　记录的时间差异很大，但可能在 11 ~ 12 个月后。

寿命　不到 15 岁。

港湾鼠海豚
HARBOUR PORPOISE

Phocoena phocoena　(Linnaeus, 1758)

港湾鼠海豚可能是所有鼠海豚中分布最广、最常见的一种，但要想仔细观察它们却异常困难。它们出水时间很短，很少展示自己，也很少接近船只，所以一个典型的目击事件只不过是惊鸿一瞥。

分类　齿鲸亚目，鼠海豚科。

英文常用名　反映了它们进入海湾、河口、峡湾、潮汐通道和港口的习惯。

别名　普通鼠海豚；鲱鱼猪（在缅因州）；喷嚏猪（在大西洋的加拿大，因为它们像打喷嚏似的喷潮）或河豚。

学名　*Phocoena* 源自拉丁语 *phocaena* 或希腊语 *phokaina*，意为"鼠海豚"。

分类学　已确认有 5 个亚种：大西洋港湾鼠海豚（*P. p. phocoena*），黑海港湾鼠海豚（*P. p. relicta*），东太平洋港湾鼠海豚（*P. p. vomerina*），西太平洋港湾鼠海豚（未命名），以及非洲的伊比利亚港湾鼠海豚（未命名，但可能是 *P. p. meridionalis*，来自伊比利亚半岛南部和毛里塔尼亚）。它们的主要区别在 DNA 和头骨、颌骨的形态。

成体

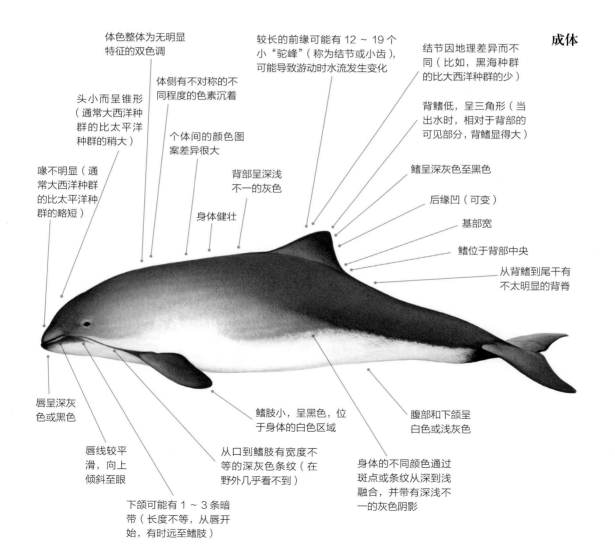

体色整体为无明显特征的双色调

体侧有不对称的不同程度的色素沉着

头小而呈锥形（通常大西洋种群的比太平洋种群的稍大）

个体间的颜色图案差异很大

喙不明显（通常大西洋种群的比太平洋种群的略短）

背部呈深浅不一的灰色

身体健壮

较长的前缘可能有 12～19 个小"驼峰"（称为结节或小齿），可能导致游动时水流发生变化

结节因地理差异而不同（比如，黑海种群的比大西洋种群的少）

背鳍低，呈三角形（当出水时，相对于背部的可见部分，背鳍显得大）

鳍呈深灰色至黑色

后缘凹（可变）

基部宽

鳍位于背部中央

从背鳍到尾干有不太明显的背脊

唇呈深灰色或黑色

唇线较平滑，向上倾斜至眼

鳍肢小，呈黑色，位于身体的白色区域

从口到鳍肢有宽度不等的深灰色条纹（在野外几乎看不到）

下颌可能有 1～3 条暗带（长度不等，从唇开始，有时远至鳍肢）

腹部和下颌呈白色或浅灰色

身体的不同颜色通过斑点或条纹从深到浅融合，并带有深浅不一的灰色阴影

鉴别特征一览
- 分布于北半球的寒温带和亚北极水域。
- 体型为小型，身体健壮。
- 背部为深色，有低矮的三角形背鳍。
- 无喙。
- 通常害羞且含蓄。
- 通常单独行动或形成小而松散的群体。
- 出水时，缓慢向前翻滚。

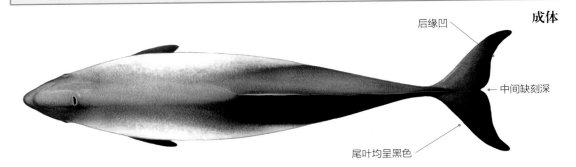

后缘凹　成体

中间缺刻深

尾叶均呈黑色

体长和体重
成体　体长：雄性 1.2 ~ 1.8 米，雌性 1.5 ~ 1.9 米；
体重：45 ~ 70 千克；最大：2 米，75 千克。
幼崽　体长：70 ~ 90 厘米；体重：5 ~ 6 千克。
地理差异很大。

相似物种

　　港湾鼠海豚比北半球大多数其他的鲸目动物小得多，北大西洋没有其他鼠海豚。港湾鼠海豚可能会与北太平洋区域的海豚相混淆，尤其是在逆光和距离较远的情况下，但它们不同的海面行为应该有助于人们明确区分（尽管白腰鼠海豚在缓慢游动时有时表现出类似的向前翻滚动作）。已知有雌性白腰鼠海豚和雄性港湾鼠海豚的杂交后代，特别是在不列颠哥伦比亚省；杂交后代具有繁殖能力，通常与白腰鼠海豚一起出现，并且通常表现得像白腰鼠海豚。

分布

　　港湾鼠海豚分布在北半球寒温带和亚北极水域（主要在大陆架上方），不连续分布。它们喜欢沿海水域，经常出入相对较浅的海湾、河口、峡湾、潮汐通道甚至港口（也会在一些水域向上游迁移相当长的距离）。它们很少出现在深度超过200 米的水域，尽管离岸地区的深水区（如阿拉斯加东南部、挪威西部的峡湾和格陵兰岛附近的深水区）以及陆地板块之间有一些记录。它们通常在岛屿或岬角附近活动，这些地方的海

■ 主要的分布范围　　■ 次要的分布范围

港湾鼠海豚的分布图

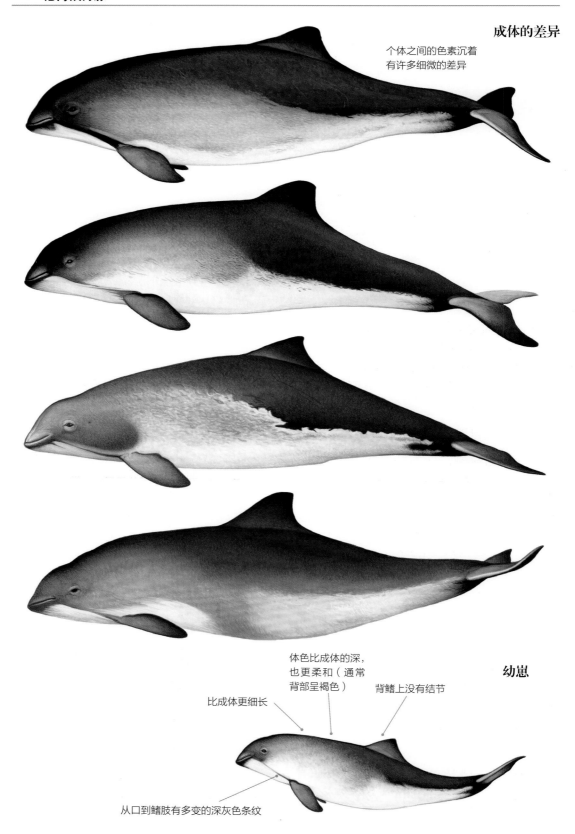

成体的差异

个体之间的色素沉着
有许多细微的差异

幼崽

体色比成体的深，
也更柔和（通常
背部呈褐色）

背鳍上没有结节

比成体更细长

从口到鳍肢有多变的深灰色条纹

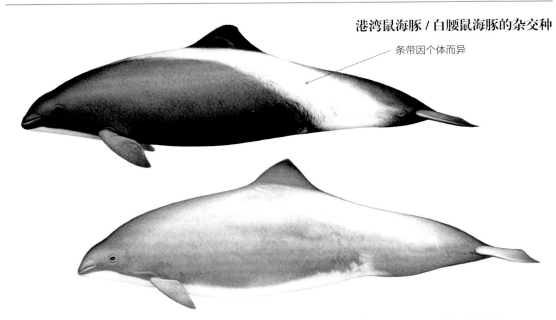

港湾鼠海豚 / 白腰鼠海豚的杂交种

条带因个体而异

流与海底地形相结合，创造了其食物聚集的条件。一些种群是居留种群（特别是在封闭的水道中）；另一些则与食物供应、海水温度、冰层覆盖有关（夏季在近岸或北部，冬季在离岸或南部）。它们可能有数千平方千米的家域范围。

北大西洋港湾鼠海豚

在北大西洋西部，它们分布于美国东南部（在北卡罗来纳州，约北纬34度）到巴芬岛东南部以及格陵兰岛南部和西部；似乎没有进入哈得孙湾。在北大西洋东部，它们分布于塞内加尔到新地岛，但不连续分布；是唯一经常出没于波罗的海的鲸目动物（在过去的一个世纪里，它们的数量急剧下降）。最近在波罗的海沿岸及其周围发现了一个重要的北大西洋港湾鼠海豚的繁殖地。

黑海港湾鼠海豚

在黑海和附近水域有一个孤立的种群（亚速海、刻赤海峡、博斯普鲁斯海峡和马尔马拉海）；这一种群与最近的大西洋东北部同类被地中海隔开（除了爱琴海北部有少量个体，它们通常不在地中海）。许多个体每年都会洄游：夏季在黑海西北部和亚速海，冬季在黑海东南部。

北太平洋港湾鼠海豚

在东部，它们分布于波弗特海和楚科奇海南部到美国加利福尼亚州中部。在北太平洋西部，它们分布于日本本正岛北部；在韩国水域误捕记录有限。

行为

港湾鼠海豚通常会躲避船只，或者毫不在意，因此它们很难接近和跟踪（虽然它们在某些区域更容易接近，比如美国旧金山湾区和加拿大东部的芬迪湾）。在长时间不活动的情况下它们最容易接近，特别是在风平浪静的日子里，它们一动不动地在海面上休息时（身体稍微向后倾斜，呼吸孔是身体最突出的部分）。它们很少进行船首乘浪或船尾乘浪，它们也很少做高难度动作，尽管它们有时会在追逐食物时进行弧形跳跃，偶尔在社交时也会拍尾击浪。它们很少与其他鲸目动物混聚在一起（尽管可能与某些物种在同一区域摄食，如小须鲸），在某些区域会主动避开瓶鼻海豚（瓶鼻海豚具有攻击性，有时甚至是致命的）。

牙齿

上 38 ~ 56 颗
下 38 ~ 56 颗

像所有的鼠海豚一样，港湾鼠海豚牙齿呈铲形。

群体规模和结构

港湾鼠海豚通常由母子对或 1 ~ 3 头（在某些区域，6 ~ 8 头的较大群并不罕见）组成一个松散的流动群体；它们可能会因为性别和年龄而有所隔离；在食物丰富的摄食地能观察到数百头。

一头具有代表性的港湾鼠海豚：注意它难以形容的颜色和低矮的三角形背鳍

天敌

　　港湾鼠海豚的天敌是噬人鲨（特别是在芬迪湾和缅因湾）和其他大型鲨鱼、虎鲸；此外，在某种程度上也有灰海豹。

照片识别

　　照片识别港湾鼠海豚非常困难；主要借助背鳍上的刻痕和缺刻，以及身体上的伤痕和细微的色素差异可以识别港湾鼠海豚。

种群丰度

　　尽管一些地区港湾鼠海豚的数量大幅减少，但现在全球的种群数量至少在 70 万头左右。众所周知，港湾鼠海豚的数量很难估计，但非常粗略的区域估计

生活史

性成熟 雄性和雌性均为 3 ～ 4 年；由于区域和密度不同而有一些变化。

交配 混交系统；精子竞争可能是雄性使雌性受精的主要方式。

妊娠期 10 ～ 11 个月。

产崽 每 1 ～ 2 年一次（通常在大西洋 1 年，在太平洋 2 年）；主要在 5 ～ 8 月出生，每胎一崽。

断奶 8 ～ 12 个月后；可能在几个月大的时候开始吃固体食物。

寿命 8 ～ 10 岁。

如下：北海有 345000 头，包括英吉利海峡的 41000 头；缅因湾 - 芬迪湾 - 圣劳伦斯湾有 102500 头；阿拉

潜水过程

- 通常在潜水前连续快速浮出海面 3 ～ 4 次（通常不到 1 分钟），很少溅起水花或没有水花。
- 当出水缓慢、有向前翻滚的动作时，背鳍好像被安装在旋转的轮子上，短暂地浮出水面，然后又隐入水下。
- 头顶、背部前面和背鳍露出海面的情况很少（某些区域除外）。
- 在前滚过程中，尾干举得不如白腰鼠海豚的高。
- 摄食时（快速且不规则地游动）可能会产生水花（被称为突溅水花，与白腰鼠海豚产生的船尾急流般的浪花非常不同）。

喷潮

- 模糊（有时在风平浪静的日子可以听到一阵急促的喘息声，像是打喷嚏的声音）。

食物和摄食

食物 捕食种类繁多的食物，因区域和季节而异（在一年中的某个特定时间，任何一个区域的食物可能仅由少数物种主导）；主要捕食小型居群鱼类（如鲱鱼、毛鳞鱼、鲭鱼、美洲玉筋鱼和鳕鱼）；一些乌贼和章鱼；可能还有底栖无脊椎动物（无意摄入）；幼崽在断奶的早期阶段会摄食小型甲壳纲动物。

摄食 随机摄食，主要在海床附近摄食，但也会在靠近海面的地方摄食；通常单独摄食，但观察到多达 20 头的群体会合作将鱼群驱赶到一起。

潜水深度 通常潜至 20 ～ 130 米深（最深 410 米）。

潜水时间 多数下潜时间大约为 1 分钟；最长为 6 分钟。

斯加有 89000 头（阿拉斯加东南部有 11000 头，阿拉斯加湾有 30500 头，白令海有 47500 头），冰岛附近有 27000 头；卡特加特海峡和大贝尔特地区有 18500 头；挪威沿海水域有 25000 头；苏格兰西部有 24000 头；黑海和亚速海有 3000 ～ 12000 头；波罗的海有 500 ～ 600 头。

保护

世界自然保护联盟保护现状：无危（2008 年）；波罗的海亚种，极危（2008 年）；黑海亚种，濒危（2008 年）；其他亚种尚未单独评估。在欧洲（特别是黑海、波罗的海和丹麦的贝尔特海、冰岛和格陵兰岛）和加拿大（尤其是皮吉特湾、芬迪湾、圣劳伦斯湾、拉布拉多湾和纽芬兰），港湾鼠海豚曾因其肉和脂肪的极高价值而被大量捕杀。仅在黑海，1976 ～ 1983 年就有 163000 ～ 211000 头港湾鼠海豚被捕杀。尽管在格陵兰岛西部仍有不受管制的捕杀活动，每年有数百或数千头港湾鼠海豚因此被捕杀，但该物种目前在其大部分分布范围内受到保护；较小规模的捕杀可能发生在该范围的其他地区，没有记录在案。目前，港湾鼠海豚面临的最大威胁是刺网、三层流刺网、鳕鱼陷阱和其他渔具的偶然误捕，每年有成千上万头港湾鼠海豚因这些渔具中死亡。误捕严重的区域包括阿拉斯加东南部、日本、俄罗斯、土耳其、乌克兰和波罗的海（那里的种群数量已经非常小）。一些区域使用声波警报（"声波发射器"）和其他措施成功地避免了一些港湾鼠海豚的死亡。港湾鼠海豚面临的其他威胁包括：船只交通的干扰、各种形式的污染、过度捕捞造成的食物枯竭、气候变化（特别是对美洲玉筋鱼的存续产生不利的影响）以及栖息地退化和被破坏。最近发展的海上风力发电场可能是对港湾鼠海豚一个新的威胁，特别是在北海。

港湾鼠海豚很少在水面露出太多的身体，但在一些区域，比如加拿大东部的芬迪湾它们的身体有时会完全离开水面

加湾鼠海豚

VAQUITA　　　　　　　*Phocoena sinus*　Norris and McFarland, 1958

加湾鼠海豚是世界上最濒危的海洋哺乳动物之一，即将灭绝。除非最后的保护措施发挥作用，否则它们将无法生存太久。人们对它们的生活方式和习性知之甚少。

分类　齿鲸目，鼠海豚科。

英文常用名　西班牙语意为"小牛"，源于当地渔民的称呼；有时候也被称为小海牛。

别名　加利福尼亚湾（港）海豚、加利福尼亚小鲸（"小猪"）、海湾鼠海豚、沙漠鼠海豚。

学名　*Phocoena* 源自拉丁语 *phocaena* 或希腊语 *phokaina*，意为"鼠海豚"；*sinus* 为拉丁语，意为"港湾"或"海湾"，指的是它们在加利福尼亚湾的有限分布。

分类学　没有公认的分形或亚种。

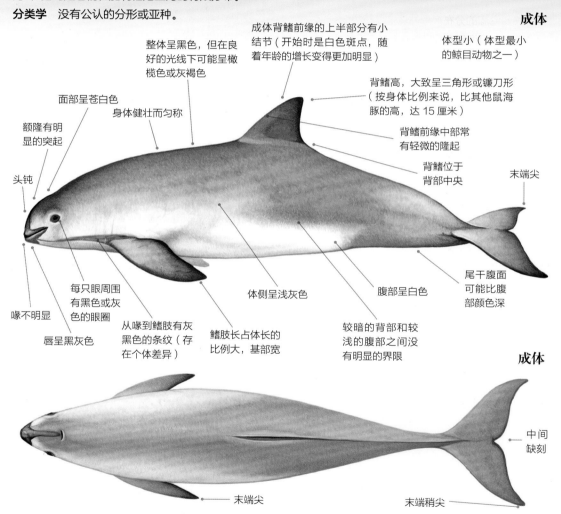

成体背鳍前缘的上半部分有小结节（开始时是白色斑点，随着年龄的增长变得更加明显）

整体呈黑色，但在良好的光线下可能呈橄榄色或灰褐色

体型小（体型最小的鲸目动物之一）

面部呈苍白色

身体健壮而匀称

背鳍高，大致呈三角形或镰刀形（按身体比例来说，比其他鼠海豚的高，达 15 厘米）

额隆有明显的突起

背鳍前缘中部常有轻微的隆起

头钝

背鳍位于背部中央

末端尖

每只眼周围有黑色或灰色的眼圈

体侧呈浅灰色

腹部呈白色

尾干腹面可能比腹部颜色深

喙不明显

从喙到鳍肢有灰黑色的条纹（存在个体差异）

鳍肢长占体长的比例大，基部宽

较暗的背部和较浅的腹部之间没有明显的界限

唇呈黑灰色

成体

末端尖

中间缺刻

末端尖

末端稍尖

鉴别特征一览

- 分布于加利福尼亚湾的最北端。
- 体型为小型。
- 身体在良好的光线下呈橄榄色或灰褐色。
- 背鳍明显。
- 喙不明显。
- 唇呈黑色，有眼圈。
- 群体规模一般为 1 ~ 3 头。
- 通常会缓慢、隐秘地浮出海面。

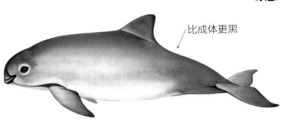

幼崽

比成体更黑

体长和体重
成体 体长：雄性 1.25 ~ 1.45 米；雌性 1.35 ~ 1.5 米；体重：30 ~ 48 千克；最大：1.5 米，55 千克。
幼崽 体长：70 ~ 78 厘米；体重：7.5 千克。

米处。最近的目击记录都是在洛卡康萨格和圣费利佩之间（几乎都能看到露头），距离海岸不到 25 千米。

相似物种

加湾鼠海豚的分布范围内没有其他的鼠海豚，尽管瓶鼻海豚和真海豚在此范围内很常见，可能在一定距离外它们看起来很相似（加湾鼠海豚的背鳍较高，这一点需要特别注意）。没有很突出的喙、较小的群体规模和难以捉摸的行为模式是加湾鼠海豚的特征。

分布

加湾鼠海豚分布在加利福尼亚湾的最北部和墨西哥西部（主要在北纬 30 度 45 分以北和西经 114 度 20 分以西）。它们喜欢有潮汐混合强烈的浅水区和浑浊、富含沉积物的离岸区（在水深超过 40 米的区域很罕见）。这是鲸目动物中分布范围最有限的一种，并且无任何证据表明在历史上它们的分布范围曾经缩小过（曾有圣卢卡斯角东南方向 375 千米的马里亚群岛的报道，还未得到证实）。整个分布范围以洛卡康萨格为中心，直径小于 65 千米。洛卡康萨格是一个 90 米高的花岗岩露头，位于圣费利佩东北偏东方向 27 千

行为

加湾鼠海豚害羞、腼腆，通常浮出海面时会远离船只。它们常会避开大的摩托艇，但是偶尔可能接近安静的漂流船只。它们不会船首乘浪，空中行为（比如跃身击浪）未知。大多数目击记录都是短暂的，并且只有一次。

牙齿

$\dfrac{上\ 32\ \sim\ 44\ 颗}{下\ 34\ \sim\ 40\ 颗}$

像所有鼠海豚一样，加湾鼠海豚的牙齿呈铲状。

群体规模和结构

大多数目击到的加湾鼠海豚群都为 1 ~ 3 头，它们在短时间内松散地聚集在一起，最多达 10 头，小群通常是由几个母子对组成。

天敌

至少在 6 种大型鲨鱼（噬人鲨、尖吻鲭鲨、短吻柠檬鲨、黑梢真鲨、深海长尾鲨和扁头哈那鲨）的胃里发现了加湾鼠海豚；虎鲸可能也是其天敌。

照片识别

很大一部分成年加湾鼠海豚的背部和背鳍有独特的伤痕和其他标记，这有可能有助于照片识别。

种群丰度

加湾鼠海豚可能是一种天生的稀有物种。人们曾经多次尝试通过

蒂华纳 **墨西哥** **美国**
科罗拉多河
恩塞纳达港
圣克拉拉古
下加利福尼亚州 佩尼亚斯科港
洛卡康萨格
圣费利佩 索诺拉
加利福尼亚湾
太平洋

■ 主要的分布范围　　■ 次要的分布范围
加湾鼠海豚的分布图

潜水过程

- 缓慢而隐蔽地浮出海面（除了风平浪静时，否则几乎什么都看不见）。
- 喙通常不会露出海面，身体出现和消失得很缓慢，翻滚时呈拱形。
- 眼很少露出海面（除非个体很好奇）。
- 通常浮出海面 3 ~ 5 次，然后是持续 1 ~ 3 分钟的较长时间的潜水。
- 模糊，看不清楚的喷潮（但发出响亮的、尖锐的喘息声，让人想起港湾鼠海豚）。

食物和摄食

食物　已知捕食 21 种小型鱼类（主要在水底摄食），特别是鲷和石首鱼；也有乌贼和甲壳纲动物。

摄食　未知。

潜水深度　在浅水区（很少在水深超过 40 米处）潜水。

潜水时间　下潜最长不超过 3 分钟。

目视和声学观测来估计其大概数量：1988 ~ 1989 年有 885 头；1997 年有 567 头；2008 年有 245 头；2015 年有 59 头。2018 年的最新估计为 6 ~ 22 头（可能是 10 头），但是从那之后死亡数量有所增加。

保护

世界自然保护联盟保护现状：极危（2017 年）。加湾鼠海豚几十年来面临的最大威胁是几乎看不见的刺网缠绕和意外溺亡，这些刺网是由 3 个地方（圣费利佩、圣克拉拉古和较小的佩尼亚斯科港）的渔民设置的。流刺网能捕捞各种海洋动物，包括鲨鱼和细角对虾，但最近最令人担忧的是一种针对 2 米长、类似鲈鱼的鱼——加利福尼亚湾石首鱼设置的刺网。加利福尼亚湾石首鱼本身也是极度濒危的物种，因其可以入药的鱼鳔而受到高度重视。墨西哥开展了系统保护工作，包括建立加湾鼠海豚保护区、开发替代捕鱼的工具、推广使用"加湾鼠海豚安全"的海鲜食品、收购渔船、加强现有立法的执行力度、补偿因保护加湾鼠海豚造成的渔民收入损失。尽管在 2015 年 5 月，紧急流刺网禁止令开始实施，并禁止捕捞加利福尼亚湾石首鱼，但是非法捕捞活动仍然猖狂。加湾鼠海豚的保护工作进程缓慢，并且墨西哥政府自 2007 年以来采取的保护措施太少、太晚了。为了评估人工饲养繁殖加湾鼠海豚的可能性，一项捕捞最后的幸存者的计划导致了一头雌性加湾鼠海豚悲惨地死亡；这在很大程度上粉碎了通过人工饲养繁殖来拯救物种的希望。如果加利福尼亚湾上游没有有效的渔业法规，加湾鼠海豚很可能在未来几年内就会灭绝。

生活史

性成熟　3 ~ 6 年。

交配　可能在 5 ~ 7 月。

妊娠期　10 ~ 11 个月。

产崽　可能每 2 年一次；每胎一崽，3 ~ 4 月出生（3 月末到 4 月初达顶峰）。

断奶　未知，但可能在 6 ~ 8 个月之后。

寿命　最长寿命纪录为 21 岁（雌性）。

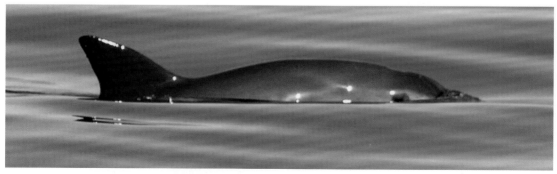

可能是有史以来拍的最好的加湾鼠海豚的照片

棘鳍鼠海豚

BURMEISTER'S PORPOISE *Phocoena spinipinnis* Burmeister, 1865

棘鳍鼠海豚不引人注目，很容易被忽略。对棘鳍鼠海豚活体的科学观察相对较少，但是棘鳍鼠海豚可能在南美洲海岸分布得相当普遍和广泛。

分类 齿鲸亚目，鼠海豚科。

英文常用名 以德国-阿根廷动物学家卡尔·赫尔曼·康拉德·布尔迈斯特（Konrad Burmeister，1807—1892年）的名字命名，他于1865年描述了第一个活体标本（在阿根廷拉普拉塔河河口被捕获）。

别名 黑鼠海豚（用词不当，大多数海豚只有在它们死去之后，颜色才会变暗）。

学名 *Phocoena* 源自拉丁语 *phocaena* 或希腊语 *phokaina*，意为“鼠海豚”；*spinipinnis* 源自拉丁语 *spina*（脊柱）和 *pinna*（鳍或翼），指背鳍前缘的结节。

分类学 没有公认的亚种，但近年来基因的研究表明有2个亚种群：秘鲁棘鳍鼠海豚和智利-阿根廷棘鳍鼠海豚（体型不同）。

成体左视图

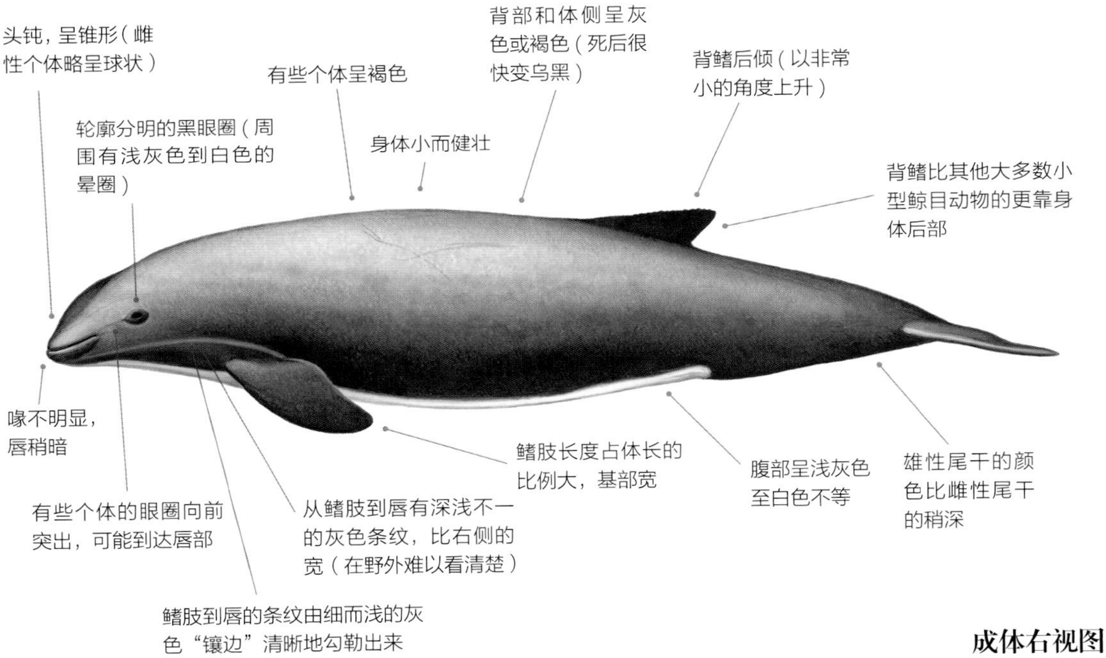

头钝，呈锥形（雌性个体略呈球状）
有些个体呈褐色
背部和体侧呈灰色或褐色（死后很快变乌黑）
背鳍后倾（以非常小的角度上升）
轮廓分明的黑眼圈（周围有浅灰色到白色的晕圈）
身体小而健壮
背鳍比其他大多数小型鲸目动物的更靠身体后部
喙不明显，唇稍暗
鳍肢长度占体长的比例大，基部宽
腹部呈浅灰色至白色不等
雄性尾干的颜色比雌性尾干的稍深
有些个体的眼圈向前突出，可能到达唇部
从鳍肢到唇有深浅不一的灰色条纹，比右侧的宽（在野外难以看清楚）
鳍肢到唇的条纹由细而浅的灰色“镶边”清晰地勾勒出来

成体右视图

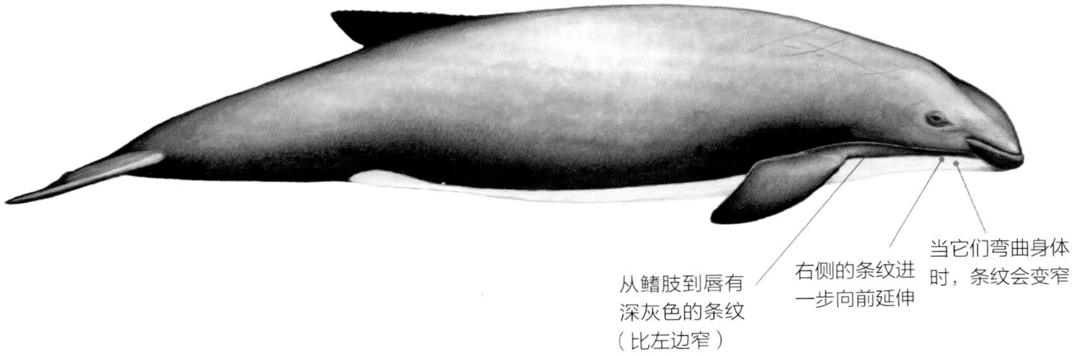

当它们弯曲身体时，条纹会变窄
右侧的条纹进一步向前延伸
从鳍肢到唇有深灰色的条纹（比左边窄）

鉴别特征一览

- 分布于南美沿海水域。
- 体型为小型。
- 身体健壮。

- 在海上显得很黑。
- 独特的、后倾的背鳍位于身体后部。
- 往往不引人注目，出水时几乎不产生浪花。

成体

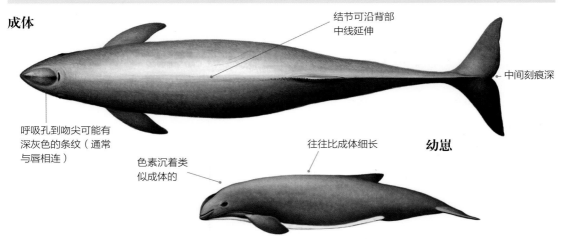

结节可沿背部
中线延伸

中间刻痕深

呼吸孔到吻尖可能有
深灰色的条纹（通常
与唇相连）

色素沉着类
似成体的

往往比成体细长

幼崽

体长和体重

成体 体长：1.4 ~ 1.9 米；体重：70 ~ 80 千克；最大：2 米，105 千克。

幼崽 体长：80 ~ 90 厘米；体重：4 ~ 7 千克。
雄性个体略大于雌性个体；大西洋的个体略大于太平洋的个体。

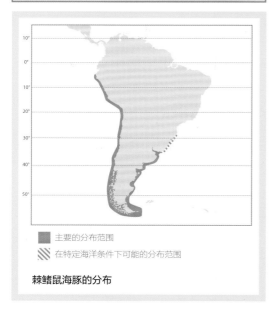

主要的分布范围

在特定海洋条件下可能的分布范围

棘鳍鼠海豚的分布

相似物种

在近处看时，棘鳍鼠海豚的背鳍是与众不同的，它们很容易分辨。在远处看时，它们会与智利矮海豚、黑眶鼠海豚和康氏矮海豚混淆。它们与长吻的拉普拉塔河豚明显不同。要注意惊鸿一瞥的南美海狮（当它们在海面上游泳时，它们和棘鳍鼠海豚翻滚的样子极其相似，并且南美海狮的鳍肢看起来也很像棘鳍鼠海豚的背鳍）。

分布

棘鳍鼠海豚主要分布在南美洲大陆架水域，可能在太平洋比大西洋更常见。在智利南部的 120 多条目击记录中，大部分目击事件都发生在水深超过 40 米（较深的水道）和距离海岸至少 500 米的地方。它们可能出现在更远的水域，在阿根廷出现的目击记录中，它们与海岸的距离超过了 50 千米。它们的分布范围从秘鲁北部（南纬 5 度 01 分）开始，向南至太平洋海岸的合恩角，向北至阿根廷（南纬 37 度）的拉普拉塔河流域。北部边界与向北流动的洪堡寒流（在太平洋）的西转和向北流动的马尔维纳斯寒流（在大西洋）的东转相吻合。最北端的巴西里约热内卢（南纬 28 度 48 分）偶尔有目击记录，它们的分布通常与大西洋亚热带较冷海水的入侵有关。至少有一些种群可能是居留的（比如在比格尔海峡），但是其他地方有证据表明在夏季时它们向近岸迁移，在冬季时向离岸迁移。

成体背鳍的差异

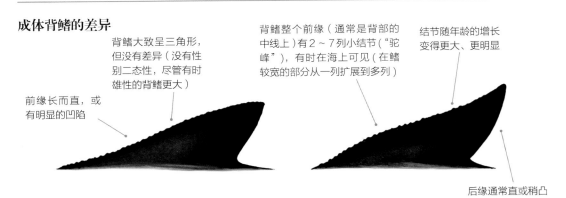

前缘长而直，或有明显的凹陷

背鳍大致呈三角形，但没有差异（没有性别二态性，尽管有时雄性的背鳍更大）

背鳍整个前缘（通常是背部的中线上）有2～7列小结节（"驼峰"），有时在海上可见（在鳍较宽的部分从一列扩展到多列）

结节随年龄的增长变得更大、更明显

后缘通常直或稍凸

雄性成体

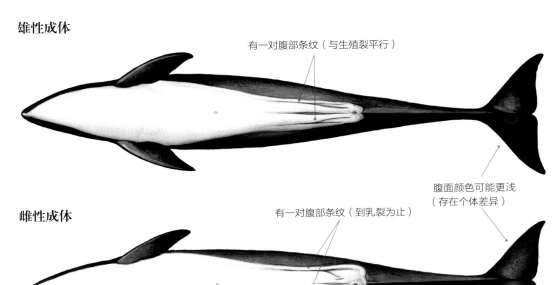

有一对腹部条纹（与生殖裂平行）

腹面颜色可能更浅（存在个体差异）

雌性成体

有一对腹部条纹（到乳裂为止）

潜水过程

- 出水时几乎不产生浪花。
- 露出很少的身体（背鳍通常清晰可见）。
- 缓慢、向前翻滚的动作（类似于港湾鼠海豚）。
- 在智利，通常在一个小区域出水3～4次，然后潜水3分钟或更长时间，在50～100米远的地方再次出现。
- 在阿根廷，有限的证据表明通常在一个小区域出水7～8次，然后潜水1～3分钟，至少在17米远的地方再次出现。
- 整体看起来像在水里起伏的海狮。

喷潮

- 不明显，但在风平浪静的天气里可以听到它们短暂的噗噗声。

> **食物和摄食**
>
> **食物** 主要捕食鱼类，如鳀鱼、鳕鱼、银汉鱼、沙丁鱼和竹荚鱼，还捕食乌贼、虾和磷虾。
>
> **摄食** 未知。
>
> **潜水深度** 通常在水深不超过 200 米处潜水。
>
> **潜水时间** 平均潜水 1 ~ 3 分钟。

行为

棘鳍鼠海豚的行为往往不引人注目，很少进行空中活动，比如豚跃或跃身击浪（有些个体在乘浪行为中偶尔会跃起，这种行为可以勉强视为空中活动）。在恶劣的天气里几乎看不见它们。摄食时，它们的冲刺速度非常快。群体在受到惊吓时（特别是当有船靠近）经常会分散和加速游动。

牙齿

上 20 ~ 46 颗
下 28 ~ 46 颗

像所有鼠海豚一样，棘鳍鼠海豚的牙齿呈铲状。年轻个体的牙齿往往比成体的多（它们会失去 12 ~ 20 颗几乎看不见且固定不牢的小牙齿）。

群体规模和结构

棘鳍鼠海豚通常单独出现，也会成对出现和形成小群（1 ~ 4 头，偶尔多达 8 头），但有报道称它们会暂时形成更大的群体（可能是食物来源集中的结果）。1982 年，在智利北部的梅希约内斯有一个约 70 头群体的记录，2001 年在秘鲁中北部的瓜尼亚佩岛附近发现了约 150 头（分散在几平方千米的范围内）的群体。

天敌

棘鳍鼠海豚的天敌可能是虎鲸和大型鲨鱼，但是没有具体记录。

照片识别

照片识别棘鳍鼠海豚很困难，因为它们几乎没有单独的识别标记，并且很难拍摄。

种群丰度

种群丰度未知。但是，棘鳍鼠海豚搁浅和被捕捞、误捕的数据表明，它们的数量可能比目击到的有限数量多得多。

保护

世界自然保护联盟保护现状：近危（2018 年）。在秘鲁，人们用渔网和鱼叉捕杀棘鳍鼠海豚（在其他地方也有，较少）；它们的肉被人类食用，也可以作为鲨鱼和螃蟹的诱饵。1996 年，秘鲁禁止捕杀小型鲸目动物，但执行力度不够。在分布范围内，它们也会被各种渔网（特别是刺网）偶然捕获，（至少在秘鲁）被广泛用于人类食用。每年因捕杀和误捕而死亡的个体可能高达数千头。目前，在棘鳍鼠海豚的整个分布范围内，捕捞和误捕每年可能造成数千头死亡。

> **生活史**
>
> **性成熟** 年龄未知。
>
> **交配** 推测为仲夏至初秋。
>
> **妊娠期** 11 ~ 12 个月。
>
> **产崽** 可能每年一次（有怀孕的雌性同时哺乳的记录）；主要出生在夏末至初秋，每胎一崽。
>
> **断奶** 未知。
>
> **寿命** 未知（最长寿命纪录为 12 岁）。

这是一张非常罕见的棘鳍鼠海豚的照片，展示了它整个黑色的身体，以及独特的、向后倾斜的背鳍和明显的结节

黑眶鼠海豚
SPECTACLED PORPOISE

Phocoena dioptrica Lahille, 1912

黑眶鼠海豚以其黑白分明的体色和巨大的背鳍（雄性）让人一眼就能认出。然而，黑眶鼠海豚是罕见的，也是最鲜为人知的鲸目动物之一。

分类 齿鲸亚目，鼠海豚科。

英文常用名 源于其眼周围独特的白色"眼镜"。

别名 无。

学名 *Phocoena* 源自拉丁语 *phocaena* 或希腊语 *phokaina*，意为"鼠海豚"；*dioptrica* 源自希腊语 *dioptra*（光学仪器），指该物种的白色"眼镜"。

分类学 没有公认的分形或亚种。简要地说，研究人员在 1985 ~ 1995 年曾把它们归为另外一个属（*Australophocaena*），但遗传学和形态学的研究又把它们归为鼠海豚属。

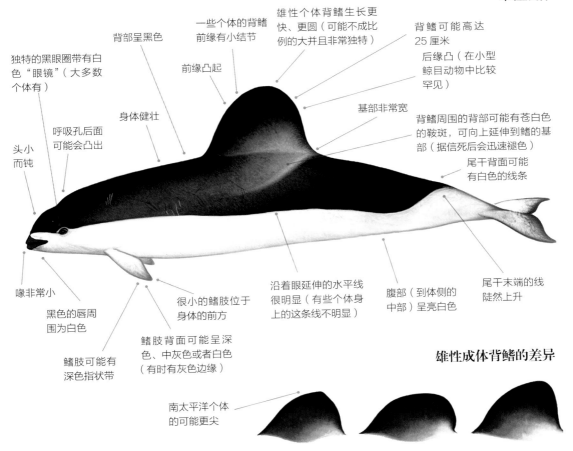

雄性成体

独特的黑眼圈带有白色"眼镜"（大多数个体有）

背部呈黑色

一些个体的背鳍前缘有小结节

前缘凸起

雄性个体背鳍生长更快、更圆（可能不成比例的大并且非常独特）

背鳍可能高达25 厘米

后缘凸（在小型鲸目动物中比较罕见）

基部非常宽

背鳍周围的背部可能有苍白色的鞍斑，可向上延伸到鳍的基部（据信死后会迅速褪色）

身体健壮

呼吸孔后面可能会凸出

头小而钝

尾干背面可能有白色的线条

喙非常小

黑色的唇周围为白色

很小的鳍肢位于身体的前方

鳍肢可能有深色指状带

鳍肢背面可能呈深色、中灰色或者白色（有时有灰色边缘）

沿着眼延伸的水平线很明显（有些个体身上的这条线不明显）

腹部（到体侧的中部）呈亮白色

尾干末端的线陡然上升

雄性成体背鳍的差异

南太平洋个体的可能更尖

鉴别特征一览
- 分布于南半球冷水区。
- 体色为双色调：背部呈黑色，腹部呈亮白色（有清晰的界限）。
- 体型为小型。
- 雄性有大而圆的背鳍。
- 有明显的性别二态性。
- 白色"眼镜"与众不同。

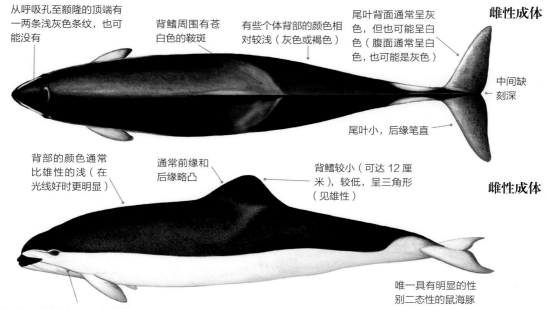

从呼吸孔至额隆的顶端有一两条浅灰色条纹，也可能没有

背鳍周围有苍白色的鞍斑

有些个体背部的颜色相对较浅（灰色或褐色）

尾叶背面通常呈灰色，但也可能呈白色（腹面通常呈白色，也可能是灰色）

雌性成体

中间缺刻深

尾叶小，后缘笔直

背部的颜色通常比雄性的浅（在光线好时更明显）

通常前缘和后缘略凸

背鳍较小（可达 12 厘米），较低，呈三角形（见雄性）

雌性成体

唯一具有明显的性别二态性的鼠海豚

从唇周围到鳍肢有一两条模糊的灰色条纹（两性都可能有，随着年龄增长而褪色）

体长和体重

成体 体长：雄性 1.9 ~ 2.2 米，雌性 1.3 ~ 2 米；
体重：85 ~ 115 千克；最大：2.2 米，约 120 千克。

幼崽 体长：0.9 ~ 1.2 米；体重：10 ~ 15 千克。

相似物种

　　从近处看，黑眶鼠海豚不会被弄错。从远处看，黑眶鼠海豚可能会与康氏矮海豚、智利矮海豚和棘鳍鼠海豚混淆。南露脊海豚与黑眶鼠海豚外表非常相似，但是前者没有背鳍。黑眶鼠海豚背鳍的形状和颜色是最好的鉴别特征。

分布

　　黑眶鼠海豚可能分布在寒温带到极地水域的环极区域。它们首选的水温是 0.9 ~ 10.3℃（大多数目击记录是在 4.9 ~ 6.2℃ 的水域）。它们主要因搁浅事件而为人所知，特别是在火地岛东岸和阿根廷南部。它们也出现在南大洋水域广泛分布的离岸岛屿（马尔维纳斯群岛、南乔治亚岛、凯尔盖朗群岛、赫德岛和麦夸里岛以及奥克兰群岛）附近。新西兰南岛和亚南极群岛，澳大利亚南部和塔斯马尼亚岛也有一些目击记录。最北端的目击事件发生在南纬 32 度（巴西南部的圣卡塔琳娜州），最南端的发生在南纬 64 度 33 分（新西兰和南极洲之间）。它们主要出现在沿海水域（也在一些河

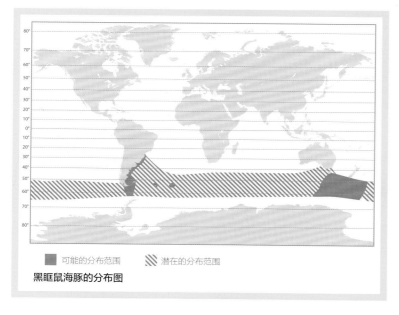

可能的分布范围　潜在的分布范围

黑眶鼠海豚的分布图

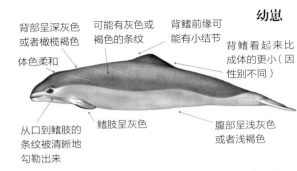

背部呈深灰色或者橄榄褐色

体色柔和

可能有灰色或褐色的条纹

背鳍前缘可能有小结节

幼崽

背鳍看起来比成体的更小（因性别不同）

从口到鳍肢的条纹被清晰地勾勒出来

鳍肢呈灰色

腹部呈浅灰色或者浅褐色

流和近岸浑浊的水道），但是主要栖息地被认为是深海。关于它们的洄游行为，我们一无所知。

行为

只有几十条黑眶鼠海豚的海上目击记录。不知道它们是否做高难度空中动作和船首冲浪。通常它们会躲避船只（尽管它们会接近研究船）。

牙齿

上 32 ～ 52 颗
下 34 ～ 46 颗

和所有鼠海豚一样，黑眶鼠海豚的牙齿呈铲状或钉状，通常埋在牙龈中。

群体规模和结构

黑眶鼠海豚通常 1 ～ 3 头（平均 2 头）组成一群，但有的多达 5 头；大多数搁浅的都是单独的个体。母子对通常会有 1 ～ 2 头雄性个体的陪伴（不像是幼崽的生父。这更表明了它们存在一种机制，即保护机制，就像白腰鼠海豚那样）。

天敌

黑眶鼠海豚的天敌可能是虎鲸、豹形海豹和鲨鱼。

食物和摄食

资料很少，但是已知以鳀鱼及其他成群的小鱼、螳螂虾、乌贼为食。

照片识别

迄今没有任何研究。

种群丰度

目前尚未对全球丰度进行估计，但是高度的遗传多样性和搁浅的数量（火地岛超过 300 头）表明黑眶鼠海豚有一个合理的种群数量，类似于众所周知的鼠海豚。

保护

国际自然保护联盟现状：无危（2018 年）。黑眶鼠海豚面对的最大威胁是沿海刺网的偶然误捕，尤其是火地岛。过去，它们曾在智利和阿根廷南部水域被渔民用鱼叉捕杀，作为人的食物和蟹饵。但是，被捕杀的黑眶鼠海豚的数量和其所产生的影响，以及目前现状都未知。黑眶鼠海豚面临的其他威胁可能还包括渔业的扩张、石油和矿物勘探、污染。

生活史

性成熟　雌性约 2 年，雄性约 4 年。

交配　未知。

妊娠期　可能 8 ～ 11 个月。

产崽　可能每年一次；每胎一崽，生于春季和夏季（当年 11 月～次年 2 月）。

断奶　可能 6 ～ 15 个月后。

寿命　最长寿命纪录为 27 岁。

潜水过程
- 出水时通常不明显（缓慢向前翻滚，类似港湾鼠海豚）。
- 吻尖先露出海面，然后每次潜水时明显弓起背部。
- 弓背时，能看见体侧白色部分的顶部。
- 会快速地豚越（当海水清澈时）。

喷潮
- 模糊难认。

窄脊江豚

NARROW-RIDGED FINLESS PORPOISE
Neophocaena asiaeorientalis　(Pilleri and Gihr, 1972)

2009 年，人们正式确认江豚并非只有一个种，而是有两个种，现在它们被分别命名为窄脊江豚和印太江豚，这两种江豚存在生殖隔离。它们在野外看起来完全不同，可以清楚区分开来。可能有第三个不同的物种生活在长江中。

分类　齿鲸亚目，鼠海豚科。

英文常用名　反映其背脊相对较窄，没有背鳍。

别名　露脊鼠海豚、黑江豚（源于对其尸体的描述，死后体色会迅速变黑）。

学名　*Neos* 为希腊语，意为"新"，*phocaena* 源自希腊语 *phokaina* 或拉丁语 *phocaena*，意为"鼠海豚"；*asiaeorientalis* 是指地理范围。

分类学　目前公认的 2 个亚种：东亚江豚（*N.a.sunameri*）和长江江豚（*N.a.asiaeorientalis*）。然而，最近的基因研究（使用全基因组测序）充分表明，长江江豚在基因和繁殖方面与其生活在海洋里的同类是隔离的，应该被认为是一个独立的物种；在这种情况下窄脊江豚应该被分为东亚江豚（*N.sunameri*）和长江江豚（*N.asiaorientalis*）2 个物种。

东亚江豚成体

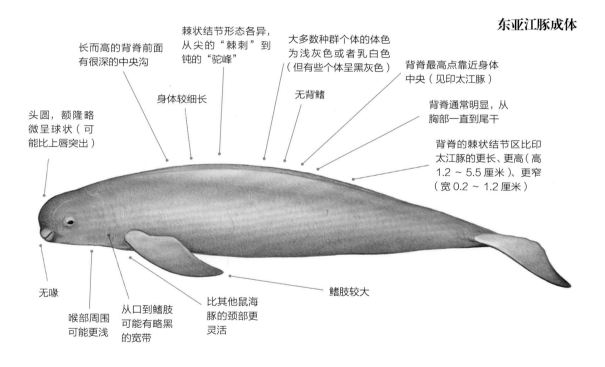

长而高的背脊前面有很深的中央沟

棘状结节形态各异，从尖的"棘刺"到钝的"驼峰"

大多数种群个体的体色为浅灰色或者乳白色（但有些个体呈黑灰色）

身体较细长

无背鳍

头圆，额隆略微呈球状（可能比上唇突出）

背脊最高点靠近身体中央（见印太江豚）

背脊通常明显，从胸部一直到尾干

背脊的棘状结节区比印太江豚的更长、更高（高 1.2 ~ 5.5 厘米）、更窄（宽 0.2 ~ 1.2 厘米）

无喙

喉部周围可能更浅

从口到鳍肢可能有略黑的宽带

比其他鼠海豚的颈部更灵活

鳍肢较大

鉴别特征一览

- 分布于北太平洋西部浅水区和长江流域。
- 体型为小型。
- 体色随个体、地理分布和年龄的差异而不同（从乳白色到黑色都有），但总体体色通常比印太江豚的浅。
- 有独特的高背脊而不是背鳍。
- 颜色较浅的个体外观接近小型白鲸。
- 头圆，无喙。
- 游泳时水波非常小（波涛汹涌时几乎不见）。
- 通常单独行动或者形成一个小群。

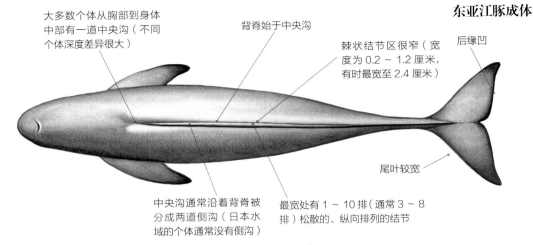

大多数个体从胸部到身体中部有一道中央沟（不同个体深度差异很大）

背脊始于中央沟

棘状结节区很窄（宽度为 0.2 ~ 1.2 厘米，有时最宽至 2.4 厘米）

东亚江豚成体

后缘凹

尾叶较宽

中央沟通常沿着背脊被分成两道侧沟（日本水域的个体通常没有侧沟）

最宽处有 1 ~ 10 排（通常 3 ~ 8 排）松散的、纵向排列的结节

体长和体重

成体 体长：1.6 ~ 2.3 米；体重：40 ~ 70 千克；最大：2.27 米，110 千克（东亚江豚）；1.77 米（长江江豚）。

幼崽 体长：75 ~ 85 厘米；体重：5 ~ 10 千克。两种江豚中较大的一种（台湾海峡马祖列岛附近除外）；东亚江豚比长江江豚大得多；平均而言，雄性比雌性大得多。

冲绳超极限分布的记录

长江江豚　　与印太江豚重叠的分布范围域

窄脊江豚的分布图

相似物种

由于窄脊江豚没有背鳍，因此它们与分布范围内的其他鲸目动物很容易区分开来。为了将窄脊江豚与印太江豚分开，可以参考其地理分布范围（唯一重叠的分布范围在台湾海峡附近）区分；另外二者的背部、背脊的位置、体色，还有出水行为都不同。它们可能会与儒艮混淆（最明显的特征是儒艮没有背脊，吻尖上有 2 个鼻孔，二者口的形状也截然不同）。记住，窄脊江豚死后，体色会迅速变深。

分布

长江江豚

它们分布在中国长江中下游。直到最近，在上海附近的河口到长江上游 1600 千米处发现了它们，但是它们的分布范围已经急剧缩小，在宜昌段以外没有再发现它们。它们的分布范围包括鄱阳湖、洞庭湖、赣江和湘江。长江江豚是唯一仅分布于淡水中的鼠海豚（未曾有其生活在海水中的确切记录），也是当前长江里唯一现存的鲸目动物。它们首选的栖息地包括河流和湖泊的汇合处、沙洲附近和主要河道。它们的分布有季节性的变化。

东亚江豚

它们分布在北太平洋西部较

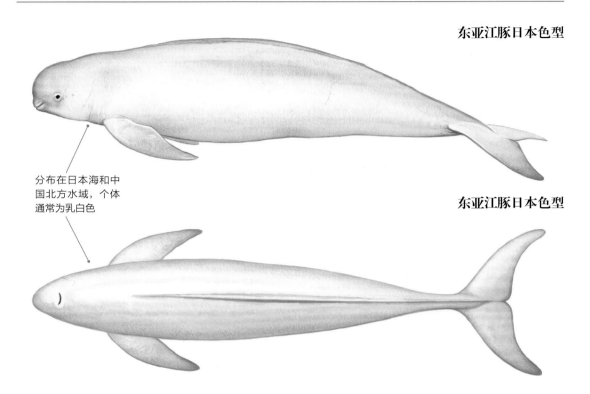

东亚江豚日本色型

分布在日本海和中国北方水域，个体通常为乳白色

东亚江豚日本色型

浅的寒温带水域和河口，从台湾海峡（特别是马祖列岛和金门群岛），经过东海和黄海（包括渤海），向北至朝鲜和日本。日本沿海水域有 5 个明显的种群：大村湾种群、仙台湾 - 东京湾种群、濑户内海 - 响滩种群、伊势湾 - 三河湾种群和有明海 - 桔湾种群；还有一个来自日本南部冲绳岛的分布范围以外的记录。朝鲜海峡中部没有东亚江豚，它有效地将中国 - 朝鲜种群和日本种群分隔开来。东亚江豚分布密度最大的地方往往是浅水海湾和大河入海口附近；也可能进入红树林沼泽。它们通常在水深不超过 50 米的地方，但是比印太江豚更常出现在离岸；渤海和黄海的种群经常出没在距海岸 240 千米处，尤其是在冬季，那里的海水不足 200 米深。它们似乎喜欢砂质或软质海底，相对较小的本地亚种群被不适宜其的深水或岩石底部隔离。在一些地区它们的种群丰度随季节而变化。它们与印太江豚的分布范围仅在台湾海峡重叠。

潜水过程
- 出水时迅速且安静（比印太江豚的出水时间短），水波微兴。
- 露出身体的一小部分（一些种群的个体的头部偶尔会露出水面）。
- 背部持续保持一个非常圆的轮廓，并且不断滚入水中潜水，滚动期间很少或没有间断（见印太江豚）。
- 通常呼吸 3 ~ 4 次，然后潜水，平均为 30 秒。

喷潮
- 模糊难辨。

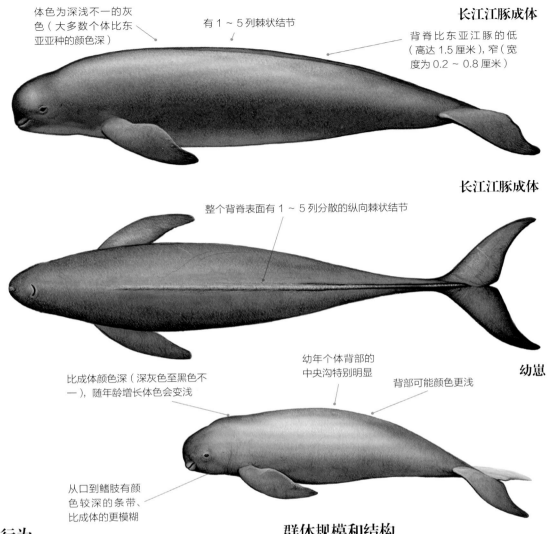

体色为深浅不一的灰色（大多数个体比东亚亚种的颜色深）

有 1 ～ 5 列棘状结节

长江江豚成体

背脊比东亚江豚的低（高达 1.5 厘米），窄（宽度为 0.2 ～ 0.8 厘米）

长江江豚成体

整个背脊表面有 1 ～ 5 列分散的纵向棘状结节

幼崽

幼年个体背部的中央沟特别明显

背部可能颜色更浅

比成体颜色深（深灰色至黑色不一），随年龄增长体色会变浅

从口到鳍肢有颜色较深的条带、比成体的更模糊

行为

在许多区域，东亚江豚常躲避船只（尽管日本一些商业观豚旅游船经常接近它们），相比之下长江江豚没那么害羞，常接近大型船只。它们不进行船首乘浪，也很少跃身击浪（尽管在长江已经观察到有的个体会跃出水面，并且表演"尾巴站立"）。它们一般不引人注目，但当受到惊吓时，在逃跑时会溅起水花，就像白腰鼠海豚一样；在高速捕鱼时，它们会在水下急转弯并快速加速。据尚未证实的报道，幼崽会"骑"在母亲的背上（明显是躺在粗糙的背部）。

牙齿

上 32 ～ 42 颗
下 30 ～ 40 颗

像所有的鼠海豚一样，窄脊江豚的牙齿呈铲状。

群体规模和结构

窄脊江豚通常单独行动，也会成对（母子或 2 头成体）或组成多达 20 头的群体。据报道，在食物丰富的地区，有多达 50 头的松散聚群。

天敌

窄脊江豚的天敌可能是虎鲸和大型鲨鱼。

照片识别

至今没有开展照片识别。

窄脊江豚的无鳍背部

窄脊江豚的背部与众不同，与其他任何现存的鲸目动物都不一样。与背鳍不同的是，它们有一种从背部中点一直延伸至尾干处的结构。这种结构由 3 个关

食物和摄食

食物　捕食各种各样的鱼、乌贼和甲壳类动物；主要是长江中的鱼和虾。

摄食　未知。

潜水深度　多数在水深不超过 50 米的地方潜水。

潜水时间　下潜最长 4 分钟。

键特征组成，这些特征在物种、种群和个体之间存在很大差异（有时不存在）。

1. 背脊：一种长而细、几乎像鳍的突出物，沿着背部的中心向后延伸。

2. 背脊沟：可能有一个沿背脊分布的中央沟；当背脊明显时，中央沟分为背脊两侧的侧沟。

3. 棘状结节：背部中间的皮肤可能被一大片疣状突起所覆盖，这些突起叫作棘状结节（形态多样，从圆钝到尖锐，有时则像棘刺）；它们排列松散，或多或少地分布在整个脊部（如果存在）和尾干的两侧或任一侧。

这些结构的功能尚未可知。

种群丰度

总数不详。粗略估计长江约有 1000 头，日本（5 个不同的种群）约有 19000 头，黄海种群离岸有 21500 头以上，近岸有 5500 头以上。

保护

国际自然保护联盟现状：濒危（2017 年）；长江江豚，极危（2012 年）；东亚江豚，没有单独评估。它们特别容易被渔网，尤其是流刺网偶然捕获，但也有被三层流刺网、滚钩、多钩长线捕获，还有可能面临电捕鱼的威胁。它们面临的其他威胁包括沿海开发（尤其是港口建设）、为养虾而大规模改造海岸线、船只航行和船只冲撞的干扰、密集和大规模的挖沙行为、水开发项目，以及各种形式的污染（有证据表明一些个体体内有毒污染物的水平非常高）。在韩国（可能还有其他地方），一些渔港的销售偶然捕获的窄脊江豚现象十分普遍。大量活体被捕获以用于在海洋水族馆里展示。总的来说，在过去的 50 年里，窄脊江豚的种群数量减少了至少 30%（有些情况甚至更糟——1978 ~ 2000 年日本海区域的种群数量减少了 70%），这可能会威胁到一些种群的生存能力。

目前，长江江豚数量已经从 1991 年的 2550 头减少到了 2006 年的 1225 头，到 2012 年最近一次统计时大约只有 1000 头；这个数据持续减少，每年少于 14%。种群也变得越来越破碎化。自 1990 年以来，中国一直在进行一项迁地项目，将被捕获的个体转移到更安全的天鹅洲（从 1990 年开始）和集成垸（从 2015 年开始），建立安全和自我维持的种群；目前在天鹅洲有 60 头窄脊江豚，在集成垸有 8 头。

生活史

性成熟　两性皆为 3 ~ 6 年。

交配　未知。

妊娠期　11 个月。

产崽　2 年一次；每胎一崽，多在 3 ~ 8 月出生，有区域差异（比如 4 ~ 5 月在长江，11 ~ 12 月在日本九州）。

断奶　6 ~ 7 个月之后。

寿命　18 ~ 25 岁。

东亚江豚背脊和棘状结节的特写

一张罕见的长江江豚照片，拍摄于中国的鄱阳湖

印太江豚

INDO-PACIFIC FINLESS PORPOISE
Neophocaena phocaenoides (G. Cuvier, 1829)

印太江豚生性神秘。它们的分布范围与相似的窄脊江豚的分布范围重叠的部分——台湾海峡及周边区域，人们在那里观察到这两个物种相距只有几十米。

分类 齿鲸亚目，鼠海豚科。

英文常用名 反映其主要的分布范围和无背鳍的特征。

别名 宽脊江豚，黑江豚（源于对死亡个体的描述，死后其体色会迅速变黑）。

学名 *Neos* 为希腊语，意为"新"，*phocaena* 源自希腊语 *phokaina* 或拉丁语 *phocaena*，意为"鼠海豚"；*oides* 源自希腊语单词 *eides*（像）。

分类学 没有公认的亚种，但个体在体型和形态上存在区域差异。2009 年正式与窄脊江豚分离（这 2 个新物种之间的中间物种从未被报道过，自 18000 年前的最后一次冰期以来，它们还没有杂交过）。进一步的分类学工作可能会揭示尚未命名的形态、亚种甚至物种。

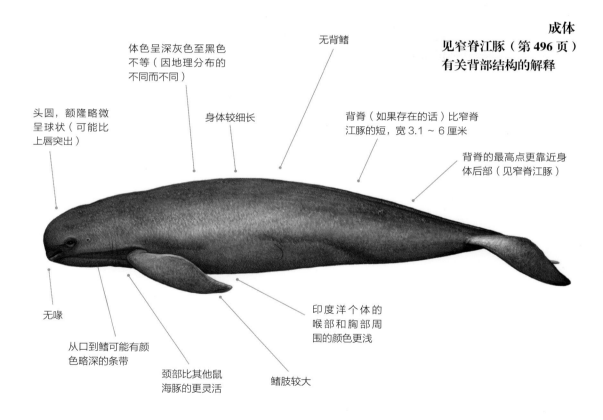

成体
见窄脊江豚（第 496 页）
有关背部结构的解释

体色呈深灰色至黑色不等（因地理分布的不同而不同）

无背鳍

头圆，额隆略微呈球状（可能比上唇突出）

身体较细长

背脊（如果存在的话）比窄脊江豚的短，宽 3.1 ~ 6 厘米

背脊的最高点更靠近身体后部（见窄脊江豚）

无喙

从口到鳍可能有颜色略深的条带

颈部比其他鼠海豚的更灵活

鳍肢较大

印度洋个体的喉部和胸部周围的颜色更浅

鉴别特征一览

- 分布于印度洋、东南亚沿海和河口的温暖浅水。
- 体色呈深灰色至黑色不等（通常比窄脊江豚的深）。
- 体型为小型。
- 无背鳍。

- 背部整体非常平，靠后有低而短的背脊。
- 头圆，无喙。
- 游动时产生的水波非常小（波涛汹涌时几乎看不见）。
- 通常单独或者组成一个小群行动。

成体

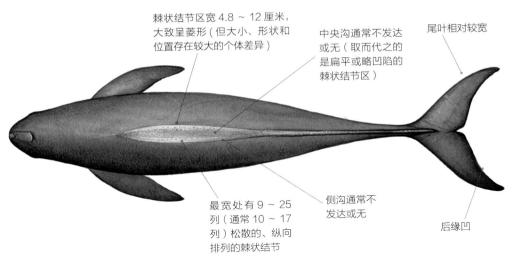

棘状结节区宽 4.8 ~ 12 厘米，大致呈菱形（但大小、形状和位置存在较大的个体差异）

中央沟通常不发达或无（取而代之的是扁平或略凹陷的棘状结节区）

尾叶相对较宽

最宽处有 9 ~ 25 列（通常 10 ~ 17 列）松散的、纵向排列的棘状结节

侧沟通常不发达或无

后缘凹

体长和体重

成体　体长：1.4 ~ 1.7 米；体重 45 ~ 50 千克；最大：1.71 米，60 千克。

幼崽　体长：75 ~ 85 厘米；体重：5 ~ 10 千克。两种江豚中较小的一种（台湾海峡马祖列岛附近的除外）；北方的个体比南方的个体大；平均而言，雄性略大于雌性。

相似物种

　　由于没有背鳍，印太江豚很容易与其他鲸目动物区分开。要想将印太江豚与窄脊江豚分开，可以参考其地理分布范围（两者重叠的分布范围在台湾海峡附近）；另外，二者的背部、背脊的位置（印太江豚更靠后）、体色和出水行为都有很大的不同。它们可能会与儒艮混淆（最明显的区别是儒艮没有背脊，吻尖上有 2 个鼻孔，二者口的形状也截然不同）。记住，印太江豚死后体色会迅速变黑。

分布

印太江豚广泛分布在印度洋和东南亚的热带到暖温带沿海水域的狭长浅水带中（虽然分布不连续）。它们在热带比窄脊江豚更常见，分布范围更广。模式标本据说来自南非（由居维叶于 1829 年描述），但截至目前都没有来自非洲的其他记录，它们的原始地点很可能是错误的（它们更有可能来自印度马拉巴尔海岸）。印太江豚可能出现在阿曼和菲律宾，但是至今没有任何目击记录。人们已经知道它们会在一些区域（包括中国的大多数水域）进行季节性的迁移，但是一些种群似乎主要居留于此。它们分布密度最大的地方往往是在浅水湾

黄海和渤海的超极限分布记录

与东亚江豚重叠的分布范围

印太江豚的分布图

幼崽

体色比成体的浅得多（通常是奶油灰色），且随着年龄的增长而变深

棘状结节区比成年窄脊江豚的宽

身体细长

口周围可能发白

从口到鳍肢颜色较深的条带比成体的更模糊

食物和摄食

食物 捕食各种各样的鱼、乌贼和甲壳纲动物。

摄食 具体摄食行为未知。

潜水深度 几乎不会在水深超过 50 米的区域潜水。

潜水时间 通常下潜不到 1 分钟，最长时间 4 分钟。

和一些大河的下游，通常分布在水深不超过 50 米的地方。它们会进入红树林沼泽和主要的河流流域（雅鲁藏布江上游 40 千米处和印度河上游 60 千米处）。它们似乎喜欢砂质或软质海底，相对较小的本地亚种群被不适宜其的深水或岩石底部隔离开。

行为

印太江豚在许多区域常常躲避船只并且不会在船首乘浪（尽管偶尔能看到它们在快艇后面进行船尾乘浪），也很少跃身击浪。它们一般不引人注目，但当受到惊吓时，在逃跑时会溅起水花，就像白腰鼠海豚一样；在高速捕鱼时，它们会在水下急转弯并快速加速。据尚未证实的报道，幼崽会"骑"在母亲的背上（明显是躺在粗糙的背部）。

牙齿

上 30 ~ 44 颗
———————
下 32 ~ 44 颗

和其他所有鼠海豚的牙齿一样，印太江豚的牙齿呈铲状。

群体规模和结构

印太江豚通常单独行动，但也会成对（母子对或 2 头成体）或组成多达 20 头的群体（最常见的是 2 ~ 5 头）行动。据报道，在食物丰富的地区（特别是在中国），它们会组成多达 50 头的松散聚群。

天敌

印太江豚的天敌可能是虎鲸和大型鲨鱼。

照片识别

至今没有开展照片识别。

种群丰度

总数不详，但可能超过 10000 头。估计中国香港

潜水过程

- 出水时迅速并且安静（虽然时间比窄脊江豚的稍长），水波微兴，几乎不露出身体。
- 在潜水前，背部会放平，然后短暂地悬在水中（见"窄脊江豚"相关部分的描述）
- 通常呼吸 3 ~ 4 次，平均一次潜水 30 秒。

喷潮

- 模糊难辨。

至少有 217 头，孟加拉国约有 1400 头。

保护

国际自然保护联盟现状：易危（2017 年）。目前这一物种还没遭遇过大规模的捕杀，但是经常意外死于渔网，特别是其分布范围内的刺网中。有明确的证据表明印太江豚的种群数量正急剧减少，一些种群的生存能力受到威胁（总的来说，在过去的 50 年里，种群数量减少了至少 30%）。它们也受到栖息地丧失和退化、污染、船只运输的影响，大量活体被捕获，在海洋公园和水族馆里展示。

生活史
性成熟 雌性 5 ~ 6 年，雄性 4 ~ 5 年。
交配 未知。
妊娠期 11 个月。
产崽 2 年一次，每胎一崽，主要在当年 6 月 ~ 次年 3 月（在中国的香港和南海于当年 10 月 ~ 次年 1 月产崽）。
断奶 6 ~ 7 个月后。
寿命 8 ~ 25 岁。

一头印太江豚的背脊和棘状结节区的特写

关爱鲸、海豚和鼠海豚

人类活动的影响已经波及地球上每一平方米的海洋。商业捕杀和其他形式的捕杀、渔具缠绕、食物的过度捕捞、污染、栖息地退化和受到干扰、水下噪声、海洋垃圾误食、船只冲撞以及气候变化是全球鲸、海豚和鼠海豚面临的一些主要威胁。

鲸目动物中有 20 个物种被世界自然保护联盟濒危物种红色名录列为受威胁物种：极危、濒危、易危，另有 43 个物种（几乎占所有鲸目动物的一半）被列为"数据不足"，我们仅仅是因为知道的太少，而无法判断它们是否陷入了困境（这表明还有许多方面待了解）。有 2 个物种没有被列入名单，剩下的少数物种要么易危，要么被认为是相对安全的（无危）。

据我们所知，有一种鲸目动物——白鱀豚现在已经功能性灭绝。数量惊人的物种正面临着严重的威胁，还有一些物种则几乎从它们的栖息地消失了。加湾鼠海豚是一种生活在墨西哥加利福尼亚湾最北部的小型海豚，它们可能是下一个灭绝的物种——只有 10 头幸存者在重重困难中坚持生存下来。

如果我们没有在最后一刻停止捕杀许多大型鲸：灰鲸、蓝鲸、露脊鲸，我们可能也会失去它们。

据估计，1900 ~ 1999 年大约有 290 万头大型鲸被捕杀（在北大西洋有 276442 头，北太平洋有 563696 头，南半球有 2053956 头）。当这场最残酷的屠杀结束时，大型鲸只剩下破碎的遗骸——大多数鲸的数量不到原始数量的 5%。有些物种可能永远无法恢复。例如，目前北大西洋露脊鲸仅存约 430 头，而

捕鲸者为了牟利而捕杀了数百万头大型鲸

最近的种群趋势和面临的威胁如此可怕，以致该物种可能在 20 年内功能性（繁殖）灭绝。

保护鲸目动物并非易事：它们会游动，无视国家边界；面临着诸多威胁。如今，保护它们的胜算不大，至少对一些物种而言，未来无疑是暗淡的。

如何救助？

志愿服务 如果没有无私奉献的志愿者的鼎力相助，大大小小的保护组织几乎都无法生存。如果你有闲暇时间，可以用很多方式来支持鲸目动物的保护工作。你可以每周抽出半天、一天甚至几天的时间到你最喜欢的保护机构工作。无论是复印资料、帮助回复热情的孩子们的来信，还是利用你作为电工的技能免费重新铺设办公室电线，都是在贡献自己的力量。你也可以接受培训，成为一名海洋哺乳动物医生，随叫

在加拿大不列颠哥伦比亚省，一头虎鲸正在一艘巨型油轮旁拍尾击浪

过度捕捞和渔业误捕是鲸目动物面临的主要威胁

白鱀豚现已功能性灭绝

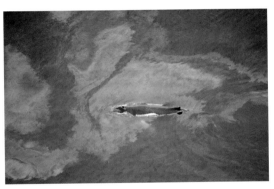

一头大翅鲸正在冰岛海面上的浮油中穿梭

随到，帮助救援搁浅、受伤或失踪的鲸、海豚和鼠海豚。你还可以帮助清理海滩上的垃圾。如果你是一位摄影师，可以捐赠一些照片，以节省保护组织购买它们的资金。

筹集急需资金　每一个保护组织都缺乏资金。如果他们有更多的钱，就可以做更多、更好的工作。你可以为组织筹集资金，也可以为你感兴趣的特定物种、地区或项目筹集资金。另外，你如果没有时间组织筹款活动，可以考虑通过众多领养计划领养一头鲸或海豚，或每月定期捐款。

宣传活动　还有一种很好的支持方式是参与保护组织的宣传活动。你最喜欢的保护组织能够给你一些关于活动的具体想法，他们的网站通常是一个很好的平台，或者你可以对任何其他你关心的问题采取行动。

增强意识　让更多的人意识到鲸目动物的保护问题，并最终关心它们，这就更好了。一个人可以影响数百人，并影响他们看待世界的方式。这里提出一些建议：为当地报纸写文章，或者为当地俱乐部和组织做演讲或讲座。

绿色生活　有很多相对简单的方法可以减少你的行为对全世界海洋的影响：确保你吃的任何鱼都来自可持续性渔业——对鲸目动物的误捕最少，减少使用塑料制品，不要购买过度包装的商品等。

参与研究　取决于你住在哪里，你可能有机会直接参与保护和研究工作。一个简单的方法是发送合适的照片来帮助研究人员丰富他的照片识别目录。实地调查费用昂贵，照片识别目录越大，他们获取的信息越多。例如，研究人员根据游客在探险游轮上拍摄的许多照片，来研究南极大翅鲸如何从南大洋向低纬度水域洄游。你可以在网上搜索某一物种需要如何拍摄，比如尾叶腹面或身体某一侧，不要忘记标注拍摄日期、拍摄地点（在理想情况下，记录准确的坐标）、所乘坐的船只名称及其他相关信息。

无论你做什么，都会有帮助。

术语表

鞍斑 saddle patch 浅色，接近马鞍的形状，横跨在某些鲸背鳍的后面，在不同程度上延伸到身体两侧；有时只是被称为马鞍；不要与背部"披肩"混淆。

亮斑 blaze 鲸目动物体侧的浅条纹，通常为灰色或白色；从背鳍下方开始，向上延伸至披肩。

背部"披肩" dorsal cape 在一些齿鲸、海豚和鼠海豚的背部有明显的深色区域，多在背鳍前面（有时延伸到后面）并且向体侧有不同程度的延伸；不要将其与鞍斑混淆。

背脊 dorsal ridge 背部和背鳍的脊，或代替背鳍；也可以指鲸吻部顶端的脊。

背鳍 dorsal fin 大多数（不是全部）鲸目动物（以及各种其他无亲缘关系的海洋和淡水脊椎动物）背部隆起的结构；无骨骼支撑。

冰间湖 polynya 指浮冰中的大片水域，一年四季都是开放的；经常为呼吸空气的鲸目动物提供庇护。

哺乳 lactation 雌性动物为喂养幼崽而分泌乳汁。

超极限分布 extralimital 物种出现在其正常分布范围以外。

超声波 ultrasonic 高频声音，高于人类正常听力范围（高于 20000 赫兹）。

齿痕 rake marks 种内争斗（通常是雄性之间）或虎鲸攻击时产生的牙齿伤痕（通常在尾叶、鳍肢或背鳍上，通过 3 条或 3 条以上近距离的平行线或标记可识别）；鲨鱼攻击会产生更多弧形、锯齿状的伤痕。

齿鲸亚目 Odontoceti 鲸目动物的两大类群之一，包括所有齿鲸、海豚和鼠海豚（被称为齿鲸类）。

船首冲浪 bow-riding 鲸目动物在船前面产生的波浪中游动。

船尾乘浪 wake-riding 在船的尾流中游动。

唇线 mouthline 从颌的前端到嘴角。

次声 infrasonic 低频声音，低于人类正常听力范围（低于 20 赫兹）。

刺网 gillnet 竖直悬挂在水中的渔网，当鱼试图从渔网中退出时，鳃盖（或身体其他部位）会被网挂住而动弹不得；通常在近岸或附近的河里使用。会误捕大量海豚和鼠海豚。

达摩鲨 cookiecutter shark 小型鲨鱼（体长可达 50 厘米），通常出现于亚热带和热带水域，能撕咬海洋哺乳生物（伤口直径通常为 4 ~ 8 厘米）；所造成的咬伤（有时被称为弹坑伤）为圆形或椭圆形撕裂伤。

大陆架 continental shelf 大陆边缘附近的海底区域；从海岸线向一个下降处缓慢倾斜，这个下降处被称为大陆架坡折或大陆架边缘（在那里，海底急剧下降，通过大陆坡直到海底）。大陆架的宽度变化很大，从 1000 米到 1290 千米（平均为 65 千米）不等；水深平均为 60 米，很少超过 200 米。大陆的实际边界是大陆架的边缘（不是海岸线）。

大陆架坡折 shelf break 陆架边缘的下降处（从那里开始，海底通过大陆坡急剧下降到海底）；也被称为大陆架边缘。

大陆坡 continental slope 在大陆架坡折和深海平原之间急剧下降的海底部分，就像巨大的悬崖或山脊，通常是鲸目动物（和其他动物）大量聚集的地方。

大型鲸 great whale 体长为 10 ~ 15 米的鲸（包括所有须鲸和抹香鲸）。

盗食寄生 kleptoparasitis 字面意思是"偷窃的寄生者"；经常指寄生者偷窃捕获的猎物。

等深线 isobath 地图上的虚线，连接所有在水下具有相同深度的点（类似水下等高线），比如 200 米等深线就是连接 200 米深度所有点形成的虚线。

底栖 demersal 生活在海底附近。

底栖端足类动物 benthic amphipod 虾状的甲壳动物，生活在海底沉积物中。

底栖生物 benthic 生活在海底或者紧贴海底的生物。

东边界流 eastern boundary current 位于大洋盆地的东侧，与大陆的西海岸相邻，从高纬度水域流向热带地区；比较冷、浅、宽且流动缓慢。往往比西边界流有更多营养丰富的上升流，生产力更高。

端足类动物 amphipod 一些鲸目动物的食物，类似于虾的甲壳纲动物。

多钩长线 longline 一种渔具，有很长的钓鱼线，在间隔较短的支线上装有多个带鱼饵的钩；可捕获大型远洋鱼类，如旗鱼、金枪鱼、比目鱼和鲨鱼。有的长达数十千米，有几千个鱼钩，是误捕海豚和其他物种的罪魁祸首。

多氯联苯（PCBs） 多氯联苯是一组人造化学物质，可以抵抗极端温度和压力，广泛应用于工业。尽管自

20 世纪 70 年代和 80 年代以来，许多国家都禁用了多氯联苯，但在已产生的 200 万吨多氯联苯中，约有 10% 仍然存在于环境中（不易分解），对野生动物和人类都是有害的。

多毛纲动物 polychaete　管栖的海生蠕虫，密集地分布在海床沉积物的上部几厘米处；是灰鲸和其他鲸目动物最喜欢的食物。

额隆 melon　齿鲸前额凸起的脂肪组织，据信是用来集中和调节声音进行回声定位。

厄尔尼诺现象 El Niño　以热带太平洋中部和东部海水温度异常升高为特点的、复杂的全球天气模式；南美洲渔民创造了这个术语，用来描述每隔几年在圣诞节前后几天天气气温比正常沿海水域的温度更高的情况（厄尔尼诺在西班牙语中的意思是"小男孩"，指婴儿耶稣）。

发情期 oestrous　大多数雌性哺乳动物（不包括人类）有规律的性接受期，在此期间可以排卵和交配。

浮窥 spyhopping　鲸把头竖直地伸出海面时，通常会把眼露出海面，然后平稳地沉到海面下，不会溅起多少水花。它们有时会缓慢旋转头部，显然是为了视觉扫描周围区域。这种动作有时被称为抬头。

浮游动物 zooplankton　浮游生物的动物形态。

浮游生物 plankton　被动漂浮或游动慢的植物和动物，通常在开放水域的表面附近成群出现。

浮游植物 phytoplankton　浮游生物的植物形态。

搁浅 stranding　鲸目动物有意或意外地上岸的行为，可能导致死亡。

固结冰 fast ice　与陆地冻在一起的海洋冰；有时从海岸向外延伸数千米。

光合作用带 epipelagic　距海面 200 米以内的水域。

硅藻 diatom　微小的单细胞藻类，大量存在于海洋和淡水环境中，细胞壁由二氧化硅构成；通常会覆盖在某些鲸目动物身上，形成一层膜，使其呈黄色、棕色、绿色等。

国际捕鲸委员会（IWC）　1946 年，为了"捕鲸业的有序发展"，捕鲸者通过了《国际捕鲸规则公约》；与此同时，国际捕鲸委员会作为公约的决策机构成立了，从那时起，它就一直在试图规范捕鲸活动（最近还试图保护鲸）。

海底峡谷 submarine canyon　水下峡谷；深、狭窄、陡峭的山谷切入海床。

海山 seamount　水下的山，通常高出周围的深海海底 1000 多米；通常是死火山，山顶在水面以下；吸引了丰富的海洋生物。

海豚 delphinid　指海豚科的成员。

黑鲸 blackfish　对海豚科 6 种外表相似的成员的统称，包括虎鲸、伪虎鲸、小虎鲸、瓜头鲸、短肢领航鲸和长肢领航鲸。

喉沟 throat grooves　喉部的 V 形沟（皮肤和鲸脂上的深褶皱），是喙鲸和灰鲸具有的特征。

喉褶 throat pleats　许多须鲸的腹部（从下颌向后）有纵向、平行的沟或凹槽，当它们吞下大量水来获取食物时，喉部就会扩张。

呼吸孔 blowhole　鲸目动物头顶的呼吸口或鼻孔；须鲸有两个呼吸孔，齿鲸有一个。

呼吸孔前卫 Splashguard　在须鲸的呼吸孔前面、隆起的肉脊，有助于防止呼吸孔打开时水涌进来；蓝鲸的呼吸孔前卫非常大。

回声定位 echolocation　动物发出高频声音并利用返回的声音建立一个声音图像的过程，如声呐；许多鲸目动物通过回声定位、导航和寻找食物。

喙 beak　许多鲸目动物细长的吻；头骨前面的部分，包括上下颌。

极地 polar　北极或南极附近的地区；以寒冷和经常被冰覆盖的水域为特征。

极锋 Polar Front　见"南极辐合带"。

寄生生物 parasite　寄生在另一个有机体（宿主）体内或体表的有机体（通常不至于导致宿主死亡）；从宿主身上获得营养和保护，却不提供任何回报。

家域范围 home range　动物定期出现的区域。

甲壳纲动物 crustacean　包括近 70000 种无脊椎动物（没有脊椎的动物），主要有龙虾、螃蟹、虾和藤壶，通过腮（或类似结构）呼吸；特征是身体分节，四肢有关节，有几丁质外骨骼和两对触角。甲壳纲动物多为水生生物，是许多海洋生物重要的食物来源。

结节 tubercle　圆形隆起物，出现在某些鲸目动物身上（通常在鳍肢和背鳍的边缘，但也出现在大翅鲸的头上）；也称驼峰。

鲸目动物 cetacean　水生哺乳动物，包括所有的鲸、海豚和鼠海豚。

鲸虱 whale louse　甲壳纲动物（不是昆虫），生活在鲸目动物的皮肤上。

鲸须板 baleen plate　从大多数大型鲸（须鲸亚目的须鲸）的上颌垂下的密集的梳状结构，以前被称为鲸骨，由角蛋白组成（与构成头发、指甲和犀牛角同样的蛋白质）。数以百计的鲸须板紧密地排列在一起，形成一把巨大的筛子，表面有纤维状的条纹，用于滤食小猎物。

鲸脂 blubbe 大多数海洋哺乳动物的皮肤和肌肉之间的一层脂肪组织；具有重要的保温作用，与毛皮的作用一样。

举尾 fluking 在深潜或探深潜水时，鲸将身体向海底弯曲，当它们向前和向下翻滚时，尾叶会自动举出水面；身体更大、更圆胖的鲸，如大翅鲸、露脊鲸、北极露脊鲸、灰鲸和抹香鲸（还有一些蓝鲸）会有规律地举尾，较瘦的鲸从不举尾或者很少举尾。

糠虾 mysid 虾目类似虾的甲壳纲动物（约有 1200 种）；也被称为负鼠虾，因为雌性会将受精卵放在育儿袋中；为底栖动物，被一些鲸当作食物，比如灰鲸和北极露脊鲸。

空中行为 aerial behavior 鲸目动物身体部分或全部离开水的任何行为。

拉尼娜现象 La Niña 复杂的全球天气模式，以热带太平洋中部和东部海水温度异常下降为特点；通常紧紧伴随厄尔尼诺现象。

离岸 offshore 远离海岸。

镰刀形 falcate 通常用来描述后缘凹的背鳍。

磷虾 krill 小型的虾状甲壳纲动物，在海洋浮游生物中占有很大的比例，是一些大型鲸主要的食物来源；大约有 86 个不同种，长度为 8 ~ 60 毫米；也被称为磷虾类。

磷虾类 euphausiid 磷虾目的成员，包括 86 种被称为磷虾的类似虾的生物。

流刺网 driftne 垂直悬挂在水中的渔网，几乎看不见也探测不到，并能随着洋流和风随意漂流，不固定的刺网；被称为死亡之墙，因为会捕捉任何挡住它去路的东西，从海鸟、海龟到鲸和海豚，因而臭名昭著。

龙骨脊 keel 鲸目动物尾干上明显的凸起（加高或增厚）；在鲸目动物背部或腹部出现，或者背部和腹部都有；在腹部时，也被称为肛后驼峰。

龙涎香 ambergris 在鲸目动物的肠道中形成的灰色蜡质物质，曾被广泛用于制作香水。

陆架海 shelf seas 在大陆架上的海洋。

滤食摄食 filter-feeding 须鲸用鲸须来过滤水中许多小型动物的捕食方式。

锚斑 anchor patch 一些小型齿鲸胸部锚形或 W 形的灰色或白色斑。

猛冲击浪 lunging 如果鲸的身体离开水面的部分少于 40%，就被称为猛冲击浪，否则就是跃身击浪；有

时也被称为半跃身击浪或腹部击浪。

尿殖区 urogenital area 排泄口和生殖口及周围的区域。

母系 matrilineal 可以追溯到雌性（母系）的关系、行为或其他特征。

南极辐合带 Antarctic Convergence 南极的自然海洋边界，在那里来自南方的寒冷的、较少的咸水下沉到来自北方的温暖的、更多的咸水下；也被认为是"生物南极洲"的北部界限；大致位于南纬 50 度到 60 度，位置因地理位置的不同而不同，每年和每个季节都有变化；又被称为极锋。

拍尾击浪 lobtailing 鲸目动物尾部明显抬出水面，然后拍打水面，通常是反复进行，而且经常很用力；也被称为尾叶击浪。

喷潮 blow 也称喷水，指的是鲸目动物的呼吸行为。先呼出气体（发出爆炸一样的声音），然后再立即吸入气体；也指呼吸时形成的可见的雾蒙蒙的水滴云（凝结水、肺部喷出的细小黏液和存在呼吸孔中的海水）。

喷水 spout 见"喷潮"。

胼胝体 callosity 露脊鲸头部粗糙的角质化组织，寄生着大量鲸虱。

漂浮 Logging 鲸目动物水平躺在水面上（或略低于水面处）休息，一动不动。

撇滤 skim-feeding 一些须鲸使用的摄食方式，通常在水面或紧贴在水面下，张着嘴慢慢游动，不断地在水中过滤食物；特别是在捕食小型浮游动物时，如桡足类动物（只有几毫米大小），尤其有效。

七鳃鳗 lamprey 原始的无颌鱼，像鳗鱼，口一直张着，有大量牙齿。已知有 43 种，其中 18 种是寄生（它们附着在鲸目动物或其他动物的身上并吸它们的血）；主要分布在温带水域。

鳍肢 flipper 鲸目动物的前肢，形状多样，有扁平的，有桨状的，也被称为胸鳍。

鳍肢袋 flipper pocket 喙鲸体侧的凹陷处，用来收起鳍肢；抹香鲸的鳍肢袋不那么明显；这个特点可能与其在深海潜水有关（可能减少阻力）。

鳍肢击浪 flipper-slapping 鲸目动物在水中仰卧或侧卧，把一个或两个鳍肢举出海面，然后拍击水面。

气泡网 bubble-netting 大翅鲸的一种摄食技巧，它们通过在水中吹的泡泡组成的网来捕鱼。

驱捕渔业 drive fishery 渔民捕捉海豚和其他小型齿鲸的技术，通常用快艇将它们赶到海湾或者浅水区，然后将一张网拉到海湾入口以防它们逃跑。

桡足类动物 copepod　微小的虾状甲壳纲动物（通常是浮游生物），大量存在于海洋中，是一些鲸的重要的食物来源，被称为海中的跳蚤。

热带 tropical　世界上的低纬度区域，位于南回归线（南纬23度26分）和北回归线（北纬23度26分）之间，特点是气候温暖，只有两个季节（雨季和旱季）。

上升流 upwelling　海水在洋流、风力或者密度梯度的作用下从深处上升的过程；将营养物质（海洋动物和植物的残骸沉入海底，腐烂后形成的海洋沉积物）带到海面；海面附近的水相对缺乏营养，但暴露在阳光下（阳光是光合作用的另一个关键因素）；阳光和营养物质的结合导致浮游植物的生长和产量的增加；在大陆架和海底峡谷边缘最明显。

伸尾 tail extending　将尾部慢慢抬起（通常很高，一直到生殖器官露出水面）并保持一段时间；露脊鲸、北极露脊鲸和灰鲸一次可以持续几分钟。

深层带 bathypelagic　公海的深水区，在海面下1000～4000米。

深海（生物）pelagic　栖息在大陆架以外的公海近海水域，通常指生活在水体上部的动物；深海生物既不靠近海岸，也不靠近海底。

深海平原 abyssal plain　平原大陆架以外的海底，水深一般超过10000米，通常比较平坦或平缓。

深海散射层 deep scattering layer（DSL）　一种可达200米厚的致密层，由大量小鱼、甲壳类动物和浮游生物组成，分布于全球的海洋中，在短短24小时内在水中垂直迁移。白天，它们在深水区（通常400～600米深）休息和漂浮，然后在日落时上浮到更接近海面的地方，在黎明时又潜入海底；它们通常怕光（月光明亮时，会在更深的地方）。深海散射层能反射或散射回声测深仪的信号（有时给人一种假海底的印象）。

生态型 ecotype　用来描述虎鲸（以及其他一些物种）的系统分类学和物种形成方面的科学不确定性的术语；承认一项正在进行的工作，避免了立即宣布亚种或物种。

声波发射器 pinger　也叫声波震慑器，用于提醒鲸目动物渔网的存在，以减少误捕；通常是一个小型电池供电装置，渔网上每隔一段安装一个，会发出重复的信号。

声呐系统 sonar　见回声定位。

十足类动物 decapod　字面意思是"十条腿"；含有8000多种甲壳纲动物的成员，包括小龙虾、螃蟹、龙虾、对虾和小虾。

水层 water column　海面和海底之间的任何地方。

水听器 hydrophone　防水的水下麦克风，用于探测鲸（或其他动物）的声音。

探深潜水 sounding dive　在一系列浅潜水之后再进行的深度（通常是更长时间的）潜水，也被称为终端潜水。

跳跃 leaping　海豚和其他小型齿鲸在水中跃身击浪（跳出水面）。

头部击浪 head-slap　当鲸部分跃出水面时，将喉部用力拍打水面，溅起巨大的水花；也被称为下颌击浪。

头足类动物 cephalopod　底栖或游动的软体动物，包括乌贼和章鱼；壳在外部或内部，甚至无壳。

吞食 gulp-feeding　一些须鲸的摄食方式，扑向猎物，一次一口；尤其在捕食成群游动的鱼和磷虾时有效。

豚跃 porpoising　海豚家族的成员（一些其他的鲸目动物不太常见）快速游动，然后每次会以低的弧度跃出水面，在头朝下重新入水之前，进行呼吸；有时被称为赛跑。

围网 purse-seine net　围绕着鱼群设置的竖直网帘，把鱼拉进去并在底部收紧，形成一个"袋子"，以防止鱼逃跑；在过去50年里杀死的海豚比其他任何人类活动都多（尽管新的规定大大减少了误捕）。

尾柄 caudal peduncle　见"尾干"。

尾干 tailstock　在背鳍和尾叶之间、有肌肉的区域；也被称为尾柄。

尾叶 fluke　鲸目动物水平而扁平的尾部（与鱼类竖直而扁平的尾部相比）；鲸目动物的尾部由两个尾叶组成。

尾印 flukeprint　鲸潜水后，在光滑的水面留下的圆形漩涡——由尾部向下运动产生的，看起来油光闪闪。

纬度 latitude　用来测量地球上赤道南北某地的相对位置；测量范围从赤道（0度）到北极（北纬90度）和南极（南纬90度）；在同一条经线上，纬度的一度大约是111千米。"高纬度"通常指南北纬60度到极地，"低纬度"指赤道到北纬30度和赤道到南纬30度。

温带 temperate　全球中纬度区域，位于亚热带和亚极地区域之间，以气候温和、有季节变化为特征；寒温带区域靠近极地，暖温带区域靠近热带。

吻 rostrum　鲸目动物头部前面的喙状突出物；也可专门用于描述上颌。

误捕 bycatch　在捕鱼作业时意外或偶然捕获的动物（它们不是渔业的目标物种）。

西边界流 western boundary current 位于大洋盆地的西侧，与大陆的东部海岸相邻，从热带水域流向高纬度水域；相对温暖、深、窄且流动快；与东边界流相比，营养不那么丰富，生产力更低。

小群 pod 指一群关系密切的虎鲸；也用于指任何具有社会属性的、中等大小的齿鲸群体。

斜坡水域 slope waters 在大陆斜坡上的海洋。

性别二态性 sexually dimorphic 同一物种的雄性和雌性在体型或外观上不同；抹香鲸就是一个极典型的例子。

胸鳍 pectoral fin 见"鳍肢"。

须鲸 baleen whale 须鲸科的成员，一种主要的大型鲸目动物，有鲸须而不是牙齿。

须鲸类 rorqual 须鲸科的须鲸，特征是从下颌到肚脐有数量不等的纵向褶皱或沟；在摄食过程中，褶皱会被撑大，以增加口腔的容量；这个词来自挪威单词 rørkval，意为"有褶皱的鲸"。

须鲸亚目 Mysticeti 鲸目动物的两大类群之一，包括所有无齿的鲸或须鲸。

野外灭绝 extirpated 某个物种不再存在于曾经占据的地理区域内（继续存在于其他地方）。

一雌多雄 polygynous 具有优势的雄性通常与多个雌性交配的一种繁殖系统。

鮣 remora 将背鳍"改造"成吸盘的鱼，可以吸附在大型海洋动物上，如鲸和海豚（以及水里的任何东西，从海龟到潜艇）。

远洋拖网 pelagic trawl 袋状的锥形网，一般用于中上层的水域（远离海底）。

跃身击浪 breaching 鲸目动物的身体完全（或几乎完全）跃出水面。按官方说法，如果身体的 40% 离开了水面，就称为跃身击浪，否则就是猛冲。

照片识别 photo-identification 将照片作为可识别个体的永久记录，用来研究鲸目动物的技术。

中层带 mesopelagic 在开阔的海洋深处，水深通常在 200 ~ 1000 米；由于这一区域食物匮乏，大多数中远洋生物会在夜间迁移到海表摄食，或者以上层掉落的碎屑为生。在光合作用带之下，在深层带之上。

种间 interspecific 不同物种的个体之间。

种内 intraspecific 相同物种的个体之间。

浊水 turbid 用来描述由于沉积物或其他悬浮物的存在而能见度很低的水的术语。

自游动物 nektonic 海洋（和淡水）动物，它们能自由游动，一般不受水流和波浪的影响；包括鱼类，海龟和鲸目动物。

V 形线 chevron 鲸目动物背部或体侧的 V 形或 U 形的浅色标记。

物种名录

须鲸亚目 MYSTICETI

露脊鲸科 Balaenidae

- 北大西洋露脊鲸 (*Eubalaena glacialis*)
- 北太平洋露脊鲸 (*Eubalaena japonica*)
- 南露脊鲸 (*Eubalaena australis*)
- 北极露脊鲸 (*Balaena mysticetus*)

小露脊鲸科 Neobalaenidae

- 小露脊鲸 (*Caperea marginata*)

灰鲸科 Eschrichtiidae

- 灰鲸 (*Eschrichtius robustus*)

须鲸科 Balaenopteridae

- 蓝鲸 (*Balaenoptera musculus*)
- 长须鲸 (*Balaenoptera physalus*)
- 塞鲸 (*Balaenoptera borealis*)
- 布氏鲸 (*Balaenoptera edeni*)
- 大村鲸 (*Balaenoptera omurai*)
- 小须鲸 (*Balaenoptera acutorostrata*)
- 南极小须鲸 (*Balaenoptera bonaerensis*)
- 大翅鲸 (*Megaptera novaeangliae*)

齿鲸亚目 ODONTOCETI

抹香鲸科 Physeteridae

- 抹香鲸 (*Physeter macrocephalus*)

小抹香鲸科 Kogiidae

- 小抹香鲸 (*Kogia breviceps*)
- 侏儒抹香鲸 (*Kogia sima*)

一角鲸科 Monodontidae

- 一角鲸 (*Monodon monoceros*)
- 白鲸 (*Delphinapterus leucas*)

喙鲸科 Ziphiidae

- 贝氏贝喙鲸 (*Berardius bairdii*)

- 阿氏贝喙鲸 (*Berardius arnuxii*)
- 侏儒贝氏贝喙鲸 (*Berardius* sp.)
- 柯氏喙鲸 (*Ziphius cavirostris*)
- 北瓶鼻鲸 (*Hyperoodon ampullatus*)
- 南瓶鼻鲸 (*Hyperoodon planifrons*)
- 谢氏塔喙鲸 (*Tasmacetus shepherdi*)
- 印太喙鲸 (*Indopacetus pacificus*)
- 佩氏中喙鲸 (*Mesoplodon perrini*)
- 秘鲁中喙鲸 (*Mesoplodon peruvianus*)
- 德氏中喙鲸 (*Mesoplodon hotaula*)
- 格氏中喙鲸 (*Mesoplodon grayi*)
- 银杏齿中喙鲸 (*Mesoplodon ginkgodens*)
- 赫氏中喙鲸 (*Mesoplodon hectori*)
- 哈氏中喙鲸 (*Mesoplodon carlhubbsi*)
- 柏氏中喙鲸 (*Mesoplodon densirostris*)
- 梭氏中喙鲸 (*Mesoplodon bidens*)
- 初氏中喙鲸 (*Mesoplodon mirus*)
- 史氏中喙鲸 (*Mesoplodon stejnegeri*)
- 热氏中喙鲸 (*Mesoplodon europaeus*)
- 安氏中喙鲸 (*Mesoplodon bowdoini*)
- 长齿中喙鲸 (*Mesoplodon layardii*)
- 铲齿中喙鲸 (*Mesoplodon traversii*)

海豚科 Delphinidae

- 虎鲸 (*Orcinus orca*)
- 短肢领航鲸 (*Globicephala macrorhynchus*)
- 长肢领航鲸 (*Globicephala melas*)
- 伪虎鲸 (*Pseudorca crassidens*)
- 小虎鲸 (*Feresa attenuata*)
- 瓜头鲸 (*Peponocephala electra*)
- 灰海豚 (*Grampus griseus*)
- 弗氏海豚 (*Lagenodelphis hosei*)
- 大西洋斑纹海豚 (*Lagenorhynchus acutus*)
- 太平洋斑纹海豚 (*Lagenorhynchus obliquidens*)
- 暗色斑纹海豚 (*Lagenorhynchus obscurus*)
- 沙漏斑纹海豚 (*Lagenorhynchus cruciger*)
- 白喙斑纹海豚 (*Lagenorhynchus albirostris*)
- 皮氏斑纹海豚 (*Lagenorhynchus australis*)
- 智利矮海豚 (*Cephalorhynchus eutropia*)

- 康氏矮海豚 (*Cephalorhynchus commersonii*)
- 海氏矮海豚 (*Cephalorhynchus heavisidii*)
- 赫氏矮海豚 (*Cephalorhynchus hectori*)
- 北露脊海豚 (*Lissodelphis borealis*)
- 南露脊海豚 (*Lissodelphis peronii*)
- 矮鳍伊河海豚 (*Orcaella heinsohni*)
- 伊河海豚 (*Orcaella brevirostris*)
- 糙齿海豚 (*Steno bredanensis*)
- 西非白海豚 (*Sousa teuszii*)
- 中华白海豚 (*Sousa chinensis*)
- 铅色白海豚 (*Sousa plumbea*)
- 澳大利亚白海豚 (*Sousa sahulensis*)
- 瓶鼻海豚 (*Tursiops truncatus*)
- 印太瓶鼻海豚 (*Tursiops aduncus*)
- 热带点斑原海豚 (*Stenella attenuata*)
- 大西洋点斑原海豚 (*Stenella frontalis*)
- 长吻飞旋原海豚 (*Stenella longirostris*)
- 短吻飞旋原海豚 (*Stenella clymene*)
- 条纹原海豚 (*Stenella coeruleoalba*)
- 真海豚 (*Delphinus delphis*)
- 土库海豚 (*Sotalia fluviatilis*)
- 圭亚那海豚 (*Sotalia guianensis*)

恒河豚科 Platanistidae

- 恒河豚 (*Platanista gangetica*)

亚马孙河豚科 Iniidae

- 亚马孙河豚 (*Inia geoffrensis*)

拉普拉塔河豚科 Pontoporiidae

- 拉普拉塔河豚 (*Pontoporia blainvillei*)

白鱀豚科 Lipotidae

- 白鱀豚 (*Lipotes vexillifer*)

鼠海豚科 Phocoenidae

- 白腰鼠海豚 (*Phocoenoides dalli*)
- 港湾鼠海豚 (*Phocoena phocoena*)
- 加湾鼠海豚 (*Phocoena sinus*)
- 棘鳍鼠海豚 (*Phocoena spinipinnis*)
- 黑眶鼠海豚 (*Phocoena dioptrica*)
- 窄脊江豚 (*Neophocaena asiaeorientalis*)
- 印太江豚 (*Neophocaena phocaenoides*)

参考文献

我很感谢那些在海上和实验室里花费了无数时间的科学家，他们日复一日、年复一年地潜心研究，使我们对鲸目动物的了解更加深入。在创作这本指南的过程中，我阅读了他们的数千篇科学论文。但一个包含这么多参考文献的目录将是这本书页数的 2 倍多，因此我非常遗憾，不能一一列出所有的参考文献。但是，下面提供了一些不错的文献供你进一步参考阅读。

Baird, R. W. 2016. *The Lives of Hawai'i's Dolphins and Whales*: *Natural History and Conservation.* University of Hawaii Press.

Berta, A., J. L. Sumich and K. M. Kovacs. 2015 (Third Edition). *Marine Mammals*: *Evolutionary Biology.* Academic Press.

Bortolotti, D. 2009. *Wild Blue*: *A Natural History of the World's Largest Animal.* Thomas Allen Publishers.

Brakes, P. and M. P. Simmonds. 2011. *Whales and Dolphins*: *Cognition, Culture, Conservation and Human Perceptions.* Earthscan.

Burns, J. J., J. J. Montague, and C. J. Cowles (eds). 1993. *The Bowhead Whale.* Society for Marine Mammalogy.

Carwardine, M. 2016 (Second Edition). *Mark Carwardine's Guide to Whale Watching in Britain and Europe.* Bloomsbury.

Carwardine, M. 2017. *Mark Carwardine's Guide to Whale Watching in North America*: *USA, Canada, Mexico.* Bloomsbury.

Darling, J. 2009. *Humpbacks*: *Unveiling the Mysteries.* Granville Island Publishing.

Ellis, R. 2011. *The Great Sperm Whale*: *A Natural History of the Ocean's Most Magnificent and Mysterious Creature.* University Press of Kansas.

Ellis, R. and J. G. Mead. 2017. Beaked Whales: *A Complete Guide to their Biology and Conservation.* Johns Hopkins University Press.

Fitzhugh, W. W. and M. T. Nweeia (eds). 2017. *Narwhal*: *Revealing an Arctic Legend.* IPI Press & Arctic Studies Center, National Museum of Natural History, Smithsonian Institution.

Ford, J. K. B. *Marine Mammals of British Columbia.* Royal BC Museum, 2014.

Heide-Jørgensen, M. P. and K. Laidre. 2006. *Greenland's Winter Whales.* Greenland Institute of Natural Resources.

Hoyt, E. 2011 (Second Edition). *Marine Protected Areas For Whales, Dolphins and Porpoises*: *A World Handbook for Cetacean Habitat Conservation and Planning.* Earthscan.

Hoyt, E. 2017. *Encyclopedia of Whales, Dolphins and Porpoises.* Firefly Books.

Jefferson, T. A., M. A. Webber and R. J. Pitman. 2015 (Second Edition). *Marine Mammals of the World*: *A Comprehensive Guide to Their Identification.* Academic Press.

Kraus, S. D. and R. M. Rolland (eds). 2007. *The Urban Whale*: *North Atlantic Right Whales at the Crossroads.* Harvard University Press.

Laist, D. W. 2017. *North Atlantic Right Whales*: *From Hunted Leviathan to Conservation Icon.* John Hopkins University Press.

McLeish, T. 2013. *Narwhals*: *Arctic Whales in a Melting World.* University of Washington Press.

Reynolds, J. E. III, R. S. Wells and S. D. Eide. 2000. *The Bottlenose Dolphin*: *Biology and Conservation.* University Press of Florida.

Ridgway, S. H. and R. Harrison (eds). 1985. *Handbook of Marine Mammals, Vol. 3*: *The Sirenians and Baleen Whales.* Academic Press.

Ridgway, S. H. and R. Harrison (eds). 1989. *Handbook of Marine Mammals, Vol. 4*: *River Dolphins and the Larger Toothed Whales.* Academic Press.

Ridgway, S. H. and R. Harrison (eds). 1994. *Handbook of Marine Mammals, Vol. 5*: *The First Book of Dolphins.* Academic Press.

Ridgway, S. H. and R. Harrison (eds). 1999. *Handbook of Marine Mammals, Vol. 6*: *The Second Book of Dolphins and the Porpoises.* Academic Press.

Ruiz-Garcia，M. and J. M. Shostell（eds）. 2010. *Biology，Evolution and Conservation of River Dolphins Within South America and Asia.* Nova Science Publishers.

Sumich，J. 2014. E. robustus：*Biology and Human History of Gray Whales.* James Sumich at Amazon.

Swartz，S. L. 2014. *Lagoon Time：A Guide to Gray Whales and the Natural History of San Ignacio Lagoon.* The Ocean Foundation.

Turvey，S. 2008. Witness to Extinction：*How We Failed to Save the Yangtze River Dolphin.* Oxford University Press.

Whitehead，H. 2003. *Sperm Whales：Social Evolution in the Ocean.* University of Chicago Press.

Wilson，D. E. and R. A. Mittermeier. 2014. *Handbook of the Mammals of the World：4. Sea Mammals.* Lynx Edicions.

Würsig，B.，J. G. M. Thewissen and K. M. Kovacs（eds）. 2018. *Encyclopedia of Marine Mammals.* Academic Press.

Würsig，B. and M. Würsig（eds）. 2010. *The Dusky Dolphin：Master Acrobat of Different Shores.* Academic Press.

艺术家简介

马丁·卡姆 毕业于英国贝德福特大学，是世界上最著名的水生生物插画家之一，专门研究鲸目动物。为数以百计的图书、杂志和期刊撰稿，作品被许多组织广泛采用，包括联合国、英国广播公司、绿色和平组织、国际爱护动物基金会、国际鲸豚保育协会和野生动物信托基金等。

托尼·略韦特 来自西班牙加泰罗尼亚，认为自己更像是一位博物学家而不是艺术家。在艺术和自然科学两方面都造诣颇深，从事野生动物插画工作近 20 年，参与了许多大型项目，比如为著名的《世界哺乳动物手册》（西班牙猞猁出版社）绘制插图。

丽贝卡·鲁宾逊 来自澳大利亚塔斯马尼亚，动物学学士，后又获得美术学士荣誉学位。在加利福尼大学圣塔芭芭拉分校海洋科学研究所工作，后来成为一名自由的自然科学插画师。

致　谢

在我创作这本书的过程中，许多专业人士都给予了我无私的帮助，对最初的草稿提出建议，回答了我无数的问题，没有他们这本书就不可能顺利完成。他们慷慨的帮助让我少走了很多弯路，我要感谢他们所付出的时间和热情。非常感谢！我要感谢所有的生物学家、朋友和同事，他们的名字在文后一一列出。

特别感谢杰出的野生动物艺术家马丁·卡姆、托尼·略韦特和丽贝卡·鲁宾逊，他们不知疲倦地工作，为本书提供了 1000 多幅插图。马丁和我合作创作的关于鲸的书多得都让我们记不清了，时间久到我们无法想象，这是一种莫大的乐趣。第一次和托尼、丽贝卡合作非常愉快。非常感谢雷切尔·阿什顿，非常高效的管理者，感谢她无尽的耐心、毅力、鼓励、热情和才华。雷切尔，没有你就没有现在的我。我的文学经纪人多琳·蒙哥马利，过去 25 年一直给了我巨大的支持；很遗憾的是她在我写作的时候去世了，我会非常想念她。多琳的女儿卡罗琳·蒙哥马利，冷静沉着，延续着蒙哥马利的工作作风。我特别感谢布鲁姆斯伯里的吉姆·马丁（没有他就不会有这本书），感谢他坚定的信念、对自然世界真诚的热爱和热情。即使这个项目花费的时间是我们预期的 5 倍，他从未停止微笑（至少看起来是）并且泰然自若地接受一切；谢谢你做的一切，吉姆。还要感谢爱丽丝·沃德（布鲁姆斯伯里野生动物组织的委托编辑），她非常沉着地为我们铺平了道路；爱丽丝，很高兴和你一起工作。我很幸运有埃米莉·卡恩斯做文案编辑，朱莉·丹多担任设计师——两位杰出的专业人士已经超过了他们职责要求的标准。谢谢！我真的很感激你们！

我要感谢我亲爱的朋友和家人，他们在我一帆风顺时热情陪伴我，在我萎靡不振时为我加油打气。我要特别感谢彼得·巴西特和约翰·鲁思文，他们在克利夫顿海滨浴场陪我喝咖啡，让我拥有了一段温馨的时光；感谢约翰·克雷文，尼克·米德尔顿和马克·赖利，他们向我没完没了地推荐有关野外工作的图书和相关资料——关于鲸、海豚和鼠海豚的书、分布地图、插图、科学论文，等等；还有罗兹·基德曼·考克斯，感谢她的同情和忠告。我也要感谢我和蔼可亲的父母——大卫和贝蒂，如果没有他们的支持和鼓励，生活会变得乏味。感谢我的哥哥亚当，嫂子瓦妮莎，侄女杰茜卡、佐伊、贝丽尔、阿尔、祖德、弗洛伦斯和米勒，感谢她们能容忍我的古怪想法和我长时间专注在一件"似乎永远不会结束的项目"上。最后，但同样重要的是，非常感谢我的伴侣黛布拉·泰勒，她总是让事情更加完美。

尽管我付出了巨大的努力使这本指南尽可能准确和完整，但我还是要为可能出现的任何错误和疏忽承担全部责任。

致谢名单

罗伯特·L·皮特曼
查尔斯·安德森

为个别物种提供建议的科学家

亚历克斯·阿吉拉尔
沃伊泰克·巴查塔
罗宾·王·贝尔德
伊莎贝尔·比斯利
基娅拉·朱莉娅·贝尔图利
阿内尔·比约格
南希·布莱克
莫伊尔·布朗
萨尔瓦托雷·切尔基奥
威廉·乔菲
菲利普·J·克拉彭
戴安·克拉里奇
罗谢勒·康斯坦丁
芭芭拉·库里
梅雷尔·戴革巴特
吉姆·达林
娜塔丽·黛碧昂斯
大卫·M. 唐纳利
西蒙·H. 埃尔文
露丝·埃斯特万
詹姆斯·费尔
伊万·费图丁
安德鲁·富特
R. 尤安·福代斯
阿里·弗里德伦德尔

索尼娅·海因里希

丹尼斯·赫青

萨莎·胡克

埃里克·霍伊特

米格尔·伊尼格斯

玛丽亚·伊费森

托马斯·A. 杰斐逊

伊夫·乔丹

凯瑟琳·肯珀

伊恩·克尔

杰里米·基什卡

克里斯廷·莱德

杰克·劳森

罗伯·洛特

唐纳德·麦卡尔平

科林·D. 麦克劳德

阿曼达·马德龙

阿尼斯·伊斯兰·马哈茂德

西尔维亚·S. 蒙蒂罗

希拉里·穆尔斯 - 墨菲

德克·R. 诺依曼

斯蒂芬妮·A. 诺曼

朱塞佩·诺塔巴尔托洛·迪夏拉

格雷戈里·奥科里 - 克罗

威廉·F. 佩林

辛迪·彼得

鲁瓦森·平菲尔德

安德鲁·J. 里德

维多利亚·朗特里

菲利帕·萨马拉

贾罗德·A. 尚托拉

马科斯·塞萨尔·德·奥利韦拉·桑托斯

里查德·西尔斯

关口惠子

塔米·L. 席尔瓦

蒂乌·西米莱

拉温德拉·库马尔·辛哈

伊丽莎白·斯洛滕

凯特·罗丝 - 安·斯普罗吉斯

史蒂文·斯沃茨

杰西卡·K. D. 泰勒

欧蒂·泰尔沃

克里斯汀·汤普森

保罗·汤普森

费尔南多·特鲁希略

格雷戈里·A. 杜尔克

塞缪尔·特维

科恩·凡·瓦尔比克

卡罗琳·R. 魏尔

哈尔·怀特黑德

托尼娅·威默

贝恩德·沃西

图片版权声明